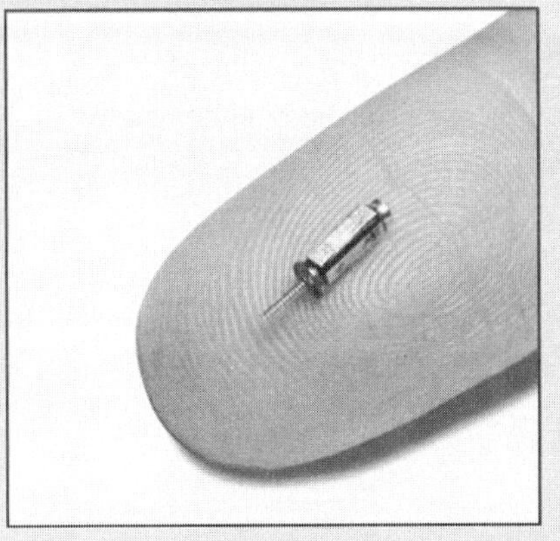

마이크로메카트로닉스

Micromechatronics

Kenji Uchino • Jayne R . Giniewicz 공저

남 산 • 윤석진 • 박태곤 • 류정호 • 김광진 • 백동수 공역

홍릉과학출판사

Micromechatronics

역자서문

전공서적의 번역서는 원서의 내용을 정확하게 굴절 없이 번역하는 것이 중요하다. 한국어 번역을 한 역자들은 대학과 연구소에서 압전 액추에이터 및 모터에 대한 연구개발을 하고 있는 과학자들이다. 역자 대부분이 우치노 교수와 공동연구 등의 인연을 갖고 있어서 그의 실용적 연구와 강의 그리고 기업운용을 직접 보고 인정하게 되어 이 서적의 한국어번역을 구상하였으며, 각자의 전문분야에 맞는 장별로 분담하여 번역하였다. 이 한국어 번역판이 소형 액추에이터에 대한 이해를 돕는 실용도서로서 기여하기를 기대한다.

원저자 Kenji Uchino는 미국 펜실베이니아 주립대학의 전기공학과 교수이며, ICAT (International Center for Actuators and Transducers)의 센터장이다.

Uchino 교수는 일본 동경공대에서 Ph.D.를 받고 동경 소피아대학에 재직 중 압전 액추에이터에 대한 연구역량을 인정받아 압전 세라믹의 대가인 Newnham 교수와 Cross 교수가 있는 미국 펜실베이니아 주립대학의 교수가 되었다(1991). 일본의 항공우주위원(1986~1988), 미국의 NF Electronic Instruments 사의 부사장(1992~1994)을 역임하였고, 미국, 일본, 유럽의 80개 이상의 회사에 컨설턴트를 하였으며 이러한 경험을 바탕으로, 2004년부터 Micromechatronics, Inc.(MMech)라는 회사를 설립하여 운영하고 있다. 저자가 대학에서 강의하고 있는 내용들을 본인이 설립한 회사에서 생산하여 제품화하고 있으므로, 그의 교재와 강의는 실용적이며 현장적용에 중점을 두고 있다.

이 서적의 일본어판 "マイクロメカトロニクス 圧電アクチコエ-タを中心に(마이크로메카트로닉스 압전 액추에이터를 중심으로)"가 모리키타출판사에 의해 발간되었으며, 중국어 번역판도 곧 발간될 예정이다.

도서의 제목 자체가 생소하며 전문적인 이 번역판의 출간을 허락해주신 홍릉과학출판사의 우명찬 · 송준 사장님, 김기용 이사님, 김응수 부장님 그리고 힘든 교정작업을 맡아주신 편집부에게 깊은 감사의 말씀을 드린다.

역자 일동

저자서문

근년, 메카트로닉스 분야의 발전이 두드러지게 이루어졌다.

메카트로닉스라는 단어는 하나의 구조 안에 전자디바이스와 기계디바이스가 융합된다는 개념을 가지고 만들어진 조합어이며 일본에서는 이미 널리 통용되는 단어의 하나이다.

최근에는, 메카트로닉스의 대표적인 디바이스인 로봇이 공장에서 각종 상품을 생산해내고 있으며, 슈퍼마켓에서는 자동화된 시스템에 의해 상품의 진열과 판매가 일상적으로 이루어지고 있다. 또한, 반도체 칩 기술의 급속한 발전이 초정밀 위치제어 장치의 필요성을 크게 높이게 되었다. 압전, 전왜 그리고 형상기억 효과를 이용한 액추에이터들이 마이크로메카트로닉스기술의 새로운 시대에 있어서 중요한 요소가 될 것으로 기대된다.

마이크로메카트로닉스라는 용어는 Kenji Uchino가 압전 액추에이터(piezoelectric actuators)의 응용분야를 표현하면서 1979년에 처음 도입하였는데, 이는 1983년에 출판된 그의 첫 저서인 "*Piezoelectric Actuators*"가 널리 출판되며 알려졌다.

본 서적은 Kenji Uchino가 발간한 "piezoelectric actuators"를 주제로 한 서적 시리즈 중의 최근판이다. 그의 첫 번째 서적은 제목이 *Essentials for Development and Applications of Piezoelectric Actuators(압전 액추에이터의 개발과 응용의 필수요건)*로서 1984년에 일본 산업기술센터를 통하여 발간되었으며, 두 번째 서적은 *Piezoelectric/Electrostrictive Actuators(압전/전왜 액추에이터)*의 제목으로 Morikita 출판사(Tokyo)에 의해 일본어로 출간되었으며 이 책은 출판사의 1986년 베스트 셀러 중의 한 권이 되었고 추후 한국어로 번역이 되었다. 문제중심 서적인 *Piezoelectrc Actuators-Problem Solving(압전 액추에이터-문제해결)*도 Morikita 출판사에 의해 발간되어 60분의 강의 비디오와 함께 판매되었다. 이 서적의 영역본이 1996년에 Kluwer Academic Publishers에 의해 완성 출판되었다.

이러한 시리즈 서적의 여섯 번째인 본 서적은 이전의 서적들에서 소개된 내용에 덧붙여 현재의 새로운 물질들과 마이크로메카트로닉스 시스템에서의 액추에이터 디바이스의 장래 응용성에 대해 업데이트를 하였으며 이를 도와준 Jayne Giniwiez와의 공동저서로서 발간된다.

본 서적의 내용은 magnetostrictive(자왜), shape memory(형상기억), MEMS 액추에이터 그리고 rheological dampers(유동성 댐퍼)를 포함하도록 크게 확장되었다.

저자들은 본 서적에서 고체상태 액추에이터(solid-state actuators)의 이론적 표기법, 실용되고 있는 물질에 대한 소개, 디바이스 설계, 구동/제어 기술 그리고 전형적인 응용에 대하여 설명하고, 마이크로메카트로닉스 분야의 현재와 미래의 동향을 고찰하였다. 제1장에서는 마이크로액추에이터 기술 분야와 최근의 개발에 대한 개요를 다루고 본 서적에서 다루는 재료들의 개요를 소개하였다. 제2장에서 4장까지는 이론적인 기초와 사용되고 있는 재료, 설계 및 제조시 고려사항 등을 다루었으며 제5장에서는 구동/제어 기술을 논하였다. 제6장에서는 액추에이터 디바이스에서의 전기기계적 손실과 열발생을 모델링하고 효과적으로 조정하고자 하는 훌륭한 도전을 다루었다. 제7장에서는 유한요소해석을 이용한 모델링을 다루고 이 모델링방법의 실례가 서적과 함께 제공되는 CD-ROM 교보재에 포함되었다. 제8장에서 10장까지에는 세 가지 별개의 응용분야가 소개되었다. 서보변위 트랜스듀서 응용을 제8장에서 다루었고, 펄스 구동 모터와 초음파 모터 응용을 각각 제9장과 제10장에서 다루었다. 마지막 제11장에서는 마이크로메카트로닉스의 미래를 이 새로운 시스템이 산업 사회에 미칠 기술적 및 경제적 파급효과의 관점에서 고찰하였다.

이 서적은 전기재료, 제어 시스템 공학, 광통신, 정밀기계 그리고 로보틱스 분야에서 일하는 기술자 또는 이 분야에 대하여 공부하는 대학원생을 대상으로 저술되었다. 본 서적은 주로 30회의 75분 강의에 해당되는 대학원 강의를 위하여 구성되었으나, 이 분야에 대한 지식을 넓히기 위한 개인의 자습용으로도 또한 적합하다. 서적과 함께 제공되는 CD-ROM 교보재에는 상용화되어 생산된 몇 가지의 액추에이터들과 유한요소 모델링의 몇 가지를 실제로 보여주는 예를 포함하는 57분짜리의 비디오가 포함되어 있다. 저자들은 이 교보재를 만들어주고 제7장의 유한요소법에 대한 소개를 작성하여 준 뉴욕의 Magsoft Corporation의 Philippe Bouchilloux 박사에게(그는 현재 한국의 삼성전기에 근무) 감사드린다. 마이크로포지셔닝(Micropositioning)과 모터를 위한 액추에이터 디바이스의 개발은 새롭고, 역동적이며 다분히 다학문 영역에 속하므로 이 한 권의 서적 내에서 관련된 내용 모두를 다룰 수는 없다. 그러므로, 마이크로메카트로닉스 시스템을 위한 액추에이터 디바이스의 설계와 응용에 대한 적절한 이해를 제공하기에 가장 중요하고 근본적인 내용이라고 저자들이 생각하는 부분만을 선택하여 다루었다.

저자들은 서적내의 응용을 다루는 장들에서 본인들의 연구결과를 인용할 수 있도록 허락하여 준 다음의 여러분들에게 심심한 감사의 말씀을 드린다.

Takuso Sato, Tokyo Institute of Technology
Katsunori Yokoyama and **Chiaki Tanuma**, Toshiba R&D Laboratory
Shigeo Moriyama and **Fumihiko Uchida**, Hitachi Central Research Laboratory
Teru Hayashi and **Iwao Hayashi**, Tokyo Institute of Technology, Precision Engineering Laboratory
K. Nakano and **H. Ohuchi**, Tokyo Institute of Technology, Precision Engineering Laboratory
Sadayuki Takahashi, NEC Central Research Laboratory
Ken Yano, NEC Communication Transfer Division
Michihisa Suga, NEC Microelectronics Laboratory
Toshiiku Sashida, Shinsei Industry
E. Mori, S. Ueha, and **M. Kuribayashi**, Tokyo Institute of Technology, Precision Engineering Laboratory
Akio Kumada, Hitachi Maxel
Kazumasa Onishi, ALPS Electric
Yoshiro Tomikawa and **Seiji Hirose**, Yamagata University
Kazuhiro Otsuka, Smart Structure Center, MISc
Yasubumi Furuya, Hirosaki University
Toshiro Higuchi, University of Tokyo
Ben K. Wada, Jet Propulsion Laboratory
J. L. Fanson and **M. A. Ealey**, Jet Propulsion Laboratory and Xinξtics
H. B. Strock, Strock Technology Associates
A. B. Flatau, Iowa State University
A. E. Clark, Clark Associates
Nesbit Hagood, Masachussets Institute of Technology
Mark R. Jolly and **J. David Carlson**, Lord Corporation

저자들은 다양한 액추에이터 기술에 대한 상세한 정보를 찾고자 하는 독자들에게 JTTAS의 Solid State Actuator Study Committee에서 편집장 K. Uchino에 의해 편집되고 Tokyo의 Fuji Technosystem에서 1995년에 발간된 *The Handbook on New Actuators for Precision Control*(1087쪽)을 권한다.

강유전체 물질(ferroelectric materials)에 대하여 더 배우고 싶은 독자들에게는 강유전체 물질과 그 응용에 대한 소개가 잘 되어 있는 서적 *Ferroelectric Devices*(2000년 Dekker/CRC 발간)를 적극 권한다.

마지막으로, 저자들은 Pennsylvania State University와 Indiana University of Pennsylvania의 동료들에게 감사의 뜻을 전한다. 본 서적을 준비하는 동안 지속적인 격려와 지원을 해준 Pennsylvania State University의 Dr. Robert E. Newnham 과 Dr. L. Eric Cross 에게 특별한 감사의 말씀을 드린다. Kenji Uchino는 그의 부인 Michko에게 저술작업기

간 동안의 그녀의 친절한 매일매일의 도움에 감사드린다. Jayne Giniewicz는 물리학과의 그녀의 동료와 친구들에게 감사의 뜻을 전하고, 본 저술작업에 참여하는 데 적극적으로 도움을 준 Indiana University of Pennsylvania의 학장 John Eck에게 감사를 드린다. 현 저술에서 혹은 장래의 작업에서 그녀가 만드는 어떠한 행복도, 언제나 그렇듯이, John과 Theo Giniewicz에게 충심으로 바친다.

2002년 5월 State College와 Indiana, PA에서

Kenji Uchino

Jayne R. Giniewicz

차 례

제4장 세라믹 액추에이터의 구조 및 제조방법

제5장 압전 액추에이터의 구동/제어 방식

제6장 손실 메커니즘과 발열

제7장 압전 구조물의 유한요소법

제8장 서보 변위 트랜스듀서 응용

제9장 펄스구동모터 응용

기호일람

D	전기변위(Electric Displacement)
E	전계(Electric Field)
P	유전분극(Dielectric Polarization)
P_s	자발분극(Spontaneous Polarization)
α	이온분극(Ionic Polarizability)
γ	로렌쯔 인자(Lorentz Factor)
μ	쌍극자 모멘트(Dipole Moment)
ε_o	진공의 유전율(Dielectric Permittivity of Free Space)
ε	유전율(Dielectric Permittivity)
K	비유전율(Relative Permittivity or Dielectric Constant)
	(강유전체의 경우: $K \approx \chi = K-1$)
κ	역유전율(Inverse Dielectric Constant)
χ	전기감수율(Dielectric Susceptibility)
C	큐리 바이스 상수(Curie-Weiss Constant)
T_o	큐리 바이스 온도(Curie-Weiss Temperature)
T_C	큐리온도(상전이온도)(Curie Temperature(Phase Transition Temperature))
G	깁스 자유에너지(Gibbs Free Energy)
A	헬름홀쯔 자유에너지(Helmholtz Free Energy)
F	란다우 자유에너지 밀도(Landau Free Energy Density)
x	왜형(Strain)
x_s	자발왜형(Spontaneous Strain)
X	응력(Stress)
s	탄성 컴플라이언스(Elastic Compliance)
c	탄성 스티프니스(Elastic Stiffness)
v	음속(Sound Velocity)

d	압전전하계수(Piezoelectric Charge Coefficient)
h	역압전전하계수(Inverse Piezoelectric Charge Coefficient)
g	압전전압계수(Piezoelectric Voltage Coefficient)
M,Q	전왜계수(Electrostrictive Coefficients)
k	전기기계결합계수(Electromechanical Coupling Factor)
η	에너지 변환계수(Energy Transmission Coefficient)
Y	영률(Young's Modulus)
$\tan\delta(\tan\delta')$	유전손실(Dielectric Loss)
$\tan\phi(\tan\phi')$	탄성손실(Elastic Loss)
$\tan\theta(\tan\theta')$	압전손실(Piezoelectric Loss)

필요한 예비지식

마이크로메카트로닉스(micromechatronics)를 이해하기 위해서는 반드시 알고 있어야 할 예비지식이 있다. 다음의 문제를 풀고, 다음 페이지에 주어진 해답을 이용하여 채점을 하라.

문 1 탄성 스티프니스(elastic stiffness) c와 탄성 컴플라이언스(elastic compliance) s를 응력(stress) X와 왜형(strain) x와의 관계식을 이용하여 정의하라.

문 2 아래 그림의 사각형의 물질의 전단응력(shear stress) X_4 와 이에 해당되는 전단왜형(shear strain) x_4를 그려라.

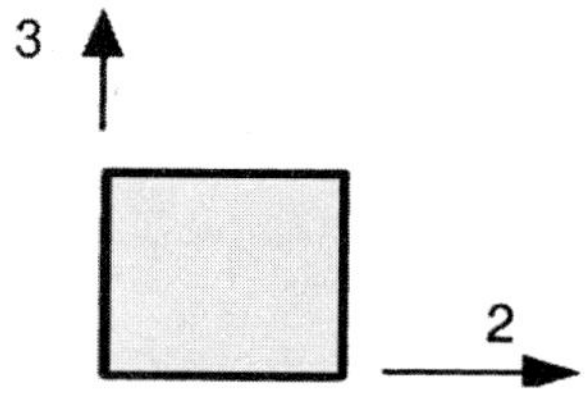

문 3 밀도가 σ이고, 탄성 컴플프라이언스가 s^E인 물질의 음속 v를 써라.

문 4 길이 l, 음속 v인 봉이 있다. 길이방향 신축모드의 기본공진주파수 f_o를 구하라.

문 5 다음 식의 우측항의 코사인 함수의 공란을 채워라.:

$\cos(kx)\ \cos(\omega t) + \cos(kx - \pi/2)\ \cos(\omega t - \pi/2) = \cos\ [?]$

문 6 전극면적 A, 전극간거리 t이며, 비유전율 K인 재료로 채워진 커패시터의 정전용량 C를 구하라.

문 7 아래 그림의 전기회로의 공진주파수를 구하라.

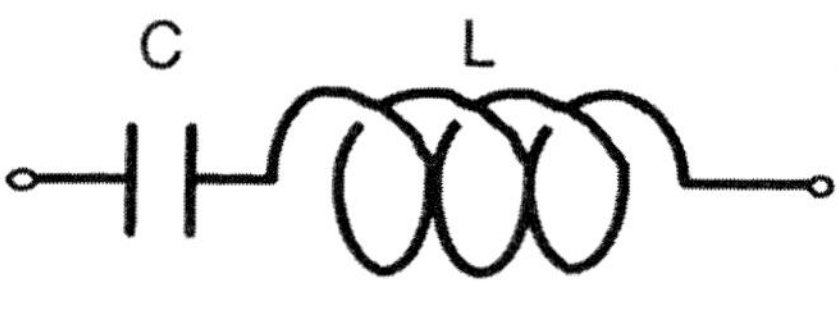

문 8 델타함수 [$\delta(t)$]의 라플라스 변환을 구하라.

문 9 내부 임피던스가 Z_o인 전원공급기(power supply)가 있다. 최대전력전달을 위한 최적회로 임피던스 Z_l를 써라.

문 10 압전정수 d인 압전체에 외부응력 X를 인가한 경우의 유기분극 P를 구하라.

해답 [60% 이상이면 좋은 성적임]

문 1 $X = c\ x,\ x = s\ X$

문 2 $x_4 = 2\ x_{23} = 2\ \phi$

[주: 각도는 라디안을 사용. 이 전단응력은 대각선방향의 신축응력과 등가임]

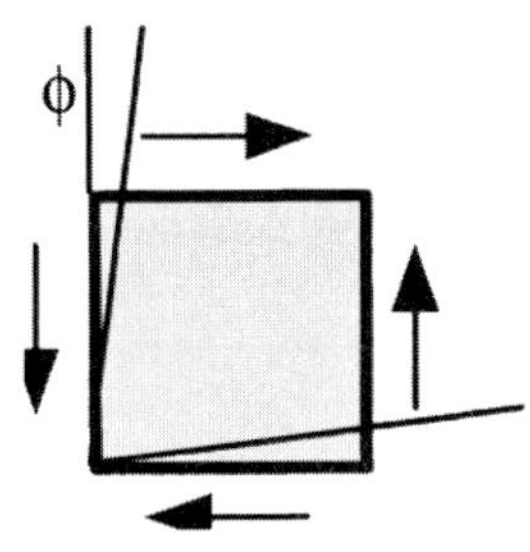

문 3 $v = 1/\sqrt{\rho s^E}$

문 4 $f_o = v\ /\ 2l$

문 5 $(kx - \omega t)$

[진행파는 두 개의 정재파를 중합하여 얻어짐]

문 6 $C = \varepsilon_o K(A\ /\ t)$

문 7 $f = 1/2\pi\sqrt{LC}$

문 8 1

[주: 델타함수는 전달함수를 구하는 경우 흔히 사용됨]

문 9 $Z_l = Z_o$

[주: Z_l에 흐르는 전류는 $V/(Z_o + Z_l)$ 이며 가해진 전압은 $[Z_l/(Z_o + Z_l)]V$이다. 전력은 각각의 곱으로서 $V^2 Z_l/(Z_o + Z_l)^2 = V^2/(Z_o/\sqrt{Z_l} + \sqrt{Z_l})^2 \le 1/4\ V^2/Z_o$이므로 최대전력전달은 $Z_o/\sqrt{Z_l} = \sqrt{Z_l}$ 일 때 이루어진다.]

문 10 $P = d\ X$

[압전정효과라고 부름]

제1장 액추에이터와 마이크로메카트로닉스의 최근 동향

1.1 새로운 액추에이터의 필요성

액추에이터(actuator)는 구동에너지를 기계적 변위 또는 힘으로 변환하는 트랜스듀서(transducer)이다. 최근에는 특히 위치제어장치(positioner), 기계적 댐퍼(mechanical damper), 소형 모터(miniature motor) 등의 응용에 있어서 새로운 액추에이터의 필요성이 크게 증가하고 있다. 이러한 디바이스들은 광학, 천문학, 유체제어, 그리고 정밀기계 등과 같은 광범위한 영역에 사용되고 있다.

전자 칩 소자를 생산하는 분야에서는 아주 흔한 서브 마이크로미터(sub-micrometer) 가공이 기계공학에서도 중요한 부분으로 되었다. 그림 1.1에 표현된 동향이 기계공작의 정밀도(accuracy)가 연도별로 어떻게 향상되었는지를 보여주고 있다.[1]

공작정밀도 향상의 주된 원인 중의 하나는 보다 정밀도가 높은 위치센서가 개발되었기 때문이다. 레이저를 이용한 센서들은 나노미터 범위의 변위(displacement)를 쉽게 측정할 수 있다. 그러나 이러한 정밀 광학 센서들은 그 센서가 위치를 측정하도록 설계된 서브 마이크로미터 가공기기를 이용하여야만 만들 수 있으므로, 또 하나의 "닭이 먼저냐 계란이 먼저냐?"의 논란거리가 될 수 있다.

실제의 공작기계에서는 기계를 구성하고 있는 연결부품(조인트)과 회전부품(기어와 모터)의 백래시(backlash)에 의한 오차가 발생될 수 있다. 기계의 진동 또한 피할 수 없는 위치의 변동을 가져오게 한다. 게다가, 공작 중에 생기는 응력과 열팽창에 의해 생기는 변형 또한 무시할 수 없다. 절단의 정확도를 향상시키기 위하여 마이크로미터 이하의 변위 위치제어장치가 필요함은 분명하다. 그 하나의 예로서 다층형 세라믹 액추에이터를 사용한 선반(lathe machine)의 시작품의 가공정밀도가 0.01 μm에 도달한 것이다.[2]

새롭고 복잡한 광학시스템의 개발에는 "능동 광학계(adaptive optics)"라는 개념이 사

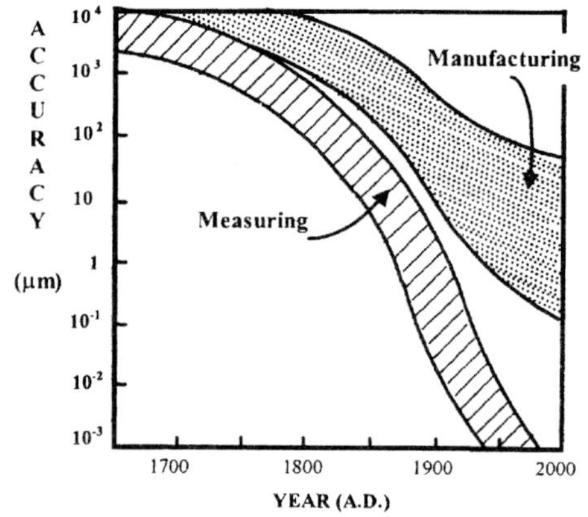

그림 1.1 연대에 따른 계측 및 가공정도의 변천. 현재 측정정도는 1 nm, 가공정도는 1 μm가 최고치이다.

용되고 있다. 이전의 시스템은 일반적으로 동작중에 거울과 렌즈의 위치, 각도 또는 초점거리 등과 같은 파라미터들이 처음의 값들에 고정되어 유지되도록 설계되었다. 그러나 새로운 시스템은 능동 광학 구성품들과 조합되어 시스템이 다양한 조건들에 반응토록 하여 근본적으로 시스템 파라미터가 최적의 동작을 유지하도록 조절하였다. 원래의 "lidar" 시스템(광파를 도입한 레이더 시스템)은 지구의 표면을 조사하는 NASA의 우주왕복선에 사용되도록 설계되었다. 레이저 빔이 지구표면으로 투사되고, 그 반사된 빛이 반사현미경에 의해 포착되면, 광증폭기에 의해 증폭되며, 그 마지막 신호가 이미지를 만들도록 처리되는 것이다. 우주왕복선의 진동잡음과 온도변화는 선명한 이미지를 얻는 데 방해가 되지만, 이러한 저해효과를 보상하는 데 감응적 위치제어장치(responsive positioner)의 사용이 검토되었다.

압전디바이스를 이용한 능동적(active) 그리고 수동적(passive) 진동억제(vibration suppression) 기술은 우주구조물, 군용차량, 민간차량 등에 적용 가능한 유망한 기술이다.

진공상태의 우주를 통과하여 움직이고 있는 우주구조물 내의 기계적인 진동은 쉽게 억제되지 않으며, 이런 이유로 10미터 길이의 태양전지 판넬이 단순히 구조물에 반복적으로 부딪히는 우주먼지의 충격에 의해서만도 심각한 손상을 입을 수 있다. 형상기억합금 또는 압전세라믹을 이용한 능동적 진동감쇄기가 이러한 문제의 개선방법으로서 현재 연구 중에 있다. 그림 1.2에 군용탱크 또는 잠수함을 위해 설계된 다양한 형태의 스마트 스킨(smart skin)을 나타내었다. 탱크에 미사일의 충격이 가해지거나 또는 거친 해류에 의해 잠수함에 복잡한 힘이 가해진다면, 예민한 표피에서 신호가 발생되고 이 신호가 액추에이터에 피드백 된다. 액추에이터는 탱크에 가해지는 충격손상을 효과적으로 최소화하기 위해 그 형태를 변화시키거나 잠수함에 힘을 작용시키는 방식으로 반응한다.

기계공학 분야에 있어서도 위에서 언급한 것과 다른 형태의 응용에 대한 수요가 급

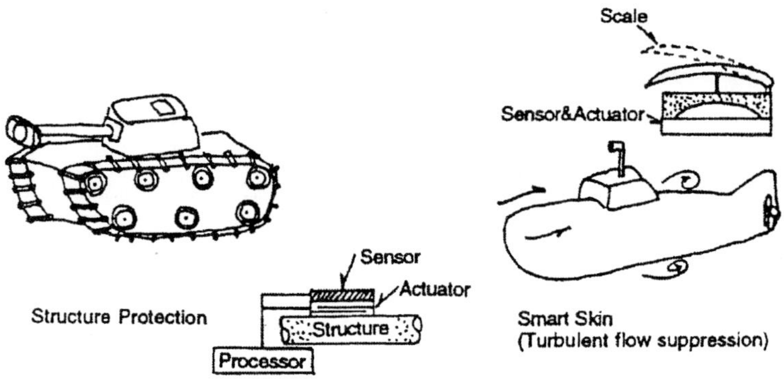

그림 1.2 군용탱크와 잠수함을 위한 스마트 스킨

격히 증가하고 있다. 이와같은 수요에 부합하는 기구들의 중요한 한 가지 부류가 "고체소자모터(solid-state motor)"이다. 시장의 연구개발은 프린터 또는 디스크 드라이브와 같은 사무용 디바이스에 초점이 맞추어져 있음을 볼 때 1 cm보다 작은 소형 모터에 대한 수요가 앞으로 십년 이상 증가할 것을 암시하고 있다. 종래의 전자기 모터의 설계는 이와 같은 분야에 있어서 요구되는 충분한 에너지 효율을 제공하지 못한다. 압전 초음파모터는 그 효율이 크기에 무관하므로 밀리미터 크기의 모터가 요구되는 경우 종래의 모터에 비해 수월성을 갖는다.

1.2 종래의 미소변위 제어방식

액추에이터의 분류를 표 1.1에 제시하였다. 이 분류는 미소변위의 제어능력과 관련된 액추에이터의 형태에 따른 것이다. 전기적으로 제어되는 형태는 일반적으로 소형기기가 필요한 응용분야에 적합하다. 이 분류에 포함된 고체상태 액추에이터의 관련 사양을 또한 표에 제시하였다. 새로운 원리를 이용한 액추에이터는 종래의 디바이스들에 비해 더욱 빠른 응답특성을 갖고, 소형화가 가능하며, 높은 분해도(resolution)를 가지며, 무게 대 전력비가 높은 특성을 갖는다.

정밀위치제어를 위한 종래의 방법들은 기계적인 백래시를 억제시키기 위해 변위를 줄이는 메커니즘을 가지며 다음의 세 가지 그룹으로 분류된다. 세 가지 그룹은 (1) 유/공압 변위감소, (2) 기어를 갖는 전자기 모터, (3) 보이스 코일(voice coil) 모터[4]이며 이에 대한 간단한 설명을 덧붙인다.

(1) 유압형 변위감소 메커니즘

그림 1.3에 나타낸 것과 같이, 유압 실린더의 직경을 변화시켜서 출력측의 변위를 효과

표 1.1 다양한 액추에이터의 변위특성

Drive	Drive	Displacement	Accuracy	Torque/ Generative Force	Response Time
Air pressure	Motor	Rotation	Degrees	50 Nm	10 sec
	Cylinder	100 mm	100 μm	10^{-1} N/mm^2	10 sec
Oil pressure	Motor	Rotation	Degrees	100 Nm	1 sec
	Cylinder	100 mm	10 μm	100 N/mm^2	1 sec
Electricity	AC Servo Motor	Rotation	minutes	30 Nm	100 msec
	DC Servo Motor	Rotation	minutes	200 Nm	10 msec
	Stepper Motor	1000 mm	10 μm	300 N	100 msec
	Voice Coil Motor	1 mm	0.1 μm	300 N	1 msec
	New Piezoelectric	100 μm	0.01 μm	30 N/mm^2	0.1 msec
	Magnetostrictor	100 μm	0.01 μm	100 N/mm^2	0.1 msec
	Ultrasonic Motor (piezoelectric)	Rotation	minutes	1 Nm	1 msec

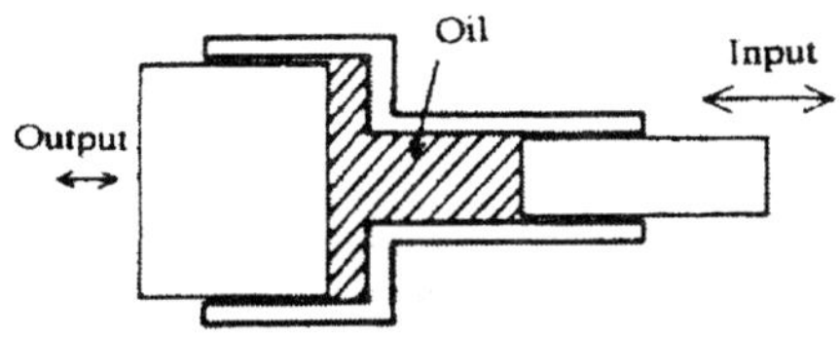

그림 1.3 유압형 변위감소 메커니즘의 구조도

적으로 감소시킬 수 있다. 이러한 유압형 메커니즘을 이용한 디바이스는 일반적으로 변위가 크고 반응속도가 느린 응용에 사용된다. 이러한 형태의 트랜스듀서는 고체 액추에이터에 의해 발생된 변위를 감소시키는 데에도 종종 이용된다.

(2) 모터와 변위감소 메커니즘의 조합

스크루(screw)에 의한 전이 메커니즘은 이동거리가 긴 경우에 주로 사용되어 왔다(그림 1.4 참조). 아주 정밀한 볼 스크루를 이용하여, 100 mm의 움직임에 대해 5 μm 이하의 위치 정밀도를 얻을 수 있다. 보다 큰 정밀도가 요구되는 경우에는 부차적인 변위감소 메커니즘과의 조합이 필요하다.

앞에서 설명한 유압형과 스크루를 이용한 두 가지 이외에도 일반적으로 몇 가지 다른 형태의 변위 감소 메커니즘이 사용되고 있다. 그림 1.5에 스프링 상수(spring constant)

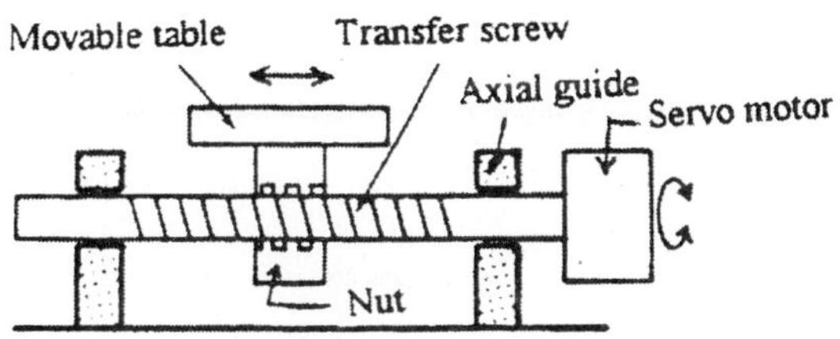

그림 1.4 스크루를 이용한 위치제어 메커니즘의 구조도

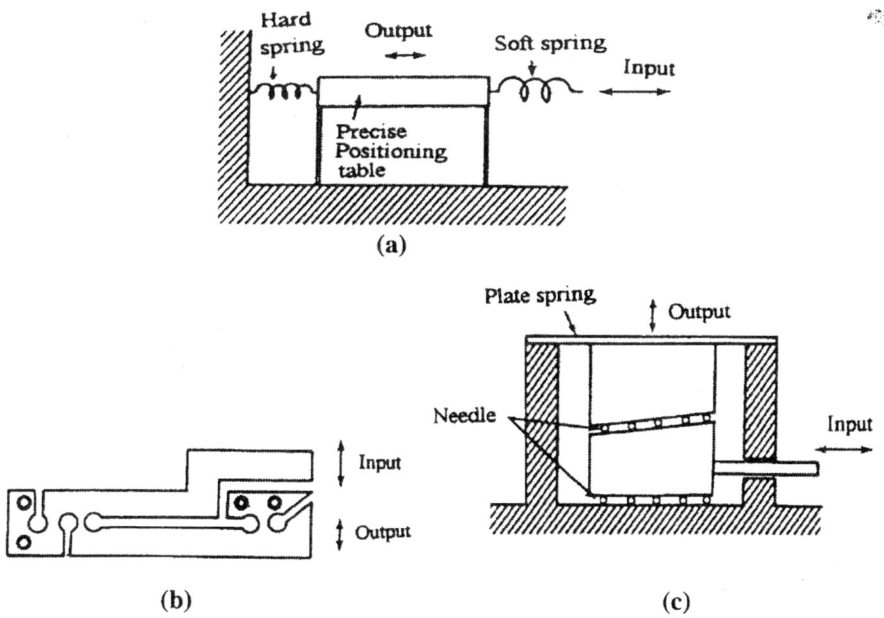

그림 1.5 몇 가지 변위감소 메커니즘의 구조도: (a) 스프링 상수의 차이를 이용한 기구, (b) 힌지레버를 이용한 기구, (c) 쐐기를 이용한 기구

의 차이를 이용한 메커니즘과 힌지레버(hinge lever)를 이용한 기구 그리고 쐐기(wedge)를 이용한 기구의 동작을 나타내었다.

모터와 볼 스크루(ball screw) 혹은 또 다른 변위 감소 메커니즘과의 조합은 반응속도가 빠르고, 발생력이 크며, 제어성이 우수하다. 그러나 일반적으로 그 구조가 복잡하여 소형으로 제조하기가 어렵다. 또한, 변위 감소 메커니즘의 효력에도 불구하고 전형적인 이동 스크루(transfer screw)의 제조 공차(tolerance)가 위치제어시의 백래시를 크게 한다.

전자기 모터(electromagnetic motor)의 최소 크기는 일반적으로 약 1 cm로 제한되며, 이보다 작은 모터는 적절한 토크(torque)와 효율(efficiency)을 제공하지 못한다. 그림 1.6에 최소 크기의 전자기 모터 중의 하나를 나타내었다.[5] 직경이 1.9 mm인 이 모터는 토크가 겨우 7.5 μNm이며 회전속도가 100,000 rpm에 달한다. 감속비가 47인 초소형기어박스(microgearbox)를 이 모터와 함께 사용하면 토크를 300 μNm까지 높일 수 있다. 그러

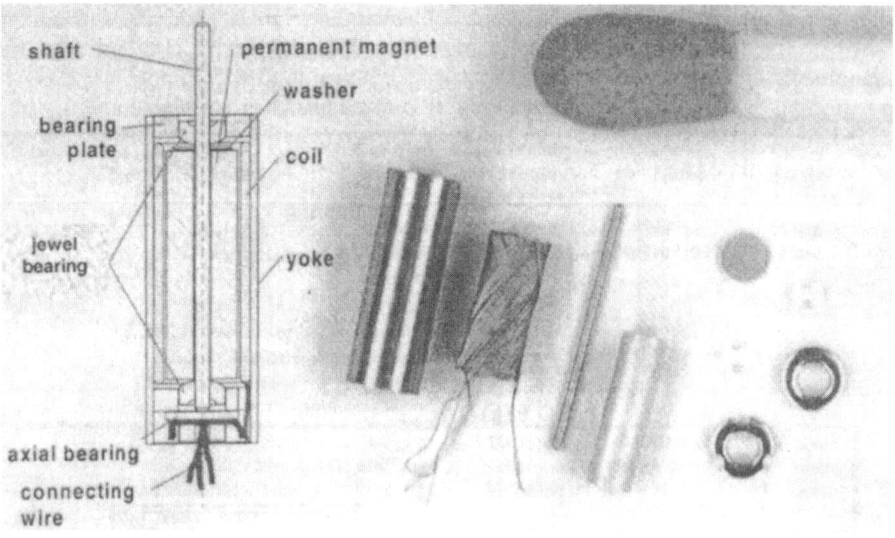

그림 1.6 Microtechnique, Mainz GmbH 연구소에서 개발한 직경 1.9 mm의 전자기 모터

나 기어박스의 사용은 모터의 효율을 현저히 떨어뜨린다. 또한, 전자기 모터의 소형화를 위해서는 권선(winding wire)의 굵기도 줄어들 수 밖에 없으므로, 전기저항의 증가와 줄열(Joule heating)의 현저한 상승이 따르게 된다.

(3) 보이스 코일(Voice Coil) 모터

보이스 코일 모터의 구조는 그림 1.7에 나타낸 것과 같다. 앞에서 예를 든 세 가지 위치제어 디바이스 중에서 보이스 코일 모터가 가장 정밀한 위치를 제어 할 수 있다. 그러나 비교적 큰 전기에너지의 입력을 필요로 하는 반면에, 반응속도가 늦고, 발생력이 작다.
최근에는 미세위치제어 응용에 보다 효율적이고 신뢰성 있게 적용할 수 있는 높은 정밀

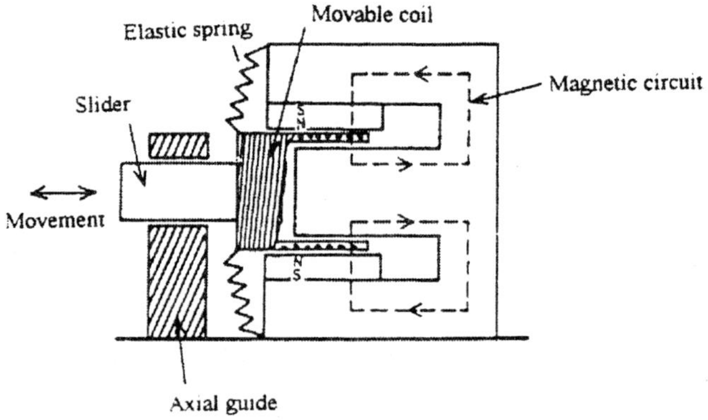

그림 1.7 보이스 코일 모터의 구조도

도의 변위기구를, 스프링 또는 기어 메커니즘을 사용하지 않는 새로운 형태의 고체 상태(solid-state) 액추에이터에서 찾고자 하는 노력이 진행되고 있다. 다음 절에서 이러한 고체 상태 액추에이터에 관련된 현재의 기술에 대한 간략한 고찰을 한다.

1.3 고체 상태 액추에이터의 개관

(1) 스마트 액추에이터(Smart Actuators)

우선, 재료(materials)의 "스마트니스(smartness)"에 대해 고찰하여 보자. 표 1.2에 재료에 가해지는 여러가지 입-출력 특성을 요약하였다. 입력성분으로서 전계, 자계, 응력(stress), 열(heat) 그리고 광(light)을 그리고 출력성분으로서 전하/전류, 자화(magnetization), 왜형(strain), 온도(temperature) 그리고 광을 택하여 서로와의 관계특성을 제시하였다. 예를 들어, 도전재료와 탄성재료는 어떤 경우에 "평범한 재료(trivial materials)"라고도 부르는데, 입력으로서 전압 또는 응력이 가해지면 출력으로서 각각 전류 또는 왜형을 발생한다.(표 1.2에서 대각선으로 입출력 관계가 연결됨)

이런 관점에서 보면, 고온 초전도 세라믹스 또한 평범한 재료에 속한다. 그러나 어떤 새로운 조성에서는 성능지수(전기전도도)가 이례적으로 높아서 최근 들어 특별한 화제거리가 되고 있다.

반면에, 초전(pyroelectric)재료와 압전(piezoelectric)재료는 입력에 열과 응력이 가해지면 각각 전계를 발생시키므로 "스마트한 재료(smart materials)"라고 부른다. 이 물질들은 표 1.2에서 입출력 관계가 비대각선으로 연결된다. 이러한 비대각선 재료에서는 전열효과(electrocaloric effects)와 역압전효과(converse piezoelectric effects)와 같은 각각에 해당되는 반대효과(converse effects)를 얻을 수 있다. 그러므로 동일한 재료로부터 "sensing"과 "actuating" 기능을 둘 다 얻을 수 있다. 그 일례로서 형상기억-초탄성합금(shape memory-super elastic alloy)으로 만들어진 치열교정기를 들 수 있다. 합금은 구강내의 온도변화에 반응하여 상전이를 일으키고, 항상 치아에 일정한 응력을 가하게 된다.

"지능형(intelligent)" 물질은 액추에이터와 센서 기능에 부가해서 주변 환경조건의 변화에 적응할 수 있는 "구동/제어(drive/control)" 또는 "처리(processing)" 기능을 지니고 있어야만 한다. 광왜(photostrictive) 액추에이터가 이 범주에 속한다. 어떤 강유전체는 빛을 받으면 고전압을 발생한다. (광기전력효과-photovoltaic effect) 강유전체는 또한 압전성을 지니므로, 발생된 광전압은 결정 내부에 변형(strain)을 유발하게 된다. 그러므로 이런 형태의 재료는 입사된 빛의 세기에 따른 구동 전압을 발생시키며 이 전압이 기계적인 응답을 발생시키는 것이다. 부분안정화된 지르코니아(zirconia)의 자기회복기능(self-repairing nature)도 또한 지능형 응답이라고 할 수 있다. 이 물질 내에 미세균열(microc-

표 1.2 재료의 각종 효과

OUTPUT / INPUT	CHARGE/ CURRENT	MAGNETI-ZATION	STRAIN	TEMPER-ATURE	LIGHT
ELECTRIC FIELD	Permittivity Coductivity	Electromagnetic Effect	Converse Piezoelectric Effect	Electrocaloric Effect	Electrooptic Effect
MAGNETIC FIELD	Magentoelectric Effect	Permeability	Magentostriction	Magentoelectric Effect	Magentooptic Effect
STRESS	Piezoelectric Effect	Piezomagnetic Effect	Elastic Constants	****	Photoelastic Effect
HEAT	Pyroelectric Effect	****	Thermal Expansion	Specific Heat	****
LIGHT	Photovoltaic Effect	****	Photostriction	****	Refractive Index

Diagonal Coupling: (shaded box) Sensor: (box)
Off-Diagonal Coupling: Smart Material Actuator: (box)

rack)이 발생하면 이와 함께 응력이 집중하게 되는데, 이 응력집중에 물질이 반응하여(sensing) 국부적인 상전이가 일어나서 집중된 응력을 완화시키고(control) 균열의 전파를 정지시킨다.(actuating)

만약 이러한 지능적인 재료에 보다 복잡한 메커니즘을 병합하여 복잡한 결정을 내릴 수 있도록 한다면, 소위 "영리한 재료(wise material)"가 만들어 질 것이다. 이러한 재료는 『이 반응이 위험을 가져올지』 혹은 『이 행동이 환경파괴를 유발할지』 등을 스스로 결정하고 각각에 따라 대응할 수 있도록 설계될 수 있다. 이 영리한 재료는 액추에이터 디바이스와 시스템의 실패방지(fail-safe) 메커니즘과 결합하여 사용하는 것이 바람직 하다. 이렇게 구비된 시스템은 마모 또는 손상의 징후(symptom)를 모니터하고 감지할 수 있어서 심각한 손상이나 사고가 발생되기 이전에 스스로 안전하게 전원이 차단되도록 한다.

(2) 신 액추에이터(New Actuators)

종래의 AC/DC 전자기 모터와 유/공압 액추에이터와 다른 메커니즘에 의해 동작되는 액추에이터를 일반적으로 신 액추에이터로 분류한다. 최근에 개발된 몇 가지의 신 액추에이터를 입력변수에 따라 표 1.3에 분류하였다. 대부분의 신 액추에이터는 원하는 액추에이팅 기능에 최적화되도록 엄밀히 재단된 특성을 갖는 어떤 형태의 고체재료로부터 만

표 1.3 입력성분에 따라 분류한 신 액추에이터

Input Parameter	Actuator Type/Device
Electric Field	Piezoeletric/Electrostrictive Electrostatic(Silicon MEMS) Electrorheological Fluid
Magnetic Field	Magnetostrictive Magentorheological Fluid
Stress	Rubbertuator
Heat	Shape Memory Alloy Bubble Jet
Light	Photostrictive Laser Light Manipulator
Chemical	Mechanochemical Metal-Hydrite

들어지며 이러한 신 액추에이터가 고체 상태 액추에이터로 불리기도 하는 이유가 이것 때문이다.

본 절에서는 신 액추에이터에 사용되는 가장 대중적이고 유용한 형태의 재료와 그 성질들에 대해 고찰하여 본다.

변위소자로서의 액추에이터는 온도, 자계 또는 전계 등의 외부적인 변수의 변화에 따라 조정이 가능하여야 한다. 온도변화에 의해 작동되는 액추에이터는 일반적으로 열팽창(thermal expansion) 또는 상전이(phase transition)에 의한 팽창(dilatation)을 통해 동작되는데, 이는 강유전체와 마르텐사이트(martensitic)의 변환(transformation)과 유사한 것이다. Nitinol과 같은 형상기억합금이 이러한 형태에 속한다. 외부변수가 자계인 경우에는, Terfenol-D와 같은 자왜(magnetostrictive)재료가 가해진 자계의 변화에 반응한다. 외부변수가 전계인 경우, 대표적으로 압전(piezoelectric) 그리고 전왜(electrostrictive)재료가 전계에 의해 조정되는 액추에이터로 사용된다. 그 이외에도, 실리콘을 기반으로 하는 MEMS(micro electro mechanical systems), 고분자 인공근육(polymer artificial muscles), 광에 의해 작동되는 액추에이터(광왜효과 혹은 광 유도 상변환에 의해 변위가 발생) 그리고 전계/자계에 대해 반응하는 유체(electro/magnetorheological fluids) 등이 신 액추에이터에 속한다.

액추에이터 소자의 바람직한 일반 특성을 정리하면 다음과 같다.

1) 변위가 클 것(감도=변위/구동전력)
2) 위치의 재현성이 좋을 것(히스테리시스가 낮을 것)
3) 응답 속도가 빠를 것
4) 온도 특성이 좋을 것
5) 작은 에너지로 구동될 것
6) 발생력이 크고 파괴강도가 높을 것
7) 크기가 작고 무게가 가벼울 것
8) 사용중 열화/경년변화(degradation/aging)가 적을 것
9) 환경에 대한 유해도가 낮을 것(기계적 소음, 전자기적 소음, 발열 등)

(3) MEMS(Micro Electro Mechanical Systems)

실리콘은 집적회로(IC)와 거의 동의어처럼 되어버린 재료이다. 그 우수한 기계적 특성 때문에, 실리콘을 미세가공(micromachining)하여 MEMS를 만드는 재료로서도 널리 사용되고 있다.[6] 실리콘을 미세가공 하는 기술은 지난 10년 동안 다양한 산업분야에서 넓은 응용영역에 사용하도록 개발되어 왔다. 압력 센서와 가속도 센서는 의료기기용 그리고 자동차용으로 생산되고 있다. 자동차의 충돌 시 에어백의 기동용으로서 사용되는 가속도 센서가 중요한 하나의 예가 되겠다. 그러나 MEMS 기구로부터 발생되는 힘/변위의 크기가 일반적으로 여러 액추에이터 응용에 사용하기에는 너무 작은 것이 문제점이다.

Bulk 미세가공 분야에서는, 웨이퍼(wafer) 물질을 선택적으로 제거하여 기계적 구조들을 실리콘 웨이퍼 위에 직접 구성하여 제조한다. 에칭(etching)이 그 주된 기술인데, 등방성(isotropic) 에칭, 이방성(anisotropic) 에칭, 또는 이 두 상태를 조합하여 사용하고 있다. 이방성 에칭에 있어서 에칭의 진행도(rate)는 결정 방향에 따라 다르며, 예를 들어, <100> 방향에서는 <111> 방향에 비해 100:1의 이방성비(anisotropic ratio)를 얻을 수 있다.

에칭 공정은 불순물을 첨가하여 선택적으로 제어가 가능하며, 불술물의 첨가가 높은 영역은 에칭이 느려진다. 또한, 전기화학적(electrochemically)으로 에칭을 멈출 수가 있는데, 바이어스된 p-n접합의 극성이 서로 다른 영역에서는 에칭이 멈춘다. 에칭이 완료된 후, 실리콘 웨이퍼를 파이랙스 유리 위에 양극처리적으로(anodically) 접합하며 최종적으로 각각의 소자 별로 잘게 절단해 낸다. 이상이 지금까지의 실리콘 압력 센서와 마이크로 펌프의 표준적 제조기술이었다. 그러나 최근에는 주된 제조기술로서, 표면미세가공(surface micromachining), 실리콘 융합접합(silicon fusion bonding), 그리고 LIGA(Lithographie, Galvanoformung, Abformung)라고 부르는 공정이 새로이 등장하였다. 웨이퍼의

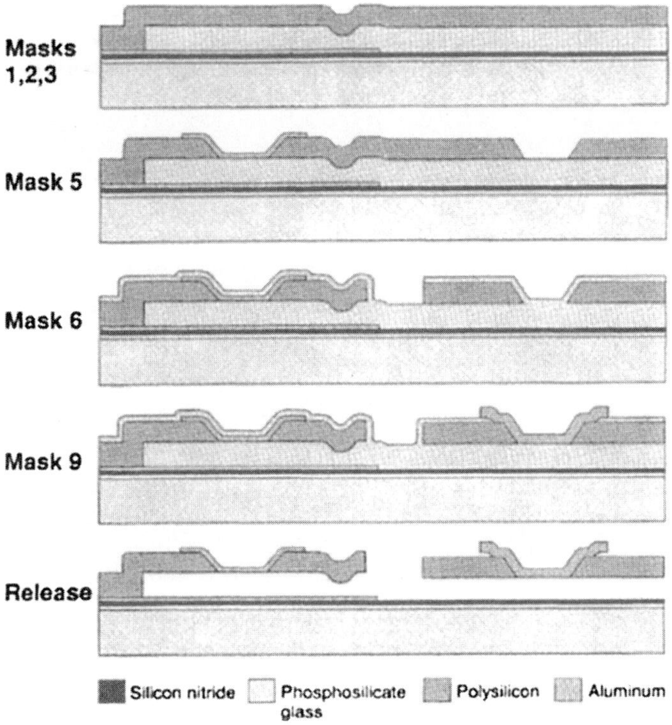

그림 1.8 대표적인 표면 미세가공 공정(Phosphosilicate glass layer를 희생층으로 사용)[6]

표면미세가공에 의해 박막층(thin film layers)을 선택적으로 부착하기도 하고 제거하기도 한다. 박막 침전(deposition)과 습식과 건식 에칭이 이 공정의 주된 도구이다. 다결정 실리콘(polysilicon), 산화 실리콘(silicon oxide), 질화 실리콘(silicon nitride) 등의 박막을 이용해 센서 소자, 전기적 결선, 그리고 구조체, 마스크, 희생층(sacrificial layers) 등을 만든다. 실리콘 에피택셜 층, 성장되거나 침전된 산화 실리콘 층 그리고 포토 레지스터 등이 희생재료(sacrificial materials)로 사용된다.

웨이퍼 위에 성장 또는 침전에 의해 희생층을 적절한 패턴으로 만들고 기계적 구조물이 기판에 부착될 부분을 제거한 후, 기계층을 부착하고 모양을 만든다(pattern). 마지막으로 기초가 되는 희생층을 에칭하여 제거함으로써 기계적인 구조물을 추출(release)해 내는 것이다.

이와 같은 공정으로 그림 1.9의 마이크로 집게(microgripper)와 같은 수백 마이크로미터 크기의 구조물을 만들 수 있다. 이 마이크로 집게는 미국 캘리포니아의 Berkeley Sensor and Actuator Center에서 released-polysilicon 표면미세가공을 이용하여 만들었으며 정전기력(electrostatic force)에 의해 작동한다.[6]

LIGA 공정의 첫 단계는 X선 식각법(X-ray lithography)을 이용하여 도전성 기판 위에

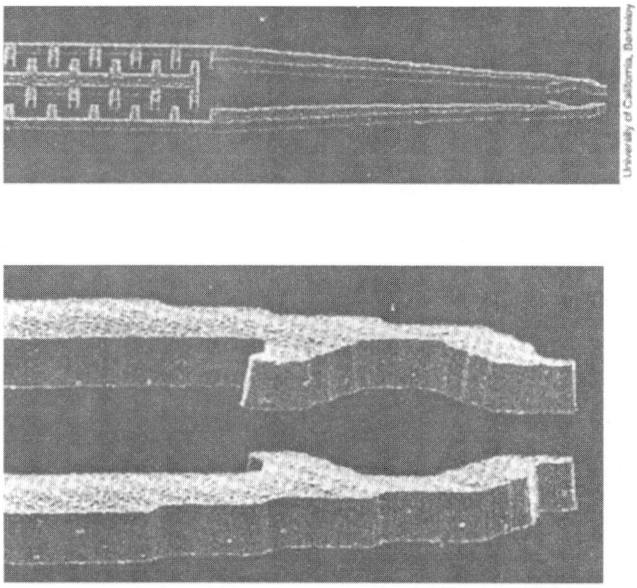

그림 1.9 미국 캘리포니아 주의 Berkeley Sensor and Actuator Center에서 released-polysilicon 표면미세가공을 이용하여 제조한 마이크로 집게[6]

포토레지스트(photoresist) 패턴을 생성하는 것으로부터 시작한다. 레지스트 패턴들 간의 간격은 충분히 전기도금이 가능하며, 원래의 레지스트 패턴의 아주 정확한 반대편 복제판이 만들어진다.

이것을 폴리이미드(polyimide), polymethyl methacrylate와 같은 플라스틱 수지(plastic resin)의 또는 세라믹 슬러리(slurry)의 금형(mold)으로 사용할 수 있다.

일단 재료가 응고(cure)되면, 이 금형은 제거되고 최초의 패턴의 미세한 복제품(microreplicas)이 남게 된다. 그림 1.10에 나타낸 마이크로기어박스는 그림 1.6의 마이크로 모터에 꼭 맞도록 만들어진 것으로서, polymer POM[5]을 이용해 마이크로 사출성형(microinjection-molded)으로 만든 17개의 구성품을 가지고 있다. LIGA 공정의 주요한 단점은 단파장이면서, 평행도가 높은(highly collimated) X선 발생장치(synchrotron이 이상적)가 필요하다는 점이다. 몇몇의 MEMS 제조회사는 자체적으로 synchrotron을 보유하고 있다.

(4) 인공근육(Artificial Muscle)

실리콘 MEMS 소자와 마찬가지로, 고분자 필름(polymer film) 액추에이터도 정전기 원리에 의해 구동된다. 여기서 소개하는 인공근육은 일본 동경대학에서 개발한 것이다.[7]

고분자 필름 액추에이터의 기본 설계와 동작을 그림 1.11에 나타내었다. 전극이 매입되어 있는 두 장의 고분자 필름이 서로 인접하게 놓여 있다. 3상의 전압(+V, −V, 0)이

고정자(stator) 필름에 매입된 3개의 전극에 연속해서 인가되면(그림 1.11(a)), −Q, +Q 그리고 0의 전하가 반대편에 있는 이동자(slider) 필름에 유기된다.(그림 1.11(b)), 그림 1.11(c)) 3개의 전압을 −V, +V, 그리고 −V로 바꾸게 되면 고정자와 이동자 사이에는

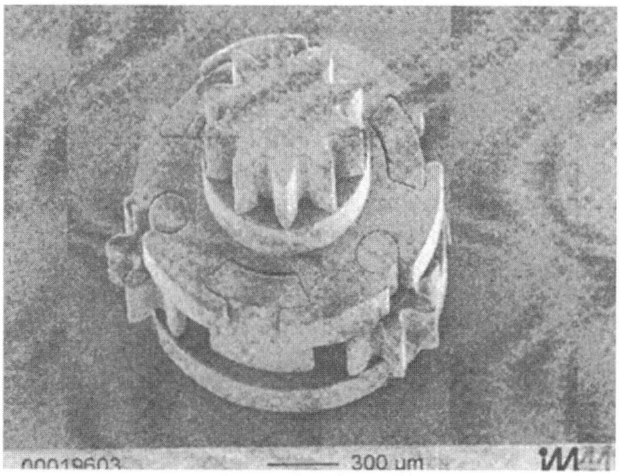

그림 1.10 LIGA기법으로 polymer POM을 사용하여 제조한 마이크로기어박스(microgearbox). 그림 1.6의 마이크로 모터에 맞추어 제조됨[5]

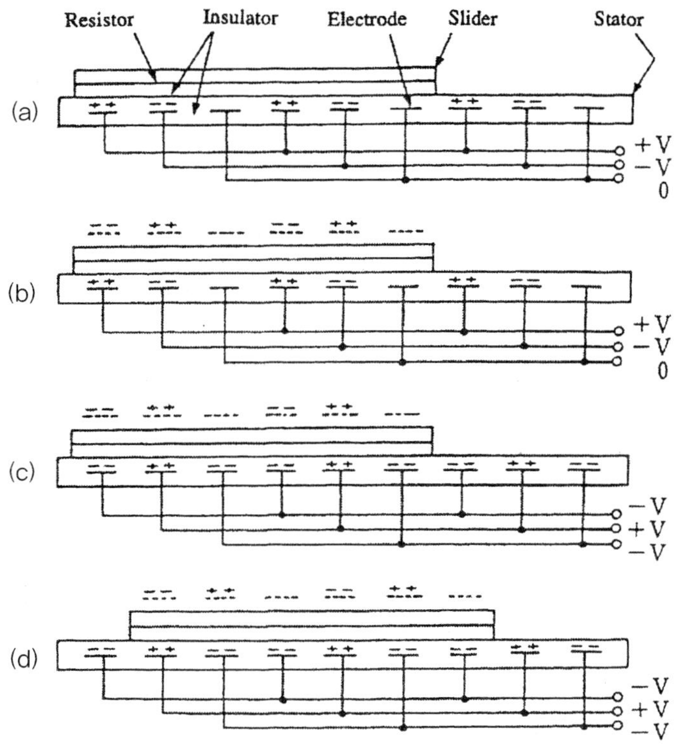

그림 1.11 폴리머 필름 액추에이터의 기본 설계와 동작[7]

반발력(repulsive force)이 발생하며 두 필름의 인접전극 사이에는 흡인력(attractive force)이 생기게 된다. 이와 같은 반발력과 흡인력에 의해 그림 1.11(d)와 같이 이동자가 우측으로 이동하며 그 이동거리는 전극간격과 같은 거리가 된다. 이때, 전극간격을 좁게 하면 정전기력이 현저히 증가한다.

그림 1.12에 정전 고분자 인공근육의 구조를 나타내었다. 이동자는 두께 12 μm인 PET 필름을 사용하였으며 고정자는 폴리이미드(polyimide) 필름의 표면에 전극선을 조합하여 판형으로 만들었다. 전극이 있는 면 사이의 적절한 간격을 유지하기 위해 스페이서(spacer)를 삽입하였다. 폭이 34 mm, 길이가 80 mm인 다섯 쌍의 고정자/이동자를 서로간에 0.35 mm의 간격으로 포개서 무게 43 g의 소자를 만든 후, Fluorinat(3M)에 담궜다. 10 Hz의 3상 전압을 가하면, 피치(pitch) 범위 0.1∼1.0 mm에서 무부하 속도 1 m/sec를 얻었다. 실효값으로 2.5 kV의 전압을 가하여 1∼3 N의 추력(trust)을 얻을 수 있었다. 이 인공근육은 동작을 위해 비교적 높은 전압을 필요로 한다는 점이 주된 결점이다.

정전 인공근육을 이용한 로봇 팔을 그림 1.13에 나타내었다. 320 N의 힘을 발생하는 40층의 정전 액추에이터가 160 N의 힘을 내는 20층의 액추에이터와 조합하여 도르래 메커니즘에서 동작하고 있는 것을 나타낸 것이다.[8]

(5) 형상기억합금(Shape Memory Alloys)

많은 재료는 구조적인 상전이(phase transition)를 하는 경우, 큰 기계적인 변형(deformation)을 일으킨다. 이와 같은 상전이는 온도, 응력, 또는 전계에 의해 발생한다. 어떤 종류의 재료의 경우에는, 일단 기계적인 변형이 일어나면 부하 혹은 가해진 응력이 사라진 후에도 변형된 상태를 계속 유지하지만, 열을 가하게 되면 원래의 모양으로 되돌아온다.

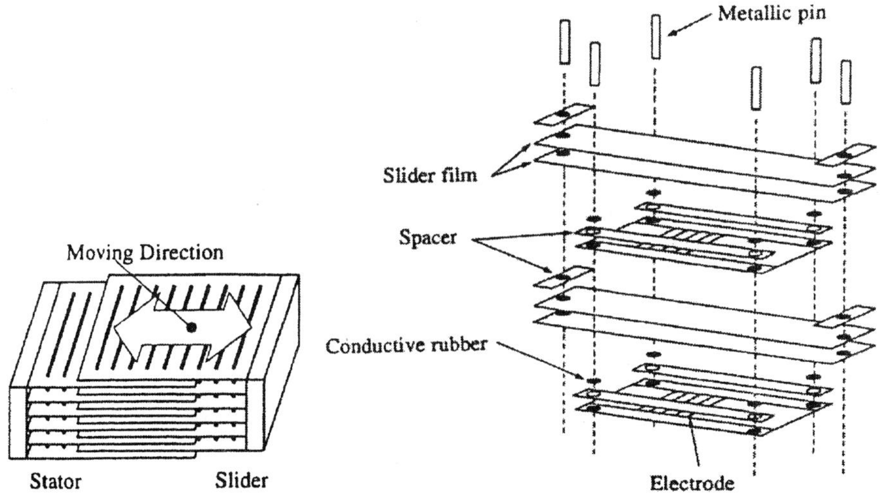

그림 1.12 정전 고분자 인공근육의 구조[7]

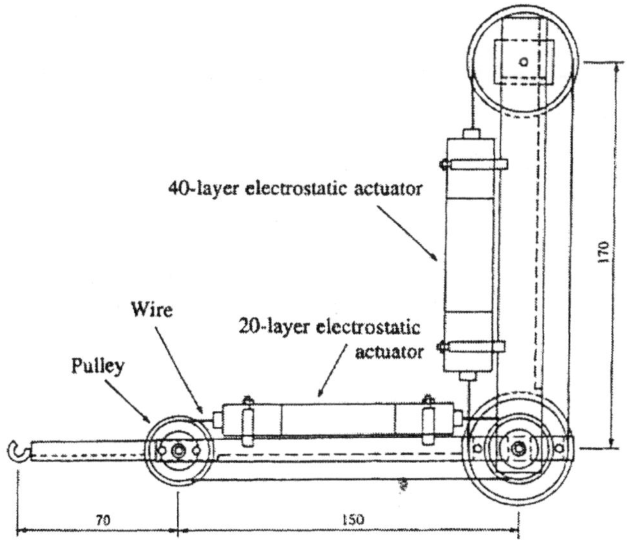

그림 1.13 두 개의 인공근육을 조합한 로봇 팔의 구조도[8]

이러한 형태의 동작을 형상기억(shape memory)이라고 한다.

그림 1.14에 통상재료, 형상기억재료, 초탄성(superelastic)재료의 응력-왜형 곡선의 예를 나타내었다.[9] 통상적인 금속에 탄성변형한도를 넘는 응력을 가하는 경우, 힘을 제거하여도 원래의 모양으로 돌아오지 않는 비가역적(회복불가능)인 변형이 일어난다. 반면에, 초탄성합금에 탄성한도를 넘는 응력을 가하는 경우, 응력에 의해 유기되는 상전환(phase transformation)에 의해 탄성적으로 부드러워진다. 이 경우에는 발생된 변형이 가역적이며, 부하 또는 응력이 제거되면 원래의 형상을 회복하는 것이다. 마지막으로, 형상기억합금의 경우, 통상재료의 변형과 유사하지만, 응력을 제거한 후 적절한 온도의 열을 가하

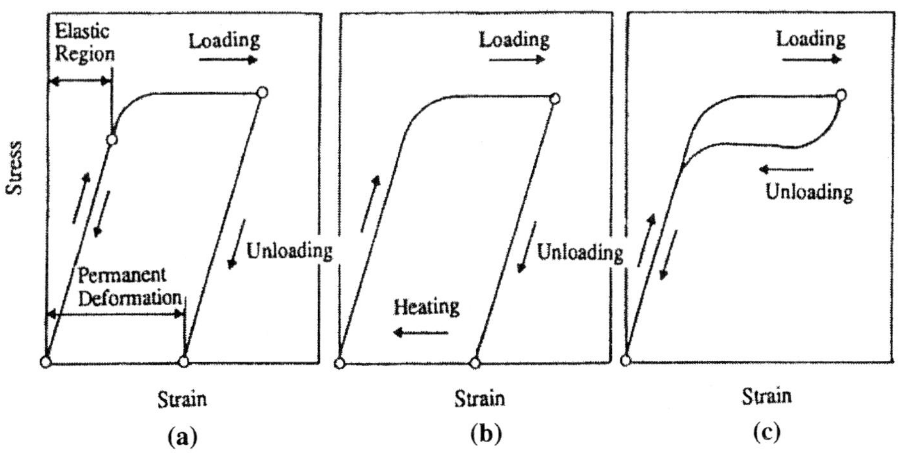

그림 1.14 전형적인 응력-왜형 곡선: (a) 통상재료, (b) 형상기억재료, (c) 초탄성재료[9]

는 것에 의해 원래의 형상으로 되돌아오는 점이 서로 크게 다른 점이다.

형상기억합금은 변형될 때의 온도에 따라서, 초탄성 혹은 의사플라스틱(pseudoplastic)의 두 가지 다른 기계적 특성 중의 한 가지 특성을 나타낸다. Ni-Ti의 합금인 Nitinol이 초탄성 특성을 보일 때의 탄성계수(effective modulus)가 원래의 상에서의 탄성계수와 비교할 때, 그 크기의 자릿수가 몇 자리 바뀔 정도로 작기 때문에, 10%까지의 변형이 있어도 원래의 형상으로 돌아갈 수 있는 것이다. 의사플라스틱 특성을 나타낼 경우에는, 아주 큰 왜형에 의해 약간의 경화(hardening)를 동반하며 변형이 일어난다. 의사플라스틱 특성으로 변형된 합금은 열을 가해서 원래의 형상으로 되돌릴 수가 있다. 이 경우, 복원과정에서의 발생력은 10^8 N/m^{2}에 달한다.

형상기억과 초탄성의 메커니즘을 그림 1.15와 같이 결정학적인 관점으로 설명할 수가 있다. 통상 금속의 경우에는, 응력이 탄성한계를 넘게 되면 원자의 전위(shift)가 일어나서 전단변위(shear strain)를 발생하며, 응력이 제거되어도 영구잔류왜형(permanent residual strain)으로 남게 된다. (그림 1.15(a)) 형상기억합금의 경우에는, austenite 상태인 원래의 상이 전이온도 이하에서 martensite 상변태를 일으켜 martensite 상을 유기한다. 거시적으로는 물체의 형태가 변하지 않은 것으로 보일 수 있지만, 미시적으로는 수많은

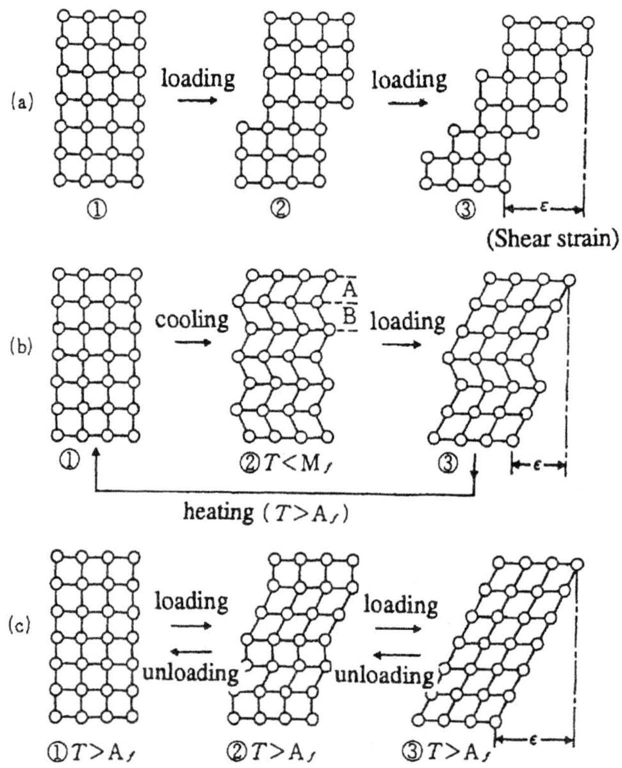

그림 1.15 미시적인 격자의 변형 (a) 통상재료, (b) 형상기억재료, (c) 초탄성재료[10]

쌍둥이 구조가 발생되어 있다. 쌍둥이 면은 움직이기가 쉬워서, martensite 물질이 외부 응력에 의해 쉽게 변형될 수 있다. (그림 1.15(b)) 그러나 변형되었던 물질을 가열하여 역상전이 온도 A_f 이상의 온도가 되면, 원래의 상인 austenite 상이 유기되어 초기의 형태로 복원된다. 이것이 형상기억효과이다. 만약 상전이 온도 A_f 이상의 온도에서 austenite 상태인 형상기억합금에 응력이 가해진 경우에는, 특정 응력 이상에서 점차적으로 martensite 상이 유기되어 의사플라스틱 특성을 보이게 된다. 이 경우 재료는 무척 연하게 된다. 가해진 응력이 낮아지면, martensite로부터 austensite로의 역상변태가 일어나서 원래의 딱딱한 상태로 되돌아간다. 고무에서 일어나는 현상과 유사한 이러한 탄성현상을 초탄성(superelasticity)이라고 한다.

흥미롭게도, 형상기억합금을 이용하여 처음으로 상용화에 성공한 상품의 하나가 여성의 속옷이다. 초탄성 특성을 갖는 합금을 브레지어에 적용하여, 적절한 지지력을 제공하면서 편안한 착용을 유지하도록 디자인하였다.

또 다른 상품화의 예로서 파이프 커플러(coupler)와 전기 커넥터를 들 수 있다.[11]

파이프 커플러는 austenite상태에서 가공하여 원통형으로 만든다. 이 커플러에 약간 직경이 큰 실린더를 밀어 넣으면 커플러가 martensite 상으로 변환되며 강제로 직경이 확장된다. 연결하고자 하는 파이프를 내경에 삽입하고 온도를 상온으로 낮추면 커플러는 austenite로 되돌아가며 수축하여 파이프를 강력히 죄어 고정하게 된다.

그림 1.16에 형상기억 스프링을 이용한 액추에이터를 나타내었다. 통상적인 강(steel)으로 만든 스프링과 함께 완전히 펼쳐진 상태를 기억하는 형상기억합금(Ni-Ti 혹은 Nitinol) 스프링을 조합하여 설계하였다.

낮은 동작온도에서는, 형상기억 스프링이 부드러워져서 축이 오른쪽으로 밀릴 것이다. 온도가 상승하면(예를 들어 전류 등에 의해), 형상기억 스프링의 스프링 정수가 현저

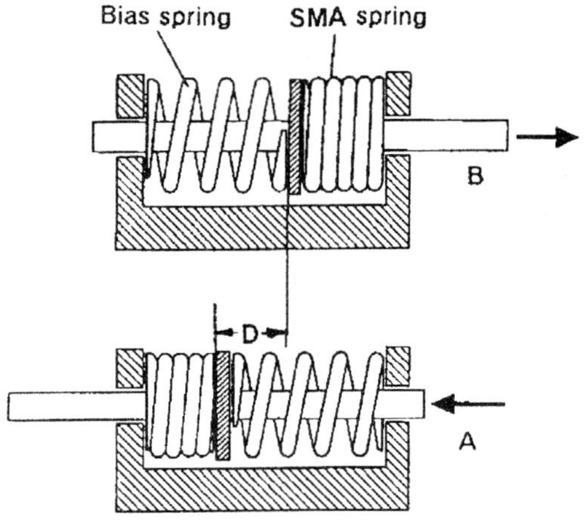

그림 1.16 형상기억합금(SMA)과 통상적인 금속스프링을 이용한(바이어스용) 쌍방향 액추에이터

하게 증가하여 축을 왼쪽으로 밀어내게 된다.

유사한 메커니즘이 에어컨의 바람이 나오는 구멍을 여닫는 날개(flapper)의 조정 유닛에 이용되었다. 에어컨으로부터 나오는 공기의 온도는 일정하게 변하게 되며 어떤 경우에는 너무 추워질 수 있다. 그림 1.17과 같이 형상기억합금을 사용하여 에어컨의 전면에 부착된 날개를 움직여서 바람 흐름의 방향을 조정하는 것이 한 해법이 될 수 있다.[12] 흐르는 공기가 차가워지면, 바람이 위쪽으로 향하도록 날개가 움직이고, 공기가 과도히 더워지면 바람이 아래쪽을 향하도록 날개가 움직인다. 연결 메커니즘과 날개의 동작을 그림 1.17(a)에 나타내었다. 형상기억합금 스프링과 바이어스 스프링이 날개의 끝 부분에 작용하여 시소(seesaw)와 같이 중심축을 중심으로 회전토록 하여 온도가 변할 때 공기의

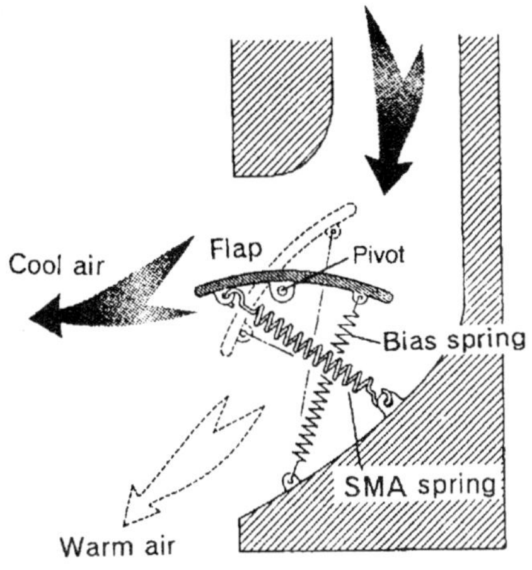

(a)

(b)

그림 1.17 형상기억 날개조정 메커니즘을 갖는 에어컨: (a) 날개조정 메커니즘의 구조도, (b) 실제 에어컨의 날개조정 유닛[12]

흐름을 바꾸도록 한다.

(6) 자왜 액추에이터(Magnetostrictive Actuators)

자왜재료는 자기에너지를 기계적 에너지로 변환하는 재료이며, 그 역변환도 가능하다. 자왜재료는 자화되면(magnetized) 왜형을 발생하며, 힘 또는 토크가 가해져서 자왜재료 내에 왜형이 생기면 재료의 자화와 투자율 등의 자기특성이 변화한다.

자왜는 재료 고유의 특성인데, 전자 스핀, 스핀 궤도의 방향, 궤도간의 상호작용 그리고 분자격자의 형상 등에 의존한다. 또한, 자장과 응력에 의한 분역벽의 이동과 자화의 회전에 의해서도 영향을 받는다.[13]

Clark 등에 의해 Tb-Dy-Fe 합금인 Terfenol-D의 거대자왜(giant magnetostriction)에 대한 연구가 시작되었다.[14] 온도에 대한 Terfenol-D의 종방향으로(longitudinally) 유기된 왜형 및 횡방향으로(transversely) 유기된 왜형의 크기를 그림 1.18에 나타내었다. 초기에 크기가 작은 자계에 의해 자계방향의 자화를 갖는 분역(domain)이 성장을 시작한다. 이때 자계방향과 반대의 분역의 자화는 서서히 감소하므로, 결과적으로 분역벽(domain wall)의 이동이 유기된다. 자계의 세기가 중간 정도에 이르면, 자계방향과 일치되지 않은 방향의 분역내의 자기모멘트가 이방성 에너지(anisotropic energy)를 극복하고 급격히 회전하여 인가자계의 방향에 더욱 가깝게 정렬이 된다. 이러한 자기모멘트의 회전에 의해 왜형이 크게 변화하게 된다. 자계가 더욱 증가하면, 자기모멘트는 인가자계와 같은 방향으로 완전히 정렬될 때까지 응집성 있게 회전한다. 이 경우 재료는 단분역상태가 되며, 왜형특성곡선은 포화상태가 된다.

이 자왜재료를 이용하여 0.17%가 넘는 왜형과 충분히 큰 발생 응력을 얻을 수 있지만, 이 기기를 구동하기 위해서는 자기코일과 높은 자계강도가 필요하므로, 전자기모터와 마찬가지로 전자장이 외부에 미치는 영향 등의 문제점들을 가지고 있다. 그림 1.19에 거대 자왜 액추에이터의 대표적인 설계의 예를 제시하였다.[15] 이 액추에이터에서 주목할 만한 두 가지 특징은 예압(pre-stressing) 메커니즘과 자기코일/차폐(coil/shield)를 사용하고 있는 점이지만, 이 때문에 시스템의 크기와 무게가 크게 늘어난다. 자기왜형합금의 최적의 성능을 얻기 위해서 인장응력을 미리 가해두는 예압 메커니즘이 중요하다. 또한, 약한 자계에 의해서는 왜형이 쉽게 얻어지지 않는 경우도 있으므로, 바이어스 자계로서 영구자석을 사용하는 경우도 있다.

소나 디바이스(sonar device)의 일례를 그림 1.20에 나타내었다. 4개의 막대형 자왜소자(Terfenol-D 사용)가 정사각형 배열로 금속 링 내부에 설치되어 있다.[16] 막대형 자왜소자의 직경은 6 mm, 길이는 50 mm이며, 자유공진주파수가 7.4 kHz이다. 전체 링 디바이스의 공진주파수는 2.0 kHz이다.

일반적으로, 자왜 액추에이터는 그 동작에 필요한 자기 코일과 차폐 때문에 부피가

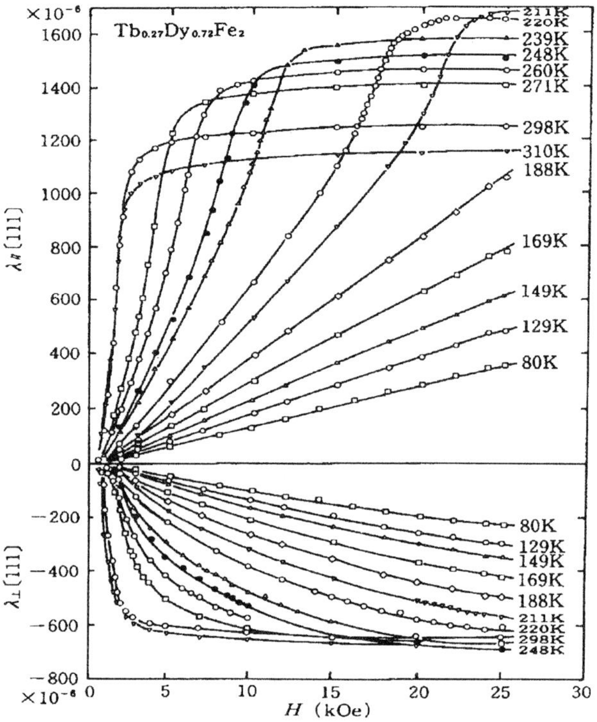

그림 1.18 여러 온도에서 Terfenol-D에 유기되는 종방향 및 횡방향 변위특성[14]

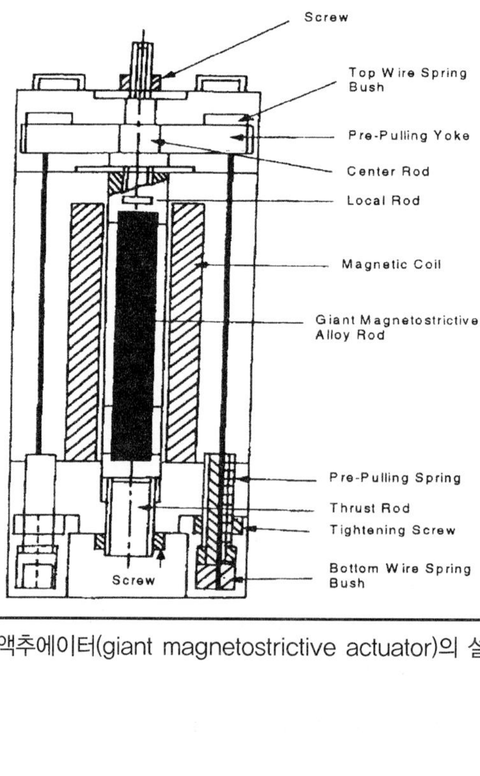

그림 1.19 거대 자왜 액추에이터(giant magnetostrictive actuator)의 설계 예[15]

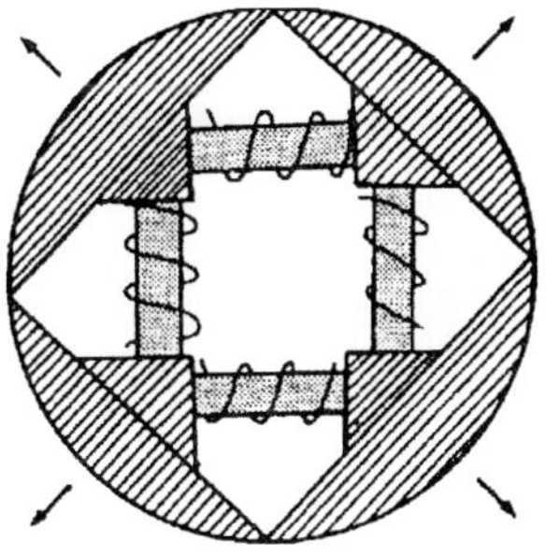

그림 1.20 4개의 자왜 액추에이터를 사용한 고출력 음향 트랜스듀서[16]

커지고 소형화가 어렵다. 반면에, 이러한 액추에이터는 비교적 큰 힘을 발생시킬 수 있으며, 그 크기를 크게 하면 효율도 함께 증가하므로, 건설/파괴 기계 그리고 대형 구조물의 진동제어 등과 같은 전자기모터를 사용하고 있는 응용분야에 적합하다. 또 하나의 흥미있는 응용분야는 의료분야의 외과에서 찾을 수 있는데, 현재 MRI 기기에서 사용되고 있는 기술과 비슷한 방법으로 외부자계에 의해 조정되는 소형 자왜 액추에이터를 특수용도로 사용할 수 있을 것이다.

(7) 압전/전왜 액추에이터(Piezoelectric/Electrostrictive Actuators)

전계가 절연체에 인가되면, 압전효과(piezoelectric effect), 전왜효과(electrostriction), 혹은 이 두 가지 효과의 조합에 의해 물체 안에 왜형(strain)이 유기된다. 보다 정확히 구분을 하면, 유기된 왜형이 인가전계에 비례하는 역압전효과(converse piezoelectric effect)가 주된 전기기계효과(electromechanical effect)이며, 전왜효과는 2차의 효과로서, 유기된 왜형이 인가전계의 제곱에 비례한다. 여기에서는 간단한 소개를 하고, 압전효과와 전왜효과에 대한 보다 상세한 설명은 다음 장에서 다룬다.

그림 1.21에 전계유기왜형 곡선의 예를 나타내었다. (a)는 lanthanum을 첨가한 lead zirconate titanate(PLZT) 압전재료에 대한 곡선이며, (b)는 lead magnesium niobate(PMN) 전왜 세라믹에 대한 곡선이다.[17] 압전효과의 경우, 왜형과 전계의 관계가 선형적(linear) 특성을 보였으나 히스테리시스가 크다. 반면에, 전왜효과의 경우에는 히스테리시스가 아주 작고 왜형과 전계의 관계가 명확한 비선형적(non-linear) 특성을 보였다. 이러한 비선형적 동작 때문에, 전왜 액추에이터의 경우에는 일반적으로 정교한 구동회로가 필요하다. 압전세라믹의 최대왜형이 약 0.1%이며, 최대발생응력이 4×10^7 N/m^{2}이다.

여러가지 고체소자 중에서, 압전 액추에이터는 가장 진전된 개발을 이루고 있으며, 현재에도 다양한 응용에 가장 널리 사용되고 있는 형태이다. 다층형(multilayer) 압전 액추에이터와 정밀한 변위확대기구를 조합하여 동작되는 도트 매트릭스 프린터의 헤드를 그림 1.22에 나타내었다. 이것은 1987년 일본의 NEC에 의해 상품화된 것으로서 압전재

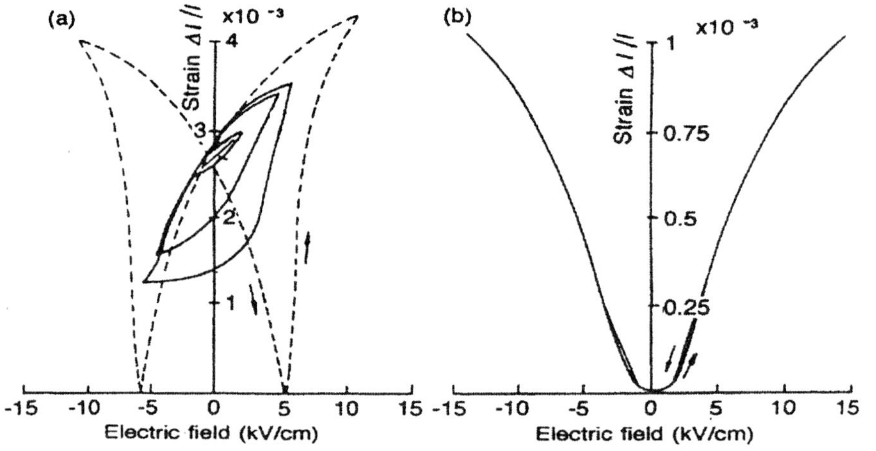

그림 1.21 전계유기왜형 특성 곡선 (a) lanthanum 첨가된 lead zirconate titanate 압전재료, (b) lead magnesium niobate계 전왜 세라믹[17]

료 응용의 초기의 디바이스다.[18]

압전 초음파모터의 개발도 또한 집중적으로 진행되고 있다. 현재 전자부품업체들이 초음파 모터에 대해 관심을 집중하고 있는데, 이는 초음파모터가 기존의 전자기 모터에 비해 우수한 효율을 가지고 있으며, 소형화가 가능(5~8 mm)하며, 제조가 용이한 점 등의 명확한 장점을 지니고 있기 때문이다.

일본의 SEIKO 전자에 의해 개발 상용화된 마이크로 초음파모터(손목시계에 적용)를 그림 1.23에 나타내었다. 직경 8 mm의 모터는 진동알람(silent alarm)에 사용되고, 직경 4.5 mm의 모터는 날짜변경 메커니즘의 일부로 사용되고 있다.

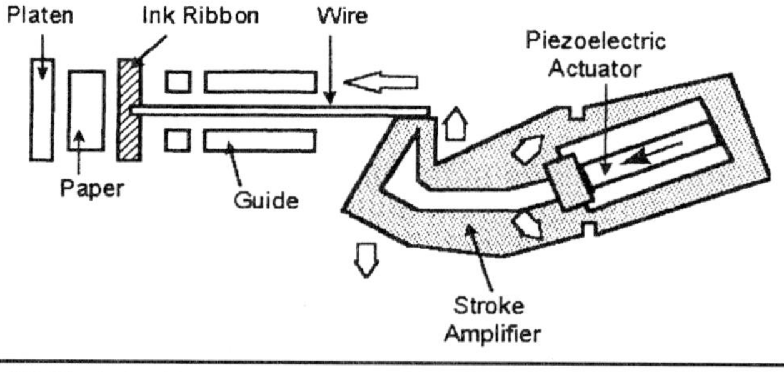

그림 1.22 다층형 압전 액추에이터와 힌지레버 형 변위확대기구를 사용한 도트 매트릭스(NEC, Japan)[18]

그림 1.23 일본 SEIKO 사의 손목시계에 사용된 마이크로 초음파모터: 좌측–직경 8 mm 진동알람용, 우측–직경 4.5 mm 날짜변경용[19]

(8) 폴리머/엘라스토머(Polymer/Elastomer) 액추에이터

폴리머 재료에서도 왜형이 발생하는데, 그 탄성계수(elastic compliance)가 높기 때문에 기계적인 손상 없이 비교적 큰 왜형을 유기할 수 있다. 폴리머 액추에이터 재료는 일반적인 형태에 따라 PVDF(polyvinylidene difluoride)계 압전 폴리머와 일렉트렛/엘라스토머(electret/elastomer)형의 두 가지로 분류할 수 있다.

PVDF와 trifluoroethylene와의 공중합체(copolymer)인 P(VDF-TrFE)는 널리 알려져 있는 압전 폴리머 재료이다. 그러나 항전계(coercive field)가 매우 높기 때문에 이 물질의 유기왜형은 그다지 높지 않다. Zhang 등에 의해 전자선을 조사하는 처리방법에 의해 이 재료의 유기왜형이 대폭 개선되었다.[20] 몰비가 68/32인 P(VDF-TrFE) 공중합체를 105℃로 가열하여 1.0 MeV의 전자선을 조사하였다. 70 Mrad의 조사에 의해 상전이가 산만(diffuse)하게 되며, 상전이 온도가 낮아지는 결과를 얻었다. 이러한 상전이 현상의 변화는 마이크로 도메인 상태의 증가에 의해 강유전 도메인의 원거리결합을 효과적으로 방해하기 때문으로 보이며, 릴랙서(relaxer) 강유전체와 유사한 현상이다. 전자선을 조사한 P(VDF-TrFE) 시편의 왜형곡선을 그림 1.24에 나타내었다. 인가전계 150 MV/m의 경우 최대왜형이 약 5%에 달하였다.

엘라스토머 액추에이터는 정전 커패시터 내의 맥스웰 응력(Maxwell force)에 의해 구동된다. 커패시터의 면적을 S, 전극간의 거리를 t, 전극간재료의 유전율을 K, 커패시턴스를 C라고 하면, 누적에너지 U는 다음의 식으로 표시할 수 있다.

$$C=\varepsilon_o K(S/t) \tag{1.1}$$

$$U=(1/2)CV^2 \tag{1.2}$$

그리고 전극간에는 다음과 같은 흡인력이 발생되어 전극간의 거리를 줄이려고 한다.

$$F=(\partial U/\partial t)=-(1/2)\ \varepsilon_o\ K\ S(V/t)^2 \tag{1.3}$$

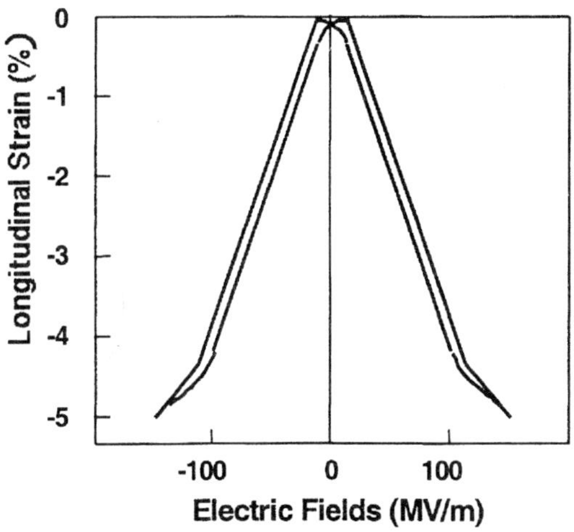

그림 1.24 전자선을 조사한 PVDF(polyvinylidene difluoride)계 공중합체의 전계-유기왜형 곡선

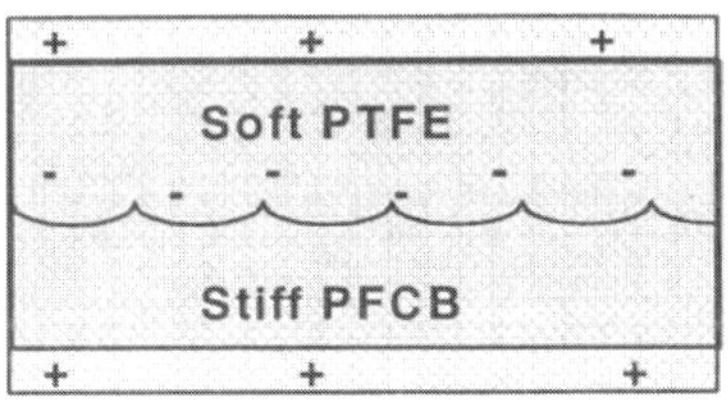

그림 1.25 다공성 PTFE와 경질 PFCB가 조합된 복합 엘라스토머의 구조도[21]

보다 큰 흡인력을 얻으려면, 전극간의 거리를 작게 할 필요가 있으며, 물질의 탄성 컴플라이언스를 크게 하고, 유전율을 크게(충전전하가 커짐)하여야 함을 위의 결과로부터 알 수 있다. 또한, 다공성(porous) PTFE와 경질(stiff) PFCB가 그림 1.25와 같은 배열로 조합된 복합 엘라스토머 구조가 개발되었다.[21] 다공질 PTFE가 구조 전체의 부드러움(compliance)에 효과적으로 기여하는 반면, 딱딱한 PFCB상이 전하를 축적한다. 이 복합 구조의 경우, 유효 압전 d_{33} 왜형상수는 약 600 pC/N이며, PVDF 단일물질과 비교하면 20배가 큰 값을 나타낸다. 충분히 부드러운 폴리머를 다공질재료로 사용하면, 이론상으로는 100%(길이가 2배가 됨)의 왜형을 무리없이 얻을 것으로 기대된다. 폴리머에서 큰 변위를 쉽게 기대할 수 있지만, 디바이스의 발생력과 응답성을 희생하여야만 얻을 수 있음을 주의하여야 한다.

(9) 광왜(Photostriction)

디바이스의 소형화, 그리고 마이크로로보틱스와 마이크로일렉트로닉스의 융합에 대한 계속되는 요구가 새로운 세라믹 액추에이터의 두드러진 개발을 가져왔다. 그 중에서도,

파장에 의존하는 광 액추에이터 메커니즘의 이용은 특히 매력적이다. 광에너지를 기계적인 동작으로 변환하는 광왜 액추에이터(photostrictive actuator)는 마이크로액추에이션(microactuation)과 마이크로센싱(microsensing)의 응용분야에 활용될 것으로 기대되고 있다.

광 액추에이터는 전자파 노이즈가 없으면서(electromagnetic noise-free) 광으로 컨트롤이 되는 시스템의 구동 디바이스로서의 이용도 또한 기대되고 있다.

최근, 광왜효과가 빛이 소리로 변환되는 광음향소자(photophonic device)에도 사용되고 있다. 광음향소자는 간헐적인 빛의 조사에 의해 기계적 진동을 유기하는 현상을 이용하는 것이다.

원리적으로, 광왜효과는 광기전력효과(photovoltaic effect: 빛의 조사에 의해 전위차가 발생)와 역압전효과(converse piezoelectric effect: 전계인가에 의해 왜형이 유도됨)의 중첩으로부터 얻어진다.[22]

광왜효과는 주로 강유전 다결정재료를 중심으로 연구되어 왔다. 비교적 압전계수가 높고, 제조가 쉽기 때문에 lantanum을 첨가한 PZT세라믹(PLZT)이 광왜재료의 하나로서 주목받고 있다. 그러나 PLZT세라믹의 광기전력효과의 원리는, 비록 가능한 메커니즘에 대한 몇 가지의 모델이 제안되어 있지만, 아직 명확히 밝혀지지 않았다. 이 효과의 메커니즘을 이해하기 위한 키 포인트는 불순물 첨가와 결정의 비대칭성(asymmetry)에 있다. 제안된 한 가지의 모델은, PLZT세라믹의 전자에너지밴드 구조로 설명하는 것이다.[23] 이 모델에 의하면, lanthanum의 첨가에 의하여 도너 불순물 준위가 그림 1.26과 같이 가전자대의 약간 위에 위치한다. 결정구조의 비대칭성과 함께 전위(potential)가 비대칭적으로 된다고 생각할 수 있으며, 편향된 운동량을 갖고 전자가 전도대로 천이한다. 이 전자들의 축적이 광기전력을 만들어 낸다. 광기전력 반응을 나타내는 비대칭결정은 또한 압전성을 가지므로, 이 두 가지 효과를 조합하여 광왜효과를 얻을 수 있다.

광왜효과의 응용 예로서, PLZT세라믹을 이용한 광구동 릴레이(relay)와 마이크로보

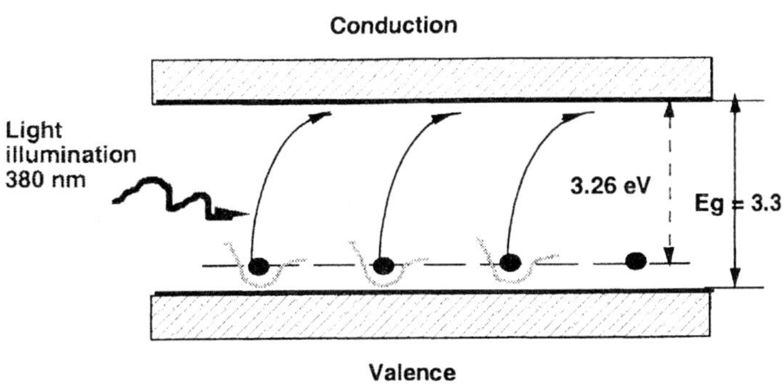

그림 1.26 PLZT의 광기전력효과의 원리(전류원 모델)[23]

행디바이스(microwalking device)가 Uchino 등에 의해 개발되어 전시되었다.[24] 이 디바이스들은 광조사만으로 구동되었으며 구동회로가 전혀 필요하지 않았다.

최근, 고효율의 광왜 PLZT 필름을 유연한 기판 위에 형성하여 만든 액추에이터를 미래의 우주임무를 위한 신형소형착륙탐사차량용으로 사용하도록 제안하고 있다.[25] 원래 π 형태로 설계되었던 마이크로보행디바이스를 개량한 활(arch)모양의 기구를 그림 1.27에 나타내었다. 이 기구는 종래의 유니몰프(unimorph)와 구조가 유사하게 광구동되는 복합필름으로 구성되었고 활의 모양으로 만들어졌으며, 상부에서 보면 그림 (b)와 같은 삼각형모양을 갖는다. 이 디바이스에 빛이 조사되면 그림 (a)에서와 같이 동작한다. PLZT 필름을 사용한 이 디바이스의 광왜응답은 공진주파수로 쵸핑된(chopped) 빛을 조사하여 측정하였으며, 두께가 약 30 μm인 필름을 사용한 경우 최적의 반응을 얻었다. 또한, PLZT 바이몰프(bimorph)를 사용하여 광에 의한 기계적 공진을 확인할 수 있었다.[26] 광구동 필름을 PLZT용액으로부터 만들고, 곡률도가 1 cm^{-1}인 유연한 기판의 한쪽 면에 부착하였다. 이렇게 만들어진 광왜소자를 이용하여 두 다리 구조의 보행디바이스를 제작하였다.

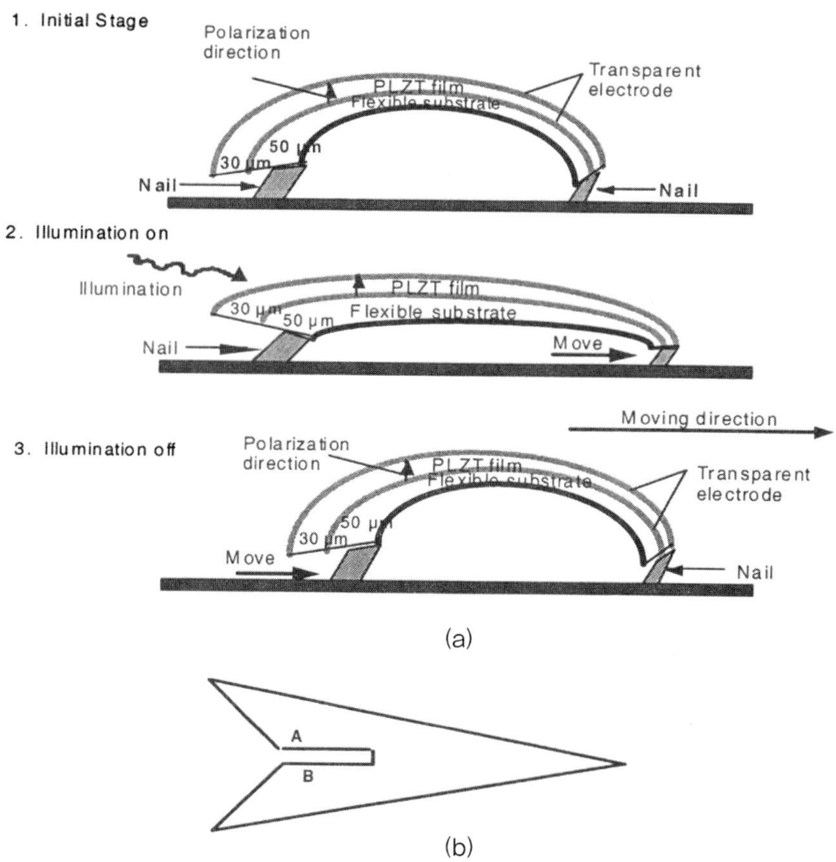

그림 1.27 활 모양의 광 액추에이팅 필름의 구조도: (a) 동작 순서, (b) 삼각형의 상부구조[25]

좌측과 우측 다리의 길이가 조금 달라서, 각각의 공진주파수 간에 약간의 차이가 나도록 설계하였다. 이들 공진주파수 근처의 주파수를 갖는 쵸핑된 빛을 광왜소자에 조사하여 바이몰프 구조의 다리를 진동시켰다. 쵸핑 주파수를 좌측 혹은 우측다리의 공진주파수에 맞춤으로서, 보행디바이스의 회전 방향을 전환시키는 것이 가능하였다.

(10) 전기/자기유체(Electro/Magnetorheological Fluids)

전계 혹은 자계를 인가하여 그 점성특성을 바꿀 수 있는 복합재료를 각각 전기점성(electrorheological(ER))재료 또는 자기점성(magnetorheological(MR))재료라고 부른다. ER재료와 MR재료는 일반적으로 액체상태로 존재한다. 이러한 액체의 점성상태는 인가된 전계/자계에 의해 현탁액(suspension) 중에 유기된 쌍극자에 의해 크게 변화한다. 이 쌍극자들은 가해진 전계/자계에 평행한 방향으로 상호작용하여 서로 잡아당기며, 그림 1.28과 같이, 주상(columnar) 구조를 형성하게 된다. 이러한 쇠사슬 구조가 액체의 흐름을 제한하여, 혼탁액의 점성을 높인다

전기점성(ER)유체는 전기적으로 분극된 입자를 절연유체 중에 현탁시켜서 만든다. 대표적으로, barium titanate와 strontium titanate 등과 같은 비교적 큰 유전상수를 갖는 강유전 입자들이 ER유체로서 사용된다. 한편, 자기점성(MR)유체는 비자성유체 중에 자성입자를 높은 농도로 혼탁시킨 것이다. 통상 카보닐 철(iron pentacarbonyl)을 열분해하여 얻어진 구형(spherical)의 철 입자가 사용되고 있다.[27]

표 1.4에 전형적인 ER과 MR유체의 성질을 요약하였다. 일반적으로, ER유체와 MR유체의 점성적인 특성에 관해서는 거의 동일하다. 그러나 MR유체가 ER유체와 비교해서 불순물에 의한 특성변화가 적기 때문에 제품생산 면에서 선호되고 있다.

인가전계가 증가함에 따라서, 쇠사슬 구조를 유기하고 유지하는 데 필요한 기계적 에너지가 커지므로, 유체의 항복응력(yield stress)과 겉보기 점성(apparent viscosity)도 또한, 전계의 증가에 따라 증가한다. 철을 20～30% 함유한 실리콘 엘라스토머(silicone elastomer)의 저장탄성률(복소탄성률의 실수부)의 인가전계 의존성을 그림 1.29에 나타내었다.[28] 이러한 엘라스토머는 인가전계의 증가에 의해 탄성률의 큰 변화를 나타낸다. 전단(shear) 저장탄성률도 마찬가지로 엘라스토머 내부의 입자의 정렬 정도에 따라 변화하는

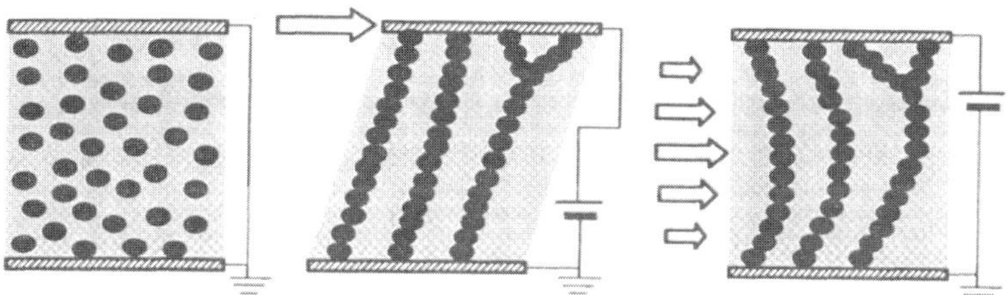

그림 1.28 전계와 응력을 인가하였을 때의 전기점성유체의 응답

표 1.4 전형적인 ER유체와 MR유체의 성질

Property	ER Fluid	MR Fluid
Maximum Yield Strength	2~5(kPa)	50~100(kPa)
Maximum Field	4(kA/m)	250(kA/m)
Plastic Viscosity	0.1~1.0(Pa-s)	0.1~1.0(Pa-s)
Temperature Range	+10~90(℃) [DC] −10~125(℃) [AC]	−40~150(℃)
Response Time	ms	ms
Density	1~2(g/cm^3)	3~4(g/cm^3)
Maximum Energy Density	0.001(J/cm^3)	0.1(J/cm^3)
Typical Power Supply	2~5(kV)/1~10(mA)	2~25(kV)/1~2(mA)
Impurity Sensitivity	intolerant	unaffected

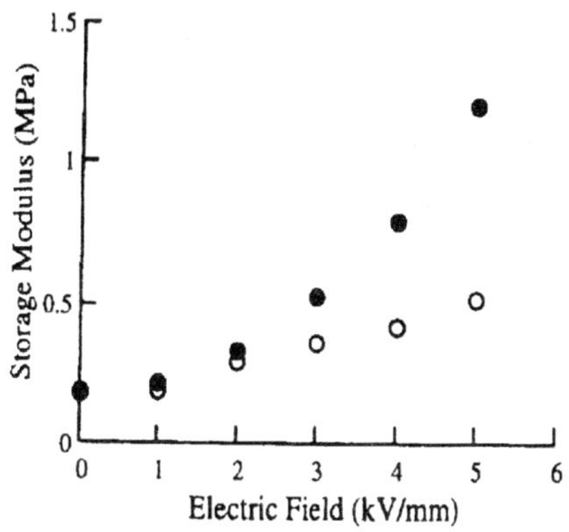

그림 1.29 철을 20~30% 함유한 실리콘 엘라스토머(silicone elastomer)의 저장탄성률(복소탄성률의 실수부)의 인가전계[28] [입자 방향이 정렬 안됨(○) , 정렬됨(●)]

것을 알 수 있었다.

ER과 MR유체의 기본적인 동작 모델을 그림 1.30에 나타내었다. 자기유체의 스폰지 댐퍼(foam dampers)는 성능도 좋고 수명도 길다. 단, MR유체 중에서 자계에 의해 유기된 철 입자들의 쇠사슬 구조가 응력을 전달하기 때문에 표면이 약간 마모되었다. 캘리퍼스(caliper) 형태의 MR유체 브레이크의 구조를 그림 1.31에 표시하였다. 완전히 밀폐된 구조가 아니고, MR유체를 잔뜩 머금은 흡수 스폰지가 철 요크(steel yoke)의 두 극의 끝면에 부착되었다. 이와 같은 자기점성 유체를 이용한 디바이스들은 운동기구와[29] 자동차 시트의 진동제어용으로 성공적으로 상용화되어 사용되고 있다.[30]

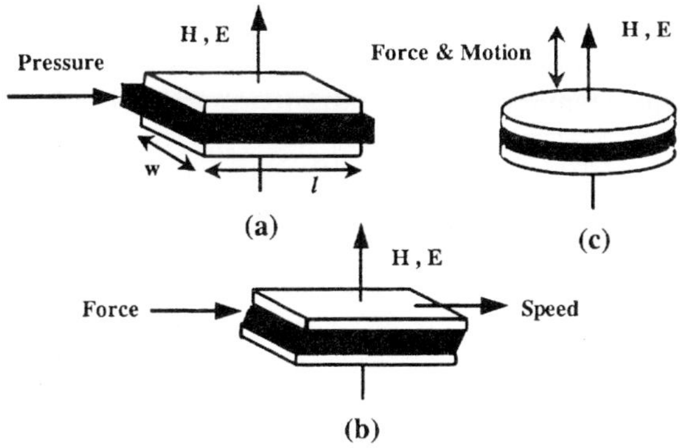

그림 1.30 ER과 MR유체의 기본적인 동작 모델: (a) 밸브모드, (b) 전단모드, (c) 압착(squeeze) 모드

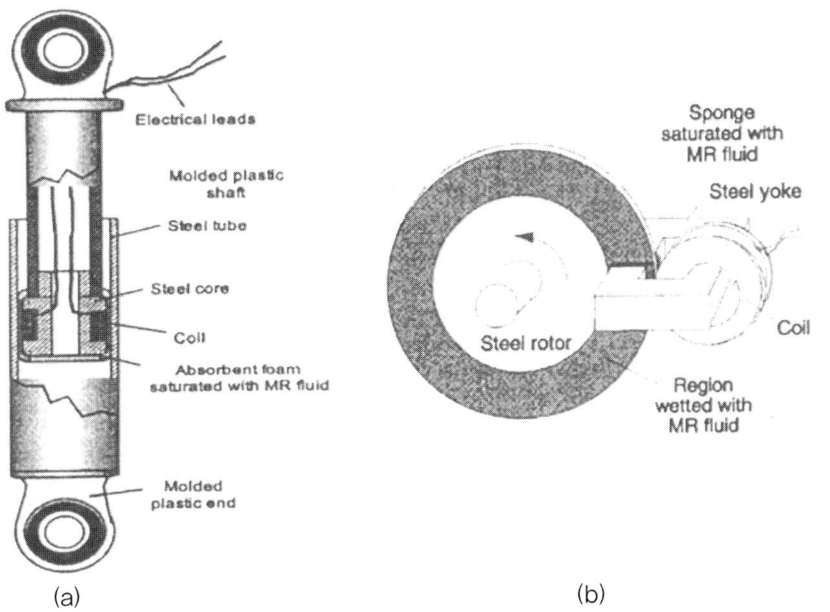

그림 1.31 두 가지 간단한 MR 스폰지 디바이스의 구조: (a) 진동 댐퍼[30], (b) 캘리퍼스형 회전 브레이크[29](Lord Corp.)

(11) 각종 고체(Solid-State) 액추에이터의 비교

표 1.5에 형상기억, 자왜, 압전, 그리고 전왜 액추에이터의 성능을 정리하였다. 이 데이터로부터 각 형태의 특징을 뚜렷이 찾을 수 있다. 온도변화에 의해 구동되는 형상기억 액추에이터는, 필요한 입력에너지는 비교적 높고 응답속도는 낮다. 예를 들어, 활 모양과 휘지 않은 모양의 두 가지 상태 사이를 번갈아 가며 에너지를 스프링에 전달하는, 단책형(flat strip)의 Ni-Ti 합금의 경우, 전류를 통한 가열과 냉각을 이용하여 반복적으로 변형을 시킬 수 있다.

표 1.5 형상기억, 자왜, 압전, 그리고 전왜 액추에이터의 성능

	Shape Memory	Magnetostrictive	Piezoelectric	Electrostrictive
Strain($\Delta l/l$)	10^{-3}~10^{-2}	10^{-4}~10^{-3}	10^{-3}~10^{-2}	10^{-4}~10^{-3}
Hysteresis	Large	Large	Large	Small
Aging	Large	Small	Large	Small
Response	s	μs	ms	μs
Drive Source	Heat	Magnetic Coil	Electric Field	Electric Field

자왜 액추에이터도 마찬가지로 몇몇 장점과 단점을 함께 가지고 있다. 자성합금에는 Terfenol-D와 같이 비교적 큰 유기왜형을 발생시키는 것도 있지만, 일반적으로 이 종류의 액추에이터에서 유기되는 왜형은 작다. 또 한가지의 단점은 구동코일이 필요한 것인데, 이점이 여러가지 응용에 다음과 같은 어려움을 준다; 줄열에 의한 발열과 자계의 누설 때문에 OP 앰프 혹은 IC와 근접한 곳에 배치가 어려운 점 등이다.

반면에, 압전왜형과 전왜는 전계에 의해 유기되며 다양한 물질로부터 비교적 큰 왜형을 얻을 수 있다. 그러므로, 압전 액추에이터와 전왜 액추에이터는 현 시점에서 가장 우수한 액추에이터로 평가되고 있다. PZT계 압전세라믹은 구하기가 쉬운 점, 선형적 특성, 낮은 구동에너지(낮은 유전율) 그리고, 상온에서의 온도안정성 등 전왜소자에 비해 우수한 점이 많아서, 가장 널리 사용되고 있다. 전왜 액추에이터는 주로 심한 온도변화가 있는 곳(예; 우주왕복선에서의 사용) 또는 큰 응력을 받는 곳(예; 절단기기) 등의 응용분야에 주로 사용되고 있다. 전왜재료는 아주 열악한 주변조건 하에서도 특성저하와 경시변화가 현저하게 작은 값을 가지므로, 신뢰성의 관점에서 비교하면, 압전재료 보다 우수하다.

1.4 중요한 설계 개념 및 이 책의 구성

이 책에서 다루는 주제의 구성은, 새로운 액추에이터와 마이크로메카트로닉스 시스템의 개발에 있어서, 아주 중요한 설계개념과 그 경향을 바탕으로 한다. 여기에서는 이러한 개념과 경향을 몇 가지 관련된 예와 함께 일반적인 방법으로 간단하게 언급하고, 보다 상세한 설명은 다음 장들에서 하도록 한다.

(1) 스마트 액추에이터를 포함한 디자인 개념

스마트 액추에이터의 성능은 복합적 요인에 의해 결정되며, 그 요인은 주로 (1) 재료특성, (2) 디바이스설계, (3) 구동기술의 세 가지로 분류할 수 있다.

이 책에서 디바이스와 시스템을 다룰 때에는 이들 주된 요인을 중심으로 설명하고 특성을 찾을 것이다.

우선 압전 디바이스를 예로 들어, 디바이스 또는 시스템의 설계에 관한 이들 요인들의 중요성을 설명하여 본다. 재료와 관련하여서는, 첨가물도 포함하여 압전세라믹 또는 단결정의 조성의 최적화가 최대의 관심사이다. 단결정 재료를 사용하는 경우에는 결정방향 또한 중요하다. 그 이외에도, 대진폭 구동시의 왜형을 최적화시키고, 온도와 외부 응력에 대한 안정성을 높이기 위해서도 재료정수의 제어가 필요하다. 한편, 설계에 의해 디바이스의 성능, 내구성, 그리고 수명이 거의 결정된다. 만약 액추에이터 내에 결함 검출 메커니즘이나 "건강" 모니터링 메커니즘이 포함되어 있다면, 그 신뢰성이 현저하게 높아진다. 구동기술을 고려할 때에는, 펄스 구동법과 AC구동법에 특별한 주의를 요한다. 액추에이터에 갑작스럽게 전압이 증가되는 스텝/펄스 전압이 가해지는 경우, 진동 오버슈트(overshoot)가 일어나 내부에 큰 인장력이 발생하는 원인이 되며, 연속된 AC 구동을 하는 경우에는, 디바이스 내의 발열이 우려된다. 이상과 같은 요인을 모두 고려하여 최적설계가 이루어진 뒤에야 제품이 이루어지는 것이다.

(2) 스마트 액추에이터의 미래 동향

스마트 재료 및 스마트 구조의 개발이 세라믹 액추에이터에 대한 현재와 같은 흥미를 유발하는 데 많은 부분 기여했다고 볼 수 있다. 재료의 진화는 그 기능이 보통인 재료로부터 점차적으로 진행하여, 그 동작이 스마트(smart)한 재료, 지능형(intelligent)재료, 그리고, 최종적으로 보다 더 현명한(wise)재료로 발전하여 왔다. 이미 논한 바와 같이, 표 1.2에 제시한 비대각선의 관계는 모두 이에 해당되는 역효과가 존재한다. 예를 들어, 압전에는 역압전효과가 있다. 즉, 동일한 재료에서 "센싱"과 "액추에이팅"의 두 가지 모두의 기능을 실현할 수 있는 것이다. 이와 같은 재료의 한 예로서, 그림 1.32에 나타낸 것과 같은 Toyota 자동차에서 개발한 전자제어 차량용 충격흡수기(shock absorber)에 적용된 재료를 들 수 있다.[31] 도로면의 요철을 감지하는 센서도, 충격 흡수율을 조정하는 밸브의 위치를 바꿔주는 액추에이터도 모두 다층형 압전 디바이스이다. 소프트 모드에서는 고급 리무진을 타고 있는 것과 같은 안락함을 느끼게 하는 반면, 하드 모드에서는 마치 트럭이나 스포츠 유틸리티에서 느끼는 핸들링 감각을 제공한다. 이러한 스마트 서스팬션 시스템이라면 도로 상황에 따라 자동차의 조정성과 안락함을 동시에 제공해 줄 수 있다. 이 시스템의 설계 및 동작에 대해서는 9장에서 보다 상세히 다룰 것이다.

인도의 유명한 지도자 Mohandas Gandhi가 제창한 "7가지 사회적인 죄"로부터 우리는 새로운 디바이스를 개발하는 데 적용할 수 있는 아주 중요한 원칙을 찾아낼 수 있다. 즉, "인간성 없는 과학"이 그 중의 하나이다. 가까운 장래에, 디바이스 또는 시스템 안에 안전 메커니즘 또는 다른 어떤 현명한 기능을 장착하여 "이 반응이 사람에게 해롭지 않은가?" 또는 "이 동작이 환경파괴를 가져오지 않는가?"의 여부를 결정하고, 적절히 이에 대응하게 할 필요가 있음을 우리는 알고 있다.

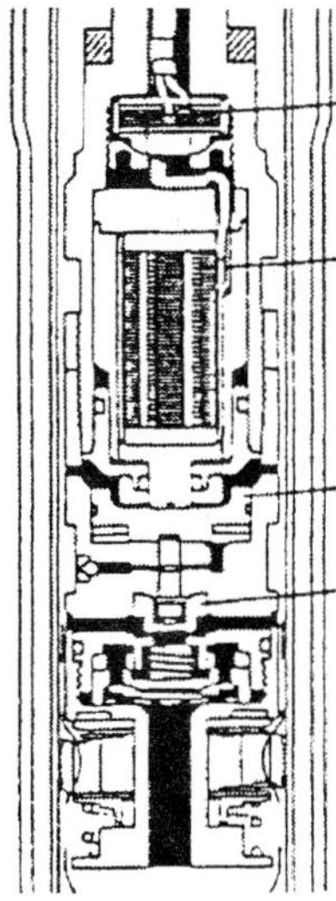

그림 1.32 센서와 액추에이터에 모두 다층형 압전 디바이스를 사용하고 있는 Toyota 자동차에서 개발한 전자제어 차량용 충격흡수기[31]

안전 메커니즘에 부가하여, 보다 넓은 의미의 "현명한" 시스템의 의미를 생각해 보고자 한다. 얼마 전, 저자 중 한 사람(K.U.)이 Tokyo에서 왕성한 연구를 하고 있는 중년의 과학자를 만났다. 그는 인공수정을 위한 압전 액추에이터 시스템을 연구하고 있었는데, 그들의 시스템이 한 시간에 200마리의 소를 임신시킬 수 있을 정도로 정확하고 신속하다고 자랑하였다.

이 시스템에 대해 마음속에 한 가지 의문점이 떠 올랐다. 이러한 소의 대량생산은 도덕적/윤리적으로 어떤 의미를 가지고 있는가? 어떤 사람들은 인공수정의 이 시스템이 농업에 유익하고, 다른 방법으로는 임신이 되지 않는 사람들에게는 아주 중요한 기술로 인식하고 있는 반면, 어떤 사람들은 도덕적으로나 윤리적으로도 받아들일 수 없는 것으로 생각할 수도 있다. 그러므로, 어떤 응용분야에 있어서는 새로운 시스템을 설계하고 도입함에 있어, 유익성과 실용성에 대해서만 고려할 것이 아니라, 도덕적 윤리적 배려 또한 고려하여야만 한다. 어떤 디바이스 또는 시스템에 비록 "현명한" 기능이 실제 도입되어 있지 않다고 하더라도, 도덕/윤리 문제를 접하게 되는 상황에서 궁극적으로는 설계자의 양심이 우위를 점유하도록 하여야 한다.

요점정리

1. 새로운 액추에이터의 응용:
   a. 위치제어(positioners)
   b. 마이크로모터(micromotors)
   c. 진동억제기(vibration suppressors)

2. 종래의 위치제어 디바이스의의 문제점:
   a. 유/공압 변위축소 메커니즘: 저속응답
   b. 스크루 전달 메커니즘을 갖는 전자기모터: Backlash
   c. 보이스 코일 모터: 저속응답, 작은 발생력

3. 액추에이터에 요구되는 특성:
   a. 큰 변위발생(감도=변위/구동전력)
   b. 양호한 위치재현성(낮은 히스테리시스)
   c. 고속응답
   d. 안정된 온도특성
   e. 낮은 구동전력
   f. 큰 발생력, 높은 파괴강도
   g. 소형, 경량
   h. 낮은 열화/경년변화
   i. 낮은 유해환경효과(기계적 소음, 전자기 소음, 발열 등)

4. 고체 액추에이터의 특성비교표:

	Shape Memory	**Magnetostrictive**	**Piezoelectric**	**Electrostrictive**
Strain($\Delta l/l$)	$10^{-3}\sim10^{-2}$	$10^{-4}\sim10^{-3}$	$10^{-3}\sim10^{-2}$	$10^{-4}\sim10^{-3}$
Hysteresis	Large	Large	Large	Small
Aging	Large	Small	Large	Small
Response	sec	μsec	msec	μsec
Drive Source	Heat	Magnetic Coil	Electric Field	Electric Field

5. 스마트 액추에이터의 개발 시 설계고려사항:
   a. 재료설계
   b. 디바이스 설계
   c. 구동/제어기술(고성능, 고신뢰성)

문제

1.1 표 1.5에 형상기억, 자왜, 압전, 그리고 전왜 액추에이터의 성능을 정리하였다. 이 데이터로부터 각 형태의 특징을 뚜렷이 찾을 수 있다. 온도변화에 고체 액추에이터인 형상기억합금, 자왜재료, 압전재료, 그리고 전왜재료의 장점과 a) 변위, b) 응답속도, c) 발생력, d) 효율, 그리고 e) 환경효과의 관점에서 비교하라.

1.2 코일을 이용한 전자기 모터를 직경 1 cm의 크기로 설계하고자 한다. 직경 100 μm인 가는 선을 100회 감아서 제작한다. Cu의 전도도가 $\sigma = 6.0 \times 10^7 (\Omega\ m)^{-1}$ 라고 할 때 이 코일의 저항을 계산하라. 또한, 이 코일에 0.5 A의 전류가 흐를 때 1초 당 발열되는 줄열을 계산하라.

참고문헌

1) I. Inazaki: Sensor Technology **2**, No.2, 65 (1982).
2) K. Uchino: Ultrasonic Techno, No. 8, 19 (1993).
3) Optical Spectra, March, p.46 (1979).
4) S. Moriyama: Mechanical Design **27**, No.1, 32 (1983).
5) U. Berg, M. Begemann, B. Hagemann, K.-P. Kamper, F. Michel, C. Thurigen, L. Weber and Th. Wittig: *Proc. 6th Int'l Conf. New Actuators*, p.552 (1998).
6) J. Bryzek, K. Petersen and W. McCulley: IEEE Spectrum, No. 5, p.20 (1994).
7) S. Egawa, T. Niino and T. Higuchi: *Proc. 1991 IEEE Workshop on Micro Electro Mechanical Systems*, p.9 (1991).
8) T. Higuchi: *New Actuator Handbook for Precision Control*, p.182, Fuji Techno System, Tokyo (1994).
9) H. Horikawa and K. Otsuka: *New Actuator Handbook for Precision Control*, p.454, Fuji Techno System, Tokyo (1994).
10) K. Otsuka and C. M. Wayman: *Shape Memory Materials*, Chap.1, p.1, Cambridge University Press, UK (1998).
11) K.N. Nelton: *Shape Memory Materials*, Chap.10, Cambridge Univ. Press, UK (1998).
12) T. Todoroki, K. Fukuda and T. Hayakumo: Industrial Materials, **32**, No.7, 85 (1984).
13) A. B. Flatau, M. J. Dapino and F. T. Calkins: Magnetostrictive Composites, *Comprehensive Composite Materials*, Chapter 5.26, p.563 (2000).
14) A. E. Clark and H. S. Belson: US Patent 4,378,258 (1983).
15) H. Eda: Giant Magnetostrictive Actuators, *New Actuator Handbook for Precision Control*, p.90, Fuji Techno System, Tokyo (1994).

16) J. L. Butler: Edge Technologies, Ames, IA (1988).
17) K. Uchino: *Ferroelectric Devices*, p.11, Marcel Dekker, NY (2000).
18) K. Yano, T. Hamatsuki, I. Fukui and E. Sato: *Proc. Annual Mtg. EE Japan*, p.1-157 (Spring, 1984).
19) M. Kasuga, T. Satoh, N. Tsukada, T. Yamazaki, F. Ogawa, M. Suzuki, I. Horikoshi and T. Itoh: J. Soc. Precision Eng., **57**, 63 (1991).
20) V. Bharti, H.S. Xu, G. Shanti, Q.M. Zhang and K. Liang: J. Appl. Phys. **87**, 452 (2000).
21) S. Bauer: *Proc. Int' l Symp. Smart Actuators*, ICAT/Penn State, PA (April, 1999).
22) K. Uchino: Mat. Res. Innovat., 1, 163 (1997).
23) M. Tanimura and K. Uchino: Sensors and Mater., 1, 47 (1988).
24) K. Uchino: J. Rob. Mech., 1(2), 124 (1989).
25) S. Thakoor, J. M. Morookian, and J. A. Cutts: *Conf. Proc. 10th IEEE Int' l Symp. on Appl. Ferroelectrics*, **1**, 205 (1996).
26) P. Poosanaas, K. Tonooka, and K. Uchino, Mechatronics **10**, 467 (2000).
27) M. R. Jolly and J. D. Carlson: Composites with Field-Responsive Rheology, *Comprehensive Composite Materials*, Chapter 5.27, p.575 (2000).
28) T. Shiga, A. Okada and T. Kurauchi: Macromolecules, **26**, 6958 (1993).
29) V. D. Chase: Appliance Manufacturer, May, p.6 (1996).
30) J. D. Carlson and K. D. Weiss: US Patent 5,382,373 (1995).
31) Y. Yokoya: Electronic Ceramics **22**, No.111, 55 (1991).

The following review papers and books are recommended for further study:

32) K. Uchino: *Piezoelectric/Electrostrictive Actuators*, Morikita Publishing, Tokyo (1986).
33) K. Uchino: Ceramic Actuators: Principles & Applications, MRS Bull. **18**(4), 42 (1993).
34) S. Ueha, Y. Tomikawa, M.Kurosawa and N.Nakamura: *Ultrasonic Motors:Theory and Applications*, Oxford Science Publ., Monographs in EE. Eng. 29 (1993).
35) K. Uchino: *Ferroelectric Devices*, VCH, Materials Sci. and Tech. Vol.11, Chap.12 (1994).
36) K. Uchino: Proc. Electroceramics IV, Vol.1, p.179, RWTH, Aachen (1994).
37) K. Uchino: *Piezoelectric Actuators and Ultrasonic Motors*, Kluwer Academic Publishers, MA (1996).
38) K. Uchino: *Ferroelectric Devices*, Marcel Dekker, NY (2000).

제2장 전계유기왜형의 이론적 취급

일반적으로 "전왜(electrostriction)"라는 용어는 전계에 의해 유기된 왜형을 나타내므로 "역압전효과(converse piezoelectric effect)"의 의미를 나타내는 경우가 많다. 그러나 물성론적으로 말하면, 역압전효과는 1차의 전기기계상호작용, 즉 유기된 왜형이 인가된 전계에 비례하는 것으로 정의되는 데 반하여, 전왜효과는 2차의 전기기계상호작용, 즉 왜형이 전계의 제곱에 비례하는 경우로 정의된다. 그러므로 엄밀히 말하면 이 두 가지는 구분되어야 한다. 그러나 고온에서의 원래의 상(phase)이 중심대칭적인 강유전체의 압전효과는 근원적으로 전왜상호작용에 유래하므로 이 두 가지 효과는 아주 밀접한 관계를 갖는다. 이상의 현상은 대상물질이 단일분역의 단결정이며, 전계를 인가하여도 그 상태가 변하지 않는다는 전제하에 엄밀히 성립되는 현상이다. 실제의 압전세라믹에 있어서는, 그 이외에도 압전분역의 재정렬에 의해 발생되는 왜형도 또한 중요하다. 이 장에서는 먼저 강유전성의 기원, 결정구조와의 관계를 먼저 논하고, 이어서 압전효과와 전왜효과를 현상론적으로 다루고자 한다.

2.1 강유전성

(1) 결정구조와 강유전성

유전체(dielectric materials)라고 불리는 물질에는 구성원자들이 어느 정도 이온화되어 있다고 볼 수 있다. 그러한 이온성 결정에 전계가 인가되면, 정전기적인 흡인력에 의해 정전하의 중심은 음극 쪽으로, 그리고 음전하의 중심은 양극 쪽으로 끌리게 되어 그 물질 내부에 전기쌍극자(electric dipoles)를 유기시킨다. 이러한 현상을 전기분극(electric polarization)이라고 하며, 단위 체적당 유기되는 전기쌍극자의 수 [C/m^2]로 나타낸다. 그림 2.1

에 전기분극의 메커니즘을 나타내었다. 유전체의 분극에는, (1) 전자(electronic)분극 (2) 이온(ionic)분극, (3) 쌍극자 배향(dipole orientation)분극의 세 가지 기본적인 메커니즘이 있다.

그림 2.2에 표시한 것과 같이 커패시터의 전극 사이에 유전체가 들어있는 경우, 같은 크기와 모양으로서 공기만이 들어 있는 커패시터와 비교할 때, 유전체의 분극 때문에 더 많은 전하를 축적할 수 있다. 단위면적당 축적되는 전하에 해당되는 물리적 량을 전속밀도(electric displacement), **D**라고 하며, 전계 **E**와의 사이에 다음과 같은 관계를 갖는다.

$$\mathbf{D} = \varepsilon_o \mathbf{E} + \mathbf{P} = K \varepsilon_o \mathbf{E} \tag{2.1}$$

여기서 ε_o는 진공의 유전율(=8.854×10^{-12} F/m)이며, K는 비유전율(relative permittivity) 또는 유전상수(dielectric constant)라고 부르며 2계텐서(2nd-rank tensor)의 양이다.

외부에서 전계를 가하지 않은 상태에서도 정전하의 중심과 부전하의 중심이 일치하

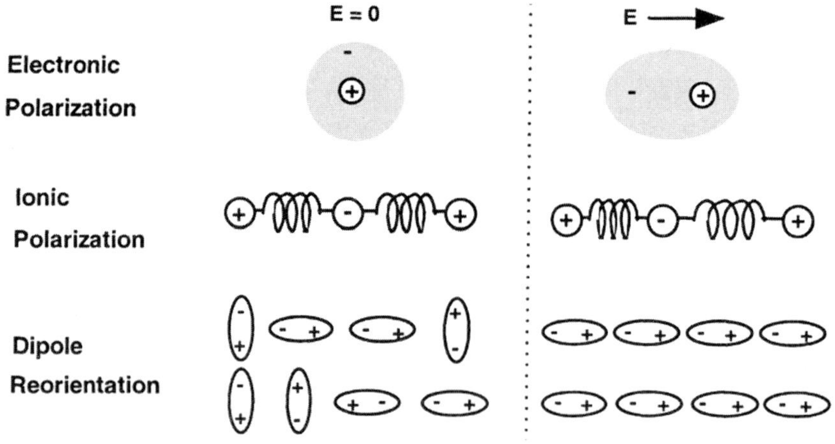

그림 2.1 전기분극의 미시적인 근원에 의한 분류

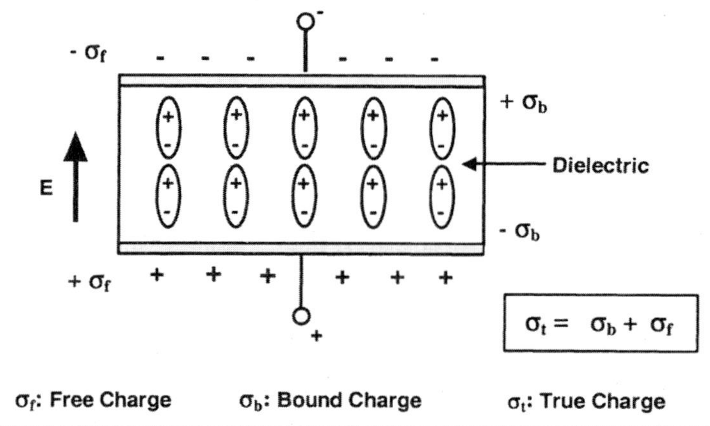

그림 2.2 유전체가 삽입된 커패시터의 전하축적

지 않는 결정구조가 있다. 이러한 결정들은 자발분극(spontaneous polarization)을 갖는다. 특히 유전체의 자발분극의 방향이 전계인가에 의해 바뀔 수 있는 물질을 강유전체(ferro-electric)라고 한다.

모든 유전체가 강유전체는 아니다. 결정은 그 결정학적인 대칭성에 따라 32개의 점 그룹(point group)으로 분류되며, 이 점 그룹은 대칭중심의 유무에 따라 두 가지로 크게 나뉜다. 표 2.1에 이 점 그룹의 분류를 나타내었다.

대칭중심이 없는 점 그룹은 21종류가 있으며, 단지 1종류의 예외(432)를 제외한 20종류가 압전재료이다. 즉, 이 물질들에 응력을 가하면 그 표면에 정 또는 부의 전하가 발생되는 것이다.

초전현상(pyroelectricity)은 자발분극의 온도의존성 때문에 결정의 온도가 변하면 그 결정의 표면에 전하가 발생되는 현상이다. 초전성 결정들 중에서 전계(결정파괴한도 이하)를 가해 자발분극의 방향이 바뀌는 결정을 강유전체라고 한다. 그러므로 강유전체의 판별방법의 한 가지는 적절한 크기의 전계를 가했을 때, 분극방향의 변화를 관찰하는 것이다.

표 2.1 중심대칭성의 유무 및 극성, 비극성에 따른 결정의 분류 [Hex: Hexagonal, Tetra: Tetragonal, Rhomb: Rhombohedral, Ortho: Orthorhombic, Mono: Monoclinic, Tri: Triclinic]

Polar	Symm.	Crystal System										
		Cubic		Hex		Tetra		Rhomb		Ortho	Mono	Tri
Non-Polar (22)	Centro (11)	m3m	m3	6/mmm	6/m	4/mmm	4/m	$\bar{3}m$	$\bar{3}$	mmm	2/m	$\bar{1}$
	Non-Centro (21)	432 $\bar{4}3m$	23	622 $\bar{6}m2$	$\bar{6}$	422 $\bar{4}2m$	$\bar{4}$	32		222		
Polar (10)				6mm	6	4mm	4	3m	3	2mm	2 m	1

Piezoelectric point groups appear in shaded cells.

(2) 자발분극의 근원

탄성에너지적인 원칙만으로 보면 극성을 갖지 않은 상태가 안정되어야 하는데, 왜 이온이 위치를 바꾸어(shift) 자발분극을 갖게 될까? 단순화 하기 위해, 쌍극자 모멘트가 어떤 한 종류의 이온 A(전하값이 q인)의 결정격자(undistorted crystal lattice)에 대한 상대변위만에 의해 유발되었고, 모든 A이온들이 모두 같은 방법으로 격자 내에서 변위하여 분극이 발생한 것으로 가정한다. 이와 같은 형태의 이온변위는 격자의 정상적인 열진동과 함께 발생될 수 있다. 그림 2.3에 페로브스카이트(perovskite) 결정의 가능한 몇 가지 이온배열을 나타내었다. 어떤 특정한 격자진동이 결정의 에너지를 효과적으로 낮출 수 있다면, 이온은 그에 해당하는 위치로 옮기게 되며, 결정구조를 안정화시키고 시스템의 에너

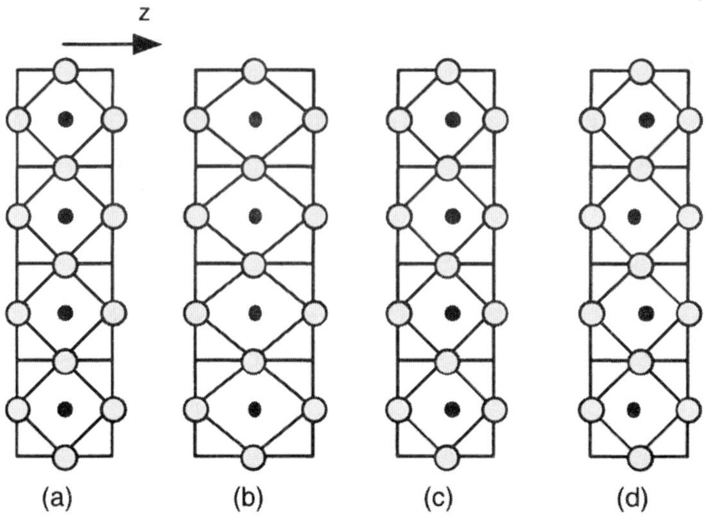

그림 2.3 페로브스카이트 결정의 가능한 몇 가지 이온배열: (a) 초기상태의 입방결정(대칭구조), (b) 대칭으로 늘어난 구조, (c) 중심의 양이온이 한 방향으로 쏠린 구조, (d) 중심의 양이온이 서로 다른 방향으로 쏠린 구조 [검정원: 중심의 양이온 ; 그늘진 원: 산소팔면체(oxygen octahedral) 원자]

지를 최저화한다. 그림 2.3(a)는 초기상태의 입방결정(대칭구조)을 나타낸다. 그림 2.3(b)의 경우에는, 산소팔면체(oxygen octahedral) 원자 만이 좌우대칭으로 늘어난 상태로서 쌍극자 모멘트의 생성이 없다.(음향 모드) 그러나 그림 2.3(c) 또는 (d)의 경우에는, 쌍극자 모멘트가 생성된다.(광학 모드) 그림 2.3(c) 와 (d)에 나타낸 상태가 각각 강유전 상태와 반강유전(antiferroelectric) 상태에 해당된다. 만약 이 두 가지 모드 중의 어느 것이 존재하면, 온도가 낮아짐에 따라 진동 주파수가 낮아지며(soft phonon mode), 결국에는 상전이 온도에 해당되는 어떤 결정적인 온도에 도달하면, 진동주파수가 0이 된다.

어떤 하나의 A이온의 자리에 외부 전계가 가해지지 않아도 그 주변의 분극 **P**에 의한 국소전계(local field)가 작용한다. 국소전계의 개념을 그림 2.4에 나타내었다.

이 국소전계는 다음 식으로 나타낼 수 있다.

$$\mathbf{E}_{loc} = \mathbf{E}_o + \sum_i \left[\frac{3(\mathbf{p}_i \cdot \mathbf{r}_i) - \mathbf{r}_i^2 \mathbf{p}_i}{(4\pi\varepsilon_o)\mathbf{r}_i^5} \right] = \left[\frac{\gamma}{3\varepsilon_o} \right] \mathbf{P} \tag{2.2}$$

여기서 $\mathbf{r}_i$는 그림 2.4와 같이 쌍극자 모멘트 $\mathbf{p}_i$를 갖는 쌍극자와 공간내의 특정위치와의 관계를 나타내는 위치 벡터이며, γ는 로렌쯔 인자(Lorentz factor)이다. 등방성인 입방결정 시스템에서 γ는 1이다. 이 국소전계가 이온쏠림(shift)의 구동력이다.

만약 이온 A의 이온분극률을 α라고 한다면, 결정의 단위 셀(cell)당 쌍극자 모멘트 μ는 다음과 같다.

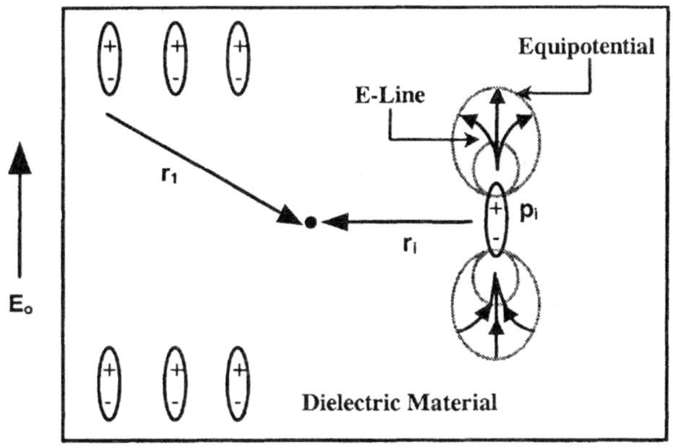

그림 2.4 국소전계 E_{loc}을 정의하는 데 사용된 요소들의 개념도

$$\mu = \left[\frac{\alpha\gamma}{3\varepsilon_o}\right]\mathbf{P} \tag{2.3}$$

쌍극자 모멘트의 에너지(쌍극자 상호작용)는 다음과 같이 정의되며:

$$w_{dip} = -\boldsymbol{\mu}\cdot\mathbf{E}_{loc} = -\left[\frac{\alpha\gamma^2}{9\varepsilon_o^2}\right]P^2 \tag{2.4}$$

단위체적 당 N개의 원자가 있다면, 에너지는 다음과 같다.

$$w_{dip} = N\,w_{dip} = -\left[\frac{N\alpha\gamma^2}{9\varepsilon_o^2}\right]P^2 \tag{2.5}$$

또한, 이온 A가 무극성 평형위치로부터 변위한 경우에는 탄성에너지가 증가한다. 단위체적당 탄성에너지는 다음 식과 같다.

$$w_{elast} = N\left[\left(\frac{k}{2}\right)u^2 + \left(\frac{k'}{4}\right)u^4\right] \tag{2.6}$$

여기서 u는 변위의 크기, k와 k′는 힘 상수(force constant)이다. k′는 고차의 힘 상수인데 초전성결정체의 쌍극자 모멘트의 크기를 결정하는 중요한 역할을 한다.

다음의 관계식을 식 (2.5)에 대입하고 식 (2.6)과 합치면:

$$P = N\,q\,u \tag{2.7}$$

총에너지는 다음 식으로 나타낼 수 있다.

$$w_{tot} = w_{dip} + w_{elast} = \left[\left(\frac{k}{2Nq^2}\right) - \left(\frac{N\alpha\gamma^2}{9\varepsilon_o^2}\right)\right]P^2 + \left[\frac{k'}{4N^3q^4}\right]P^4 \tag{2.8}$$

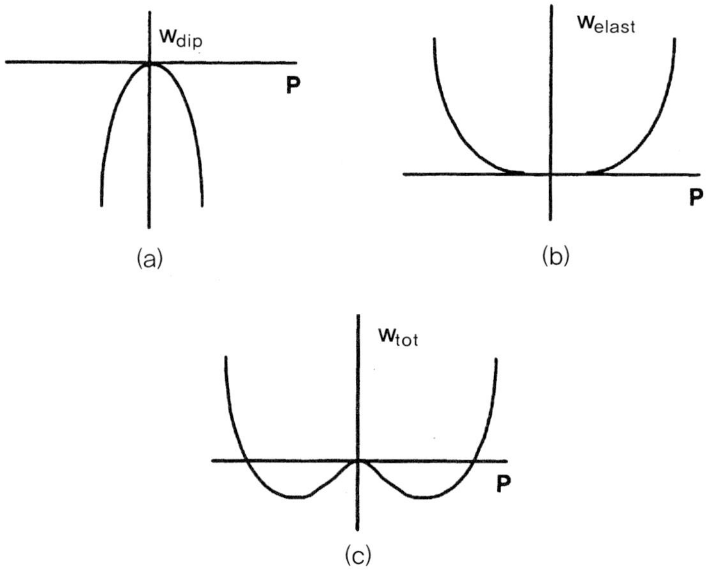

그림 2.5 자발분극의 미시적 메커니즘을 설명하기 위한 자발분극–에너지 곡선(페로브스카이트 구조의 경우) (a) 단위체적 당 쌍극자에너지 w_{dip}, (b) 단위체적 당 탄성에너지 w_{elas}, (c) 단위체적 당 총에너지, w_{tot}

그림 2.5에 총에너지와 각각의 에너지 함수의 모양을 표시하였다. 이 해석으로부터 탄성에너지의 조화항(harmonic term)의 계수가 쌍극자 상호작용의 계수와 같거나 또는 그 보다 크면, **P**는 0이 된다. 즉, 이 경우에는 A이온이 무극성의 평형위치에 안정되게 머물러 있는 것이다. 반면에, 조화계수가 작은 경우에는 안정된 배치를 구축하기 위해 평형위치로부터의 이동이 일어나고, 결과적으로 자발분극을 갖게 된다. 페로브스카이트 결정구조(예: barium titanate)에서는 자발분극이 보다 쉽게 만들어지는 경향이 있는데, 그 이유는 이 물질들이 일반적으로 다른 결정구조 보다 로렌쯔인자가 크기($\gamma=10$) 때문이다.[2]

(3) 강유전체의 물리적 성질 및 응용

세라믹 강유전체의 대표적인 물질로서 티탄산 바륨(barium titanate, $BaTiO_3$)을 들 수 있다. 이 물질은 고전적인 강유전체의 예로 자주 소개되고 있으며, 1차의 상전이를 나타내는 것으로도 잘 알려져 있다. 티탄산 바륨은 그림 2.6과 같은 페로브스카이트 결정구조를 갖는다. 고온의 상유전상(무극성상)에서는 자발분극이 없는 입방대칭성을 갖는다.(O_h-m3m) 큐리온도라고 부르며, T_C로 표기하는 상전이온도($BaTiO_3$의 경우 약 130℃) 이하에서는 자발분극이 생기며, 결정구조가 약간 길어진 정방정(C_{4v}-4mm)이 된다. 또한, $BaTiO_3$는 더 낮은 온도에서 두 번의 상전이를 하는데, 한번은 정방정(tetragonal)에서 사방정(orthorhombic)으로 그리고 또 한번은, 사방정에서 능면체정(rhombohedral)으로의 상

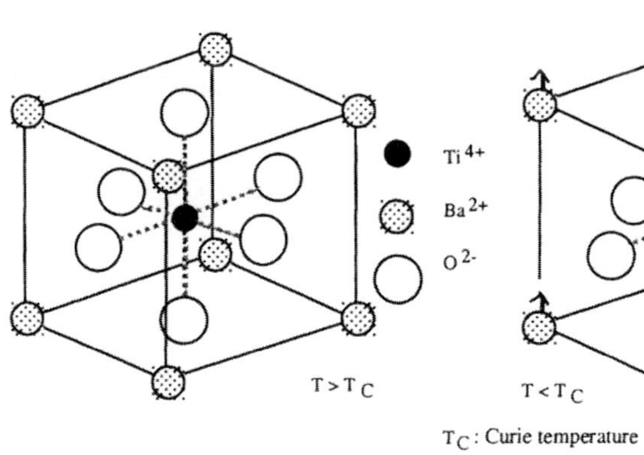

그림 2.6 $BaTiO_3$의 결정구조

전이 이다.

그림 2.7에 티탄산 바륨의 자발분극 P_S, 유전율 K, 그리고 역유전율 1/K의 온도의존성을 나타내었다. 자발분극 P_S는 온도상승과 함께 감소하여 큐리점에서 소멸한다. 한편, 유전율 K는 T_C부근에서 발산경향을 보인다. 또한, 역유전율 1/K은 상유전상 영역에서 넓은 범위에 걸쳐 온도에 대해 선형적인 변화를 한다. 이러한 동작은 다음과 같이 잘 알려진 큐리-바이스(Curie-Weiss)법칙에 따른다.

$$K - 1 \approx \chi = \frac{C}{(T - T_o)} \tag{2.9}$$

여기서 χ는 전기감수율(dielectric susceptibility), C는 큐리 상수, 그리고 T_o는 큐리-바이스 온도이다. 2.4절(1)에서 다시 설명하겠지만, 역유전율도 T_C에서 불연속적이며 1차

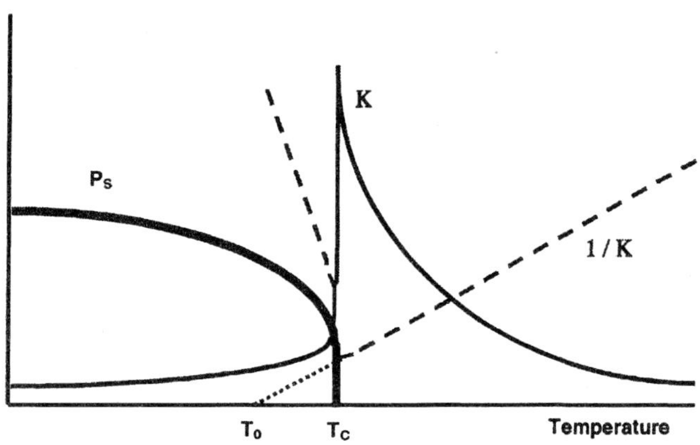

그림 2.7 자발분극, 유전율, 역유전율의 온도특성($BaTiO_3$의 경우)

의 상전이를 나타내고 있다. 그림 2.7과 같이 역유전율의 상유전 영역에서의 직선을 연장하여 온도축과 교차되는 점이 큐리-바이스 온도 T_o이다. 일반적으로 T_o는 실제의 상전이가 이루어지는 T_C보다 약간 낮은 온도에 있다.

자발분극 P_S와 자발왜형 x_S와의 관계는 다음의 식으로 나타낸다.

$$x_S = Q\ P_S^2 \tag{2.10}$$

티탄산 바륨의 자발왜형 x_S는 온도상승에 따라 거의 선형적으로 감소한다. 티탄산 바륨은 강유전상에서 압전성을 가지지만, 상유전상에서는 비압전성이며 이 무극성상에서는 오직 전왜효과만을 나타낸다. 강유전체를 커패시터로 사용하는 경우에는, 유전율이 가장 높은 피크를 나타내는 큐리점 근방의 온도에서 사용한다. 물질의 초전효과를 이용할 때에는 온도에 따른 분극의 변화가 큐리온도 이하에서 큰 점을 이용한다. 압전재료는 센서와 액추에이터로서 사용되고 있으며, 압전을 이용한 압력 센서 및 가속도 센서는 여러가지 압전 진동자와 함께 현재 상품화되어 있다. 정밀 위치제어 장치와 펄스구동 선형모터도 정밀 선반기계, 반도체제조장치, 그리고 범용 사무용기기 등에서 찾을 수 있다. 근년에는 여러가지 새로운 응용분야에 적용하기 위한 초음파모터의 개발이 넓고 활발하게 이루어지고 있다.

강유전체는 일반적으로 전기광학특성도 또한 우수하여 미래의 디스플레이 및 광통신 시스템에 응용될 주된 디바이스로 기대된다.

[예제 2.1]

$BaTiO_3$는 그림 2.8과 같이 상온에서 이온의 변위가 일어난다. 정방정 상태에서의 자발분극을 계산하라. 단, 격자상수 c=4.036(Å), a=3.992(Å)이다.

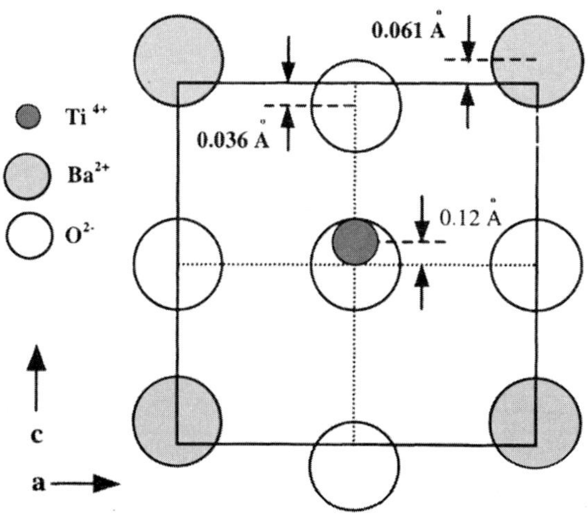

그림 2.8 $BaTiO_3$의 상온에서의 이온의 변위

해답

쌍극자 모멘트는 전하와 그 이온의 변위의 곱으로 정의된다. 단위 셀 내의 총 쌍극자 모멘트는, 이온 Ba^{2+}, Ti^{4+}, O^{2-}로부터의 쌍극자 모멘트를 모두 합하여 구할 수 있다. (단, 단위 셀에 포함되는 원자의 비율에 주의하여야 한다. 꼭지점의 이온은 1/8, 면심의 이온은 1/2이다.)

$$\begin{aligned} p &= 8[2e/8][0.061\times10^{-10}(m)]+[4e][0.12\times10^{-10}(m)]+2[-2e/2][-0.036\times10^{-10}\ (m)] \\ &= e\ [0.674\times10^{-10}(m)] \\ &= 1.08\times10^{-29}\ (Cm) \end{aligned} \tag{P2.1.1}$$

여기서, e는 1.602×10^{-19} (C).

단위 셀의 체적은 다음과 같으며,

$$\begin{aligned} v &= a^2\ c=(3.992)^2\ (4.036)\times10^{-30}\ (m^3) \\ &= 64.3\times10^{-30}\ (m^3) \end{aligned} \tag{P2.1.2}$$

자발분극은 단위체적 당의 분극 p로 정의되므로:

$$P_S = p/v = 1.08\times10^{-29}\ (Cm)\ /\ 64.3\times10^{-30}\ (m^3) = 0.17\ (C/m^2) \tag{P2.1.3}$$

이렇게 구해진 이론 값 P_S는 실험으로 구한 값인 0.25 (C/m^2)와 근사한 값을 보였다.

(4) 반강유전체(Antiferroelectrics)

앞 절에서는 쌍극자들이 서로 평행하게 배향되어 있는 극성결정(polar crystal) 내에서의 자발 쌍극자의 배열을 다루었다. 그러나 쌍극자가 반평행으로 배열되어 쌍극자 상호작용 에너지를 낮추는 경우도 있다. 이와 같은 쌍극자 배열을 갖는 결정을 반극성결정(antipolar crystal)이라고 부른다. 반극성 상태의 자발전기쌍극자의 배열모형을 그림 2.9에 나타내었다. 극성결정 내에서의 쌍극자의 방향도 함께 표시하였다. 반극성결정 중에서 반극성 상태의 자유에너지가 극성 상태의 자유에너지와 크기가 크게 차이가 나지 않는 경우, 외부전계 혹은 기계적 응력을 가해주면 쌍극자들이 평행한 배열로 재정렬하는 경우가 있다. 이러한 결정을 반강유전체라고 부른다.

그림 2.10에 상유전체, 강유전체, 그리고 반강유전체의 유전 히스테리시스 특성곡선을 나타내었다. 이 곡선들로부터 상유전상의 P-E 관계가 선형적이지만, 강유전상에서는 자발분극의 재정렬에 기인하는 유전 히스테리시스가 나타남을 분명히 알 수 있다. 결정이 반강유전 상태인 경우, 전계가 낮은 영역에서는 유기분극이 인가전계에 비례한다. 그러나 전계 **E**가 어떤 임계치 $\mathbf{E}_{crit}$보다 커지면, 결정내에 전계유기 상전이가 일어나며 그

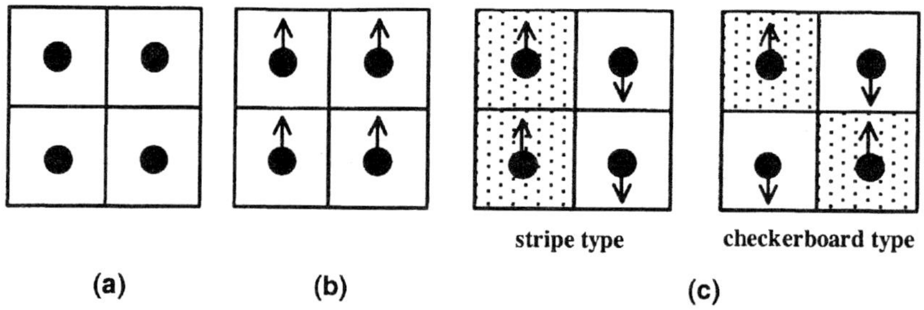

그림 2.9 자발전기쌍극자의 배열모형: (a) 비극성체, (b) 극성체, (c) 반극성체

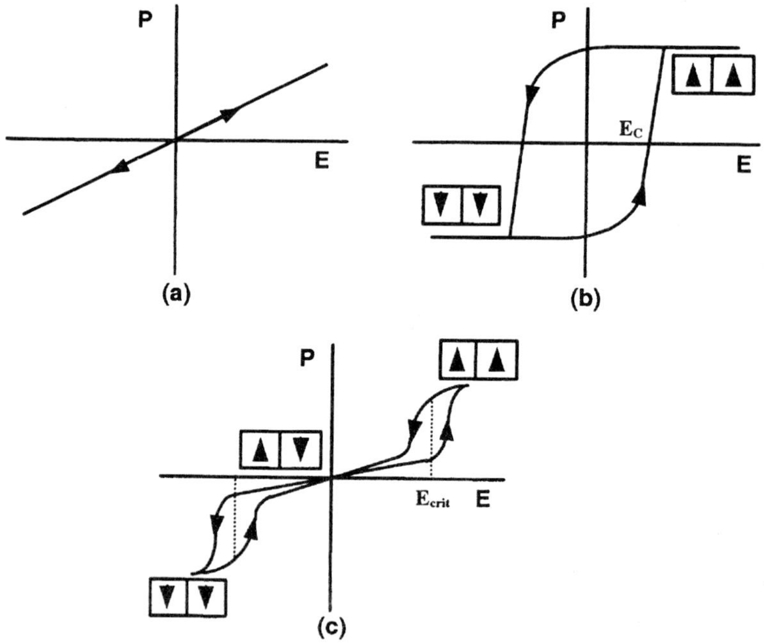

그림 2.10 유전 (P–E) 곡선: (a) 상유전체, (b) 강유전체, (c) 반강유전체

림 2.10(c)와 같은 히스테리시스 특성을 나타낸다.

전계를 제거하면, 결정은 다시 반극성상태로 돌아가며 전체적으로는 자발분극이 관측되지 않는다. 이와 같은 반강유전 P-E 특성을 2중이력곡선이라고 한다.

2.2 전계유기왜형의 미시적 기원

고체, 특히 세라믹(다결정 무기재료)은 기계적으로 비교적 딱딱하지만 그래도 상태변수의 변화에 의해 늘어났다가 줄어들었다가 한다. 왜형은 늘어난 길이 Δl과 원래의 길이 l의 비로 정의된다. 이 왜형이 온도변화에 의해 일어나면 열팽창(thermal expansion)이라고 하며, 응력변화에 의해 일어나면 탄성변형(elastic deformation)이라고 한다. 전계의 인가 또한 절연물질의 변형을 일으킬 수 있는데, 이것을 전계유기왜형(electric field-induced strain)이라고 한다.

이제 전계유기왜형의 메커니즘을 고찰하고자 한다.[3] 단순화를 위해 NaCl과 같은 이온결정을 생각하여 보자. 그림 2.11과 같이 결정격자를 일차원적인 강체(rigid-ion) 스프링 모델로 그릴 수 있다. 여기에서 스프링들은 정전적인 쿨롱력과 양자역학적인 반발력의 혼합으로 만들어진 결합력을 의미한다. 그림 2.11(b)는 결정이 중심대칭적인 경우의 표시이며 보다 일반적인 비중심대칭적인 경우를 그림 2.11(a)에 나타내었다. 그림 2.11(b)의 중심대칭적인 경우, 이온을 결합하고 있는 이 스프링들이 모두 동일하다고 본다. 그러나 그림 2.11(a)의 비중심대칭의 경우에는 서로 거리가 긴 이온간을 잇는 스프링과 거리가 짧은 이온간을 잇는 스프링들이 서로 다르다. 즉, 딱딱한 스프링과 부드러운 스프링이 번갈아 있는 형태이며, 짧은 거리에 사용된 스프링이 보다 딱딱하다.(높은 k값을 가짐.) 그림 2.11(a)와 같은 비중심대칭의 결정에 전계가 가해지면, 양이온은 전계의 방향으로, 음이온은 그 반대방향으로 변위되어 이온간의 거리의 변화가 생긴다. 전계의 방향에 따라서 부드러운 스프링이 딱딱한 스프링 보다 신축을 더 크게 하므로, 그 차이가 결정구조 내에 전계 E에 비례하는 변위 x를 발생시켜 단위 셀의 길이를 변화시킨다. 이것이 역압전효과이며, 다음과 같은 식으로 표현된다.

$$x = d\,E \tag{2.11}$$

단, 비례상수 d를 압전왜형상수(piezoelectric strain coefficient)라고 한다.

한편, 그림 2.11(b)의 중심대칭의 경우에는 스프링들의 변위가 거의 같아서 이온 간의 거리와 격자 상수의 변화가 없어 왜형이 유기되지 않는다. 그러나 실제의 이온은 이와 같은 이상적인 스프링으로 연결되어 있지 않다. 여기에서, 이상적인 스프링이란 조화성 스프링으로서, 훅(Hooke)의 법칙이 적용되는 스프링을 말한다. 대부분의 스프링은 쉽게 늘어나고 줄어들기는 어려운 특성을 가지며, $F = k_1\Delta - k_2\Delta^2$의 식에 따르는 비조화성이다. 이와 같은 비조화성 때문에 생긴 이온 변위의 미묘한 차이가 격자상수의 변화를 가져와서 전계의 방향에 영향을 받지 않는, 즉 전계의 제곱에 비례하는 변위를 발생시킨다. 이것을 전왜효과(electrostriction effect)라고 하며 다음의 식으로 나타낸다.

$$x = M\,E^2 \tag{2.12}$$

여기서 M은 전왜계수(electrostriction coefficient)이다.

그림 2.11(a)에 표시한 1차원적 결정은 또한 자발 쌍극자 모멘트를 가지고 있다. 단위 체적당의 총 쌍극자 모멘트를 자발분극이라고 한다. 정방향으로 자발분극을 가지고 있는 결정에 큰 크기의 역 바이어스 전계를 가하게 되면, 이온의 상대 위치가 뒤바뀌며, 또 다

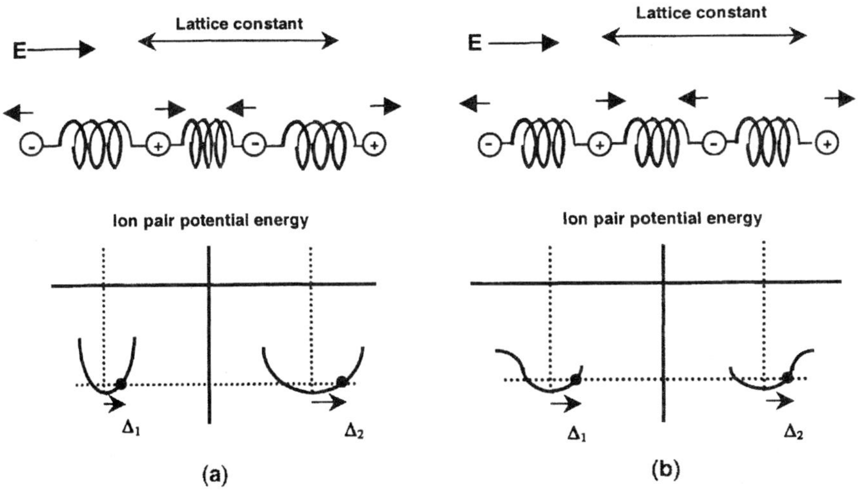

그림 2.11 간단한 NaCl형 결정격자의 일차원적인 강체 스프링 모델: (a) 비중심대칭(압전왜형), (b) 중심대칭(전왜)

른 하나의 안정된 결정상태(외형을 고려하지 않는다면 결정전체를 180도 회전시킨 것과 같으며, 부방향의 자발분극을 갖는다.)로 천이한다. 이 천이를 분극반전(polarization reversal)이라고 하며, 반전과정에서 큰 왜형의 변화를 동반한다. 이러한 천이과정을 갖는 물질을 강유전체(ferroelectrics)라고 한다. 일반적으로 실제로 관측되는 전계-유기 왜형은 본 절에서 언급한 3가지 기본적인 효과(압전, 전왜 그리고 분극반전)가 복잡하게 혼합된 것이다.

2.3 압전성의 텐서(tensor)/매트릭스(matrix) 표기

(1) 텐서 표기

압전현상과 전왜현상의 고체이론적인 취급에서 왜형 x_{kl}를 전계 E_i 또는 전기분극 P_i를 사용하여 다음의 식으로 나타낼 수 있다.

$$\begin{aligned} x_{kl} &= d_{ikl}\,E_i + M_{ijkl}\,E_i\,E_j \\ &= g_{ikl}\,P_i + Q_{ijkl}\,P_i\,P_j \end{aligned} \tag{2.13}$$

여기서 d_{ikl}와 g_{ikl}는 압전계수라고 하며, M_{ijkl}와 Q_{ijkl}는 전왜계수라고 한다. E는 1계, x는 2계의 텐서이며, d_{ikl}와 M_{ijkl}은 각각 3계, 4계의 텐서이다. 일반적으로 두 개의 물리적 특성이 각각 p계, q계의 텐서라고 할 때, 이 두 가지 특성을 선형적인 관계로 묶는 양은 (p+q)계의 텐서로 표시된다.

d_{ijk} 텐서는 다음과 같은 형태를 갖는 3층의 3차원 배열로 나타낼 수 있다.

$$\text{1st layer(i=1)} \quad \begin{bmatrix} d_{111} & d_{112} & d_{113} \\ d_{121} & d_{122} & d_{123} \\ d_{131} & d_{132} & d_{133} \end{bmatrix}$$

$$\text{2nd layer(i=2)} \quad \begin{bmatrix} d_{211} & d_{212} & d_{213} \\ d_{221} & d_{222} & d_{223} \\ d_{231} & d_{232} & d_{233} \end{bmatrix} \tag{2.14}$$

$$\text{3rd layer(i=3)} \quad \begin{bmatrix} d_{311} & d_{312} & d_{313} \\ d_{321} & d_{322} & d_{323} \\ d_{331} & d_{332} & d_{333} \end{bmatrix}$$

(2) 결정의 대칭성 및 텐서 형태

두 개의 서로 다른 방향이 결정학적으로 등가인 경우, 이 두 방향을 따라 측정한 물리적 특성은 같을 수 밖에 없다. 이 점을 이용하면, 그 물리적 특성을 나타내는 텐서의 독립변수를 줄일 수 있다. 3계의 압전 텐서를 예로 들면, 역압전효과를 다음과 같은 텐서형식으로 표기할 수 있다.

$$x_{kl}=d_{ikl}\ E_i \tag{2.15}$$

초기의 (x, y, z) 좌표계로 정의된 전계 E는 변환 매트릭스 (a_{ij})를 이용하여 다른 좌표계 (x′, y′, z′)로 좌표변환하여 E′로 다시 정의하면 다음과 같다.

$$E'_i=a_{ij}\ E_j \tag{2.16}$$

또는

$$\begin{bmatrix} E'_1 \\ E'_2 \\ E'_3 \end{bmatrix} = \begin{pmatrix} a_{11} & a_{12} & a_{13} \\ a_{21} & a_{22} & a_{23} \\ a_{31} & a_{32} & a_{33} \end{pmatrix} \begin{bmatrix} E_1 \\ E_2 \\ E_3 \end{bmatrix} \tag{2.17}$$

로 표시된다.

매트릭스 (a_{ij})는 원래의 좌표계에서의 벡터 **E**의 성분을 새로운 좌표계의 벡터 E′의 성분으로 변환하게 해주는 방향여현(directon cosine)의 배열로 볼 수 있다. 그러므로 2계의 왜형 텐서는 다음과 같은 방법으로 변환될 수 있다.

$$x'_{ij}=a_{ik}\ a_{jl}\ x_{kl} \tag{2.18}$$

또는

$$\begin{bmatrix} x'_{11} & x'_{12} & x'_{13} \\ x'_{21} & x'_{22} & x'_{23} \\ x'_{31} & x'_{32} & x'_{33} \end{bmatrix} = \begin{pmatrix} a_{11} & a_{12} & a_{13} \\ a_{21} & a_{22} & a_{23} \\ a_{31} & a_{32} & a_{33} \end{pmatrix} \begin{bmatrix} x_{11} & x_{12} & x_{13} \\ x_{21} & x_{22} & x_{23} \\ x_{31} & x_{32} & x_{33} \end{bmatrix} \begin{pmatrix} a_{11} & a_{21} & a_{31} \\ a_{12} & a_{22} & a_{32} \\ a_{13} & a_{23} & a_{33} \end{pmatrix} \tag{2.19}$$

또한, 3계의 압전 텐서의 변환은 다음과 같이 표시된다.

$$d'_{ijk} = a_{il}a_{jm}a_{kn}d_{lmn} \tag{2.20}$$

만약 d_{lmn} 텐서계수가 m과 n에 대해 대칭으로 $d_{lmn}=d_{lnm}$이라면, 다음과 같은 등식이 성립된다.

$$\begin{array}{lll} d_{112}=d_{121} & d_{113}=d_{131} & d_{123}=d_{132} \\ d_{221}=d_{212} & d_{213}=d_{231} & d_{223}=d_{232} \\ d_{221}=d_{212} & d_{213}=d_{231} & d_{223}=d_{232} \end{array}$$

3계의 텐서는 27(=3^3)개의 독립성분을 가지고 있으나, 상기의 등식에 의해 수 개의 성분이 생략될 수 있으므로, 18개의 독립성분으로 줄어든다. 그러므로 d_{lmn} 텐서는 다음과 같은 층의 형태로 표시된다.

$$\begin{array}{ll} \text{1st layer} & \begin{bmatrix} d_{111} & d_{112} & d_{131} \\ d_{112} & d_{122} & d_{123} \\ d_{131} & d_{123} & d_{133} \end{bmatrix} \\ \text{2nd layer} & \begin{bmatrix} d_{211} & d_{212} & d_{231} \\ d_{212} & d_{222} & d_{223} \\ d_{231} & d_{223} & d_{233} \end{bmatrix} \\ \text{3rd layer} & \begin{bmatrix} d_{311} & d_{312} & d_{313} \\ d_{312} & d_{322} & d_{323} \\ d_{313} & d_{323} & d_{333} \end{bmatrix} \end{array} \tag{2.21}$$

(3) 매트릭스 표기

텐서량은 첨자에 의해 3차원적 표시가 되지만, 텐서계수의 3차원 배열을 보다 다루기 쉬운 2차원 매트릭스 형태로 나타낼 수 있다. 다음의 표와 같이 텐서계수를 지정하여 첨자 표기를 단축화 하는 것이 가능하다.

Tensor notation	**11**	**22**	**33**	**23,32**	**31,13**	**12,21**
Matrix notation	**1**	**2**	**3**	**4**	**5**	**6**

식 2.21에 표시한 텐서의 층은 다음과 같이 다시 쓸 수 있다.

$$\text{1st layer} \quad \begin{bmatrix} d_{11} & (1/2)d_{16} & (1/2)d_{15} \\ (1/2)d_{16} & d_{12} & (1/2)d_{14} \\ (1/2)d_{15} & (1/2)d_{14} & d_{13} \end{bmatrix}$$

$$\text{2nd layer} \quad \begin{bmatrix} d_{21} & (1/2)d_{26} & (1/2)d_{25} \\ (1/2)d_{26} & d_{22} & (1/2)d_{24} \\ (1/2)d_{25} & (1/2)d_{24} & (1/2)d_{23} \end{bmatrix} \tag{2.22}$$

$$\text{3rd layer} \quad \begin{bmatrix} d_{31} & (1/2)d_{36} & (1/2)d_{35} \\ (1/2)d_{36} & d_{32} & (1/2)d_{34} \\ (1/2)d_{35} & (1/2)d_{34} & d_{33} \end{bmatrix}$$

텐서 표기의 첨자 중에서 두 번째와 세 번째 첨자는 왜형 성분에 해당되므로, 일관성을 유지하기 위해 왜형 성분의 텐서도 다음과 같이 고쳐 쓴다.

$$\begin{bmatrix} x_{11} & x_{12} & x_{13} \\ x_{21} & x_{22} & x_{23} \\ x_{31} & x_{32} & x_{33} \end{bmatrix} \rightarrow \begin{bmatrix} x_1 & (1/2)x_6 & (1/2)x_5 \\ (1/2)x_6 & x_2 & (1/2)x_4 \\ (1/2)x_5 & (1/2)x_4 & x_3 \end{bmatrix} \tag{2.23}$$

이때, 텐서가 대칭성을 가져서 $x_{ij}=x_{ji}$이므로, 2계 텐서의 독립계수는 9개$(=3^2)$로부터 6개로 줄어 들어 다음과 같이 표기한다.

$$x_j = d_{ij} E_i \qquad (i = 1, 2, 3 \; ; \; j = 1, 2, ..., 6) \tag{2.24a}$$

또는

$$\begin{bmatrix} x_1 \\ x_2 \\ x_3 \\ x_4 \\ x_5 \\ x_6 \end{bmatrix} = \begin{pmatrix} d_{11} & d_{21} & d_{31} \\ d_{12} & d_{22} & d_{32} \\ d_{13} & d_{23} & d_{33} \\ d_{14} & d_{24} & d_{34} \\ d_{15} & d_{25} & d_{35} \\ d_{16} & d_{26} & d_{36} \end{pmatrix} \begin{bmatrix} E_1 \\ E_2 \\ E_3 \end{bmatrix} \tag{2.24b}$$

와 같이 나타낼 수 있다. 압전정효과의 매트릭스를 구하는 경우에 응력의 성분 X_{ij}에 (1/2)은 필요 없으며 다음과 같은 매트릭스로 표기할 수 있다.

$$\begin{bmatrix} X_{11} & X_{12} & X_{13} \\ X_{21} & X_{22} & X_{23} \\ X_{31} & X_{32} & X_{33} \end{bmatrix} \rightarrow \begin{bmatrix} X_1 & X_6 & X_5 \\ X_6 & X_2 & X_4 \\ X_5 & X_4 & X_3 \end{bmatrix} \tag{2.25}$$

그러므로

$$P_j = d_{ij} X_j \qquad (i = 1, 2, 3 \; ; \; j = 1, 2, ..., 6) \tag{2.26a}$$

또는

$$\begin{bmatrix} P_1 \\ P_2 \\ P_3 \end{bmatrix} = \begin{bmatrix} d_{11} & d_{12} & d_{13} & d_{14} & d_{15} & d_{16} \\ d_{21} & d_{22} & d_{23} & d_{24} & d_{25} & d_{26} \\ d_{31} & d_{32} & d_{33} & d_{34} & d_{35} & d_{36} \end{bmatrix} \begin{bmatrix} X_1 \\ X_2 \\ X_3 \\ X_4 \\ X_5 \\ X_6 \end{bmatrix} \tag{2.26b}$$

와 같이 표시할 수 있다.

비록 매트릭스 표기가 텐서 표기 보다 간단하고 다루기 쉬운 장점이 있지만, 매트릭스계수 d_{ij}가 텐서계수 d_{ijk}와 같이 변환되지 않음을 유념하여야 한다. 비슷한 방법으로 매트릭스 표기방법을 전왜계수 M_{ijkl}에 적용하면, 식 2.13에 해당하는 다음의 식을 얻을 수 있다.

$$\begin{pmatrix} x_1 \\ x_2 \\ x_3 \\ x_4 \\ x_5 \\ x_6 \end{pmatrix} = \begin{pmatrix} d_{11} & d_{21} & d_{31} \\ d_{12} & d_{22} & d_{32} \\ d_{13} & d_{23} & d_{33} \\ d_{14} & d_{24} & d_{34} \\ d_{15} & d_{25} & d_{35} \\ d_{16} & d_{26} & d_{36} \end{pmatrix} \begin{bmatrix} E_1 \\ E_2 \\ E_3 \end{bmatrix} + \begin{pmatrix} M_{11} & M_{21} & M_{31} & M_{41} & M_{51} & M_{61} \\ M_{12} & M_{22} & M_{32} & M_{42} & M_{52} & M_{62} \\ M_{13} & M_{23} & M_{33} & M_{43} & M_{53} & M_{63} \\ M_{14} & M_{24} & M_{34} & M_{44} & M_{54} & M_{64} \\ M_{15} & M_{25} & M_{35} & M_{45} & M_{55} & M_{65} \\ M_{16} & M_{26} & M_{36} & M_{46} & M_{56} & M_{66} \end{pmatrix} \begin{pmatrix} E_1^2 \\ E_2^2 \\ E_3^2 \\ E_2E_3 \\ E_3E_1 \\ E_1E_2 \end{pmatrix} \tag{2.27}$$

표 2.2와 2.3에 모든 결정의 점 그룹에 대한 d_{ij} 매트릭스와 M_{ij} 매트릭스를 모아서 정리하였다.[4]

[예제 2.2]

단면이 정사각형인 결정에 전단응력이 가해져 그림 2.12와 같이 변형되었다. 유기된 왜형 x_5 $(=2x_{31})$를 계산하라.

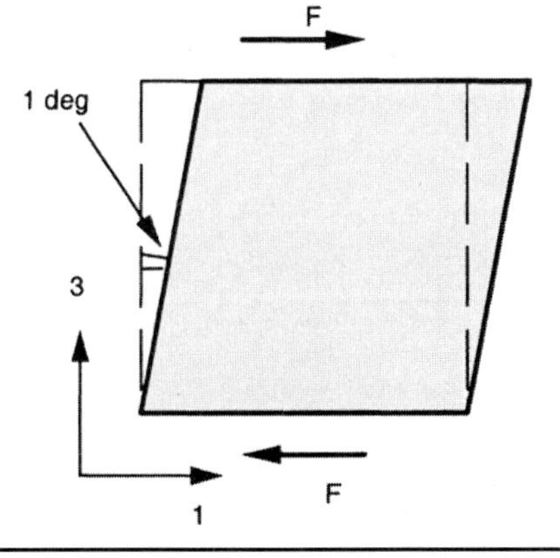

그림 2.12 단면이 정사각형인 결정에 전단응력이 가해져 유기된 왜형

▶ 해답

Since $x_5=2x_{31}=\tan\theta \approx \theta$ and $1^\circ=[\pi/180]$ (rad), $x_5=0.017$.

[예제 2.3]

티탄산바륨($BaTiO_3$)은 상온에서 정방결정 대칭성을 갖는다.(점 그룹 4 mm) 그러므로 압전왜형 매트릭스는 다음과 같다.

$$d_{ij} = \begin{pmatrix} 0 & 0 & 0 & 0 & d_{15} & 0 \\ 0 & 0 & 0 & d_{15} & 0 & 0 \\ d_{31} & d_{31} & d_{33} & 0 & 0 & 0 \end{pmatrix}$$

(a) 결정의 **c**축 방향에 전계를 인가한 경우의 유기왜형을 계산하라.

(b) 결정의 **a**축 방향에 전계를 인가한 경우의 유기왜형을 계산하라.

▶ 해답

이 경우의 매트릭스 방정식은 다음과 같다.

$$\begin{bmatrix} x_1 \\ x_2 \\ x_3 \\ x_4 \\ x_5 \\ x_6 \end{bmatrix} = \begin{pmatrix} 0 & 0 & d_{31} \\ 0 & 0 & d_{31} \\ 0 & 0 & d_{33} \\ 0 & d_{15} & 0 \\ d_{15} & 0 & 0 \\ 0 & 0 & 0 \end{pmatrix} \begin{bmatrix} E_1 \\ E_2 \\ E_3 \end{bmatrix} \tag{P2.3.1}$$

이로부터 유기왜형에 대한 식을 구하면,

$x_1=x_2=d_{31}E_3$ $\quad x_3=d_{33}E_3$ $\quad x_4=d_{15}E_2$

$x_5=d_{15}E_1$ $\quad x_6=0$

그러므로 다음과 같은 계산이 가능하다.

(a) 전계 E_3가 가해지면, **c**축 방향으로 늘어나며($x_3=d_{33}E_3$, $d_{33} > 0$), **a**축과 **b**축 방향으로는 수축이 일어난다.($x_1=x_2=d_{31}E_3$, $d_{31} < 0$)

(b) 전계 E_1이 가해지면, 전단왜형 x_5 $(= 2x_{31})=d_{15}E_1$가 유기된다. 그림 2.13(a)에 $d_{15} > 0$이며 $x_5 > 0$인 경우를 그렸다. (예제 2.4의 뒤에 제시함)

[예제 2.4]

Lead magnesium niobate는 상온에서 입방결정(점 그룹 m3m)이며, 압전성을 나타내지 않는다. 그러나 전계를 인가하면 큰 전왜가 유기된다. 인가전계와 유기왜형 간의 관계는 다음의 매트릭스 형태로 표시된다.

$$\begin{bmatrix} X_1 \\ X_2 \\ X_3 \\ X_4 \\ X_5 \\ X_6 \end{bmatrix} = \begin{pmatrix} M_{11} & M_{12} & M_{12} & 0 & 0 & 0 \\ M_{12} & M_{11} & M_{12} & 0 & 0 & 0 \\ M_{12} & M_{12} & M_{11} & 0 & 0 & 0 \\ 0 & 0 & 0 & M_{44} & 0 & 0 \\ 0 & 0 & 0 & 0 & M_{44} & 0 \\ 0 & 0 & 0 & 0 & 0 & M_{44} \end{pmatrix} \begin{bmatrix} E_1^2 \\ E_2^2 \\ E_3^2 \\ E_2E_3 \\ E_3E_1 \\ E_1E_2 \end{bmatrix} \tag{P2.4.1}$$

[111] 방향으로 전계가 인가된 경우의 물질내의 유기왜형을 계산하라.

➤ 해답

[111] 방향의 전계는

$$E_1 = E_2 = E_3 = E_{[111]} / \sqrt{3}$$

이며, 식 (P2.4.1)에 대입하면 다음을 얻는다.

$$x_1 = x_2 = x_3 = (M_{11} + 2M_{12}) \frac{E_{[111]}^2}{3} \quad (= x_{11} = x_{22} = x_{33}) \tag{P2.4.2a}$$

$$x_4 = x_5 = x_6 = M_{44} \frac{E_{[111]}^2}{3} \quad (= 2x_{23} = 2x_{31} = 2x_{12}) \tag{P2.4.2b}$$

그림 2.13(b)에 유기된 왜형을 나타내었다. 임의의 방향의 유기왜형 x는 다음과 같다.

$$x = \Sigma x_{ij} l_i l_j \tag{P2.4.3}$$

여기서 l_i 는 i축에 대한 방향여현이다. [111] 방향의 유기왜형은 다음과 같다.

$$\begin{aligned} x_{[111]} &= \sum x_{ij} (1/\sqrt{3})(1/\sqrt{3}) \\ &= x_1 + x_2 + x_3 + \frac{2[(x_4/2) + (x_5/2) + (x_6/2)]}{3} \\ &= (M_{11} + 2M_{12} + M_{44}) \frac{E_{[111]}^2}{3} \end{aligned} \tag{P2.4.4}$$

[111]에 수직인 방향에 유기되는 왜형, $x_{[111]\perp}$은 마찬가지 방법으로 계산되며 다음과 같다.

$$x_{[111]\perp} = [M_{11} + 2M_{12} - (M_{44}/2)] \frac{E_{[111]}^2}{3} \tag{P2.4.5}$$

이 왜형으로 만들어진 변형을 그림 2.13(b)에 나타내었다.

여기서 체적 왜형(ΔV/V)가 다음과 같이 표기되며, 인가전계의 방향에 무관함을 주목할 필요가 있다.

$$\frac{\Delta V}{V} = x_{[111]\parallel} + 2x_{[111]\perp} = (M_{11} + 2M_{12}) E_{[111]}^2 \tag{P2.4.6}$$

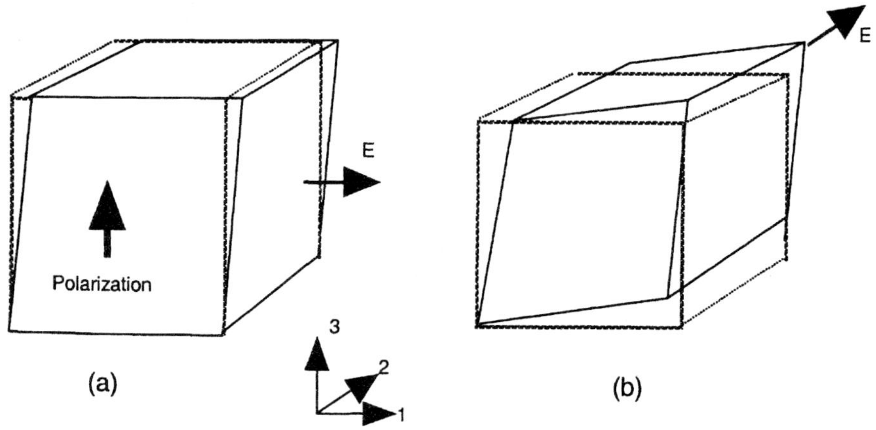

그림 2.13 예제 2.3과 2.4의 유기된 왜형: (a) 정방형 점 그룹 4 mm인 $BaTiO_3$ 단결정에 압전효과로 유기된 전단왜형, (b) 입방결정 점 그룹인 PMN 단결정의 전왜효과로 유기된 왜형

표 2.2 압전왜형상수 매트릭스(piezoelectric strain coefficient (d) matrices.)[4]

$$* \begin{cases} d_{mn} = d_{ijk} \ (n = 1, 2, 3) \\ d_{mn} = 2d_{ijk} \ (n = 4, 5, 6) \end{cases}$$

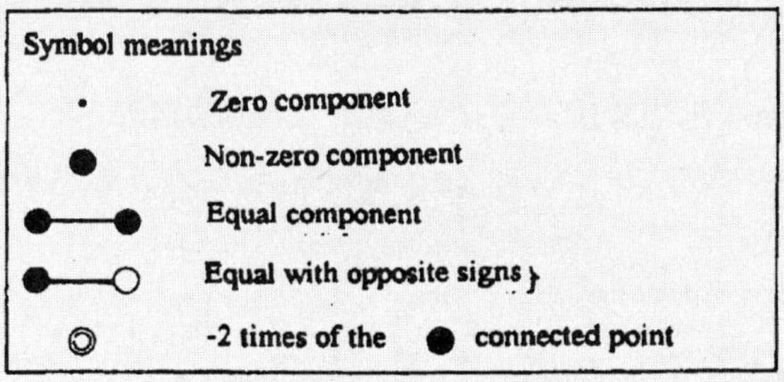

I Centro symmetric point group

Point group $\bar{1}$, $2/m$, mmm, $4/m$, $4/mmm$, $m3$, $m3m$, $\bar{3}$, $\bar{3}m$, $6/m$, $6/mmm$ All components are zero

II Non- centro symmetric point group

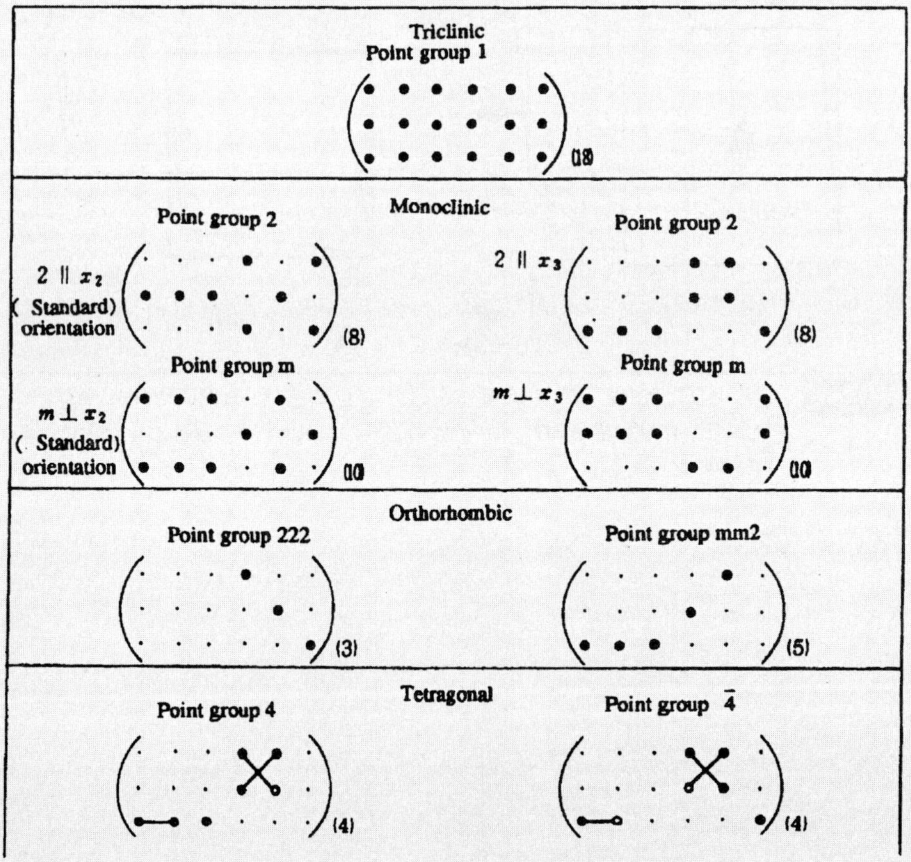

표 2.2 압전왜형상수 매트릭스(piezoelectric strain coefficient (d) matrices.)[4] (계속)

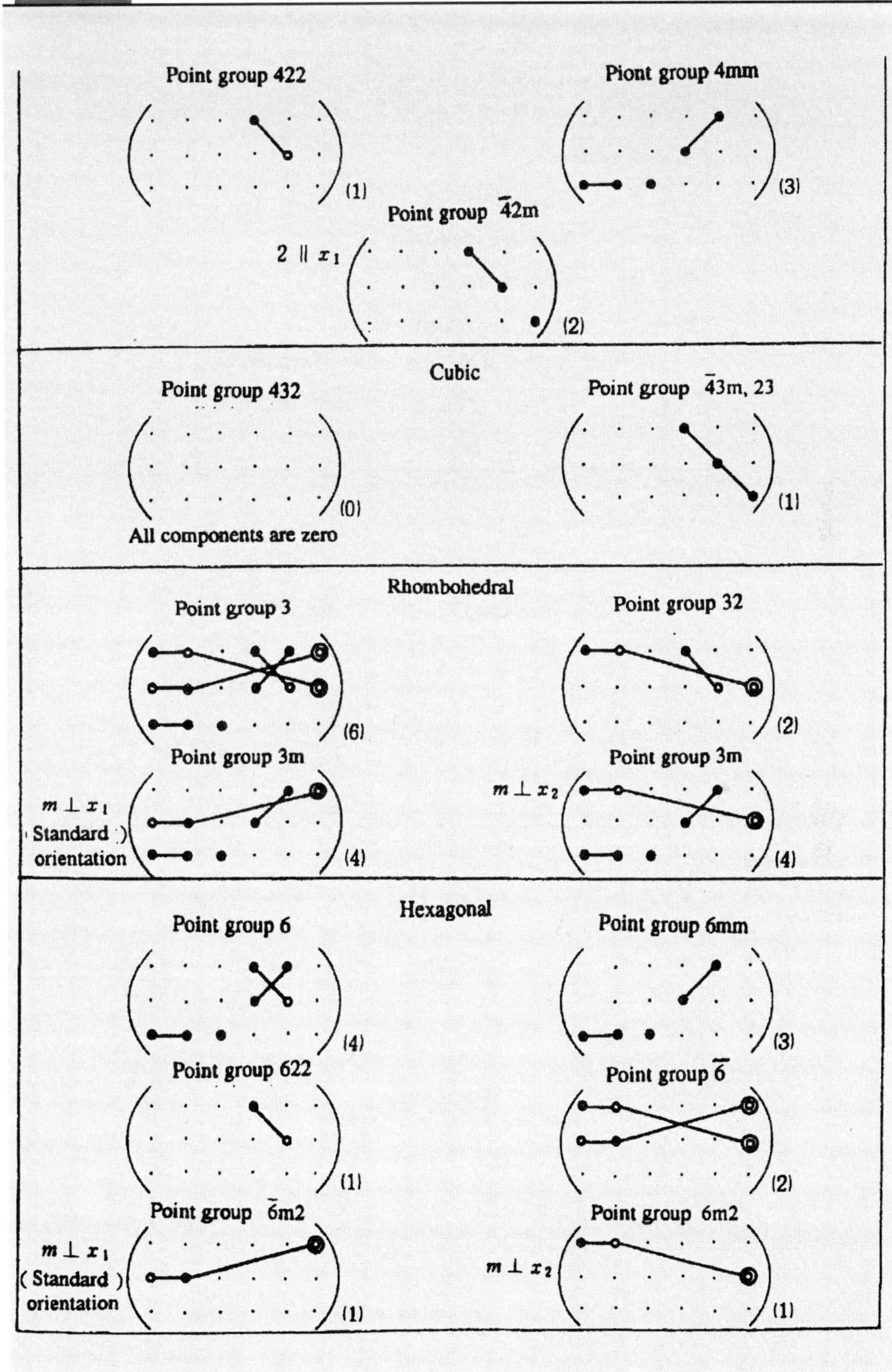

표 2.3 왜형상수 매트릭스(electrostriction Q coefficient matrices.)[4]

$$
* \begin{cases} Q_{mn} = Q_{ijkl} & (m,\ n = 1,\ 2,\ 3) \\ Q_{mn} = 2\,Q_{ijkl} & (m \text{か} n = 4,\ 5,\ 6) \\ Q_{mn} = 4\,Q_{ijkl} & (m,\ n = 4,\ 5,\ 6) \end{cases}
$$

Symbol meanings

·	Zero component
●	Non-zero component
●—●	Equal components
●—○	Equal with opposite signs
⊙	2 times of the ろ ● connected component
◎	-2 times of the ● connected component
×	$2\,(Q_{11} - Q_{12})$

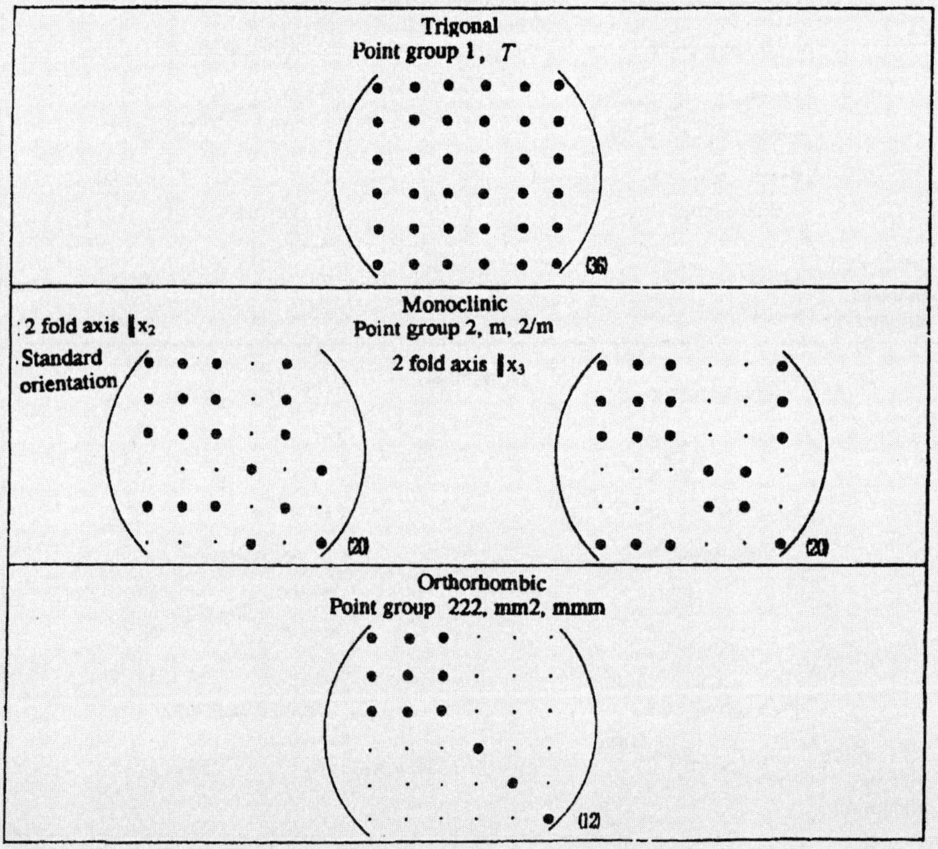

표 2.3 왜형상수 매트릭스(electrostriction Q coefficient matrices.)[4] (계속)

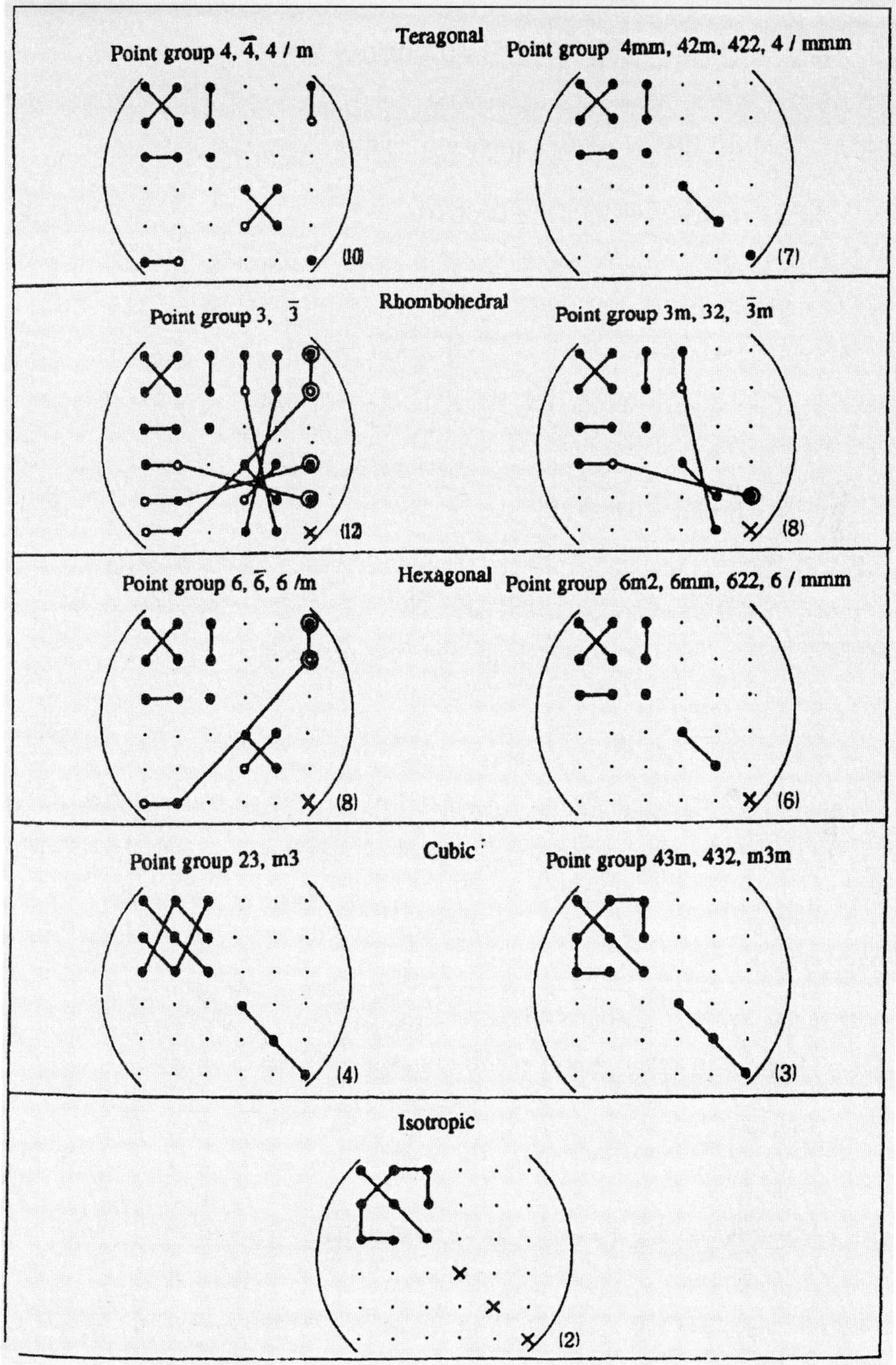

2.4 강유전 및 반강유전 현상의 이론적 해석

(1) 강유전 ↔ 반강유전 상전이의 란다우(Landau) 이론

강유전현상의 열역학이론에서는 자유에너지를 자발분극 P의 다항식으로 나타내는 것이 가능하다. 일차원의 란다우 자유에너지 F(P,T)는 다음의 식으로 나타낸다.

$$F(P,T) = (1/2)\alpha P^2 + (1/4)\beta P^4 + (1/6)\gamma P^6 + \cdots \tag{2.28}$$

일반적으로 계수 α, β, γ는 온도에 의존한다. 여기서 주목해야 할 점은 다항식에 P의 기수승의 항이 없다는 것이다. 이것은 결정의 자유에너지가 분극방향이 변해도[P→(−P)] 변화하지 않기 때문이다. 이 현상론적인 공식은 결정이 상유전 상태로부터 강유전 상태까지 차지하는 전체 온도범위에 적용된다. 전계 E가 가해진 상태에서 평행상태에 있는 분극 P는 다음의 조건을 만족한다.

$$\partial F/\partial P = E = \alpha P + \beta P^3 + \gamma P^5 \tag{2.29}$$

P^2항의 계수 α는 안정된 분극상태를 나타내는 것으로서, 강유전상태에서는 α는 부의 값이 되고, 상유전상태에서는 α가 정의 값이 된다. α는 다음의 식에 따라, 온도가 상승하여 큐리-바이스 온도 T_o에 도달하면 0을 지나 정의 값으로 된다.

$$\alpha = \frac{(T - T_o)}{C} \tag{2.30}$$

여기서 큐리 상수 C는 정의 값이며, T_o는 실제의 상전이 온도인 큐리온도 T_C와 같거나 약간 낮은 온도이다. α의 온도의존성은 열팽창 및 그 이외의 높은 차수의 열효과와 관계가 있다.

2차의 상전이

β가 정의 값이면, γ항은 무시할 수 있다. α의 정의식 식 (2.30)을 식 (2.29)에 대입하고 전계가 영인 조건을 적용하면, 온도의 함수인 자발분극 P_S를 구할 수 있다.

$$\left[\frac{(T - T_o)}{C}\right] P_S + \beta P_S^3 = 0 \tag{2.31}$$

이 식으로부터 $P_S{}^2 = 0$ 또는 $P_S{}^2 = (T_o - T)/\beta C$가 얻어진다.

온도가 큐리-바이스 온도보다 높을 경우에는($T>T_o$), $P_S=0$가 유일해가 된다. 온도가 큐리-바이스 온도보다 낮을 경우에는($T<T_o$), 란다우 자유에너지의 최소값이 다음에서 얻어진다.

$$P_s = \sqrt{\frac{(T_o - T)}{\beta C}} \tag{2.32}$$

상전이는 $T_C=T_0$에서 일어나며, 분극값은 저온에서의 최대값으로부터 전이온도에서 0이 될 때까지 계속 감소한다. 이것을 2차의 상전이라고 부른다.

역비유전율 1/K은 다음과 같이 정의 된다.

$$1/K = (\partial E/\partial P) = \alpha + 3\beta P^2 \tag{2.33}$$

온도가 큐리-바이스 온도 보다 높고, 전계가 가해지지 않으면 분극은 영이다.

$$K = C/(T-T_0) \tag{2.34a}$$

큐리-바이스 온도 보다 낮은 온도에서는 다음과 같다.

$$K = C/[2(T_o-T)] \tag{2.34b}$$

그림 2.14(a)에 P_S와 K의 온도의존성을 나타내었다. 여기에서 주목할 점은 유전율이 상전이 온도에서 무한대가 되는 점이다. Triglycine sulphate는 2차 상전이 특성을 보이는 강유전체의 고전적인 예이다.

1차의 상전이

식 (2.28)에서 β가 부의 값, γ가 정의 값일 때, 1차의 상전이를 나타낸다. 인가전계 E=0 일 때의 평형조건은 다음과 같이 쓸 수 있다.

$$[(T - T_0)/C]\, P_S + \beta P_S^3 + \gamma P_S^5 = 0 \tag{2.35}$$

이 식으로부터 $P_S=0$ 또는 다음 식의 근(root)에 해당되는 자발분극을 구할 수 있다.

$$[(T-T_0)/C] + \beta P_S^2 + \gamma P_S^4 = 0 \tag{2.36}$$

상전이 온도 T_C는 상유전상의 자유에너지와 강유전상의 자유에너지가 일치하는 조건에서 구한다. 즉, F=0 와 다음식으로 주어진다.

$$[(T - T_0)/C] + (1/2)\,\beta P_S^2 + (1/3)\,\gamma P_S^4 = 0 \tag{2.37}$$

그러므로 다음과 같이 쓸 수 있다.

$$T_C = T_o + (3/16)(\beta^2 C/\gamma) \tag{2.38}$$

이 식으로부터 큐리온도 T_C가 큐리-바이스 온도 T_o보다 약간 높은 온도에 있으며, 자발분극 P_S가 T_C에서 온도에 따라 불연속적으로 변화함을 알 수 있다. 이것을 그림 1.14(b)에 나타내었으며, 온도에 대한 유전율의 변화도 T_C에서 최고점을 보임을 알 수 있

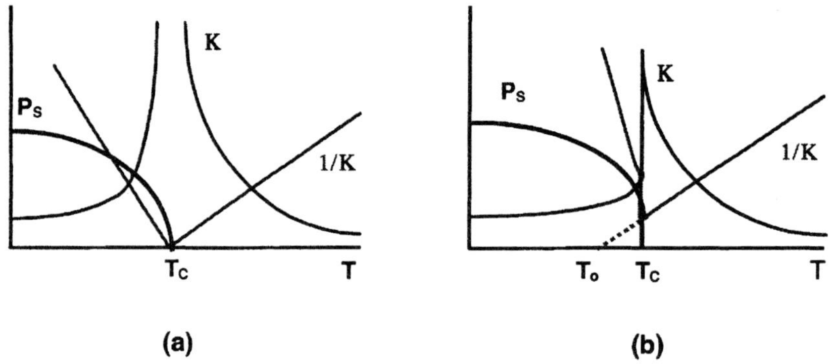

그림 2.14 강유전체의 상전이의 특성 (a) 2차 상전이, (b) 1차 상전이

다. 역비유전율(1/K)도 역시 그림에서와 같이 T_C에서 불연속적이며, 상유전 영역의 직선을 온도축 쪽으로 연장시키면, 큐리-바이스 온도 T_o에서 교차한다. 이것이 1차 상전이의 특성이다. 이러한 형태의 1차 상전이를 나타내는 강유전체의 고전적인 예가 티탄산바륨이다.

(2) 전왜의 현상론

강유전체의 전왜효과를 표현하는 이론은 1950년대에 Devonshire[5] and Kay[6]에 의해 공식화 되었다. 1차원의 깁스(Gibbs) 탄성에너지 함수는 다음과 같이 급수 전개된다.

$$G_1(P,X,T) = (1/2)\alpha P^2 + (1/4)\beta P^4 + (1/6)\gamma P^6 - (1/2)s X^2 - Q P^2 X \tag{2.39}$$

여기서 계수 α는 다음과 같이 정의되며,

$$\alpha = (T - T_o)/C$$

P, X, T는 각각 분극, 응력, 온도이며, s와 Q는 각각 탄성 컴플라이언스와 전왜계수이다. 이 식으로부터 전계 E와 왜형 x에 대한 식 (2.40)과 식 (2.41)을 얻을 수 있다.

$$E = \frac{\partial G_1}{\partial P} = \alpha P + \beta P^3 + \gamma P^5 - 2QPX \tag{2.40}$$

$$x = -\frac{\partial G_1}{\partial X} = sX + QP^2 \tag{2.41}$$

앞의 두 식을 이용하여 중요한 두 가지의 경우를 고찰하여 본다.

경우 I: 응력이 가해지지 않은 경우(X=0)

외부응력이 0인 경우 식 (2.40)과 식 (2.41)은 각각 다음과 같이 된다.

$$E = \alpha P + \beta P^3 + \gamma P^5 \tag{2.42}$$

$$x = QP^2 \tag{2.43}$$

또한, 식 (2.42)로부터 다음을 얻을 수 있다.

$$1/K = (\partial E/\partial P) = \alpha + 3\beta P^2 + 5\gamma P^4 \tag{2.44}$$

상유전상에서는 자발분극이 0이며($P_S=0$), 약한 전계가 가해지면, 다음 식과 같은 크기의 분극이 유기된다.

$$P = \varepsilon_o K E \tag{2.45}$$

이 상태에서 유전율은 온도 의존성을 보이며, 다음 식의 큐리-바이스 법칙에 따른다.

$$K = C/(T - T_o) \tag{2.46}$$

그러므로 상유전체의 전왜효과는 다음식으로 표현된다.

$$x = Q \varepsilon_o^2 K^2 E^2 \tag{2.47}$$

전왜계수 M은 이전에 설명한 바와 같이 유기왜형과 전계의 제곱을 관계 짓는 양으로서 식 (2.13)과 같이 표시되었다. 이러한 전왜계수 M은 Q계수와 다음의 관계를 갖는다.

$$M = Q \varepsilon_o^2 K^2 \tag{2.48}$$

강유전상에서 자발분극은 0이 아니며, 물질의 분극 P는 약한 전계가 가해졌을 때,

$$P = P_S + \varepsilon_o K E \tag{2.49}$$

가 되며

$$x = Q(P_S + \varepsilon_o K E)^2 = QP_S^2 + 2\varepsilon_o KQP_S E + Q \varepsilon_o^2 K^2 E^2 \tag{2.50a}$$

가 된다.

자발왜형은

$$x_S = QP_S^2 \tag{2.51}$$

이므로 압전왜형계수 d는 다음과 같이 표시된다.

$$d = 2 \varepsilon_o K Q P_S \tag{2.52}$$

자발왜형 및 압전계수의 온도의존성을 그림 2.15에 나타내었다.

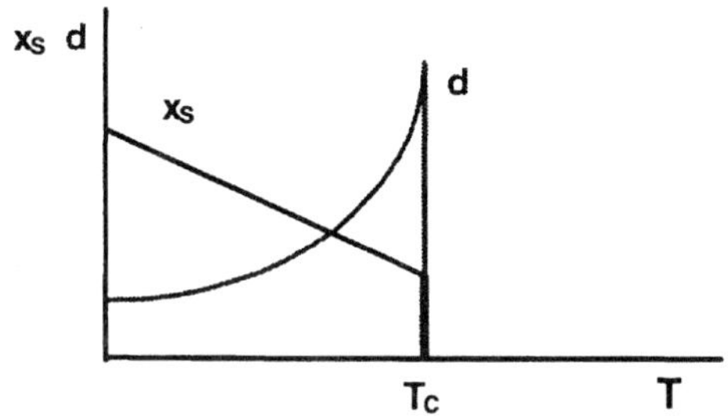

그림 2.15 자발왜형(x_S)및 압전계수(d)의 온도의존성

자발왜형 x_S의 관계식 식 (2.51)과 압전전왜계수 d에 대한 식 (2.52)를 식 (2.50a)에 대입하면 다음과 같이 또 다른 형태로 쓸 수 있다.

$$x = x_S + d\,E + M\,E^2 \tag{2.50b}$$

이 식으로부터 압전효과는 본질적으로 자발 분극에 의해 바이어스된 전왜효과라는 사실을 알 수 있다.

경우 II: 응력이 가해진 경우 (X≠0)

정수(hydrostatic)압력 p가 가해진 경우, 즉, [X=(−)p]이면, 역유전율에 대한 급수전개식(식 (2.44))에 압력에 비례하는 새로운 항이 더해진다. 즉,

$$1/K = \alpha + 3\,\beta\,P^2 + 5\,\gamma\,P^4 + 2Q_h(p) \tag{2.52}$$

이며, 여기서 정수압력 전기왜형계수 Q_h는 양의 값이며, 계수 α는 이전과 마찬가지로 다음의 식으로 나타낸다.

$$\alpha = \frac{(T - T_o)}{C}$$

식 (2.52)에 α를 대입하여 T_o를 구하고 가해진 정수압력 p로 1차 미분하면 다음과 같다.

$$\frac{\partial T_o}{\partial p} \approx \frac{\partial T_C}{\partial p} = -2\,Q_h C \tag{2.53}$$

이 식으로부터, 가해진 정수압력이 증가하면 T_C 와 T_o 가 감소함을 알 수 있다.

[예제 2.5]

티탄산바륨($BaTiO_3$)은 상온에서, $d_{33}=320\times10^{-12}$ (C/N), $K_3=800$ and $Q_{33}=0.11$ (m^4C^{-2})의 전기기계적 특성을 갖는다. 이 경우 자발분극 P_S를 구하라.

해답

다음과 같은 관계를 사용한다.

$$d_{33} = 2\,\varepsilon_o\,K_3\,Q_{33}\,P_S \tag{P2.5.1}$$

P_S를 구하면 다음과 같다.

$$P_S = \frac{d_{33}}{2\varepsilon_o K_3 Q_{33}} = \frac{320 \times 10^{-12}\ (C/N)}{2[8.854 \times 10^{-12}\ (F/m)][800][0.11(m^4C^{-2})]} \tag{P2.5.2}$$

$\rightarrow P_S = 0.21\ [C/m^2]$

[예제 2.6]

2차 상전이의 경우 깁스 탄성에너지는 다음과 같이 1차원 형식으로 전개할 수 있다.

$$G_1(P,X,T) = (1/2)\alpha P^2 + (1/4)\beta P^4 - (1/2)s X^2 - Q P^2 X \tag{P2.6.1}$$

여기서 계수 α 만이 온도에 의존한다. 즉, $\alpha=(T-T_o)/C$이다. 유전율 K, 자발분극 P_S, 자발왜형 x_S, 그리고 압전왜형계수 d의 온도 의존성을 구하라.

해답

$$E = (\partial G_1/\partial P) = \alpha P + \beta P^3 - 2Q P X \tag{P2.6.2}$$

$$x = -(\partial G_1/\partial X) = sX + QP^2 \tag{P2.6.3}$$

외부 응력이 0인 경우, 다음 3개의 특성방정식을 얻을 수 있다.

$$E = \alpha P + \beta P^3 \tag{P2.6.4}$$

$$x = QP^2 \tag{P2.6.5}$$

$$1/K = (\partial E/\partial P) = \alpha + 3\beta P^2 \tag{P2.6.6}$$

E=0로 두면, $P_S{}^2 = 0$ 또는 $P_S{}^2 = -(\alpha/\beta)$로 나타내는 두 개의 안정된 상태를 얻을 수 있다. 상유전상($T>T_o$)에서는 자발분극이 0($P_S=0$)이므로, $1/K=\alpha$가 되고 다음의 식이 성립된다.

$$K = C/(T - T_o) \tag{P2.6.7}$$

강유전상 ($T<T_o$)에서는 다음과 같이 쓸 수 있다.

$$P_S = \sqrt{\frac{(T_o - T)}{\varepsilon_o \beta C}} \tag{P2.6.8}$$

그러므로 $[1/K=\alpha+3\beta P^2=-2\alpha]$ 이며

$$K = C/2(T_o - T) \tag{P2.6.9}$$

가 된다. 이 결과를 식 (P2.6.8)에 대입하면,

$$x_S = QP_S^2 = Q\left[\frac{(T_o - T)}{\beta\varepsilon_o C}\right] \tag{P2.6.10}$$

이 되며, 식 (P2.6.8)과 (P2.6.9)로부터 압전왜형계수 d를 다음과 같은 형태로 다시 쓸 수 있다.

$$d = 2\varepsilon_o K Q P_S = Q\sqrt{\frac{\varepsilon_o C}{(T_o - T)\beta}} \tag{P2.6.11}$$

(3) 전왜효과와 역전왜효과(Direct and Converse Electromechanical Effects)

지금까지는 역압전효과에 의한 전계유기왜형 $x=d\,E$와 전왜효과에 의한 전계유기왜형 $x=M\,E^2$에 대하여 고찰하여 왔으나, 여기에서는 센서에 응용이 될 수 있는 인가응력 X에 대한 재료의 반응에 대하여 알아보고자 한다. 압전정효과는 간단히 말해서, "인가응력에 의한 분극의 변화"이며,

$$P = d\,X \tag{2.54}$$

로 표시한다.

전왜효과의 경우에는 전왜재료가 자발분극을 가지고 있지 않기 때문에 외부응력에 의해 전하를 발생하는 것은 아니나 유전율이 응력에 의해

$$1/\varepsilon_o K = 2QX \tag{2.55}$$

와 같이 변화한다. 이것이 역전왜효과이다.

[예제 2.7]

어떤 종류의 PZT 세라믹의 압전계수 $d_{33}=590\times10^{-12}$(C/N), 유전율 $K_3=3400$, 그리고, 탄성 컴플라이언스 $s_{33}=20\times10^{-12}$ (m^2/N)이라고 할 때,

(a) 인가전계 $E_3=10\times10^5$(V/m)의 경우, 전계유기왜형을 구하라. 또한, 기계적으로 완전히 구속된 조건(clamped)에서의 발생응력을 구하라.

(b) (a)에서 구한 발생응력에 해당되는 응력 $X_3=3\times10^7$(N/m^2)를 인가한 경우, 유기되는 전계를 구하라. 또한, 여기에서 구한 유기전계가 (a)에서 인가한 전계 [10×10^5(V/m)]와 크기가 일치하지 않는다. 그 이유를 설명하라.

해답

경우 (a):

$$x_3=d_{33}\ E_3=[590\times10_{-12}(C/N)][10\times10^5\ (V/m)] \tag{P2.7.1}$$

$$\rightarrow\ x_3=5.9\times10^{-4}$$

기계적으로 완전히 구속된 조건에서,

$$X_3=x_3/\ s_{33}=5.9\times10^{-4}\ /20\times10^{-12}\ (m^2/N) \tag{P2.7.2}$$

$$\rightarrow\ X_3=3.0\times10^7\ (N/m^2)$$

경우 (b):

$$P_3=d_{33}\ X_3=[590\times10^{-12}\ (C/N)][\ 3\times10^7\ (N/m^2)] \tag{P2.7.3}$$

$$\rightarrow\ P_3=\ 1.77\times10^{-2}\ (C/m^2)$$

$$E_3=P_3/\varepsilon_o K=[1.77\times10^{-2}\ (C/m^2)]/[3400][8.854\times10^{-12}\ (F/m)] \tag{P2.7.4}$$

$$\rightarrow\ E_3=5.9\times10^5\ (V/m)$$

(b)에서 유기된 전계의 세기가 (a)에서 인가한 전계의 단지 59% 밖에 안 된다. 이것은 전기기계결합계수 k를 이용하여 설명할 수 있다.

압전재료의 전기기계적 반응에 의해 발생되는 기계적 에너지를 이 재료에 입력된 전기적 에너지를 기준으로 나타내는 전기기계결합계수 k는 다음과 같이 정의된다.

$$k^2=\frac{\text{저장된 기계에너지}}{\text{입력된 전기에너지}}$$

$$=\frac{(½)[x^2/s]}{(½)[\varepsilon_o KE^2]}=\frac{(½)[(dE)^2/s]}{(½)[\varepsilon_o KE^2]}=\frac{d^2}{s\varepsilon_o K} \tag{P2.7.5a}$$

전기기계결합계수를 정의하는 또 다른 한 가지 방법은 다음 식과 같이 전기기계적 반응에 의해 발생되는 전기적 에너지를 이 재료에 공급된 기계적 에너지를 기준으로 나타내는 방법으로서 마찬가지의 결과를 나타낸다.

$$k^2 = \frac{\text{저장된 전기에너지}}{\text{입력된 기계에너지}}$$

$$= \frac{(½)[P^2 / \varepsilon_o K]}{(½)[s X^2]} = \frac{(½)[(d X)^2 / \varepsilon_o K]}{(½)[s X^2]} = \frac{d^2}{s \varepsilon_o K} \qquad \text{(P2.7.5b)}$$

예제의 경우, 다음과 같이 d_{33}을 이용하여 압전반응에 대한 전기기계결합계수를 계산할 수도 있다.

$$k_{33}{}^2 = \frac{d_{33}{}^2}{(s_{33}\, \varepsilon_o\, K_3)} = \frac{[590 \text{ x } 10^{-12}\,(C/N)]^2}{[20 \text{ x } 10^{-12}\,(m^2/N)][8.854 \text{x} 10^{-12}\,(F/m)][3400]}$$

$$\rightarrow\ k_{33}{}^2 = 0.58$$

상기의 설명들로부터 경우 (b)에서 구한 유기 전계가 경우 (a)의 인가전계 10×10^5 (V/m)에 비해 작은 이유를 알 수 있다. 또한, 그 비가 k^2배가 되며, k^2이 전기에너지를 기계에너지로 혹은 기계에너지를 전기에너지로 변환하는 압전현상의 변환율임을 알 수 있다.

(4) 전왜의 온도의존성

본 장에서, 이미 전왜계수 Q에 대해 수차례 설명을 하였다. 이와 같은 관계를 기본으로 하여 여러가지 재료의 전왜계수를 결정하기 위한 다양한 실험적 방법들이 개발되었다. 그 방법들 중에서 강유전체의 전왜계수 Q를 결정하는 데 보다 일반적으로 사용되는 방법은 다음의 데이터들을 이용하는 것이다.

a) 상유전상에서의 전계유기왜형
b) 강유전상에서의 자발분극과 자발왜형
c) 강유전상에서의 전계유기왜형으로부터 구한 압전왜형계수(압전공진을 이용한 방법도 있음)
d) 상유전상에서의 유전율의 온도의존성

그림 2.16에 복합 페로브스카이트 구조를 갖는 $Pb(Mg_{1/3}Nb_{2/3})O_3$의 전왜계수 Q_{33}과 Q_{31}의 온도의존성을 나타내었다.[7] 큐리 온도는 0℃ 부근에 있다. 상유전체로부터 강유전

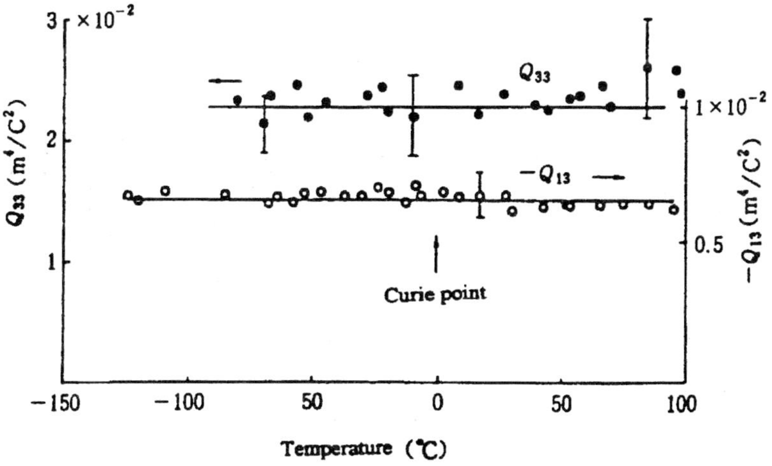

그림 2.16 복합 페로브스카이트 구조를 갖는 $Pb(Mg_{1/3}Nb_{2/3})O_3$의 전왜계수 Q_{33}과 Q_{31}의 온도 의존성[7]

체로 상전이하여 압전체가 되는 상전이 온도 근방에서도 전왜계수 Q_{33}과 Q_{31}의 크기에 거의 변함이 없었다. 근본적으로 이 물질의 전왜계수는 거의 온도의존성을 갖지 않고 있다.

(5) 압전효과와 결정의 대칭성

비록 단결정 형태를 갖는 여러가지 압전재료의 압전효과에 대하여 충분한 연구가 이미 이루어졌지만, 단결정 압전재료의 실용화는 활발히 추진되지 않고 있다. 그 이유는 주로 가장 널리 사용되는 PZT계 재료가 일반적으로 다결정 형태로 합성되기 때문이다. 그러나 근년에 단결정 연구에 대한 관심이 부활되고 있는데, 이는 애피택셜 성장박막(의사단결정)의 제조와 응용 기술이 발전하여 다양한 조성의 고품질 단결정을 얻을 수 있기 때문이다. 압전 단결정은 일반적으로 압전 다결정재료보다 높은 전왜계수 d를 가져 큰 변위를 발생시키므로 특별히 액추에이터에의 응용이 기대된다.

페로브스카이트형 강유전체 결정의 이론적 계산으로부터 알 수 있는 바와 같이, 자발분극의 방향으로부터 50~60도 기울어진 방향으로 전계를 인가하여 큰 유효압전정수와 전기기계결합계수를 얻을 수 있다. 이 원리를 그림 2.17에 나타내었다. 이와 같은 방향으로 전계가 가해지면, d_{15} 왜형계수를 통해 최대의 왜형을 유기할 수 있다. 대부분의 페로브스카이트 구조 압전결정의 d계수 중에 d_{15} 왜형계수가 가장 크기 때문에 최대의 왜형을 얻을 수 있는 것이다.

몰포트로픽(morphotropic)상 부근의 조성을 갖는 PZT의 압전특성의 결정방향 의존성은 현상론적으로 모델화되어 있다.[8,9]

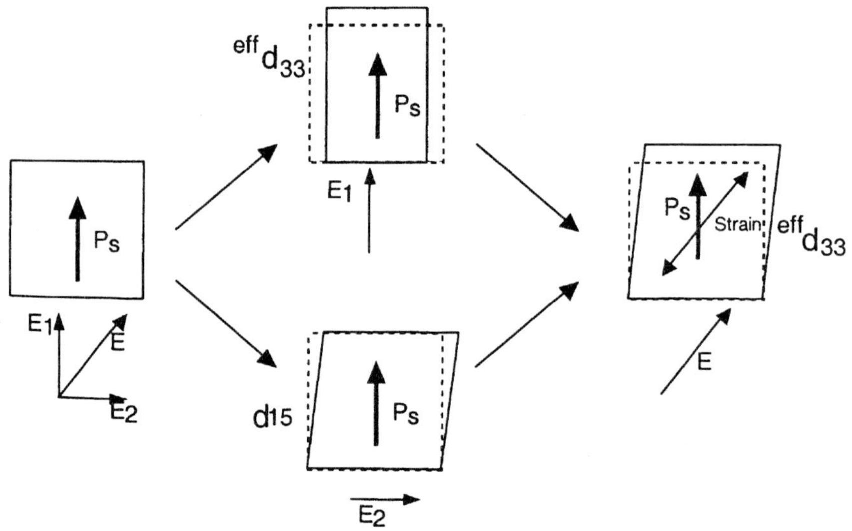

그림 2.17 강유전체 단결정의 전계유기왜형, 자발분극 P_S의 방향에 대해 여러 각도로 전계를 가한 경우

여기에서 요약하는 결과들은 단순히 유전율, 압전계수, 탄성 컴플라이언스 등의 원래의 데이터에 좌표변환매트릭스를 사용하여, 한 방향으로부터 다른 방향으로 변형시켜 얻은 것이다.[10] 그림 2.18에 능면체정 PZT(60/40)의 유전율의 결정방향의존성을 곡면으로 나타내었다. 유전율은 그 측정축을 자발분극 P_S의 방향(z-cut 판)으로부터 y축 방향(y-cut 판)으로 변환시킴에 따라 단조롭게 감소한다. 이러한 경향은 그림 2.19에서와 같이 정방정 상에서도, 능면체정 상에서도 동일하게 나타났다.

한편, 압전왜형계수는 흥미로운 결정 이방성을 나타낸다. 그림 2.20에 PZT(48/52)의 유효d_{33}을 나타내는 2차곡면과 그 곡면의 [010]단면을 나타내었다. 그림과 같이 방향에 따라 유효d_{33}이 크게 변하며, 자발분극 방향인 [001]에서 최대값을 나타내었다.

능면체정 PZT(52/48)의 경우에는, 그림 2.21과 같이 전혀 다른 경향을 보였다. 유효

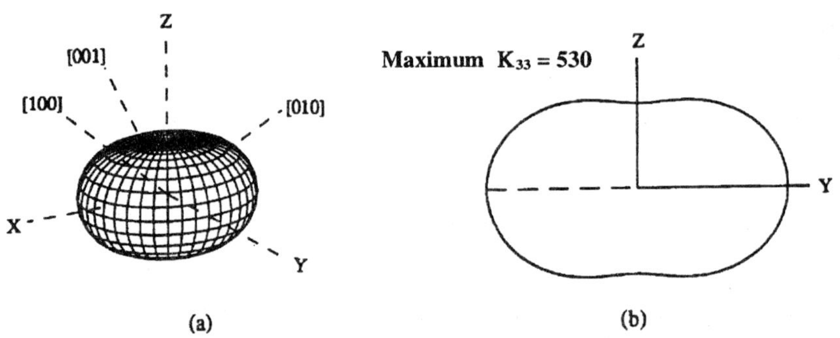

그림 2.18 능면체정 PZT 60/40의 유전율: (a) 2차 곡면, (b) y-z 단면[8]

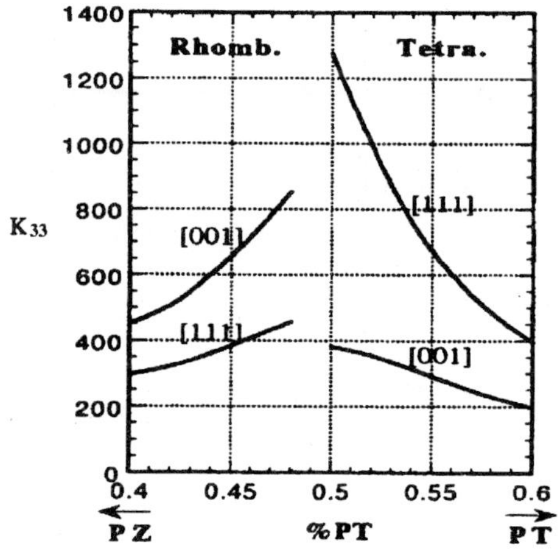

그림 2.19 PZT의 조성비에 따른 유전율 변화[9] (능면체정과 정방정 어떤 경우에도 자발분극 P_S 방향의 유전율이 최소값을 갖는다.)

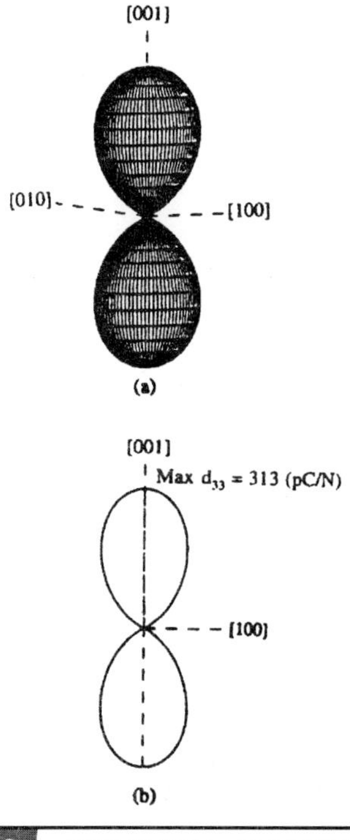

그림 2.20 PZT(48/52)의 유효압전왜형계수 $^{eff}d_{33}$ (a) 2차곡면, (b) 곡면의 [010]단면[9]

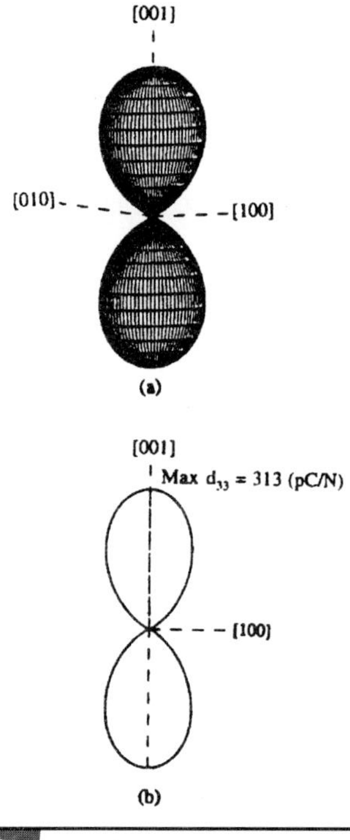

그림 2.21 능면체정 PZT(52/48)의 $^{eff}d_{33}$ (a) 2차곡면, (b) 곡면의 y-z 단면[9]

d_{33}은 y-z평면에서 z축으로부터 59.4° 인 곳에서 최대값을 보였다. 이 방향은 입방결정 페로브스카이트의 상유전상의 [001]방향과 거의 같다.

그림 2.22에 PZT의 조성비에 따른 [001]방향과 [111]방향의 유효d_{33}의 이론적 계산치

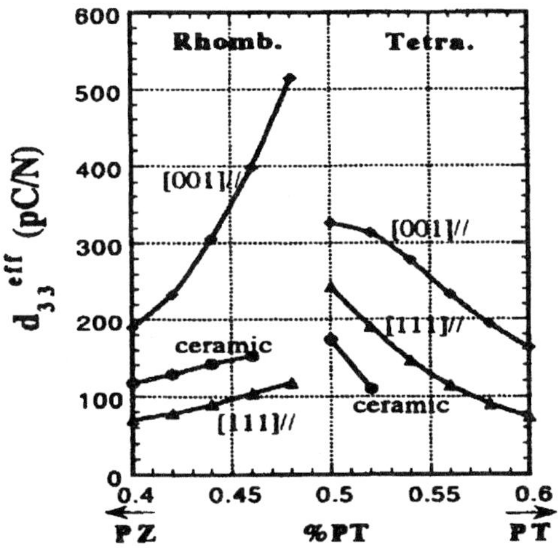

그림 2.22 조성비에 따른 PZT(48/52)의 유효압전왜형계수 $^{eff}d_{33}$ [9]

를 나타내었다. 그 중에서 [001]방향의 유효 d_{33}은 능면체정 쪽으로부터 몰포트로픽 상 경계에 도달할수록 현저하게 증가하였다. 그러므로 PZT 애피택셜 성장박막을 액추에이터와 센서로서 사용할 경우에는 몰포트로픽 상 경계 근방의 능면체정의 조성을 사용하여 [001]방향으로 제조하는 것이 유리하다. 이렇게 함으로써 현재 실험적으로 얻은 값보다 4배 큰 값을 얻을 수 있다.

몰포트로픽 상 경계에 있는 $Pb(Zn_{1/3}Nb_{2/3})O_3$-$PbTiO_3$ 와 $Pb(Mg_{1/3}Nb_{2/3})O_3$-$PbTiO_3$ 단결정으로부터 관찰된 예외적인 높은 압전특성, 또한 같은 방법으로 설명할 수 있다. 제3장에서 이 재료의 실험 데이터 분석 시, 좀 더 상세히 다루기로 한다.

[예제 2.8]

정방정 PZT의 유전율 K_{33}, 그리고 압전왜형계수 d_{33}의 결정방향 의존성을 그림 2.23에

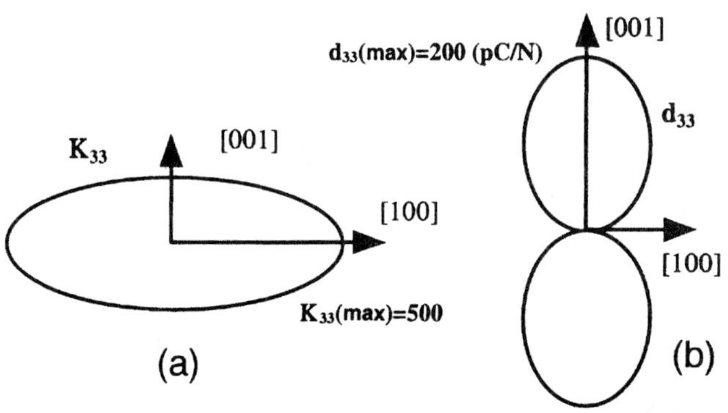

그림 2.23 정방정 PZT의 유전율과 압전왜형계수의 2차곡면표시 (a) 유전율 K_{33}, (b) 압전왜형계수 d_{33}

나타내었다. 다결정체의 배향이 균일하다고 가정하고, 분극 전과 후의 K_{33} 과 d_{33}의 변화를 설명하라.

해답

분극 이전에는 각 결정의 분극방향이 랜덤한 방향으로 분포되어 유전율이 K_{33}(min.)과 K_{33}(max.)의 중간값을 가지며, 압전계수 d_{33}은 0이다. 분극처리를 하면, 결정 중의 자발분극이 분극(인가전계) 방향(이 방향을 "z" 또는 [001]방향으로 함)으로 배향하며 결과적으로 유전율이 분극전 보다 감소한다. 한편, 압전계수 d_{33}은 분극전계의 세기를 증가시킬수록 단조로이 증가하며, 분극전계가 항전계 이상이 되면 포화한다.

(6) 반강유전체의 현상론

반강유전체에 대한 가장 간단한 모델은 전왜효과를 키틀(Kittle)의 자유에너지로 표현하는 "1차원 2부격자 모델"이다.[7,8] 그 이름이 알려주듯이 이 모델에서는 격자를 1차원 시스템으로 취급하고, 이웃한 부격자 2개가 초(super)격자(크기가 단위 셀의 두 배)를 형성하는 것이다. 이때, 두 부격자의 분극을 각각 P_a와 P_b라고 하면, $P_a = P_b$ 상태를 강유전상, $P_a = (-P_b)$의 상태를 반강유전상으로 정의한다. 전왜효과를 고려할때, 이 두 개의 부격자 간의 상호작용이 일반적으로 무시되며, 두 부격자에 의해 유기되는 왜형이 각각 QP_a^2과 QP_b^2이므로(단, 두 부격자의 전왜계수 Q가 같다고 가정함.) 결정내에 유기되는 총 왜형은 다음과 같다.

$$x = Q\,(P_a^2 + P_b^2)\,/\,2 \tag{2.56}$$

그러나 반강유전성은 근본적으로 부격자간의 상호작용에 의해 발생되는 것이므로, 전왜효과의 설명에 있어서도 부격자간의 상호작용을 고려하는 것이 더 타당하다. 그러므로 전왜효과에 대한 보다 완벽한 표현을 얻기 위하여 상호작용항 Ω를 반강유전체의 자유에너지 방정식에 도입할 것이다. 즉, 자유에너지는 다음과 같이 쓸 수 있다.

$$\begin{aligned} G_1 = {} & (1/4)\,\alpha\,(P_a^2+P_b^2) + (1/8)\,\beta\,(P_a^4+P_b^4) + (1/12)\,\gamma\,(P_a^6+P_b^6) \\ & + (1/2)\,\eta\,P_aP_b - (1/2)\,\chi_T\,p^2 + (1/2)\,Q_h\,(P_a^2+P_b^2+2\Omega\,P_aP_b)p \end{aligned} \tag{2.57}$$

여기서 p는 정수압력, χ_T는 등온압축률, 그리고 Q_h는 정수압전왜형계수이다. 이 식에서 강유전 분극 $P_F = (P_a + P_b)/2$와 반강유전분극 $P_A = (P_a - P_b)/2$를 사용하여 바꾸면 다음과 같다.

$$G_1 = (1/2)\alpha[P_F^2 + P_A^2] + (1/4)\beta[P_F^4 + P_A^4 + 6P_F^2P_F^2] + (1/6)\gamma[P_F^6+P_A^6+15P_F^4P_A^2+15P_F^2P_A^4] + (1/2)\eta[P_F^2 - P_A^2] - (1/2)\chi_T p^2 + Q_h[P_F^2 + P_A^2 + \Omega(P_F^2 - P_A^2)]p \quad (2.58)$$

이 상태에서의 유전율과 탄성 방정식은 다음과 같이 쓸 수 있다.

$$E = \partial G_1/\partial P_F = P_F[\alpha+\eta+2Q_h(1+\Omega)p+\beta P_F^2+3\beta P_A^2+\gamma P_F^4+10\gamma P_F^2P_A^2+5\gamma P_A^4] \quad (2.59)$$

$$0 = \partial G_1/\partial P_A = P_A[\alpha-\eta+2Q_h(1-\Omega)p+\beta P_A^2+3\beta P_F^2+\gamma P_A^4+10\gamma P_F^2P_A^2+5\gamma P_F^4] \quad (2.60)$$

$$\Delta V/V = \partial G_1/\partial p = -\chi_T p + Q_h(1+\Omega)P_F^2 + Q_h(1-\Omega)P_A^2 \quad (2.61)$$

식 (2.61)로부터 강유전 분극 P_F가 체적변화에 얼마나 기여를 하는지의 관계를 알 수 있으며, 유기체적변화와 유기강유전분극과의 관계는 다음의 식으로 주어진다.

$$(\Delta V/V)_{ind} = Q_h(1+\Omega)P^2_{F(ind)} \quad (2.62)$$

반강유전체에서는 넬(Néel)온도라고 부르는 상전이 온도보다 낮은 온도에서는, 자발체적왜형 $(\Delta V/V)_S$과 자발반강유전분극 $P_{A(S)}$가 다음의 식으로 관계된다.

$$(\Delta V/V)_S = Q_h(1-\Omega)P_{A(S)}^2 \quad (2.63)$$

위의 관계로부터 다음을 알 수 있다. 즉, 어떤 페로브스카이트 결정의 정수압전왜형계수 Q_h가 비록 정의 값을 가져도, 자발체적왜형은 $\Omega(\Omega<1$ or $\Omega>1)$의 값에 따라서 정의 값이 될 수도 있고 부의 값이 될 수도 있다. 만약 부격자간의 상호결합이 부격자 내의 결합보다 강력하다면, 넬온도에서 체적감소가 일어난다. 이것이 큐리점에서 체적증가가 일어나는 강유전체의 경우와 크게 다른 점이다.

$\Omega>1$인 경우에 유기된 자발왜형을 그림 2.24(a)에 나타내었다. P_a와 P_b가 평행으로 배열하는 경우(강유전상), Ω항은 자발왜형 x_S가 커지도록 작용한다. 반평형의 경우에는(반강유전상), Ω항은 자발왜형이 작아지도록 작용한다.(그림 2.24(b)) 이와 같은 현상론적 처리는 반강유전체 페로브스카이트 결정 $PbZrO_3$ 등의 실험결과를 정확히 설명해주고 있다.[9] 그림 2.25에 반강유전 세라믹인 $Pb_{0.99}Nb_{0.02}[(Zr_{0.6}Sn_{0.4})_{0.94}Ti_{0.06}]_{0.98}O_3$의 인가전계에 따른 유기왜형을 나타내었다.[10] 반강유전상으로부터 강유전상으로 전계유기전이가 될 때 동반되는 체적변화를 다음 식으로 계산할 수 있다.

$$\Delta V/V = Q_h(1+\Omega)P_{F(S)}^2 - Q_h(1-\Omega)P_{A(S)}^2 = 2Q_h\Omega P_{F(S)}^2 \quad (2.64)$$

여기서 P_a와 P_b의 크기가 상전이 동안에 크게 변하지 않는 것으로 가정하였다.

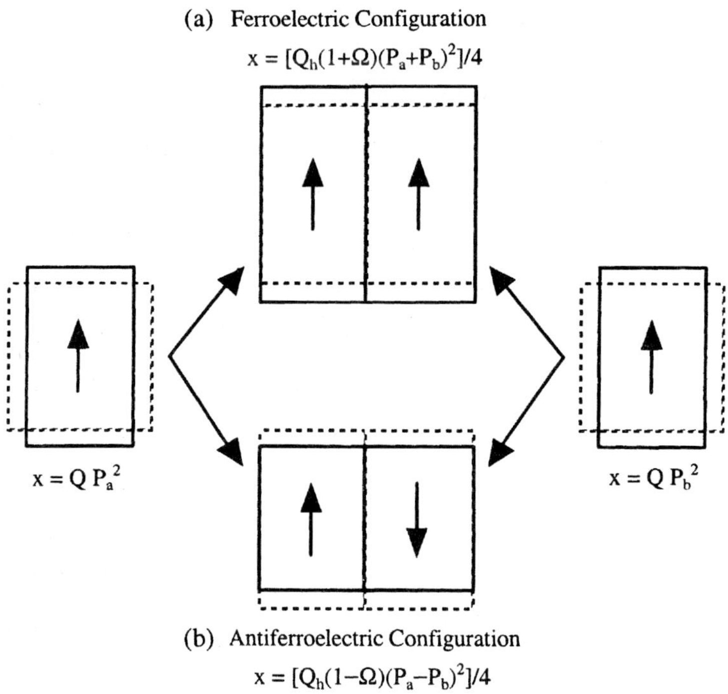

그림 2.24 전왜효과의 부격자 상호작용의 도해적 설명 (Ω >1인 경우)

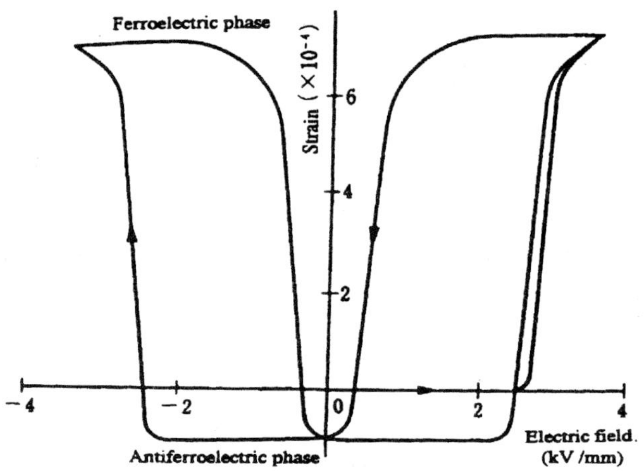

그림 2.25 $Pb(Zr,Sn)O_3$계 반강유전체의 전계유기왜형

강유전상의 왜형상태는 전계에 의해 유기되는 큰 왜형과 상태의 안정성의 두 가지로 특징지을 수 있는데, 첨가물인 Ti의 조성을 신중히 조절하여 이 특성을 최적화 할 수 있다. 일단 하나의 왜형상태가 유기되면, 전계를 제거하여도 그 상태를 유지하는데, 이것은 형상기억기능으로서 중요한 특징이다.

2.5 자왜(magnetostriction)의 현상론

압전재료와 유사하게 어떤 자성재료는 자화의 방향(magnetization direction)으로 자발왜형을 나타낼 수 있으며, 자계가 인가되었을 때 자왜현상(magnetostriction)을 나타낸다. 자왜현상은 인가자계에 의한 자발자화(spontaneous magnetization)의 재배열 때문에 일어난다. 그림 2.26은 대표적인 왜형곡선으로서 인가된 자계에 대해 각각 평행인 방향($\lambda_{//}$)과 수직인 방향(($\lambda_{\perp}$)으로 유기되는 왜형($\Delta l/l$)을 나타낸다. 재료에 따라 평행방향의 왜형이 정(신장)이 될 수도 있고 부(수축)가 될 수도 있다. 수직방향의 왜형은 재료의 푸아송 비(Poisson's ratio)의 값에 따라 정 또는 부가 된다.

강자성체 재료(ferromagnetic material)의 자화에 따른 자발왜형의 발생 메커니즘을 나타내는 간단한 모델을 그림 2.27에 나타내었다.

그림의 미소자석 하나 하나가 금속결정의 철(Fe)원자의 스핀에 대응한다고 가정하면, 인접한 자석들의 반대 극들은 서로 끌어 당겨서 b방향으로의 수축이 일어난다. 동시에, 평행한 스핀 방향을 갖는 인접 원자들은 서로 반발하고, a방향으로 격자가 늘어난다. 격자원자들의 변형으로 인해 생기는 자기에너지는 격자의 탄성에너지에 의해 결국 평형을 이루며, 평형상태에서 자발왜형이 유기된다고 볼 수 있다.

Fe, Ni 등과 같은 입방구조의 자성재료결정의 인가자계에 평행한 자계유기왜형은 다음과 같이 쓸 수 있다.

$$\begin{aligned}\Delta l/l = \; & (3/2)\lambda_{100}[\alpha_1^2\beta_1^2+\alpha_2^2\beta_2^2+\alpha_3^2\beta_3^2-1/3] \\ & + (3)\lambda_{111}[\alpha_1\alpha_2\beta_1\beta_2+\alpha_2\alpha_3\beta_2\beta_3+\alpha_3\alpha_1\beta_3\beta_1]\end{aligned} \tag{2.65}$$

여기서 λ_{100}와 λ_{111}는 각각 [100] 방향과 [111] 방향으로 자화가 완전히 포화되었을 때의 자왜의 크기이다. 높은 차수의 섭동은 무시하였다.[15]

자성재료가 다결정체 또는 비정질(amorphous)이며 완전한 등방성 재료($\lambda_{100}=\lambda_{111}=\lambda_s$)인 경우, 식 (2.65)는 다음과 같이 간략화 될 수 있다.

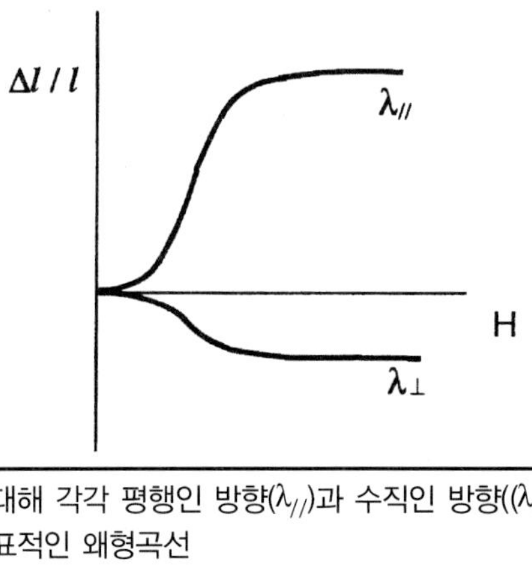

그림 2.26 인가된 자계에 대해 각각 평행인 방향($\lambda_{//}$)과 수직인 방향(($\lambda_{\perp}$)으로 유기되는 왜형($\Delta l/l$)을 나타내는 대표적인 왜형곡선

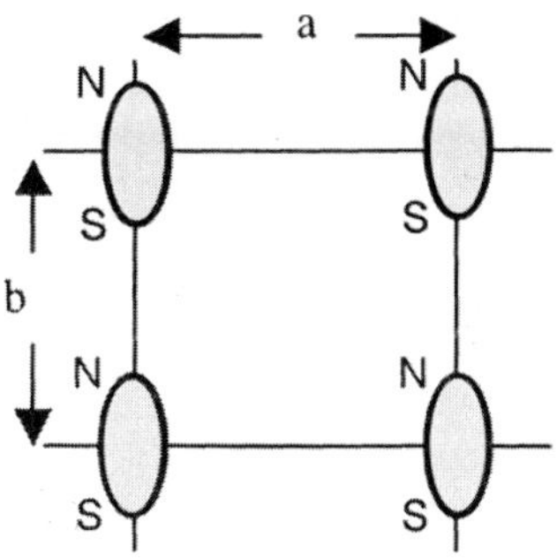

그림 2.27 강자성체 재료의 자화에 따른 자발왜형의 발생 메커니즘을 나타내는 간단한 모델

$$\Delta l/l = (3/2)\,\lambda_s(\cos^2\theta - 1/3) \tag{2.66}$$

여기서 θ는 자화의 방향과 왜형 방향 간의 각도이며, λ_s는 자왜의 포화치이다. 다결정체 재료의 경우, 다음의 관계가 성립된다.

$$\lambda_s = 0.4\,\lambda_{100} + 0.6\,\lambda_{111} \tag{2.67}$$

λ_{100}과 λ_{111}의 크기는 단결정재료의 포화왜형에 의해 결정되며, λ_s는 다결정재료의 포화왜형에 의해 결정된다.

2.6 강유전 분역(domain)의 재배향

(1) 강유전 분역의 회전에 의한 왜형

전 절까지의 현상론은 대상물질이 단분역의 단결정이며 전계 또는 자계인가에 의해 그 물질의 분극 또는 자화가 변하지 않는다는 가정하에 이루어졌다. 그러나 압전세라믹의 경우, 이 가정이 엄밀히 성립되지 않는다. 실제의 디바이스에 사용되는 재료는 심지어 단결정이라고 하여도 다수의 분역 구조를 나타내는 경우가 있으며, 다결정체의 경우에는 훨씬 더 복잡한 분역구조를 갖는다.

그림 2.28에 7/62/38 (Pb,La)(Zr,Ti)O_3 (PLZT) 세라믹의 인가전계 방향에 평행한 방향으로 유기된 왜형(($\Delta l/l=x_3$)과 수직으로 유기된 왜형($\Delta l/l=x_1$)을 나타내었다. 최대인가전계가 작은 사이클의 경우(그림의 곡선a), 전계와 왜형의 관계가 거의 직선적이며, 주로 “역압전효과”를 나타낸다. 그러나 인가전계의 세기가 증가하면, 왜형곡선의 이력이 더욱 크게 되며, 어떤 임계전계 이상이 되면 좌우대칭적인 나비모양으로 바뀐다. 이 임계전계를 항전계라고 부른다. 이와 같은 이력현상은 전계의 인가에 의해 강유전적 분역의 극성이 바뀌어서 다른 분극상태를 만들어내기 때문에 일어난다. 엄밀히 말하면, 이 조성의 PLZT는 다음과 같은 두 가지 과정의 분극상태의 변화를 거친다.

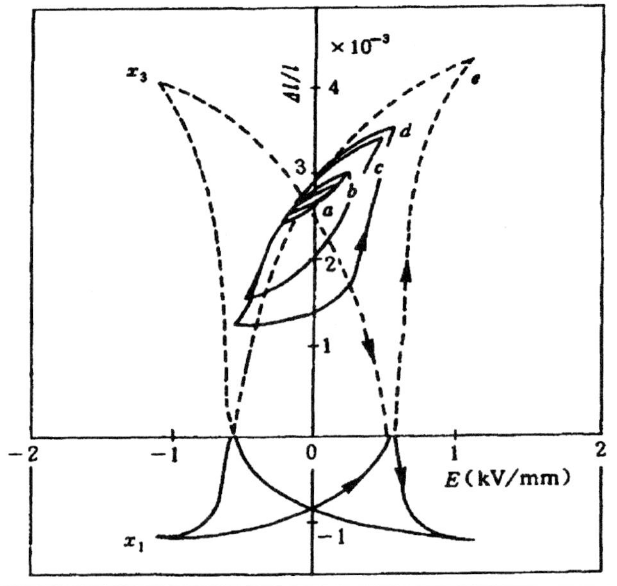

그림 2.28 PLZT 7/62/38 세라믹의 전계-유기왜형

1) 각 그레인(grain) 내의 분역의 재배향
2) 다결정 구조(결정축이 랜덤하게 향하고 있는 미소결정의 집합체) 전체 내에서의 다분역의 재배향과 분역벽의 이동

그림 2.29의 몇 개의 CCD 이미지는 $BaTiO_3$ 단결정에 전계를 가한 경우 분역이 재배향되는 모습을 명확히 보여주고 있다. 이미지에서 45°의 선들이 90° 분역벽이다. 전계가 증가함과 함께 90° 분역벽이 서서히 소멸하고, 최종적으로는 결정전체가 단일 분역이 되었다. 그러나 다결정체에서는 이 단결정과는 달리 분역벽의 이동이 입계(grain boundary)에 의해 제한되어 완전한 단분역으로는 되지 않는다.

그림 2.30에 전계를 가한 다결정체에서 일어나는 분역 재배향의 모습을 그림으로 나타내었다. 초기상태로서 부의 방향으로 전계분극처리를 해둔 것으로 가정한다. 전계를 정의 방향으로 가하여 서서히 증가시켜 가면, 전계의 방향이 잔류분극의 방향과 반대이기 때문에 결정이 수축한다. 이러한 결정의 수축은 어떤 최소치에 도달할 때까지 계속되는데, 이 최소치는 인가전계가 항전계 E_c에 도달하였을 때에 해당되며, 이때 각 그레인 내에서 분극반전이 시작된다. 인가전계가 E_c 보다 커지면, 결정은 팽창하기 시작하며 인가전계가 어떤 포화치 E_{max}에 도달할 때까지 변형한다. 인가전계가 E_{max}에 도달하면, 각 분역의 반전가능한 분극벡터들이 모두 반전되었기 때문에, 결정은 다시 약간의 이력을 갖는 압전특성을 나타낸다. 다시 전계를 E_{max}로부터 감소시키면, 아직 남아 있는 소수의 불안정한 분역을 제외하고, 더 이상의 분극반전은 일어나지 않는다. 전계가 감소하여 0

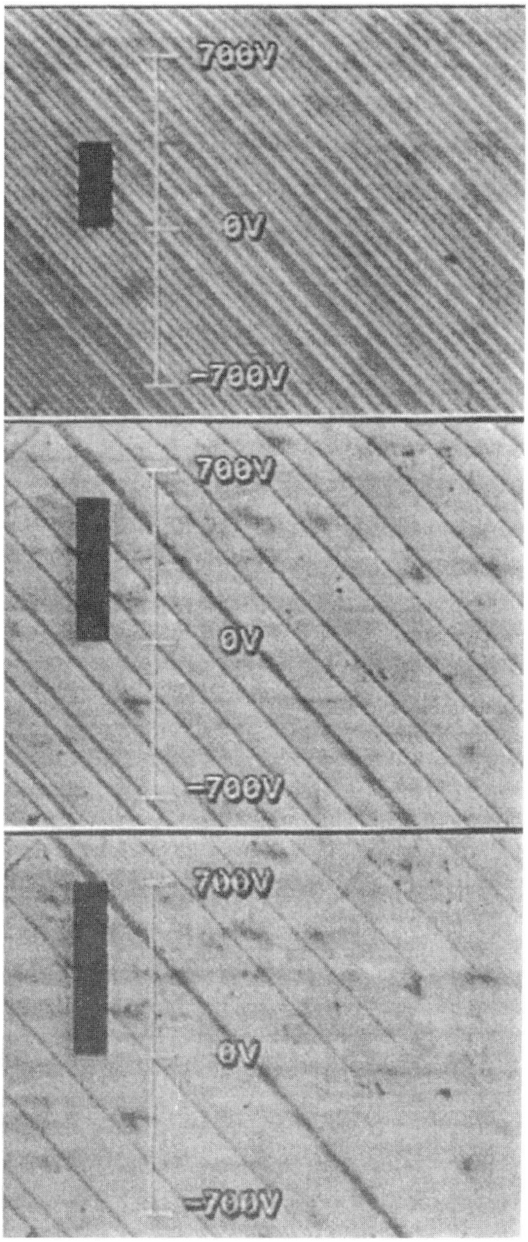

그림 2.29 $BaTiO_3$ 단결정의 분역 재배향(전계의 방향은 ↑)

이 될 때까지 왜형은 단조롭게 감소한다. E=0인 이 최후의 상태는 초기상태의 각 그레인의 분극방향을 전부 반전시킨 것에 해당되며, 정의 방향으로 분극처리가 되었다고 할 수 있다. 푸아송의 비, σ는 종방향 왜형(이 경우 확장) 대 횡방향 왜형(이 경우 신축)의 비로서 약 0.3이며, 모든 페로브스카이트 압전 세라믹에서는 비슷한 값을 갖는다.

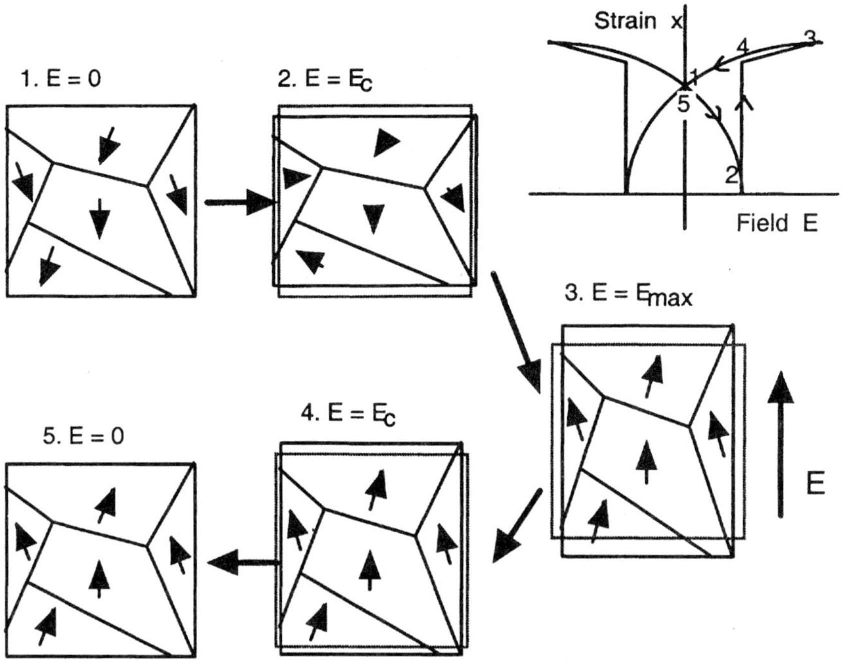

그림 2.30 전계에 의해 다결정체에서 일어나는 분역 재배향과 왜형의 변화

[예제 2.9]

티탄산 바륨($BaTiO_3$)은 액체질소온도((−196℃)에서 능면체정 대칭성을 가지며, 입방정 구조로부터의 변형은 약 1°로서 그렇게 크지 않다. 180° 분역벽이 아닌 이루어질 수 있는 두 분역간의 모든 각도를 구하라.

해답

이 온도에서 티탄산 바륨의 분극방향은 페로브스카이트 셀의 [111] 방향이며, 그 이외의 등가방향은 [11$\bar{1}$]과 [1$\bar{1}\bar{1}$]이다. 이 3가지 방향을 그림 2.31(a)에 나타내었다. 분역벽에서 자발분극이 그림 2.31(b)와 같이 배열되어 있다고 가정하면, 분역벽면이 다음 방향들 중의 하나 또는 그 등가방향에 수직하여야 한다.

$$[111]+[11\bar{1}]=[220] \qquad \text{and} \qquad [111]+[1\bar{1}\bar{1}]=[200]$$

따라서 180° 분역벽 이외의 각도는 다음과 같이 계산할 수 있다.

1) (002)/(200) ; (022)/(0$\bar{2}\bar{2}$) ; (002)/(220)

$(002)\cdot(200)=2^2[\cos(90°)]=0$

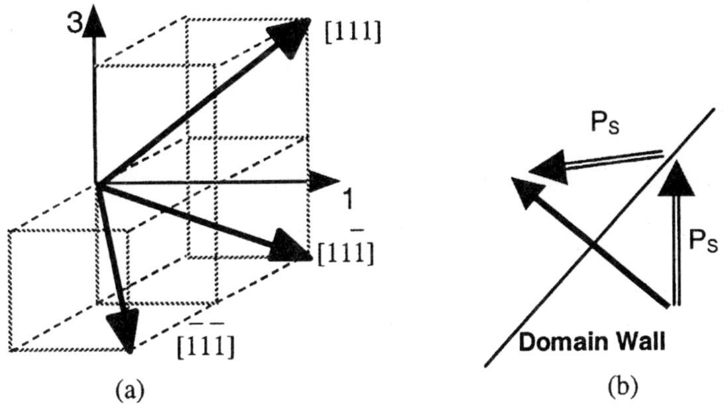

그림 2.31 능면체정 $BaTiO_3$: (a) 분극방향 (b) 분역벽에서의 자발분극 벡터의 방향

여기에서, "/"는 두 면의 교차를 의미한다.

2) (022)/(220) ; (022)/(2$\bar{2}$0)

$(022)\cdot(220)=(2\sqrt{2})^2\,[\cos\theta]=4$ 또는 -4 → → $\theta=60°$ 또는 $120°$

3) (002)/(022) ; (002)/(0$\bar{2}$2)

$(022)\cdot(220)=2(2\sqrt{2})[\cos\theta]=4$ 또는 -4 → → $\theta=45°$ 또는 $135°$

다음 절에서는 압전 다결정재료의 분극과 왜형 곡선을 분역회전, 결정구조 그리고 항전계를 이용하여 해석하고 있는 Uchida-Ikeda 이론에 대하여 논하고자 한다.

(2) Uchida–Ikeda 모델

상온에서 정방정 대칭성을 갖는 티탄산 바륨($BaTiO_3$) 단결정을 예로 들어 설명하여 보자. 결정의 X선 회절을 통해 이 페로브스카이트 단위셀이 c/a=1.01로서 [001]방향으로 약간 늘어나 있음을 알 수 있다. 따라서 만약 a면에 전계를 가하면, 90° 분역재배향이 일어나서 a분역이 c분역으로 바뀌게 되며 전계방향으로 약 1%(c/a정도)의 왜형이 유기된다. 그러나 다결정체의 경우에는 현상이 보다 더 복잡해진다. Uchida와 Ikeda는 그레인(또는 미소결정)들이 랜덤하게 향하고 있다는 전제하에, 이 문제를 확률적으로 다루었다.[16,17]

분극처리를 하지 않은 동질성의 다결정체 내에는 잔류분극이 없으며, 이 상태를 왜형이 0인 기준으로 정한다. 만약 전계 E_3가 가해지면 분극 P_3가 유기되며, 따라서 왜형 x_1, x_2 그리고 x_3가 발생한다. 이때, $x_1=x_2=(-\sigma)x_3$ 의 관계를 가지며, σ는 푸아송의 비이다. 개개의 미소결정이 갖는 자발분극과 주(principal)왜형을 각각 P_S와 S_S라고 한다. 정방정이나 능면체정과 같은 1축성결정에서는 주왜형 S_S가 P_3방향에 있으며, 각 대칭성에 따라 다음과 같이 정의된다.

$$S_S=[(c/a)-1] \text{ (정방정 결정)} \tag{2.68}$$

$$S_S=(3/2)[\pi/2-\alpha]=(3/2)\ \delta \text{ (능면체정 결정)} \tag{2.69}$$

여기서 α는 능면체정의 각도이며, δ는 그 여각이다.

이 논의에서 주왜형과 자발왜형의 구별을 확실히 해둘 필요가 있다. 이 두 가지는 서로간에 상호관련된 항이 없으면서도 아주 상이한 두 개의 왜형을 정의하고 있다. $BaTiO_3$를 예로 들면, 주왜형 $S_S=0.01$이지만, 자발왜형은 다음과 같이 정의된다.

$$x_{3(S)}=[(c/a_o)-1]$$

$$x_{1(S)}=x_{2(S)}=[(a/a_o)-1] \tag{2.70}$$

여기서 a_o는 상유전상의 격자정수이다. 식 2.70에 적절한 격자정수를 대입하면, 자발왜형 $x_{3(S)}$와 $x_{1(S)}$는 각각 0.0075와 −0.0025가 된다.

세라믹 내의 미시적 체적 dv의 자발분극 P_S의 방향과 전계 E_3의 방향 사이의 각도를 θ라고 하면, 분극 P_3는 다음과 같다.

$$P_3=\frac{\int P_S\cos\theta\, dv}{\int dv}=P_S\overline{\cos\theta} \tag{2.71}$$

여기서 $\overline{\cos\theta}$는 세라믹의 모든 미소부분에 대한 $\cos\theta$의 평균치이다.

평균왜형은 왜형타원면(strain ellipsoid)의 배향으로부터 다음과 같이 구해진다.

$$x_3 = S_S\left[\frac{\int \cos^2\theta\, dv}{\int dv}-\frac{1}{3}\right] = S_S\ \overline{\cos^2\theta}-(1/3)] \tag{2.72}$$

이 모델에서는 미시적 부분 내의 자발왜형이 체적변화 없이 단순히 방향만을 바꾼다고 가정하였으므로, $\sigma=0.5$가 되며, 다음 식이 성립된다.

$$x_1=x_2=-x_3/2 \tag{2.73}$$

그러나 이 결과는 실험 데이터와 전혀 일치되지 않는다.

전계 E_3의 인가에 따른 유기왜형을 구하기 위해서는, θ와 E_3의 관계를 알아야만 한다. Uchida 등은 180°가 아닌 분역회전에 대하여 특성각도 θ_{90}를 도입하였다. 정방정 결정에서는 90°, 능면체정 결정에서는 71°와 109°의 분역회전이 일어나지만, 여기에서는 설명의 간편화를 위해 모든 분극회전을 90°라고 하였다. 세라믹 내의 미소체적소 dv 내에서 90° 분역회전이 일어나면, 그 결과 dv의 분역방향이 θ가 된다고 가정하고, 또한, $\theta<\theta_{90}$이면 90° 분역회전이 일어나며, $\theta>\theta_{90}$이면 90° 분역회전이 일어나지 않아 원래의 상태를 그대로 유지하는 어떤 특성각도 θ_{90}가 존재하는 것으로 가정한다. 인가전계 E_3에 해당되는 특성각도 θ_{90}의 크기가 결정되면, $\theta<\theta_{90}$를 만족하는 dv부분에 대해, 식 (2.71)

의 적분을 행하여 θ_{90}의 함수인 유기왜형 x_3, x_2, 그리고 x_1을 구할 수 있다. 그림 2.32에 ($\overline{\cos^2\theta}$ −1/3)의 양을 특성각도 θ_{90}의 함수로 표시하였으며, 능면체정 PZT세라믹의 유기왜형의 측정치를 그림 2.33(a)에 나타내었다. 이와 같은 현상에 대한 정의식을 조합하면, 그림 2.33(b)와 같이 θ_{90}과 E_3의 관계를 그릴 수 있다. 또한, 그림으로부터 곡선에 큰 이력현상이 나타남을 알 수 있다.

더 나아가서, 분극 P_3와 유기왜형 x_3 (또는 x_1)을 전계 E_3의 함수로 구하는 것에 의해 180° 반전을 일으킨 체적인지 혹은 90° 회전을 일으킨 체적인지를 추정해 낼 수 있다. 왜냐하면 유기왜형의 경우에는 단지 90° 분역회전만이 기여하는 반면에, 분극에는 주로 180° 분역반전이 기여를 하기 때문이다.

그림 2.34의 곡선은 전계인가에 의해 반전을 일으키고 있는 180° 분역의 체적비율과 90° 회전을 일으킨 90° 분역의 체적비율을 나타내고 있다. 이 곡선들로부터 90° 회전이 서서히 이루어지는 것에 비교해서 180° 반전은 급격하게 일어남을 알 수 있다.[18] 주목할 점은 곡선상의 점 G에서는 약간의 분극이 남아 있고 유기왜형은 0이다. 반면에, 점 H에서는 180° 반전과 90° 회전이 분극에 기여하는 정도가 서로 상쇄되어 분극이 0이며 왜형은 최소가 아니다. 180° 반전이 주를 이루는 PLZT(6.25/50/50) 세라믹의 분극에 따른 유기왜형 x_3의 변화를 그림 2.35에 나타내었으며 이 그림으로부터 제법 큰 이력특성을 찾을 수 있다.[19] 이와는 대조적으로 180°가 아닌 분역회전이 지배적으로 일어나는 재료의 x-P 곡선에서는 이력특성이 나타나지 않았다. 이러한 재료의 예로서 저온상의 $Pb(Mg_{1/3}Nb_{2/3})O_3$를 들 수 있다.[7]

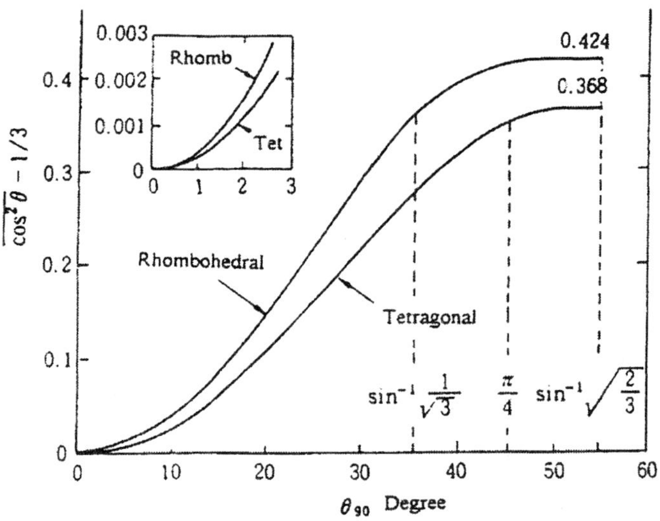

그림 2.32 특성각도 θ_{90}와 ($\overline{\cos^2\theta}$ −1/3)의 관계, 여기서, θ_{90}는 180°가 아닌 분역회전과 관계되는 임계각도이며, ($\overline{\cos^2\theta}$ −1/3)는 전계유기왜형에 비례하는 양이다[16,17]

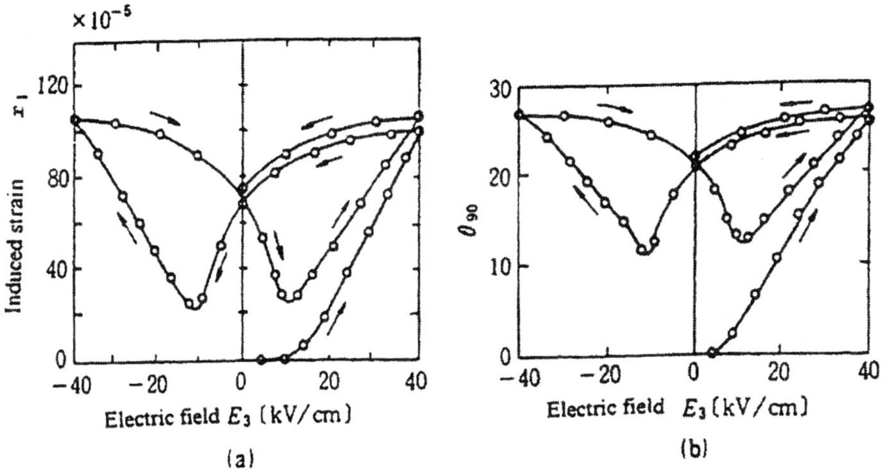

그림 2.33 $Pb(Zr_{0.57}Ti_{0.43})O_3$ 세라믹 특성의 전계의존성 (a) 인가전계 E_3 에 의한 x_1, (b) 전계 E_3에 의한 특성각도 θ_{90}의 계산값(측정은 30℃에서 이루어짐[16,17])

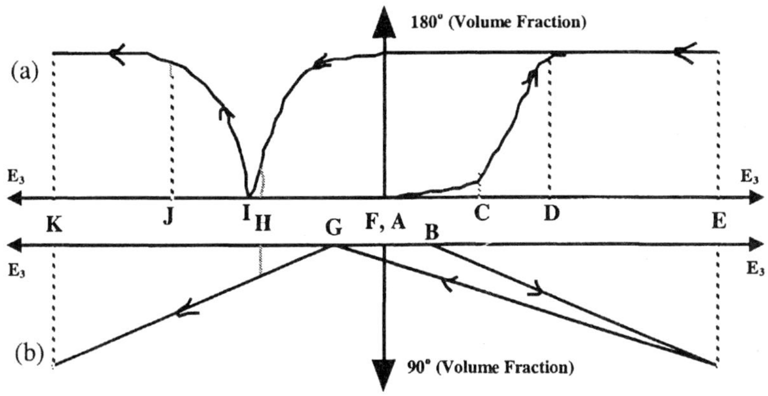

그림 2.34 전계인가에 의해 반전을 일으키고 있는 분역의 체적비율 (a) 180° 분역반전을 일으키는 경우, (b) 90°분역회전을 일으키는 경우(각각 180°분역과 90°분역에서 체적비율이 0이 되는 점 I와 G가 일치하지 않는 것에 유의)[18]

정방정계 및 능면체정계 세라믹에 강한 전계를 인가하였을 경우의 분극과 왜형의 포화치를 다음과 같이 정리하였다.

정방정계:	$P_3 \rightarrow (0.831)P_S$	$x_3 \rightarrow (0.368)S_S$
능면체정계:	$P_3 \rightarrow (0.861)P_S$	$x_3 \rightarrow (0.424)S_S$

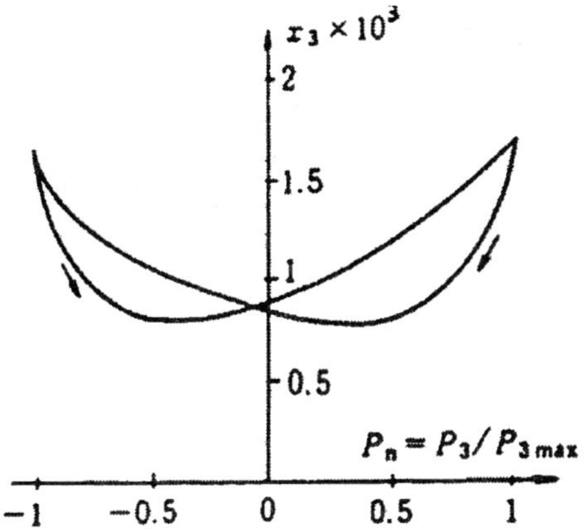

Tetragonal:	**$P_3 \rightarrow (0.831)P_S$**	**$x_3 \rightarrow (0.368)S_S$**
Rhombohedral:	**$P_3 \rightarrow (0.861)P_S$**	**$x_3 \rightarrow (0.424)S_S$**

그림 2.35 PLZT (6.25/50/50) 세라믹의 분극에 따른 유기왜형 x_3의 변화[19]

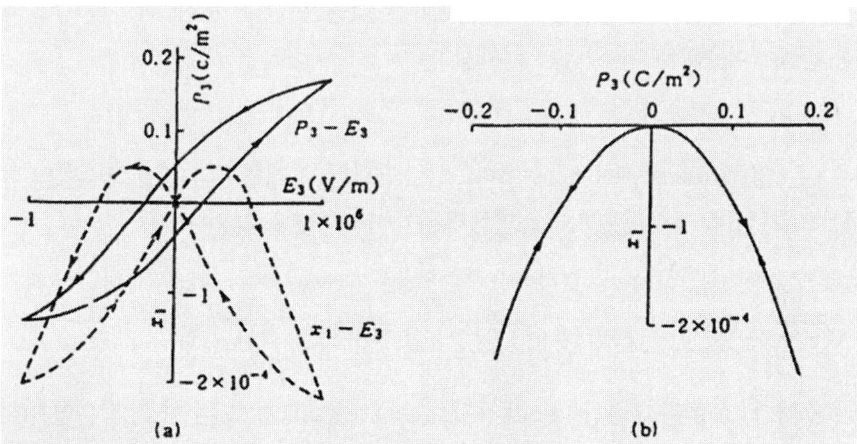

그림 2.36 $Pb(Mg_{1/3}Nb_{2/3})O_3$ 능면체정의 특성(−110℃에서): (a) 전계 E_3에 따른 분극 P_3와 횡왜형 x_1의 변화, (b) P_3에 따른 횡왜형 x_1의 변화[7]

(3) 결정구조 및 항전계

앞 절에서는 충분히 큰 전계를 가한 경우의 세라믹의 포화치의 관점에서 정방정계와 능면체정계를 비교하였다. 여기에서는 보다 실용적인 항전계 E_c를 가지고 이 두 계의 차이를 고찰하여 본다. Schmidt 등에 의해 보고된 PLZT계 세라믹의 주왜형 S_S, 자발분극 P_S, 재배열된 분역의 체적비율 γ_{90}, 그리고 항전계 E_c를 표 2.4에 정리하였다.[19] 이 표에 제시된 데이터로부터 정방정 조성의 세라믹은 능면체정 세라믹에 비해 일반적으로 주왜형이 작은 값을 가짐을 알 수 있다. 이것은 γ_{90}이 더 큰 정방정 조성의 경우가 분역회전이 보

표 2.4 정방정계 및 능면체정계 PLZT 세라믹의 주왜형(S_S), 자발분극(P_S), 재배향체적비율, 그리고 항전계(E_c)

Symmetry	Composition (La/Zr/Ti)	S_S(%)	P_S (μC/cm^2)	Reoriented Domains (%)	Ec [measured] (kV/cm)	Ec [calculated] (kV/cm)
T	25/50/50	2.40	71.0	22.0	18.0	17.8
	25/52/48	2.20	72.0	28.0	14.7	18.8
	5/50/50	2.16	65.0	18.0	16.3	13.0
	5/52/48	1.96	64.5	23.0	14.8	13.7
	5/54/46	1.68	65.0	30.0	11.7	13.0
R	25/58/42	0.732	56.5	86.5	8.2	7.0
	25/60/40	0.740	58.5	78.5	7.6	5.4
	6/65/35	0.650	45.0	85.0	5.6	5.9
	6.25/60/40	0.610	49.0	85.0	5.7	4.8

다 쉽게 이루어지고, 따라서 항전계도 더 작다는 것을 뜻한다. 또한, 다음과 같은 항전계에 대한 관계식이 제창되어 있다.

$$E_c = (\alpha\ Y\ S_S^2\ \gamma_{90})\ /\ P_S \qquad (2.74)$$

여기서 Y는 영률(Young's modulus)이다. α는 인접한 그레인들과의 분역방향의 차이를 나타내는 인자이며, 정방정은 0.1, 능면체정은 0.074의 값을 갖는다.[19,20]

2.7 강유전체의 그레인의 크기와 전계유기왜형

근년에, 크기가 조정된 그레인(파인세라믹스, fine ceramics) 또는 아주 작은입자(나노입자, nanoparticles)를 갖는 세라믹이 생산되고, 그 물성 특히 전계유기왜형에 대해 발표되었다.[21~24] 여기에서는 분역구조가 다분역상태에서 단분역상태로 변하는 마이크로미터 영역 및 강유전성이 소멸하는 서브마이크로미터 영역의 두 가지 그레인 크기영역에서의 유전특성의 그레인 크기 의존성을 고찰하여 본다. 우선, Dy를 첨가한 파인 그레인의 $BaTiO_3$에 대한 Yamaji의 데이터를 소개한다.[21] 0.8 atomic%가 첨가된 그레인 직경 약 1.5 μm인 세라믹과 불순물이 첨가되지 않은 큰 그레인(50 μm)의 세라믹의 전계유기 횡왜형을 그림 2.37에 나타내었다. 그레인 사이즈가 작아질수록 왜형의 절대치가 감소하고 이력이 작아짐을 알 수 있다. 이것은 그레인 크기가 작아지면 90° 분역회전에 대한 항전계가 증가하기 때문이다. 그레인 경계가 분역벽을 "핀"하여 쉽게 움직이지 못하게 하는데, 그레인 크기가 작아지면 그레인 경계가 늘어나 분역벽의 "핀"효과가 커지는 것으로 생각할 수 있다. 또한, 그레인의 크기를 작게하면, 상전이를 더욱 산만하게(diffuse)함을

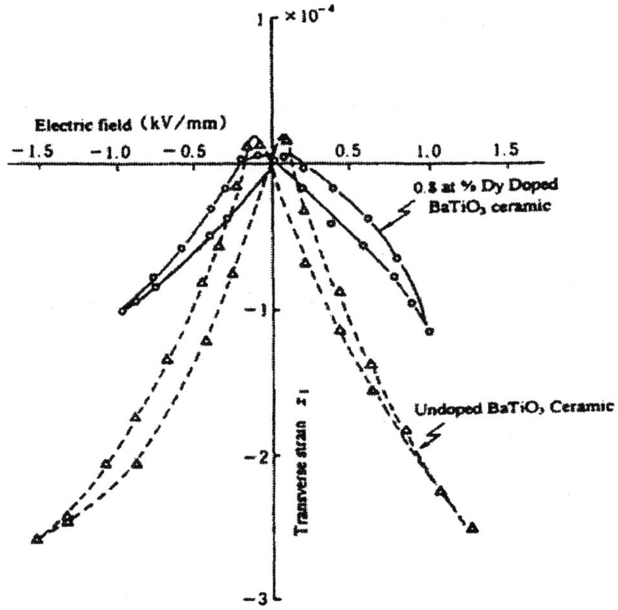

그림 2.37 Dy첨가 $BaTiO_3$ 및 순수 $BaTiO_3$의 왜형곡선[21]

알 수 있다. 압전전왜계수 d_{33}의 온도의존성을 그림 2.38에 나타내었다. Dy 첨가한 시료의 d_{33}의 절대치는 비록 감소하지만 상온부근에서의 온도안정성이 현저히 개선되었다. Yamaji의 실험으로부터 순수하게 그레인의 크기의 영향과 불순물의 영향을 구분해내기는 어렵다.

공침법(co-precipitation method)으로 준비된 PLZT(9/65/35) 분말을 이용하여 제조된 PLZT세라믹의 그레인의 크기가 유기왜형에 주는 영향을 조사하였다.[22] 핫프레스(hot press)로 소성하는 시간을 조정하여 다양한 그레인 크기의 세라믹을 제작하였다.

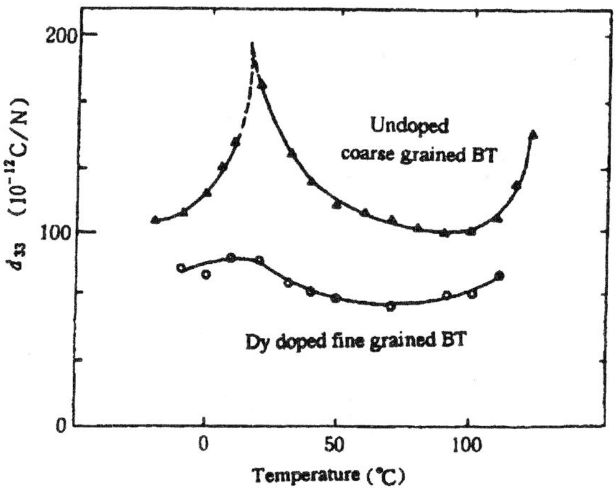

그림 2.38 Dy첨가 $BaTiO_3$ 및 순수 $BaTiO_3$의 압전왜형계수 d_{33}의 온도의존성[21]

PLZT(9/65/35) 세라믹은 큐리점(약 80℃)이하에서 유전완화(dielectric relaxation; 유전상수의 주파수 의존성)특성을 나타내었고, 주파수가 낮을수록 유전율이 높아지는 경향이 있었다. 그레인의 직경이 1.7 μm보다 큰 영역에서는 그레인 사이즈가 작아질수록 유전율이 감소하였으나, 1.7 μm보다 작은 영역에서는 유전율이 급격하게 증가하였다. 그림 2.39에 전계유기 종(longitudinal)왜형의 그레인 크기 의존성을 나타내었다.

그레인의 크기가 작아질수록 최대 왜형의 크기가 단조롭게 감소하며, 그레인의 크기가 1.7 μm 보다 작아지면 이력특성이 현저하게 감소함을 알 수 있다. 이와 같은 거동의 이유로서 다음과 같은 "다분역-단분역 전이모델"로 설명할 수 있다. 즉, 그레인 크기가 작아짐에 따라 강유전/반강유전 그리고 강탄성(ferroelastic) 분역이 그레인 내에 형성되기가 어려워져 왜형에 대한 분역회전의 기여가 낮아지며, 그 임계 그레인 크기를 약 1.7 μm라고 하면 설명이 잘 이루어진다. 분역의 크기는 일정하지가 않지만, 그레인 크기가 작아짐에 따라 일반적으로 작아졌다.

그레인이 작은 세라믹에 대하여 그레인/입자의 크기가 유기왜형에 미치는 영향을 조사하는 몇몇 실험들이 보고되었다.[23~25] 그림 2.40에 상온에서의 순수한 $BaTiO_3$의 (c/a) 정방정비율의 입자크기 의존성을 나타내었다.[23] c/a 비율은 입자 크기가 0.2 μm 이하일 때 급격하게 떨어져 입자 크기가 0.12 μm가 되면 1이(입방정!) 된다. 이와 같이 구조전이가 일어나는 입자 크기를 임계입자크기 D_{crit}이라고 한다. 여러가지 입자크기를 갖는 분말의 c/a의 온도의존성을 그림 2.41에 나타내었다. 입자크기가 작아지면 큐리온도가 낮아짐을 이들 데이터로부터 알 수 있다.

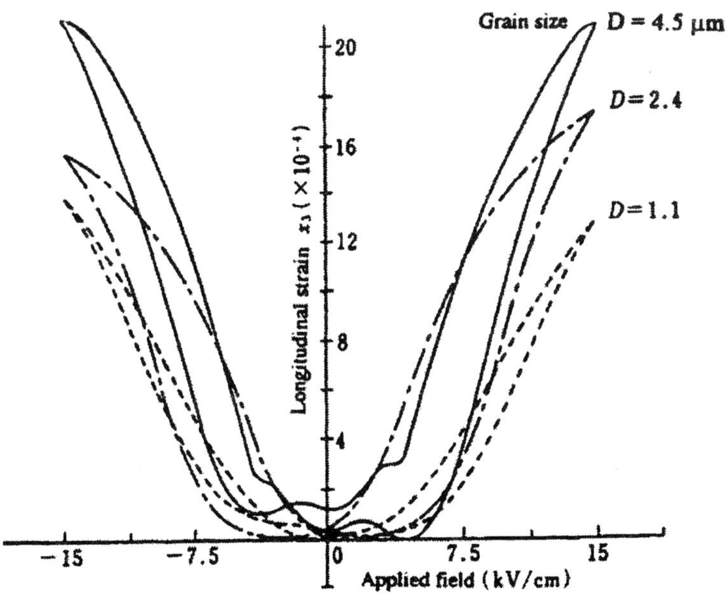

그림 2.39 (9/65/35) PLZT의 전계유기왜형의 그레인 크기 의존성[22]

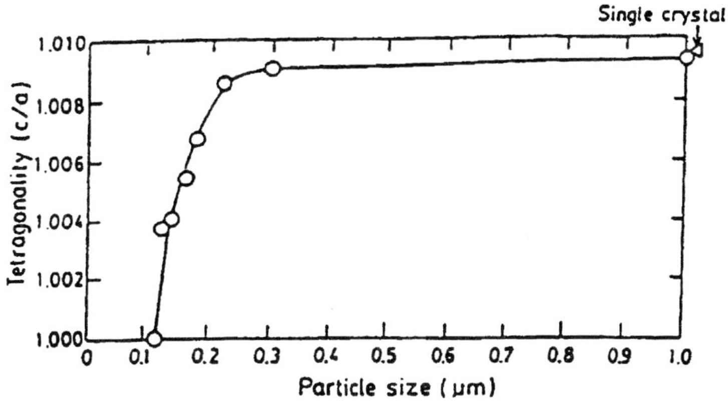

그림 2.40 상온의 $BaTiO_3$의 c/a 정방정비율의 입자크기 의존성[23]

$(Ba,Sr)TiO_3$[24], $(Ba,Pb)TiO_3$[25], 그리고 반강유전 $PbZrO_3$[24]에 대해서도 유사한 임계입자크기가 보고되었다. 이 물질들의 임계입자크기 D_{crit}와 큐리(또는 넬)온도 T_C (또는 T_N)과의 관계를 그림 2.42에 나타내었다.[24] 이들 데이터로부터 다음과 같은 중요한 실험식이 얻어졌다.

$$D_{crit}\,[T_C - T_R] = \text{정수} \tag{2.75}$$

여기서 T_R는 상온이다.

지금까지 임계입자크기의 존재가 여러 실험에 의해 보고되고 반복하여 확인이 되어

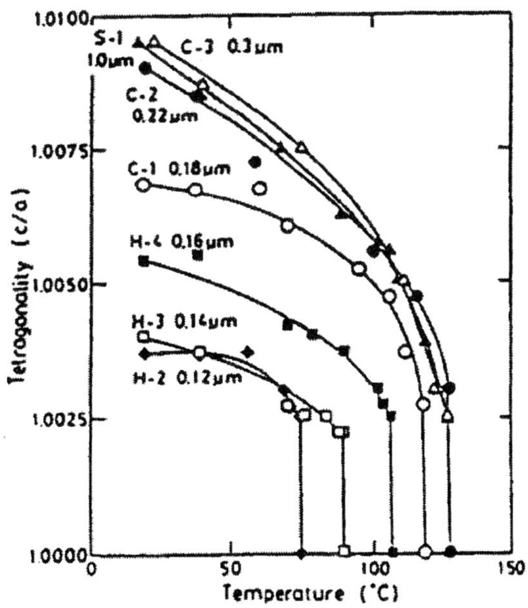

그림 2.41 다양한 입자크기를 갖는 $BaTiO_3$ 세라믹의 c/a 정방정비율의 온도의존성[23]

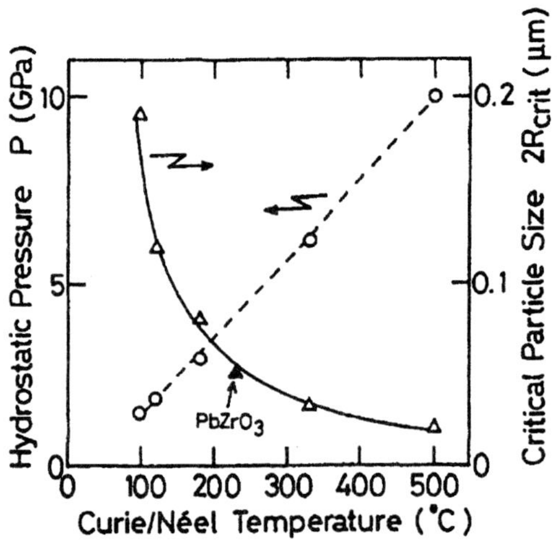

그림 2.42 임계입자크기 D_{crit}와 임계정수압력 p_{crit}의 상전이온도와의 관계[24]

왔지만, 실제의 임계입자크기는 발표자료에 따라 크게 다른 값으로 보고되고 있으며, 아직도 이 현상을 설명할 수 있는 이론은 없다. 하나의 가능한 설명으로서 정수압 모델을 소개한다. 일반적으로 강유전 전이온도는 정수압력(hydrostatic pressure)이 증가할수록 급격하게 낮아진다.(50℃/MPa) 미소한 입자의 유효표면장력(effective surface tension) γ가 다음 식과 같은 정수압력 p를 발생시킨다.

$$p = 2\gamma / R \tag{2.76}$$

여기서 R은 입자의 반경이다.[27] 표 2.5에 나타낸 유효표면장력은 상온에서의 입방구조의 임계입자크기 $D_{crit}(=2R_{crit})$와 임계정수압력 p_{crit}를 이용하여 구한 계산치이다. 모든 페로브스카이트 강유전체의 γ는 거의 같은 값을 가졌으며, 이 값은 무극성 산화물의 γ의 약 50배에 달하였다. 이것은 표면전하와 결정학적으로 상이한 표면상의 영향에 의한 것으로 생각할 수 있다.(core-shell 모델)

표 2.5 여러가지 페로브스카이트의 임계입자크기 $D_{crit}(=2R_{crit})$, 임계정수압력 $P_{crit}(=2\gamma/R_{crit})$ 그리고 유효표면장력 γ[26]

Material	T_C(℃)	$2R_{crit}$(μm)	P_{crit}(GPa)	γ(N/m)
$Ba_{0.9}Sr_{0.1}TiO_3$	95	0.190	1.2	57
$BaTiO_3$	125	0.120	1.8	54
$Ba_{0.85}Pb_{0.15}TiO_3$	180	0.080	2.9	58
$Ba_{0.5}Pb_{0.5}TiO_3$	330	0.032	6.2	50
$PbTiO_3$	500	0.020	10.0	50

[예제 2.10]

입자크기가 줄어들면 왜 강유전성이 소멸되는지를 보다 잘 이해할 수 있기 위하여 다음과 같은 방법으로 나노 사이즈의 강유전 입자들의 에너지 요동의 측면에서 고찰하여 본다. 그림 2.43과 같이 이온간의 거리가 a인 두 종류의 전하 +q와 −q가 번갈아 배치되어 연결되어 있는 유한의 1차원 체인을 생각해 보자. 나노 사이즈의 결정이 점점 성장해 나가는 과정을 상상해 본다. 처음에는 +q 이온이 있고, 그 양쪽에 −q 이온이 붙어 길이가 2a가 된다. 같은 모양으로 +q, −q 이온이 번갈아서 양쪽에 더해짐으로써 결정의 크기(길이)가 2na(n=1, 2, 3, ...)인 1차원 체인이 구성된다. 결정의 크기가 증가할 때의 결정의 쿨롱 에너지가 어떻게 변화하는지를 계산하고, 에너지의 요동을 ±10% 이하로 안정화시키는 데 필요한 최소의 이온쌍의 개수를 구하라.

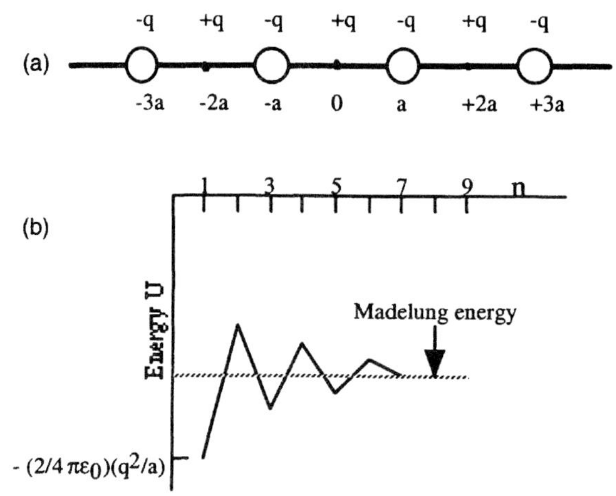

그림 2.43 +q 이온과 −q 이온이 번갈아 배열된 1차원 유한 체인 모델 (a) 이온 배열의 모델, (b) 체인내의 이온 쌍의 수에 따른 에너지의 요동

격자 크기에 따른 마델룽(Madelung) 에너지를 이온 쌍의 수 n을 이용하여 표시하면 다음과 같다.

$$U_1=(2/4\pi\varepsilon_o K)\ [-(q^2/a)]$$
$$U_2=(2/4\pi\varepsilon_o K)\ [-(q^2/a)+(q^2/2a)]$$
$$U_3=(2/4\pi\varepsilon_o K)\ [-(q^2/a)+(q^2/2a)-(q^2/3a)]$$
$$\cdots$$
$$U_n=(2/4\pi\varepsilon_o K)\ [-(q^2/a)+(q^2/2a)-(q^2/3a)+\ldots]$$

그러므로 크기가 증가하여 더해지는 에너지는 n=10일 때 약 $\pm(q^2/10a)$이므로, 결정에너지의 요동이 ±10% 이하로 유지되는 최소의 결정크기 (2na)는 n=10 근방이다. 만약 결정의 쿨롱 에너지가 이 정도의 요동 이하로 안정화되지 않는다면, 강유전 상전이에 필요한 쌍극자간의 원거리 상호협력작용이 일어나지 못한다. 페로브스카이트 재료의 경우, 압전성을 갖기 위한 최소 입자크기는 약 80 Å 이다.

요점정리

1. 기능에 의한 분류: 유전체 > 압전체 > 초전체 > 강유전체

2. 자발분극의 근원: 국소전계에 의한 쌍극자 커플링

3. 압전현상: 이상적인 스프링으로 모델링
   압전왜형(Piezostriction): 결정을 묶는 두 동일 스프링의 조화성의 차로 표현가능
   전왜: 결정을 묶는 비조화성의 스프링으로 모델링

4. 전계유기왜형의 근원
   a. **역압전효과:** $x = d\,E$
   b. **전왜:** $x = M\,E^2$
   c. **분역 재배향:** 왜형의 이력
   d. **상전이(반강유전 ⟷ 강유전):** 왜형 "점프"

5. 다결정체 재료의 압전/전계유기왜형

정방정계:	$P_3 \rightarrow (0.831)P_S$	$x_3 \rightarrow (0.368)S_S$
능면체정계:	$P_3 \rightarrow (0.861)P_S$	$x_3 \rightarrow (0.424)S_S$
항전계:	정방정 > 능면체정 (페로브스카이트의 경우)	

6. 전단왜형: $x_5 = 2\,x_{31} = 2\,\phi$, 미소각도의 경우 정의 값으로 함.

7. 전왜방정식:

$$x = Q\,P_S^2 + 2\,Q\,\varepsilon_o K\,P_S\,E + Q\,\varepsilon_o^2 K^2 E^2$$

(자발왜형) **(압전왜형)** **(전왜)**

8. 압전방정식:

$$x = s^E X + d\,E$$

$$P = d\,X \quad + \varepsilon_o K^X E$$

9. 전기기계결합계수 (k):
$k^2 = d^2 / s^E \, \varepsilon_o K^X$

10. 세라믹의 전기기계적 특성: 그레인 크기 의존성
그레인의 미소화 → 유기왜형의 감소 및 이력의 감소 → 높은 기계적 강도

문제

2.1 두 종류의 이온($+q$와 $-q$)이 거리 a의 간격으로 NaCl과 같이 배열되어 있는 2차원의 무한 정렬을 생각해 보자. $+q$ 이온의 쿨롱 위치에너지를 계산하고, 마델룽 에너지를 구하라. 다음의 식을 이용할 것

$$U = -(1/4\pi_o K)\,(q^2/r)$$

2.2 수정은 상온에서 결정군 32에 속한다.

a. 압전 매트릭스 (d_{ij})가 다음과 같이 됨을 설명하라.

$$\begin{pmatrix} d_{11} & -d_{11} & 0 & d_{14} & 0 & 0 \\ 0 & 0 & 0 & 0 & -d_{14} & -2d_{11} \\ 0 & 0 & 0 & 0 & 0 & 0 \end{pmatrix}$$

단, 압전텐서가 3개축에 대한 120° 회전에 대해 불변이며, 1개축에 대한 180° 회전에 대해 불변임을 주목하여야 한다. 변환 매트릭스는 각각 다음과 같다.

$$\begin{pmatrix} -1/2 & \sqrt{3}/2 & 0 \\ -\sqrt{3}/2 & -1/2 & 0 \\ 0 & 0 & 1 \end{pmatrix} \quad \text{와} \quad \begin{pmatrix} 1 & 0 & 0 \\ 0 & -1 & 0 \\ 0 & 0 & -1 \end{pmatrix}$$

b. 우수계 수정의 d_{ij}의 측정치는:

$$\begin{pmatrix} -2.3 & 2.3 & 0 & -0.67 & 0 & 0 \\ 0 & 0 & 0 & 0 & 0.67 & 4.6 \\ 0 & 0 & 0 & 0 & 0 & 0 \end{pmatrix} \times 10^{-12} \ (C/N)$$

i. 만약 압축응력 1 kgf/cm^2이 결정의 1축 방향으로 가해진 경우, 발생된 분극을 구하라. (kgf=kilogram force=9.8 N)

ii. 전계 100 V/cm가 1축 방향으로 가해진 경우, 유기된 왜형을 구하라.

2.3 입방체 형상의 시료에 인장응력 X와 압축응력 −X를 각각 (101)축과 ($\bar{1}$01)축을 따라 모서리에서 동시에 가했다. 만약 원래의 좌표계로부터 45° 기울어진 새로운 좌표계를 적용한다면, 응력텐서는 다음과 같이 나타낼 수 있다.

$$\begin{bmatrix} X & 0 & 0 \\ 0 & 0 & 0 \\ 0 & 0 & -X \end{bmatrix}$$

다음과 같은 변환 매트릭스 A를 사용하여,

$$\begin{pmatrix} \cos\theta & 0 & \sin\theta \\ 0 & 1 & 0 \\ -\sin\theta & 0 & \cos\theta \end{pmatrix}$$

AXA^{-1}를 계산하라. 그리고, 이 응력이 원래 좌표계에서의 순수한 전단응력과 같음을 증명하라.

2.4 큐리온도 T_C와 큐리-바이스 온도 T_o가 다음 식에 의해 관계지어짐을 증명하라.

$$T_C = T_o + (3/16)[(\beta^2 \varepsilon_o C)/\gamma]$$

단, 1차의 상전이의 경우의 란다우 자유에너지는 다음 식으로 주어진다.

$$F(P,T) = (1/2)\alpha P^2 + (1/4)\beta P^4 + (1/6)\gamma P^6$$

여기서 $\alpha = (T - T_o)/C$.

2.5 1차 상전이의 경우, 란다우 자유에너지는 문제 2.4에 주어진 식과 같이 전개된다. 큐리온도 근방의 역유전율을 구하고, T_C의 바로 밑의 온도에서의 역유전율의 기울기 $[\partial(1/\varepsilon)/\partial T]$가 T_C의 바로 위의 온도에서의 기울기의 8배가 됨을 증명하라.

2.6 티틴산 바륨은 상온에서 정방정결정 대칭성을 가지며, 입방구조로부터의 찌그러짐이 그리 크지 않다(c/a=1.01). 180° 분역벽이 아닌 두 분역벽 간의 가능한 각도를 모두 구하라.

2.7 식 (2.71)과 (2.72)를 계산할 때, 체적소 dv는 다음과 같이 주어진다.

$$dv = (2\pi r^2\, dr)\ (\sin\theta\, d\theta)$$

이 dv를 이용하여, $\int dv$, $\int \cos\theta\, dv$, 그리고 $\int \cos^2\theta\, dv$를 계산하라. 단, 분극은 θ에 대해 균일하게 분포하여 있다고 가정한다.

참고문헌

1) C. Kittel: *Introduction to Solid State Physics*, John Wiley & Sons, NY (1966).
2) W. Kinase, Y. Uemura and M. Kikuchi: J. Phys. Chem. Solids, **30**, 441 (1969).
3) K. Uchino and S. Nomura: Bull. Jpn. Appl. Phys. **52**, 575 (1983).
4) J. F. Nye: *Physical Properties of Crystals*, Oxford University Press, London, p.123, p.140 (1972).
5) A. F. Devonshire: Adv. Phys. **3**, 85 (1954).
6) H. F. Kay: Rep. Prog. Phys. **43**, 230 (1955).
7) J. Kuwata, K. Uchino and S. Nomura: Jpn. J. Appl. Phys. **19**, 2099 (1980).
8) X. H. Du, U. Belegundu and K. Uchino: Jpn. J. Appl. Phys. **36** (Part 1, 9A), 5580 (1997).
9) X. H. Du, J. Zheng, U. Belegundu and K. Uchino: Appl. Phys. Lett. **72** (19), 2421 (1998).
10) M. J. Haun, E. Furman, S. J. Jang and L. E. Cross: Ferroelectrics **99**, 13 (1989).
11) C. Kittel: Phys. Rev. **82**, 729 (1951).
12) K. Uchino: Solid State Phys. **17**, 371 (1982).
13) K. Uchino, L. E. Cross, R. E. Newnham and S. Nomura: J. Appl. Phys. **52**, 1455 (1981).
14) K. Uchino: Jpn. J. Appl. Phys. **24**, Suppl. 24-2, 460 (1985).
15) K. Ohta: Fundamentals of Magnetic Engineering II, Kyoritsu Publ. Co., Tokyo (1985).
16) N. Uchida and T. Ikeda: Jpn. J. Appl. Phys. **6**, 1079 (1967).
17) N. Uchida: Rev. Elect. Commun. Lab. **16**, 403 (1968).
18) N. Uchida and T. Ikeda: Jpn. J. Appl. Phys. **4**, 867 (1965).
19) N. A. Schmidt: Ferroelectrics **31**, 105 (1981).
20) P. Gerthsen and G. Kruger: Ferroelectrics **11**, 489 (1976).
21) A. Yamaji, Y. Enomoto, K. Kinoshita and T. Tanaka: Proc. 1st Mtg. Ferroelectric Mater. & Appl., Kyoto, p.269 (1977).
22) K. Uchino and T. Takasu: Inspec. **10**, 29 (1986).
23) K. Uchino, E. Sadanaga and T. Hirose: J. Amer. Ceram. Soc. **72**, 1555 (1989).
24) T. Yamakawa and K. Uchino: Proc. Int' l. Symp. Appl. Ferroelectrics ' 90, p.610 (1991).
25) K. Saegusa et al.: Amer. Ceram. Soc., 91th Ann. Mtg. (1989).
26) K. Uchino, E. Sadanaga, K. Oonishi and H. Yamamura: Ceramic Trans. **8**, Ceramic Dielectrics, 107 (1990).

제3장 액추에이터 재료

3.1 실제로 이용되는 액추에이터 재료

(1) 압전체의 역사

압전특성의 발견은 1880년에 수정결정에서 압전효과를 연구한 유명한 Pierre와 Jacques Curie 형제에 의해 이루어졌다. 1921년에 발견된 강유전성과 이어서 발견된 강유전체 물질들에 의해서 압전체 물질에 대한 연구와 응용은 확대되었다. 최초로 발견된 강유전체는 Rochelle salt이다. 1940년 이전에는 일반적으로 Rochelle salt와 potassium dihydrogen phosphate(KDP) 및 KDP 유사물질인 2가지 그룹이 알려져 있었다. 1940년에서 1943년 사이에 $BaTiO_3$에 관한 연구가 Wainer와 Salmon, Ogawa, 그리고 Wul과 Golman에 의해 각각 독립적으로 이루어졌다. 이 재료는 높은 유전상수와 온도 및 주파수 의존성 등 독특한 유전특성을 보여주었다. 향상된 온도안정성과 높은 전압특성을 얻기 위하여 $BaTiO_3$의 조성 변화에 대한 연구가 다음세대의 연구자들에 의해 진행되었다. 이 $BaTiO_3$를 이용한 최초의 압전 트랜스듀서가 이 시기에 만들어졌고 나아가 여러 분야에 적용되었다.

1950년에 Jaffe와 공동연구자들은 $PbTiO_3$와 $PbZrO_3$의 고용체인 PZT에 대한 연구를 하고 있었고 어떤 조성에서 아주 높은 압전특성을 보인다는 것을 발견하였다. 특히 높은 압전특성은 rhombohedral과 tetragonal의 경계부분인 morphotropic phase boundary 부근에 해당하는 조성에서 발견되었다. 그 이후로 여러가지로 변형된 PZT 세라믹이 여러 분야에 응용되는 주요 압전체가 되었다. 최근에는 PZT-기반의 3상 고용체가 이용되면서 압전특성이 더욱 향상되어 여러 응용분야에 이용되고 있다.

Kawai와 동료들은 1969년에 polyvinylidenedifluoride(PVDF)와 같은 폴리머는 제조 도중에 늘어나게 되면 압전특성을 갖게 된다는 것을 발견하였다. 이와 같은 압전 폴리머도 역시 트랜스듀서 응용에 유용하다. 1978년에 Newnham 등에 의해 압전 복합물질에 대한 연구가 본격적으로 진행되었고 이물질의 전기기계적 특성이 향상되었다. 압전 세라믹과 폴리머 상으로 구성된 복합 물질은 여러가지 구조로 제작되었고 각 구조는 특정분야의 응용에 적합하도록 설계되었다.

Relaxor 강유전체는 다른 종류의 세라믹 재료로서 최근에 와서 그 중요성이 더해지고 있다. 새로 개발되는 많은 재료 중에서 특히 10%의 $PbTiO_3$ (PT)가 첨가된 $Pb(Mg_{1/3}Nb_{2/3})O_3$ (PMN)이 많이 주목 받는 재료로서 여러 종류의 액추에이터에 이용된다.[18] 최근에는 크고 질이 좋은 단결정을 성장하는 기술이 발달했으며 이 기술은 relaxor 압전 물질을 이용하여 높은 왜형을 가진 액추에이터 또는 높은 주파수의 트랜스듀서를 제작하여 의료용 초음파 디바이스에 이용할 수 있도록 만들었다.[22] 가장 최근에는 ZnO 나 PZT 박막들이 MEMS 소자에 이용되고 있다.

(2) 페로브스카이트 구조

압전/전왜 재료 중에서 많은 물질이 그림 3.1에 나타난 페로브스카이트 구조(ABO_3)를 가지고 있다. 이 재료는 냉각시 높은 대칭성을 가진 고온상(입방정 상유전상)으로부터 비중심대칭인 강유전상으로 변화한다. 높은 강유전 전이온도(큐리온도)를 가지는 물질은 상온에서 압전체가 되지만, 상온 또는 상온보다 낮은 온도에서 전이온도를 갖는 물질은 전왜특성을 보인다. 전왜특성을 보이는 재료의 경우 큐리온도 보다 조금 높은 온도에서 전왜 효과가 아주 크게 되는데, 이는 이온 퍼텐셜이 이 영역에서 큰 비조화 특성을 보이기 때문이다. $BaTiO_3$ 나 $PbZrO_3$ 같은 간단한 조성이나 $A^{2+}(B^{3+}{}_{1/2}B'^{5+}{}_{1/2})O_3$ 나 $A^{2+}(B^{2+}{}_{1/3}B'^{5+}{}_{2/3})O_3$ 같은 복합 페로브스카이트 물질은 아주 쉽게 합성된다. 위에서 열거한 복합 페로브스카이트는 B-site 양이온의 규칙성을 가지고 있으며 이러한 구조의 슈퍼셀이 그림 3.2(b)와 (c)에 잘 나타나 있다. 만약 B 및 B′ 양이온이 불규칙적으로 배열되어 있으면 그림 3.2(a)와 같이 단순 페로브스카이트 구조를 가진다.

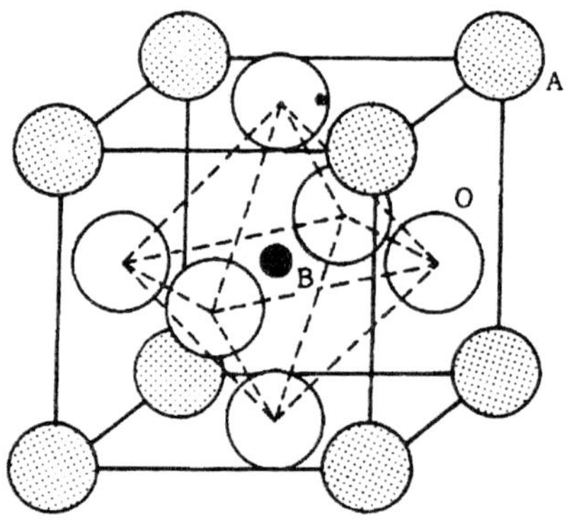

그림 3.1 ABO_3의 페로브스카이트 구조

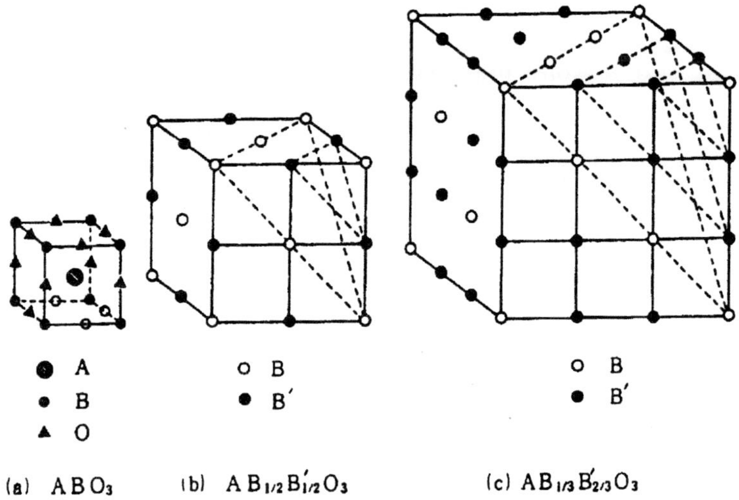

그림 3.2 여러가지 B ion 배열을 가진 복합 페로브스카이트 구조: (a) ABO_3 단순구조, (b) $A(B_{1/2}B'_{1/2})O_3$, 1:1 규칙화(장거리 규칙화), 더블 셀 그리고 (c) $A(B_{1/3}B'_{2/3})O_3$, 1:2 규칙화(단거리 규칙화) 여러 개의 셀 구조

(3) 압전재료

이 절에서는 압전재료의 현재 연구 및 개발 동향에 대해 전반적으로 기술하려고 한다. 특히 단결정, 압전세라믹, 전왜재료, 형상기억 세라믹, 압전폴리머, 압전복합재료, 압전박막 등이 논의될 것이다. 가장 유명한 압전 재료들에 대한 전기기계적 특성이 표 3.1에 나타나 있다.[1,2]

표 3.1 대표적 압전체의 압전 특성[1,2]

	Quartz	$BaTiO_3$	PZT4	PZT 5H	$(Pb,Sm)TiO_3$	PVDF-TrEE
d_{33}(pC/N)	2.3	190	289	593	65	33
g_{33}(mVm/N)	57.8	12.6	26.1	19.7	42	380
k_t	0.09	0.38	0.51	0.50	0.50	0.30
k_p		0.33	0.58	0.65	0.03	
K_{33}^T	5	1700	1300	3400	175	6
Q_m	$>10^5$		500	65	900	3~10
T_C(℃)		120	328	193	355	

단결정재료

일반적으로는 압전 세라믹이 많이 이용되지만 단결정 물질도 많이 이용된다. 특히 안정된 주파수를 갖는 진동자나 표면 탄성파(SAW)를 이용하는 소자 등에 많이 이용된다. 가장 유명한 압전 단결정 재료는 수정, $LiNbO_3$ 그리고 $LiTaO_3$ 이다. 압전 단결정은 비등방성이고 자른면에 따라서 다른 특성을 보여준다.

수정은 잘 알려진 압전재료이다. 알파 수정은 점 그룹 32인 triclinic 구조를 가지고 있으며 537℃에서 압전특성이 없는 베타 상으로 전이한다. AT-cut이라고 불리우는 수정의 특정 면은 영의 온도계수를 가진다. AT-cut으로 제작된 수정진동자는 두께 전단(shear) 모드로 작동하며 컴퓨터의 시계소스로 이용된다. 그리고 주파수-안정 소자는 텔레비전이나 비디오 레코드에 이용된다. ST-cut 수정의 경우 x방향으로 전파하는 표면탄성파의 기판으로 이용될 때 영의 온도계수를 가진다. 그러므로 이 재료는 안정된 주파수를 지닌 SAW 디바이스에 이용되기도 한다. 수정은 또 다른 우수한 특성, 즉 높은 기계적 품질계수 ($Q_m > 10^5$)를 가지고 있다.

$LiNbO_3$ 그리고 $LiTaO_3$은 동소체(isomorphs)로 큐리온도가 각각 1210℃ 와 660℃이다. 이 단결정들은 3m의 결정구조(symmetry)를 가지고 있다. 분극 방향은 c-축이다. 이들은 표면탄성파에 대해 높은 전기기계결합계수를 가지고 있다. 초코랄스키 방법을 이용하여 아주 커다란 단결정을 얻을 수 있고 이 두 물질은 모두 SAW 소자응용에 중요한 재료이다.

다결정질 재료

$BaTiO_3$는 가장 깊게 그리고 많이 연구된 재료이다. 이 재료는 큐리온도 (130℃) 바로 아래에서는 정방정(tetragonal)구조를 가지고 있고 [001] 방향으로 자발분극을 가지고 있다. 5℃ 아래에서 이 재료는 사방정 구조를 가지며 분극은 [011] 방향이 된다. 그리고 −90℃에서 삼방정(rhombohedral) 구조로 변하고 이때 분극방향은 [111]이 된다. 이 재료의 전기기계적 특성은 미세구조와 화학량론(stoichiometry)뿐만 아니라 페로브스카이트 구조의 A 및 B 자리의 불순물 존재에 의해서도 영향을 받는다. $BaTiO_3$ 세라믹은 Pb나 Ca와 같은 불순물을 이용하여 정방정 영역을 넓히기 위한 많은 연구가 진행되었다. 이 조성들은 랑주뱅(Langevin)타입의 압전진동자에 이용되어왔고 현재는 그 외 다른 많은 분야에도 이용되고 있다.

$Pb(Zr_xTi_{1-x})O_3$ 계열의 고용체는 그들의 우수한 압전특성으로 인하여 아주 많이 연구가 되었다. 그림 3.3은 $Pb(Zr,Ti)O_3$의 상 평형도이다. 특정 조성의 구조는 Zr 양에 의해 결정된다. $PbTiO_3$는 페로브스카이트 구조를 가지고 있으며 정방정 강유전상을 가지고 있다. Zr 양이 증가하면 정방정 구조는 점차 감소하고 $x > 0.52$ 이면 재료의 구조가 정방

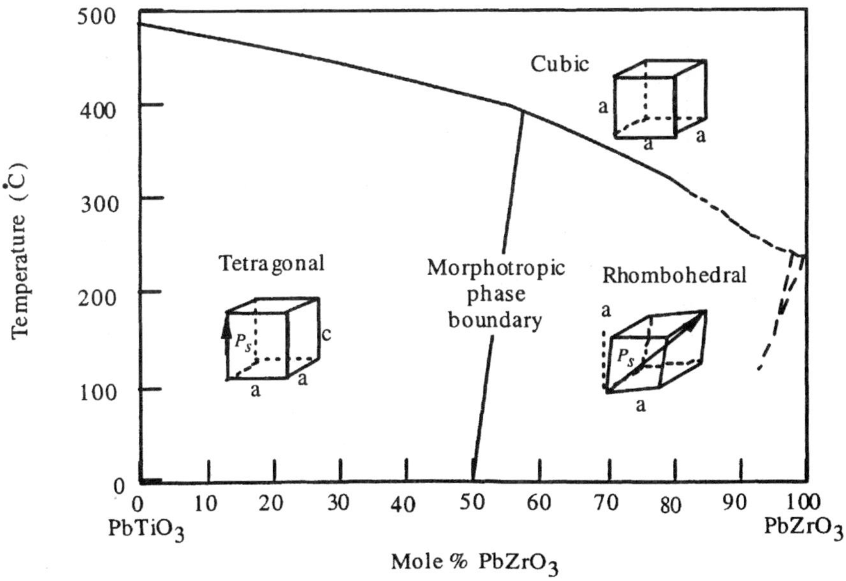

그림 3.3 $Pb(Zr_xTi_{1-x})O_3$ 고용체의 상 평형도

정 4 mm에서 다른 강유전상인 3m rhombohedral 구조가 된다. 그리고 이 두 구조를 가르는 그림 3.3에서 보이는 선을 morphotropic phase boundary [MPB]라고 한다. MPB에 해당하는 조성에서는 정방정과 rhombohedral 구조가 공존하는 것으로 알려져 있다. 압전 왜형 상수(d)의 MPB 부근의 조성에 따른 변화가 그림 3.4에 나타나 있다. 모든 d 상수가 MPB 부근에서 최대값을 보이고 있다. 압전효과가 MPB에서 증가하는 이유는 두 상이 공존하기 때문이다. 두 상이 공존하면 단일상에 비해 전기장이 가해지면 분극 벡터가 쉽게 정렬될 수 있기 때문이다.

PZT에 도너 또는 억셉터 이온을 첨가하면 이 재료의 특성이 갑자기 바뀌게 된다. 특히 Nb^{5+} 또는 Ta^{5+} 도너 이온을 첨가하면 이 재료는 소프트 압전재료가 된다. 소프트 압전재료는 작은 항전계(coercive field)를 가지게 된다. 이 물질에 도너를 첨가하면 소프트 물질이 되는 이유는 도메인 벽의 운동을 도와주는 Pb 공공이 물질내부에 증가하기 때문이다. 반면에 이 물질에 Fe^{3+} 나 Sc^{3+} 같은 억셉터 이온을 첨가시키면 이 물질은 하드 물질로 변화한다. 하드 압전재료는 높은 항전계를 가지게 된다. 물질이 하드 압전체로 변하는 이유는 도메인 장벽의 운동을 방해하는 산소 공공이 물질 내부에 만들어 지기 때문이다. 소프트 및 하드 물질로 변하는 기구들에 관해서는 6.3(1)에서 좀더 자세히 다루기로 하자.

PZT와 다른 페로브스카이트 강유전 물질을 혼합한 여러가지 3상계에 대한 연구들도 많이 진행되어왔다. 다음과 같은 재료들이 대표적인 재료이다. $Pb(Mg_{1/3}Nb_{2/3})O_3$, $Pb(Mn_{1/3}Sb_{2/3})O_3$, $Pb(Co_{1/3}Nb_{2/3})O_3$, $Pb(Mn_{1/3}Nb_{2/3})O_3$, $Pb(Ni_{1/3}Nb_{2/3})O_3$, $Pb(Sb_{1/2}Sn_{1/2})O_3$,

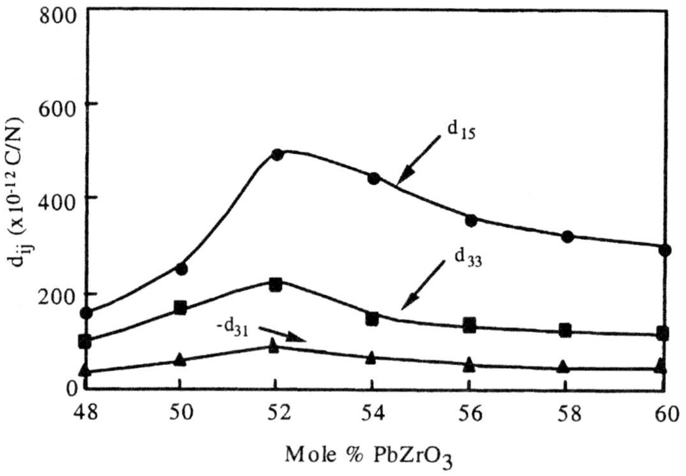

그림 3.4 $Pb(Zr_xTi_{1-x})O_3$ 고용체의 MPB 조성 부근에서의 여러가지 d 값의 조성의존성

$Pb(Co_{1/2}W_{1/2})O_3$ 그리고 $Pb(Mg_{1/2}W_{1/2})O_3$[70].

그리고 새로운 고용체인 $BiScO_3$-$PbTiO_3$[7] 는 향상된 온도 안정성을 가지고 있는데, 고온응용에 많이 사용된다.[3] 이 시스템의 MPB 조성은 큐리온도가 약 450℃ 인데, 이는 PZT 시스템의 MPB 조성의 큐리온도 보다 약 100℃ 가량 높다. $PbTiO_3$는 단위격자가 많이 뒤틀려 있다. 상온에서 정방정 구조를 가지며, 이때 정방정 정도 (c/a)가 약 1.063이고 큐리온도는 약 490℃ 이다. $PbTiO_3$는 냉각시 큐리온도를 통과할 때 발생하는 높은 자발적 왜형에 의하여 가루로 부서지기 때문에 밀도가 높은 $PbTiO_3$를 얻기가 어렵다. A-자리에 불순물을 첨가한 변형된 $PbTiO_3$는 기계적으로 강하고 높은 압전 비대칭성을 보여준다. 변형된 조성인 $(Pb,Sm)TiO_3$나 $(Pb,Ca)TiO_3$는 아주 낮은 면 결합 특성을 보여 준다.[4,5] 즉, 그들은 아주 큰 k_t/k_p 값을 가지고 있다. 이 식에서 k_t는 두께-팽창에 그리고 k_p는 면 전기기계 결합계수이다. 이 조성으로 만들어진 의료용 초음파 이미지 트랜스듀서는 큰 k_t 때문에 종파만을 만들어 깨끗한 상을 만들 수가 있다. 왜냐하면 횡파와 관련되어 있고, k_{31}에 의해 만들어지는 허상(ghost image)이 만들어지지 않기 때문이다. 다른 변형된 조성인 $(Pb,Nd)(Ti,Mn,In)O_3$는 표면음파 지연에 관련된 온도계수가 영이므로 SAW 소자의 우수한 기판재료로 이용된다.[6]

A와 B의 고용체 (1−x)A−(x)B의 물리적 특성들은 현상론적인 이론에 의해 구해질 수 있다.[7,8] 고용체의 깁스 탄성에너지는 고용체를 이루는 각각 조성의 깁스 탄성에너지의 일차조합으로 나타내 진다. 즉:

$$G_1(P,X,T) = (1/2)[(1-x)\alpha_A+(x)\alpha_B]P^2 + (1/4)[(1-x)\beta_A + x\beta_B]P^4 + (1/6)[(1-x)\gamma_A+ x\gamma_B]P^6 - (1/2)[(1-x)s_A+x_B]X^2$$

$$- [(1-x)Q_A+xQ_B]P^2 X \quad (3.1)$$

여기서 $\alpha_A = (T - T_{o(A)})/\varepsilon_o C_A$ 이며 $\alpha_B = (T - T_{o(B)})/\varepsilon_o C_B$ 이다.

큐리온도, 자발분극, 자발 왜형, 유전율, 압전상수 그리고 전기기계결합계수들은 위의 에너지 식으로부터 구해진다.

그림 3.5는 (x)$Pb(Zn_{1/3}Nb_{2/3})O_3$-(1－x) $PbTiO_3$ [PZN-PT] 고용체의 여러 조성의 온도에 따른 유전율을 보여준다.[8] 큐리온도, 유전율의 크기, 정방정에서 rhombohedral 상으로 변화하면서 나타나는 특이한 값들의 계산된 값과 이론적 값이 잘 일치한다. 단지 유전율 피크의 폭이 크게 다르게 나타나는데 이는 다음 절에서 설명할 예정이다.

압전세라믹의 압전왜형상수의 일반적인 값은 1×10^{-10}~5×10^{-10} (m/V) 정도이다. 만약 전기장 10^6 (V/m)가 10 (mm)시료에 가해지면 왜형이 약 $x_3 \approx 1\times10^{-3}$이 발생한다. 즉, 10 μm의 변형이 일어나게 된다. 이렇게 큰 전기장이 가해지면 도메인 정렬이 일어나게 되어 단지 식 (dE)에서 예측되는 값보다 큰 왜형이 발생하게 되고 그 차이는 10~1000 퍼센트 정도이다. 그러므로 임피던스 분석기를 이용하여 전기기계적 공진에서 측정하듯이 낮은 전기장 (<10 V/mm)에서 측정하는 압전계수의 값은 액추에이터의 특성을 정확히 측정하는 데는 실제적으로 이용할 수 없다.

소결된 압전세라믹의 경우 개개 입도의 분극은 무질서하게 배열되어 있기 때문에 전체 시료의 분극은 영이 된다. 그리고 이 상태에서 전기장이 가해 졌을 때 왜형도 작다. 그러므로 압전세라믹을 소결한 후에는 고전압 (>3 kV/mm)을 가해서 모든 입도들의 분극 방향을 정렬시켜야 한다. 이 과정을 전기적 분극이라고 한다.

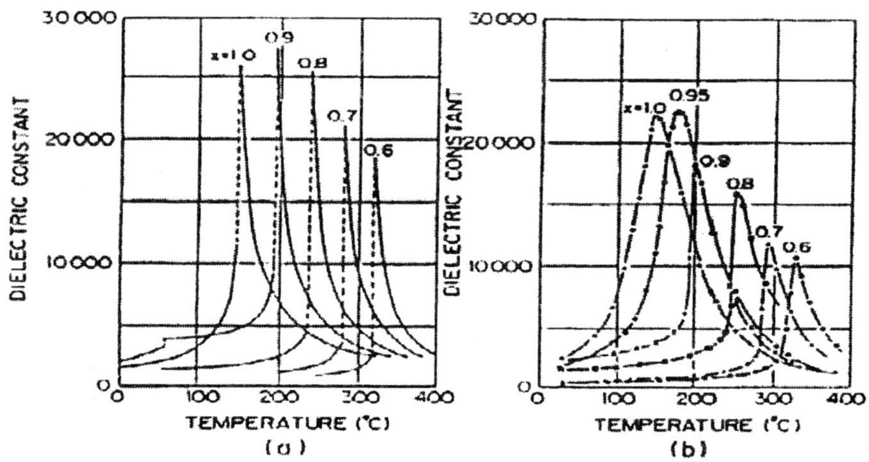

그림 3.5 (x)$Pb(Zn_{1/3}Nb_{2/3})O_3$－(1－x) $PbTiO_3$ [PZN－PT] 고용체의 여러 조성의 온도에 따른 유전율 변화: (a) 현상학적 예측, (b) 실험적 결과

분극된 (Pb,La)(Zr,Ti)O_3[7/62/38] 시료에 전기장 방향으로 발생된 왜형이 그림 3.6(a)에 나타나 있다.[9] 가해진 전기장이 작을 때는 유도된 왜형이 전기장에 비례한다. 이것은 역압전현상 (x=dE)이라고 하고 이때 압전왜형상수 d_{33}는 이 그래프의 기울기 $(\partial x/\partial E)$이다. 전기장이 점점 커지면 (> 100 V/mm), 왜형 그래프는 비례관계에서 벗어나고 히스테리시스가 나타나게 된다. 액추에이터는 히스테리시스가 나타나면 안되기 때문에 히스테리시스가 나타나는 지점이 이 물질의 사용한계가 된다. 전기장이 항전계를 넘게 되면 그림 3.6(a)에 점선으로 나타난 것 같이 버터플라이 모양을 하게 된다. 이러한 왜형 히스테리시스는 강유전 도메인의 재정렬에 기인한다.

최근 알려진 Ba(Sn,Ti)O_3 고용체 조성은 적은 히스테리시스를 가진 것으로 알려져 있다.[10] Ba($Sn_{0.15}Ti_{0.85}$)O_3 고용체의 특이한 점은 그것의 독특한 왜형 곡선이다. 그림 3.6(b)에 나타나 있듯이 도메인 정렬이 낮은 전기장에서 일어나고 높은 전압에서도 상당부분이 전압과 왜형이 일차적 관계를 보인다. 항전계는 아주 작은 편이다. 그리고 전기장과 왜형이 좋은 일차적 관계를 보이지만 이는 왜형을 대가로 하고 있다. 즉, 발생하는 최대 왜형은 단지 $x_3=0.5\times10^{-3}$ 정도로 작다.

여러가지 PLZT 조성에 양 방향 전기장 [-20 (kV/cm) < E < +20 (kV/cm)] 또는 한 방향으로 전기장 [0 < E < +20 (kV/cm)]이 걸렸을 때 유도되는 왜형이 그림 3.7에 나타나 있다.[9] 그러나 양방향 전압은 잘 사용되지 않는다. 그 이유는 역 방향으로 계속 분극이 걸리면 재료가 쉽게 깨지게 되어 소자의 수명을 단축하게 된다.

지금까지는 비공진이 또는 정합 작동하는 데 적합한 소프트 압전재료에 대한 경우만

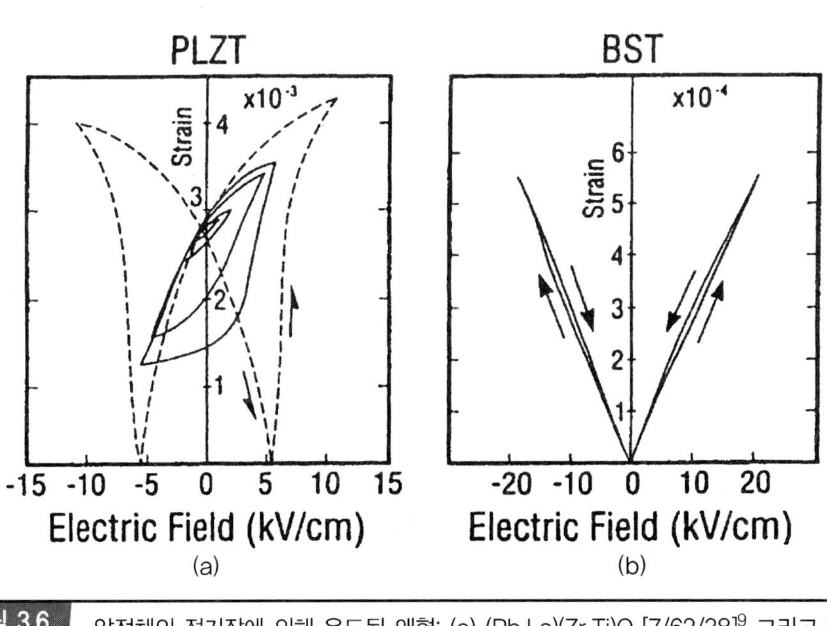

그림 3.6 압전체의 전기장에 의해 유도된 왜형; (a) (Pb,La)(Zr,Ti)O_3[7/62/38][9] 그리고 (b) Ba(Sn,Ti)O_3[10]

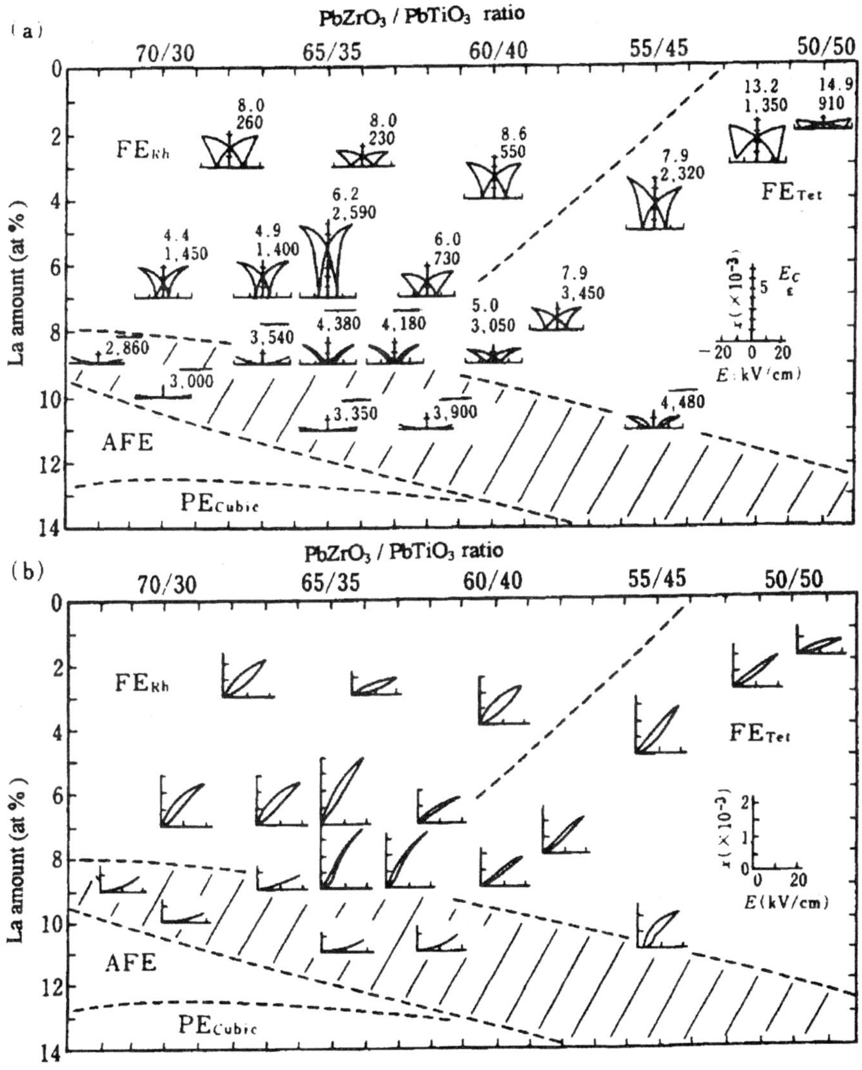

그림 3.7 여러가지 PLZT 조성의 전기장에 의해 유도된 왜형: (a) 바이폴라, (b) 유니폴라 시스템. 항전계와 유전율의 크기는 각 그림의 상단에 표시되어 있다.

고려했다. 하드하고 높은 파워의 압전체는 AC 조건에서 초음파 공진에서 이용된다. 공진에서 변위는 ($Q_m dE$)에 의해 결정되기 때문에 높은 진동 조건에서 높은 기계적 품질계수 Q_m과 압전왜형상수 d를 가진 재료가 필수적이다. 높은 파워가 걸리면 열이 발생하고, 이 열에 의해 전기기계적 특성이 파괴된다. 가장 좋은 높은 파워 압전재료 중 하나는 희토류가 첨가된 PZT-$Pb(Mn_{1/3}Sb_{2/3})O_3$ 세라믹이고, 이 재료는 최대 진동속도인 1 m/sec를 가지고 있다.[11] 이 재료에 대해서는 6장에서 다룰 예정이다. 이렇게 높은 파워 조건에서는 전기장을 증가시켜도 진동에너지가 증가되지는 않는다. 추가적 에너지가 가해지면 열로 바뀌게 된다.

완화형 강유전체

완화형 강유전체는 지금까지 기술한 일반적인 강유전체와는 다르다. 완화형 강유전체는 상유전상에서 강유전상의 전이 영역이 아주 넓고, 유전상수의 주파수 의존성이 강하며(유전완화), 그리고 잔류 분극이 작다. 납 기반의 완화형 재료는 복잡하고 불규칙한 페로브스카이트 구조를 가지고 있다. 그들은 단결정이나 다결정으로 만들 수 있다.

비록 여러가지 서로 다른 이론들이 완화형 강유전 현상을 기술해 왔지만, 이 재료들이 보이는 넓은 영역의 상전이에 대한 정확한 이론은 아직 없다. 우리는 일반적으로 널리 받아들여지는 "극소영역의 조성의 변화" 이론을 소개할 예정이다.[12~14] 이론은 넓은 영역에서 무질서한 구조를 갖는 구조들에도 적용된다. 이 모델은 "갠지그(Kanzig) 영역"이라고 불리우는 것의 존재를 가정한다. "갠지그 영역"은 강유전성이 존재할 수 있는 가장 작은 영역을 말한다. 이러한 영역들의 크기는 10~100 nm 정도이다. 예를 들어 무질서한 구조를 갖는 완화형 압전체인 $Pb(Mg_{1/3}Nb_{2/3})O_3$의 경우 B-site에 Mg^{2+}와 Nb^{5+} 이온의 국부적 fluctuation이 존재한다는 것이다. $A(^{I}B_{1/2}{}^{II}B_{1/2})O_3$의 구조에서 B-site 이온의 규칙화 정도에 따른 조성 fluctuation의 컴퓨터 시뮬레이션 결과가 그림 3.8에 나타나 있다.[14] $^{I}B/^{II}B$ 비의 fluctuation이 가우스 분포 법칙으로 잘 나타내진다. 이 이론의 배경에는

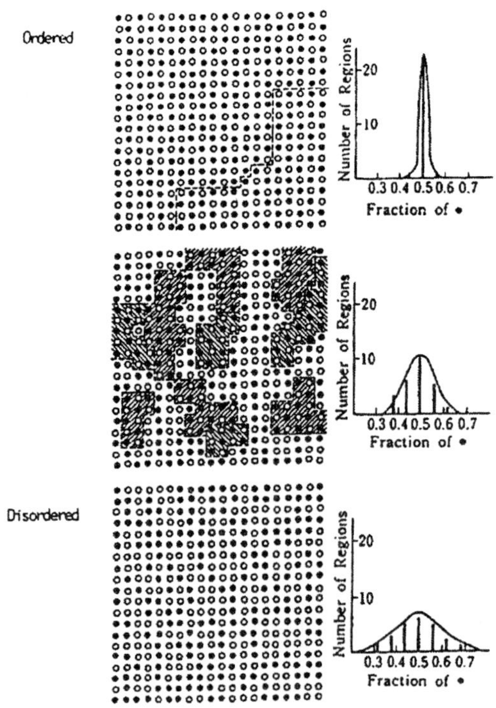

그림 3.8 $A(^{I}B_{1/2}{}^{II}Nb_{1/2})O_3$의 구조에서 B-site 이온의 규칙화 정도에 따른 조성 fluctuation의 컴퓨터 시뮬레이션[14]

국부적인 조성의 변화가 큐리온도의 국부적 변화를 유도하여 넓게 퍼진 상 변화를 유도한다. 좁은 영역에서 B-site의 규칙화가 $Pb(Mg_{1/3}Nb_{2/3})O_3$에서 전자현미경에 의해 발견되었다.[15] 특히 고분해능 전자현미경 사진에 의하면 규칙화된 영역의 크기는 그림 3.8의 중앙의 그림에 나타나 있는 것 같이 2~5 nm 정도로 밝혀졌다.

완화형 유전체의 다른 중요한 특성은 유전완화(유전상수의 주파수 의존성)이다. $Pb(Mg_{1/3}Nb_{2/3})O_3$의 여러주파수에서 측정된 온도에 따른 유전율의 변화가 그림 3.9에 보여진다. 측정 주파수가 증가함에 따라서 저온에서 유전율은 감소한다.[16] 그리고 최고점의 위치가 고온 쪽으로 이동한다. 이러한 현상은 일반 강유전체 재료와 잘 대비된다. 즉, $BaTiO_3$의 경우 온도에 따른 유전 그래프의 최고점은 측정 주파수에 무관하게 일정하다. 이러한 현상의 근원에 대한 연구가 $Pb(Zb_{1/3}Nb_{2/3})O_3$ 단결정을 이용하여 이루어졌다.[17] 그림 3.10에 폴링이 이루어진 시료와 그렇지 않은 시료의 유전율과 손실의 온도 변화에 대해 나타나 있다. 그리고 각각 시료의 도메인이 오른쪽 편에 나타나 있다. 이 그림에서 볼 수 있듯이 폴링이 안된 시료에서는 상온에서도 거시적인 도메인이 관찰되고 있지 않는 것을 알 수 있다. 그리고 큰 유전완화와 손실이 큐리온도 이하에서 관찰됨을 알 수 있다. 하지만 거시적인 도메인이 외부전기장에 의해 유도되면 유전완화 현상이 사라지고

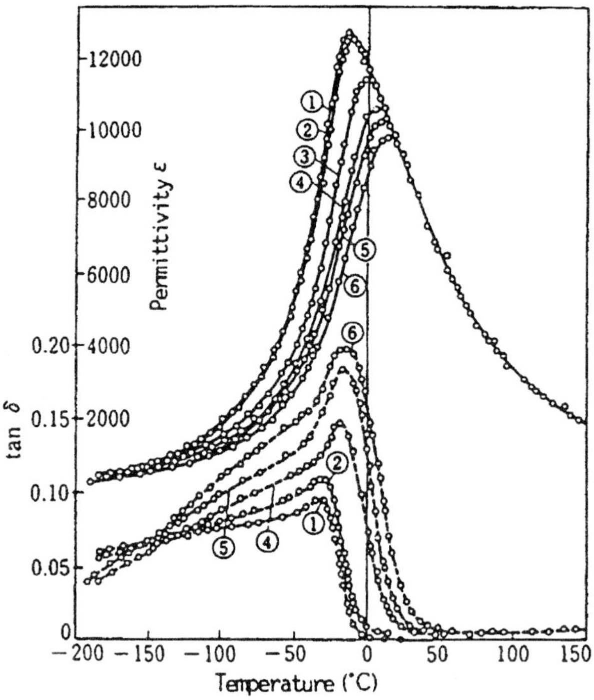

그림 3.9 $Pb(Mg_{1/3}Nb_{2/3})O3$의 여러주파수(kHz)에서 측정된 온도에 따른 유전율의 변화: (1) 0.4, (2) 1, (3) 45, (4) 450, (5) 1500, (6) 4500[16]

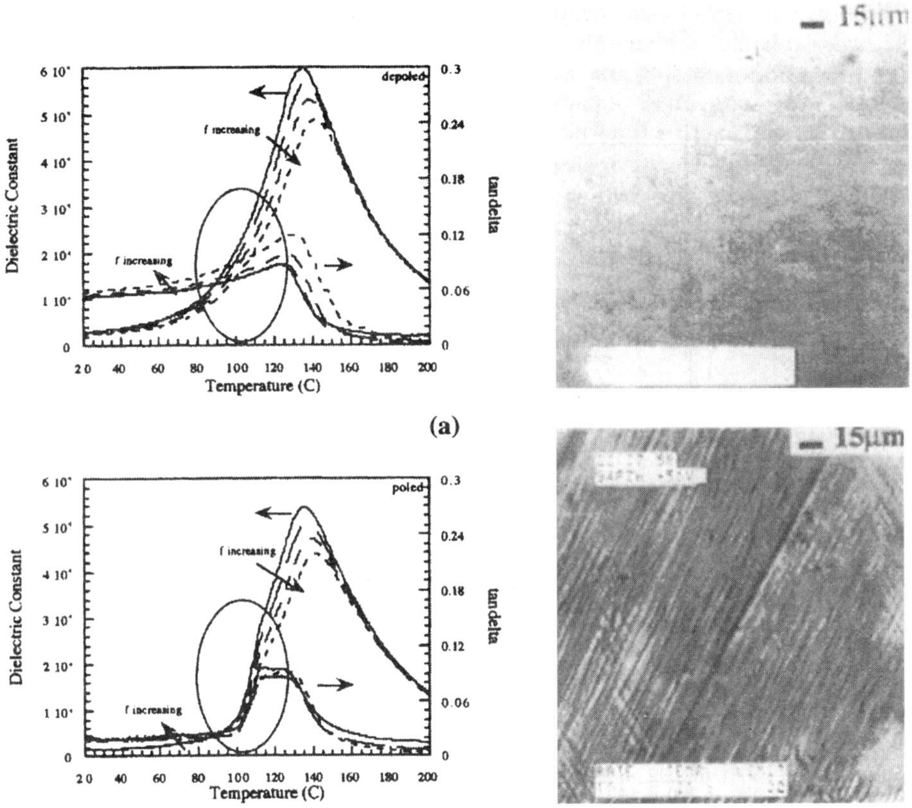

그림 3.10 $Pb(Zb_{1/3}Nb_{2/3})O_3$ 단결정의 〈111〉 방향으로 (P_S 방향) 측정된 온도에 따른 유전율과 유전손실: (a) 도핑된 시료, (b) 폴링된 시료.[17] (각각에 해당하는 도메인 구조가 오른쪽 편에 나타나 있음)

손실도 100℃ 이하에서 없어짐을 알 수 있다. 그러므로 유전완화가 이 재료 내부에 존재하는 미소도메인에 관련되어 있음을 알 수 있다.

PMN 세라믹은 폴링 전기장이 전위온도 부근에서 가해지면 아주 쉽게 폴링이 일어난다. 하지만 전기장이 없어지면 폴링이 완벽하게 사라지고 마이크로 도메인이 미소도메인으로 변화한다. 이 미소도메인 구조가 이 재료가 가지고 있는 유난히 커다란 전왜 현상의 근원이라고 생각되고 있다. 이 재료의 유용성은 전이온도가 상온근처로 조절될 때 더욱 커지게 된다.

0.9PMN-0.1$PbTiO_3$ 재료에 가해진 전기장에 따라 상온에서 종 방향으로 유도되는 왜형이 그림 3.11에 나타나 있다.[18] 전왜효과에 의한 왜형의 크기가 (10^{-3})으로 PLZT (7/62/38)에 압전효과에 의해 한 축으로 유도된 왜형 양과 비슷하다(그림 3.6(a)). 그리고 이 재료의 장점은 히스테리시스 현상을 보이지 않는다는 것이다.

다른 전왜재료로는 $(Pb,Ba)(Zr,Ti)O_3$[19] 그리고 PLZT계열의 고용체들이 있다.[9,20] 이 재료들에서 발생하는 큰 전왜 효과는 주로 미소도메인 구조와 관련이 있다. 주어진 재료내

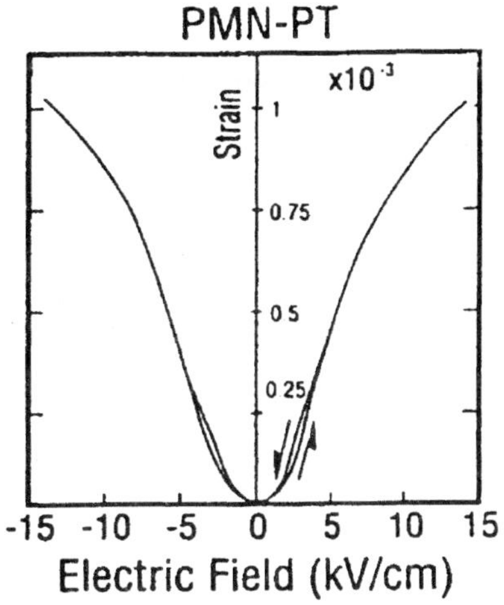

그림 3.11 0.9PMN-0.1PbTiO_3의 가해진 전기장에 따라 상온에서 유도되는 왜형

부의 미소영역에 불균일성을 유도하고 미소도메인을 발달시키기 위해서는 다른 원자가나 이온 반경을 가진 이온들을 구조 내부에 주입시킨다. 이 과정에 대해서는 3.3절에서 검토할 예정이다.

압전체와 전왜재료의 특성을 요약하면 아래와 같다.

1. 전왜효과에 의한 왜형의 크기는 압전(단극) 왜형의 크기(0.1%)와 비슷하다. 그리고 히스테리시스 현상이 전왜 왜형에는 나타나지 않는다.
2. 압전재료는 전기적 폴링이 필요한데, 이로 인하여 에이징 효과가 발생한다. 전왜재료는 폴링이 필요하지 않지만 실제 사용시에는 비선형적 반응 때문에 DC 전기장을 필요로 한다.
3. 압전재료에 비해 전왜 세라믹의 전기기계적 반응은 고온이나 높은 기계적 하중과 같은 극단적인 작동조건에서 저하되지는 않는다.
4. 압전체는 전왜재료보다 온도특성이 우수하다.
5. 압전체는 전왜재료에 비해 작은 유전율을 갖고 있다. 그러므로 반응 속도가 빠르다.

완화형 강유전체는 유도된 압전효과를 갖고 있다. 그리고 전기기계결합계수 k_t 가 DC 전기장의 크기에 따라 변화한다. DC 바이어스가 증가하면 결합계수가 증가하고 나중에는 포화상태에 이르게 된다. 이러한 거동은 재현이 가능하고 이러한 특성을 이용하여 완화형 강유전체를 필드-튜너블 초음파 트랜스듀서에 이용한다.[21]

최근에는 MPB 영역의 고용체 조성을 가지고, 반응성이 우수한 완화형 강유전체 단결정을 초음파 트랜스듀서나 전기기계 액추에이터로 사용하기 위하여 제조하거나 특성을 분석하고 있다. MPB 영역 부근의 조성은 위와 같은 응용에 아주 적합한 조성이다.

아주 높은 전기기계결합계수(k_{33}=92~95%), 압전왜형계수(d_{33}=1500 pC/N)를 가진 MPB 조성의 단결정 $Pb(Zn_{1/3}Nb_{2/3})O_3$-$PbTiO_3$ [PZN-PT]이 1981년 Kuwata, Uchino 그리고 Nomura에 의해 발표되었다.[22,23] 그림 3.12에 여러가지 전기기계 특성들이 조성에 따라 나타나 있다. 두 개의 다른 값들이 어떻게 MPB 조성 $0.91Pb(Zn_{1/3}Nb_{2/3})O_3$-$0.09PbTiO_3$에서 변화하는지 잘 나타나 있다. 압전계수나 전기기계결합계수의 최고값이 단지 단결정이 자발분극 방향인 [111] 방향이 아닌 [001] 방향으로 폴링을 시켰을 때에만 rhombohedral 조성에서 나타난다.

그 후 10년 후에 Yamashita et al. (Toshiba)[24]와 Shrout et al. (Penn State)[25] 이 각각 이 현상을 재현하였다. 나아가 이 재료를 의료용 기기에 적용하기 위하여 정확한 데이터를 얻었다. 이 재료의 MPB 조성에서 1.7%의 왜형을 얻었다. 그림 3.13은 [001] 방향의 0.92PZN-0.08PT 결정에 전기장에 의해 유도된 왜형을 보여 준다.[25]

이 경우에도 증가된 전기기계결합의 메커니즘은 2장에서 논의된 PZT 경우와 동일하다. d_{15}를 통해서 발생하는 shear 결합은 페로브스카이트 압전체에서는 아주 잘 발생한다. 그러므로 가장 큰 압전반응을 얻기 위해서는 전기장이 자발분극 방향에 기울어진 방향으로 가해져야 한다. MPB 조성(1.7% 까지)에서 특별히 큰 왜형이 발생되는 이유는 전

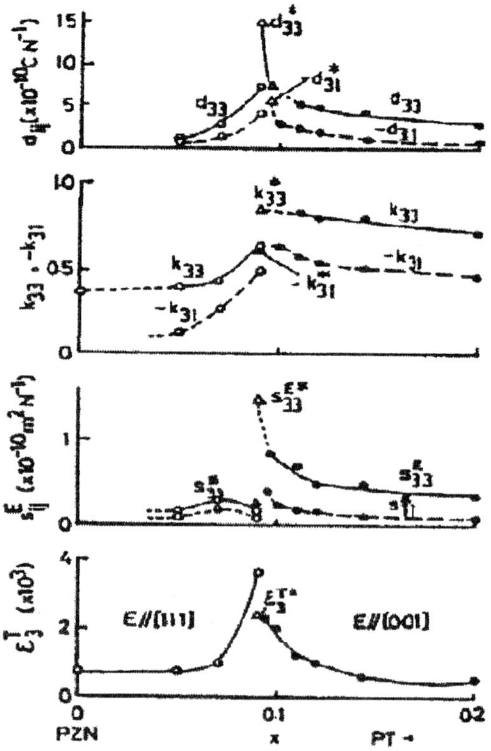

그림 3.12 $Pb(Zn_{1/3}Nb_{2/3})O_3$-$PbTiO_3$ [PZN-PT] 시스템의 PT 양에 따른 전기기계결합계수. 모든 값들이 MPB영역에서 최대값을 갖는다.[22,23]

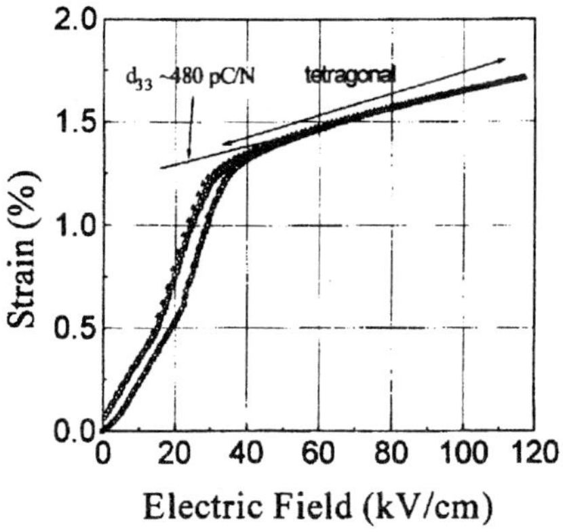

그림 3.13 [001] 방향의 0.92PZN-0.08PT 결정에 전기장에 의해 유도된 왜형[25]

기장에 의하여 발생되는 rhomboherdal에서 정방정으로의 상변화와 관련되어 있다. 일반적으로 전기장은 [001] 방향으로 가해진다. 그러므로 전왜 반응이 압전반응과 같이 일어나게 되고 그러므로 왜형이 증가하게 된다. 전기기계적 물질, 즉 압전물질을 항전계의 크기에 따라 분류하면 아주 편리하다. 항전계가 10 kV/cm 보다 큰 물질을 일반적으로 하드 압전체라고 한다. 이 재료는 왜형과 전기장의 관계가 일차적인 범위가 넓지만 작은 왜형이 유도된다. 그리고 항전계가 1～10 kV/cm인 재료를 소프트 재료라고 한다. 이 재료는 큰 왜형이 유도되고 큰 히스테리시스를 보인다. 그리고 항전계가 1 kV/cm 보다 작은 재료를 전왜재료라고 한다. 이 재료는 전기장과 왜형이 2차 함수의 관계를 갖는다. 각 재료들은 또한 큐리온도에 의해 분류된다. 하드 압전체의 큐리온도는 일반적으로 작동온도인 상온 보다 훨씬 높다(> 250℃). 반면에 전왜재료의 경우 전이온도가 상온보다 낮다. 소프트 압전재료의 전이온도는 일반적으로 150℃에서 250℃ 사이에 있다.

상변화 재료

액추에이터 응용에 주로 사용되는 상변화에 의한 왜형은 주로 분극 유도를 수반하는 반강유전상에서 강유전상으로의 변화를 내포하고 있다. 전기장에 의해 유도되는 상 변화에 의해 발생하는 자발왜형의 변화는 이론적으로 상유전상에서 강유전상으로 변화 시 발생하는 왜형 또는 전기장이 가해지면 어떤 강유전체내에 발생하는 비 180° 도메인 재배열이 아닌 경우에 발생하는 왜형에 비해 제일 크다(2.2 절을 참고하기 바람). 그림 3.14는 반강유전체인 $Pb_{0.99}Nb_{0.02}[(Zr_xSn_{1-x})_{1-y}Ti_y]_{0.98}$에 유도되는 왜형을 나타낸다.[27] 이 그림에서 볼 수 있듯이 최고 0.4% 까지 왜형이 이 재료에 유도되는 것을 알 수 있다. 이 값은 압전체나 전왜재료에 유도되는 전형적인 값들에 비해 아주 크다는 것을 알 수 있다. 일반재료에 비해 직사각형 형태의 히스테리시스가 이 재료의 어떤 조성에서 얻어짐을 알 수 있다(그림 3.14(a)). 그 이유는 상 변화에 의해 발생하는 왜형의 변화가 반강유전상 이

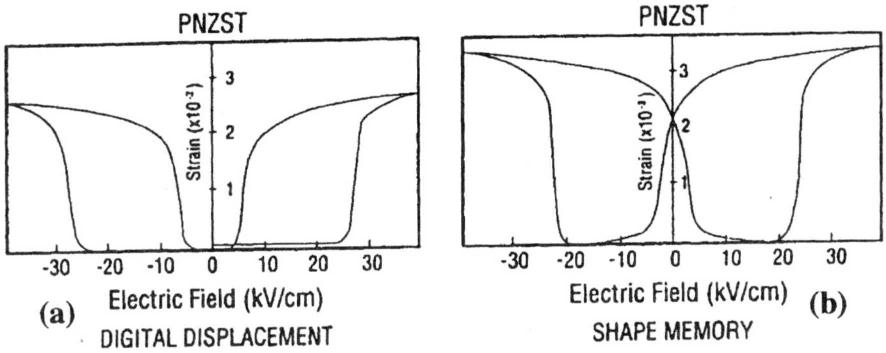

그림 3.14 반 강유전체인 $Pb_{0.99}Nb_{0.02}[(Zr_xSn_{1-x})_{1-y}Ti_y]_{0.98}$에 유도되는 왜형(종 방향 효과): (a) 디지털 변위 반응, (b) 형상기억 반응[27]

나 강유전상에 의해 발생하는 왜형 변화보다 훨씬 크기 때문이다. 이러한 작동을 디지털 변위라고 한다. 왜냐하면 재료가 아주 효과적으로 ON과 OFF 왜형 상태로 변화하기 때문이다.

그림 3.14(b)에서 볼 수 있듯이 형상기억 효과가 나타나는 조성이 있다. 한번 강유전상이 유도되면 전기장이 완전히 제거되어도 강유전 상태를 보전하거나 기억하고 있는 재료가 있다. 그림에서 볼 수 있듯이 비교적 작은 반대 전압이 가해져야지 재료가 원래의 상태로 되돌아간다. 이러한 종류의 형상기억 세라믹스의 장점은 상태를 유지하기 위하여 계속적인 전압이 필요하지 않다는 것이다. 단지 펄스 전압만 필요로 하는데, 그렇기 때문에 많은 에너지를 절약할 수 있다. 형상기억 세라믹 바이몰프에 삼각형 형태의 펄스가 가해진 후의 순간적인 변형이 그림 3.15에 잘 나타나 있다.[28] 이런 상변화의 반응속도는 빠르기 때문에 공진형 기계적 변위를 충분히 만들어 낼 수 있다.

압전 폴리머

PVDF나 PVF2 등은 열처리 과정에 당겨지면 압전 물질이 된다. 그림 3.16에 이 물질의 기본 구조가 나타나 있다. 주조된 폴리머의 얇은 막을 면에 포함된 어떤 한 방향으로 또는 직각 방향으로 당겨서 극성을 가지는 물질로 변화를 시킨다. 용융상태로부터 결정화를 시키면 비극성의 알파 상이 만들어진다. 이 재료가 한 축 또는 양 축으로 늘이는 과정을 거치게 되면 극성 베타 상으로 변화된다. 이렇게 생성된 쌍극자들이 재료를 폴링시키면 정렬이 된다. 커다란 막들이 제조되고 그리고 열적으로 복잡한 형상을 가지게 된다.

PVDF와 트라이플로르 에틸렌(TrFE)과 혼성중합 반응을 하게 되면 안정된 극성베타 상을 가진 무질서한 중합체(PVDF-TrFE)가 형성된다. 이 폴리머는 당겨질 필요가 없다. 즉, 미소 극성 영역이 중합반응 과정에 이미 형성되어 있기 때문에 재료가 만들어지면 바로 폴링을 하면 된다. 폴링된 재료는 0.3 정도의 두께모드의 결합계수 k_t 값을 갖는다.

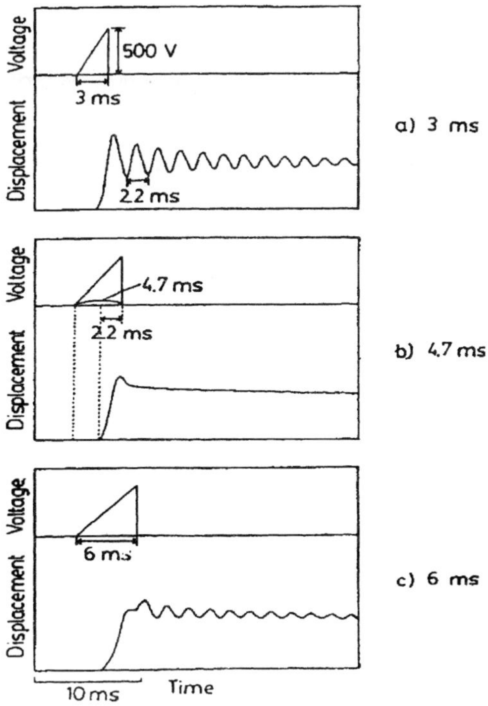

그림 3.15 형상기억 세라믹 바이몰프의 순간적인 변형[28]

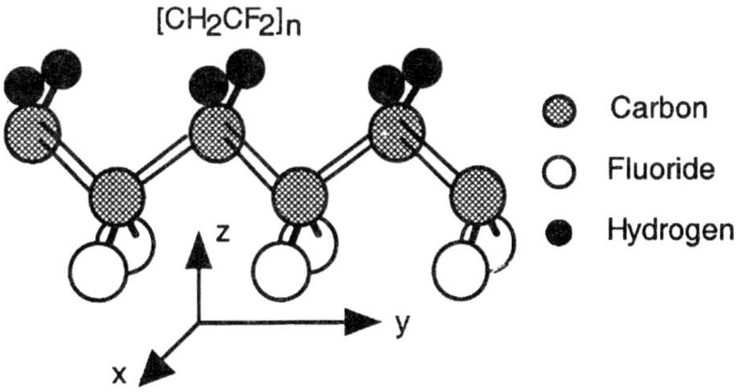

그림 3.16 PVDF의 기본 구조

압전 폴리머는 다음과 같은 특성을 갖는다: (a) 작은 압전왜형계수 d (액추에이터 적용) 값을 갖지만 큰 g 계수(센서 적용)를 갖는다. (b) 가볍고 탄성적으로 부드럽기 때문에 물이나 인간세포와 탄성 임피던스 매칭이 잘된다. (c) 작은 기계적 품질계수를 갖고 있기 때문에 아주 넓은 공진 밴드를 가지고 있다. 그러므로 압전 폴리머는 방향성 확성기나 초음파 수중 청음기에 이용된다. 이 재료를 액추에이터에 적용하는 데 있어서 주된 단점은 발생력이 작고 열이 많이 발생한다는 점이다. 이 모든 것은 기계적 품질계수가 작기 때문이다.

압전 복합체

압전 세라믹과 폴리머로 구성되어 있는 압전 복합체는 특성이 우수하고, 또한 조절이 가능하므로 아주 유망한 재료이다. 두 가지 상으로 이루어진 복합체는 각 상의 구조적 연결 방식에 의해 다음과 같이 10가지 기본 구조로 구분된다: 0-0, 0-1, 0-2, 0-3, 1-1, 1-2, 1-3, 2-2, 2-3 그리고 3-3. 그림 3.17에 보여지듯이 PZT 막대와 폴리머로 구성된 1-3 압전 복합체는 아주 흥미 있는 재료이다. 이 복합체의 장점은 높은 전기기계결합계수, 물이나 인간세포와 좋은 탄성 임피던스 매칭, 기계적 유연성, 넓은 밴드 폭, 그리고 낮은 기계적 품질계수를 갖는 점이다. 이 복합재료의 두께모드의 결합계수 k_t 값은 세라믹상의 결합계수 값 (0.40~0.50)을 초과하여 세라믹의 전기기계결합계수의 값 (0.70~0.80)에 접근한다.[30] 탄성 매칭은 재료 밀도와 탄성계수의 곱으로 나타내 진다. 전형적인 탄성 매칭 값(20~30 Mrayls)은 세라믹이 세라믹과 폴리머의 복합체를 형성함으로써 물이나 인간세포에 대한 탄성 임피던스 (1.5 Mrayls) 값에 근접하게 된다. 압전 복합체는 수중 음파 탐지기 또는 의학용 초음파 트랜스듀서에 이용된다.

PZT 세라믹, PVDF 그리고 PZT:폴리머 복합체의 압전 특성이 표 3.2에 나타나 있다.[31] PVDF의 압전왜형계수, 즉 단위 전기장당 왜형(액추에이터 적용에 중요한 값) 값이 PZT에 비해 열 배 정도 작다. 이는 PVDF의 유전율이 작기 때문이다. 하지만 PVDF의 압전전압계수 g, 즉 단위 응력당 유도되는 전압(센서응용에 중요함)이 PZT에 비해 10배 이상 크다. 음파 탐색기에 필요한 가장 높은 장점(Figures of merit), $d_h g_h$ (여기에서 d_h와 g_h 값은 정역학 압전 상수임)은 복합재료에서 얻어진다. 이 재료는 d 값과 g 값이 세라믹 재료와 폴리머 재료의 중간값을 가진다.

폴리머 세라믹과 마찬가지로 PZT:폴리머 복합체 액추에이터는 단일 사이클에 많은 열을 보유하게 된다. 즉, PZT에 의해서 발생한 열이 열전도도가 낮은 폴리머에 의해 발산되지 못하기 때문이다.

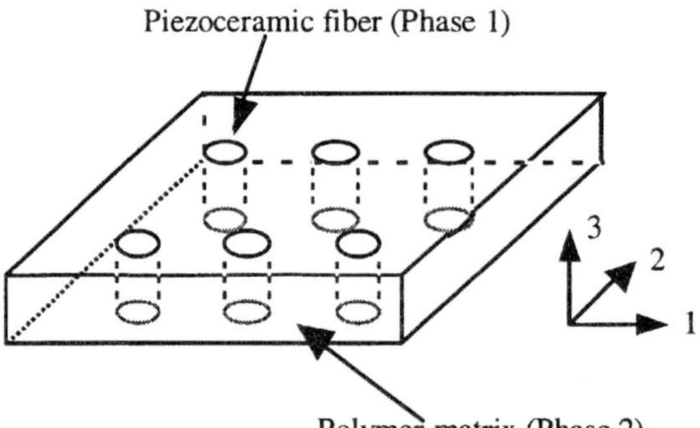

그림 3.17 PZT 막대와 폴리머로 구성된 1–3 압전 복합체의 개략도. 윗면과 아랫면은 전극이다.

표 3.2 PZT 세라믹, PVDF 그리고 PZT:폴리머 복합체의 압전 특성[31]

Material[connectivity]	ρ (10^3kg/m^3)	c_{33} (GPa)	K_{33}	d_{33} (pC/N)	g_{33} (mVm/N)	g_h (mVm/N)
PZT(501A)	7.9	81	2000	400	20	3
Extended PVDF	1.8	3	13	20	160	80
PZT:Epoxy [3-1]	3.0	19	400	300	75	40
PZT:Silicone Rubber [3-3] (Replica-Type)	3.3	3	40	110	280	80
PZT:Silicone Rubber [3-3] (Ladder-Type)	4.5	19	400	250	60	--
PZT:PVDF [0-3]	5.5	2.6	120	90	85	--
PZT:Rubber [0-3]	6.2	0.08	73	52	140	30
PZT:Chloroprene [0-3]	--	--	40	--	--	90

[예제 3.1]

두 가지 상 1과 2로 구성된 복합체가 그림 3.18에 화살표로 나타낸 방향으로 폴링되었다. 전기회로에 이용되는 용어를 사용하면 그림 3.18(a)와 3.18(b)는 각각 병렬 및 직렬 구조를 가지고 있다. 부피 비는 ${}^1V$:${}^2V$ (여기에서, ${}^1V+{}^2V=1$). 상부 및 하부 전극은 구부러지지 않고 제 1상과 2상간의 횡적 결합은 아주 작다고 가정한다. 이때, 병렬구조를 가진 복합체의 아래 특성을 계산하라.

(a) 유효 유전율 K_{33}'

(b) 유효 압전왜형계수 d_{33}'

(c) 유효 압전전압계수 g_{33}':

D_3, E_3, X_3, x_3, s_{33}, 즉 유전 변위, 전기장, 응력, 왜형, 탄성계수 등을 사용하라.

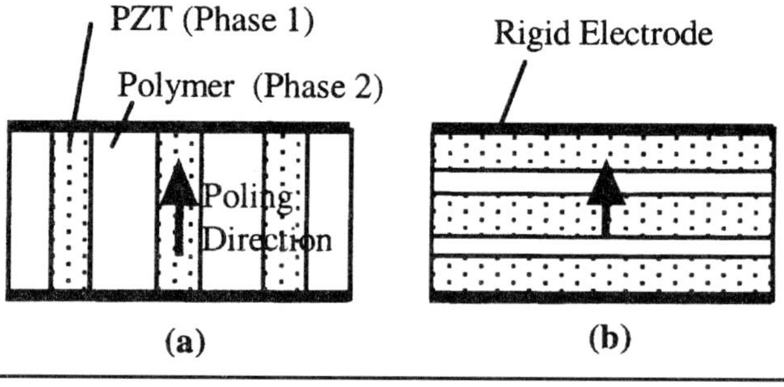

그림 3.18 두 가지 상 1과 2로 구성된 복합체 (a) 병렬, (b) 직렬 구조

▶ **해답**

(a) 병렬연결에서는 전극이 모든 부분에 공통으로 걸려 있으므로 전기장 E_3도 동일하다.

$$D_3 = {}^1V\,{}^1K_{33}\,\varepsilon_o\,E_3 + {}^2V\,{}^2K_{33}\,\varepsilon_o\,E_3 = K_{33}'\,\varepsilon_o\,E_3 \qquad \text{(P3.1.1)}$$

$$K_{33}' = {}^1V\,{}^1K_{33} + {}^2V\,{}^2K_{33} \qquad \text{(P3.1.2)}$$

and when ${}^1K_{33} >> {}^2K_{33}$, $K_{33}' = {}^1V\,{}^1K_{33}$.

(b) 상 1과 2가 서로 독립적이고 기계적으로 자유롭다. 그러므로

$${}^1x_3 = {}^1d_{33}\,E_3 \text{ and } {}^2x_3 = {}^2d_{33}\,E_3 \qquad \text{(P3.1.3)}$$

상 1과 2의 왜형이 왜형 x_3와 같다. 그러므로 유효왜형 x_3'는 아래와 같은 식으로 주어진다.

$$\frac{{}^1V({}^1x_3 - {}^1x_3')}{{}^1s_{33}} = \frac{{}^2V({}^2x_3' - {}^2x_3)}{{}^2s_{33}} \qquad \text{(P3.1.4)}$$

그러므로

$$x_3' = \left[\frac{({}^1V\,{}^2s_{33}\,{}^1d_{33} + {}^2V\,{}^1s_{33}\,{}^2d_{33})}{({}^1V\,{}^2s_{33} + {}^2V\,{}^1s_{33})}\right]E_3 \qquad \text{(P3.1.5)}$$

결과적으로 유효 압전계수는

$$d_{33}' = \left[\frac{({}^1V\,{}^2s_{33}\,{}^1d_{33} + {}^2V\,{}^1s_{33}\,{}^2d_{33})}{({}^1V\,{}^2s_{33} + {}^2V\,{}^1s_{33})}\right] \qquad \text{(P3.1.6)}$$

and when ${}^1s_{33} << {}^2s_{33}$, $d_{33}' = {}^1d_{33}$.

(c) $g_{33}' = d_{33}'/\varepsilon_o K_{33}'$ 이므로 이 값은 아래와 같이 주어진다.

$$d_{33}' = \left[\frac{({}^1V\,{}^2s_{33}\,{}^1d_{33} + {}^2V\,{}^1s_{33}\,{}^2d_{33})}{({}^1V\,{}^2s_{33} + {}^2V\,{}^1s_{33})\varepsilon_o({}^1V\,{}^1K_{33} + {}^2V\,{}^2K_{33})}\right] \qquad \text{(P3.1.7)}$$

and when ${}^1s_{33} << {}^2s_{33}$ and ${}^1K_{33} >> {}^2K_{33}$, $g_{33}' = {}^1g_{33}/{}^1V$.

압전 박막

ZnO나 AlN 박막은 Wurtzite구조를 가지고 있는 단순한 이성분계 혼합물이고 스퍼터링으로 증착했을 때 [001]의 배향을 갖는 박막이 얻어진다. ZnO는 큰 압전결합을 가지고 있고 박막의 경우 벌크 탄성파 또는 표면 탄성파 소자에 이용된다. [001] 방향으로 성장

된 ZnO 박막에 대한 많은 연구가 진행되었다. 하지만 ZnO 소자의 성능은 낮은 압전결합(20~30%) 특성으로 인하여 제한되어 있다. PZT 박막은 높은 압전특성을 가질 것으로 기대된다. 현재 압전 PZT 박막은 미소 트랜스듀서나 미소 액추에이터에 적용하기 위해서 만들어지고 있다. 박막 소자의 경우 높은 파워 적용이 가능한데, 이는 기판으로 발생하는 열을 방출시킬 수 있기 때문이다. 하지만 이러한 액추에이터는 기계적으로 커다란 결과를 기대하기는 어렵다. 왜냐하면 힘이라는 것이 압전 물질의 전체 부피에 좌우되는데 박막의 경우 이것이 작기 때문이다.

(4) 형상기억합금

가역적 마르텐사이트 변환은 여러 합금에서 관찰된다. 하지만 진정한 형상기억 효과는 NiTi와 Cu 합금계열에서 관찰된다. 전자는 Nitinol로 알려져 있다.("nol"은 그 재료를 발견한 Naval Ordinance Laboratory를 나타내는데 현재는 Naval Surface Warfare Center가 되었다.) 표 3.3은 전형적인 형상기억 재료들의 여러가지 특성을 보여준다.[32]

NiTi 합금들의 조밀하게 집적된 구조, 즉 FCC, BCC 및 HCP 사이에 발생하는 마르텐사이트 변환에 의해 유도되는 왜형(또는 자발왜형)은 약 20%가 넘는다. NiTi 계열 중 R-상의 유도왜형은 3%로 아주 작지만 압전체에 의해 만들어지는 왜형에 비해 10배 보다 크다.[33] 이러한 합금들의 마르텐사이트 변환에 의해 발생되는 왜형은 아주 크고, 또한 구조적 가역성 때문에 액추에이터 적용이 아주 용이하다. 또한, 변환이 억제되면 유도왜형에 의해 응력이 발생한다. 상변화에 의해 발생하는 응력의 크기는 변환 열역학과 시료에 가해지는 기계적인 경계조건에 좌우된다. 냉각시 발생하는 최대 응력 X_{max}는 아래와 같이 계산된다.

$$X_{max} = q / x_o \tag{3.2}$$

여기에서 q는 상변화 잠열이고, x_o는 유도된 왜형이다.

표 3.3 일반적인 형상기억합금 특성[32]

Property		Ni-Ti	Cu-Al-Ni	Cu-Al-Zn
Induced("Self") Strain, x_o		20%	20%	20%
Latent Heat of Transition, q (j/kg K)		470~620	400~480	390
Maximum Recovery Stress, X_{mas} (MPa)		600~800	600	700
Macroscopic Strain Effect				
	Polycrystalline	4%	2%	2%
	Single Crystal	10%	10%	10%

(5) 자왜 및 거대자왜재료

자왜현상은 19세기에 James Joule에 의해 발견되었다. 그 이후로 그 효과에 대해 Fe, Ni 또는 Co 등 자성 금속과 페라이트 같은 산화물을 중심으로 연구가 이루어졌다. 희토류 금속을 중심으로 거대자왜재료에 대한 연구가 1960년대에 시작되었다. 그 당시에는 희토류 금속의 자기구조와 이방성에 대한 연구가 주로 이루어졌다. 특히 1% 보다 큰 거대자왜가 Tb 와 Dy 금속 단결정에서 극저온에서 발견되었다.[34,35] 이 정도 크기의 왜형은 Ni 이나 페라이트에서 발견되는 왜형에 비해 100～1000배 정도 크다.

1970년대에는 희토류(R)와 전이금속(T)으로 구성된 합성물질에 연구의 초점이 맞추어져 있었다. RT_2 합금, 특히 RFe_2 (큐빅 Laves 상)에 대한 관심이 높았다. 상온에서 이 재료에서 약 0.2%의 왜형이 관찰되기도 했다.[36,37] 이것 때문에 현재 거대자왜라고 하는 현상에 대한 연구가 갑자기 늘어나게 되었다. 1974년에는 상온에서 작은 자기장에 거대자왜 효과를 보이는 $Tb_{0.3}Dy_{0.7}Fe_2$ 재료가 개발되었다.[38]

1987년에는 복잡한 결정을 조절하는 기술이 발달되었고 전왜 점프 현상도 [112]방향의 합금에서 발견되었다. (점프 현상이란 외부에서 가해진 자기장에 가까운 방향으로 스핀이 갑자기 정렬되기 때문에 발생한다.)[39,40] 이러한 기술은 전왜를 안정화시키는 데 많은 영향을 주었다. 0.15%의 왜형을 500 Oe 자기장이나 1 kgf/mm^{2}의 압력에서 언제나 얻을 수 있었다. Terfenol-D("nol"에서 만들어진 dysprosium으로 변형된 terbium iron)라고 불리는 $Tb_{0.3\text{-}0.3}Dy_{0.7\text{-}0.73}Fe_{1.9\text{-}2}$ 조성범위를 갖는 재료가 여러 회사들에서 생산되고 있다.

300K에서 측정된 여러 물질의 포화자왜 왜형이 표 3.4에 정리되어 있다.[41] 표에서 볼 수 있듯이 많은 물질들이 음의 값의 전왜 상수를 가지고 있고 Terfenol-D를 포함한 여러 물질들은 양의 전왜 상수를 가지고 있다.

Terfenol-D 트랜스듀서를 만드는 데 기계적으로 3가지 주의점이 있다. (1) 발생하는 왜형을 최적화 시킨다. (2) 기계적 임피던스를 매칭시켜야 한다. (3) 파괴가 일어나지 않

표 3.4 300K에서 측정된 여러 자기 물질의 포화자왜 왜형[41]

Material	Induced Strain($\Delta l/l$ x 10^{-6})
Fe	−9
Ni	−35
Co	−60
0.6Co-0.4Fe	68
0.6Ni-0.4Fe	25
$TbFe_2$	1753
Terfenol-D	1600
$SmFe_2$	−1560
Metglass 2605SC	40

게 강도를 가져야 한다.[42] 7∼10 Mpa 정도의 힘이 Terfenol-D 액추에이터에 자왜반응을 얻기 위해 미리 가해져야 한다. 이 정도의 힘은 자기모멘트를 실제 결정 축에 직각되게 정렬시키는 데 충분한 힘이다. 이러한 힘에 노출된 액추에이터의 변위는 약 세 배가량 증가하게 된다.[43] 자왜 액추에이터와 외부로드간에 기계적 임피던스 매칭이 충분한 에너지 전달을 위해 필수적이다. Terfenol-D는 비교적 작은 인장 강도를 가지고 있다. 즉, 압축의 경우 항복강도는 700 MPa이고, 인장의 경우는 28 MPa이다.[44]

최근에 이러한 기계적 문제를 해결하고 자왜 특성을 최적화시키기 위하여 여러가지 복합재료에 대한 연구가 진행되었다. 예를 들어 Terfenol-D: 에폭시 복합재료에 열처리 과정 중에 자동적으로 기계적 응력이 가해졌다.[45,46] 복합재료의 왜형, 자기장 그리고 응력의 특성에 폴리머 기지상의 양과 열팽창이 미치는 영향을 연구하기 위한 모델들이 제시되었다. 점성이 낮은 기지상이 입자체인 형성을 가속시키고 열처리 과정 중에 기공 형성을 방해한다. 이 모델들은 입자의 함양(10∼40%), 폴리머의 열팽창계수(30∼50×10^{-6} $degree^{-1}$), 탄성계수(0.5∼3 GPa), 점성도(60∼10,000 cps)를 가지는 Terfenol-D: 에폭시 시료를 이용하여 증명이 되었다.

Terfenol-D: 에폭시 복합재료의 자왜 왜형이 그림 3.19에 나타나 있다.[46] 이 그림에서 우리는 기지상에 왜형을 가하기 위해, 그리고 Terfenol-D의 양이 감소함에 따라 증가하는 이미 존재하는 응력을 극복하기 위한 자왜 힘의 영향을 볼 수 있다. 즉, Terfenol-D 양이 10에서 20%로 증가함에 따라 복합재료 내부에 자왜재료의 높은 농도에 따라서 힘이나 왜형이 증가하는 것을 볼 수 있다. 하지만 부피 비율이 20%를 넘어가면 자왜 복합재료에 가해지는 이전 힘이 감소하게 되고 이로 인하여 결국 이 구조 내부에 발생하는 힘과 왜형이 감소하게 된다. 그리고 높은 부피 비에도 불구하고 반응은 감소하게 된다.

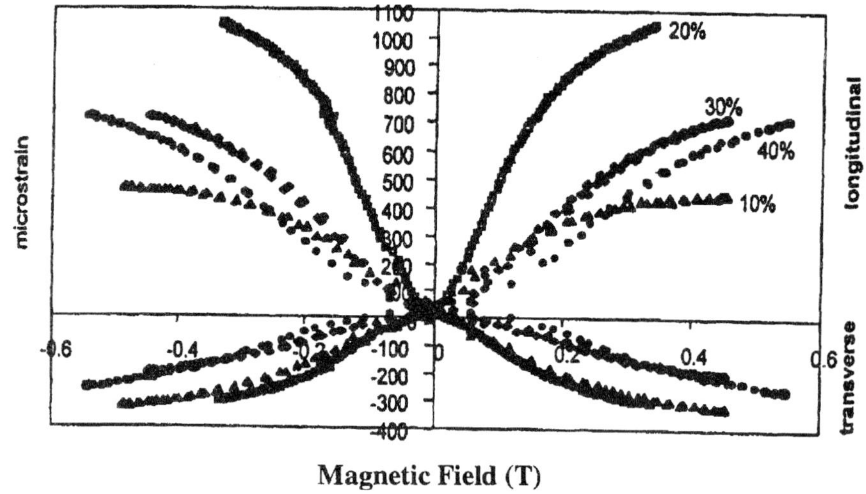

그림 3.19 여러가지 Terfenol-D 부피비율의 Terfenol-D: 에폭시 복합재료의 가해준 자기장에 따른 자왜 왜형[46]

3.2 압전 트랜스듀서의 성능지수(Figures of Merit)

압전체는 5가지의 성능지수가 있다: (1) 압전왜형계수 d, (2) 압전전압계수 g, (3) 전기기계결합계수 k, (4) 기계적 품질계수 Q_m 그리고 (5) 탄성임피던스 Z이다. 이 물리적 양들이 이 절에서 정의될 것이다.

(1) 압전왜형계수 d:

가해진 전기장 E에 의해 재료 내부에 발생하는 왜형의 크기 x는 압전왜형계수 d에 의해 다음과 같이 정의된다.

$$x=(d)\ E \tag{3.3}$$

이 값은 액추에이터의 중요한 성능지수이다.

(2) 압전전압계수 g:

가해진 응력 X에 의해 재료 내부에 발생하는 전기장의 크기 E는 압전전압계수 g에 의해 다음과 같이 정의된다.

$$E=(g)\ X \tag{3.4}$$

이 값은 센서의 중요한 성능지수이다.

압전체의 직접효과는 아래 식에 의해 기술된다: $P=(d)\ X$, 여기에서 P는 유도된 분극이다. 이 식을 식 (3.4)와 결합하면 g와 d의 중요한 관계를 얻을 수 있다.

$$g=d/\varepsilon_o K \tag{3.5}$$

여기서 K는 유전율이다.

[예제 3.2]

압전 d 와 g 계수, 즉 단위 전기장당 왜형과 단위 응력당 전기장의 관계를 구하라.

해답

기본적인 압전 공식으로부터 시작하면

$$x=s^E\ X+d\ E \tag{p3.2.1}$$

$$P=d\ X+\varepsilon_o\ K^X\ E \tag{p3.2.2}$$

액추에이터 성능지수 d (X=0 일 때 정의됨)는 식 (p3.2.1)에 의해 x=d E로 주어진다. 센서의 성능지수 g는 (E=0일 때 정의되며) 식 (p3.2.2)에 의해 P=d X로 주어진다.

유도된 분극 P는 전기장 E를 발생시키는데 유전율 $\varepsilon=\varepsilon_o K^X$를 이용하여 나타내면 아래와 같다.

$$E=P/\varepsilon_o K^X=(d\ X)/\varepsilon_o K^X \quad \text{(p3.2.3)}$$

이 식과 압전 전압상수를 나타내는 식 E=g X를 결합하면

$$\rightarrow \rightarrow g=d/\varepsilon_o K^X \quad \text{(p3.2.4)}$$

를 얻는다

(3) 전기기계결합계수 k와 관련된 물리량

전기기계결합계수 k, 에너지 투과계수 λ_m, 그리고 효율 η는 가끔 잘못 사용되고 있다. 모두가 전기적 에너지와 기계적 에너지의 변환율에 관련되어 있지만 정의는 각각 다르다.

전기기계결합계수(k)

전기기계결합계수는 아래 중 하나로 정의된다.

$$k^2 = \frac{\text{저장된 기계에너지}}{\text{입력된 전기에너지}} \quad (3.6a)$$

$$k^2 = \frac{\text{저장된 전기에너지}}{\text{입력된 기계에너지}} \quad (3.6b)$$

전기장 E가 가해졌을 때 전기기계결합계수를 식 (3.6a)를 이용하여 구해보자. 단위부피당 입력된 전기에너지는

$$\text{입력된 전기에너지}=(1/2)\ \varepsilon_o K\ E^2 \quad \text{(식 3.7a)}$$

그리고 외부 응력이 영일 때 단위부피당 저장된 기계에너지는

$$\text{저장된 기계에너지}=(1/2)[x^2/s]=(1/2)[(dE)^2/s] \quad \text{(식 3.7b)}$$

여기서 s는 재료의 탄성계수이다. 위의 결과를 식 (3.6a)에 대입하면 k^2을 아래와 같이 얻게 된다.:

$$k^2 = \frac{(½)(d\,E)^2/s}{(½)\varepsilon_o K\ E^2} = \frac{d^2}{\varepsilon_o K s} \quad (3.8)$$

에너지 투과계수(λ_m)

저장된 모든 에너지가 사용되는 것은 아니다. 실제로 사용되는 일은 기계적 하중에 좌우된다. 기계적 하중이 전혀 없거나 재료가 완전히 고정되어 있으면, 즉 왜형이 영이면, 출력일은 영이 된다. 그리고 에너지 투과계수의 아래 두 식 중에 하나로 정의된다.

$$\lambda_m = [\text{기계적 출력 에너지}]/[\text{전기적 입력 에너지}]_{\text{최대}} \tag{3.9a}$$

$$\lambda_m = [\text{전기적 출력 에너지}]/[\text{기계적 입력 에너지}]_{\text{최대}} \tag{3.9b}$$

외부 응력이 일정한 상태에서 전기장이 가해졌다고 가정하자. 이 경우에는 압력($X<0$)이 필요한 일과 에너지를 만들기 위해 필요하다. 출력된 기계적 일(에너지)은 그림 3.20(b)에 보여지는 왜형과 응력 그림에서 어둡게 표시된 부분에 해당한다. 그리고 아래와 같이 결정된다.

$$\text{출력 기계적 에너지} = \int -X\,dx = -(dE + sX)X \tag{3.10a}$$

그리고 입력된 전기에너지는 그림 3.20(c)에 나타난 분극과 전기장의 그림에서 어둡게 나타난 부분에 해당하고 아래와 같이 표현된다.

$$\text{입력된 전기에너지} = \int E\,dP = (\varepsilon_o KE + dX)E \tag{3.10b}$$

최대값의 에너지 투과계수를 얻기 위해서는 적당한 크기의 하중을 선택해야 한다. 에너지 투과계수를 얻기 위해서 위의 두 식으로부터 시작해야 한다.

$$\lambda = \frac{-(dE + sX)X}{(\varepsilon_o KE + dX)E} \tag{3.11}$$

이때, 최대의 에너지 투과 계수 λ_m는 예제 3.3에서 했던 같은 방법으로 하면 된다. 그리고 전기기계결합계수 k로 아래와 같이 나타낼 수 있다.

$$\lambda_{max} = \left[(1/k) - \sqrt{(1/k^2) - 1}\right]^2 = \left[(1/k) + \sqrt{(1/k^2) - 1}\right]^{-2} \tag{3.12}$$

이때, λ_m의 범위는

$$k^2/4 < \lambda_m < k^2/2$$

그리고 일반적으로 k가 작을 때, $\lambda_m = k^2/4$이고, k가 크면 $\lambda_m = k^2/2$이다.

주의해야 할 점은 투과 에너지가 최대가 되는 조건이 최대 기계적 출력에너지를 얻는 조건과 일치하지는 않는다. 실제적으로 최대 출력에너지는 하중이 최대 응력의 1/2일 때 얻어지며, $-[dE - s(dE/2s)](-dE/2s) = (dE)^2/4s$가 된다. 이 경우 입력 전기에너지는 다음과 같이 주어지기 때문에;

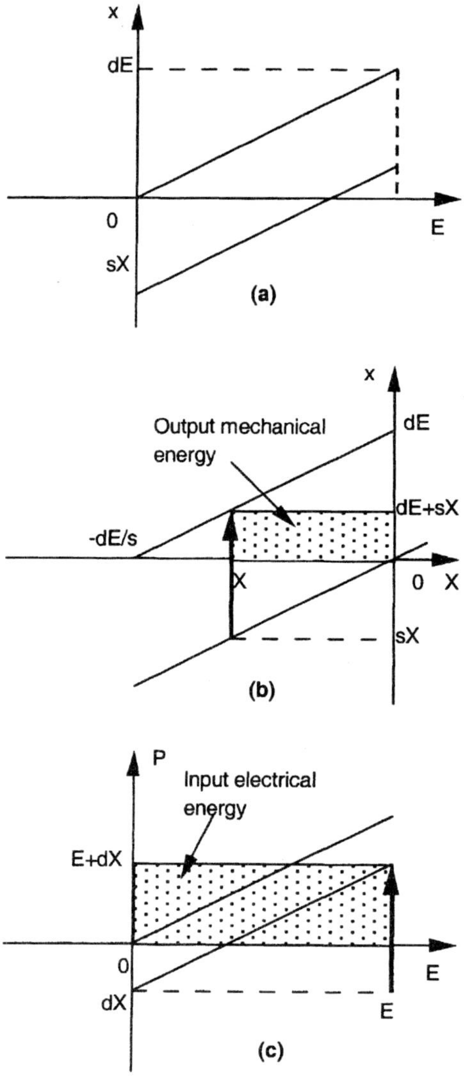

그림 3.20 압전 액추에이터의 전기적 입력 에너지와 기계적 출력 에너지를 결정하는 그래프: (a) 가해준 전기장에 따라 유도된 왜형, (b) 가해준 응력에 따라 유도된 왜형, (c) 가해준 전기장에 따라 유도된 분극

$$\text{입력 전기에너지} = [\varepsilon_o K\ E + (-d^2E/2s)]E \tag{3.13}$$

이 조건에서 에너지 투과계수는 아래와 같이 얻을 수 있다.

$$\lambda = \frac{1}{2[(2/k^2)-1]} \tag{3.14}$$

이 값이 정확하게 최대값 λ_{max}와 일치하지는 않지만 근접한 값이다.

효율(η)

효율 η은 아래와 같이 둘 중의 하나로 정의된다.

$$\eta=\left[\frac{\text{기계적 출력에너지}}{\text{소비된 전기에너지}}\right] \tag{3.15a}$$

$$\eta=\left[\frac{\text{전기적 출력에너지}}{\text{소비된 기계적 에너지}}\right] \tag{3.15a}$$

한 주기(즉, 가해진 전기장의 한 주기)동안, 액추에이터에 입력된 전기적 에너지는 일부가 기계적 에너지로 변환되고 나머지는 전기적 에너지(커패시터에 정전기적 에너지)로 저장된다. 만약 손실이 적으면 거의 모든 비기계적 에너지가 힘의 근원으로 되고 이때 효율은 거의 100%가 된다.

PZT에서 유전손실은 1~3%이고 가해진 전기장이 어느 정도를 넘으면 손실이 증가한다. 이것은 이상적인 경우는 아니다. 그리고 실제 PZT소자에서 얻어지는 효율은 재료에 관련된 여러 조건들과 실험조건에 의해서 좌우된다. 이것에 관해서는 6장에서 좀 더 자세히 다룰 예정이다.

[예제 3.3]

압전 액추에이터 최대 에너지 투과계수 λ_m가 전기기계결합계수 k를 이용하여 아래와 같이 표현되는 것을 보여라.

$$\lambda_{max} = \left[(1/k)+\sqrt{(1/k^2)-1}\,\right]^{-2} \tag{P3.3.1}$$

▶ 해답

에너지 투과계수는 아래와 같이 정의된다.

$$\eta=\left[\frac{\text{기계적 출력에너지}}{\text{전기적 입력에너지}}\right]$$

외부응력이 일정한 상태에서 전기장이 가해졌다고 가정하면, 에너지 투과계수 λ는 아래와 같이 표현된다.

$$\lambda = \frac{-xX}{PE} = \frac{-(dE+sX)X}{(\varepsilon_o KE+dX)E}$$

$$= \frac{-[d(X/E)+s(X/E)^2]}{[\varepsilon_o K+d(X/E)]} \tag{P3.3.2}$$

여기서 우리는 최대 에너지 투과계수 λ_m을 구하기 위해서 적절한 응력과 전기장을 결정해야 한다. 만약 y=X/E라고 하면 식 (p3.3.2)는 아래와 같이 된다.

$$\lambda(y) = \frac{-(s y^2 + d y)}{(d y + \varepsilon_o K)} \qquad \text{(P3.3.3)}$$

이때, 최대 에너지 투과계수 λ_m은 λ를 y로 미분했을 때 0이 되는 값이다.

$$\frac{d\lambda}{dy} = \left[\frac{-(2 s y + d)(d y + \varepsilon_o K) + (s y^2 + d y)d}{(d y + \varepsilon_o K)^2}\right] = 0 \qquad \text{(P3.3.4)}$$

$y=y_o$라 하고 식을 간단하게 하면,

$$y_o^2 + 2(\varepsilon_o K/d)\, y_o + (\varepsilon_o K/s) = 0$$

y_o을 구하면,

$$y_o = (\varepsilon_o K/d)\left[-1 + \sqrt{1-k^2}\,\right] \qquad \text{(P3.3.5)}$$

이때, 식 (p3.3.2)에 $k^2=d^2/s\varepsilon_o K$ 와 y를 y_o로 대치하면 최대 에너지 투과계수 λ_m을 얻을 수 있다.

$$\lambda_{max} = \frac{[2(s\varepsilon_o K/d)\, y_o + \varepsilon_o K - d y_o]}{(d y_o + \varepsilon_o K)}$$

$$= \frac{[d y_o (2/k^2 - 1) + \varepsilon_o K]}{(d y_o + \varepsilon_o K)}$$

$$= \frac{[(-1 + \sqrt{1-k^2})(2/k^2 - 1) + 1]}{(-1 + \sqrt{1-k^2} + 1)}$$

$$\rightarrow\rightarrow\ \lambda_{max} = [(1/k) - \sqrt{(1/k^2) - 1}\,]^2 \qquad \text{(p3.3.6)}$$

(4) 기계적 품질계수(Q_m)

기계적 품질계수 Q_m은 전기기계공진 스펙트럼이 얼마나 뾰족한지(sharp)를 결정하는 상수이다. 공진주파수 ω_o 부근의 운동 어드미턴스(Y_m)을 생각해 보자. 기계적 품질계수는 밴드의 폭($\Delta\omega$)에 대하여 아래와 같이 정의된다.

$$Q_m = \omega_o / 2\,\Delta\omega \qquad (3.16)$$

기계적 품질계수의 역수 Q_m^{-1} 은 기계적 손실($\tan\delta'$)과 같다. Q_m의 크기는 공진왜형의 크기를 계산할 때 아주 중요하다. 비공진 주파수에서 진폭 [(dEl)로 주어지는데, l은 시료길이]은 공진주파수에서 Q_m에 비례해서 증폭된다. d_{31}을 통하여 종방향으로 진동이 유발된 직사각형판은 최대 변위[$(8/\pi^2)\ Q_m d_{31} E l$]을 갖게 된다.

(5) 음향임피던스(Z)

음향임피던스 Z는 두 물질간의 에너지 전달을 계산하는 상수이고, 일반적으로 아래와 같이 주어진다.

$$Z^2 = \frac{\text{압력}}{(\text{부피})(\text{음속})} \tag{3.17}$$

고체에 대한 정의는

$$Z = \sqrt{\rho c} \tag{3.18}$$

여기서 ρ는 질량밀도이고, c는 재료의 탄성계수이다. 조금 상세하게 기술하면, 3가지 종류의 임피던스가 있다.

1) 고유 음향임피던스 [압력/입자속도]
2) 음향임피던스 [압력/(부피)(음속)]
3) 방사임피던스 [힘/음속]

[예제 3.4]

기계적 에너지를 한 물질에서 다른 물질로 이동시킬 때, 음향임피던스 매칭(또는 기계적 매칭)이 필요한 이유를 개념적으로 설명하라.

해답

어떤 물질을 구동시키기 위하여 한 물질에서 행해진 기계적 에너지는 가해진 힘 F와 변위 Δl의 곱으로 나타내진다. (즉, 힘이 가해지는 방향과 동일한 성분 변위)

$$W = F\,\Delta l \tag{p3.4.1}$$

두 극단적인 경우가 그림 3.21에 나타나 있다. 만약 재료가 아주 부드럽다면 이전 변위를 일으키는 데 필요한 힘은 아주 작을 것이다. 그러므로 실제적으로 아무런 일도 발생하지 않게 된다. 이 경우가 그림 3.21의 첫 번째 그림에 잘 나타나있다. 실제적인 예는 견고한 PZT 트랜스듀서에 의해서 물 속에서 탄성파가 발생한 경우이다. 이 경우에는 PZT에 의해 발생한 대부분의 음향에너지가 계면에서 반사되고 단지 아주 적은 부분의

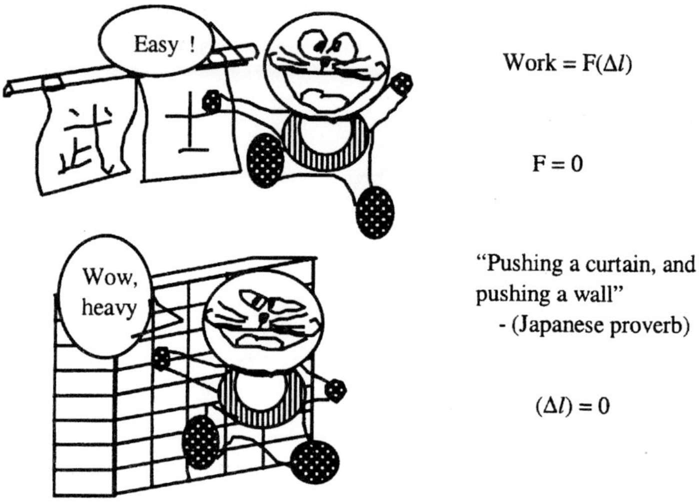

그림 3.21 액추에이터(고양이)와 주어진 매질(커튼과 벽) 사이에 탄성임피던스 매칭의 필요성을 보여주는 그림

에너지만 이 물속으로 전파된다. 다른 극단적인 경우는 그림 3.21의 두 번째 그림에 나타나 있다. 아주 딱딱한 재료에 적당한 힘을 가하면 아주 작은 변위가 발생하게 된다. 결과적으로 아주 작은 일이 행해진다. 실제적인 경우는 아주 딱딱한 철과 같은 재료를 압전 PVDF로 구동시키는 경우이다. 그러므로 어느 재료(매질 1)를 가지고 다른 재료(매질 2)를 구동시킬 경우에 출력을 극대화시키기 위해서는 두 물질간의 음향임피던스 매칭이 필요하다.

$$\sqrt{\rho_1 c_1} = \sqrt{\rho_2 c_2} \qquad \text{(P3.4.2)}$$

여기에서 ρ는 밀도이고, c는 재료의 탄성계수이다. 실제적으로 압전 세라믹과 다른 물질과 중간 정도의 탄성 특징을 갖는 물질을 음향임피던스 매칭층으로 사용하여 PZT 소자가 물이나 인간세포에 전달되는 기계적 에너지를 최적화시킨다.

3.3 전왜 왜형의 온도의존성

전왜물질인 $(0.9)Pb(Mg_{1/3}Nb_{2/3})O_3$-$(0.1)PbTiO_3$ 세라믹이 3.3 kV/cm의 전기장 하에 있을 때 발생하는 왜형의 온도의존성이 그림 3.22에 나타나있다. 연구자들은 새로운 전왜물질을 개발할 때, 왜형의 온도의존성을 없애거나 감소시키려고 많이 노력해 왔다. 특별히 2가지 방법이 새로운 물질의 온도의존성을 없애는 데 효과적인 것으로 알려져 있다. 첫

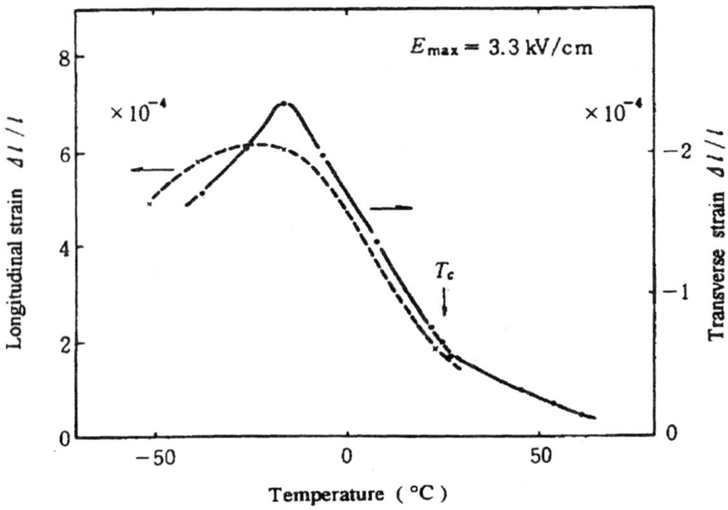

그림 3.22 (0.9)$Pb(Mg_{1/3}Nb_{2/3})O_3$–(0.1)$PbTiO_3$ 세라믹의 전왜 왜형의 온도의존성

번째 방법은 서로 다른 온도특성을 가진 재료를 혼합하여 각각의 온도특성을 제거하는 혼합적인 방법이다. 두 번째 방법은 중간 정도의 조성을 가지고 최적화된 온도특성을 가지는 새로운 고용체를 설계하는 방법이다.

(1) 거시적 혼합법

$Pb(Mg_{1/3}Nb_{2/3})O_3$ [PMN]과 $Pb(Zr,Ti)O_3$ [PZT]가 결합된 복합체의 합성된 파우더가 넓은 온도범위에서 안정한 유전 및 기계적 특성을 가진 새로운 재료로 개발되었다. 여러 온도에서 소결된 PMN과 PZT가 (몰비 0.9:0.1)섞인 재료의 유전율의 온도에 따른 변화가 그림 3.23에 나타나있다. 두 상이 혼합된 PMN-PZT복합체와 0.9PMN-0.1PZT, 그리고 순수한 PMN의 1 kV/mm의 전기장 하에서 d_{31}값이 그림 3.24에 나타나 있다. 이 결과들로부터 복합체의 전기기계적특성이 －10℃에서 70℃ 온도 범위에서 순수한 PMN이나 0.9PMN-0.1PZT보다 훨씬 안정한 것을 알 수 있다.

(2) 미시적인 접근법

전왜특성의 온도의존성을 향상시키는 다른 방법은 재료의 미시적인 변화를 주는 것이다. 전왜재료의 온도계수(TCE)와 상전이 분산성의 단순한 관계가 $Pb(Mg_{1/3}Nb_{2/3})O_3$-$Pb(Mg_{1/2}W_{1/2})O_3$[PMN-PMW]와 $Pb(Mg_{1/3}Nb_{2/3})O_3$-$PbTiO_3$(PMN-PT)에서 발견되었다. 이러한 물질들에서 관찰되는 분산상전이<DPT>특성은 페로브스카이트의 B-Site 양이온의 짧은 범위의 규칙화와 관련된 것으로 알려져 있다. B-Site 양이온의 장거리 규칙화는 열처리된 일부 $Pb(^{I}B_{1/3}{}^{II}B_{2/3})O_3$ 재료에서 나타나는 것으로 알려져 있고, 단지 제한된 단거

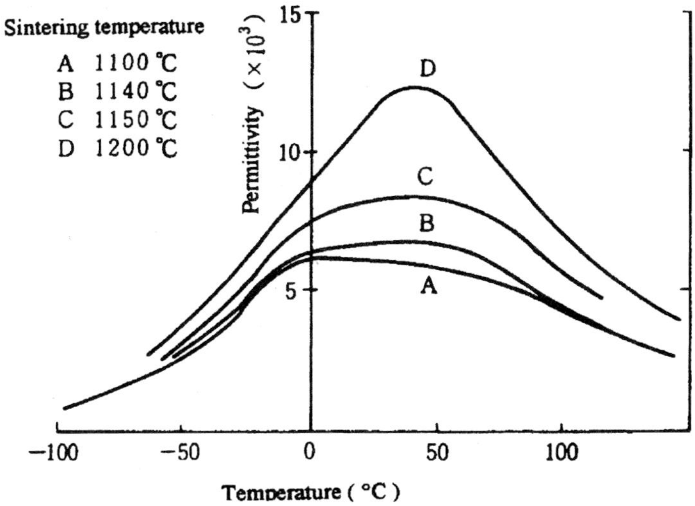

그림 3.23 여러 온도에서 소결된 PMN과 PZT가 (몰비 0.9:0.1)섞인 재료의 유전율의 온도에 따른 변화

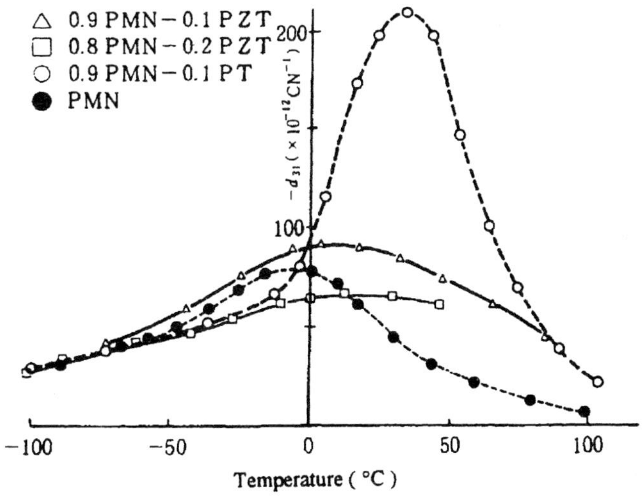

그림 3.24 두 상이 혼합된 PMN-PZT복합체, 0.9PMN-0.1PZT, 그리고 순수한 PMN의 1 kV/mm의 전기장 하에서 온도에 따른 d_{31}값

리 규칙화만이 $Pb(^{I}B_{1/3}{}^{II}B_{2/3})O_3$ 재료에 나타난다. B-Site 이온들의 장거리 규칙화 정도와 상전이의 분산성과 확실한 관계가 이런 종류의 복합 페로브스카이트 구조에서 관찰되어 왔다. 1 MHz와 1 kHz에서 측정된 이 조성들의 유전율 최고점의 온도들의 차이를 즉 ΔT_{max}가 그림 3.25(a)에 나타나 있다.

이 물리량, $\Delta T_{max}=[T_{max}(1\ MHz)-T_{max}(1\ kHz)]$가 상전이 분산성을 나타내는 한 방법이다. 이러한 그래프의 좋은 예가 (0.4) $Pb(Mg_{1/3}Nb_{2/3})O_3$-(0.6) $Pb(Mg_{1/2}W_{1/2})O_3$조성에

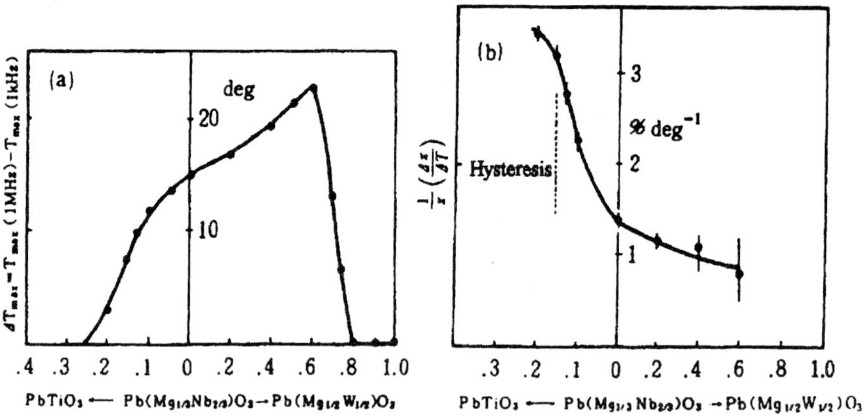

그림 3.25 $Pb(Mg_{1/3}Nb_{2/3})O_3-Pb(Mg_{1/2}W_{1/2})O_3$와 $Pb(Mg_{1/3}Nb_{2/3})O_3-PbTiO_3$의 유전율과 전왜 데이터: (a) 1 MHz와 1 kHz에서 측정된 이 조성들의 유전율 최고점의 온도들의 차이, (b) 전왜 온도계수의 조성에 따른 변화

잘 나타난다. 이러한 결과는 상전이 분산이 B-Site 양이온의 규칙화 정도에 영향을 받는 것을 나타내준다.

전왜의 온도계수[TCE]는 아래와 같이 정의된다.

$$\frac{\partial[\ln(x)]}{\partial T} = \frac{[x(0^\circ C) - x(50^\circ C)]}{50^\circ C[x(25^\circ C)]} \tag{3.19}$$

PMN-PMW와 PMN-PT 시스템의 상온에서 TCE값이 그림 3.25(b)에 나타나 있다. 이 데이터로부터 0.4PMN-0.6PMW에서 TCE가 B-Site의 규칙화가 증가함에 따라서(즉, PMW양이 증가함에 따라서) 0.8%까지 감소하는 것을 알 수 있다.

이 데이터는 낮은 전기장(1에서 3 kV/cm)에서 측정되었다. 주어진 재료의 ΔT_{max}와 TCE를 연결시키는 단순한 실험식이 그림 3.25(a)와 3.25(b)의 결과로부터 유도될 수 있다.

$$\Delta T_{max}(TCE) = \Delta T_{max}\left[\frac{\Delta x}{x(\Delta T)}\right] = 0.22 \pm 0.03 \tag{3.20}$$

위 식에서 나타나 있듯이 위 두 값의 곱은 분산상전이의 경우 일정하다.

실제 트랜스듀서에 이용되는 전왜재료는 DPT를 일으키는 구조적 특성에 따라서 세 가지로 구분된다.

제 1영역: B-Site 양이온이 불규칙화 되어 있는 페로브스카이트구조

타입 I(a): 강유전체와 비강유전체의 혼합으로 구성된 재료

(예를 들어 $(PbBa)(ZrTi)O_3$의 경우, $BaZrO_3$가 비강유전체이다.)

타입 I(b): A-Site에 격자 공공이 존재하는 경우.
이때, 상전이 분산이 더욱 심화된다. (예를 들어 (Pb,La,□)(Zr,Ti)O_3)

제 2영역: B-Site 양이온의 단거리 규칙화가 존재하는 페로브스카이트구조 (Pb($Mg_{1/3}Nb_{2/3}$,Ti)O_3 그리고 Pb($Mg_{1/2}W_{1/2}$,Ti)O_3.

이 분류는 TCE특성을 향상시키기 위한 일반적 방법을 나타내기도 한다. 두 번째 방법에 의한 메커니즘으로 특성을 향상시킨 경우는 PMN-PT고용체에 PMW나 Ba($Zn_{1/3}Nb_{2/3}$)O_3(BZN)을 첨가한 조성에 잘 나타나 있다. PMW를 첨가시키면 B-Site 양이온의 1:1 규칙화를 가진 미소영역이 생겨난다. 반면에 PZN을 첨가하면 1:2 규칙화를 지닌 미소 영역이 형성된다. 하지만 불행하게도 이러한 원소를 첨가하면 전왜계수 M이 감소한다. 최적화된 TCE를 가지고 높은 전왜계수를 가진 조성을 개발하려고 하는 연구는 계속되고 있다.

3.4 반응속도

압전/전왜 액추에이터의 반응속도는 재료의 특성뿐만 아니라 소자의 기계적 공진주파수와 구동전원의 조건 등에 좌우된다.

(1) 재료의 한계

도메인 장벽의 운동속도는 한계가 있고, 가해준 전기장의 크기에 좌우되기 때문에 분극이나 왜형도 역시 주파수에 좌우된다. 이것이 바로 전기장에 따른 분극이나 왜형이 히스테리시스 현상을 보이는 주된 요인이다. 이것은 역시 "영점움직임(Zero point drift)"(즉, 단극 구동전압이 가해지면 영의 전기장에서 왜형 레벨이 점차적으로 움직이는 현상), "크립", 그리고 "피로" (즉, 폴링이 해제됨으로써 오랜 기간 후에 왜형이 없어지는 현상)의 원인이 된다. PZT-4의 크립특성이 그림 3.26에 나타나 있는데, 1 kV/cm의 펄스 전기장이 가해진 후 측정된 횡 방향 왜형을 볼 수 있다.[51] 유도된 왜형 x는 빠른 반응<fast-response> x_o부분과 느린 반응(Δx)부분의 중첩으로 나타난다. Δx의 시간 의존성은 지수함수로 나타난다.

Δx_o: x_o의 비율(여기에서 Δx_∞는 Δx가 포화되었을 때의 값이거나 시간이 무한대에서의 값이다)은 온도뿐만 아니라 가해진 전기장에도 좌우된다. 그림 3.26에 나타난 것과 같이 전기장이 작을 경우 이 비율은 20 또는 30 퍼센트 정도로 높아진다.

전기장에 의해 단순한 디스크 형태의 PLZT시료에 유도된 왜형의 주파수 의존성이 그림 3.27에 나타나있다.[9] 이 결과에서 알 수 있듯이 저주파수에서는 항전계나 히스테리시스가 구동주파수가 증가하면 증가함을 알 수 있다. 이것은 높은 주파수에서 느린 반응

부분이 감소하기 때문이다.

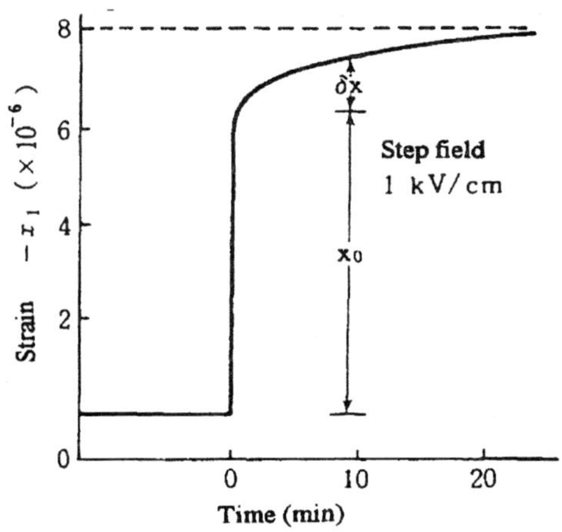

그림 3.26 PZT-4의 크립특성[51]

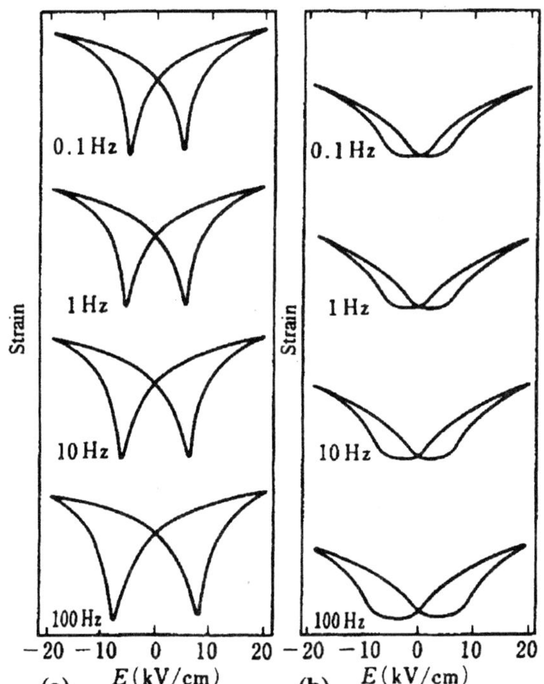

그림 3.27 PLZT의 단순 디스크 시료의 전기장에 의해 유도된 왜형의 주파수 의존성: (a) PLZT 7/65/35, (b) PLZT 9/63/37[9]

(2) 소자의 한계

압전소자의 기계적 공진주파수 근처의 주파수에서는 유도된 왜형의 크기가 상당히 증가하게 된다. 하지만 공진주파수보다 높은 주파수에서는 왜형이 완전히 억제된다. 그러므로 빠른 반응이 공진부근의 주파수로 동작할 때 얻어진다. 바이몰프 밴딩 액추에이터의 공진주파수는 높지 않다.(100 Hz∼10 kHz) 그러므로 이러한 종류의 액추에이터의 반응속도는 이 부근으로 제한된다.(이러한 소자의 구동을 4장과 5장에서 살펴볼 것이다.)

반면에 다층형의 액추에이터의 경우 100 kHz의 공진주파수를 가지고 있기 때문에 상당히 빠르다. 이런 소자의 속도를 제한하는 것은 전원과 관련되어 있다.

(3) 구동회로의 제한

세라믹 액추에이터를 구동하는 과정은 결국 커다란 축전지를 충전시키는 과정과 같다. 출력 임피던스가 100 Ω이고 저항과 정전용량의 곱(RC)로 표시되는 시정수(time constant) 10^{-4}을 가지는 전통적인 전원이 사용된다고 가정하자. 이 경우 반응속도는 10 kHz이다. 이 속도는 1 μF의 정전용량을 가지는 다층소자의 실제적 한계이다. 만약 출력 임피던스가 10 Ω인 전원을 사용한다면 반응속도는 100 kHz로 증가하게 된다. 다음으로 고려할 점은 액추에이터를 충전시키는 데 필요한 전원의 최고 전류이다.

100 V가 1 μF의 액추에이터에 10^{-5} sec(10 kHz)동안 가해지면 얻어지는 순간 전류는 10 A이다. 전원으로부터 얻어지는 전류를 감소시키기 위해서는 소자의 정전용량, 즉 실제적으로는 재료의 유전율이 감소해야 한다. 바로 이러한 이유에서 펄스로 구동되는 전왜 세라믹에 소프트한 압전재료가 이용된다. 우리는 이 점에 대해서 [예제 5.6]에서 연습해 볼 것이다.

3.5 액추에이터의 기계적 성질

고체상태의 액추에이터가 기계적 시스템에 이용된다. 그리고 효율을 최적화하고 기계적 신뢰도를 증가시키기 위하여 응력이 미리 가해진 조건에서 종종 이용되기도 한다. 이 절에서는 압전특성 및 재료의 기계적 강도의 응력 의존성에 대해 살펴볼 예정이다. 압전체로부터의 음향방사(AE)를 이용하여 소자의 파괴를 감시하는 방법에 대해 기술할 것이다.

(1) 압전과 전왜의 일축응력의 의존성

탄성학적으로 견고한 세라믹 액추에이터도 응력이 가해지면 변형이 일어난다. 그리고 전기장에 의해 발생된 왜형도 가해진 응력에 영향을 받는다. $BaTiO_3$(BT)계열, PZT 및 0.65PMN-0.35PT세라믹에 발생하는 종방향의 전기장에 의해 유도된 왜형의 일축압축응력의 의존성이 그림 3.28에 나타나 있다.[68] PZT나 PMN계열의 전기장으로 유도된 왜형이 최대값이 BT의 그것보다 크다. 왜형 최대값은 그림 3.28에서 왜형축과 각각의 선이 만나는 점으로 나타내진다. 그리고 그림에서 각각의 선들과 응력축이 만나는 지점으로 나타나는 최대 발생응력(또는 blocking force)은 모든 재료가 비슷한 값을 갖는다. (3.5×10^7 N/m^2) 이러한 현상이 발생하는 이유는 납 계열 세라믹의 탄성계수가 비교적 크기 때문이다. (즉, 이 재료가 탄성적으로 소프트하기 때문이다.)

그림 3.29에 PMN-PT전왜 액추에이터의 왜형이 응력에 따라 나타나 있다.[52] 0.9PMN-0.1PT소자가 두 조성 중에서 전기장에 의해 유도된 최고 왜형이 크다. 그러나 발생력의 최고점은 가해진 전기장이 유사할 때 거의 같은 값을 가진다. ($\approx$46 Mpa) 여기서 주목할 점은 0.9PMN-0.1PT전왜소자의 탄성계수는 가해준 응력이 증가하면 급격히 감소하지만 0.65PMN-0.35PT재료의 경우 각각의 가해진 전기장 크기에 따라 직선적이고 평평한 선들을 보여준다.

여러가지 전왜, 소프트 압전 그리고 하드 압전재료들이 압축응력 하에 있을 때 그들의 높은 전기장 하에서의 유효 압전왜형계수 d_{33} (즉, 전왜재료의 경우 $(\partial x/\partial E)$의 최대점)이 그림 3.30에 나타나있다.[53] 모든 재료들이 어느 임계응력을 넘어서면 압전상수가 급격하게 감소하는 것을 알 수 있다. 이러한 변화는 전왜재료의 경우 응력사이클에서 가역적이지만, 하드 압전재료의 경우는 가역적이지 않고 압축응력이 제거된 이후에 더 낮은 d_{33}값을 보여준다. 이러한 감소는 응력에 의해 유도된 도메인의 재배열에 관련되어 있다.[54] 이 임계응력은 하드 압전체에서 최대 그리고 소프트 압전체에서는 감소되고 전왜재료에서 최소가 된다. 이 데이터로부터 최대 응력이 10^8 N/m^{2}이하면 압전체를 이용하는 것이 좋고, 큰 응력조건에서는 전왜재료가 가장 응답성이 우수할 것이다.

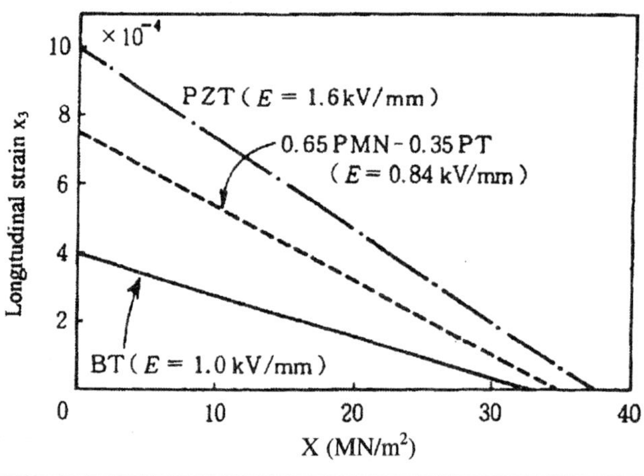

그림 3.28 $BaTiO_3$(BT)계열, PZT 및 0.65PMN-0.35PT세라믹에 발생하는 종방향의 전기장에 의해 유도된 왜형의 일축압축응력의 의존성[68]

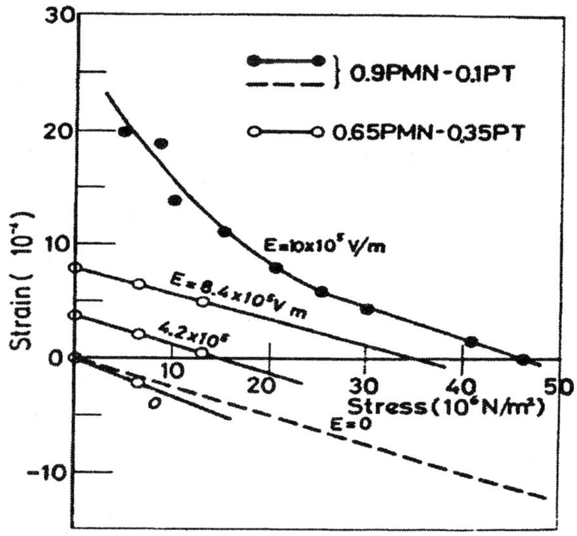

그림 3.29 PMN–PT전왜 액추에이터의 왜형 단축 압력의존성.[52] [0.9PMN–0.1PT: 전왜, 0.65PMN –0.35PT 압전체]

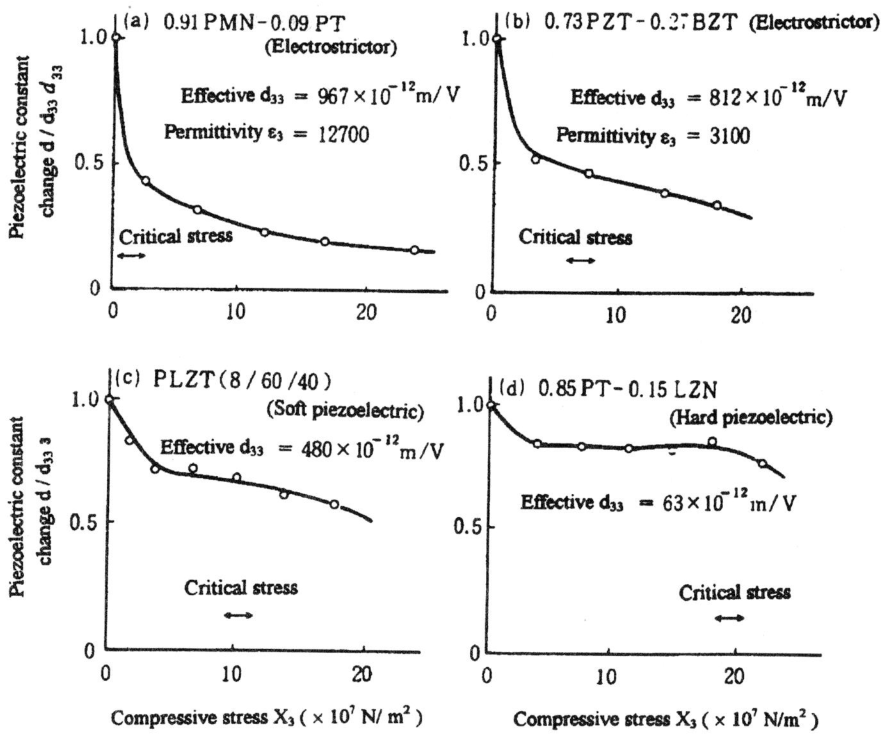

그림 3.30 여러가지 전왜, 소프트 압전 그리고 하드 압전재료들이 압축응력 하에 있을 때 그들의 높은 전기장 하에서의 유효 압전왜형계수 d_{33} 변화[53]

약한 전기장에서 응력에 따른 유효 압전상수의 변화는 강한 전기장에서의 반응과 아주 다를 것이다. 그림 3.31에 여러가지 PZT조성(소프트(PZT-5H)부터 하드(PZT-8)까지)의 압전왜형계수 d_{33}와 d_{31}의 응력에 따른 변화가 나타나 있다.[69] 모든 재료가 어떤 임계 응력까지는 압전계수가 증가하지만 그 이후에는 갑자기 감소함을 알 수 있다. 이 경우 감소는 응력으로 인해 폴링이 없어지기 때문인 것으로 생각된다. 이것은 소프트 압전재료에서는 비가역적이다. 그림 3.31에 나타나는 가장 중요한 점은 낮은 응력이 가해지면 압전계수가 증가한다는 점이다. 이것은 응력의 방향과 폴링 방향 사이에 연관성이 있다. 압전상수 d_{33}의 폴링 방향에 따른 재료의 방향에 대한 의존성이 그림 3.32에 나타나있다.[55] PZT 세라믹이 폴링된 후에 그림 3.32(a)에서 보여주듯이 시료를 절단한 후 유효 d_{33} 계수가 측정되었다. (유효 d_{33}는 $d_{33//Ps}$, 즉 폴링 방향으로 d_{33}값이다.)

이 계열 재료들의 유효 d_{33}값이 폴링 방향에 따른 방향 변화에 따라 그림 3.32(b)에 나타나 있다. 정방형 PZT(54/46)의 경우 폴링 방향으로의 유효 왜형계수 값이 각각 98 pC/N과 148 pC/N이다. Rhombohedral PZT의 경우 d_{33}값은 절단 각 0°에서 45°로 증가함에 따라서 증가한다. 그리고 45°에서 최고값을 얻는데, 이때는 평행한 값의 1.25배가 된다. 이것은 2.4(5)에서 논의했듯이 결정의 구조와 d_{33}가 관련되어 있음을 보여준다.

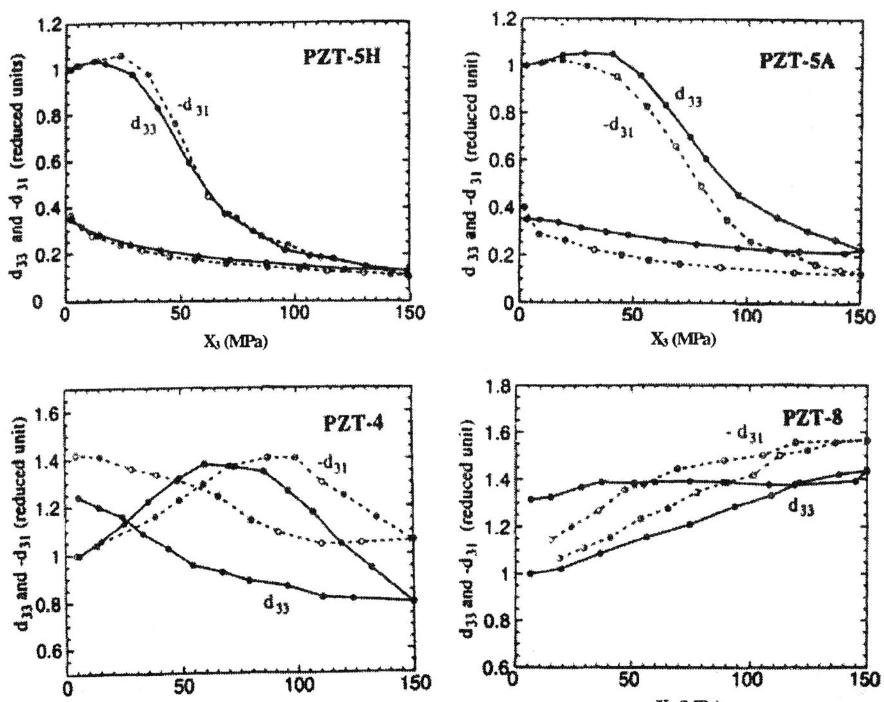

그림 3.31 여러가지 PZT조성 〈소프트(PZT-5H)부터 하드(PZT-8)까지〉의 압전왜형계수 d_{33}와 d_{31}의 응력에 따른 변화[69] [reduced 단위는 X_3=0에서 d 값에 따라서 정의되었다.]

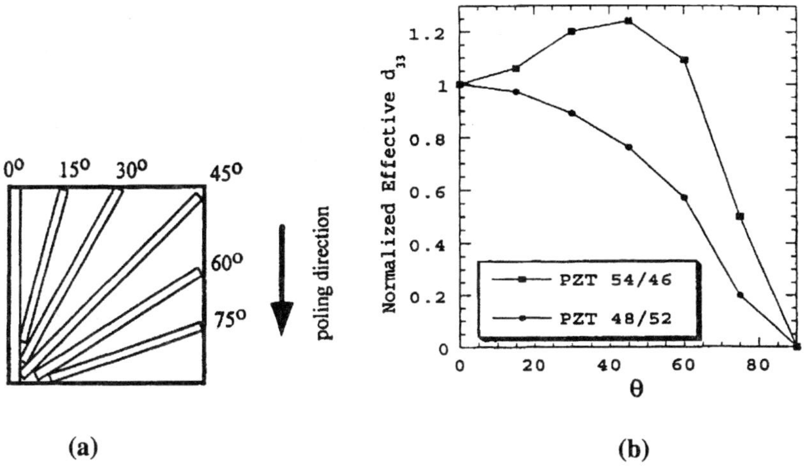

그림 3.32 압전상수 d_{33}의 재료의 방향에 대한 의존성: (a) 폴링 방향에 따른 시료 방향, (b) 유효 d_{33}값의 폴링 방향에 따른 변화[55] [데이터의 값은 $d_{33//Ps}$ 와 폴링 방향의 d_{33}에 의해 정규화됨.]

위에서 언급한 재료에서 발생한 것과 비슷하게 자발(또는 남아있는)분극의 경우에도 재료에 커다란 압축응력이 작용할 때 약간 경사지게 되어 있고, 시료도 약간 폴링이 풀어져 있다. 그러므로 가해진 응력이 임계응력보다 작으면 압전계수는 증가한다. 하지만 임계응력을 넘어서면 영구적인 감소가 발생한다. 이것은 응력에 의해 향상된 압전 반응으로 "볼트로 고정된 디자인"이라고 불리며 이 디자인에서는 어느 정도의 응력이 소자가 작동하는 도중에 가해지게 된다. 특히 이 디자인은 하드 PZT의 랑게빈 트랜스듀서에 적용된다.

(2) 기계적 강도

액추에이터에 이용되는 강유전체의 기계적 특성 또는 기계적 강도는 전기적, 전기기계적 특성만큼 중요하다. 우리는 일반적인 파괴기구에 대해 논의할 것이다. 예를 들어 입도크기와 관련되어 있는 파괴강도 또는 전기장에 의해 유도된 왜형에 의해 영향을 받는 기계적 강도 등에 대해 논의한다. 압전체로부터의 음향방사(AE)를 이용하여 소자의 파괴를 진단하는 내용도 논의할 것이다.

파괴역학

세라믹은 깨지기 쉬운 재료이고, 이 재료의 파괴는 갑자기 그리고 급격히 진행된다.[56] 그러므로 파괴강도(내부에 발생된 균열 발달에 대한 재료의 저항)의 향상은 액추에이터 적용을 위한 새로운 재료의 디자인에 필요한 요건이다. 세라믹이 깨지기 쉬운 것은 그것들의 결정구조와 밀접한 관련이 있다. 세라믹 결정에서 원자들은 이온결합 또는 공유결합으로 연결되어 있어서 외부에서 힘이 가해졌을 때 원자들의 변위가 아주 한정되어 있다. 이러한 구조에서 응력을 완충하는 메커니즘이 거의 없기 때문에 작은 응력에도 파괴가 일어난다. 다결정 재료의 경우 2가지 종류의 균열 전파가 있다:

(1) transgranular: 균열이 입도 내부를 가로지르는 경우.
(2) intergranular: 균열이 입도경계를 따라 전달하는 경우.

그림 3.33에 진행하는 균열에 작용하는 3가지 근본적인 응력 형태가 나타나 있다. 제 1형태는 그림 3.33(a)에 나타나 있는 것 같이 인장응력이다. 2번째 종류는 균열이 양쪽에 반대방향으로 슬라이딩 변위를 만들어 내는 경우로서 그림 3.33(b)에 나타나 있다. 3번째 종류의 힘은 재료를 찢는 형태이다. 대부분의 깨지기 쉬운 세라믹의 경우 제 1번 형태의 응력이 대부분이다. 그러므로 새로운 재료로 액추에이터를 설계할 때 첫 번째 형태의 힘을 고려해야 한다.[57]

이론적으로 재료의 파괴강도는 구성 원자들 사이의 결합력으로 계산될 수 있고, 대략 영률 Y의 10분의 1정도이다. 실험적으로 얻어진 값은 위의 전제와는 잘 맞지 않는다. 실제로는 이론적 추정치보다 1000배 정도 작다. 이러한 불일치는 응력이 가해지기 전에 재료내부에 존재하는 미세 균열에 의한 것으로 "응력증가자"라고 불리우기도 한다.[58] 타원형의 균열의 경우 타원의 주축이 응력방향 σ_o(제 1형태)과 수직이면 균열 끝부분에서 부분응력 σ_m은 결함의 타원형태가 증가함에 따라서 많이 증가하게 된다. 가해진 응력과 국부적 응력의 관계는 아래와 같다.

$$\sigma_m = K_t \, \sigma_o \tag{3.21}$$

여기서 K_t는 응력집중인자이다.

파괴는 가해진 응력이 어느 임계값 σ_c을 넘을 때 발생하는 것으로 기대된다. 파괴인성(fracture toughness) K_{Ic}는 아래와 같이 정의된다.

$$K_{Ic} = F \, \sigma_c \sqrt{\pi a} \tag{3.22}$$

여기서 F는 시료와 균열의 기하학적 모양에 의해 결정되는 단위 없는 인자이다. σ_c는 임계응력 그리고 a는 미세 균열의 크기이다. 파괴인성은 재료의 근본적 특성으로 온도, 왜형률, 그리고 미세구조에 좌우되는 인자이다.

파괴인성의 측정

세라믹의 파괴인성을 측정하는 데 일반적으로 4가지 방법이 있다. (1) Indentation Microfracture[IM]법, (2) Controlled Surface Flow[CSF]법, (3) Chevron Notch[CN]법, 그

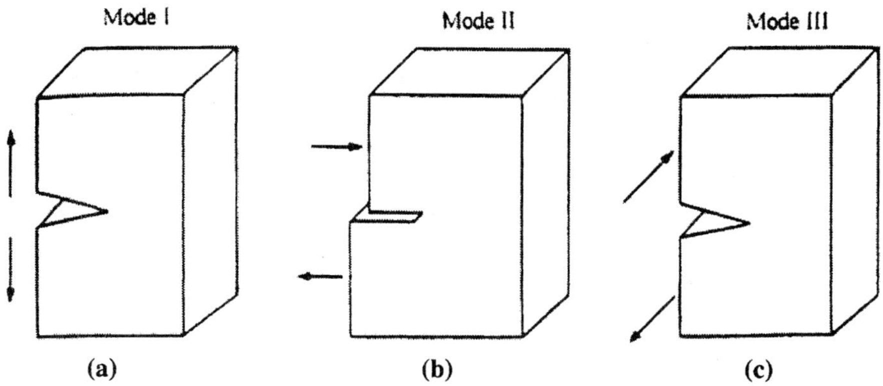

그림 3.33 진행하는 균열에 작용하는 3가지 근본적인 응력 형태: (a) Mode I: 인장모드, 균열면에 인장응력이 수직으로 작용하는 모드, (b) Mode II: 슬라이딩 모드, 전단응력이 균열에지에 수직으로 작용하는 모드, (c) Mode III: 파열모드, 전단응력이 균열에지에 평행하게 작용하는 모드

리고 (4) Single Edge Notched Beam[SENB]법 등이 있다.

우리는 주로 첫 번째 방법에 관점을 맞출 것이며, 아마도 이 방법이 가장 일반적으로 사용되는 방법이다.

이 방법은 먼저 연마된 시료표면에 비커스 피라미드형 다이아몬드 인덴터로 균열을 발생시킨다. 그리고 압입 크기와 균열 크기로부터 파괴인성 K_{Ic}을 결정한다.

일반적으로 3가지 종류의 균열이 발생한다. (1) Palmqvist 균열(crack), (2) 메디안 균열 그리고 (3) lateral 균열 등이고 그림 3.34에 잘 나타나 있다. Palmqvist 균열은 힘을 주는 초기 단계에 발생한다. 모양은 반타원형이고 표면 가까운 부분의 영구변형영역의 아주 얇은 영역에 나타난다. 가해준 힘이 증가하면 반원모양의 균열이 영구화 탄성변형의 경계 부근에 형성된다. 이것은 메디안 균열이라고 한다. 인덴터의 힘이 어느 임계값을 넘어서면 메디안 균열이 표면에 도달하게 된다. 인덴터는 압입영역에 잔여응력을 발생시키는데, 이것은 메디안이나 Palmqvist 균열뿐만 아니라 영구변형영역에 표면까지는 도달하지 않는 lateral 균열도 발생시킨다.

IM 방법은 Palmqvist나 메디안 균열을 측정하여 K_{Ic}를 결정하는 데 사용된다. 메디안 균열을 기술하는 이론적인 식이 아래와 같이 유도되었다.

$$\left[\frac{K_{Ic}\,\phi}{H\sqrt{a}}\right]\left(\frac{Y\phi}{H}\right)^{2/5} = (0.055)\log\left(\frac{8.4\,a}{c}\right) \tag{3.23}$$

여기에서 ϕ는 제한상수, H는 경도, Y는 영의 계수 그리고 a와 c는 압입 대각선 그리고 균열길이의 1/2값이다.[59] 이 식을 만들어낸 이론은 조금 더 변형되고 정제된 표현을 갖는데 이것으로 Palmqvist나 메디안 균열이 다음과 같이 유도된다.[60]

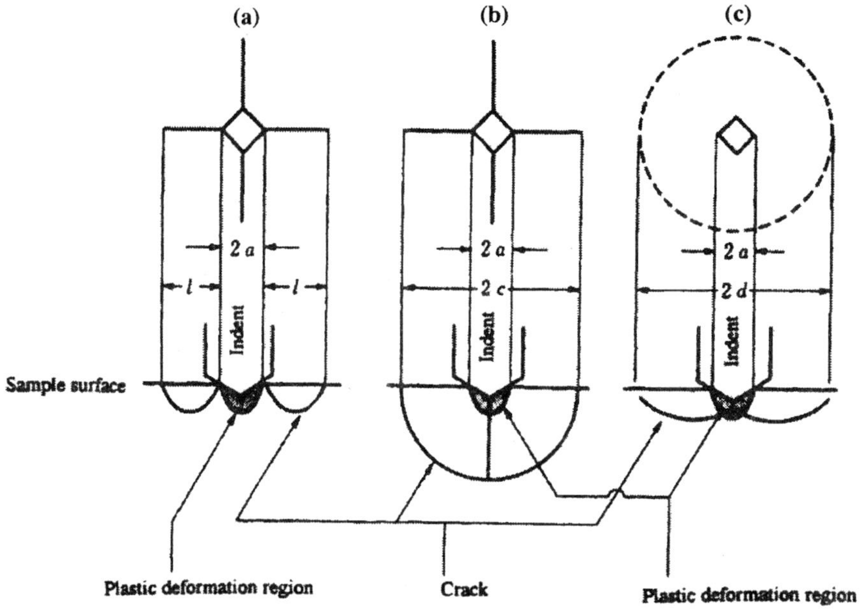

그림 3.34 Vicker's 압입에 의해 발생되는 균열의 모양: (a) Palmqvist 균열, (b) 메디안 균열, (c) 측면 균열(평면과 단면 모양)

$$\left[\frac{K_{Ic}\phi}{H\sqrt{a}}\right]\left[\frac{H}{Y}\right]^{2/5} = 0.018\left[\frac{(c-a)}{a}\right]^{-1/2} \quad \text{[Palmqvist crack]} \tag{3.24}$$

$$\left[\frac{K_{Ic}\phi}{H\sqrt{a}}\right] = 0.203\left[\frac{c}{a}\right]^{-3/2} \quad \text{[Median crack]} \tag{3.25}$$

파괴인성 K_{Ic}는 IM방법으로 결정되는 균열의 크기를 이용하여 계산된다. 다른 방법들은 파괴 테스트 전에 미리 균열을 만들고 검사로부터 결정되는 파괴응력을 이용하여 K_{Ic}를 계산한다. CSF방법의 경우 Vicker's 압입기로 메디안 균열을 만든 후에 파괴응력 σ_f와 균열길이 2c를 3~4번 측정한 후에 K_{Ic}를 아래 식을 이용하여 계산한다.

$$K_{Ic} = 1.03\,\sigma_f\sqrt{\frac{\pi b}{q}} \tag{3.26}$$

여기서 q는 아래와 같이 정의된다.

$$q = \Phi^2 - 0.212\left[\frac{\sigma_f}{\sigma_y}\right]^2 \tag{3.27}$$

여기서 σ_y는 인장 항복응력이고, Φ는 다음과 같이 주어지는 2번째 완전 타원 적분이다.

$$\Phi = \int_{0}^{\pi/2} [\cos^2\theta + (b/c)^2 \sin^2\theta]^{1/2} d\theta \tag{3.28}$$

여기서 b는 타원형 균열의 부축길이(균열의 깊이)의 1/2이고 c는 타원주축 길이(균열길이)의 1/2이다.

3 또는 4 점의 구부림 테스트에서 시료가 응력 σ_f하에 있을 때,

$$1-p(\sigma_f)=\exp[-(\sigma_f/\sigma_o)^m] \tag{3.29}$$

여기서 σ_o는 평균 구부림 강도이고, m은 와이블 계수라고 한다. 이 관계식이 자연 로그 형태로 나타내지면 (예제 3.5), ln[ln(1/(1−p)]가 ln(σ_f)와 선형적 관계를 갖는 것을 발견하게 된다. 이 함수의 그래프를 와이블 분포(Weibull plot)라고 한다.

[예제 3.5]

3-포인트 밴드 시험이 $BaTiO_3$-계열의 다층 액추에이터에 행해졌다. 시료의 모양은 그림 3.35에 나타나 있다. 그리고 테스트 결과가 아래 표에 나타나 있다. 평균 구부림 강도 σ_o와 와이블 계수 m을 구하라.

Sample	Length, *l*(cm)	Width, b (cm)	Height, h (cm)	Load, M (kg)
1	0.38	0.420	0.106	4.60
2	0.48	0.415	0.121	4.00
3	0.49	0.420	0.093	2.00
4	0.40	0.420	0.112	5.50
5	0.31	0.415	0.102	2.90
6	0.55	0.420	0.099	2.34

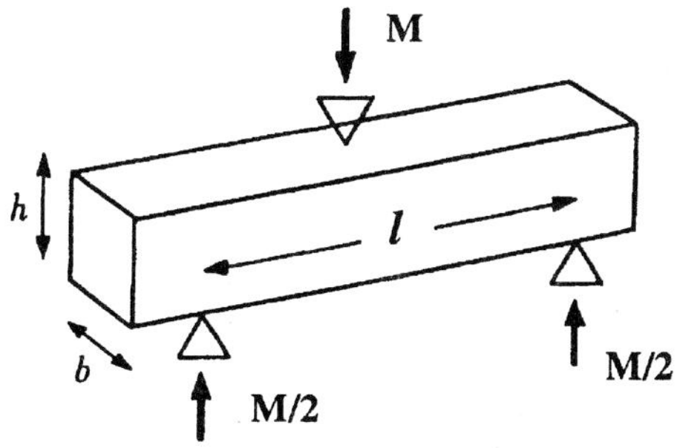

그림 3.35 3점 구부림 측정의 모형도

▶ 해답

파괴 응력 σ_f는 아래 식에서 얻어진다.

$$\sigma_f = 3Ml/2bh^2 \quad (p3.5.1)$$

그리고 이 식으로부터 아래 표와 같이 σ_f가 얻어진다.

Sample	1	2	3	4	5	6
σ_f	54.4	46.5	40.1	61.7	30.3	46.0

3-point 시험에서 시료에 σ_f가 가해졌을 때, 파괴가 일어나지 않을 확률, $1-p(\sigma_f)$은 아래와 같이 주어진다.

$$1-p(\sigma_f) = \exp[-(\sigma_f/\sigma_o)^m] \quad (p3.5.2)$$

여기서 $p(\sigma_f)$는 파괴확률이고, σ_o는 평균 밴딩 강도, m은 와이블 계수이다. 이 식은 아래와 같이 다시 기술될 수 있다.

$$\ln[\ln(1/(1-p(\sigma_f))] = m\ [\ln(\sigma_o) - \ln(\sigma_f)] \quad (p3.5.3)$$

시료의 숫자를 N으로 지정하면 파괴가 안 일어날 확률은

$[1-p(\sigma)] = 1-[n/(N+1)]$로 주어진다.

이때, $(\sigma_n < \sigma < \sigma_{n+1})$이다. 그림 3.36은 파괴 시험을 한 이 시료들의 와이블 곡선이다. 그리고 와이블 계수 m이 4.8임을 알 수 있고 평균 구부림 강도 $\sigma_o = 49\ [MN/m^2]$를 이 그래프로부터 구할 수 있다.

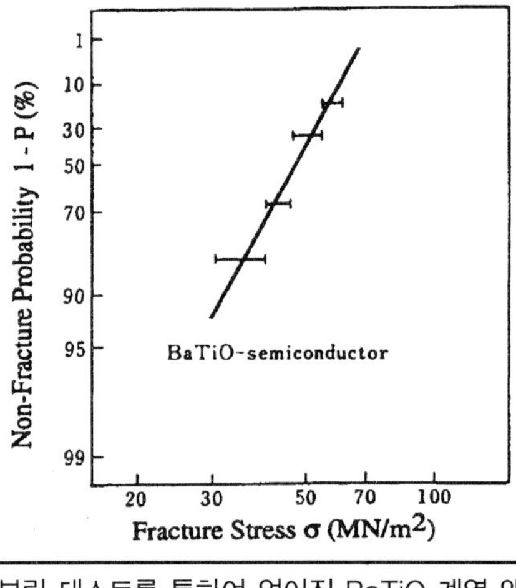

그림 3.36 3-점 구부림 데스트를 통하여 얻어진 $BaTiO_3$계열 액추에이터의 와이블 곡선

입도크기와 파괴인성

세라믹의 기계적 강도는 입도크기에 크게 영향을 받는다. 입도크기가 다른 2개의 PLZT 9/65/35 시료의 압입의 사진이 그림 3.37에 나타나 있다.[61] 작은 입도크기(1.1 μm)를 가진 시료의 균열길이가 큰 입도크기(2.4 μm)를 가진 시료의 균열길이에 비해 아주 짧다. 반면에 중심 압입크기는 거의 같다. 경도 H_v와 파괴인성 K_{Ic}의 입도크기의 의존성이 그림 3.38에 나타나 있다.

이 데이터들로부터 경도 H_v는 입도크기와 별 관계가 없지만 파괴인성 K_{Ic}는 입도크기가 1.7 μm이하가 되는 시료에서는 급격히 증가함을 알 수 있다. 다수 도메인 입도모델이 K_{Ic}의 증가를 설명하는 방법으로 제시되었다. 강유전체 또는 반강유전체 세라믹의 경우 강탄성 도메인 구조는 입도크기가 크면 다수의 도메인 상태가 되지만, 입도크기가 감소하면 단일 도메인 상태가 된다. 일반적으로 소결과정에서 만들어진 잔여 압축응력을 지니고 있다. 이 잔여 응력은 다수-도메인 구조에 의해 완화된다. 하지만 단일 도메인 상태에서는 잔여 응력이 완화되지 못한다. 그리고 잔여 응력이 입도가 작은 시료의 겉보기

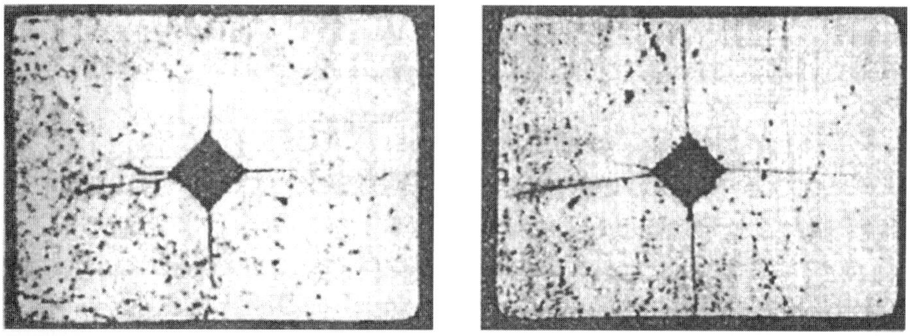

그림 3.37 PLZT 9/65/35 시료의 압입 및 균열 사진: (a) 입도크기 1.1 μm, 균열길이 c=208 μm, (b) 입도크기 2.4 μm, 균열길이 c=275 μm[61]

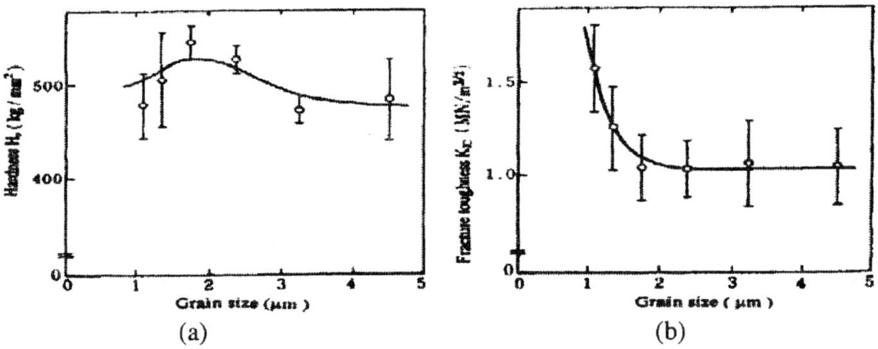

그림 3.38 (9/65/35) PLZT 세라믹의 입도크기 의존성을 보여 주는 기계적 강도: (a) 경도 H_v, (b) 파괴인성 K_{Ic}[61]

파괴 인성을 증가시킨다.

전기장에 의해 유도된 왜형과 기계적 강도

기계적 강도는 유도된 왜형의 크기에 비례한다. 음향방사(AE)는 강유전체 세라믹 내부에서 도메인 재정렬, 상변태 그리고 균열 전파능이 일어날 때 같이 발생한다. 그것은 재료 내부에서 기계적 진동에 의해 발생하는, 들을 수 없고 높은 주파수를 지닌 음향 신호이다.[65~67] 3개의 다층 소자의 사이클에 축척된 음향방사(AE)수가 총 횟수에 대한 구동 사이클로 그림 3.39에 나타나 있다.[62] 전기장에 의해 유도된 왜형은 균열을 발생시키는 내부 전극의 끝부분에 커다란 응력을 발생시킨다. (4.4장 참조) 모든 시료는 균열이 전파하는 동안에 음향방사(AE) 횟수가 급격히 증가한다. 하지만 균열전파가 끝난 후에는 감소한다. 이 세 가지 재료의 내구성이 다른 이유는 각각의 구동 시 얻어지는 최대 왜형이 다르기 때문이다. (내구성은 파괴가 일어나기 전에 구동 사이클의 수에 의해 측정된다): 전왜재료의 경우는 0.1%, 압전 재료는 0.2% 그리고 반강유전체의 경우는 0.4%이다. 입도와 입도의 결합력이 모든 재료가 같다고 가정하면, 왜형이 클 때 큰 응력이 발생하고 그로 인하여 파괴가 발생할 확률이 커진다.

폴링과 기계적 강도

압전 세라믹은 전기적 폴링 과정이 필요하다. 그리고 폴링은 기계적 강도에 이방성 특성을 부여한다. 그림 3.40에 폴링된, PLZT 2/50/50(정방형)시료 내에 발생한 균열과 미세압입을 보여준다. 이 연구의 결과는 폴링 방향에 수직한 균열의 전파 속도가 평행한 방향의 균열의 전파 속도보다 훨씬 빠르다는 것을 다시 확인시켜준다. 시료의 구조와 구부림 그리고 폴링 방향이 그림 3.41에 잘 나타나 있다. 3-포인트 구부림 시험에서 폴링 방향과 수직하게 또는 평행하게 구부려진 시료의 와이블 그래프가 그림 3.42에 잘 나타나 있다. 이 결과들로 균열 전파가 폴링과 수직한 방향으로 잘 일어나는 것을 알 수 있다. 이 이유는 폴링과정 동안에 발생한 왜형에 의해 발생하는 내부응력의 이방성 특성 때문에 기인한다.

폴링이 안된 PZT와 PMN 세라믹 내부에 가해준 전기장에 따른 균열 전파에 대한 연구도 수행되었다.[64] 이 연구를 통하여 가해준 전기장이 전기장에 수직한 방향으로 균열 전파를 촉진시킨다는 것을 알게 되었다. 그리고 전기장에 평행한 방향으로는 균열의 전파를 방해한다는 것도 알게 되었다. 나아가 기계적으로 제한되고 결함 없는 전왜 세라믹이 균일한 전기장에 노출되어도 기계적 응력이 발생하지 않는다. 비록 전왜 효과가 발생하여도 역시 기계적 응력은 발생하지 않는다.

이러한 현상이 일어나는 이유는 미세구조가 불균일하기 때문이다. 미세균열은 균열의 끝부분에 집중되는 내부응력의 원인으로 생각된다. 이러한 모델에 근거를 두고 계산

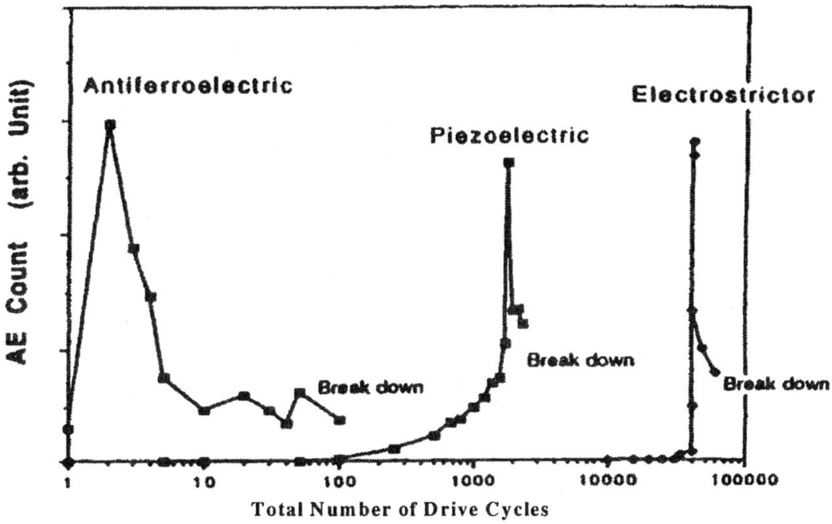

그림 3.39 전왜, 압전 및 상변태 재료의 구동 사이클 수에 따른 음향방사 횟수[62]

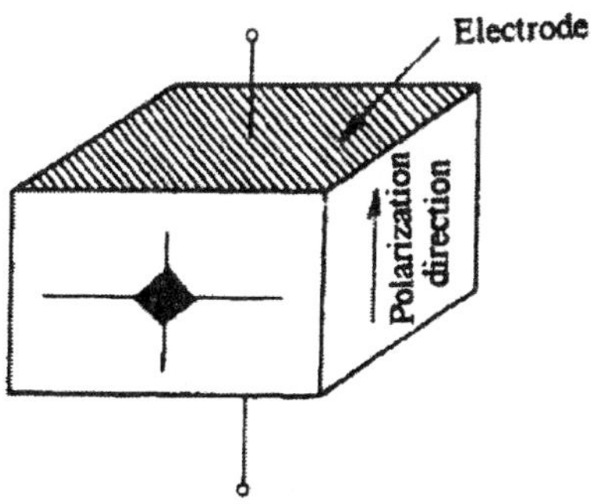

그림 3.40 폴링된 압전 세라믹에 만들어진 미소 압입과 균열의 모식도

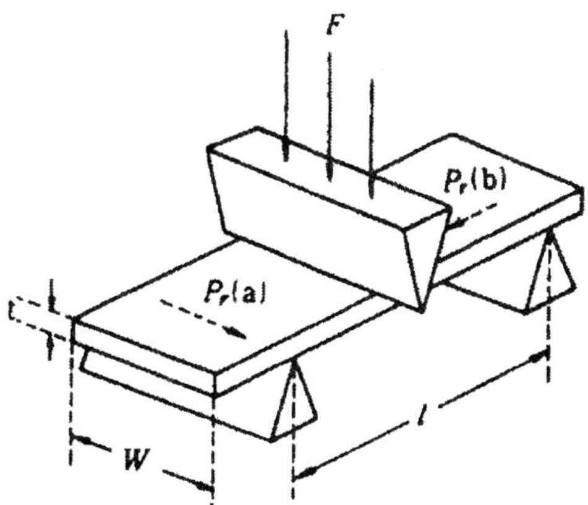

그림 3.41 3-points 구부림 측정의 모식도: (a) 구부림 방향이 분극 방향에 평행한 경우, (b) 구부림 방향이 분극 방향에 수직인 경우

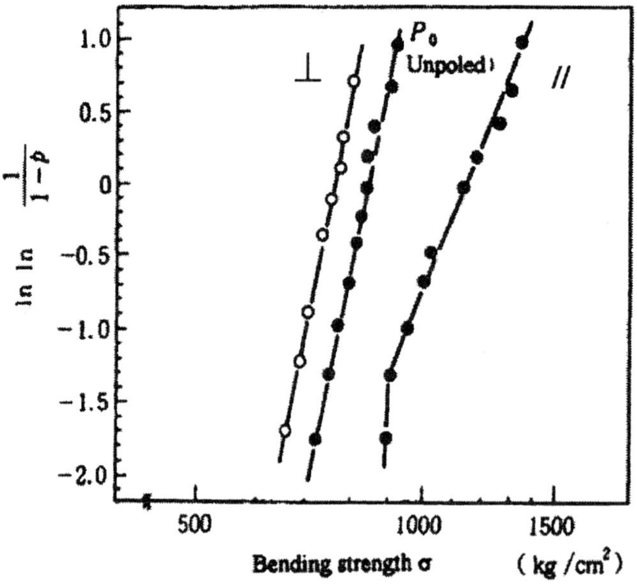

그림 3.42 폴링 방향과 수직하게 또는 평행하게 구부려진 시료의 와이블 그래프[63]

한 결과는 실험적 측정치의 경향과 거의 일치한다.

(3) 압전체에서의 음향방사

강유전체 세라믹에서 균열전파, 상변화 그리고 도메인 재배열 등은 음향방사를 유발시킨다. 그것은 일반적으로 시료의 기계적 진동에 의해 생기는, 들을 수 없는 고주파의 탄성 신호이다.[65~67]

전기장에 의해 유도되는 음향방사와 관련된 카이저 효과

그림 3.43은 폴링이 안된 소프트한 PZT세라믹에 가해진 전기장과 그것 때문에 발생하는 변위에 의해 생성되는 음향방사를 시간에 따라 나타낸 그래프이다.[66] 음향방사 신호의 문턱 레벨은 100 dB에서 400 mV이다. 20 kV/cm의 전기장이 첫 번째 사이클 동안에 시료에 가해졌다. 그리고 두 번째 사이클 동안에는 25 kV/cm로 그리고 세 번째 사이클은 30 kV/cm로 증가시켰다. 시료는 가해준 전기장의 첫 번째 사이클 때 폴링되었다. 유도되는 변위와 총 잔여변위(영점 변화로 측정됨)는 가해준 전기장이 증가하면 증가하는 것을 알 수 있다.

첫 번째 사이클 동안에 전기장이 증가함에 따라서 처음 변위가 발생하면 음향방사가 일어난다. 첫 번째 변위 이후에 전기장이 감소하면 음향방사 신호가 발생하지 않는다. 그리고 두 번째 방사는 2번째 사이클 동안에 전기장이 20 kV/cm이상으로 증가하면 발생한다. 다른 음향방사는 세 번째 사이클에서 가해준 전기장이 25 kV/cm이상이 되면 일어

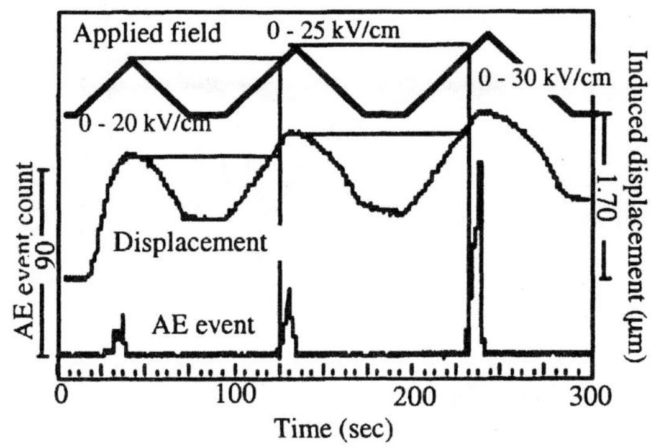

그림 3.43 폴링이 안된 소프트한 PZT 세라믹에 가해진 전기장과 그것 때문에 발생하는 변위에 의해 생성되는 음향방사를 시간에 따라 나타낸 그래프[66]

나게 된다. 이러한 결과로부터 음향방사는 첫 번째 사이클에 이어서 언제나 가해준 전기장이 이전의 전기장보다 강할 때 발생하는 것을 알 수 있다. 음향방사의 이러한 전기장 관련성을 Kaiser효과라고 하며 PZT 세라믹에 전기장에 의해 유도되는 변경을 내포하고 있다.

도메인 운동도 전기장에 의해 유도되는 음향방사의 원인이 된다고 제시하였다.[66] 하지만 모든 도메인 운동이 아니라 어느 특정 종류의 도메인 재배열만이 음향방사에 의해 확인된다. 많은 변경이 일어난 시료에서 발생하는 기계적 응력도 음향방사를 일으키는 하나의 요인으로 생각된다.

전기장에 의해 유도되는 음향방사

그림 3.44는 ±35 kV/cm, 1.5×10^{-3}(Hz)의 구동 전기장에서 전기장의 크기에 따른 유도변위와 방사 카운트비율을 보여준다.[66] 음향방사의 문턱전압은 100 dB에서 400 mV이다. 도메인의 재배열에 의해 나타나는 나비모양의 유도변위가 관찰되었다.

① 전기장에 따른 변위의 그래프에서 ② 음향방사가 처음으로 시작되는 전기장에서 ③ 평평해지는 점을 볼 수 있다. 그림 3.44에서 볼 수 있는 d(변위)/dE 그래프에서는 이 점에 해당하는 전기장에서 스파이크를 볼 수 있다.

중요한 점은 음향방사 카운트비율의 최대점은 최대 전기장이 가해졌을 때 일어나는 것이 아니다. 그것은 오히려 27 kV/cm로, 강유전체에서 내부 응력을 가해준 전기장에 따라 증가한다. 그러므로 음향방사의 감소는 내부응력 이외의 다른 메커니즘이 음향방사에 관여하고 있다는 것을 암시한다. 강유전 세라믹에서 유도된 변위는 두 가지 종류의 변형과 연관되어 있다. 하나는 도메인의 재정렬과 다른 하나는 도메인 재정렬과 상관없는 압전변형과 관련되어 있다.

초창기에는 양극 전기장하의 PZT에서 발생하는 전기장에 의한 음향방사는 도메인

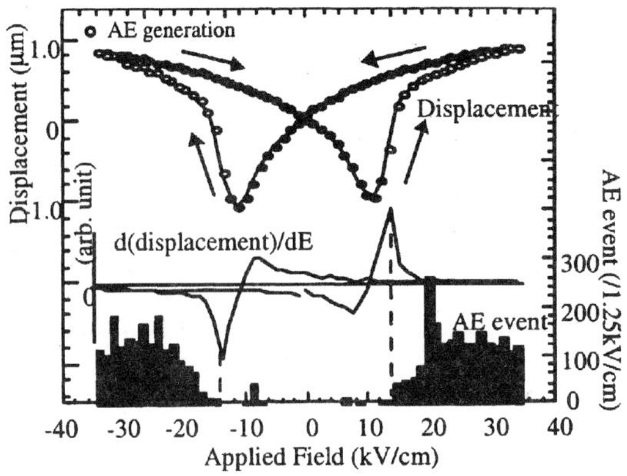

그림 3.44 ±35 kV/cm, 1.5×10^{-3}(Hz)의 구동 전기장에서 전기장의 크기에 따른 유도변위와 방사 카운트비율[66]

재정렬과 관련되어 있는 변형에 연관되어 발생하는 것으로 알려져 있다. 도메인 재정렬이 끝나면 그 후에 발생하는 음향방사는 압전변형과 높은 전기장에서 유도되는 내부응력에 관련된 것으로 알려졌다. 그러므로 음향방사 카운트비율의 감소는 도메인 재정렬과 그리고 그것에 의한 변형이 끝나는 것에 관련되어 있다.

전기장에 의한 탄성파의 프랙탈 차원

음향방사의 카운트비율은 아래 함수로 표현된다.

$$f(x)=c\,x^{-m} \tag{3.30}$$

여기서 x는 음향방사 신호의 진폭이며, c는 상수 그리고 m은 fractal 차원을 나타내는 숫자이다. Fractal 차원 m은 재료의 충격의 정도를 계산하는 데 이용된다. 적분된 음향방사 함수는 아래와 같이 표현된다.

$$F(x)=\int_x^{\infty} f(x)\cdot dx=\frac{1}{m-1}cx^{-m+1}\quad (m>1) \tag{3.31}$$

그리고 이 함수, 즉 시그널의 문턱 레벨이 변화함에 따라서 음향방사 시그널의 변화를 모니터링 함으로써 실험적으로 얻을 수 있다.

그림 3.45는 단위 주기당 음향방사 카운트비율을 시그널의 문턱레벨에 따라 나타내주고 있다. 음향방사비율은 ±25 kV/cm의 전기장하에서 시그널의 문턱레벨에 따라서 로그함수비율로 감소함을 알 수 있다. 이 데이터들로부터 fractal차원 m이 1임을 알 수 있다. 소성변형과 관련된 음향방사 시그널에 해당되는 fractal차원은 일반적으로 2 보다 크다는 것이 발견되었다.

이 값은 재료의 기계적 상태를 평가하는 중요한 값으로 간주된다. 재료가 충격을 받

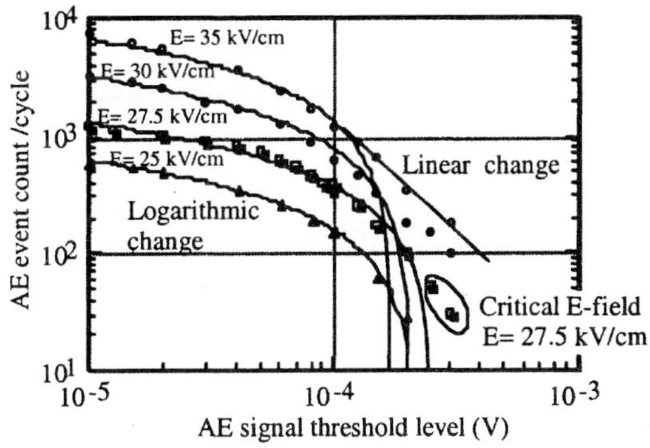

그림 3.45 시그널의 문턱레벨에 따른 단위 주기당 음향방사 카운트비율[66]

았을 때 fractal차원은 2 보다 작다. 그러므로 그림 3.45에 보여지는 데이터에 의해 결정되는 fractal차원 m=1이라는 점은 시료가 충격을 받았다는 것을 나타낸다.

하지만 이 경우 fractal차원 값이 특정 값(m=2)보다 적은 이유는 충격보다는 오히려 강유전도메인의 존재와 이러한 도메인의 재배열에 관련된 변형에 기인한다. 이러한 종류의 시료들로부터 전기장에 의해 유도되는 음향방사시그널을 재현할 수 있다는 점은 이러한 해석이 맞는다는 점을 증명해 준다.

더 높은 전기장하에서는 문턱레벨에 따른 음향방사비율이 더 이상 로그함수 경향을 보이지 않는다. 그 이상에서 음향방사함수가 로그함수 경향을 보이지 않는 특정 전기장은 27 kV/cm 부근이다. 이러한 커브들은 더 낮은 시그널의 문턱레벨에서 역시 로그함수 형태를 지닌다. 그리고 더 높은 음향방사시그널의 문턱레벨(>10^{-4}mV)에서는 이 곡선들은 문턱레벨에 따라서 일차원적으로 감소한다. ±35 kV/cm의 전기장이 가해지면 fractal차원 m=2.8이 얻어진다. 도메인 재정렬이 특정 전기장(27 kV/cm)이상에서 완전하게 되므로 fractal차원 2.8로 나타나는 음향방사는 압전변형을 나타낸다.

결론적으로 도메인 재배향과 관련된 변형에 의한 음향방사의 fractal차원의 값은 m=1로서 압전변형에 의한 m(=2.8)보다 적다. fractal차원의 값 m이 2보다 큰 경우는 소성변형과 관련된 것으로 알려져 왔다. 강유전체에서 전기적으로 유도된 변형을 소성변형으로 간주기하기에는 문제가 있다. 왜냐하면 이 경우에는 전기장을 제거하면 유도된 변형이 원래의 상태로 돌아가기 때문이다. 그러므로 강유전체 세라믹에서 나타나는 음향방사반응과 금속이나 구조 세라믹에서 잘 알려진 음향방사반응과 서로 다르다는 점은 아주 중요하다.

요점정리

1. 하드압전체: $E_C > 10$ kV/cm
   소프트 압전체: 1 kV/cm $< E_C <$ 10 kV/cm
   전왜재료: $E_C < 1$ kV/cm

2. **전왜**와 **압전**의 비교
   a. 전왜는 압전에 의해 발생하는 단축 왜형(0.1%)과 같은 크기의 왜형을 발생시킨다. 이 현상의 부가적인 장점은 전왜재료의 경우 히스테리시스 현상이 없다는 점이다.
   b. 압전재료는 전기적 폴링과정이 요구된다. 하지만 이 재료는 시간이 경과하면 폴링이 없어지는 시효효과라는 문제에 직면하게 된다. 전왜재료는 이러한 초기 과정이 필요 없다. 하지만 어떤 응용을 위해서는 DC전압이 필요한데, 그 이유는 이 재료의 전기장에 대한 반응이 선형적이기 때문이다.
   c. 압전재료에 비해서 전왜재료는 고온 또는 높은 기계적 하중과 같은 극한 조건에서 내구성과 신뢰성이 뛰어나다.
   d. 압전재료의 온도특성(온도에 따른 전기기계적 특성 변화)은 전왜재료보다 우수하다.
   e. 압전재료는 전왜재료에 비해 작은 유전율을 가지고 있고, 그러므로 응답속도가 빠르다.

3. 최적의 전왜 온도계수를(TCE)가지는 조성을 개발하기 위한 **조성분류**.

   영역 I : B-자리 양이온이 불규칙한 구조를 가진 페로브스카이트.
   Type I(a): 강유전체와 비 강유전체가 조합된 재료
   ($(Pb,Ba)(Zr,Ti)O_3$ 고용체, 이 경우 $BaZrO_3$ 비 강유전체)
   Type I(b): A-자리에 격자 공공이 발생하는 재료. 이 경우 분산 상전이가 가속됨.
   ($(Pb,La,\square)(Zr,Ti)O_3$)

   영역 II : B-자리에 단거리 규칙화가 어느 정도 발달한 재료.
   ($Pb(Mg_{1/3}Nb_{2/3},Ti)O_3$ 그리고 $Pb(Mg_{1/2}W_{1/2},Ti)O_3$)

4. **트랜스듀서의 성능지수**
   a. 전기기계결합계수 k:

$$k^2 = \frac{\text{저장된(기계 또는 전기)에너지}}{\text{가해진(기계 또는 전기)에너지}} = \frac{d}{\varepsilon_o Ks}$$

여기서 d는 압전 왜형 상수, K는 유전상수 그리고 s는 탄성계수이다.

b. 에너지투과계수 λ_{max}:

$$\lambda_{max} = \left[\frac{\text{출력(기계 또는 전기)에너지}}{\text{입력(전기 또는 기계)에너지}}\right]_{max}$$

$$\lambda_{max} = \left[(1/k) - \sqrt{(1/k^2)-1}\right]^2 = \left[(1/k) + \sqrt{(1/k^2)-1}\right]^{-2}$$

여기서 $k^2/4 < \lambda_{max} < k^2/2$.

c. 효율 η:

$$\eta = \frac{\text{출력(기계 또는 전기)에너지}}{\text{소비된(전기 또는 기계)에너지}}$$

대부분의 액추에이터 설계의 경우 이 값은 100%이다.

5. **기계적 강도**

a. 전기기계 그리고 상전이 트랜스듀서에서 내구성차이는 주로 각각의 디바이스에서 얻어지는 최대 왜형의 크기에 영향을 받는다. 전왜재료는 0.1%, 압전체 0.2% 그리고 반강유전체는 0.4%이다.

b. Vickers 압입의 입도크기 의존성: 입도크기가 감소하면 균열 길이도 짧아진다. 반면에 중앙 압입 크기는 입도크기에 무관하다.

c. 전기적 폴링과정: 압전체에 폴링을 하면 재료의 기계적 강도가 방향에 따라서 달라지는 이방성을 가지게 된다.

문제

3.1 정방정 PZT의 압전왜형 행렬이 아래와 같다.

$$\begin{pmatrix} 0 & 0 & 0 & 0 & 200 & 0 \\ 0 & 0 & 0 & 200 & 0 & 0 \\ -60 & -60 & 180 & 0 & 0 & 0 \end{pmatrix} \quad [\text{pC/N}]$$

그리고 시료의 크기는 [10 mm×10 mm×10 mm] 이다. 자발분극이 c-축으로 존재하고 전기장 10 kV/cm가 a-축으로 가해진다. 정육면체시료의 변형을 계산하고 변형을 나타내는 그림을 그려라.

3.2 단색 탄성파가 밀도가 ρ_1이고, 탄성강성계수가 c_1인 고체 내부를 진행하고 있다. 이 파가 밀도가 ρ_2이고 탄성강성계수가 c_2인 물질을 만나서 계면에서 수직방향으로 반사된다. 이때, 이 파의 반사계수를 구하라.

참고문헌

1) Y. Ito and K. Uchino: Piozoelectricity, *Wiley Encyclopedia of Electrical and Electronics Engineering*, Vol, **16**, p. 479, John Wiley & Sons, NY (1999)
2) W. A. Smith: Proc. SPIE - The International Society for Optical Engineering 1733 (1992)
3) T. R. Shrout, R. Eitel, C. A. Randall, P. Rehrig, W. Hackenberger and S.-E. Park: Proc. 33rd Int'l Smart Actuator Symp., State College, April (2001).
4) H. Takeuchi, S. Jyomura, E. Yamamoto and Y. Ito: J. Acoust. Soc. Am. **74**, 1114 (1982).
5) Y. Yamashita, K. Yokoyama, H. Honda and T. Takahashi: Jph. J. Appl. Phys., 20, Suppl. 20-4, 183 (1981)
6) Y. Ito, H. Takeuchi, S. Jyomura, K. Nagatsuma and S. Ashida: Appl. Phys., **35**, 595 (1979).
7) K. Uchino and S. Nomura: Jpn. J. Appl. Phys. **18**, 1493 (1979).
8) K. Abe, O. Furukawa and H. Inagawa: Ferroelectrics **87**, 55 (1988).
9) K. Furuta and K. Uchino: Adv. Ceram. Mater. **1**, 61 (1986).
10) J. von Cieminski and H. Beige: J. Phys. D **24**, 1182 (1991).
11) Y. Gao, Y. H. Chen, J. Ryu, K. Uchino and D. Viehland: Jpn. J. Appl. Phys. 40, 79-85 (2001).
12) B. N. Rolov: Fiz. Tverdogo Tela, **6**, 2128 (1963).
13) V. A. Isupov: Izv. Akad. Nauk SSSR, Ser. Fiz., **28**, 653 (1964).
14) K. Uchino, J, Kuwata, S. Nomura, L. E. Cross and R. E. Newnham: Jpn. J. Appl. Phys. **20**, Suppl. 20-4, 171 (1981).
15) H. B. Krause, J. M. Cowley and J. Wheatley: Acta Cryst., **A35**, 1015 (1979).
16) G. A. Smolensky, V. A. Isupov, A. I. Agranovskaya and S. N. Popov: Soviet Phys. - Soild State **2**, 2584 (1961).
17) M. L. Mulvihill, L, E. Cross and K. Uchino: Proc. 8th European Mtg. Ferroelectricity, Nijmegen (1995).
18) L. E. Cross, S. J. Jang, R. E. Newnham, S. Nomura and K. Uchino: Ferroelectircs **23**, 187 (1980).
19) K. M. Leung, S. T. Liu and J. Kyonka: Ferroelectrics **27**, 41 (1980).
20) A. Varslavans: USSR Licenzintorg (Peter Stuchka Latvian State University) (1980).

21) H. Takeuchi, H. Masuzawa, C. Nakaya and Y. Ito: Proc. IEEE 1990 Ultrasonics Symposium, 697 (1990).
22) J. Kuwata, K. Uchino and S. Monura: Ferroelectrics **37**, 579 (1981).
23) J. Kuwata, K. Uchino and S. Monura: Jpn. J. Appl. Phys. **21**(9), 1298 (1982).
24) K. Yanagiwara, H. Kanai and Y. Yamashita: Jpn. J. Appl. Phys. **34**, 536 (1995).
25) S. E. Park and T. P. Shrout: Mat. Res. Innovt. **1**, 20 (1997).
26) K. Uchino and S. Nomura: Ferroelectircs **50**, 191 (1983).
27) K. Uchino: Proc. Int'l. Mtg. Adv. Mater, **9**, 489 (1989).
28) A. Furuta, K. Y. Oh and K. Uchino: Sensors and Mater. **3**, 205 (1992).
29) R. E. Newnham, D. P. Skinner and L. E. Cross: Materials Research Bulletin, **13**, 525 (1978).
30) W. A. Smith: Proc. 1989 IEEE Ultrasonic Symposium, 755 (1989).
30) K. A. Klicker, J. V. Biggers and R. E. Newnham: J. Amer. Ceram. Soc. **64**, 5 (1981).
31) K. Uchino, S. Nomura and R. E. Newnham: Sensor Tech **2**, No. 7, 81 (1982).
32) K. Otsuka and S. M. Wayman: Chap, 1 in *Shape Memory Materials*, Cambridge Unicersity press, Cambridge, UK (1998).
33) A. L. Roytburd, J. Slutsker and M. Wuttig: Chap. 5.23 Smart Composites with Shape Memory Alloys in *Comprehensive Composite Materials*, Elservier Science, Oxford, UK (2000).
34) S. Legvold, J. Alstad and J. Rhyne: Phys. Rev. Lett. **10**, 509 (1963).
35) A. E. Clark, B. F. DeSavage and R. Bozorth: Phys. Rev. **138**, A216 (1965).
36) N. C. Koon, A. Schindler and Carter: Phys. Lett. **A37**, 413 (1971).
37) A. E. Clark, H. Belson: AIP Conf. Proc., No. 5, 1498 (1972)
38) A. E. Clark: Ferroelectric Materials, Vol. p. 531, Eds. K. H. J. Buschow and E. P. Wohifarth, North-Holland, Amsterdam (1980).
39) J. D. Verhoven, E. D. Gibson, O. D. McMasters and H. H. Baker: Metal Trans. A, 18A, No. 2, 223 (1987).
40) A. E. Clark, J. D. Verhoven, O. D. McMastera and E. D. Gibson: IEEE Trans. Mag. MAG-22, p. 973 (1986).
41) J. B. Restorff: *Encyclopedia of Applied Physucs*, Vol. 9, p. 229, VCH publ., New York (1994).
42) A. B. Flatau, M. J. Dapino and F. T. Caliins: Chap. 5.26 Magnetostrictive Composites in *Comprehensive Composite Materials*, Elsevier Science, Oxford, UK (2000).
43) R. Kellogg and A. B. Flatau: Proc. SPIE, 3668 (19), 184 (1999).
44) J. L. Butler: Application Manual for the Design Etrema Terfenol-D Magnetostrictive Transducers, Edge Technologies, Ames, IA (1998).
45) G. P. Carman, K. S. Cheung and D. Wang: J. Intelligent Mater. Systems and Structures, **6**, 691 (1995).
46) T. A. Duenas and G. P. Carman: Proc. Adaptive Struct. & Mater. Systems, ASME, AD-**57**/MD-**83**, p. 63 (1998).
47) K. Uchino and S. Hirose: IEEE UFFC Transactions, **48**, 307-321 (2001).
48) L. E. Kinsler, A. R. Frey, A. B. Coppens and J. V. Sanders: *Fundamental of Acoustics*, John Wiley & Sons, New York (1982).

49) S. Nomura and K. Uchino: Ferroelectrics 41, 117 (1982).
50) K. Uchino, J. Kuwata, S. Nomura, L. E. Cross and R. E. Newnham: Jpn. J. Appl. Phys. 20, Suppl. 20-4, 171 (1981).
51) R. W. Basedow and T. D. Cocks: J. Phys. E: Sci. Inst. **13**,840(1980).
52) Y. Nakajima, T. Hayashi, I. Hayashi and K. Uchino: Jpn. Appl. Phys. **24**(2), 235 (1985).
53) S. Nomura, O. Osawa, K. Uchino and I. Hayschi: Abstract Jpn. Appl. Phys., p.764, Spring (1982).
54) H. Cao and A. G. Evans: J. Amer. Ceram. Soc. 73, 890 (1993).
55) X.-H. Du, Q.-M. Wang, U. Belegunda and Kenji Uchino: J. Ceram. Soc. Jpn. 107 (2), 190 (1999).
56) W. D. Callister, Jr.: *Materials Scinece and Engineering*, p. 189, Wiley (1984).
57) T. Nishida and E. Yasude ed.: Evaluation of Mechanical Characteristics in Ceramics, p. 68,
58) A. A. Griffith: Phil. Trans. Roy. Soc. (London), **A221**, 163 (1920).
59) A. G. Evans and E. A. Charles: J. Amer. Ceram. Soc. **59**, 371 (1976).
60) K. Nihara, R. Morena and D. P. H. Hasselman: Commun. Amer. Ceram. Soc., C-116, Jul. (1982).
61) K. Uchino and T. Takasu: Inspec **10**, 29 (1986).
62) H. Aburatani, S. Harada, K. Uchino, A. Furuta and Y. Fuda: Jpn, J. Appl. Phys. **33**, Pt. 1, No. 5B, 3091 (1994).
63) T. Yamamoto, H. Igarashi and K. Okazaki: Ferroelectrics **50**, 273 (1983)
64) H. Wang and R. N. Singh: Ferroelectrics **168**, 281 (1995).
65) H. Aburatani, S. Harada, K. Uchino, A. Furuta and Y. Fuda: Jpn. J. Appl. Phys. **33**, 3091 (1994).
66) H. Aburatani and K. Uchino: Jpn. J. Appl. Phys. **35**, L516 (1996).
67) H. Abruatani, J. P. Witham and K. Uchino: Jpn. J. Appl. Phys. **37**, 602 (1998).
68) K. Uchino, Piezoelectric/Electrostrictive Actuators, Morikita Pub. Co. Tokyo (199985).
69) Q. M. Zhang, J. Zhao, K. Uchino and J. Aheng: J. Meter, Res., **12**, 226 (1996).
70) K. H. Hellwege et al.: Landolt-Bornstein, Group III, Vol. 11, Springer-Verlag, NY (1979).

제4장 세라믹 액추에이터의 구조 및 제조방법

압전 및 전왜재료의 생산은 두 가지 과정으로 구성되어 있다. (1) 세라믹 파우더 준비 그리고 (2) 모양을 갖춘 구조체를 소결하는 과정이다. 세라믹 파우더를 준비하는 데는 액추에이터 특성의 재현성을 최적화하기 위해서 습식화학방법이 이용된다. 이러한 세라믹을 이용한 액추에이터는 바이몰프, 다층 또는 flextensional 구조로 생산된다.

4.1 세라믹과 단결정 제조

많은 액추에이터 디자인에 이용되는 실제재료들은 그들이 세라믹 형태로 있을 때 디바이스 구조물로 쉽게 전환된다. 세라믹을 만드는 두 가지 과정이 있다. (1) 세라믹 파우더의 생산 그리고 (2) 조립된 구조를 소결하는 과정이다. 단결정은 특정한 응용에 적용되기 위해 만들어 진다.

(1) 세라믹 파우더의 준비

전기기계적 반응의 재현성을 최적화하기 위해서 세라믹 파우더를 생산할 때는 파우더를 제조하는 전통적인 방법으로 산화물혼합법으로써 혼합된 산화물을 "하소"라 하는 공정을 통하여 열처리를 하는 과정을 포함한다. 그 후에 합성된 파우더를 기계적으로 분쇄하고 작은 파우더로 밀링을 한다. 산화물혼합법의 주된 단점은 작은 범위에서 조성의 불균일이 발생한다는 것이다. 화학적 습식방법은 (공침법이나 알콕사이드 방법) 조성이 균일한 세라믹을 제조하기 때문에 이용된다. 이 장에서는 BT, PZT 그리고 PMN 세라믹을 제조하는 방법들이 소개될 것이다.[1] 입자의 모양과 크기의 분포, 그리고 조성의 균일성의 조절이 중요한 인자이다.

고상반응법(산화물혼합법)

$Pb(Zr_xTi_{1-x})O_3$를 준비할 때 사용되는 산화물혼합법의 일반적 과정에 대해서 생각해보자. 산화물파우더(PbO, ZrO_2 그리고 TiO_2)들을 적당한 비율로 측정한 후 혼합한다. 그리고 800～900℃ 온도범위(조성에 따라 다르다)에서 1～2시간 동안 합성한다. 합성된 파우더들은 분쇄된 후 미세한 파우더가 되도록 밀링한다. 밀링과정에서 가끔 원하지 않는 현상이 발생하기도 한다. 먼저 입자의 크기가 1 μm보다 작은 파우더들은 기계적 밀링에 의해 만들어지지 않는다. 그리고 가끔 밀링을 시키는 물질들에 의해서 불순물이 만들어지기도 한다. 이 방법에 의한 $BaTiO_3$의 제조도 기본적으로 동일하고 같은 몰량의 BaO와 TiO_2가 사용된다. 하지만 고순도의 BaO가 비싸고 화학적으로 반응성이 적기 때문에 실제적으로 $BaCO_3$가 사용된다.

$Pb[(Mg_{1/3}Nb_{2/3})_{1-x}Ti_x]O_3$ [PMN-PT]를 PbO, MgO, Nb_2O_5 그리고 TiO_2로부터 제조할 때에는 이 방법이 약간 변형된다. 만약 산화물들이 단순히 혼합되고 합성될 때에는 이차상 파이로클로르(Pyrochlore)가 페로브스카이트상 이외에 생성된다. 이차상의 형성을 억제하기 위해서는 마지막 소결공정에서 과량의 PbO을 첨가하는 방법이 있다. 이러한 이차상 형성을 억제하는 방법이 개발되었는데 이 방법은 순수한 $Pb(Mg_{1/3}Nb_{2/3})O_3$를 만드는데 사용되었다. 이 방법은 두 번의 합성을 하는데 먼저 컬럼바이트 $MgNb_2O_6$상을 혼합한 후에 PbO와 다시 아래와 같이 반응시켜서 원하는 페로브스카이트상을 만드는 과정이다.

$$3PbO + MgNb_2O_6 \rightarrow 3\ Pb(Mg_{1/3}Nb_{2/3})O_3$$

이 방법으로 만들어진 상은 거의 페로브스카이트상이고 아주 적은 양의 파이로클로로상만이 존재한다. 이 방법을 이용하여 PMN-PT를 제조할 때는 먼저 MgO, Nb_2O_5 그리고 TiO_2를 혼합하여 1000℃에서 열처리를 하여 컬럼바이트상을 만들어야 된다. 그리고 PbO를 컬럼바이트상에 섞은 후 800-900℃에서 합성을 한다. 이 경우 MgO를 과량 더해주면 완벽한 페로브스카이트상을 얻는 데 도움이 된다.

공침법

대부분의 잘 알려진 압전/전왜 세라믹은 3.1(3)에서 논의했듯이 복합 페로브스카이트 구조를 가지고 있다. 그러므로 이러한 조성들을 제조하는 데 순수한 상을 얻는 것과 마찬가지로 조성의 균일성도 아주 중요하다.

산화물혼합법은 이 두 가지 점에 있어서 문제점을 가지고 있다. 그러므로 세라믹을 준비하는 데 좋은 방법은 아니다. 공침법은 조성의 높은 균일성을 가지는 재료를 제조하는 데 쓰이는 방법이다. 이 방법은 균일한 침전물을 형성시키기 위하여 금속 염들이 섞여있는 액체용액에 침전물을 첨가해주는 방법이다. 그리고 나중에 이 침전물은 열분해과정을 거쳐서 원하는 조성을 가지는 균일한 파우더를 만들게 된다.

예를 들어, 이 방법으로 $BaTiO_3$를 만드는 방법을 보자. Ba와 Ti비율이 완전히 1:1인 $BaTiO(C_2H_4)_2 \cdot 4H_2O$ 침전물을 만들기 위해서 $BaCl_2$와 $TiCl_4$의 물 용액에 수산을 가해준다. 이 침전물을 열분해하면 화학량론적이고 소결특성이 우수한 $BaTiO_3$가 얻어진다.

이 방법으로 $(Pb,La)(Zr,Ti)O_3$[PLZT]세라믹을 만들 때, $Pb(NO_3)_2$, $La(NO_3)_3 \cdot 6H_2O$, $ZrO(NO_3)_2 \cdot 2H_2O$ 그리고 $TiO(NO_3)_2$가 원료물질로 사용된다. 먼저 질산염을 원하는 비율로 섞어서 수용액을 만든다. 그리고 에탄올을 용액의 1/2부피 정도를 섞는다. 에탄올에 희석된 수산을 이 질산용액에 천천히 떨어뜨린다. 그러면 PLZT 수산염이 침전된다. 열분해는 약 800℃에서 수행한다.

지금까지 언급한 모든 경우의 침전물의 열분해 과정이 파우더를 얻기 위해 필요하다. 하지만 어떤 조성은 마지막 과정 없이 얻을 수 있는데 이 경우를 직접침전법이라고 한다. $BaTiO_3$도 이 방법으로 얻을 수 있는 조성이다. 직접침전법으로 $BaTiO_3$를 얻으려면 $Ti(OR)_4$ (R: 프로필)을 $Ba(OH)_2$수용액에 떨어뜨리면 약 10 nm크기를 가지는 화학량론적 $BaTiO_3$ 파우더가 얻어진다.[1]

알콕사이드 가수분해

금속 알콕사이드 $M(OR)_n$ (M: 금속원자, R: 알킬)가 알코올에 섞여있을 때 물을 가하면 가수분해반응에 의하여 알코올과 금속산화물 또는 금속수산화물이 얻어진다. 이 반응을 종종 졸-겔 방법이라고 한다. 표 4.1에 이 방법에 의해 합성된 강유전체 조성이 나타나 있다. 졸-겔 방법으로 아주 작고 높은 순도의 파우더를 만들어 낼 수 있다. 금속 알콕사이드는 휘발되는 성향이 있으므로 증류법을 통해서 쉽게 정제할 수 있다. 높은 순도는 가수분해 반응이 일어나도 유지되는데, 그 이유는 원하는 조성이외에 다른 이온이 필요 없기 때문이다. 가수분해와 응축과정의 메커니즘은 아래와 같다.

가수분해:

$$\begin{array}{l} H - \underset{\displaystyle H}{\underset{|}{O}} + M{-}OR \rightarrow H{-}O{-}M + ROH \end{array}$$

Alkoxylation: (알코올에 의한 H의 제거)

$$\begin{array}{l} M - \underset{\displaystyle H}{\underset{|}{O}} + M{-}OR \rightarrow M{-}O{-}M + ROH \end{array}$$

Oxolation: (물에서 H의 제거)

$$\begin{array}{l} M - \underset{\displaystyle H}{\underset{|}{O}} + M{-}OR \rightarrow M{-}O{-}M + H_2O \end{array}$$

표 4.1 알콕사이드 가수분해 방법에 의해 제조된 강유전 조성

Crystalline	$BaTiO_3$ $Ba(Zr,Ti)O_3$ $(Ba,Sr)TiO_3$
Amorphous	$Pb(Mg_{1/3}Nb_{2/3})O_3$ $Ba(Zn_{1/3}Nb_{2/3})O_3$ $Pb(Zr,Ti)O_3$ $(Pb,La)(Zr,Ti)O_3$

$BaTiO_3$를 만들기 위해 이 방법을 사용할 때는 금속 알콕사이드 $Ba(OC_3H_7)_2$와 $Ti(OC_5H_{11})_4$을 이소프로필알코올(또는 벤젠)에 희석시킨다. 아주 곱고 결정성이 우수하며 입자크기가 10~100 Å (응집체 크기=1 μm)인, 화학량론적인 $BaTiO_3$가 얻어진다.

가수분해를 통하여 순도 99.98%의 파우더를 얻을 수 있는데, 이 파우더로 소결을 할 경우 산화물혼합법으로 얻은 시료에 비해 유전율이 많이 증가한다. 이 방법으로 $Pb(Zr,Ti)O_3$ [PZT] 파우더를 얻을 때 Ti나 Zr 알콕사이드에 비해 Pb 알콕사이드가 얻기가 어렵다.

이 조성을 얻기 위해서는 변형된 2단계 방법을 사용한다. 첫 번째 단계에서는 알콕사이드방법으로 $(Zr,Ti)O_2$를 만든다. 그리고 2단계에서는 $(Zr,Ti)O_2$와 PbO를 고상법으로 결합시킨다.

이와 같은 부분적인 졸-겔 방법은 값싼 나노크기의 파우더를 상업적으로 생산할 수 있는 매력적인 방법이다. 또 다른 가능한 방법은 지르코니움 n-butoxide $Zr[O(CH_2)_3CH_3]_4$와 Ti 이소프로폭사이드 $Ti[OCH(CH_3)_2]_4$와 $Pb(CH_3COCHCOCH_3)$를 이용하여 PZT 전구체상을 얻을 수 있다.

(2) 소결공정

합성된 파우더는 적당량의 바인더와 혼합한 후 프레싱이나 사출 또는 다른 방법에 의해 적당한 모양으로 만들어진다. 이 그린시료는 바인더를 제거하기 위하여 마지막 열처리 온도보다 낮은 온도에서 열처리(burn-out)를 해준다. 마지막으로 고온에서 소결하는데, 이 과정에서 세라믹은 높은 밀도를 지니게 된다. 소결은 일반적으로 높은 온도(녹는점보다 낮지만)에서 진행하고 가끔은 고압에서 소결하기도 한다. 특히, 이 과정을 핫프레싱이라고 한다. 이 과정은 구성원자들의 특정한 표면을 통한 확산을 가속시킨다. 이때 구동에너지는 표면에너지(표면 장력)이다. 그리고 이 확산과정을 통해서 그림 4.1에 나타난 것과 같이 이웃하고 있는 입자들의 표면결합이 증가된다. 그러므로 세라믹 소결체는 균

일하게 수축하기 때문에 원래의 모습을 유지하면서 기계적 강도를 가지게 된다. 소결체의 물리적 특성은 그것자체의 특성에 의해서도 좌우되지만 남아있는 기공들 그리고 입계 등과 같은 미세구조에 의해 좌우된다. 예를 들어서 소결체의 기계적 강도는 각각 원소들의 특성에 의해 결정되지만 입도 사이의 결합에 의해서도 좌우된다. 세라믹에서 파괴는 입계에서 발생하기도 하고(intergranular fracture) 또는 입도 내부(intragranular fracture)에서 발생하기도 한다. 그러므로 세라믹의 기계적 강도는 기계적으로 강한 결정들에 의해서 그리고 입도들의 강한 결합에 의해 증가된다. 소결과정을 통해서 세라믹 입도는 성장하고 그들의 모양도 많이 변화하게 된다.

원료 파우더의 형태가 소결과정과 마지막 생성물의 특성에 많은 영향을 끼친다는 것이 발견되었다. 일반적으로 소결도중에 일어나는 확산과정들은 원료 파우더의 크기가 작을수록 가속된다. 특히, 미세 파우더의 경우, 구성원자들의 확산 거리가 줄어들고 결과적으로 기공 확산과 기공의 제거를 촉진시킨다. 입도성장에 관해서 많은 연구가 되어왔다.[7] 입도크기 D와 소결시간 t는 아래와 같은 관계식을 갖는 것으로 알려져 있다.

$$D^{\beta} - D_o^{\beta} \propto t \tag{4.1}$$

정상적인 입도성장의 경우 β=2이고, 비정상 입도성장의 경우 β=3이다. 그림 4.2는 수산/에탄올에 의해 합성되고, 1200℃에서 각각 1시간 그리고 16시간 소결된 PLZT 9/65/35세라믹의 미세구조이다.[8] 이 경우는 정상 입도성장의 경우로서 그림 4.3에 보여지는 함수로 나타낼 수 있다. 이 경우 소결시간과 입도크기의 제곱과 선형적인 관계를 갖는다.

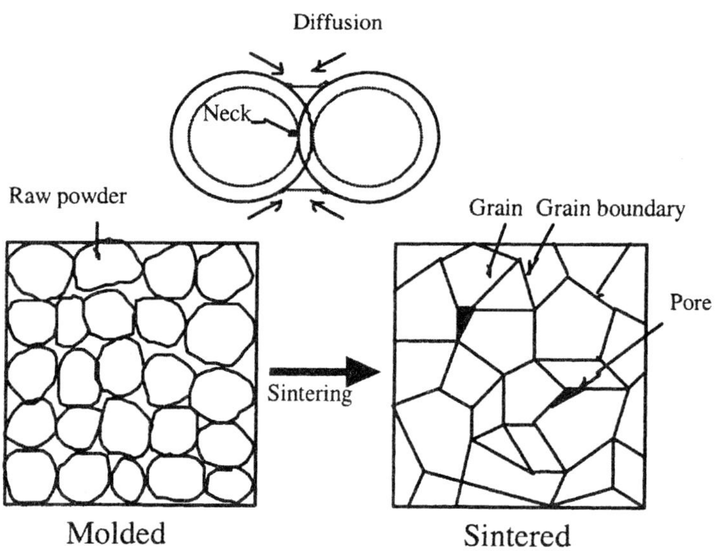

그림 4.1 소결공정 시 입도 성장과 결정의 결합을 보여 주는 개략도

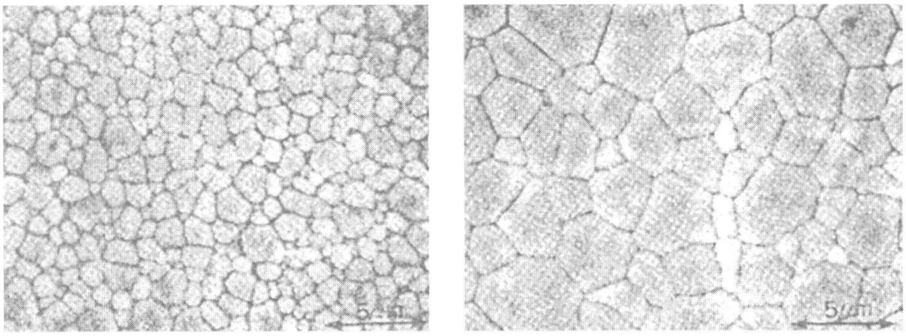

(a) (b)

그림 4.2 수산/에탄올에 의해 합성되고, 1200℃에서 소결된 PLZT 9/65/35세라믹의 미세구조: (a) 1시간, (b) 16시간

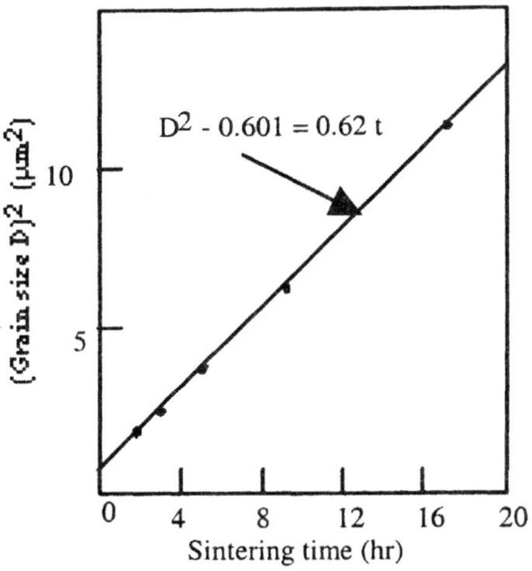

그림 4.3 PLZT 9/65/35 세라믹의 소결시간에 따른 입도 성장[8]

도핑은 소결조건과 입도성장을 조절하기 위해 일반적으로 사용하는 방법이다. 첨가물을 첨가하는 주된 이유는 소결온도를 감소하는 데 있다. 하지만 입도크기가 감소하거나 증가하는 부수적인 효과가 나타나기도 한다. 예를 들어 PbO나 Bi_2O_3가 첨가된 PZT는 입도성장이 감소된다. 0.8at %의 Dy가 첨가된 $BaTiO_3$의 경우 입도크기가 1 μm미만으로 감소된다.[9]

[**예제 4.1**]

양이온 K^{1+}, Bi^{3+}, Zn^{2+} 그리고 Nb^{5+}가 비규칙적 복합 페로브스카이트를 구성한다. 처음 두 이온이 A-자리를 그리고 나중의 두 이온이 B-자리를 차지한다. 가능한 조성을 구

하라.

Solution

페로브스카이트 구조는 일반적으로 아래와 같이 나타내진다.

$$ABO_3=(K^{1+}{}_{1-x}Bi^{3+}{}_x)(Zn^{2+}{}_{1-y}Nb^{5+}{}_y)O^{2-}{}_3$$

전기적 중성을 고려하면,

$$[1(1-x)] + [3(x)] + [2\,(1-y)] + [5(y)] = +6 \tag{P4.1.1}$$

$$2(x) + 3(y) = 3 \tag{P4.1.2}$$

여기서 $0<x<1$, $1/3<y<1$이다.

식 (P4.1.2)는 x와 y의 관계를 나타낸 식이다. 그리고 $(K_{3/4}Bi_{1/4})(Zn_{1/6}Nb_{5/6})O_3$는 이 영역에서 가능한 한 개의 조성이다.

(3) 단결정 성장

단결정은 압전/전왜 소자로 세라믹만큼 많이 이용되지는 않는다. 하지만 단결정이 이용되는 가능한 디자인이 연구되고 있다. 수열합성법에 의해 성장된 수정이나 Czochralski 방법으로 성장된 $LiNbO_3$나 $LiTaO_3$ 등이 일반적으로 이용되는 단결정이다. $LiNbO_3$ 단결정의 얇은 판을 이용한 유니몰프 구조가 발표되었다. 이 경우 두께 절반이 반대방향으로 분극되어 있어서 바이몰프와 같은 기능을 하게 된다.(그림 4.4 참고)[10] 비록 이 소자가 깨지기 쉽고 구부림 정도가 크지는 않지만 이력 특성이 없는 선형적 변형특성은 주사터널링 현미경과 같은 특수분야의 적용에 아주 잘 맞는다. 상전이 조성의 PZT단결정을 성장시키려고 많은 연구를 했지만 아직까지 1 mm^3 보다 큰 단결정은 만들지 못하였다. 최근 PZN, PZT-PT 그리고 PMN-PT가 의학 분야의 탄성트랜드듀서 응용으로 관심을 끌고 있는데, 그 이유는 1 cm^3 또는 그보다 큰 단결정을 플럭스방법으로 쉽게 기를 수 있기 때문이다. 이 재료들은 특정한 방향으로 폴링하였을 때 아주 큰 기계전기결합계수(95%)와 압전왜형계수($d=1570\times10^{-12}$ C/N)를 보여준다.[11,12] 결정성장 시에 ZnO, Nb_2O_5 그리고 TiO_2 혼합물에 과량의 PbO을 넣고 1150℃에서 900℃까지 2.5℃/hr로 냉각시킨다.

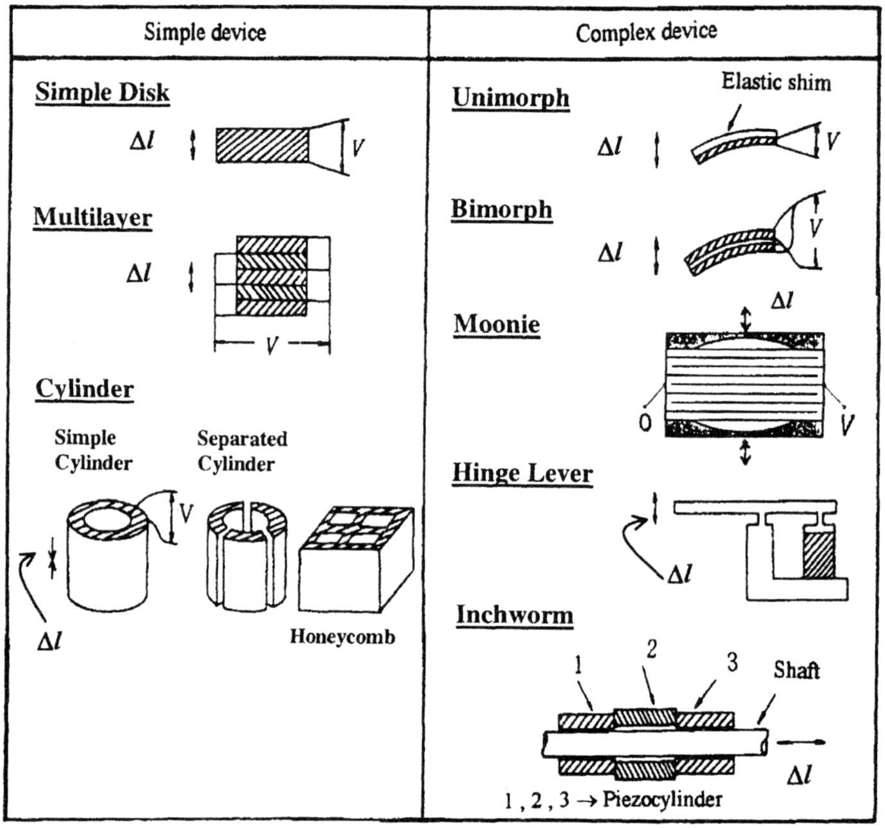

그림 4.4 구조형태에 따른 전기기계 세라믹 액추에이터의 분류

4.2 소자설계

구조종류에 따른 여러가지 전기기계 세라믹 액추에이터가 그림 4.4에 나타나있다. 간단한 소자는 종적 또는 횡 방향으로 유도된 왜형을 직접 이용한다. 단순 디스크나 다층 형태의 소자는 종적 왜형(길이방향)을 이용한다. 그리고 실린더 형태(단순 실린더, 분리된 실린더 그리고 벌집형태)의 소자는 횡방향의 왜형을 이용한다. 복잡한 소자는 유도된 왜형을 직접 이용하지 않고 공간적 확대기구(유니몰프, 바이몰프, 무니 그리고 힌지레버디자인)나 연속적 구동 메커니즘(인치웜)과 같은 확대기구를 통하여 증폭된 변위를 이용한다. 그림 4.4에 나타나 있는 여러가지 디자인 중에서 다층과 바이몰프 타입이 가장 일반적으로 이용된다. 다층 액추에이터의 경우 상대적으로 적은 변위(10 μm)를 만들어 내지만 상대적으로 큰 발생력 (100 kgf), 빠른응답속도 (10 μsec) 그리고 긴 수명 (10^{11} cycles) 그리고 높은 전기기계결합계수 k_{33}(70%)를 가지고 있다. 바이몰프 형태의 경우 변위는 아주 크지만 (300 μm) 발생력이 약하고 (100 gf), 응답속도가 느리며 (1 msec) 그리고 수명이 비교적 짧다(10^8 cycles). 그리고 전기기계결합계수k_{eff}(10%)도 작다. 다음 절에서 각

구조에 대해 자세히 분석할 것이다.

(1) 디스크 액추에이터

단일 디스크 소자는 효율이 낮아서 최근에는 상업적으로 잘 생산되지 않는다. 이것은 실험실에서 유용하고 다른 응용을 찾으려고 한다.

[예제 4.2]

1 mm $BaTiO_3$ 계열의 세라믹 디스크의 겉보기 유전율은 500이다. 시료제작할 때 에러로 인하여 0.5 μm의 얇은 공기막이 세라믹과 전극사이에 존재하고 있다. 이 공기막은 소자 양쪽 전극전체에 형성되어 있다. 만약 이러한 불순물(공기막)이 없다면 이 소자의 실제 유전율은 얼마인가?

해답

이 경우 측정된 정전용량은 세라믹과 두 개의 공기막이 직렬로 연결된 경우이다. 만약 커패시터의 넓이, 두께 그리고 공기막의 두께를 각각 S, d 그리고 δ라고 하면 전체 정전용량은

$$\frac{1}{C} = \frac{1}{(\varepsilon_o K A/d)} + \frac{2}{(\varepsilon_o A/\delta)} = \left(\frac{1}{\varepsilon_o A}\right)\left(\frac{d}{K} + 2\delta\right) \qquad \text{(P4.2.1)}$$

겉보기 유전율은 측정된 정전용량으로부터 아래와 같이 계산된다.

$$\frac{Cd}{\varepsilon_o A} = 500 \qquad \text{(P4.2.2)}$$

(P4.2.1)과 결합하면

$$\frac{1}{K} + \frac{2\delta}{d} = \frac{1}{500} \qquad \text{(P4.2.3)}$$

$d=10^{-3}$ m, $\delta=0.5\times10^{-6}$ m를 위 식에 대입하면 결함이 없는 소자의 유전율을 계산할 수 있다. K=1000.

이런 종류의 공정결함은 연마 후 알코올을 이용하여 세라믹 디스크 표면을 세척할 때 발생한다. 왜냐하면 알코올은 핫플레이트에서(100℃ 이상) 완전히 마르지 않기 때문이다. 위의 예제는 전극 형성시에 마이크론보다 작은 공기막이라도 만들지 않도록 주의해야 한다.

(2) 다층 액추에이터

강유전 세라믹 다층소자가 커패시터나 액추에이터 적용을 위해 많이 연구되어 왔다. 왜냐하면 이 소자는 낮은 구동전압을 가지고 있고 하이브리드 구조 적용 및 소형화에 적합하기 때문이다. 소형화와 하이브리드화는 현대의 마이크로메카트로닉스에 아주 중요한 개념이다. 다층 액추에이터의 목적은 궁극적으로 10 μm보다 얇은 막을 적용시키는 데 있다. 그런데 이 기준은 현재 다층 커패시터의 기본이다. 현재 일반적인 다층 액추에이터의 막 두께는 60 μm이다. 다층 구조는 일반적으로 0.1% 정도의 왜형이 전기장에 의해 길이 l 방향으로 유도된다. (예를 들어 1 cm의 시료는 약 10 μm의 변위를 보여준다) 그리고 기본적인 공진주파수는 아래와 같이 주어진다.

$$f_r = \frac{1}{2l\sqrt{\rho s_{33}^{D}}} \tag{4.2}$$

위 식에서 ρ는 밀도, $s_{33}{}^{D}$는 탄성계수이다. (예를 들어 1 cm시료는 100 KHz의 공진주파수를 갖는다) 새로운 전기기계재료나 변경된 전극구조를 갖는 새로운 다층구조나 이종구조가 기대되며 이러한 구조는 복잡하고 기능성이 뛰어난 시스템에 적용될 수 있다. 일반적으로 다층 세라믹 소자를 제작하는 데 2가지 방법이 있다. (1) 절단-접착 방법과 (2) 테이프 캐스팅 방법이다.

상업적으로 NTK-NGK에서 제작된 압전기둥의 모식도가 그림 4.5에 나타나 있다.[13] 이것은 100개의 PZT세라믹디스크로 구성되어 있다. 각 디스크는 자른 후 연마되었고 두께는 1 mm정도이다. 그리고 각 디스크 사이에 금속 포일이 들어가 있어서 전극으로 작용한다. 이 기둥은 1.6 kV의 전압이 가해졌을 때 100 μm의 변형이 발생하고 최대 발생력은 3톤 정도이다. 이 소자는 볼트에 의해 고정되고 기계적으로 지지되어 있어서 분해되거나 기계적으로 파괴가 거의 안 일어난다. 이러한 소자들은 변형이나 발생력을 만들어 내

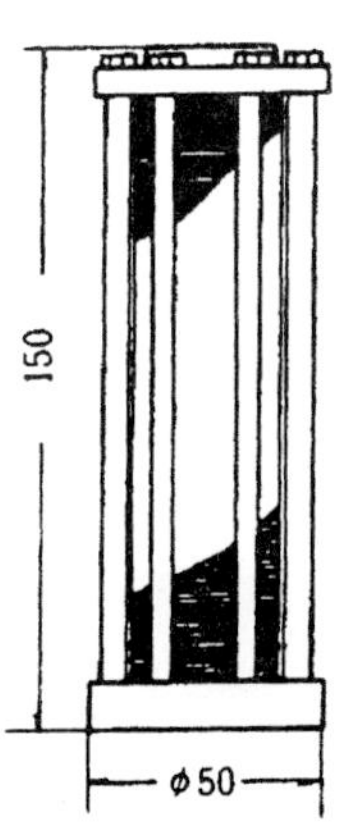

그림 4.5 NTK-NGK에서 제작된 압전기둥의 모식도[13]

지만 절단-접착 방법은 그 자체로 결함을 가지고 있다. 가장 큰 문제는 노동력이 많이 필요하다는 것이다. 그러므로 대량생산이 거의 불가능 하다. 이러한 소자는 비교적 높은 구동전압이 필요한데, 그 이유는 이 판을 만드는 데 최소두께가 0.2 mm정도이기 때문이다.

테이프 캐스팅 방법의 경우 전극이 발려진 세라믹 그린 쉬트를 서로 접착한 뒤 전극과 더불어 소결하는데, 대량 생산이 용이하고 얇은 판으로 소자를 제작할 수 있으므로 구동전압이 비교적 낮다. 다층구조는 동시에 소결된 유전체층과 전극층이 번갈아가면서 존재하며 그림 4.6에 잘 나타나 있다. 두 개의 전극의 중간에 존재하여 샌드위치 구조를 갖는 강유전체 한층이 변위를 만들어 내는 단위체이다. 수백 개의 이러한 단위층들이 외부 전극에서 공급되는 전위차에 병렬로 연결되어 있다. 이러한 외부 전극은 그림 4.6에 보여지듯이 스텍 내부에 존재하는 많은 내부전극을 연결시킨다. 제조과정의 순서도가 그림 4.7에 나타나 있다. 그린 쉬트들은 두 가지 과정에 의해서 만들어진다. 세라믹 파우더를 적당한 양의 액체용액에 넣어서 현탁액을 만든다. 현탁액은 일반적으로 솔벤트, 해교제, 바인더 그리고 가소제로 구성되어 있다. 두 번째 과정에서는 현탁액을 닥터블레이드라고 불리는 특수하게 제작된 칼날에 의해서 막으로 제작된다. 이때 막의 두께는 현탁액을 움직이는 운반자와 날 사이의 간격에 의해 결정된다. 건조 후에는 그린 쉬트라고 불리우는 막은 인조 가죽처럼 탄성적 유연성을 갖는다. 폴리머화된 기지상 내의 세라믹의 부피는 약 50%정도이다. 그린 쉬트는 적당한 크기로 절단되고 은, 팔라디움 또는 백금 잉크를 이용하여 내부전극을 형성시킨다. 수천 개의 층들이 접착되고 핫프레스에 의해 압축된다. 이러한 스텍들이 여러조각으로 잘려진 후에 1200℃에서 소결을 시킨다. 이때 500℃부근에서 바인더를 제거하기 위하여 특별한 열처리를 한다. 소결이 끝난 소자들은 연마되고 외부전극을 만든 후에 납 와이어가 부착되고 방수처리가 마지막으로 행해진다.

전통적인 인터디지털 전극의 단면구조가 그림 4.8(a)에 나타나 있다.[14] 내부전극의 면적은 소자 단면적보다 약간 작다. 내부전극이 하나 건너서 같은 면에 연결되어 있으며 외부전극에 연결되어 있음을 알 수 있다. 그러므로 소자의 모든 층이 병렬로 연결되어 있음을 알 수 있다. 각 층에서 작은 부분이 내부전극에 연결되어 있지 않는데, 그 부분은

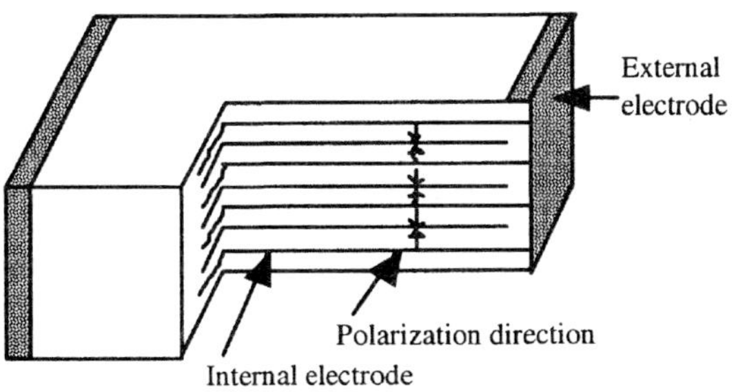

그림 4.6 다층 액추에이터의 구조

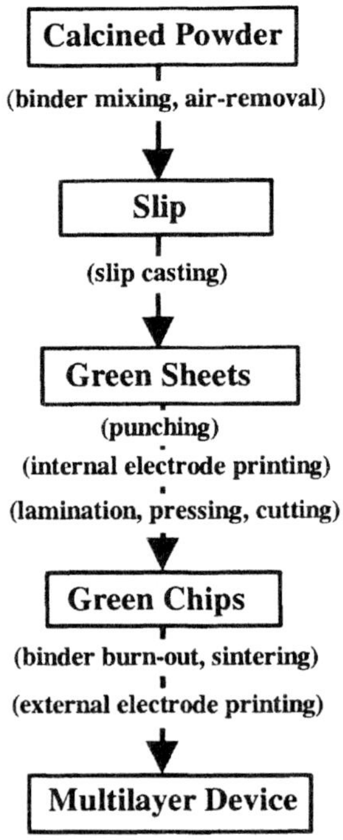

그림 4.7 다층 세라믹 액추에이터 제작 과정 모식도

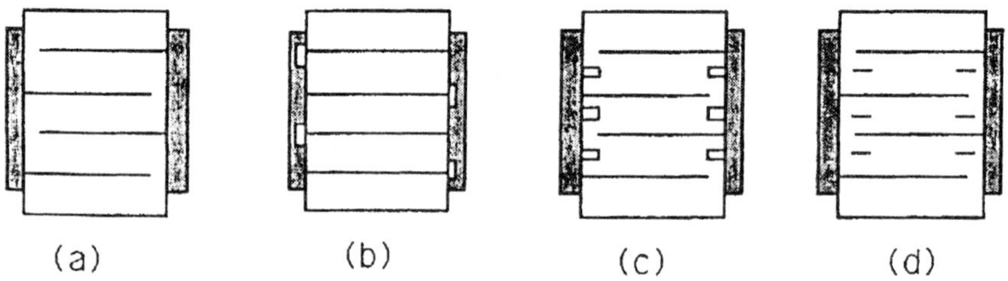

그림 4.8 다층 액추에이터의 다양한 내부전극: (a) 인터디지털, (b) 판–관통, (c) 슬릿–삽입, (d) 떠있는 전극을 갖는 인터디지털

비활성영역이다. 이 영역은 변위가 발생하지 않으므로 소자에 나쁜 영향을 미치는 스트레스가 발생하게 된다. 다층구조가 그림 4.9(a)에 나타나 있고 이 테스트소자에 발생하는 왜형의 분포가 그림 4.9(b)에 나타나 있다. 변위분포의 미분이 소자내부에 발생하는 응력집중의 계산 결과이다.[15] 내부응력분포는 유한요소법에 의해서도 계산된다. 이 분석법에 의한 결과가 그림 4.10에 나타나 있다. 최대 인장 및 압축 응력이 각각 1×10^8 N/m^{2}과 1.2×10^8 N/m^{2}으로 세라믹의 한계강도에 근접한 값이다.[15]

여러가지 종류의 다층구조에서 균열의 전파에 관한 많은 연구가 진행되었다.[16] 그림 4.11(a)는 PNNZT압전 액추에이터가 양극에 의해 구동될 때 흔히 발생하는 균열 형태를 보여준다. 이 형태는 이론적 계산에 의해 예측되는 결과와 유사하다.[15] 균열은 내부 전극

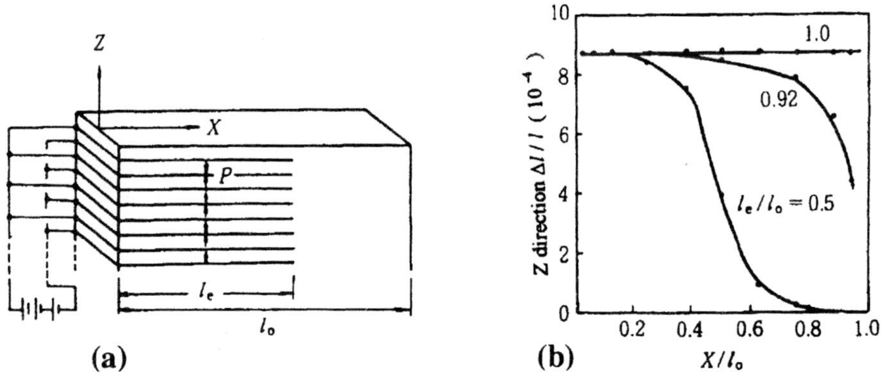

그림 4.9 다층구조: (a) 개략도, (b) 시험소자에서 얻어진 유도왜형 분포[15]

의 모서리에서 발생하여 가까이에 있는 전극으로 전파된다. 전극과 세라믹과의 분리가 동시에 일어나며 Y-모양의 균열이 발생한다. 이 경우는 그림 4.11(b)에서 보여지는 반강유전체인 PNZST에서 발생하는 균열과는 다르다. 이 경우에도 Y-모양의 균열이 발생하지만 세라믹 내부에서 발생한다.[17] 이것은 아마도 세라믹 내부에 발생하는 두 가지 다른 왜형에 의한 것으로 생각된다. 즉, 이방성 압전왜형과 반강유전성과 연관된 이방성 왜형 때문인 것으로 판단된다.

판-관통이라고 불리는 (그림 4.8(b)) 변형된 전극 형태가 이러한 기계적인 문제를 해결하기 위하여 NEC에 의해 개발되었다.[18] 이 디자인에서는 전극이 세라믹 표면까지 확장되어 있어서 응력집중이 일어나지 않는다. 이 변형된 디자인에서는 양쪽면에서 전극을 하나 건너서 절연시켜야 한다. 이 경우 외부전극에 페인트를 발라서 절연시켰다. 이 변형된 소자의 경우 중요한 문제는 정확하게 내부전극을 절연시켜야 하며 세라믹과 내부

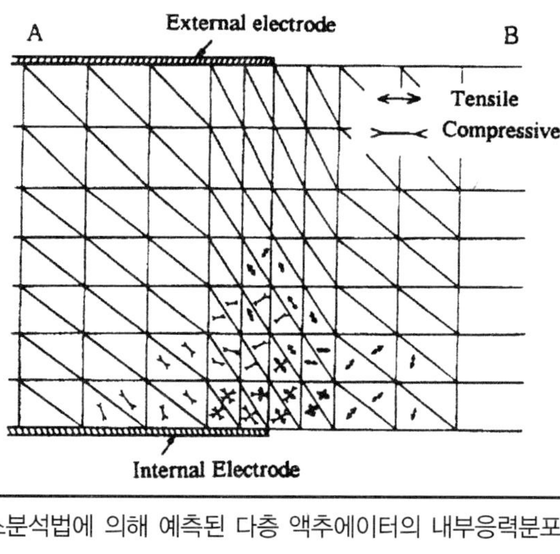

그림 4.10 유한요소분석법에 의해 예측된 다층 액추에이터의 내부응력분포[15]

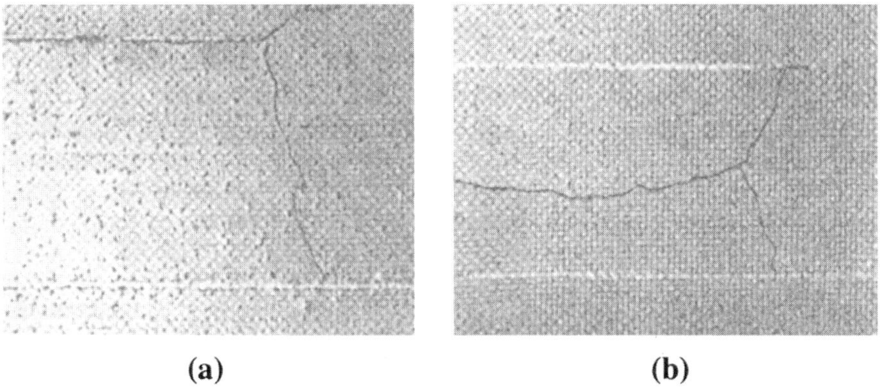

그림 4.11 바이폴라 구동에 의해 다층 세라믹 액추에이터 내부에 발생하는 균열: (a) 압전 PNNZT, (b) 반강유전 PNZST[16]

전극의 접합특성을 향상시키는 것이다. NEC 연구자들은 첫 번째 문제를 해결하기 위하여 전기 영동법을 이용하여 유리로서 절연이 필요한 전극을 절연시켰다. 접착문제는 Ag-Pd 전극물질과 세라믹 상의 조성을 동시에 함유 특수 전극접착제를 개발하여 해결하였다. 100 μm 두께의 쉬트 ($2\times3\times10\ mm^3$)의 99층으로 구성된 (0.65)PMN-(0.35)PT 다층 액추에이터의 변위 그래프가 그림 4.12(a)에 보여진다.[19] 이 결과로부터 100 V의 전압이 가해졌을 때 8.7 μm의 변형이 일어나는 것을 알 수 있다. 그리고 약간의 이력특성이 나타남을 알 수 있다. 이 그래프는 전형적인 디스크형 소자의 반응과 일치한다. 직사각형 형태의 전압을 가해 주었을 때 유도되는 변형의 순간적 반응이 그림 4.12(b)에 나타나 있다. 생성 및 소결 반응이 약 10 μsec정도로 빠름을 알 수 있다.

슬릿-삽입 디자인과 떠있는 전극을 갖는 인터디지털 디자인이 그림 4.8(c)와 4.8(d)에 각각 나타나 있다. 슬릿-삽입 디자인의 경우 응력집중이 해소됨을 알 수 있고, 디지털 디

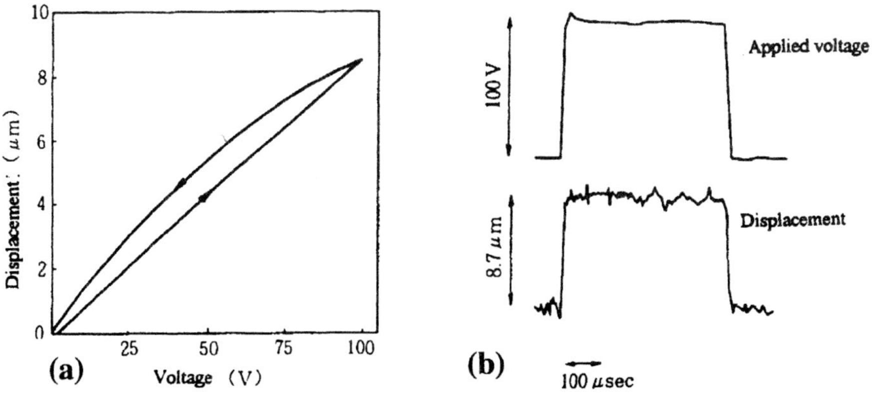

그림 4.12 (0.65)PMN-(0.35)PT 다층 액추에이터의 반응: (a) 가해준 전압에 따른 변위, (b) 스텝전압에 대한 변위 반응

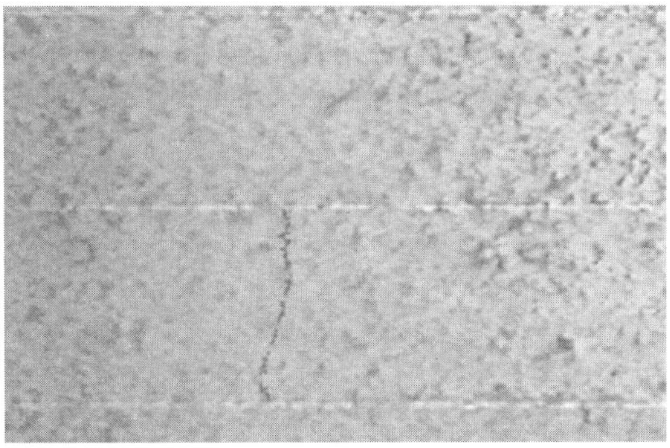

그림 4.13 다층소자의 비활성바닥층에 근접한 층에서 발생하는 수직 균열

자인의 경우 전기장집중 현상이 발생하지 않음을 알 수 있다.[20] 쉽게 발견되는 또 다른 균열 형태는 수직 균열로서 작동하지 않는 맨 위층이나 아래층에 근접한 층에서 일반적으로 발생한다. 이 비활성층은 소자와 이 액추에이터가 붙어있는 물질과의 계면으로 존재하게 된다. 그림 4.13은 다층소자의 비활성바닥층에 근접한 층에서 발생하는 균열을 보여준다. 이 균열은 두꺼운 비활성층에 고정된 층에서 발생하는 횡방향의 인장응력에 의해 발생하게 된다. 이 문제를 해결하기 위하여 소자의 위층과 아래층에 막대를 먼저 설치하는 방안이 제시되었다.

[예제 4.3]

일정한 전압 V하에서 압전 다층 액추에이터는 단일디스크 형태의 소자에서 발생하는 변위보다 증폭된 변위를 보인다. 그리고 더욱 큰 변위가 전왜재료로 만들어진 소자로부터 얻어진다. 이 현상을 압전과 전왜효과, 즉 $x=dE$와 $x=ME^2$을 이용하여 증명하라.

▶ 해답

l, Δl 그리고 n을 각각 전체 두께, 변위 그리고 세라믹의 층수라고 하자. 왜형은 $\Delta l/l$이다. 그리고 소자의 각 층에서 발생하는 변위는 아래식으로 주어진다.

(a) 압전 액추에이터의 경우:

$$\Delta l = l \times l\ d\ E = l\ d\ [\ V\ /\ (l\ /\ n)\ ] = n\ d\ V \tag{P4.3.1}$$

위 식으로부터 변위는 층수 n에 비례하여 증가한다.

(b) 전왜 액추에이터의 경우:

$$\Delta l = l\ x = l \times M\ E^2 = l \times M\ [V\ /\ (l\ /\ n)]^2 = n^2\ [M\ /\ l]V^2 \tag{P4.3.2}$$

앞 식으로부터 전왜재료의 경우 변위가 층수의 제곱에 비례함을 알 수 있다. 그러므로 전왜소자가 압전소자보다 더욱 효과적임을 알 수 있다.

새로운 인터디지털 내부전극구조를 가진 다층 액추에이터가 Tokin에 의해 개발되었다.[21] 전통적인 인터디지털전극에 비해 이 변형된 디자인은 압전 그린쉬트에 전극을 프린트한 후에 그린쉬트를 적층하는데, 이때 위층의 전극이 1/2 피치만큼 벗어나게 하였다. 이 액추에이터는 종방향의 압전효과에 의해서 적층방향에 수직한 방향으로 변위를 만들어 낸다. 길이가 74 mm정도가 되는 긴 액추에이터를 생산하였는데, 이때 종방향으로 변위가 55 μm정도 되었다. 다층구조를 가진 3차원의 위치 제어 액추에이터가 PI세라믹 사에 의해 개발되었다. 이 액추에이터는 횡방향 그리고 전단 왜형을 발생시켜 변위를 만들어 낸다.[22] 그림 4.14(a)에서 볼 수 있듯이 이 액추에이터는 세 부분으로 구성되어 있다. 윗 부분의 10 mm 길이의 Z부분은 z방향으로 변위를 발생시킨다. 반면에 두 번째와 마지막 부분의 10 mm크기의 X와 Y부분은 전단변형을 통해서 x와 y방향으로 변위를 발생시킨다. (그림 4.14(b) 참조)

이 소자는 500 V가 1 mm정도의 두께 층에 가해졌을 때 모든 방향으로 10 μm의 변형을 발생시킨다.

여러가지 고장을 감지하는 기술들이 액추에이터 소자의 상태를 진단하기 위하여 제안되었다.[23] 음향방사(AE) 감지 시스템을 이용하는 지능형 액추에이터의 한 예가 그림 4.15에 나타나 있다. 이 액추에이터는 2가지의 피드백 기구에 의해 조정하고 있다. 그 중

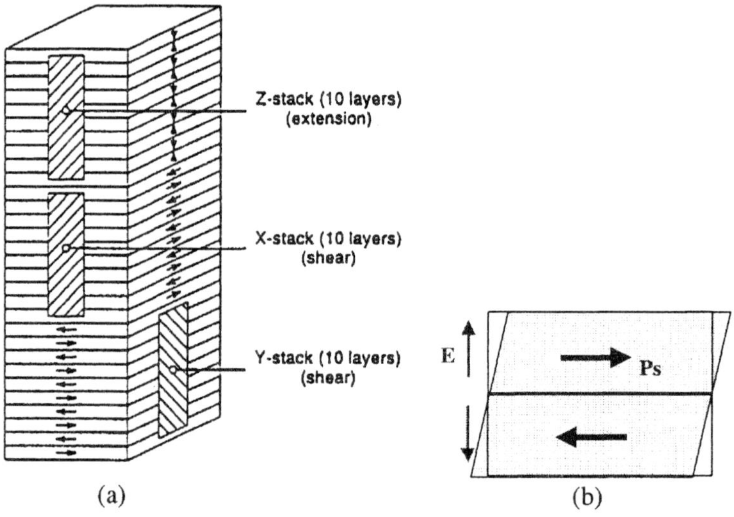

그림 4.14 PI세라믹 사에 의해 제안된 스텍 구조를 가진 3차원 위치제어 액추에이터: (a) 구조 개략도, (b) 전단 변위 도해

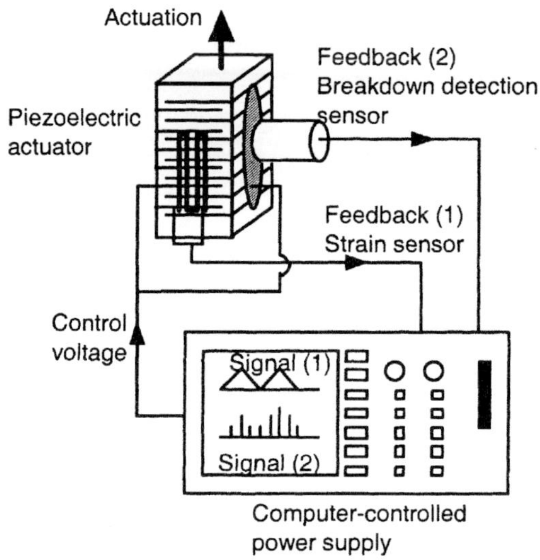

그림 4.15 위치 및 파괴감지 피드백 메커니즘을 가진 지능형 액추에이터

하나는 위치 피드백 시스템으로 액추에이터의 위치 흔들림 등을 보정해 준다. 그리고 나머지 하나는 파손 측정 피드백 시스템으로 갑작스러운 파손시 액추에이터를 안전하게 끄는 역할을 한다. 3.5(3)절에서 언급했듯이 주기적인 전기장에 의해서 구동되는 압전 액추에이터로부터 나오는 음향방사는 기계적 파손을 보여주는 좋은 증거이다. 이 방사는 균열이 세라믹 내부에서 최고 속도로 전파될 때 가장 크게 나타난다. 그러므로 이지능형 액추에이터의 일부분이 음향방사를 측정하고 반응하는 데 이용된다. 이 AE 비율은 소자가 파괴되기 직전에 1000배 정도 증가한다. 그러므로 다층 압전 액추에이터의 작동시 이 소자의 AE 센싱부분에서는 방사를 모니터링한다. 그리고 이 방사가 급격히 증가하면 시스템을 정지시킨다.

최근에 개발된 다른 소자 파손의 자가 진단 시스템은 그림 4.16에 나타난 것과 같이 왜형 게이지 형태이다.[24] 전기장에 의해 유도된 왜형 그리고 크랙 형성은 세라믹 액추에이터에 내장되어 있는 왜형 게이지 형태의 전극의 저항을 모니터링하면 알 수 있다. 그림 4.17은 지능형 소자의 저항변화가 전기장에 따라 변화하는 모습을 보여준다. 그림 4.17(a)는 튼튼한 소자의 전기장에 의해 유도된 왜형 변화 그래프들을 보여준다. 각각의 커브에는 구동 사이클수가 표시되어 있다. 그림 4.17(b)에 나타난 것과 같이 저항의 급작스러운 감소는 파괴의 전조 증상이다.

에이징(aging) 효과는 구동사이클의 수가 증가함에 따라서 점차적으로 증가하는 저항의 증가로 나타난다. (그림 4.17(a) 참고) 세라믹의 에이징 효과는 신뢰성 있는 액추에이터 소자를 디자인하는 데 아주 중요한 인자이다. 하지만 이 효과를 이해하고 조절하려는 연구는 거의 진행되지 않았다. 에이징은 두 가지의 퇴화에 의해 일어난다: (1) 디폴링과

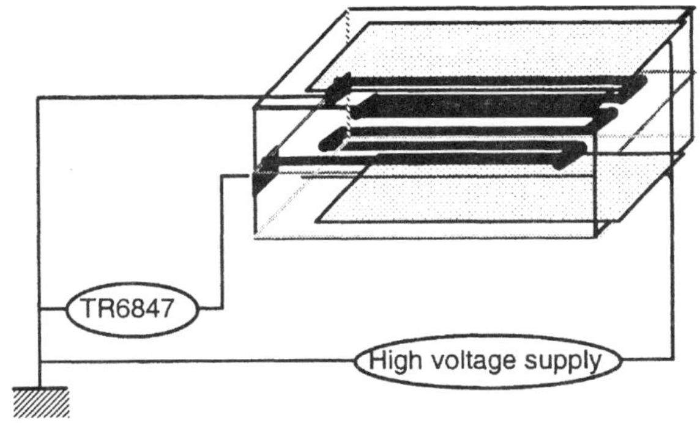

그림 4.16 지능형 건강 모니터링 액추에이터를 위한 내부전극의 왜형 게이지 모식도[24]

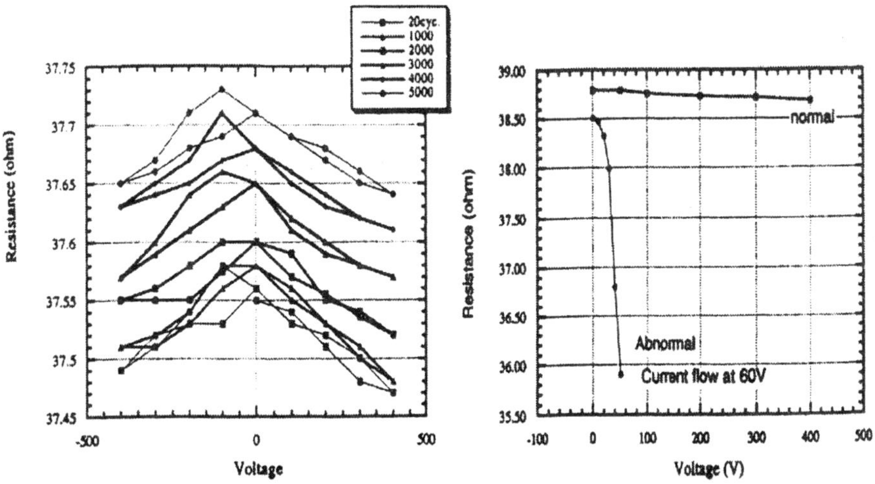

그림 4.17 가상 파괴 자가진단을 위한 왜형 게이지 타입의 내부전극을 가진 지능형 액추에이터의 가해진 전압에 따른 저항 변화: (a) "건강" 소자의 전기장에 의해 유도된 왜형 반응, (b) 파괴된 소자의 반응[24]

(2) 기계적 파괴이다. 액추에이터의 변위에 나타나는 균열이나 영점의 흔들림(zero point drift)은 세라믹의 디폴링에 의해 발생한다. 왜형 반응은 소자가 높은 전기장, 고온, 높은 습도 그리고 높은 기계적 응력하에서 감소된다. DC 바이어스 전압에서 구동되는 다층 액추에이터의 수명은 다음과 같은 실험식에 의해 기술된다.

$$t_{DC} = A\ E^{-n} \exp(W_{DC}/kT) \tag{4.3}$$

이 식에서 W_{DC}는 활성화에너지로서 0.99~1.04 eV 정도이다.[25]

여러 크기의 다층압전 세라믹 액추에이터에서 발생하는 열에 대하여 많은 연구가 진행되었다.[26] 그림 4.18은 3 kV/mm, 300 Hz에서 구동되는 액추에이터에서 발생하는 온도 증가 ΔT가 V_e/A에 따라서 나타나 있다. 여기서 V_e는 액추에이터의 유효부피(소자의 전

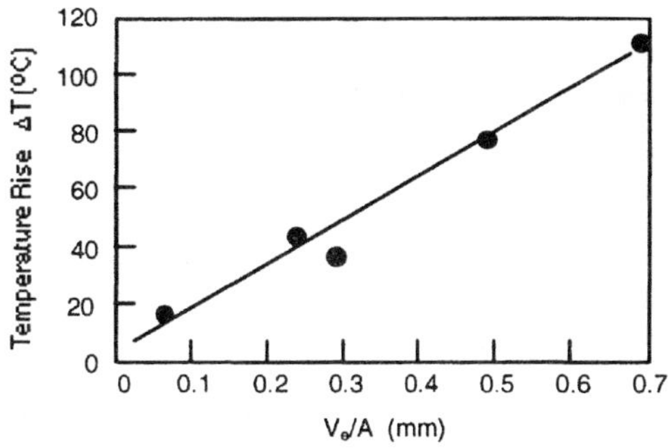

그림 4.18 3 kV/mm, 300 Hz에서 구동되는 액추에이터에서 발생하는 V_e/A에 따른 온도증 ΔT. V_e는 액추에이터 유효부피(소자의 전극부분에 해당됨)이고 A는 그것의 표면적[26]

극부분에 해당됨)이고 A는 그것의 표면적이다.

관찰된 선형적인 관계가 소자부피 V_e와 그것의 면적 A의 비율에서도 예측된다. 이러한 관계식으로부터 소자에 발생하는 열을 줄이기 위해서는 V_e/A의 값이 작을수록 좋다. 예를 들어서 납작하거나 실린더 형태의 소자가 입방체나 고체막대형태보다 좋다.

(3) 실린더 형태의 소자

일반적으로 같은 압전세라믹 내에서 길이방향으로 유도되는 왜형(전기장에 평행)이 횡방향으로 유도되는 왜형에 비해 이력특성이 적다. 그러나 양방향 모두 유도되는 왜형의 크기는 소자모양에 좌우된다. 그림 4.19는 광학간섭계에서 광학경로를 조절하는 데 사용되는 두 개의 실린더형의 PZT-5 액추에이터를 보여준다.[27] 비록 두 디자인 모두 실린더의 축을 따라서 발생하는 변위를 이용하지만 그림 4.19(a)에 나타나 있는 단순실린더 형태는 횡적효과에 의해 구동하고 반면에 4.19(b)에 나타난 다층실린더디자인은 종적효과를 통해서 작동된다. 단순실린더형 구조가 다층구조에 비해 이력특성이 적다.

(4) 유니몰프/바이몰프

유니몰프 그리고 바이몰프 소자들은 세라믹과 비활성탄성판의 표면을 접착한 단순구조를 가지고 있다. 유니몰프 소자는 한 개의 그리고 바이몰프 소자는 두 개의 세라믹 판이 한 개의 탄성 쐐기(shim)에 접착되어 있다. 이 절에서는 바이몰프에 대해 주로 논의하려고 한다.

바이몰프에서는 구부림 변형이 일어난다. 그 이유는 두 개의 세라믹 판이 서로 접착되어 있고 각각의 판이 전기장을 가해주면 늘어나든지 줄어들든지 하기 때문이다. 이러한 효과가 압전 스피커에 이용된다. 이 바이몰프 구부림 변형에 의해 유기되는 전압이 가속도계에 이용된다. 이 구조는 아주 일반적이고 널리 이용되는 구조로서 제작이 용이하고 <두 개의 세라믹 판을 적당한 접착제로 접착시키면 된다> 이 소자는 큰 변위를 발

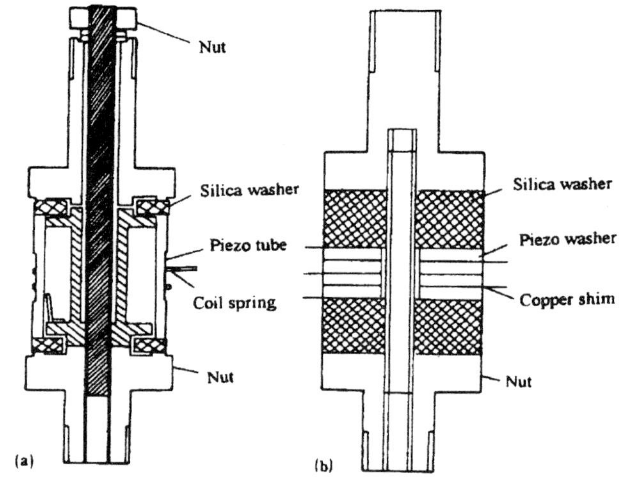

그림 4.19 광학간섭계에서 광학경로를 조절하는 데 사용되는 두 개의 실린더형의 PZT-5 액추에이터: (a) 횡적 효과에 의해 구동되는 단순실린더 형태, (b) 종적 효과를 통해서 작동되는 다층실린더디자인[27]

생시킨다. 이 구조의 단점은 응답속도가 낮고 (1 kHz) 구부림 모드이기 때문에 발생력이 낮다. 그림 4.20에 나타난 것과 같이 바이몰프 구조의 신뢰성을 증가시키기 위하여 금속판 쐐기가 두 세라믹 판 사이에 이용되기도 한다.

이러한 형태의 쐐기가 사용될 때는 세라믹이 파괴되더라도 소자의 본래 모양은 유지된다. 바이몰프는 그 끝의 최적변위는 유지하면서 응답속도를 높이기 위해 끝이 가늘어지는 형태를 이용한다. 한 방향으로 정렬된 카본 파이버로 강화된 플라스틱으로 만들어진 이방성 탄성 쐐기를 사용하여 등방성인 쐐기를 사용하는 소자에 비해 변위를 약 1.5배 정도 증가시키기도 한다.[28]

이러한 소자들에 대한 많은 연구가 진행되었고 응답속도와 끝부분의 변위를 기술하는 식들이 발표되었다. 쐐기가 없는 두 개의 바이몰프 구조가 그림 4.21에 보여진다.

같은 두께와 길이를 가진 두 개의 폴링된 압전판이 같은 분극방향 혹은 반대의 분극방향으로 결합되어 있다. 이 소자들에 V의 전압을 가할 때, 이때 소자의 한 쪽은 고정되어 있다. (캔틸레버 조건), 끝부분의 변위 δ는 아래와 같이 주어진다.

$$\delta=(3/2)\ d_{31}\ (l^2/t^2)\ V \tag{4.4a}$$

$$\delta=3\ d_{31}\ (l^2/t^2)\ V \tag{4.4b}$$

위 식에서 d_{31}은 압전왜형계수이고, t는 두 세라믹을 합한 두께이고, l은 바이몰프의 길이이다. 식 (4.4a)는 분극이 서로 반대일 때 그리고 식 (4.4b)는 분극방향이 서로 같을 때 적용되는 식이다.

두 경우의 차이는 전극 틈의 차이에서 발생된다. 전극끼리의 거리는 분극이 서로 반

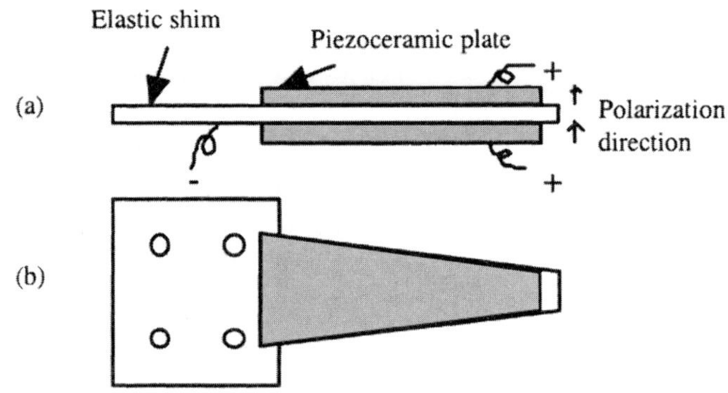

그림 4.20 압전 바이몰프의 기본 구조: (a) 단면구조, (b) 평면구조

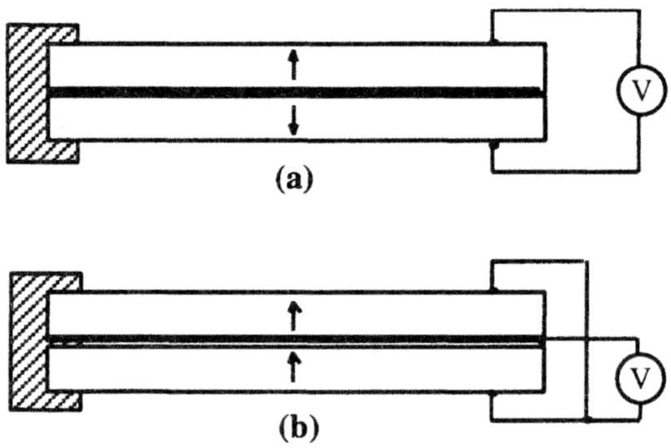

그림 4.21 두 종류의 압전 바이몰프: (a) 반대의 분극방향, (b) 동일한 분극방향

대인 경우 두 압전판 두께와 같고(그림 4.21(a)) 분극이 평행인 경우 두 압전판 두께 값의 1/2와 같다. (그림 4.21(b)) 양쪽 다 모두 기본 공진주파수는 두 압전판 두께의 값 t에 의해 아래 식에 의해 결정된다.

$$f_o = 0.161\left[\frac{t}{l^2\sqrt{\rho s_{11}^E}}\right] \tag{4.5}$$

이 식에서 ρ는 세라믹의 밀도, $s_{11}{}^E$는 탄성계수이다.[29]

[예제 4.4]

압전왜형계수 $d_{31}=(-300)$pC/N인 PZT 계열의 세라믹을 이용하여 전체길이가 30 mm(5 mm는 캔틸레버의 지지대)의 바이몰프를 제작하시오. 단, 이 바이몰프는 20 V의 전압이 가해졌을때 40 μm의 끝부분 변형이 발생해야 한다. 그리고 이 바이몰프의 응답속도를 계산하라. 이 세라믹의 밀도 $\rho=7.9$ g/cm^{3}이고 탄성계수 $s_{11}{}^E=16\times10^{-12}$ m^2/N이다.

➤ 해답

소자가 낮은 전압에서 구동될 때에는 그림 4.21(a)와 같이 반대방향의 분극을 가지는 형태의 소자가 그림 4.21(b)와 같이 같은 방향의 분극을 가지는 소자보다 더 많이 이용된다. 그 이유는 반대방향 분극소자가 같은 조건에서 더 큰 변위를 만들어내기 때문이다.

l=25 mm를 식 (4.3b)에 대입하면 압전판의 전체 두께 t를 계산할 수 있다.

$$t = l\sqrt{3(d_{31}V/\delta)}$$

$$= 25\times10^{-3}(m)\sqrt{3[300\times10^{-12}(C/N)\ 20(V)/40\times10^{-6}(m)]} \qquad (P4.4.1)$$

$$\rightarrow\rightarrow t = 530\ \mu m.$$

그러므로 세라믹은 265 μm 두께와 30 mm 길이 그리고 4~6 mm 두께로 제작해야 한다. 이 판들에 전극을 바르고 폴링한 후에 서로 접착한다. 그리고 일반적으로 바이몰프의 폭은 굽힘 변형을 최대로 하기 위해 [w/l < 1/5]로 정하여 사용한다.

응답시간은 공진주기에 의해 계산된다. 그리고 기본 공진주파수는 아래 식에 의해 구해진다.

$$f_o = 0.161\left[\frac{t}{l^2\sqrt{\rho s_{11}^E}}\right] \qquad (P4.4.2)$$

$$=0.161\left[\frac{530\times10^{-6}(m)}{[25\times10^{-3}(m)]^2\sqrt{7.9\times10^3(kg/m^3)16\times10^{-12}(m^2/N)}}\right]=378\ (Hz)$$

$$\rightarrow\rightarrow \text{Response Time} \approx \frac{1}{f_o}=\frac{1}{378(s^{-1})} = 2.6(ms)$$

[예제 4.5]

유니몰프형태의 구부림 액추에이터는 압전판을 금속 쐐기에 접착힘으로써 만들 수 있다. 캔틸레버 형태를 가진 유니몰프의 끝부분의 변형 δ는 아래와 같이 주어진다.

$$\delta = \frac{d_{31}El^2Y_ct_c}{(Y_m[t_o^2-(t_o-t_m)^2]+Y_c[(t_o+t_c)^2-t_o^2])} \qquad (P4.5.1)$$

이 식에서 E는 가해진 전기장, d_{31}은 압전왜형계수, l은 유니몰프의 길이, Y는 세라믹 또는 금속의 영의 계수이다. 그리고 t는 각 재료의 두께이다. 그리고 아래첨자 m과 c는 각각 금속과 세라믹을 나타낸다. t_o는 왜형이 없는 중앙의 면에서 접착면까지 거리이고 다음과 같이 정의된다.

$$t_o = \frac{t_c t_m^2 (3t_c + 4t_m) Y_m + t_c^4 Y_c}{6 t_c t_m (t_c + t_m) Y_m} \qquad \text{(P4.5.2)}$$

$Y_c = Y_m$ 이라고 하면 아래와 같은 조건에서 변형 δ를 최대화시키는 최적의 (t_m/t_c)비율을 계산하라.

a) 세라믹 두께 t_c가 고정된 경우

b) 전체두께가 고정된 경우 (공진주파수가 일정함), $t_c + t_m$ 일정

해답

$Y_c = Y_m$ 으로 하면 식 (P4.5.1)과 (P4.5.2)는 아래와 같이 된다.

$$\delta = \frac{d_{31} E l^2 t_c}{([t_o^2 - (t_o - t_m)^2] + [(t_o + t_c)^2 - t_o^2])} \qquad \text{(P4.5.3)}$$

$$t_o = \frac{t_c t_m^2 (3t_c + 4t_m) + t_c^4}{6 t_c t_m (t_c + t_m)} \qquad \text{(P4.5.4)}$$

식 (4.5.4)에 주어진 t_o를 (P4.5.3)에 대입하면

$$\delta = \frac{d_{31} E l^2 3 t_m t_c}{(t_m + t_c)^3} \qquad \text{(P4.5.5)}$$

a) $f(t_m) = (t_m t_c)/(t_m + t_c)^3$가 세라믹 두께가 일정한 상태에서 최대가 되려면,

$$\frac{df(t_m)}{dt_m} = \frac{(t_c - 2t_m) t_c}{(t_m + t_c)^4} = 0 \qquad \text{(P4.5.5a)}$$

그러므로 금속두께는 $t_m = t_c/2$그리고 $t_o = t_c/2$이다.

b) 전체두께 $t_{tot} = t_c + t_m$이 고정된 경우 식 (P4.5.6a)는

$$\frac{df(t_m)}{dt_m} = \frac{(t_{tot} - 2t_m)}{t_{tot}^3} = 0 \qquad \text{(P4.5.5b)}$$

그러므로 이 경우에는 금속과 세라믹 두께가 모두 같아야 한다. 즉, $t_m = t_c = t_{tot}/2$ 그리고 $t_o = t_{tot}/3$이다.

바이몰프의 변위는 그림 4.22(a)와 같이 양끝이 고정된 경우, 감소하게 된다. 그러나 그림 4.22(b)와 같이 특별한 쐐기형태가 사용되면 중앙 부분의 변형이 전통적으로 이용

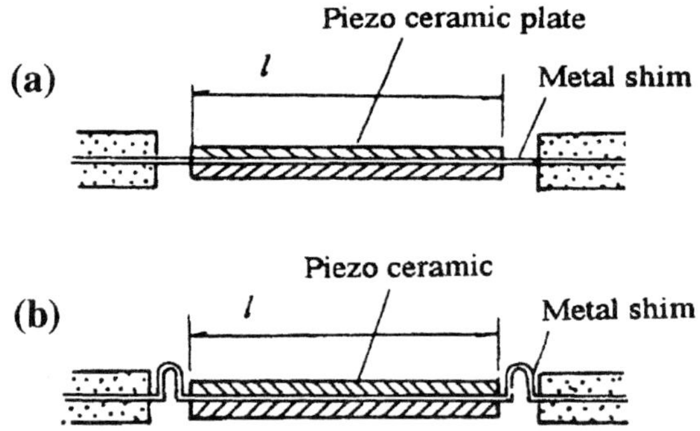

그림 4.22 바이몰프의 이중 지지 메커니즘: (a) 전통적 디자인, (b) 특수디자인[31]

되던 소자의 변형보다 약 4배 가량이 크게 된다.[31]

바이몰프의 변위는 반드시 회전운동을 수반하게 된다. 이러한 회전부분을 제거하기 위해서는 특별히 기구가 사용되는데 그림 4.23에 잘 나타나 있다.[32] 소니사에서 개발한 쌍둥이 구조가 그림 4.23(a)에 나타나 있다. 이 디자인은 비디오 트랙조정에 사용되었다. 이 디자인은 두 개의 평행 바이몰프 끝에 설치된 유연한 헤드 지지대에 적용되었다. 그림 4.23(b)에 나타난 복잡한 바이몰프 디자인이 Ampex사에 의해 제안되었다. 이 소자는 윗부분과 아랫부분에 전극이 있어서 완벽한 평행운동에서 벗어날 때 이것을 감지하여 보충하여주거나 효과적으로 제거해 준다. 그리고 디자인은 센서전극을 가지고 있어서 구부림 변형에 비례하여 발생하는 전압을 측정한다. 그림 4.23(c)에 나타나 있는 링 형태의

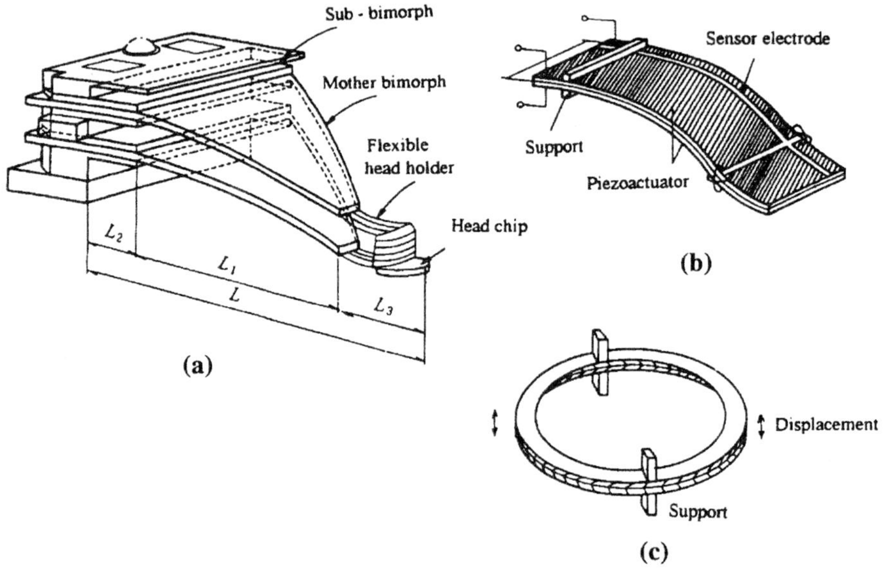

그림 4.23 완벽한 평행 운동을 만들기 위한 바이몰프 구조: (a) 평행 스프링(쌍둥이), (b) 복잡한 바이몰프 (s-모양), (c) 링 타입

바이몰프 디자인은 미쓰비시 전자회사에서 비디오 트랙 조정용으로 개발되었다. 디자인이 간단하고 링에 수직방향으로 큰 변위를 만들어 낸다. 이 소자는 두 개의 클램프에 의해 지지되고 있어서 작동 중 안전하다.

"Thunder" 액추에이터는 Face International에 의해 개발된 것으로 유니몰프이다. 하지만 이것은 구부러진 형태를 가지고 있고 압전 세라믹판위에 인장력이 유지된다. 이 액추에이터는 고전압과 높은 응력하에서 사용될 때 아주 안정하다. 이 소자는 고온에서 제작되며 구부러진 모양은 PZT와 그리고 전극판의 열 팽창이 다르기 때문에 발생한다.

(5) Monomorph/Rainbow

전통적인 바이몰프 형태의 구부림 액추에이터는 두 개의 세라믹판이나 또는 두 개의 세라믹판과 탄성쐐기로 구성되어 있다. 후자의 경우 접착층이 이력특성이나 변위특성의 저하 그리고 분리와 같은 문제를 야기시킨다. 더욱이 이러한 소자의 제조과정은 커팅, 연마, 전극 그리고 접착 과정 등을 포함하는데 노동력과 비용이 많이든다. 그러므로 접착이 필요 없는 일체형 구부림 액추에이터(모노몰프)가 대체구조로 각광을 받기 시작하였다. 이러한 모노몰프소자는 단일 세라믹판에서 생산된다.[34] 작동원리는 반도체 접촉 현상과 압전 또는 전왜효과의 결합으로 이루어진다. 금속전극이 반도체 양쪽면에 만들어지고 그림 4.24와 같이 전압이 가해지면 전기장이 한쪽면에 집중된다.(Schottky 장벽) 그러므로 내부에 불균일한 전기장이 형성된다. 만약 압전체가 약간 반도성 특징을 가지게 되면 전기장이 집중된 면에 압전효과에 의해서 약간의 수축이 일어나게 된다. 세라믹에 발생한 불균일한 전기장에 의해서 전체면에 구부림이 발생하게 된다. 이러한 변형된 구조의 에너지 상태가 그림 4.24에 나타나 있다.[35]

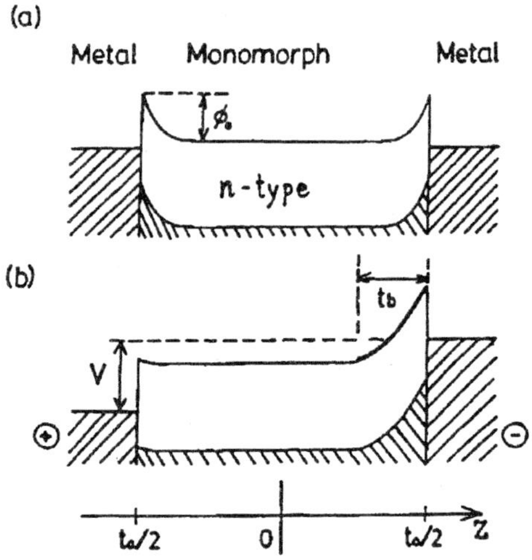

그림 4.24 금속 전극과 반도성 (n-타입) 압전체 사이의 계면에 발생하는 Schottky 장벽: (a) 전계가 가해지기 전, (b) 전계가 가해진 후

이러한 모노몰프소자에 요구되는 반도체 특성을 가진 PZT세라믹이나 $BaTiO_3$계열의 새로운 조성을 개발하기 위하여 많은 연구가 진행되고 있다. 반도성 페로브스카이트조성인 $(K_{1/2}Bi_{1/2})ZrO_3$와 고용체를 형성시켜 얻은 PZT세라믹에서 원하는 전기적 특성이 얻어졌다. 300 V의 전압이 세라믹판에 가해지면 (20 mm길이, 0.4 mm두께) 끝부분에서 200 μm의 최고변형이 발생한다. (그림 4.26(a))[36]

이것은 바이몰프소자에서 발생하는 최적변형과 비슷하다. (그림 4.26(a)) Aura세라믹사에 의해서 개발된 "레인보우"액추에이터는 반도성 압전 모노몰프 디자인을 변형한 것으로 구부림 움직임을 극대화하기 위하여 압전판을 반으로 줄이고 두꺼운 반도체 전극을 형성하고 있다.[37] "레인보우"소자의 에너지 분포가 그림 4.25(b)에 나타나 있다.[35]

기본적인 모노몰프 구조의 다른 변형이 $LiNbO_3$ 단결정에 의해서 만들어졌다. 이 구조에서는 접착면이 없고 판 내부에 발생하는 반전(inversion)층을 이용한다.[38] 500 μm의 z-컷 판들이 단일 도메인 $LiNbO_3$결정으로부터 얻어진다. 그리고 전극이 가해지지 않은 시료들은 수증기를 포함한 Ar가스 분위기에서 1150℃에서 5시간 동안 열처리한다. 분당 50℃속도로 시료를 빠르게 냉각시키면 두 층의 도메인 구조를 가진 시료가 얻어진다. 첫 번째 층에는 초기 윗방향의 분극이 형성되고 두 번째의 양극쪽에는 반대방향의 분극이 형성된다. 반전(inversion)층의 두께는 온도, 시간 그리고 분위기 등 열처리 조건에 의해 좌우된다. 열처리 온도나 시간이 증가하면 반전층의 두께는 두꺼워지고 판의 중간면에 이르게 된다. 전극을 입힌 후에 적당한 전기장을 가해주면 이 단결정 판은 구부림 변형을 나타낸다. 이 소자의 변위는 PZT-기반의 바이몰프처럼 크지 않고 결정의 쪼개짐으로 인하여 액추에이터는 아주 부서지기 쉽지만 이 소자는 변형이 선형적이고 이력특성이 없는 장점을 가지고 있다.

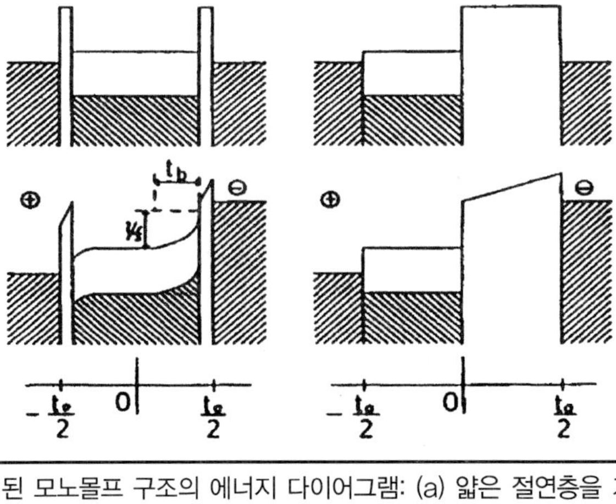

그림 4.25 변형된 모노몰프 구조의 에너지 다이어그램: (a) 얇은 절연층을 가진 소자, (b) 레인보우 구조

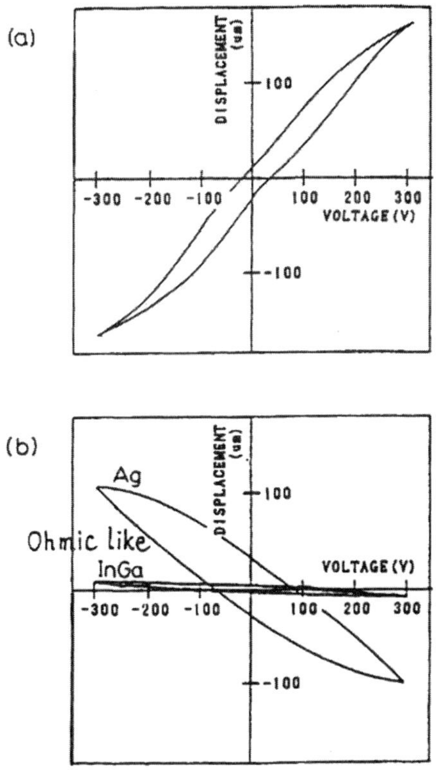

그림 4.26 모노몰프 구조의 끝부분 변위곡선 (a) PLZT (n-type), (b) BT (p-type)[36]

(6) Moonie/Cymbal

"무니"로 불리우는 복합 액추에이터 구조를 가진 새로운 소자가 압전 세라믹에 발생하는 작은 변위와 압력감도를 높이기 위해 개발되었다.[39] 무니는 전통적 다층과 바이몰프 액추에이터의 중간 정도의 특성을 가지고 있다. 이 소자는 다층 액추에이터보다 10배 정도 큰 변위를 가지고 있으며 바이몰프에 비해 훨씬 큰 발생력(10 Kgf)과 빠른 응답속도(100 μsec)를 가지고 있다. 이 소자는 얇은 다층 세라믹파트와 두 개의 금속판이 접합되어 있는데 그 사이에 달 모양의 갭이 존재한다. 이 소자는 그림 4.27(a)에 잘 나타나 있다. 5(mm)×5(mm)×2.5(mm)의 크기를 가진 무니에 60 V를 가해주면 20 μm의 변위가 발생하는데, 이 변위는 비슷한 크기를 가진 다층 액추에이터에 발생하는 변위의 8배 정도이다.[40] 무니에 의한 변위의 2배 정도 큰 변위가 그림 4.27(b)에 보이는 "심발"이라고 불리는 액추에이터에 의해 얻어졌다. 이 소자에 의해 발생하는 변이는 아주 균일하며 끝부분의 중앙에서 뻗어나오는 부분에도 균일한 변위가 얻어진다.[41] 무니에 비교해서 심발의 또 다른 이점은 만들기가 쉽다는 점이다. 이 소자의 끝부분의 캡은 펀칭한 공정으로 가능하여 무니 구조의 끝부분 캡을 만드는 공정에 비해 간단하고 재현성이 높다.

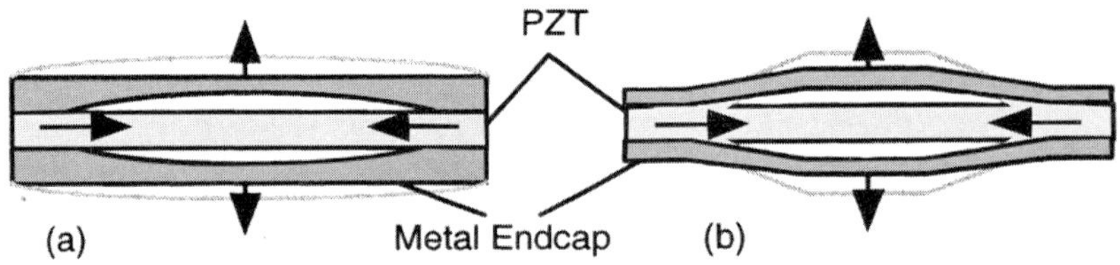

그림 4.27 자유로운 인장 구조: (a) 무니, (b) 심발[40,41]

"링-몰프"액추에이터는 금속쐐기와 PZT 디스크대신에 PZT링이 사용된다.[42] 이 경우 내부링의 직경을 적당하게 선택하면 구부림 변위가 30%이상 증폭된다.

(7) 유연한 복합체(Composites)

한 방향으로 배향된 바늘 모양 또는 판 모양의 압전 세라믹을 폴리머 기지상에 내장시키면 기능성 복합체 구조가 만들어진다. 이러한 구조는 감도를 향상시키면서 동시에 최대 액츄에이션 능력을 유지하려고 개발되었다. 1-3복합체구조가 그림 4.28(a)에 나타나 있다. 이 구조에서는 PZT 막대가 2차원적으로 폴리머 기지상에 배열되어 있다. 가장 간단한 복합체는 0-3 연결성을 가진 구조로서 폴리머 기지상에 압전 세라믹 파우더를 균일하게 분산시킨 구조로서 그림 4.28(b)에 나타나 있다. 이와 같은 복합구조를 제조하는 방법에는 용융 및 롤링 등 2가지 방법이 있다. 이 방법은 그림 4.29에 잘 요약되어 있다.[43] 용융방법은 녹은 폴리머에 세라믹 파우더를 섞는 방법이고 롤링방법은 핫-롤링 기구로 경화성 폴리머 기지상에 있는 파우더를 열처리하기 전에 분산시키는 방법이다.

1-3복합체로 만들어진 변형 가능한 거울이 그림 4.30에 나타나 있다.[55] 유리거울이 전극이 있는 복합체의 한 쪽면에 부착되어 있고 PZT막대는 또 다른 면에 지정된다. 각각 PZT막대가 개별적으로 지정될 수 있으므로 거울 표면은 어떤 형태로든지 변형이 가능

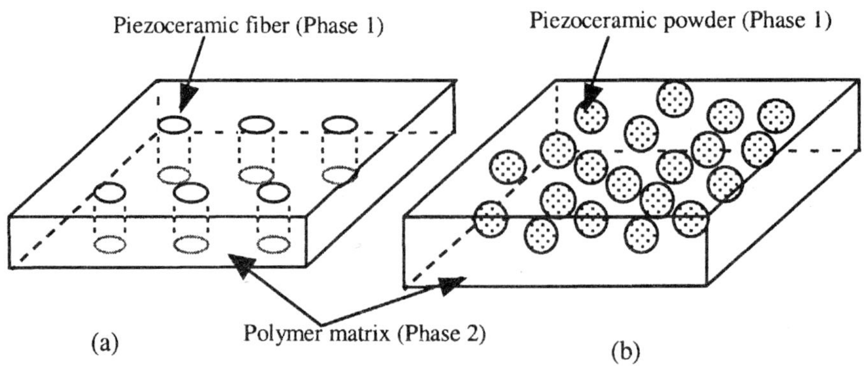

그림 4.28 2종류의 PZT/폴리머 복합체: (a) PZT 막대 형태 (1–3), (b) PZT 파워가 폴리머 기지상 분산된 구조 (0–3).

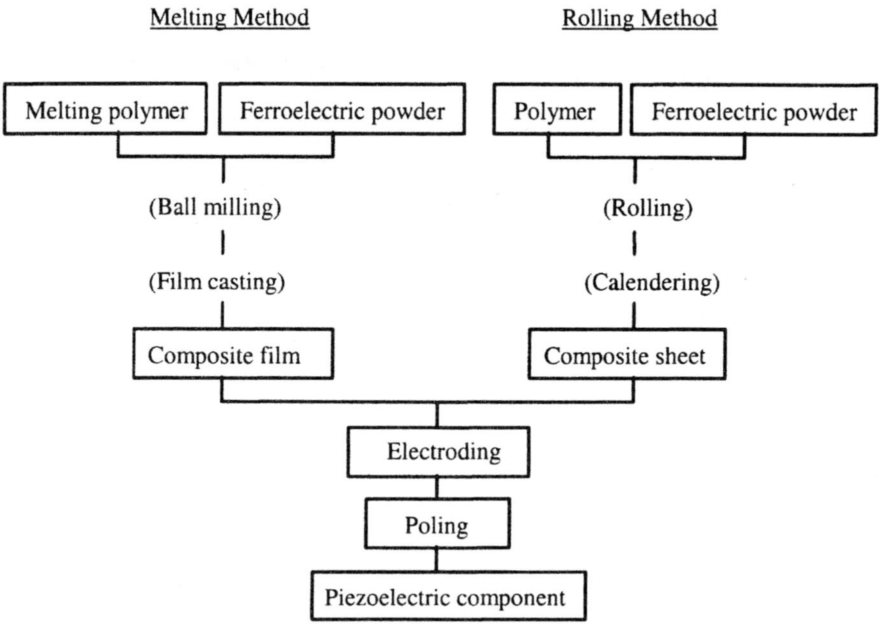

그림 4.29 PZT:폴리머 복합체 제조 과정도

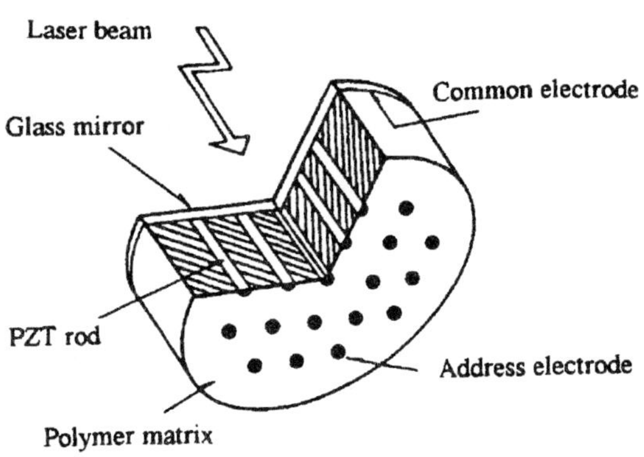

그림 4.30 PZT:폴리머 변형 가능한 거울[55]

하다. 0-3복합체의 경우 PZT 파우더와 폴리머 기지상으로 구성되어 있는데, 이 구조는 유연한 바이몰프를 제작하는 데 이용된다. 비록 큰 곡률이 이러한 바이몰프로부터 얻어지지만 AC로 구동시킬 경우 발생하는 많은 열이 이러한 소자들의 문제점이다. 이러한 현상은 폴리머 기지상의 높은 절연 특성 때문에 일어난다. 압전 세라믹의 유전손실에 의해 발생하는 열은 실제로 이러한 구조에서는 발산되지 않는다.

활성파이버 복합체(AFC)는 MIT에서 개발되었으며 폴리머 기지상에 배열된 PZT 바늘로 구성되어 있다.[44] 이러한 복합체의 한 가지 응용분야는 그림 4.31에 보여지듯이 헬

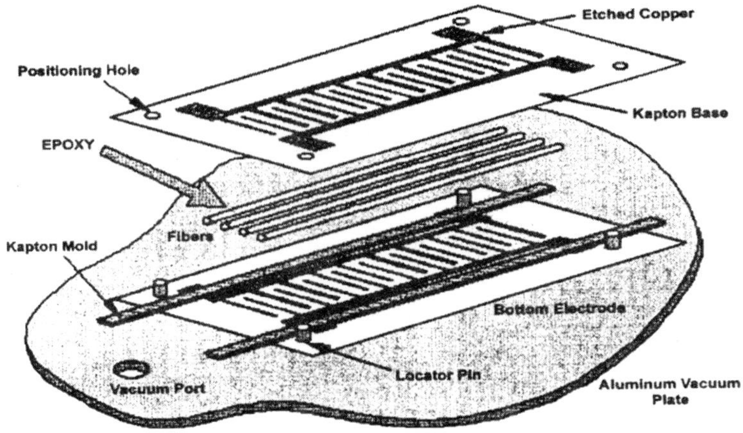

그림 4.31 PZT 파이버와 에폭시로 구성된 활성파이버 복합체 (AFC)의 헬리콥터 진동제어 소자에 적용[44]

리콥터 날개의 진동제어소자이다. 사출방법에 의해 제작된 정교한 PZT 바늘들이 에폭시 레진 내에 배열되어 있고 복합체는 인터디지털전극(Ag/Pd)들 사이에 배치되어 있다. 그리고 전극들은 켑톤기판에 부착되어 있다. 이 AFC가 헬리콥터 날개에 부착되어 있다. 이 경우 PZT 파이버의 축이 헬리콥터 날개의 방향에 대해 45도 정도로 각도를 이루어서 헬리콥터 날개에 비틀림 변형을 일으키도록 되어 있다. 이 디자인의 주된 문제점은 납작한 전극 표면과 곡선 모양을 지닌 PZT 파이버의 접촉 면적이 적으므로 가해줄 수 있는 전기장에 한계가 있다. 이러한 문제점의 한 가지 해결방법은 에폭시 기지상에 도체 입자를 결합시키는 것이다. AFC 재료의 적용과 운동에 대해서는 8장에서 자세히 다룰 예정이다.

(8) 박막

산화물 박막을 형성하는 기술은 일반적으로 2가지 방법이 있다.

1) **물리적 공정들:** 아래와 같은 방법들이 일반적으로 이용된다.
   전자빔 증착
   RF 그리고 DC 스퍼터링
   이온 빔 스퍼터링
   이온 플레이팅
2) **화학적 공정들:** 아래와 같은 기술들이 일반적으로 이용된다.
   졸-겔 방법(디핑, 스핀 코팅 등)
   CVD
   MOCVD
   에피택셜방법(액상, 용융, 캐필러리 등)

$LiNbO_3$, PLZT 그리고 $PbTiO_3$와 같은 강유전 박막들은 일반적으로 스퍼터링 방법으로 얻어진다.[45,46] 마그네트론 스퍼터링 장치가 그림 4.32에 잘 나타나 있다. 무거운 아르곤 플라즈마가 양극(타겟)에 부딪치면 타겟 원자들을 분리시킨다. 이 원자들이 기판에 균일하게 증착된다. 이러한 과정은 진공 챔버안에서 일어난다. 졸-겔 방법은 PZT 박막을 제조하는 데 사용된다.[47] 강유전체 박막의 응용분야는 메모리 소자, 표면탄성파소자, 압전센서 그리고 마이크로메카트로닉스 소자들이 있다.

PZT 마이크로펌프를 제작할 때 이용되는 마이크로머시닝 프로세스가 그림 4.33에 잘 나타나 있다. 실리콘:PZT 유닛의 식각 과정이 그림의 왼편에 그리고 유리판의 식각 과정이 오른편에 잘 나타나있다. 마이크로펌프의 개략도가 그림 4.34에 나타나 있고 실제 소

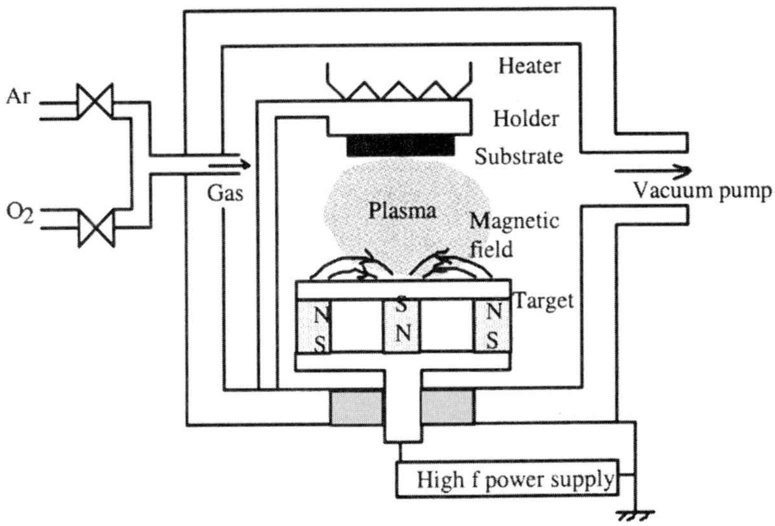

그림 4.32 마그네트론 스퍼터링의 개략도

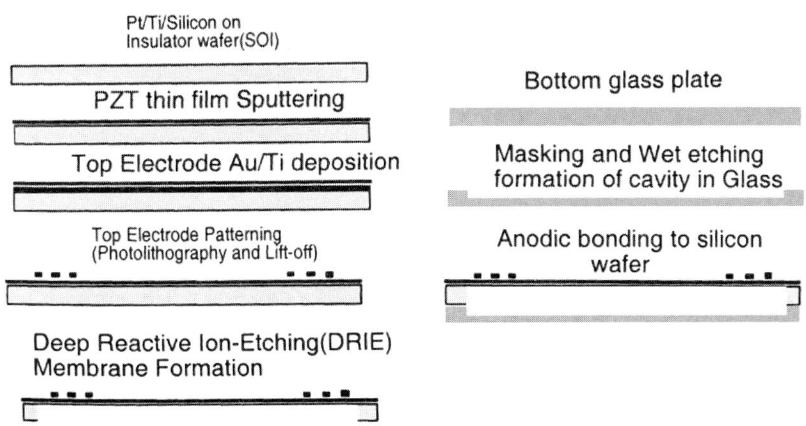

그림 4.33 PZT 미소-펌프제작에 사용된 마이크로머시닝 과정[48]

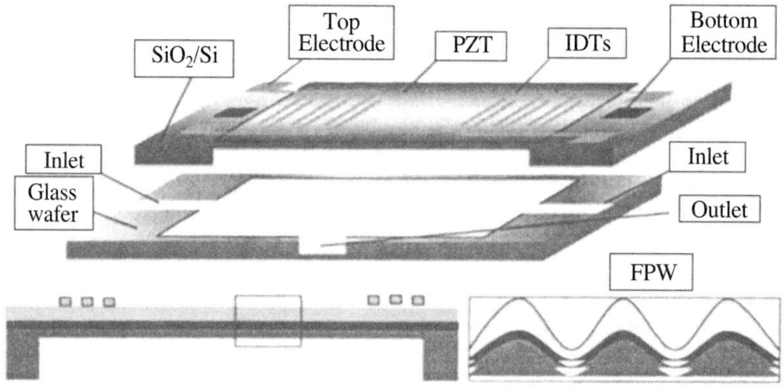

그림 4.34 PZT 미소펌프 구조의 개략도[48]

자의 사진은 그림 4.35에 나타나 있다. 혈액 샘플과 테스트 약품이 그림 4.34에 나타난 것과 같이 2개의 입구를 통해서 들어간다. 그리고 중앙의 캐비티에서 섞이게 되고 마지막으로 분석을 위해 출구로 나오게 된다. 액체의 운동은 표면의 인터디지털 표면전극에 의해 제공되는 구동 전위차에 의한 PZT 박막의 구부림에 의해 유도된다.

압전박막의 특성은 3가지 중요한 인자에 의해 좌우된다.

1) **결정학적 방향:** (011)과 (111)방향으로 에피택셜 성장된 삼방정 PZT(70/30) 박막이 그림 4.36에 보이는 것과 같이 빠른 열처리 과정을 변화하면서 선택적으로 증착되었다. (111)과 (100)방향으로 성장된 박막들의 (1 μm 두께) P-E 히스테리시스 그래프가 그림 4.37에 나타나 있다. (001)박막과 관련된 이력 그래프의 모양이 (111)박막에 비하여 더욱 사각형 형태를 지니고 있다. 그리고 (001)박막이 (111)박막에 비해서 더 큰 전기장에 의해 유도된 왜형을 보여준다.

그림 4.35 PZT 미소펌프의 사진(실제크기: 4.5×4.5×2 mm^3)[48]

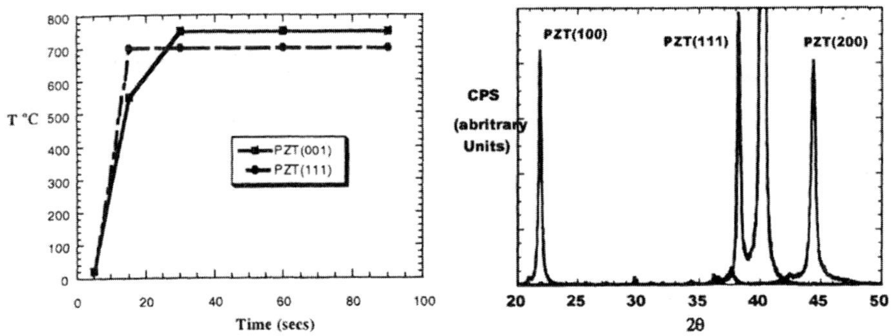

그림 4.36 (001)과 (111) 방향으로 에피택셜 성장된 삼방정 (70/30)PZT 박막: (a) 최적화된 급속 열처리 프로파일, (b) 이 과정에 의해 성장된 박막들의 X-ray 회절패턴[48]

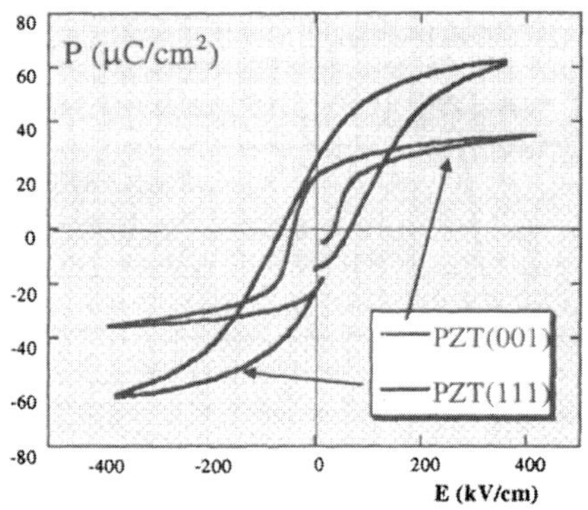

그림 4.37 (001)과 (111) 방향의 삼방정 (70/30)PZT 박막의 분극 vs. 전기장 곡선[48]

2) **기판응력:** 기판과 박막의 열팽창 차이에 의하여 압전박막에 인장력 또는 압축력이 작용한다. 그리고 이러한 응력은 높은 항전계를 유도하기도 한다.

3) **크기 효과:** 강유전 파우더와 입도의 입계 크기의 관계와 비슷하게 박막의 경우에도 그 이하에서 강유전성이 사라지는 임계두께가 존재한다. 이 문제는 강유전체 박막연구에서 해결해야 하는 문제이다.

[예제 4.6]

에피택셜 성장된 삼방정 (111) 그리고 (011) PZT 박막의 분극과 왜형 그래프를 그려라.

▶ 해답

자발 분극이 페로브스카이트 구조의 (111)방향으로 발생하므로 그림 4.38에 나타난 것과 같이 (111)박막은 4개의 동일한 분극 상태가 그리고 (001)박막은 단지 2개의 분극이 존재한다.[48] 그러므로 항전계가 (001)박막의 경우 잘 형성되어서 사각형 형태의 P-E 커브를 만든다. 그리고 이 박막의 경우 분극 재배열이 (111)박막에 비해 한정되어 있기 때문에 왜형 커브의 일차 부분(또는 선형적인 부분)이 그림 4.39에 나타나 있듯이 항전계보다 크게 된다.

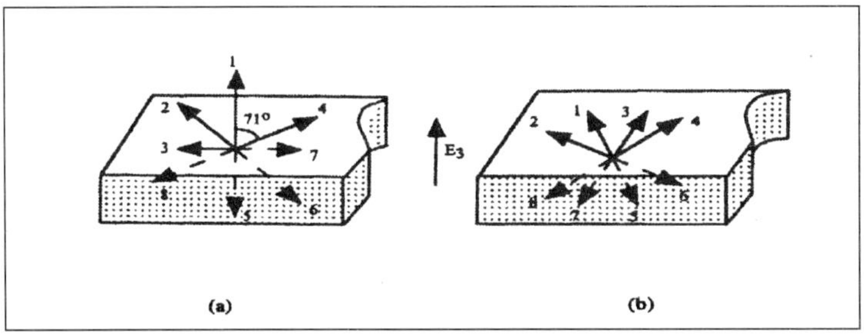

그림 4.38 에피택셜 성장된 삼방정 PZT 박막의 동일한 분극 상태: (a) (111)–방향, (b) (001)–방향[48]

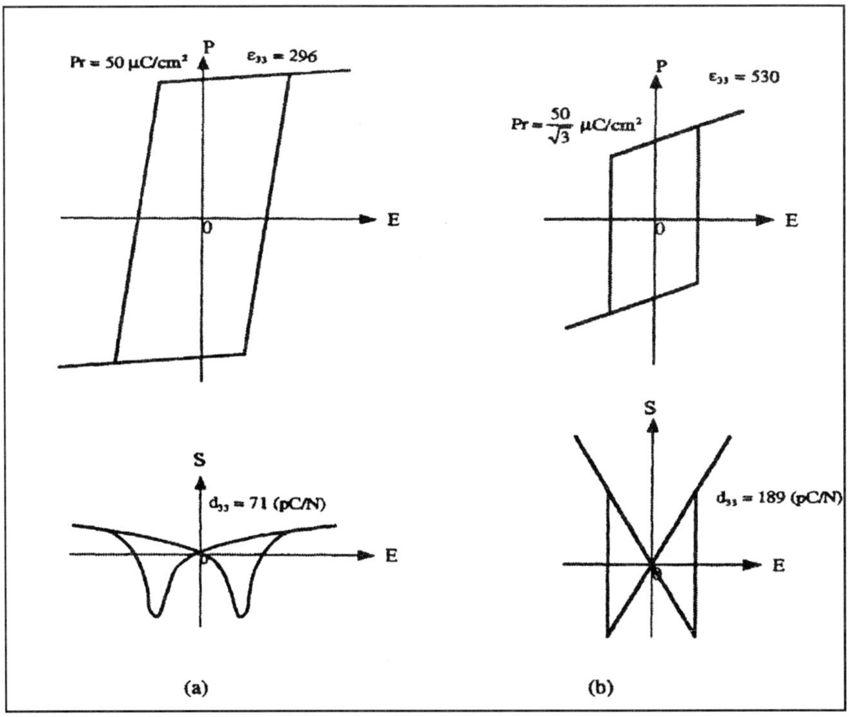

그림 4.39 에피택셜 성장된 삼방정 PZT 박막의 예측되는 분극(윗그림)과 왜형(아래그림): (a) (111)–방향, (b) (001)–방향, (001)박막의 경우 항전계 이상에서 왜형과 분극의 급격한 증가를 주목하기 바람[48]

(9) 변위 확대기구

바이몰프나 심발과 같은 굴곡탄성(flextensional)구조뿐만 아니라 여러가지 변위 확장기구를 이용하는 구조들도 있다. 일체형 힌지 구조는 그림 4.40(a)에 나타나 있는 것 같이 파인 부분을 잘라냄으로써 일체형 세라믹으로부터 만들 수 있다. 이 기구는 아주 효과적으로 지렛대 기구를 만들어서 변위를 증폭시키거나 감소시킬 수 있다. 이 구조물은 스텝 모터에서 생기는 변위(역회전 포함)를 감소시키고 위치 제어의 정확성을 높이기 위해 고안되었다. 그러나 최근에는 일체형 힌지 레버가 압전 액추에이터에 결합되어 변위를 증폭시킨다.

힌지의 들어간 부분이 최적의 구부림을 내기 위해 충분히 얇아지고 반면에 외면의 견고성이 유지된다면 이 지렛대 기구에 의한 증폭정도는 기하학적 지렛대의 길이 비율에 유사하게 된다. 하지만 실제로 일어나는 증폭은 이러한 이론적 값보다 작다. 만약 소자의 동적 반응을 고려한다면 기하학적 비율의 반정도의 증폭을 만들어 내는 약간 큰 힌지 두께(그림 4.40(a)의 2b에 해당)가 최대 발생력과 반응속도를 얻는 최적 조건임을 알 수 있다. 힌지 레버기구를 가지고 있는 액추에이터의 특성반응 (변위, 발생력 그리고 반응속도)은 다층소자와 바이몰프의 중간 정도이다. 만약 압전 액추에이터가 큰 기계적 컨트롤 시스템에 이용될 때는 그림 4.41에 나타난 것과 같은 "유압 변위 확대기구"를 사용한다. 이 기구는 유압 서보 시스템에 잘 맞는다. 출력 변위 Δl_2는 아래 식에 의해서 1:2 면적 비율로 효과적으로 증폭된다.

$$\Delta l_2 = (d_1/d_2)^2 \, \Delta l_1 \tag{4.6}$$

기름의 점성 때문에 반응이 늦지만 확대 변위에 관련된 전체 손실은 아주 작다.

"인치웜"은 선형 모터로서 아주 작은 스텝으로 전진한다. Burleigh Instruments 사에 의해 고안된 "인치웜"소자의 예가 그림 4.42에 나타나 있다.[49] 이 소자는 3개의 압전튜브로 구성되어 있다. 2개의 튜브 (1번과 3번)는 금속 축을 잡거나 놓고 있고 나머지 한 개의

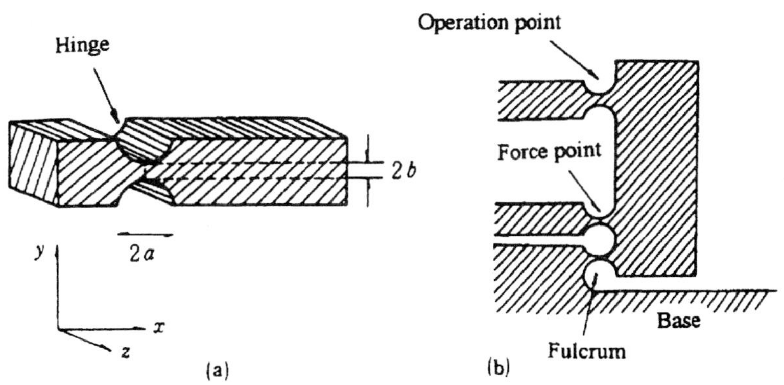

그림 4.40 일체형 힌지레버 기구: (a) 일체형 힌지 구조, (b) 힌지레버 메커니즘

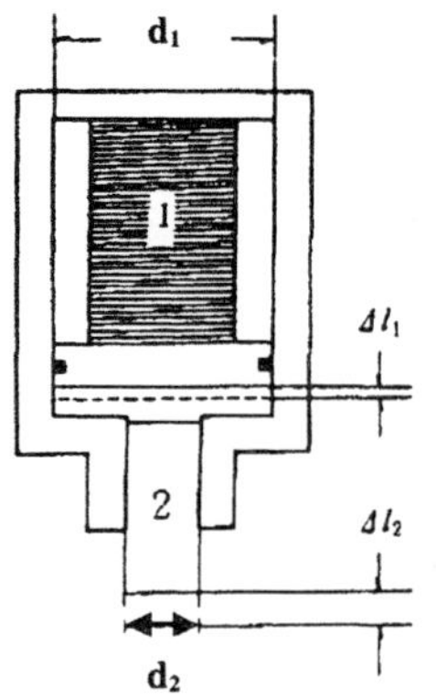

그림 4.41 유압 변위 확대기구

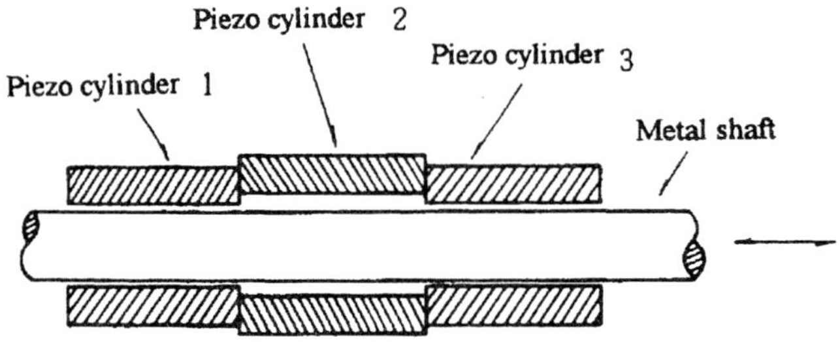

그림 4.42 인치웜 구조[49]

튜브 (2번 튜브)는 축을 따라서 "인치웜"을 움직인다. 각각 위상이 다른 3가지 구동전압을 세 개의 튜브에 가했을 때 인치웜이 금속 축을 따라서 앞으로 그리고 뒤로 움직인다. 비록 이 모터는 느리지만 (0.2 mm/sec) 스텝당 높은 분해능이 이 소자의 높은 장점이다.

4.3 전극 물질들

(1) 액추에이터 전극: 개괄

가장 일반적으로 이용되는 전극 물질인 Ag의 문제점은 높은 전기장하에서 세라믹 내부로 이동해 간다는 것이다. 이 문제의 한 가지 해결책은 Ag-Pd와 같은 합금을 쓰는 것이다. 하지만 Au, Pt 그리고 Ag-Pd는 귀금속으로 비싸다. 그러므로 대량 생산에 적합하지 않다. 낮은 온도에서 소결이 가능한 새로운 유전물질을 개발하게 되면 비싸지 않은 Cu나 Ni가 전극으로 사용될 수 있다. 전통적인 전극물질이 사용될 때는 제작 비용을 줄이기 위하여 혁신적인 생산방법의 도입이 필요하다.

Ohnishi와 Morohashi에 의해 개발된 "접착방법"이 바로 그 방법이다.[50] 이 방법에 의해 제작된 22층의 다층 구조는 0.3 mm 두께의 소결된 세라믹 디스크와 세라믹 디스크 사이사이에 삽입된 10 μm 두께의 Ag판으로 구성되어 있다.

이 다층구조는 900℃에서 핫 프레스가 되었다. 크기가 $[5\times5\times9\ (mm)^3]$인 소자는 대략 100 MPa의 구부림 강도를 가지고 있다. 이 본딩 방법에 의해 생산된 다층구조의 소자는 전통적 방법에 의해 만들어진 소자에 비해 아주 싸다. 왜냐하면 내부전극으로 비싸지 않은 금속 판을 사용했기 때문이다.

Morgan Electroceramics 사에 의해서 또 다른 새로운 제조 공법이 개발되었는데, 이 경우에는 Cu 내부전극을 PZT 다층 액추에이터에 사용하였다.[51] PZT와 Cu전극이 동시 소성되었다.

일반적으로 PZT의 소성온도는 너무 높아서 Cu와 같이 소성할 수 없다. 이 소자에서는 PbO를 과량 첨가하여 PZT의 소결온도를 1015℃로 낮추었다. 특별한 측정들이 동시 소성과정을 최적화 하기 위하여 이용되었다. 소결시에 N_2 분위기 $(10^{-10}$ atm)를 이용하여 산소분압을 조절하였다. 모든 부분들이 Cu와 PZT파우더가 혼합된 파우더 내부에서 소결되었다. 이것은 소결도중에 Cu전극이 산화되는 것을 방지해 준다. 각 층의 두께가 약 25 μm이고 4개의 PZT층으로 구성되고 이 방법에 의해 소결된 액추에이터가 그림 4.43에 보여진다. 세라믹과 전극의 연결부분이 기계적으로 취약하여 분리가 일어나기도 한다. 이 문제에 대한 한 가지 해결책은 보다 견고한 전극을 사용하는 것으로서 이 전극은 액추에이터 재료에 이용된 조성과 전극 페이스트를 혼합하여 만든다. 다음 절에서는 세라믹 액추에이터의 전극으로 사용되는 유명한 도체 세라믹에 대하여 고찰할 것이다.[52]

(2) 세라믹 전극

가장 관심을 끄는 세라믹 전극 물질은 도체나 반도체 페로브스카이트 산화물인데, 그 이유는 그들이 액추에이터 세라믹과 결정구조가 잘 일치하기 때문이다. 여러가지 도체 세라믹 중에서 $Sr(Fe,Mo)O_3$, $(La,Ca)MnO_3$ 그리고 $Ba(Pb,Bi)O_3$ (이 물질은 초전도체이다)가 가장 좋은 물질로 여겨진다. 하지만 그들이 Pb-계열의 세라믹 층 사이에서 소결되면 그들의 전도성이 급격히 감소하게 된다. 세라믹 도체를 이용하여 제작한 소자들 중에서

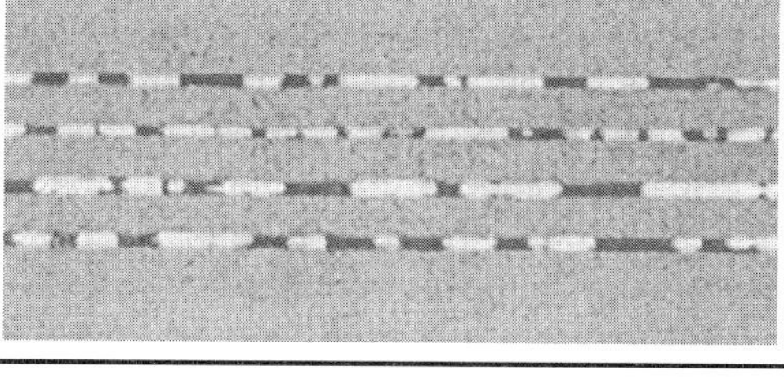

그림 4.43 1015℃에서 동시 소결된 Cu 내부전극을 가진 PZT 다층 액추에이터[51]

가장 좋은 것은 유니몰프로서 핫 프레싱으로 제작된 압전세라믹과 $Ba(Pb,Bi)O_3$이다. 일반적으로 좋은 세라믹 전극 물질은 아래와 같은 특성을 가지고 있어야 한다.

1) 높은 전도도
2) 소결 온도와 수축이 압전세라믹과 유사해야 함
3) 압전세라믹과 접착성이 좋아야 함
4) 소결도중 압전세라믹으로 확산이 천천히 일어나야 함

마지막 특성이 가장 어려울 것으로 생각되며 구조물의 성공여부는 전극과 압전층 계면이 얼마나 잘 나타나 있는지에 달려있다.

$BaTiO_3$ 계열의 다층 액추에이터

$BaTiO_3$는 큐리온도가 120℃인 강유전체이다. 이 물질은 희토류원소가 첨가되었을 때 전기적으로 도체가 된다.[53,54] $BaTiO_3$계열의 세라믹 (5 mol%의 SiO_2와 2 mol% Al_2O_3가 첨가 됨)의 비저항이 La_2O_3양에 따라서 그림 4.44에 나타나 있다. 이 결과들로부터 0.1~0.25 at%의 소량의 La를 첨가해도 비저항이 10^{10}배 정도로 변화함을 알 수 있다. 불순물이 첨가되지 않은 절연성 $BaTiO_3$와 0.15 at%의 La가 첨가된 반도성 $BaTiO_3$를 교대로 적층하여 다층 액추에이터를 테이프캐스팅을 이용하여 제조하였다. 이 재료들을 이용하는 큰 장점은 각 층의 조성이 같기 때문에 소결시에 원소의 확산이 발생하지 않아서 전극과 세라믹의 계면이 잘 보존된다는 점이다. 또 다른 장점은 소결중에 수축과 소결온도가 같아서 소결 후에 잔류응력이 남지 않는다는 점이다. 그리고 이 재료를 이용하면 금속 전극 제조시에 요구되는 바인더 제거공정이 필요가 없어 공정이 단순하게 된다. 이 소자의

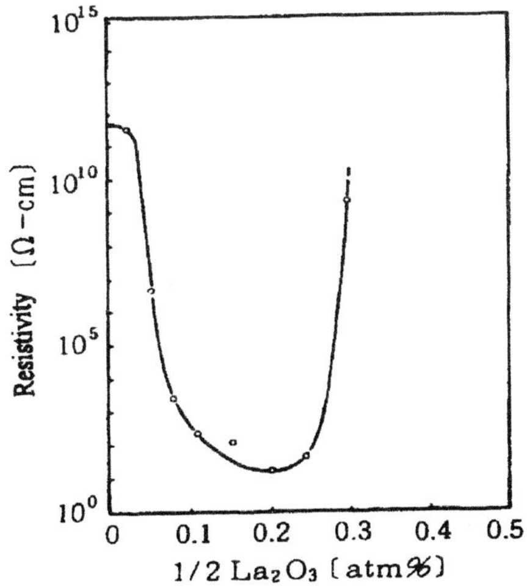

그림 4.44 La_2O_3 농도에 따른 $BaTiO_3$-기반 세라믹의 비저항 (5 mol% SiO_2와 2 mol% Al_2O_3)[53,54]

전형적인 구조는 0.5 mm 두께의 8개 액추에이터층과 0.25 mm 두께의 전극층으로 구성되어 있다.[52]

세라믹 전극 소자의 기계적 강도

판 형태의 구조를 지니고 압전체와 세라믹 전극으로 구성된 다층 시료들의 그림 4.45(a)에 보여지듯이 판에 수직한 방향의 기계적 강도가 3-점 구부림 방법으로 측정되었다.[52] 비슷한 구조를 가지고 압전체와 Pd전극으로 구성된 소자로부터 역시 참고자료로 데이터를 측정하였다. 두 시료의 Weibull 그래프가 그림 4.45(b)에 잘 나타나 있다. 세라믹 전극을 가진 소자의 기계적 강도는 약 50 MN/m^{2}로 측정되었는데 이 값은 금속전극을 가진 소자의 3~4배에 해당되는 값이다. 세라믹 전극을 이용할 때 Weibull계수가 훨씬 큰데 이 결과는 파괴강도의 편차가 일반적으로 세라믹과 전극의 계면으로부터 발생한다. 하지만 그러한 경향은 세라믹 전극을 사용할 때에는 나타나지 않는다. 전형적인 세라믹 전극을 가진 소자에서 측정한 전기장에 의해 유도되는 왜형이 그림 4.46에 나타나 있다. 이 결과에 의하면 액추에이터 층에 나타나는 종방향 왜형은 $x_3=5\times10^{-4}$이고 횡방향 왜형

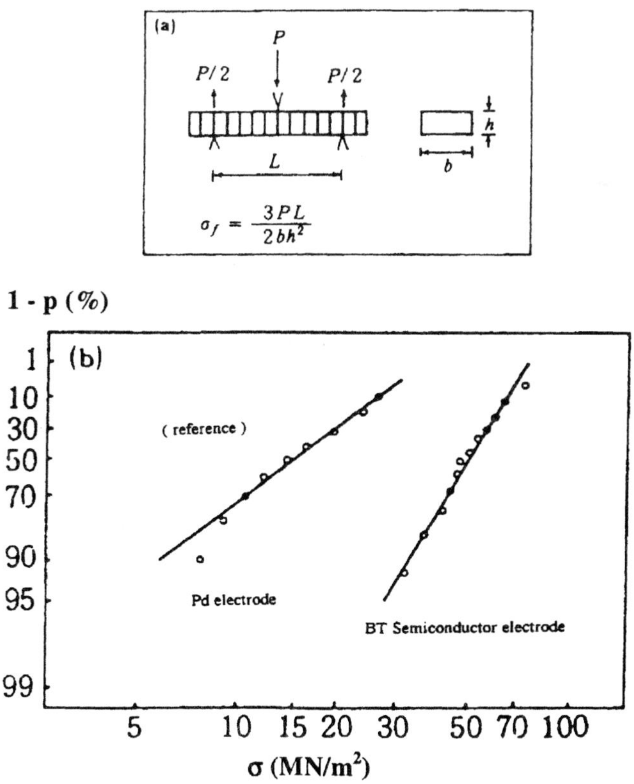

그림 4.45 다층 액추에이터의 3-포인트 구부림 테스트: (a) 시료의 모양과 실험 구조, (b) 세라믹 전극과 금속전극 (참고문헌) 구조[52]

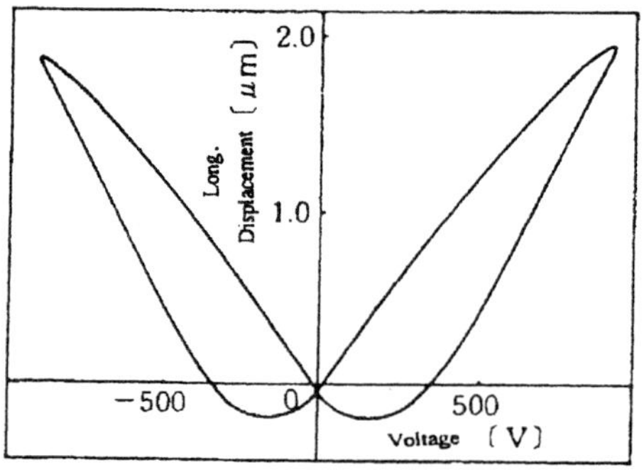

그림 4.46 세라믹 전극을 가진 $BaTiO_3$-계열의 다층 액추에이터의 변위곡선[52]

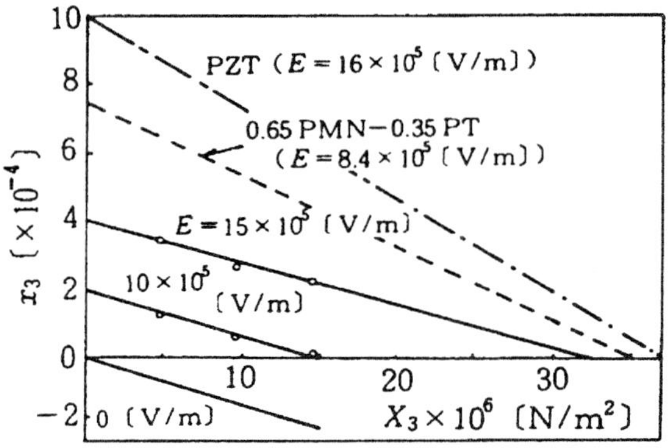

그림 4.47 여러가지 전계하에 있는 $BaTiO_3$의 왜형의 단축응력 의존성. PZT와 PMN-PT 시료들의 전형적인 왜형 반응

은 $x_1 = -1.2 \times 10^{-4}$이다. 측정된 왜형은 종방향과 횡방향으로 예측된 값에 비해 각각 30%와 60%가 적다. 고정효과 때문에 발생하는 이와 같은 왜형의 이방성 특성은 전극의 두께를 감소시키면 줄어든다.

다양한 전기장 크기 내에 있는 $BaTiO_3$시료에서 왜형의 단축응력 의존성이 그림 4.47에 나타나 있다. PZT와 PMN-PT시료들의 왜형 반응도 비교하기 위해 같은 그림에 삽입하였다. $BaTiO_3$에 유도된 왜형의 크기는 Pb-계열의 재료와 같이 크지는 않다. 그러나 발생응력 (320 Kgf/cm^2)수준은 PZT나 PMN-PT와 비슷하다. 그 이유는 $BaTiO_3$의 탄성계수 [$s_{33} = 13 \times 10^{-12}$ (m^2/N)]가 상대적으로 작기 때문이다.

4.4 상업적으로 가능한 압전 및 전왜 액추에이터

폴링된 PZT-계열의 압전 세라믹의 블록이나 디스크를 여러 회사로부터 구매할 수 있다. 예를 들어 APC International, Aura Ceramics, AVX Kyocera, Burleigh, Channel Products,

Edo Corporation, Lockheed-Martin, Morgan Electroceramics, Materials System Inc., Motorola, Piezo Kinetics Inc., Xinξtics(USA), Murata, TDK, Matsushita Electronic Components, Toshiba Ceramic, NGKNTK, Tokin, Hitachi Metal, Taiheiyo Cement(Japan), Philips, and Siemens(독일) 등이 있다. 만약 제품이 액추에이터가 아니면 액추에이터 적용에 필요한 내구성이 없다. PMN-계열의 전왜재료는 Lockheed-Martin, AVX-Kyocera, Xinξtics(USA) 그리고 Nikki(Japan) 등에서 얻을 수 있다.

다층구조와 바이몰프가 변위트랜스듀서로서 가장 일반적으로 사용된다. 절단-접착 형태의 다층 액추에이터는 1 mm두께의 PZT 디스크를 20~50개 접합한 것으로 1 kV전압에서 약 10~100 μm변위를 만들어 낸다.

OWIS(Germany) 사의 압전 위치제어기, Physik Instrumente(Germany)의 압전 증계기, Burleigh Instruments(USA)의 압전 Pusher, Control Technics(USA)의 Drive Master 그리고 NTK-NGK(Japan)의 Piezo Pile가 시중에서 구할 수 있고 약 6000불 정도이다. ($1000은 액추에이터 그리고 $5000은 제어 시스템 가격이다.)

테이프 캐스팅 방법으로 제조된 저전압(100 V 이하) 다층 액추에이터는 AVX-Kyocera, Morgan Electroceramics(USA), NEC, Tokin, Hitachi Metal, Sumitomo Chemical, Denso (Japan) 그리고 Philips(The Netherlands) 사에서 구할 수 있다. "Thunders"라고 불리는 다른 일반적인 바이몰프는 Face Electronics 사에서 구할 수 있다.

그리고 여러가지 다른 형태의 액추에이터 소자들도 상업적으로 얻을 수 있다.

Inchworm은 Burleigh Instruments(USA), Piezoelectric Pump는 Physics International (USA)와 Bimor Corp. (Japan)사에서 구할 수 있다.

Piezoelectric Fan은 Piezo Electric Products Inc. (USA), Misuzu-Erie 그리고 Nippon Denso(Japan) 사에서 구할 수 있으며, Ultrasonic Motor는 Shinsei Industry, Fukoku, Nasca, Seiko Instruments와 Nikon 사에서 구할 수 있다.

요점정리

1. 세라믹 파우더 준비:
   a. 산화물 혼합법
   b. 공침법
   c. 알콕사이드 가수분해

2. 변위 확대기구:
   a. 다층구조

b. 유니몰프/바이몰프
c. 일체형 힌지레버
d. 무니/심발
e. 인치웜

3. 변위 확대기구:
   a. 다층형태는 변위가 크지는 않지만(10 μm) 큰 발생력(100 kgf), 빠른 응답속도(10 μs), 긴수명(10^{11} 사이클) 그리고 높은 전기기계결합계수 k_{33}(70%)을 가지고 있다.
   b. 바이몰프는 큰 변위(300 μm)를 가지고 있지만 낮은 발생력(100 gf), 늦은 응답속도(1 ms), 짧은 수명(10^8 사이클) 그리고 낮은 전기기계결합계수 k_{eff} (10%)를 가지고 있다.

4. 다층 액추에이터의 전극형태:
   a. **인터디지털 형태:** 내부응력이 발생한다. 아래 형태들은 이러한 응력을 완화하기 위해 제안되었다.
   b. **Plate-through**
   c. **Slit-insert**
   d. **Float-electrode type**

5. 다층구조는 0.1%의 전기장으로 유도된 왜형을 길이방향으로 보여준다.(1 cm 소자의 경우 10 μm 변위) 그리고 기본 공진주파수는 아래와 같이 주어진다.

$$f_r = \frac{1}{2l\sqrt{\rho s_{33}^D}}$$

여기서 ρ는 밀도, $s_{33}{}^D$는 탄성계수이다. (예를 들어 1 cm 시료는 100 kHz 공진주파수를 가진다.)

6. 바이몰프 끝의 변위(δ): 한쪽 끝이 고정된 조건 (캔틸레버)에서 모양에 따라서 아래와 같다.

$$\delta = \frac{3d_{31}l^2V}{2t^2} \quad \text{or} \quad \delta = \frac{3d_{31}l^2V}{t^2}$$

바이몰프의 기본 공진주파수는 전체 두께 t에 의해 아래와 같이 결정된다.

$$f_r = 0.16\frac{t}{l\sqrt{\rho s_{11}^E}}$$

문제

4.1 압전왜형계수 $d_{31}=-300$(pC/N), 크기가 [25 mm×5 mm×0.5 mm]인 PZT 계열의 압전판이 있다. 그리고 전극은 인청동이다.<Q_M이 높다> 이것을 이용하여 실제 작동부분이 25 mm이고 100 V에서 끝부분에 최대 변위를 보이는 유니몰프를 디자인 하시오. 인청동 전극의 최적두께를 결정하고 최대변위를 계산하라.
이때 세라믹의 밀도와 탄성계수는 각각 $\rho=7.9$(g/cm^3)이고, $s_{11}{}^E=16\times10^{-12}$(m^2/N)이다. 이 문제를 풀기 위해서는 인청동의 영의 모듈러스가 필요하다.(예제 4.4를 참조하라.)

4.2 전통적인 금속전극 대신 세라믹 전극을 사용할 때 발생하는 문제점들을 기술하라.
Hint. 세라믹 전극의 전도도가 제한되어 있어서 반응속도의 근본적 한계를 나타내는 cut-off 주파수가 존재함.

4.3 "실버 페이스트"와 "실버 잉크"의 차이점을 기술하라.
Hint. 어느 재료가 유리입자를 포함하는가?

4.4 전기장 E가 가해질 때 일체형 압전판의 굽힘 곡률 (1/R)은 아래와 같다.

$$\frac{1}{R} = \frac{\int_{-(t_o/2)}^{(t_o/2)} Y[d_{31}(Z)][E_3(Z)]Z\,w\,dZ}{\int_{-(t_o/2)}^{(t_o/2)} Y\,Z^2\,w\,dZ}$$

위 식에서 t_o는 판의 두께, ω는 넓이, Y는 세라믹의 영의 계수, 그리고 d_{31}은 압전세라믹의 압전왜형계수이다. 그리고 좌표 Z의 원점은 압전판의 중앙이다. t와 ω가 일정할 때 굽힘 곡률은 아래와 같이 된다.

$$\frac{1}{R} = -\left[\frac{12}{t_o^3}\right]\int_{-(t_o/2)}^{(t_o/2)} [d_{31}(Z)][E_3(Z)]Z\,dZ$$

전기장이 E(Z)이고 장벽두께가 t_b인 모노몰프 판이 주어지면

$$E(Z) = \left[\frac{q\,N_d}{\varepsilon_o K}\right][Z-(t_o/2)+t_b]$$

여기서

$$([(t_o/2)-t_b] < Z < [t_o/2])$$

그리고

$$t_b = \sqrt{\left(\frac{2\varepsilon_o K}{q N_d}\right)(\phi_o + V)}$$

위 식에서 ε_o는 진공유전율, K는 모노몰프의 상대유전율, q는 전자의 전하량, N_d는 도너밀도, ϕ_o는 일함수 이다. 이때 곡률이 아래와 같이 주어지는 것을 증명하라.

$$\frac{1}{R} = \frac{-\beta d_{31} t_b^2 (3t_o - t_b)}{t_o^3}$$

또는

$$\frac{1}{R} = \frac{-\beta d_{31} t_b^2 (2t_o - t_b)}{t_o^3}$$

첫 번째 경우는 세라믹이 완전히 폴링이 된 경우이고, $[d_{31}(Z)=d_{31}(\text{일정})]$
두 번째 경우는 점차로 폴링된 경우로서 $d_{31}(Z)=[d_{31}(Z-(t_o/2)+t_b)/\ t_b]$.[34]

4.5. 아래 나타나 있는 Ni와 Cu의 Ellingham diagram을 보고 PZT와 Cu가 동시 소성될 때 Cu와 PZT의 안정성에 대해 기술하라. (단, PZT Ellingham diagram은 찾기 바람)

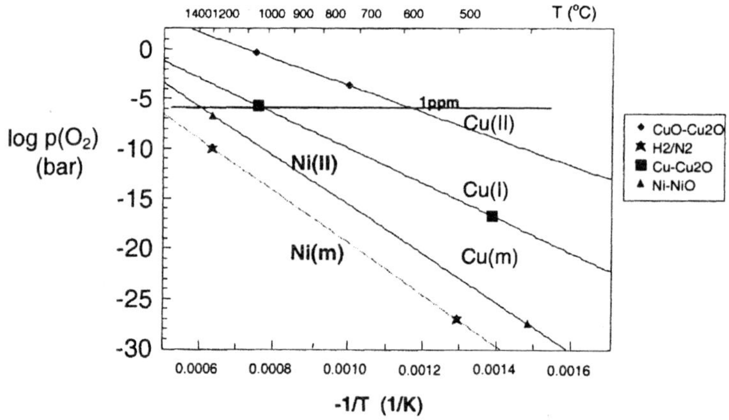

참고문헌

1) Kato: *Fine Ceramics Technology*, Vol. 3 Fabrication Technology of Ceramic Powder and Its Future, p. 166, Industry Research Center, Japan (1983).
2) M. Lejeune and J. P. Boliot: Ferroelectrics 54, 191 (1984).
3) S. L. Swartz, T. R. Shrout, W. A. Schulze and L. E. Cross: J. Amer. Ceram. Soc. 67, 311 (1984).
4) Tanada, Yamamura, Shirasaki: Abstract 22nd Jpn. Ceram. Soc. Fundamental Div. 3B5, p. 81 (1984).
5) Qzaki: Electronic Ceramics **13**, Summer, p.26 (1982).
6) Kakegawa, Mohri, Imai, Shirasaki and Tekahsahi: Abstrace 21st Jpn. Ceram. Soc. Fundamental Div. 2C6, p.100 (1983).
7) H. Abe: *Recrystallization*, Mater. Sci. Series 2, Kyoritsu Pub., Tokyo (1969).
8) K. Uchino and T. Takasu: Inspec. **10**, 29 (1986).
9) A. Yamaji, Y. Enomoto, E. Kinoshita and T. Tanaka: Proc. 1st Mtg. Ferroelectric Mater. & Appl. p.269, Kyoto (1977).
10) K. Nakamura, H. Ando and H. Shimizu: Jpn. J. Appl. Phys. **26**, Suppl. 26-2 198 (1987).
11) J. Kuwata, K. Uchio and S. Nomura: Ferroelectrics **37**, 579 (1981).
12) J. Kuwata, K. Uchio and S. Nomura: Jpn. J. Appl. Phys. **21**(9). 1298(1982).
13) S. Yamashita: Jpn. J. Appl. Phys. **20**, Suppl, 20-4, 93 (1981).
14) K. Uchino, S. Nomura, L. E. Cross, R. E. Newnham and S. J. Jang: J. Mater. Sci. **16**, 569 (1981).
15) S. Takahashi, A. Ochi, M. Yonezawa, T. Yano, T. Hamatsuki and I. Fukui: Jpn. J. Appl. Phys, **22**, Suppl, 22-2, 157 (1983).
16) A. Furuta and K. Uchino: J. Amer. Ceram. Soc. **76**, 1615 (1993).
17) A. Furata and K. Uchino: Ferroelectrics **160**, 277 (1994).
18) S. Takahashi: Fabrication and Application of Piezoelectric Materials (Edit. Shiosaki), Chap. 14, Actuators, CMC Pub. (1984).
19) S. Takahash: Sensor Technology **3**, No. 12, 31 (1983).
20) H. Aburatani, K. Uchino, A. Furata and Y. Fuda: Proc.
21) J. Ohashi, Y. Fuda and T. Ohno: Jpn. J. Appl. Phys., **32**, 2412 (1993).
22) A. Banner and F. Moller: Proc. 4th. Int∏l. Conf. New Actuators, AXON Tech. Consult. GmbH, p.128 (1995).
23) K. Uchino and H. Aburatani: Proc. 4th. Int∏l. Conf. Intelligent Mater., p.1248 (1994).
24) H. Aburatani and K. Uchion: Amer. Ceram. Soc. Annal Mtg. Proc., p.1248 (1994).
25) K. Nagata: Proc. 49th Solid State Actuator Study Commiittee, JTTAS, Japan (1995).
26) J. Zheng, S. Takahashi, S. Yoshikawa, K. Uchino and J. W. C. de Vries: J. Amer, Cerem. Soc. **79**, 3193 (1996).
27) R. W. Basedow and T. D. Cocks: J. Phys. E: Sci. Inst. **13**, 840 (1980).
28) T. Kitamura, Y. Kodera, K. Miyahara and H. Tamura: Jpn. J. Appl. Phys. **20**, Suppl. 20-4, 97 (1981).

29) K. Nagai and T. Konno Edit: *Electromechanical Vibrators and Their Applications*, Corona Pub. (1974).
30) K. Nagai K. Uchino and S. Nomura: Jpn. J. Appl. Phys. **21**, L408 (1980).
31) C. Tanuma, Y. Suda, S. Yoshida and K. Yokoyama: Jpn. J. Appl. Phys. **22**, Suppl. 22-2, 154 (1983).
32) Oksmoto et al.: Broadcast Techonlogy No. 7, p.144 (1982).
33) www.faceco.com
34) K. Uchion, M. Yoshizaki, K. Kasai, H. Yamamura, N. Sakai and H. Asakura: Jpn. J. Appl. Phys. **26** 1046 (1987).
35) K. Uchion, M. Yoshizaki and A. Nagao: Jpn. J. Appl. Phys. 26, Suppl. 26-2, 201 (1987).
36) K. Uchion, M. Yoshizaki and A. Nagao: Ferroelectrics **95**, 161 (1989).
37) Aura Ceramics, Inc., USA, Catalogue "Rainbow".
38) K. Nakamura, H. Ando and H. Shimizu: Appl. Phys. Lett. **50**, 1413 (1987).
39) Y. Sugawara, K. Onitsuka, S. Yoshikawa, Q. C. Xu, R. E. Newnham and K. Uchino: H> Amer. Ceram. Soc. **75**, 996 (1992).
40) H. Goto, K. Imanaka and K. Uchino: Ultrasonic Techno **5**, 48 (1992).
41) A. Dogan: Ph.D. Thesis, Penn State University (1994).
42) S. Dong and K. Uchino: IEEE UFFC-Trans, (2002). [in press]
43) Kitayama: Ceramics **14**, 209 (1979).
44) B. Z. Janos and N. W. Hagood: Proc. 6th Conf. New Actuators, Actuatoe ∏98, Bremen, Germany, p.193 (1998).
45) M. Ishida et al.: Appl. Phys. Lett. **31**, 433 (1977).
46) M. Okuyama et al.: Ferroelectrics **33**, 235 (1981).
47) S. K. Dey and R. Zuleeg: Ferroelectrics **108**, 37 (1990).
48) S. Kalpat, X. Du. I. R. Abothu, A. Akiba, H. Goto and K. Uchino: Jpn. J. Appl. Phys. **40**, 158-162 (2001).
49) Burleigh Instruments Inc., East Rochester, NY, Catalog.
50) K. Ohnish and T. Morohash: J. Jpn. Ceram. Soc. **98**, 895 (1990).
51) W. A. Groen, D. Hennings and M. Thomas: Proc. 33rd Int∏l. Smart Actuator Symp., State College, PA, April (2001).
52) K. Abe, K. Uchino and S. Nomura: Ferroelectrics **68**, 215 (1986).
53) O. Saburi: J. Phys. Soc. Jpn. 14, 1159 (1959).
54) Matsuo, M. Fujimura, H. Sakaki, K. Nagase and S. Hayakawa: Amer. Ceram. Soc. Bull. **47**, 292 (1968).
55) J. W. Hardy, J. E. Lefebre and C. L. Koliopoulos: J. Opt. Soc. Amer. **67**, 360 (1977).

제5장 압전 액추에이터의 구동/제어 방식

액추에이터의 구동/제어 방식은 직류구동, 펄스구동, 교류구동의 3가지 방식이 있다. 대표적인 구동방식으로 변위 트랜스듀서는 직류구동, 펄스구동모터는 펄스구동, 그리고 초음파모터는 교류구동을 사용하고 있다. 변위 트랜스듀서는 보통 폐 루프로 제어된다. 개 루프 제어는 흔히 스트레인 이력이 무시될 정도로 작고, 사용 온도 변화가 작은 경우에 사용된다. 폐 루프 제어는 우선 전압에 의해서 디바이스가 변위가 발생하면 원하는 변위의 양으로부터의 편차를 감지하고, 그것이 목표치에 이르지 않으면, 그 편차에 비례한 전압을 피드백 해 디바이스에 인가하는 제어 방식이다.

압전 액추에이터의 경우 압전재료의 비선형성이나 이력의 문제는 피드백을 제어하는 것으로 억제할 수 있다. 펄스구동모터는 개 루프 제어가 많지만, 변위의 오버슛(overshoot)이나 잔류 진동(mechanical ringing)이 일어나지 않게 주의하지 않으면 안 된다. 초음파모터는 구동 주파수를 기계적 공진주파수에 맞추어 구동하기 때문에, 인가하는 AC 전압은 너무 높게 할 필요는 없다. 그러나 발열이 문제가 되는 일이 자주 있어, 각종 구동 파라미터의 조정으로 발열을 억제할 수 있다.

5.1 압전 액추에이터의 분류

압전/전왜 액추에이터는 구동 전압의 인가 방법과 전계에 따라 발생하는 스트레인의 관점으로부터 다음과 같이 두 가지로 분류할 수 있다(그림 5.1).

(1) 리지드 변위소자(rigid displacement devices); 왜형이 한 방향으로 발생하고 인가 직류전계에 평행

(2) 공진 변위소자(resonant displacement devices); 기계적 공진주파수에서 교류전계에 의해 발생하는 왜형(초음파모터)

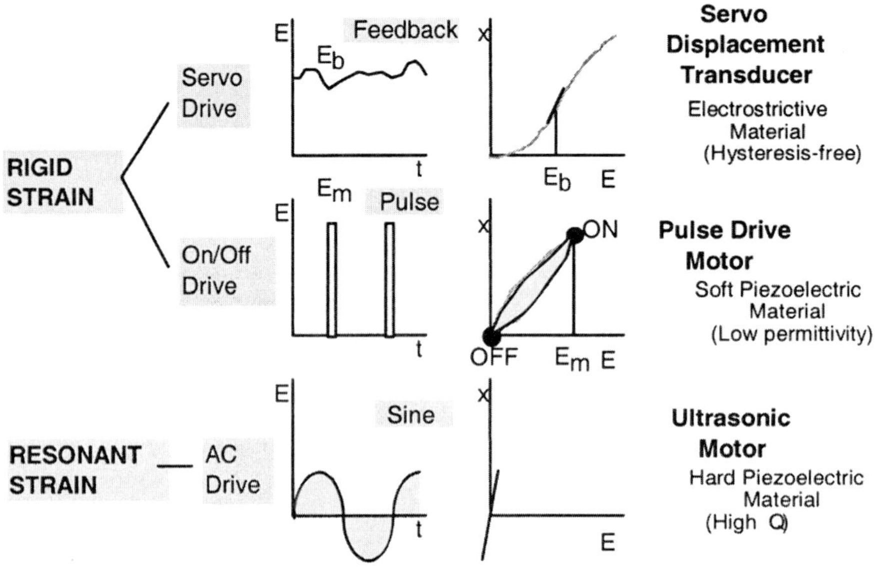

그림 5.1 구동전압의 형태와 발생 스트레인에 따른 압전/전왜 액추에이터의 분류

리지드 변위소자는 또한 둘로 나눌 수 있다. 즉, 피드백 제어를 이용한 서보 변위 트랜스듀서(positioner)와 온/오프 제어에 의한 펄스 구동 모터(도트 매트릭스 프린터)로 구분될 수 있다.

공진 변위소자의 반응은 인가 전압뿐만 아니라, 구동 주파수에 크게 의존한다. 공진 변위소자는 리지드 변위소자에 비해, 위치 결정 정도는 높지 않지만 고주파 구동이므로 비교적 구동 속도는 빠르다. 서보 변위 트랜스듀서는 DC바이어스 전압에 피드백 전압을 중첩시켜 제어/구동되어 위치 결정 소자나 광학 기기, 정밀 가공기 등에서 사용되고 있다.

이와는 대조적으로 펄스 구동 모터는 온/오프로 구동하기 때문에, 도트 매트릭스(dot matrix) 프린터나 잉크젯(inkjet) 프린터에 응용 가능하다. 임팩트 액추에이터(impact actuator)는 펄스 구동법을 이용한다. 그림 5.2에 간단한 플라이트 액추에이터(flight actuator)를 나타낸다. 2 mm의 강구를 20 mm의 높이까지 쏘아 올릴 수 있다. 그 때의 다층 액추에이터의 변위는 5 μm 이다.[1]

각각의 분류된 소자에 대한 재료의 요구 특성은 차이가 난다. 서보 변위 트랜스듀서는 전계의 변화에 따르는 변형의 이력이 극히 작은 전왜재료인, $Pb(Mg_{1/3}Nb_{2/3})O_3$-$PbTiO_3$[PMN-PT]으로 하는 것이 바람직하다. 비록 피드백 시스템이 있다고 해도, 이력이 큰 재료를 사용한다면 응답이 지연되어 트랜스듀서 특성의 저하로서 나타나 버린다. 펄스 구동용으로는 작은 이력특성보다는 빠른 응답속도가 요구되며, 유전율이 크면 구동회로에서 큰 전류를 요구하기 때문에 고유전율의 PMN 재료보다는 유전율의 작은 소프트 압전재료(PZT계)가 사용된다. 반면에 초음파 모터의 경우에는, 압전 정수는 그다지 문제

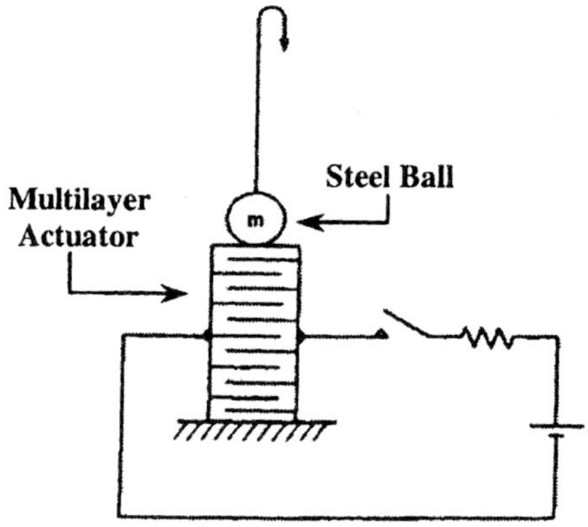

그림 5.2 간단한 플라이트 액추에이터 설계

가 아니고, 오히려 기계적 품질계수(Q_m)가 큰 하드 압전재료를 사용하는 것으로, 발열을 억제시키고 공진시의 진폭을 최대로 할 수 있다. 덧붙여서 공진변위를 이용하는 디바이스의 경우 품질계수(figure of merit)는 dEl_m(d : 압전 왜형상수, E : 인가 전계, l : 시료의 길이, Q_m : 기계적 품질계수)로 표현된다. 하드 압전재료의 d정수는 크지는 않지만, Q_m가 매우 크기 때문에 충분한 공진 변위를 얻을 수 있다.

5.2 피드백 제어

본 절에서는 미소 변위 제어계를 서보(기계적 피드백)계로서 변환을 고려해 보자. 정밀 선반(정도 ±0.01 μm)의 제어를 예[2]로 그림 5.3에 다층 전왜 액추에이터와 자기저항 소자를 이용한 비접촉 변위센서를 조합한 위치제어기(positioner)를, 그림 5.4는 이 위치제어기의 피드백 제어계를 나타낸다. 이하에서는, 이 계의 전달함수를 이용하여 안정성을

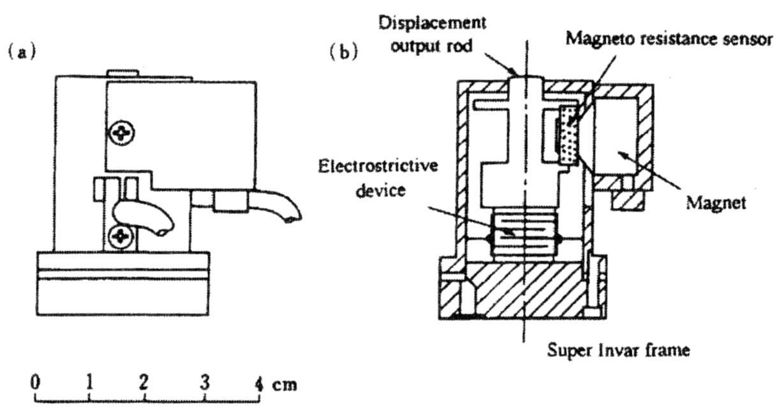

그림 5.3 미세 위치제어소자로 사용된 스마트 압전 액추에이터: (a) 외관, (b) 단면

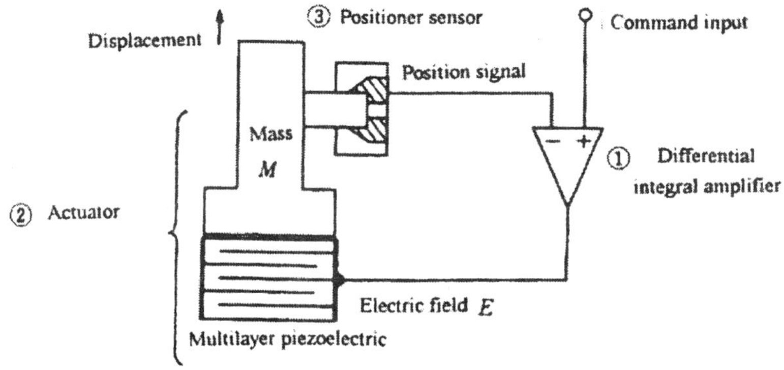

그림 5.4 스마트 미세 위치제어기에 대한 피드백 시스템

판별하고, 왜란에 대한 정상 편차 등을 평가하는 과정을 상술한다. 자세한 것은 Amemiya[3]나 Davis[4]의 문헌을 참조한다.

(1) 라플라스 변환(Laplace transform)

우선 중요한 수학 법칙인 라플라스 변환에 대해 고찰한다. 라플라스 변환은 일반적으로 펄스 입력에 대한 과도 응답(transient response)을 취급할 때 이용된다. 공진 구동과 같은 정현적인 연속 구동의 경우에는 푸리에 변환(Fourier transform)이 사용된다.

라플라스 변환의 기초

$t \geq 0$($t \leq 0$때, $u(t)=0$)인 경우 정의되는 함수 $u(t)$를 고려해 보자. 그리고 정의 실수 δ_o보다 작지 않은 모든 δ에 대해서 $|u(t)| \leq ke^{\delta t}$가 성립하는 $u(t)$을 생각한다. $u(t)$에 대해서는 $Re(s) \geq \delta_o$되는 모든 복소수 s에 대해서 적분가능하며, 이 $U(s)$를 $u(t)$의 라플라스 변환이라고 부른다. 라플라스 역변환은 $L^{-1}[U(s)]$이라고 쓰기로 한다.

$$U(s) = L[u(t)] = \int_0^\infty e^{-st}\, u(t)\, dt \tag{5.1}$$

라플라스 변환의 정리

(a) 선형성

$$L\,[\mathbf{a}\, u_1(t) + \mathbf{b}\, u_2(t)] = \mathbf{a}\, U_1(s) + \mathbf{b}\, U_2(s) \tag{5.2}$$

$$L^{-1}[\mathbf{a}\, U_1(s) + \mathbf{b}\, U_2(s)] = \mathbf{a}\, u_1(t) + \mathbf{b}\, u_2(t) \tag{5.3}$$

(b) t영역에서의 미분

$$L\left[\frac{du(t)}{dt}\right] = s\,U(s) - u(0) \tag{5.4}$$

$$L\left[\frac{d^n u(t)}{dt^n}\right] = s^n U(s) - \sum s^{n-k} u^{k-1}(0) \tag{5.5}$$

(c) 적분

$$L\left[\int u(t)\,dt\right] = U(s)/s + (1/s)\left[\int u(t)\,dt\right]_{t=0} \tag{5.6}$$

(d) 계수 정리

$$L[u(t/a)] = a\,U(sa) \qquad (a > 0) \tag{5.7}$$

(e) t영역에서의 변화공식

정의 실수 k에 대해서, k > t로 u(t−k)=0되는 함수로 u(t−k)는 u(t)를 t의 정방향에 k만 변화한 것이 되지만, 그에 대한 다음 식이 성립한다.

$$L[u(t-k)] = e^{-ks}\,U(s) \tag{5.8}$$

(f) 독립 파라미터에 의한 미분

$$L\left[\frac{\partial u(t,x)}{\partial x}\right] = \frac{\partial U(s,x)}{\partial x} \tag{5.9}$$

(g) 초기와 최종 값

$$\lim_{t\to 0}[u(t)] = \lim_{|s|\to\infty}[U(s)] \tag{5.10}$$

$$\lim_{t\to\infty}[u(t)] = \lim_{|s|\to 0}[U(s)] \tag{5.11}$$

[예제 5.1]

헤비사이드 함수(스텝 함수)의 라플라스 변환을 구하라.

$$H(t)=0 \text{ when } t < 0 \text{ and } H(t)=1 \text{ when } t \geq 0.$$

▶ 해답

$$L[H(t)] = \int_0^\infty e^{-st} H(t)\,dt = \int_0^\infty e^{-st} dt = (1/s)\,e^{-st}\Big|_0^\infty = 1/s \tag{P5.1.1}$$

표 5.1 라플라스 변환의 공식[5]

	H(t)	G(s)
1	1(t) Step 1(t)=1, t>0 ; 1(t)=0, t<0	$1/s$
2	δ(t) Impulse function $\delta(t)=\infty,\ t=0\ ;\ \delta(t)=0,\ t\neq 0$	1
3	$t^n/n!$ (n : positiveinteger)	$1/s^{n+1}$
4	e^{-at} (a : complex)	$1/(s+a)$
5	cos(at)	$s/(s^2+a^2)$
6	sin(at)	$a/(s^2+a^2)$
7	cosh(at)	$s/(s^2-a^2)$
8	sinh(at)	$a/(s^2-a^2)$
9	$e^{-bt}\cos(at)\quad a^2>0$	$\dfrac{s+b}{(s+b)^2+a^2}$
10	$e^{-bt}\sin(at)\quad a^2>0$	$\dfrac{a}{(s+b)^2+a^2}$
11		$\dfrac{1}{s}(e^{-as}-e^{-bs})$
12	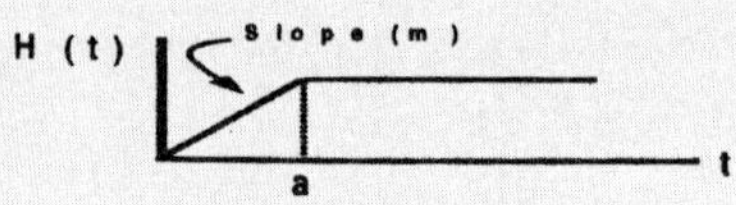	$\dfrac{m}{s^2}(1-e^{-as})$
13	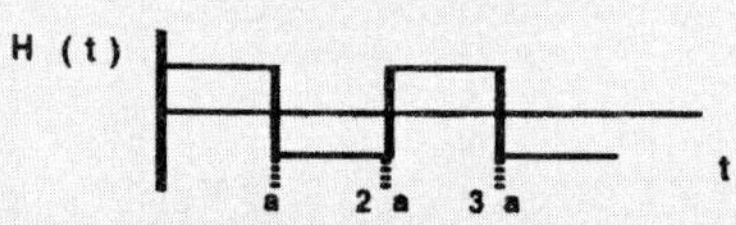	$\dfrac{1}{s}\tanh\left(\dfrac{as}{2}\right)$
14	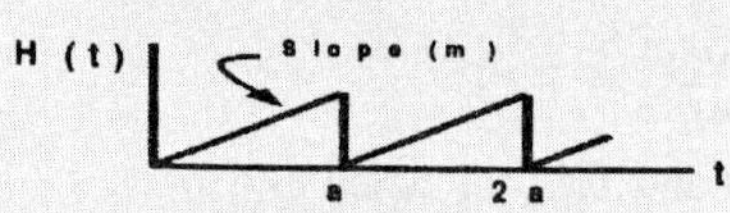	$\dfrac{m}{s^2}-\dfrac{ma}{2s}\left[\coth\left(\dfrac{as}{2}\right)-1\right]$

[예제 5.2]

예제 5.1의 결과인 L[H(t)]=1/s를 이용하여, 다음 펄스 함수의 라플라스 변환을 구하라.

P(t) = 0 when t < a and t > b (here, 0 < a < b)
P(t) = 1 when a < t < b

해답

P(t)는 H(t−a) and −H(t−b)의 두 함수의 중첩에 의해 구해진다. 이 공식을 이용하여 P(t)의 라플라스 변환은

$$L[P(t)] = e^{-as}(1/s) - e^{-bs}(1/s) = (1/s)(e^{-as} - e^{-bs}) \quad \text{(P5.2.1)}$$

이다.

(2) 전달함수(transfer function)

압전 액추에이터/위치센서/차동증폭기 시스템

우선 압전 액추에이터부의 변위량 u의 전계 E에 대한 응답을 생각해 보자. 질량 M, 면적 A, 길이 l의 액추에이터라고 하는 용수철(탄성 강성계수를 c로 한다)에 장착된 간단한 모델을 생각한다(그림 5.5 참조). 질량진동은 압전 힘에 의해 지속이 되며 가해진 전계에 의해 발생되고 (Acd)E(d는 압전 정수)로 표현된다. 운동 방정식은

$$M\frac{d^2u}{dt^2} + \zeta\frac{du}{dt} + \left(\frac{ac}{l}\right)u = (Acd)E \quad (5.12)$$

으로 주어진다. 여기서, ζ의 항은 감쇠 효과를 나타낸다. 이것에 라플라스 변환을 이용하면,

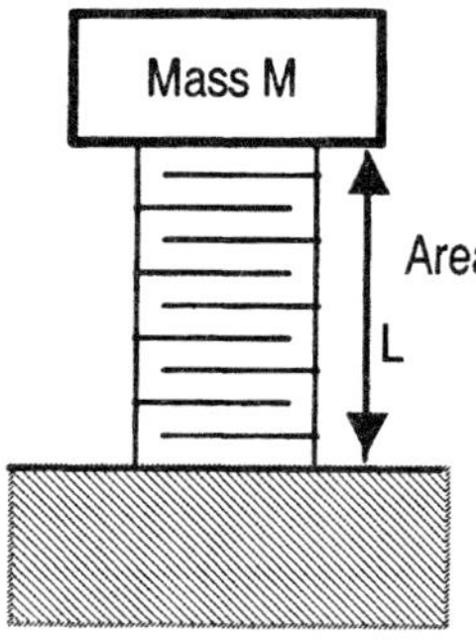

그림 5.5 간단한 압전 액추에이터와 질량 모델

$$M\ s^2\ U+\zeta\ s\ U+(Ac/l)\ U=AcdE^{\sim} \tag{5.13}$$

된다. 여기서 U와 E˜는 u와 E를 각각 라플라스 변환한 것이다. 이 식을 정리하면,

$$U(s)=G_2(s)\ E^{\sim}\ (s) \tag{5.14}$$

여기서 함수 2는 다음과 같이 주어진다.

$$G_2(s)=Acd\ /\ (M\ s^2+\zeta\ s+Ac/l) \tag{5.15}$$

이 함수는 근본적으로 출력 U에 입력 E˜(s)에 어떻게 전해지는지를 나타내는 것이어서 전달함수로 불린다.

다음으로 그림 5.4를 참조하여 피드백 시스템을 고려해 보자. 본 시스템에서 사용된 변위센서는 입력변위 u에 비례한 전압 e_o가 발생되기 때문에, 전달함수 G_3는 다음과 같이 된다.

$$G_3(s)=K_2 \tag{5.16}$$

마지막으로 차등적분 증폭기를 고려해 보자. 목표 위치를 나타내는 전압 e_i를 입력해, 그 때의 위치 신호 e_o와 비교하여 차이 전압 e_i-e_o를 만든다. 목표 전압 e_i가 실제의 전압 e_o보다 클 때는 e_i-e_o는 정이 되어, 전왜 소자에의 인가 전계 E를 높이게 되고, e_i가 e_o보다 작을 때는 E를 낮추게 되어 적분 증폭기로 전압 증폭한다.

$$E=K_1\int(e_i-e_o)dt \tag{5.17}$$

따라서

$$E^{\sim}=G_1(s)\ (e_i^{\sim}-\ e_o^{\sim}) \tag{5.18}$$

$$G_1(s)=K_1/\ s \tag{5.19}$$

주로 이용되는 증폭 제어 방법에는 비례 제어(P), 적분 제어(I), 미분 제어(D)의 3종류가 있다(PID 제어). 각각의 전달함수는 K_1, K_1/s, K_1s이다. 이것들을 조합해 제어를 하는 것이 행해지고 있다. 일반적으로 적분 항 이득을 증가하면 계의 안정성이 향상하지만, 응답 속도는 느려지게 된다. 미분 항 이득을 증가하면 계의 응답 속도가 향상하지만, 안정성이 감소된다.

[예제 5.3]

압전 액추에이터의 전달 함수가 다음과 같을 때

$$U(s)=G(s)\ E^{\sim}(s), \tag{P5.3.1}$$

$$G(s)=Acd\ /\ (Ms^2+\zeta\ s+Ac/l) \tag{P5.3.2}$$

임펄스 전압 ($E^{\sim}(s)=1$)에 대한 변위의 응답을 구하라.

▶ 해답

임펄스 전압 ($E^{\sim}(s)=1$)의 경우, 출력 변위 U(s)는 전달함수 G(s)로부터 직접 구할 수 있다.

$$U(s)=(Acd / M\omega)\ [\omega / ((s+\zeta / 2M)^2+\omega^2)] \quad (P5.3.3)$$

여기서

$$\omega^2=(Ac / Ml)-(\zeta^2/ 4M^2) \quad (P5.3.4)$$

이다.

표 5.1의 라플라스 변환공식의 한 형태로 쉽게 표현될 수 있다면 복잡한 수학적 계산 없이 쉽게 해를 구할 수 있다. 다행히 더욱 쉬운 접근을 하면(표 5.1의 10 참조) 변위응답은 다음과 같은 형태로 표현될 수 있다.

$$u(t)=(Acd / M\omega)\ \exp[-(\zeta / 2M)\ t]\ \sin(\omega t) \quad (P.5.3.5)$$

정현 진동이 ζ의 크기로 감쇠하고 공진주파수 또한 감쇠 계수 ζ의 영향을 받는다.

블록 선도(Block Diagram)

식 (5.19), (5.15), (5.16) 그리고 요구한 전달 함수를 이용해 블록 선도를 그리면, 그림 5.6(a)와 같이 된다. 다만, 주의할 점은 적층 압전 소자는 꽤 큰 정전 용량을 가지고 있어 출력 임피던스가 큰 증폭기 전원을 이용했을 경우에는 응답 지연을 일으킨다는 것이다. (출력 임피던스 1 Ω이하가 잘 이용된다) 차단 주파수(cut-off frequency)는 완화시간 RC로 정해진다.

일반적으로, 피드백을 포함한 블록 선도의 통합에는 개 루프와 폐 루프 변환함수 2가지 방식이 있다. 개 루프 전달함수의 경우는

$$W_o = G_1G_2G_3\left[\frac{K_1K_2}{s}\right]\frac{Acd}{Ms^2+\zeta s+(Ac/l)} \quad (5.20)$$

폐 루프 전달함수는 피드백 항의 루프를 끝마쳤을 때의 경우로

$$W_c = G_1G_2 - G_1G_2(G_1G_2G_3) + G_1G_2(G_1G_2G_3)^2 - G_1G_2(G_1G_2G_3)^3 + \cdots$$

$$= \frac{G_1G_2}{(1+G_1G_2G_3)}$$

$$= \frac{K_1Acd/M}{s^3+(\zeta/M)s^2+(Ac/Ml)s+(K_1K_2Acd/Ml)} \quad (5.21)$$

이고, 블록 선도를 통합한 결과를 그림 5.6(b)에 나타낸다.

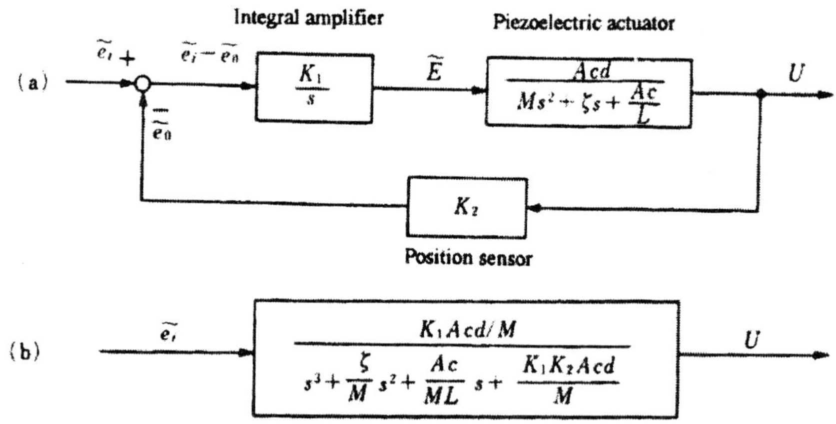

그림 5.6 압전 액추에이터 서보시스템에 대한 블록 선도: (a) 개별 요소 시스템 , (b) 전체 시스템

제어 안정성

압전 액추에이터에 의한 위치 결정으로, 목표 위치를 나타내는 전압 e_i가 그림 5.7(a)와 같이 계단 형태로 주어졌을 때, 출력 변위 u도 계단 형태로 변화하는 것이 바람직하지만, 실제로는 그림 5.7(b), (c), (d)와 같은 출력이 된다. 이 중 그림 5.7(d)는 발산적인 형태로 나타나 실용적인 측면에서 바람직하지 않은 반응으로 이 상태를 불안정 제어라고 한다.

충분히 시간이 흐른 후의 실제의 변위와 목표 치와의 차이가 완전히 일치하는 것은 어려우며 이 차이를 정상 편차라고 한다. 정상 편차를 아주 작게 설정한다 해도, 과도 진동의 감쇠가 늦어져, 좋은 제어라고는 할 수 없다. 따라서 진동의 감쇠 정도가 구동/제어 방법 선정의 중요한 인자가 된다.

(3) 시스템 안정 판별법

특성 방정식

목표 전압 e_i가 단위 전압의 계단 형태로 변화할 때, 액추에이터의 변위 응답은

$$U = W_c e_i^{\sim} = \frac{K_1 Acd/sM}{s^3 + (\zeta/M)s^2 + (Ac/Ml)s + (K_1K_2Acd/M)} \qquad (5.22)$$

식을 간단히 하기 위해 $K_1Acd/M=4$, $\zeta/M=4$, $Ac/Ml=6$, 그리고 $K_1K_2Acd/M=4$이라 가정하면 식 (5.22)가

$$U=4 \,/\, s\,(s^3+4s^2+6s+4) \qquad (5.23a)$$

되고, 풀이 하면 다음과 같이 부분 분수로 전개된다.

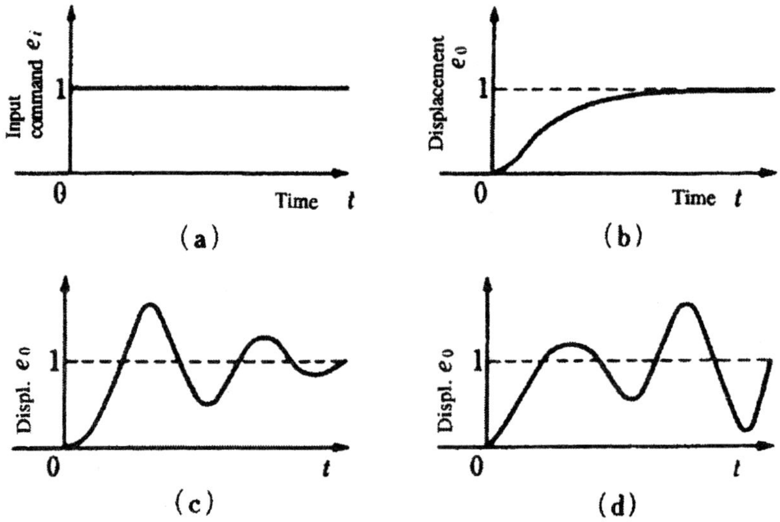

그림 5.7 보폭(step)전압 입력(e_i)에 의한 가능한 출력 전압(e_o)

$$U = \frac{4}{s(s+2)(s+1+j)(s+1-j)} = \frac{1}{s-\left(\frac{1}{s+2}\right)+\left(\frac{j}{s+1-j}\right)-\left(\frac{j}{s+1+j}\right)} \quad (5.23b)$$

표 5.1의 4항을 이용하여 라플라스역 변환을 실시하면

$$\begin{aligned} u(t) &= [1-e^{-2t}+j\,e^{-(1-j)t}-j\,e^{-(1+j)t}]\ 1(t) \\ &= [1-e^{-2t}-2\,e^{-t}\sin(t)]\ 1(t) \end{aligned} \quad (5.24)$$

된다. 시간이 흐르면, 제2항과 제3항은 제로에 가까워져, 출력 변위는 스텝 함수에 가까워지므로, 이 시스템은 안정한다고 말할 수 있다. 즉, 폐 루프 전달함수의 분모를 제로로 둔 식을 특성 방정식이라고 하지만, 그 특성 근의 실수부가 모두 부일 때에 시스템은 안정한다고 말할 수 있다.

나이키스트(Nyquist)의 안정 판별법

제어의 안정성의 판별에는 일반적으로 나이키스트 방법이 제안되고 있다. 나이키스트 방법에서는 개 루프 전달함수 W_o를 이용한다.

$$W_o = G_1 G_2 G_3 = \frac{(K_1 K_2 A c d / M)}{s[s^2+(\zeta/M)s+(Ac/Ml)]} \quad (5.25)$$

이 방정식의 검증은 본서의 범주를 넘으므로, 여기에서는 응용에만 주안점을 두고 이야기를 진행시키는 것으로 한다. 식 (5.25)에 s=jω(ω는 각 주파수)를 대입해, ω를 0으로부터 +∞까지 변화할 경우에 그리는 W_o의 복소평면 상에 궤적을 그린다. 이것을 나이키스트 선도라고 한다. 이 궤적이 $-1+j0$의 점을 왼쪽에 위치하면 안정하고, 오른쪽에 있으면 불안정하다. $-1+j0$의 점을 통과하면 안정 한계이다.

식 (5.23)과 같이 $K_1Acd/M=4$, $\zeta/M=4$, $Ac/Ml=6$, 그리고 $K_1K_2Acd/M=4$이라 가정하면 일반적인 개 루프 전달함수는

$$W_o=4\ K_2\ /\ j\omega(-\omega^2+4\ j\omega+6) \tag{5.26}$$

로 다시 쓸 수 있다. 나이키스트 선도는 그림 5.8이 되어 변위 센서의 이득 K_2가 6일 때, 점 $-1+j0$를 대로 지나가게 되어 안정 한계가 된다. K_2가 1.5배의 9가 되면 점 $-1+j0$를 오른쪽에 있으므로 불안정하게 되며 3이 되면 왼쪽에 있어 안정하다. 식 (5.23)의 예에서는 K_2는 1이므로, 매우 안정하다고 말할 수 있다.

(4) 정상편차

목표 위치를 나타내는 전압 e_i를 변화시켜 충분히 시간이 흐른 후의 실제의 위치를 나타내는 전압 e_o를 생각하자.

$$\begin{aligned} e_i^{\sim}-e_o^{\sim} &= (1-K_2W_c)\ e_i^{\sim} \\ &= \frac{e_i^{\sim}\ s\,[s^2+(\zeta/M)s+(Ac/Ml)]}{s^3+(\zeta/M)s^2+(Ac/Ml)s+(K_1K_2Acd/M)} \end{aligned} \tag{5.27}$$

입력이 일정한 보폭전압, 즉 $e_i=1(t)$로

$$\lim_{t\to\infty}(e_i-e_o)=\lim_{s\to 0}[s(e_i^{\sim}-e_o^{\sim})]=0 \tag{5.28}$$

되어, 정상위치편차는 0이다. 다음으로 입력전압이 점점 증가하는 경우, 즉 $e_i=t$, $e_i^{\sim}=1/s^2$의 경우는

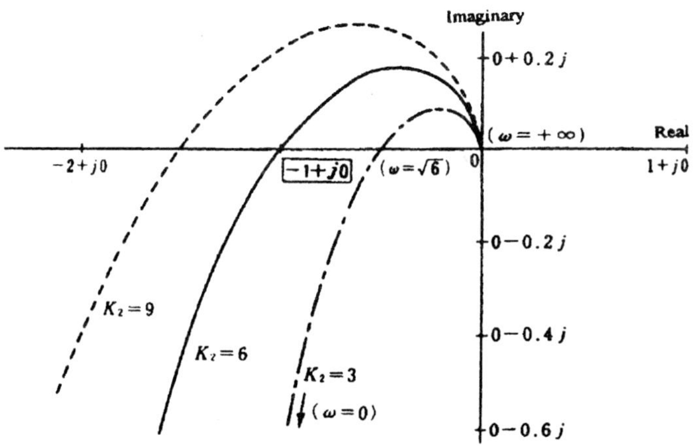

그림 5.8 압전 액추에이터 시스템에 대한 나이키스트 선도

$$\lim_{t\to\infty}(e_i - e_o) = \lim_{s\to 0}[s(\tilde{e}_i - \tilde{e}_o)] = \frac{1}{K_1 K_2 d l} \quad (5.29)$$

이 되어 더 이상 정상편차는 0이 되지 않는다. 변위 센서의 이득 K_2가 큰 만큼, 정상 속도 편차는 작아지지만, 계의 안정성을 고려하면 K_2가 큰 만큼 불안정하게 된다.

그림 5.9는 입력보폭전압의 경우 액추에이터의 실제의 위치변화를 나타낸 것이다. 피드백이 없는 경우에는 그림 (b)와 같이 열팽창 등에 의한 변위의 이동이 관측된다. 그러나 피드백에 의해서는 편차는 완전하게 억제되는 것을 알 수 있다. 댐퍼 ζ가 작을 경우, 그림 (d)와 같이 처음에는 오버 슛을 볼 수 있다. 이 경우 기계적인 감쇠장치 같은 판 스프링 등에 의해서 기계적으로 ζ를 크게 함으로써 오버 슛은 억제할 수 있다(c). 다만 너무 ζ를 크게 하면 목표 치에의 추종성이 떨어지게 되는 결점이 있다.

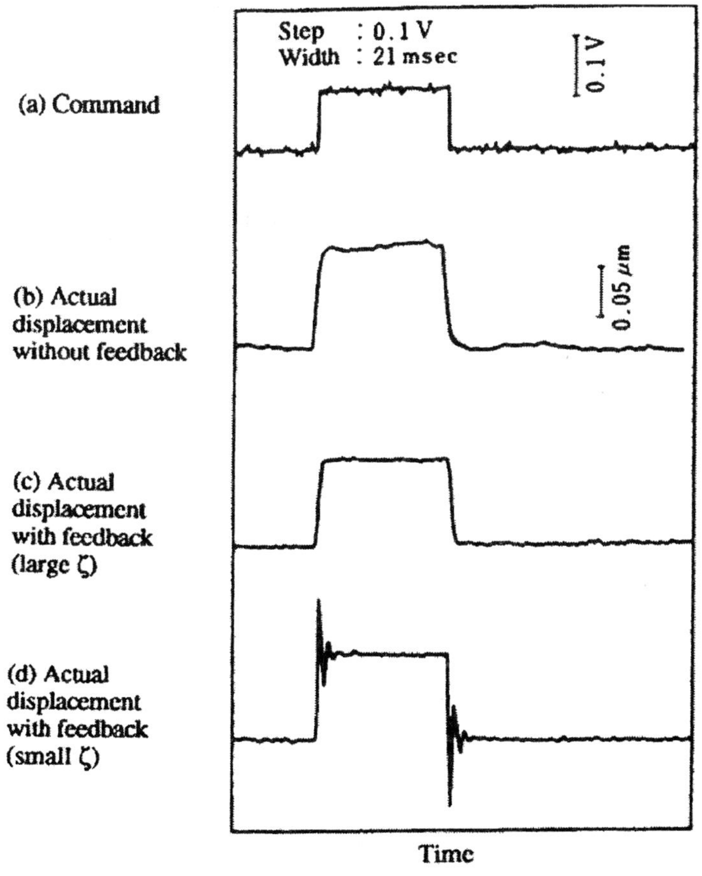

그림 5.9 압전 액추에이터의 보폭 전압 반응

(5) 피드백 제어의 이점

나이키스트 안정성을 만족하는 피드백 제어시스템을 추가하면 일반적으로 다음과 같은 이점이 있다.

1) 입출력간의 선형화
2) 주파수 응답의 평탄화
3) 왜란의 영향의 저감

과 같이 바람직한 특성을 얻을 수 있으며 본 절에서 이것들에 대해 설명한다.

입출력간의 선형화

지금, 입력(예를 들어 변위 액추에이터에 인가되는 전압) V와 출력(예를 들어 변위 검출기의 출력전압) Y의 사이에 그림 5.10에 나타내는 비선형 특성 Y=F(V)를 가지는 요소가 있다고 하자. 전왜재료의 경우는

$$Y=F(V)=KV^2 \tag{5.30}$$

이것에 그림 5.11(a)와 같은 피드백 로프를 부가한다. K, β를 정수로, X, V, Y를 그림의 위치에 있어서의 변수로 한다. 이 계가 특정의 입력 $X=X_o$ (예를 들어, 원하는 변위에 상당하는 전압)에 대해서 $V=V_o$, $Y=Y_o$로 평형 상태에 있다고 한다면, 다음 식을 만족해야 한다.

$$V_o=K(X_o-\beta Y_o) \tag{5.31}$$

$$Y_o=F(V_o) \tag{5.32}$$

점(V_o, Y_o)는 그림 5.10에서 점 P에 해당한다. 그런데 여기서 X를 미소량 x만 변화시켰을 때의 V, Y의 변화를 v, y로 하면

$$v=K(x-\beta y) \tag{5.33}$$

$$y=F'(V_o)\,v \tag{5.34}$$

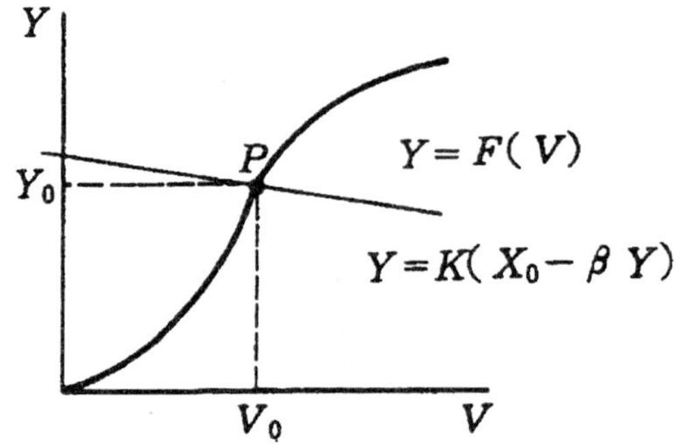

그림 5.10 전왜 액추에이터 시스템의 출력 전압 Y와 입력 전압 V 사이의 비선형 관계

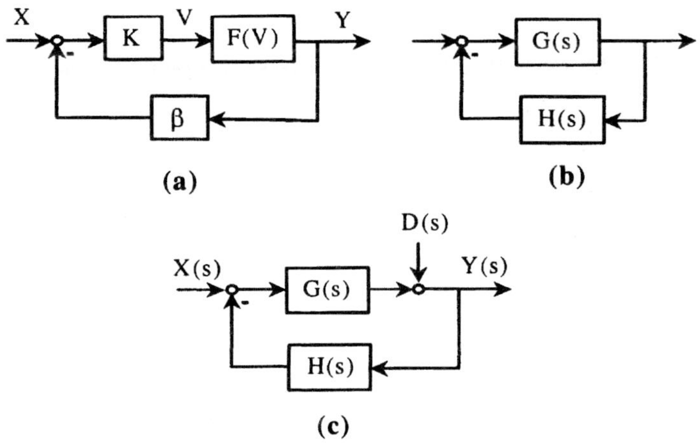

그림 5.11 각종의 피드백 시스템

으로 주어지기 때문에, v를 소거하면

$$y = \left[\frac{K F'(V_o)}{1 + \beta K F'(V_o)}\right] x \tag{5.35}$$

아래와 같은 조건이 만족하면

$$\beta K F'(V_o) >> 1 \tag{5.36}$$

$$y = (1/\beta)\ x \tag{5.37}$$

이 된다. 이것은 피드백 제어시스템에서 입력 x와 출력 y에서 얻을 수 있는 선형관계식이다.

주파수 응답의 평탄화

일반적으로 그림 5.11(b)에 나타나 있는 전향 전달함수 G(s), 피드백 전달함수 H(s)로 하는 피드백 제어계를 생각하자. 이 제어계가 안정하다고 하면, 그 폐 루프 주파수 응답함수 M(jω)는

$$M(j\omega) = \frac{G(j\omega)}{[1 + G(j\omega) H(j\omega)]} \tag{5.38}$$

만약 다음과 같은 조건이 만족하면

$$|G(j\omega)\ H(j\omega)| >> 1 \tag{5.39}$$

식 (5.40)이 된다.

$$M(j\omega) = 1\ /\ H(j\omega) \tag{5.40}$$

다시 말하면, 개 루프 주파수응답 이득 $|G(j\omega)\ H(j\omega)|$가 1보다 큰 주파수대역에서의 폐 루프 주파수응답 $M(j\omega)$는 피드백 전달함수 $H(s)$에만 의존하는 것을 알 수 있다. 만일 $H(j\omega)=\beta$(상수)라면, $M(j\omega)$는 이 주파수 영역에서 $(1/\beta)$의 이득과 위상 0인 일정한 특성을 나타내게 된다. 한편

$$|G(j\omega)\ H(j\omega)| << 1 \tag{5.41}$$

경우는

$$M(j\omega)=G(j\omega) \tag{5.42}$$

가 되며 $|G(j\omega)H(j\omega)| \approx 1$되는 영역에서 $M(j\omega)$은 식 (5.38)에서 직접 구해진다. 이 대역(이득 교차 각 주파수 ω_{cg}부근)에서는 공진 특성을 나타내는 것이 많다.

외란 영향의 최소화

그림 5.11(c)와 같은 피드백 계에서 전달함수 $G(s)$에 외란 $D(s)$(예를 들어 열팽창이나 진동 노이즈에 유래하는 변위)가 가해진 경우를 고찰해 보자. 이때의 출력 $Y(s)$는 다음 식으로 주어진다.

$$Y(s) = \left[\frac{1}{[1+G(s)H(s)]}\right]\left(G(s)\,X(s) + D(s)\right) \tag{5.43}$$

외란 $D(s)$에 의한 출력 변동 $\Delta Y(s)$는

$$\Delta Y(s) = \frac{D(s)}{[1+G(s)H(s)]} \tag{5.44}$$

이다. 예를 들어, 외란이 계단형태 변화 $d \cdot 1(t)$(d는 실정수, $1(t)$는 단위 스텝 함수)라고 하면, 포화된 출력 변동의 정상치 $\Delta y(\infty)$는, 라플라스 변환의 기본 정리(g)(표 5.1 참조)를 이용하면

$$\begin{aligned}\Delta y(\infty) &= \lim_{s\to 0}[s\,\Delta Y(s)] = \lim_{s\to 0}\left[\frac{s}{[1+G(s)H(s)]}(d/s)\right] \\ &= \frac{d}{[1+G(0)H(0)]}\end{aligned} \tag{5.45}$$

이 된다. 즉, 외란의 영향은 피드백이 없는 경우의, $1/[1+G(0)\ H(0)]$ 배로 충분히 줄어들며 직류에 있어서의 개 루프 이득, $G(0)H(0)$는 출력변동을 최소화 하기 위해서는 1보다는 충분히 커야 한다.

외란의 주파수 스펙트럼이 $D(j\omega)$라면, 출력 변동의 주파수 스펙트럼 $\Delta Y(j\omega)$는

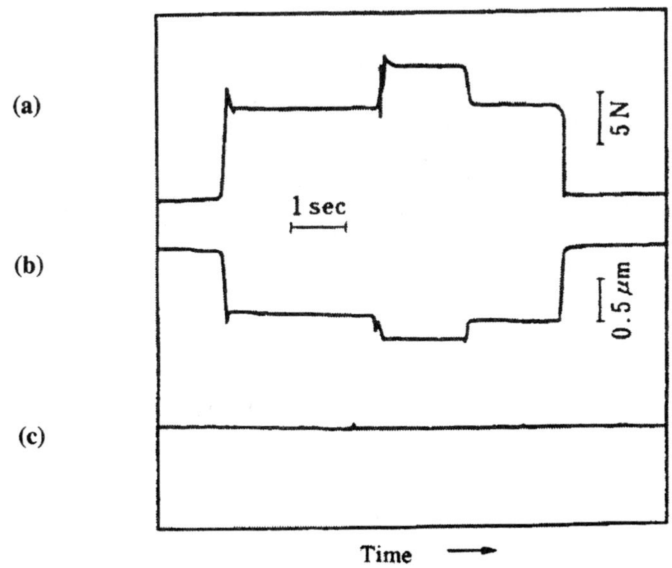

그림 5.12 피드 백을 사용한 정밀 선반의 외란에 의한 중첩 현상. (a) 기계적 부하 외란, (b) 피드 백이 없을 때의 압전 액추에이터의 위치 변화, (c) 피드 백이 있을 때의 액추에이터의 위치 변화

$$\Delta Y(j\omega) = \frac{D(j\omega)}{[1 + G(j\omega) H(j\omega)]} \tag{5.46}$$

이 된다.

외란에 해당하는 주파수대역에서 $|G(j\omega)\ H(j\omega)| >> 1$이라면 피드백 제어를 하는 것이 외란의 영향을 최소화 할 수 있다. 그림 5.12는 스텝 형태의 기계적 부하를 가했을 때의 정밀 선반에 사용되는 압전 액추에이터의 동작 특성을 나타낸다. 피드백을 하지 않는 경우 1 μm정도 있던 변위의 변화가 피드백 제어에 의한 서보 기구에 의해서 0.002 μm까지 억압된다는 것을 안다.

[예제 5.4]

다음 2차의 표준 계의 보데선도를 설명하라.

$$G(j\omega) = \frac{1}{[(-\omega^2 T^2) + 2\zeta j\omega + 1]} \tag{P5.4.1}$$

해답

보데선도는 대수 스케일로 전달함수의 주파수 의존성을 나타낸다.

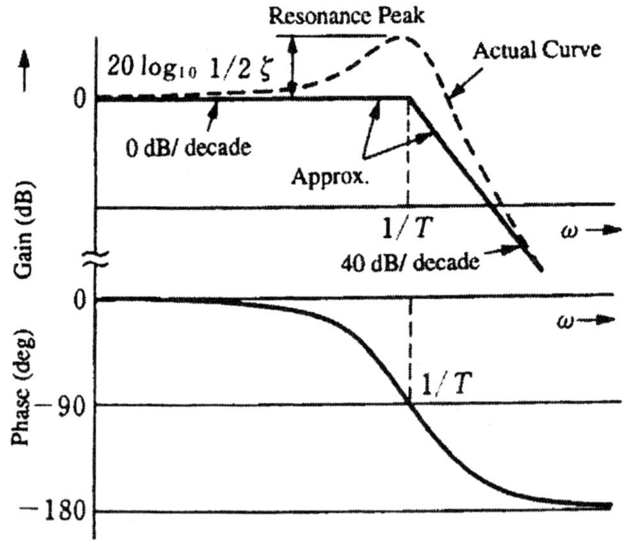

그림 5.13 표준 2차계의 보데선도

처음에 저주파 영역과 고주파 영역의 점근선을 생각하기로 한다. 저주파 영역 $\omega \to 0$로, $|G(j\omega)|=1$이다. 따라서 dB로 표현하면

$$dB = 20\ \log_{10}(1) = 0 \tag{P5.4.2}$$

이 되고 그림 5.13에 나타난 이득과 위상에서 위상은 0° 이다.

고주파 영역에서는 $\omega \to \infty$이므로

$$|G(j\omega)| = \left|\frac{1}{(-\omega^2 T^2)}\right| \tag{P5.4.3a}$$

이다. 따라서 데시벨로 표시하면

$$dB = -20\ \log_{10}(\omega T)^2 = -40\ \log_{10}(\omega T) \tag{P5.4.3b}$$

이 되며 위상은 −180° 이다.

그림 5.13에 나타내듯이, 저주파 영역과 고주파 영역은 어느 정도 직선으로 근사할 수 있다. 고주파 영역의 점근선의 기울기는 40 dB/10년간(12 dB/옥타브)이다.

다음으로 직선의 굴곡점의 편차를 고찰하기로 하자. 식 (P5.4.1)에 $\omega T=1$을 대입하면

$$G(j\omega) = \frac{1}{2\zeta j\omega T} = \frac{1}{2\zeta j} \tag{P5.4.4}$$

이 되어 이득은 $[1/2\zeta]$, 위상은 −90° 가 된다. 정수 ζ는 감쇠 정수로, $\zeta=0$ 때는 굴곡점에

서 진동 진폭이 무한대에 발산한다(이때의 주파수를 공진주파수라고 한다). 그러나 ζ가 클 때(>1/2) 공진 피크는 소멸한다. 1/ζ과 기계적 품질계수 Q_m은 비례함을 주목해야 한다.

(6) 분극 제어법

흥미로운 대체 방법으로 복잡한 폐 루프시스템을 사용하지 않고 압전 액추에이터에서 왜형 이력효과를 최소화하는 데 사용되는 분극 제어법이라는 것이 있다. 그림 5.14는 전압(전계에 비례)과 전하(분극량과 비례)의 함수로서 표현되는 PZT계의 물질에 대한 왜형 곡선이다. 2.6절에서 설명된 바와 같이 전계 의존 왜형 곡선은 이력현상이 나타나지만 분극 의존 곡선은 이력현상이 나타나지 않음을 알 수 있다. 즉, 전압 제어에 의한 이력현상은 전류 제어를 하면 거의 없어지는 것을 기대할 수 있다

한 예로 그림 5.15에 나타나 있는 분극 제어에 적합한 전류구동회로를 보자. 입력 전압 V_{in}에 비례한 전류가 압전 액추에이터에 공급되고 있으며 주목할 점은 보통의 전압공급의 출력 임피던스가 매우 작음에 비해 출력 임피던스가 매우 크다는 것이다.

이 방법은 펄스와 교류구동방법에 매우 효과적이다. 직류구동에는 액추에이터의 저항이 매우 커야 한다. 그렇지 않으면 준 정적 구동 시에는, 액추에이터 내부를 통한 전하 누설에 의해서 안정된 제어를 할 수 없다. 92개를 적층한 액추에이터(지름 20 mm, 두께 0.5 mm)를 분극제어에 의해 약 30분 동안 전하를 유지 가능하다는 보고가 있다.[5]

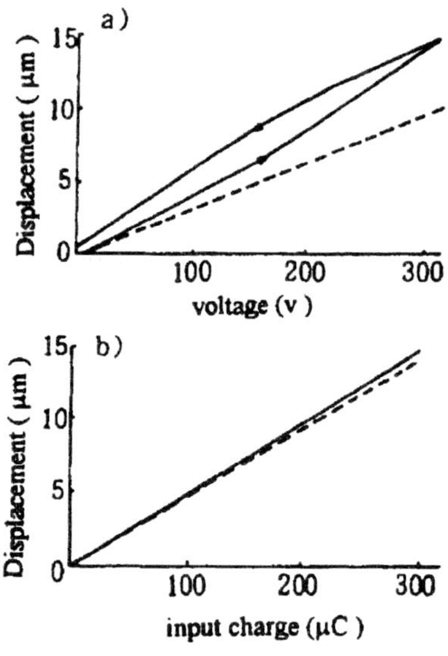

그림 5.14 PZT계 물질에 대한 스트레인 곡선. (a) 입력전압(전계에 따라 비례), (b) 정전용량(분극량에 비례). 아래 쪽 곡선에서 스트레인 이력이 없는 것은 압전 액추에이터에 대하여 분극량 제어가 유용함을 입증

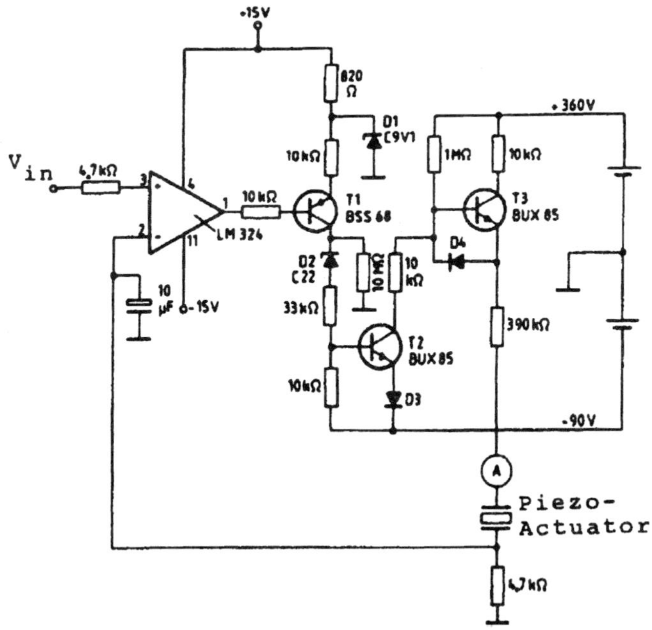

그림 5.15 분극량 제어를 위한 구동회로의 예

5.3 펄스 구동

펄스 전계를 압전 액추에이터에 인가하면, 기계적 진동이 여기 되지만, 그 진동은 인가하는 펄스 전계의 파형에 따라서 다르다. 발생 변위의 오버슛이나 잔류 진동(ringing)이 관측되는 것은 자주 있지만, 응답 속도나 위치 결정 정도에의 영향이 크다. 더욱이 오버슛에 의한 과도의 장력이 액추에이터 내에 파괴가 생길 가능성이 있다. 본 절에서는 압전 디바이스의 펄스 구동시의 과도 응답 특성에 대해 자세하게 설명한다.

(1) 압전 방정식

압전체에 인가되는 전계 E, 응력 X가 작다면, 왜형 x 및 전속밀도 D는 다음의 선형 식으로 주어진다.

$$x_i = s_{ij}^E X_j + d_{mi} E_m \tag{5.47}$$

$$D_m = d_{mi} X_i + K_{mk}^X E_k \tag{5.48}$$

여기서 i, j=1, 2,..., 6 ; k=1, 2, 3)이다.

이를 압전 방정식이라고 한다. 2장에서 기술한 텐서이론에 의하면, 대칭성이 가장 낮은 삼사정계의 경우 독립정수의 수는 s_{ij}^E가 21개, d_{mi}가 18개, K_{mk}^X가 6개이다. 결정의 대칭성이 높아지는 것에 따라 독립인 정수의 수는 감소한다. 다결정체 세라믹스의 경우에는, 보통 분극 축을 z로 해 z축의 주위에는 등방적인 것으로, 점군표시에서는 (∞m) 라고 하며 제로가 아닌 정수 행렬 요소는 s_{11}^E, s_{12}^E, s_{13}^E, s_{33}^E, s_{44}^E, d_{31}, d_{33}, d_{15}, K_{11}^X, K_{33}^X의 10개 뿐이다.

직류 전압(E_b)을 인가한 전왜재료의 경우, 왜형은

$$x_i = M_{mi}\ (E_b + E_m)^2 = M_{mi}E_b^2 + 2\ M_{mi}E_bE_m + \delta E_m^2 \tag{5.49}$$

로 주어지며, 다음과 같이 정의되는

$$d_{mi} = 2\ M_{mi}E_b \tag{5.50}$$

를 식 (5.47), (5.48)에 치환하면 전왜재료의 반응을 분석할 때 유도압전효과로 취급할 수 있다.

(2) 횡 및 종 진동 모드

압전 횡 진동 모드

그림 5.16(표 5.2의 (a))에 나타낸 것처럼 두께 b, 폭 w, 길이 l($b << w << l$)을 갖는 압전 세라믹에서의 횡 기계적 진동을 생각해 보자. z방향으로 분극하고, x-y면으로 전극이 형성되어 있으면, x축 방향으로 신축 진동은 다음과 같은 운동 방정식으로 된다.

$$\rho \frac{\partial^2 u}{\partial t^2} = F = \frac{\partial X_{11}}{\partial x} + \frac{\partial X_{12}}{\partial y} + \frac{\partial X_{13}}{\partial z} \tag{5.51}$$

여기서 u는 세라믹기판의 x축 방향의 변위이다.

응력, 전계(E_z만 존재)와 유도 왜형의 관계식은 일반적으로 다음과 같이 주어진다.

$$\begin{aligned}
x_1 &= s_{11}^E X_1 + s_{12}^E X_2 + s_{13}^E X_3 + d_{31} E_z \\
x_2 &= s_{12}^E X_1 + s_{11}^E X_2 + s_{13}^E X_3 + d_{31} E_z \\
x_3 &= s_{13}^E X_1 + s_{13}^E X_2 + s_{33}^E X_3 + d_{33} E_z \\
x_4 &= s_{44}^E X_4 \\
x_5 &= s_{44}^E X_5 \\
x_6 &= 2\ (s_{11}^E - s_{12}^E)\ X_6
\end{aligned} \tag{5.52}$$

AC전계를 압전체에 인가하면 길이, 폭과 두께방향의 신축 진동이 존재한다는 것을 알아야 한다. 예를 들어 100 mm×10 mm×1 mm의 PZT의 경우, 대응하는 기본 공진주파수는 대체로 10 kHz, 100 kHz, 1 MHz이다. 여기서 취급하는 기본 진동 모드는 길이 방향의 신축 모드이다. 인가 전계 주파수가 10 kHz보다 충분히 낮은 경우의 유도 변위는 인가 전계의 형태를 따르며, 그 변위의 크기는 $d_{31}E_3l$이다. 구동 주파수가 공진주파수에 가까워지면 유도 변위는 서서히 위상 지연을 수반하면서 진폭이 증가한다. 10 kHz 이상에서는 길이 방향의 변위는 인가 전계에 따라 변하지 않고 변위 크기는 매우 작아진다.

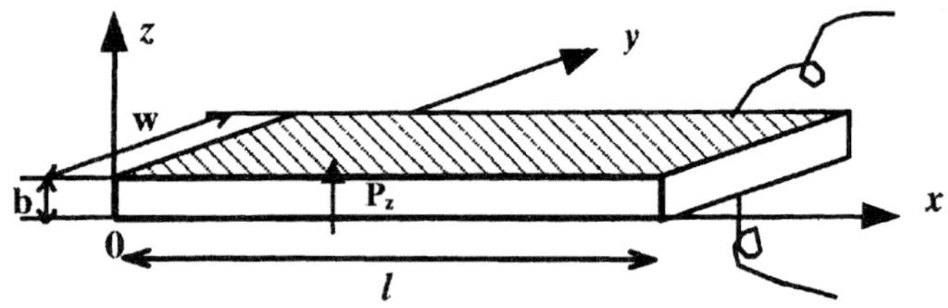

그림 5.16 구형 압전판의 횡 진동

길고 얇은 판의 경우에 공진주파수 부근에서 구동된다면 X_2, X_3는 0이 되며, 전단 응력은 전계(E_z)에 의해 생기지 않고 다음의 하나의 방정식으로 표현된다.

$$X_1 = x_1 / s_{11}^E - (d_{31}/s_{11}^E)\, E_z \tag{5.53}$$

이 식을 식 (5.51)에 대입하고 $x_1 = \partial u/\partial x$와 $\partial E_z/\partial x = 0$ (각 전극은 등전위)라 하면 다음의 운동 방정식을 얻는다.

$$\rho \frac{\partial^2 u}{\partial t^2} = \frac{1}{s_{11}^E} \frac{\partial^2 u}{\partial x^2} \tag{5.54}$$

압전 종 진동 모드

다음에 표 5.2(b)에 해당하는 종 진동을 생각한다. 압전공진자가 z방향으로 길고 전극이 양 끝간에 있다면

$$X_1 = X_2 = X_4 = X_5 = X_6 = 0 \text{ and } X_3 \neq 0 \tag{5.55}$$

며

$$X_3 = (x_3 - d_{33}\, E_z) / s_{33}^E \tag{5.56}$$

로 얻을 수 있다. z축 방향의 변위를 v라 하면 운동 방정식은,

$$\rho \frac{\partial^2 v}{\partial t^2} = \frac{1}{s_{33}^E} \left[\frac{\partial^2 v}{\partial z^2} - d_{33} \frac{\partial E_z}{\partial z} \right] \tag{5.57}$$

$\partial u_z/\partial z = 0$와 $\partial D_z/\partial z = 0$이 된다. 종 진동의 경우의 전기적 조건은 $\partial E_z/\partial z = 0$이 아니고, $\partial D_z/\partial z = 0$으로 주어진다.

$$K_3 \frac{\partial E_z}{\partial z} + \frac{d_{33}}{s_{33}^E} \frac{\partial^2 v}{\partial z^2} = 0 \tag{5.58}$$

며, 식 (5.58)을 식 (5.57)에 대입하면, 운동 방정식

표 5.2 다른 진동모드를 갖는 여러 종류 공진자의 특성[9]

	Factor	Boundary Conditions	Resonator Shape	Definition
a	k_{31}	$X_1 \neq 0,\ X_2 = X_3 = 0$ $x_1 \neq 0,\ x_2 \neq 0,\ x_3 \neq 0$		$\frac{d_{31}}{\sqrt{s_{11}^E K_{33}^X}}$
b	k_{33}	$X_1 = X_2 = 0,\ X_3 \neq 0$ $x_1 = x_2 \neq 0,\ x_3 \neq 0$	 Fundamental Mode	$\frac{d_{33}}{\sqrt{s_{33}^E K_{33}^X}}$
c	k_p	$X_1 = X_2 \neq 0,\ X_3 = 0$ $x_1 = x_2 \neq 0,\ x_3 \neq 0$	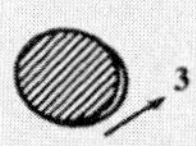 Fundamental Mode	$k_{31}\sqrt{\frac{2}{1-\sigma}}$
d	k_t	$X_1 = X_2 \neq 0,\ X_3 \neq 0$ $x_1 = x_2 = 0,\ x_3 \neq 0$	 Thickness Mode	$k_{33}\sqrt{\frac{K_{33}}{c_{33}^D}}$
e	k_p'	$X_1 = X_2 \neq 0,\ X_3 \neq 0$ $x_1 = x_2 \neq 0,\ x_3 = 0$	 Radial Mode	$\frac{k_p - Ak_{33}}{\sqrt{1-A^2}\sqrt{1-k_{33}^2}}$
f	k_{31}'	$X_1 \neq 0,\ X_2 \neq 0, X_3 = 0$ $x_1 \neq 0,\ x_2 = 0,\ x_3 \neq 0$	 Width Mode	$\frac{k_{31}}{\sqrt{1-k_{31}^2}}\sqrt{\frac{1+\sigma}{1-\sigma}}$
g	k_{31}''	$X_1 \neq 0,\ X_2 = 0,\ X_3 \neq 0$ $x_1 \neq 0,\ x_2 \neq 0,\ x_3 \neq 0$	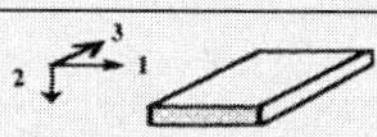 Width Mode	$\frac{k_{31} - Bk_{33}}{\sqrt{1-k_{33}^2}}$
h	k_{33}'''	$X_1 \neq 0,\ X_2 \neq 0,\ X_3 \neq 0$ $x_1 \neq 0,\ x_2 = 0,\ x_3 = 0$	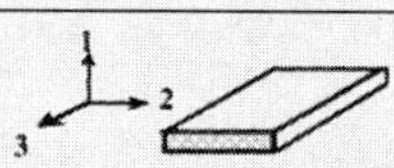 Thickness Mode	$\frac{\sqrt{\frac{(k_p - Ak_{33})^2}{1-A^2} - (k_{31} - Bk_{33})^2}}{1-k_{33}^2-(k_{31}-Bk_{33})^2}$
i	k_{33}'	$X_1 \neq 0,\ X_2 = 0,\ X_3 \neq 0$ $x_1 = 0,\ x_2 \neq 0,\ x_3 \neq 0$	 Width Mode	$\frac{k_{33} - Bk_{31}}{\sqrt{(1-B^2)(1-k_{31}^2)}}$
j	$k_{24}=k_{15}$	$X_1 = X_2 = X_3 = 0, X_4 \neq 0$ $x_1 = x_2 = x_3 = 0,\ x_4 \neq 0$		$\frac{d_{31}}{\sqrt{K_{11}^X s_{44}^E}}$

Here : $A = \frac{\sqrt{2}\, s_{13}^E}{\sqrt{s_{33}^E (s_{11}^E + s_{12}^E)}}$, $B = \frac{s_{13}^E}{\sqrt{s_{11}^E s_{33}^E}}$

$$\rho \frac{\partial^2 v}{\partial t^2} = \frac{1}{s_{33}^D} \frac{\partial^2 v}{\partial z^2} \tag{5.59}$$

을 얻을 수 있다. 여기서

$$s_{33}^D = \frac{s_{33}^E}{1+(d_{33}^2 / s_{33}^E K_{33}^X)} = \frac{s_{33}^E}{1+k_{33}^E} \tag{5.60}$$

이다. 그 외의 진동 모드에 대해서도 비슷한 방법으로 표 5.2의 탄성적 경계 조건으로부터 구할 수 있다.

손실 고려

압전재료의 손실을 고려할 때, 손실은 점탄성적(viscoelastic)이고 스트레인에 비례하기 때문에 운동방정식 (5.54) 및 식 (5.59)는 수정되어야 한다.[6]

횡 진동 모드는

$$\rho \frac{\partial^2 u}{\partial t^2} = \frac{1}{s_{11}^E} \left[\frac{\partial^2 [u + \delta(\partial u / \partial t)]}{\partial x^2} \right] \tag{5.61}$$

종 진동 모드는

$$\rho \frac{\partial^2 v}{\partial t^2} = \frac{1}{s_{33}^D} \left[\frac{\partial^2 [v + \delta(\partial v / \partial t)]}{\partial z^2} \right] \tag{5.62}$$

이다. 식 (5.54) 과 식 (5.59)(혹은 식 (5.61)과 식 (5.62))은 비슷한 형태이며, 이하에서는 횡 진동 모드가 어떻게 취급되는지를 고려해 보자.

종 진동 모드의 해

라플라스 변환을 이용하여 식 (5.54)의 해를 구해 보자. u(t, x), $E_z(t)$를 t에 관해서 라플라스 변환한 것을 U(s, x), E˜(s)라 하면, 식 (5.54)는 정리(f)에 의해

$$\rho s_{11}^E s^2 U(s, x) = \frac{\partial^2 U(s, x)}{\partial x^2} \tag{5.63}$$

이 된다. 다만 초기조건으로서

$$u(0, x) = 0 \quad \text{and} \quad \frac{\partial [u(0, x)]}{\partial t} = 0 \tag{5.64}$$

이다.

$$\rho\, s_{11}{}^E = 1/v^2 \tag{5.65}$$

에 따라

$$U(s,x)=A\ e^{(sx/v)}+B\ e^{-(sx/v)} \tag{5.66}$$

를 얻는다. 여기서, v는 압전 세라믹스의 음속이다. 경계 조건 x=0, l을 적용하면 상수 A, B를 결정할 수 있다.

$$X_1 = \frac{(x_1 - d_{31}E_z)}{s_{11}^E} = 0 \tag{5.67}$$

또한, 식 (5.68)을 고려하면,

$$L[x_1]=(\partial U/\partial x)=A(s/v)e^{(sx/v)} - B(s/v)\ e^{-(sx/v)} \tag{5.68}$$

경계조건 x=0과 l 조건에서 식 (5.69a,b) 의 관계식을 얻는다.

$$A(s/v)-B(s/v)=d_{31}E^{\sim} \tag{5.69a}$$

$$A(s/v)e^{(sl/v)}-B\ (s/v)e^{-(sl/v)}=d_{31}E^{\sim} \tag{5.69b}$$

따라서

$$A = \frac{d_{31}E^{\sim}(1-e^{-sl/v})}{(s/v)(e^{sl/v} - e^{-sl/v})} \tag{5.70}$$

$$B = \frac{d_{31}E^{\sim}(1-e^{sl/v})}{(s/v)(e^{sl/v} - e^{-sl/v})} \tag{5.71}$$

이며, 결과적으로 식 (5.66)과 (5.68)는 각각

$$U(s,x) = \frac{d_{31}E^{\sim}(v/s)[e^{-s(l-x)/v} + e^{-s(l+x)/v} - e^{-sx/v} - e^{-s(2l-x)/v}]}{(1-e^{-2sl/v})} \tag{5.72}$$

$$L[x_1] = \frac{d_{31}E^{\sim}[e^{-s(l-x)/v} + e^{-s(l+x)/v} - e^{-sx/v} - e^{-s(2l-x)/v}]}{(1-e^{-2sl/v})} \tag{5.73}$$

이 된다. 식 (5.72)와 (5.73)을 역 라플라스 변환을 하면 변위 u(t,x)와 왜형 $x_1(t,x)$를 구할 수 있다.

$$1\ /\ (1-e^{-2sl/v})=1+e^{-2sl/v}+e^{-4sl/v}+e^{-6sl/v}\cdots \tag{5.74}$$

를 고려하면 왜형 $x_1(t,x)$는 정리(e)에 의해 t에 관한 $d_{31}E_z(t)$곡선을 변화시킴으로써 구할 수 있다. 또, u(t, l/2)=0[U(s, l/2)=0으로부터] 및 u(t,0) =−u(t, l)[U(s, 0) =−U(s, l)로부터]이기 때문에, 소자 전체의 변위량 Δl은 2u(t, l)와 같다.

$$U(s,l) = \frac{d_{31}E^{\sim}(v/s)(1-e^{-sl/v})}{(1+e^{-sl/v})} = d_{31}E^{\sim}(v/s)[\tanh(sl/2v)] \tag{5.75}$$

(i) 구형 펄스전압에 대한 응답

그림 5.17의 좌측 아래의 구형 펄스 전계에 관해서 고찰해보기로 하자. 아래 식 (5.76)을

$$E^{\sim}(s)=(E_o/s)\ (1-e^{-(nls)/v}) \tag{5.76}$$

식 (5.75)에 대입하면 n=1, 2, 3의 경우 발생변위 Δl을 구할 수 있다. n는 압전세라믹스의 공진 주기의 반을 단위로 한 시간의 길이에 대응하는 양이다.

n=1에서는

$$\begin{aligned} U(s,l) &= \frac{d_{31} E_o (v/s^2)(1-e^{-sl/v})^2}{(1+e^{-sl/v})} \\ &= d_{31} E_o (v/s^2)[1-3e^{-sl/v}+4e^{-2sl/v}-4e^{-3sl/v}+\cdots] \end{aligned} \tag{5.77}$$

U(s,l), $1/s^2$의 기초함수는 t의 함수에서 u(t,l)의 기본함수로 주어지기 때문에 식 (5.77)의 역라플라스 변환은

$$\begin{aligned} &u(t,l) = d_{31} E_o v\ t && 0<t<l/v \\ &u(t,l) = d_{31} E_o v\,[t-3(t-l/v)] && l<t<2l/v \\ &u(t,l) = d_{31} E_o v\,[t-3(t-l/v)+4(t-2l/v)] && 2l/v<t<3l/v \\ & && \cdots \end{aligned} \tag{5.78}$$

이다. n=1인 경우 그림 5.17(a)에 도시된 구형 펄스전압에 의해 발생된 과도변이 Δl이 발생한다.

n=2에서는

$$U(s,l)=d_{31}E_o\ (v/s^2)\ (1-2e^{-sl/v}+e^{-2sl/v}) \tag{5.79}$$

이다. 따라서

$$\begin{aligned} &u(t,l) = d_{31} E_o v\ t && 0<t<l/v \\ &u(t,l) = d_{31} E_o v\,[t-2(t-l/v)] && l<t<2l/v \\ &u(t,l) = d_{31} E_o v\,[t-2(t-l/v)+(t-2l/v)]=0. && 2l/v<t \end{aligned} \tag{5.80}$$

이 되기 때문에, Δl는 1 펄스 응답만을 나타내, 잔류 진동(벨소리)을 일으키지 않는다(그림 5.17(b)).

n=3에서는

$$\begin{aligned} U(s,l) &= \frac{d_{31} E_o (v/s^2)(1-e^{-3sl/v})(1-e^{-sl/v})}{(1+e^{-sl/v})} \\ &= d_{31}E_o(v/s^2)[1-2e^{-sl/v}+2e^{-2sl/v}-3e^{-3sl/v}+4e^{-4sl/v}-4e^{-5sl/v}+\cdots] \end{aligned} \tag{5.81}$$

이 되어, Δl은 그림 5.17(c)와 같은 거동을 한다.

위의 예로부터 압전 액추에이터를 구형파 펄스로 구동할 경우에는, 시료의 공진 주기

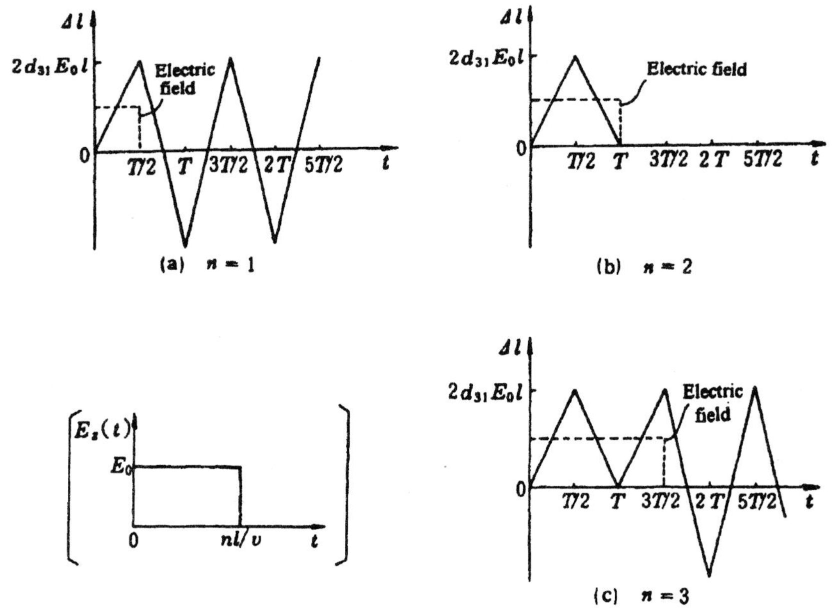

그림 5.17 구형 펄스전압에 의해 발생하는 과도변위 Δl(시간 T=(2l/v)는 압전 판의 공진주기에 해당)

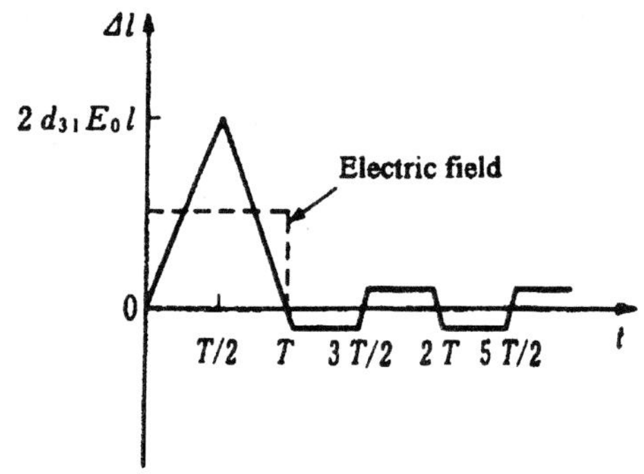

그림 5.18 구형 펄스전압에 의해 발생하는 과도 변(n=1.9)

T=2l/v의 정수 배의 길이로 실시하면, 기계적인 잔류 진동(ringing)이 나타나지 않는 것을 알 수 있다.

그림 5.18에는 n가 정수가 아닌 n=1.9의 경우의 계산 결과를 나타냈다. 잔류 진동의 크기를 피크 변위량의 몇 퍼센트 이하에 억누르는가 하는 요구에 따라서 n의 허용 범위가 계산된다.

(ii) 유사보폭전압 응답

그림 5.19의 좌측 위와 같은 유사보폭전압에 대한 반응을 고려하면 n=1, 2, 3의 경우에 Δl을 구할 수 있다. n는 압전 세라믹스의 공진 주기의 반을 단위로 한 시간의 길이에 대

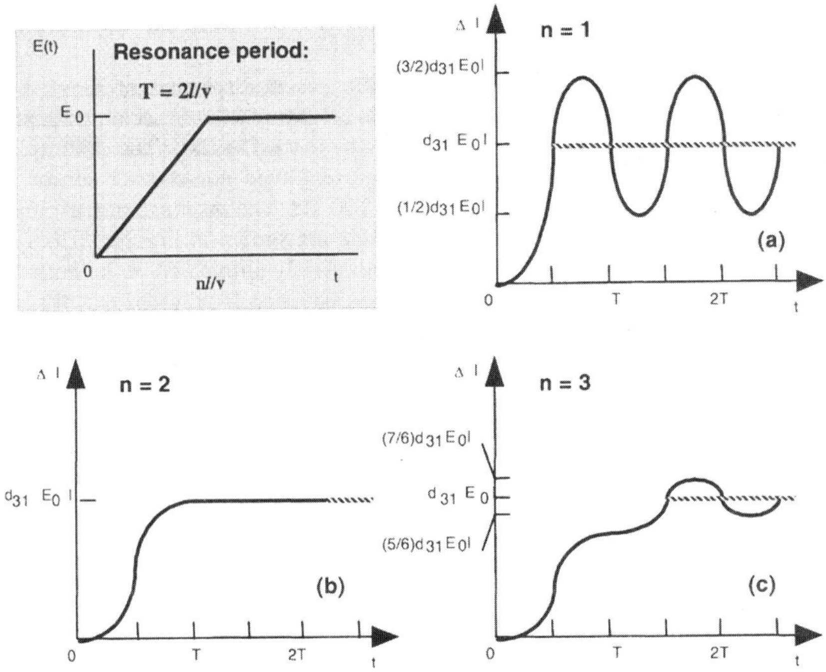

그림 5.19 유사보폭전압에 의해 발생하는 과도변위 Δl

응하는 양이다. 유사보폭전압은

$$E\tilde{}(s)=(E_o v/n\,ls^2)\,(1-e^{-nls/v}) \tag{5.82}$$

가 된다.

n=1의 경우

$$\begin{aligned} U(s,l) &= \frac{(d_{31}E_o/l)(v^2/s^3)(1-e^{-sl/v})^2}{(1+e^{-sl/v})} \\ &= (d_{31}E_o/l)(v^2/s^3)[1-3e^{-sl/v}+4e^{-2sl/v}-4e^{-3sl/v}+\cdots] \end{aligned} \tag{5.83}$$

이 되어, 기본 함수 U(s, l), $1/s^3$은 함수 u(t, l), $t^2/2$(포물선)를 얻을 수 있었다. 따라서 변위 u는 다음과 같이 된다.

$$\begin{aligned} &u(t,l)=(d_{31}E_o v^2/2l)\,t^2 && 0<t<l/v \\ &u(t,l)=(d_{31}E_o v^2/2l)\,[t^2-3(t-l/v)^2] && l<t<2l/v \\ &u(t,l)=(d_{31}E_o v^2/2L)\,[t^2-3(t-l/v)^2+4(t-2l/v)^2] && 2l/v<t<3l/v \end{aligned} \tag{5.84}$$

그림 5.19(a)와 같은 유사보폭전압에 의해 구동된 액추에이터의 경우 과도변위는 연속적인 잔류 진동을 볼 수 있다. 이 진동 변위 곡선은 정현파는 아니고 포물선을 조합한 것임을 주의해야 한다. 변위의 오버슛은 $d_{31}E_o l$의 50%가 되는 것을 알 수 있다.

n=2의 경우

$$U(s, l)=(d_{31}E_o/2\ l)\ (v^2/s^3)\ [1-2e^{-sl/v}+e^{-2sl/v}] \tag{5.85}$$

이 된다. 따라서

$$\begin{aligned} u(t, l) &= (d_{31}E_o v^2/4l)\ t^2 && 0 < t < l/v \\ u(t, l) &= (d_{31}E_o v^2/4l)\ [t^2 - 2\ (t - l/v)^2] && l < t < 2l/v \\ u(t, l) &= (d_{31}E_o v^2/4l)\ [t^2 - 2\ (t - l/v)^2 + (t - 2l/v)^2] && \\ &= (d_{31}E_o l/2) && 2l/v < t \end{aligned} \tag{5.86}$$

$(1+e^{-sl/v})$을 얻는다. 이와 같은 경우 잔류 진동은 볼 수 없다(그림 5.19(b)). 인가 전압 E에 항을 포함할 때 전개식의 항이 유한개가 되어 기계적 잔류 진동을 완전하게 억제할 수 있다.

n=3의 경우는 U(s, l) 는 다시 무한개의 전개식이 되어 잔류 진동이 발생한다.

$$U(s, l)=(d_{31}E_o/3l)(v^2/s^3)[1-2e^{-sl/v}+2e^{-2sl/v}-3e^{-3sl/v}+4e^{-4sl/v}-4e^{-5sl/v}\ \cdots] \tag{5.87}$$

이와 같은 경우 변위응답은 그림 5.19(c)와 같은 곡선을 보여준다.

과도 진동의 실험적 관찰

압전 액추에이터의 과도변위 응답에 대한 실험적 결과를 소개하기로 한다. 기계적 품질계수 Q_m가 1000 정도의 손실이 작은 PZT계 바이몰프 액추에이터가 사용되었다.[7] 바이몰프의 끝 단 변위를 와 전류(eddy current) 방식 비접촉 변위 계를 이용해 측정했다. 바이몰프의 공진주파수는 100 Hz이다. 그림 5.20(a)는 구형 펄스전계에 대한 변위량 응답을, 그림 5.20(b)는 유사보폭전계에 대한 응답을 나타낸다. 펄스의 길이 혹은 유사보폭의 첫 시작 시간을 시료의 공진 주기에 맞추면, 잔류 진동이 완전하게 억제되는 것이 실증된다.

손실 고려

손실 식 (5.61)에 대한 적절한 설명을 위해 식 (5.54)보다는 오히려 횡 진동을 고려하여야 한다. 식 (5.61)을 이용하면 변위량 U(s, l)는 식 (5.75)에서 식 (5.88)을 치환함으로써

$$s \rightarrow \frac{s}{\sqrt{1+\delta s}} \tag{5.88}$$

를 얻을 수 있다. 이 해는 아직 알기 쉬운 형태에서는 풀리지 않았다. 단지 압전 공진의 경우에 대해서는 근사해가 주어지고 있다.[6]

여기에서는 실험 결과를 그림 5.21에 나타내는[8] 구형 펄스전압에 대한 변위량의 응답으로, 결론적으로는 그림 5.20의 결과와 같다(감쇠의 효과는 제외하다). 즉, 압전 액추에이터의 구동에 대하여 구형 펄스의 주기를 시료의 공진 주기 T의 정수 배에 맞추면, 오

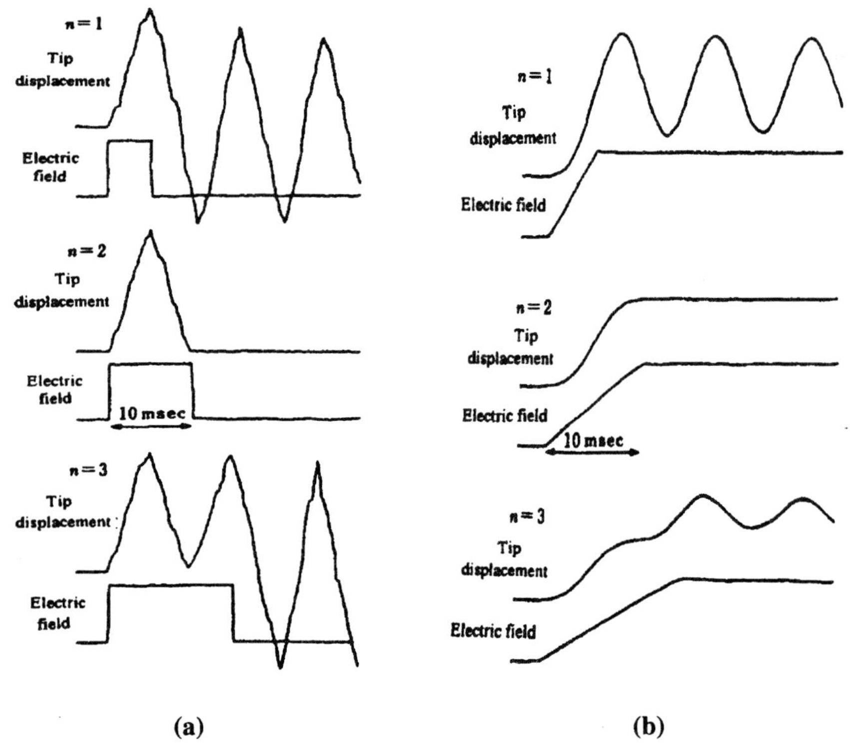

그림 5.20 바이몰프 발생 변위[7] (a) 구형 펄스전압, (b) 유사보폭전압

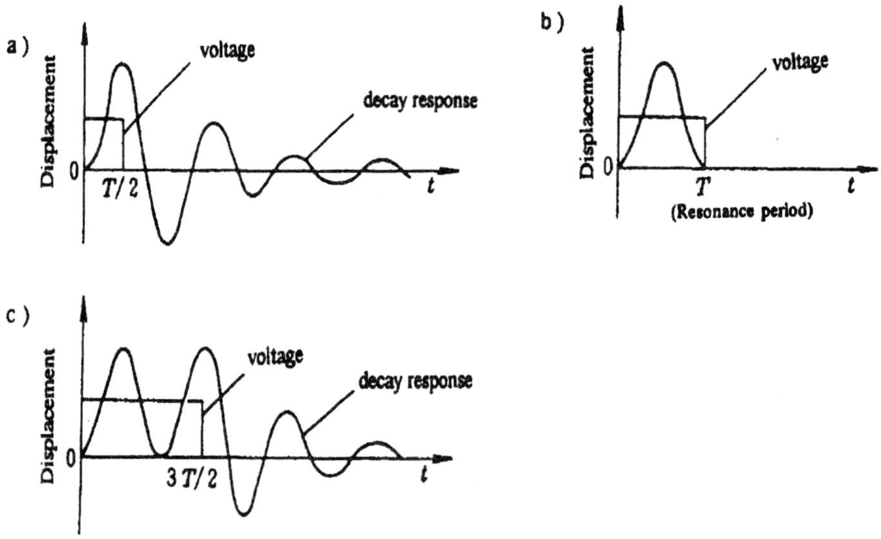

그림 5.21 구형 펄스전압에 의한 손실이 큰 압전 액추에이터의 변위 응답[8]

버슷이나 잔류 진동은 완전하게 억제할 수 있다.

(3) 펄스폭변조 방식

유압 서보밸브의 제어에 펄스폭변조(PWM) 방식을 적용한 예가 있다(8.4절 참조).[9] 그림 5.22에 PWM의 원리를 나타낸다. 표준의 톱니파(saw wave, SW)와 제어 전압(command voltage, CW)과의 교점에서 결정되는 펄스폭을 가지는 구형파(rectangular wave, RW)가 발생되고 이를 증폭해 PZT 바이몰프에 인가한다. 바이몰프를 1 kHz 정도의 구형파(± V_{max})로 구동될 때 노즐 밖의 유압은 듀티 값에 비례하여 일정한 값(바이몰프가 평균지점에 위치)을 유지한다. 즉, 유류의 추종 속도는 약 50 Hz 늦기 때문에, 펄스폭변조도(듀티)에 비례한 위치에 평균적으로 바이몰프가 있는 것 같은 노즐배압특성을 나타내게 된다.

따라서 노즐외부의 유압, 그리고 결과적으로 스풀 변위는 제어 전압(CW)에 거의 비례하는 특성을 나타내 강유전성에서 유래하는 비선형성 및 이력은 제거된다(그림 5.23 참조).

PWM 방식의 동적 특성에 관해서는 다음의 조건이 만족되고 있는 한 PWM의 출력의 시간 평균치는 입력에 비례해 충실히 신호를 전달한다.

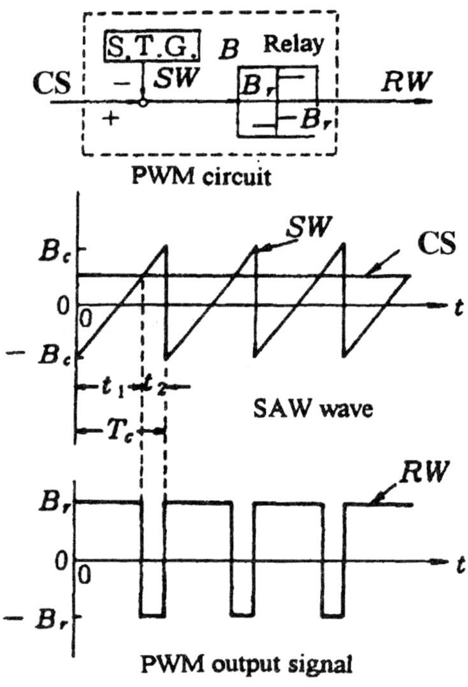

그림 5.22 유압 서보밸브에 사용된 펄스폭변조 방법(PWM)
구형파(RW)의 듀티는 입력 신호(CW)에 의해 제어됨[9]

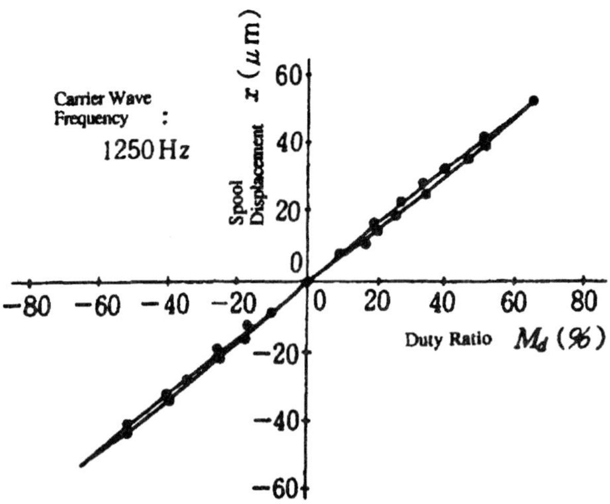

그림 5.23 유압 서보밸브의 정적 특성[9]

1) 반송 주파수 f_c와 입력 신호 주파수 f_e의 비가 7이상이어야 한다.
2) 반송파 성분이 제어 계의 출력에 비례하여 시스템의 출력에서 모든 물결(ripple)을 제거할 수 있도록 충분히 높아야 한다.

유압 서보밸브의 예에서 보듯이 반송 주파수(RW)가 1250 Hz 때는, 신호 주파수는 180 Hz(=1250/7)를 넘지 않게 할 필요가 있다. 반송 주파수는 유류응답 50 Hz보다 훨씬 높기 때문에 2번째의 조건은 만족한다.

PWM 방식은 특히 개 루프제어 때에 발생하는 이력의 문제를 해결할 수 있는 제어 공학적으로는 교묘한 수법이지만, 현실에는 많은 문제를 포함하고 있다. 첫째로 바이몰프의 수명은 최고전압으로 구동될 때 보통 10^8이며, 1 kHz의 반송파로 연속적으로 구동될 때 접착부위의 분리가 겨우 10시간 정도로 시작된다. 둘째로 바이몰프의 구동이 큰 이력을 수반하면서 구동하기 때문에 압전 경시효과를 증가시키는 상당한 양의 열이 발생하는 것이다.

5.4 공진 구동(Resonance Drive)

교류전계가 압전세라믹에 인가될 때 기계적 진동이 여기되며, 이때 구동주파수가 소자의 기계적 공진주파수와 일치된다면 큰 공진 왜형이 발생된다. 이 현상을 압전 공진이라 하며 에너지 포획소자 및 액추에이터와 같은 응용분야에서 아주 유용하게 쓰인다. 이 절에서는 정현파적으로 변화하는 전계에 대한 소자의 정적 응답에 대해 고찰하기로 한다.

(1) 전기기계결합계수

먼저 전기기계 변환기의 에너지 변환 비율을 나타내는 전기기계결합계수 k에 대하여 생각해 보자. (3.5절과 참고문헌 10 참고) 기계적인 변형을 일으키기 위하여 외부 전계가 압전소자에 인가되었을 때, k에 대한 형식적인 정의는 저장되거나 입력된 에너지의 항으로 표현할 수 있다.

$$k^2 = \frac{\text{저장된 기계에너지}}{\text{입력된 전기에너지}} \qquad (5.89a)$$

또는 다음과 같이 표현할 수 있다.

$$k^2 = \frac{\text{저장된 전기에너지}}{\text{입력된 기계에너지}} \qquad (5.89b)$$

압전 진동자의 내부 에너지는 기계적 에너지 $U_M(=\int xdX)$와 전기에너지 $U_E(=\int DdE)$의 합으로 주어진다. 선형 압전 방정식 (방정식 (5.47)과 (5.48))을 적용할 때, 총 에너지 U는 다음과 같이 계산된다.

$$\begin{aligned} U &= U_M + U_E \\ &= [(1/2)s_{ij}{}^E X_j X_i + (1/2)d_{mi}E_m X_i] + [(1/2)d_{mi}X_i E_m + (1/2)\ \varepsilon_o K_{mk}{}^X\ E_k\ E_m] \end{aligned} \qquad (5.90)$$

여기서 탄성 compliance s와 유전상수 K를 포함하는 항들은 각각 순수한 기계에너지와 전기에너지를 나타낸다. 압전왜형계수 d를 포함하고 있는 항은 전기에너지로부터 기계에너지로의 에너지 변환을 나타내는 것이며, 압전효과에 의해 그 반대로의 변환도 성립한다. 따라서 전기기계결합계수 k는 다음과 같이 정의될 수도 있다.

$$k = \frac{U_{ME}}{\sqrt{U_{MM}\ U_{EE}}} \qquad (5.91)$$

k 값은 진동모드에 의존하며(즉, 몇 종류의 k 값들은 각기 다른 진동모드에 상응하는 세라믹 시편으로부터 구해질 수 있음), 양 혹은 음의 값을 가질 수 있다.(절대값 |k|는 에너지에 대한 논의에서 사용할 수 있음) 몇 가지의 전형적인 진동모드와 그들과 관련되는 결합계수를 표 5.2(p. 223)에 나타내었다.[9]

또한, 전기기계결합계수가 다음과 같은 일반적인 형태로 표현될 수 있다는 사실도 주목해야만 한다.

$$k^2 = d^2/\ (K^X s^E) \qquad (5.92)$$

위 식은 k 값이 진동모드와 재료의 이방적 유전 및 탄성특성에 얼마나 의존하는가를 더욱 잘 반영하고 있다. 서로 다른 전기기계결합계수가 단일 시편으로부터 구해질 수 있다는 사실은 그리 놀랄만한 일이 아니다.

하나의 예로 전형적인 PZT를 기본으로 한 압전 세라믹 시편에 대해 측정된 다음의 자료를 검토해 보자. 우리가 첫째로 k_{33}과 k_{31}크기를 비교하는 경우에 일반적으로 k_{33}(69%)>k_{31}(39%)로 관찰되는 것은 주어진 인가전계 강도에 대해 횡단의 압전왜형이 종단의 압전왜형에 1/3 정도이기 때문이다. k_{31}과 k_P(평면결합계수)를 비교했을 때에도 k_P가 높은 에너지 변환을 효과적으로 이끌어 내는 (2차원)평면모드에 대한 기여를 포함하는 재료의 응답 척도이므로 일반적으로 k_{31}(39%)<k_P(57%)임을 알게 된다. k_{33}과 k_t(두께진동 결합계수)를 비교했을 때, 대부분의 경우 k_{33}(69%)>k_t(48%) 임을 알 수 있다. 이는 두께 모드가 2차원적으로 속박되어 있어 낮은 에너지 변환을 이끌어 낼 수 밖에 없기 때문이다. 바이몰프의 동작 특성인 유효 전기기계결합계수 k_{eff}는 굴곡 진동모드로 정의할 수 있다. 이 경우 비록 굴곡 진동이 압전왜형계수 d_{31}을 통하여 발생된 것이더라도 k_{eff}(10%)는 k_{31}(39%)보다는 훨씬 더 작다는 것을 알게 된다. 또한, 상대적으로 큰 shear 변형 계수 d_{15}로 인해, k_{15}(61%)가 페로브스카이트 유형 압전 세라믹에서 아주 큰 경향을 갖는다는 사실도 주지해야 한다.

전기기계결합계수가 소비된 전기에너지에 대한 출력 기계에너지의 비율에 의해 정의되는 액추에이터의 효율을 나타내는 것은 아니다. 세라믹이 외부 전계에 의해 변형될 때, 입력 전기에너지는 당연히 출력되는 기계에너지보다는 더 크다. 그러나 유효하지 않은 전기에너지는 액추에이터내에 정전기적 에너지로 저장되고(세라믹 액추에이터 또한 커패시터이다!), 동작주기에 대한 마지막 과정에서 전원공급장치로 궤환된다. 따라서 효율은 분극 대 전계, 왜형 대 응력, 그리고 응력 대 전계 곡선 (6장 참조)에서의 이력으로 나타나는 손실에 의해서만이 정의될 수 있다. 압전소자의 효율은 통상적으로 97% 이상이다.

[예제 5.5]

다음의 진동 모드에 대해 압전 세라믹 진동자의 전기기계결합계수 k_{ij}를 계산하라.(그림 5.24 참고)

(a) 경방향 길이 신장모드(∥E): k_{33}

(b) 원형판에 대한 평면 신장모드: k_P

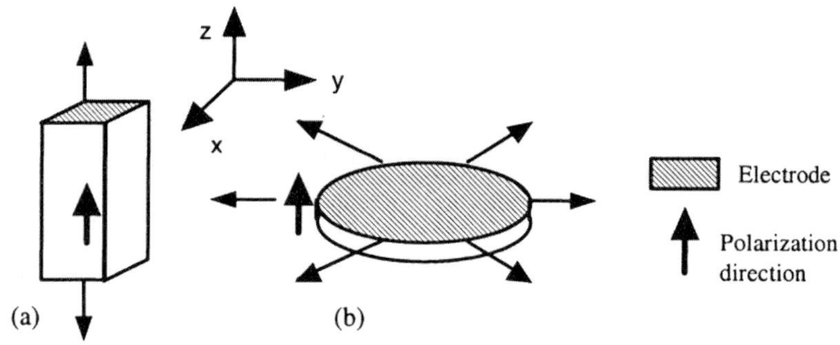

그림 5.24 압전디바이스의 두 개의 진동모드: (a) 경방향 길이 진동모드, (b)원형판 평판 신장모드

해답

다음의 식으로 시작해 보자.

$$U = (1/2)\, s_{ij}{}^{E}\, X_j\, X_i + 2\,(1/2)\, d_{mi}\, E_m\, X_i + (1/2)\, K_{mk}{}^{X}\, E_k\, E_m$$
$$= U_{MM} + 2\, U_{ME} + U_{EE} \quad \text{(P5.5.1)}$$

그리고 다음과 같은 전기기계결합계수 정의를 사용해 보도록 하자.

$$k = \frac{U_{ME}}{\sqrt{U_{MM}\, U_{EE}}} = \frac{d^2}{\sqrt{K^X s^E}} \quad \text{(P5.5.2)}$$

(a) 경방향 신장에 상응하는 압전방정식은

$$x_3 = s_{33}{}^{E}\, X_3 + d_{33}\, E_3$$
$$D_3 = d_{33}\, X_3 + K_{33}{}^{X}\, E_3$$

이므로 그 결과

$$\rightarrow\rightarrow \quad k_{33} = \frac{d_{33}}{\sqrt{s_{33}^{E}\, K_{33}^{X}}} \quad \text{(P5.5.3)}$$

(b) 평면 신장에 상응하는 압전방정식은

$$x_1 = s_{11}{}^{E}\, X_1 + s_{12}{}^{E}\, X_2 + d_{31}\, E_3$$
$$x_2 = s_{12}{}^{E}\, X_1 + s_{22}{}^{E}\, X_2 + d_{32}\, E_3$$
$$D_3 = d_{31}\, X_1 + d_{32}\, X_2 + K_{33}{}^{X}\, E_3$$

이므로 $s_{11}{}^{E}=s_{22}{}^{E}$, $d_{31}=d_{32}$ 그리고 $X_1=X_2$로 축 대칭이라고 가정하면 위 수식을 다음과 같이 더 간단히 할 수 있다.

$$x_1 + x_2 = 2\,(s_{11}{}^{E} + s_{12}{}^{E})\, X_p + 2\, d_{31}\, E$$
$$D_3 = 2\, d_{31}\, X_p + K_{33}{}^{X}\, E_3$$

따라서 결과적으로

$$\rightarrow\rightarrow \quad k_p = \frac{2d_{31}}{\sqrt{2(s_{11}^E + s_{12}^E)K_3^X}} = \frac{d_{31}\sqrt{2/(1-\sigma)}}{\sqrt{s_{11}^E K_{33}^X}} = k_{31}\sqrt{2/(1-\sigma)} \tag{P5.5.4}$$

을 얻을 수 있으며, 여기서 푸아송 비 σ는 다음과 같이 주어진다.

$$\sigma = -s_{12}^E / s_{11}^E \tag{P5.5.5}$$

(2) 압전 공진

그림 5.16에 나타난 바와 같이 횡(transverse)방향 압전효과가 종 방향 신장모드를 여기시키는 직사각형(rectangular) 판을 다시 한번 생각해 보자. 정현파 전계($E_z = E_o e^{j\omega t}$)를 인가하고, t>>0 동안 횡 압전효과 d_{31}에 근거한 standing 종 방향 진동모드를 생각해 보자. 왜형계수 $x_1(t, x)$에 대한 다음의 식은 식 (5.73)에 의해 구할 수 있다.

$$\begin{aligned} x_1(t,x) &= d_{31} E_o e^{j\omega t}\left[\frac{(e^{-j\omega(l-x)/v} - e^{-j\omega(l+x)/v} + e^{-j\omega x/v} - e^{-j\omega(2l-x)/v})}{(1-e^{-2j\omega l/v})}\right] \\ &= d_{31} E_o e^{j\omega t}\left[\frac{\sin[\omega(l-x)/v] + \sin[\omega x/v]}{\sin[\omega l/v]}\right] \end{aligned} \tag{5.93}$$

여기서 s=jω이다.

또한, 음속 v는 다음과 같이 주어진다.

$$v = \frac{1}{\sqrt{\rho s_{11}^E}} \tag{5.94}$$

전기 임피던스

압전 액추에이터는 구동력의 공급이라는 관점에서 하나의 전자부품이므로, 이의 전기 임피던스는 [=v(인가된)/i(유도된)] 매우 중요한 역할을 한다. 유기된 전류는 식 (5.48)에서 주어진 D에 대한 정의를 사용해서 계산할 수 있는 전기적 변위 D_z에 대한 비율변화이다.

$$i = w\left[\frac{\partial}{\partial t}\left(\int_0^l D_z dx\right)\right] = j\omega w\int_0^l \left[\left(K_{33}^X - \left(\frac{d_{31}^2}{s_{11}^E}\right)\right)E_z + \left(\frac{d_{31}x_1}{s_{11}^E}\right)\right]dx \tag{5.95}$$

식 (5.93)에서 주어진 표현을 위 식의 마지막 항의 x_1에 대입하고 이를 어드미턴스 Y를 정의하는 식의 전류에 대입함으로써 다음을 얻을 수 있다.

$$Y = \frac{1}{Z} = \frac{i}{v} = \frac{i}{E_z b}$$
$$= \left(\frac{j\omega w l}{b}\right) K_{33}^{LC} \left[1 + \left(\frac{d_{31}^2}{K_{33}^{LC} s_{11}^E}\right)\left(\frac{\tan(\omega l / 2v)}{(\omega l / 2v)}\right)\right] \tag{5.96}$$

이는 기계적으로 자유로운 (비속박) 시편의 어드미턴스를 나타낸다. 여기서 판의 폭은 w, 길이는 l, 두께는 b이다. 인가전압은 v이고 유도된 전류는 I이다. $K_{33}{}^{LC}$는 종 방향으로 속박된 유전상수라고 하며 다음과 같이 주어진다.

$$K_{33}{}^{LC} = K_{33}{}^{X} - (d_{31}{}^2 / s_{11}{}^E) \tag{5.97}$$

공진상태는 어드미턴스가 무한대(또는 임피던스가 0이 될 때)일 때로 정의된다. 이는 $\tan(\omega l/2v) = \infty$이며 $\omega l/2v = \pi/2$일 때 방정식 (5.96)에 의해 나타낼 수 있다. 따라서 공진 주파수 f_R은 다음과 같이 정의할 수 있다.

$$f_R = \frac{v}{2l} = \frac{1}{2l\sqrt{\rho s_{11}^E}} \tag{5.98}$$

반대로 반 공진상태는 어드미턴스가 0(임피던스가 무한대)이 될 때이다. 이런 조건하에서

$$\left(\frac{\omega_A l}{2v}\right)\cot\left(\frac{\omega_A l}{2v}\right) = \frac{-d_{31}^2}{K_{33}^{LC} s_{11}^E} = \frac{-k_{31}^2}{(1 - k_{31}^2)} \tag{5.99}$$

가 되며, 여기서 ω_A는 각 반 공진주파수라 하고, 표 5.2에 따라 전기기계결합계수 k_{31}은 다음으로 나타낼 수 있다.

$$k_{31} = \frac{d_{31}}{\sqrt{s_{11}^E K_{33}^X}} \tag{5.100}$$

시편 내 왜형 분포

x_1의 위치 의존성은 방정식 (5.93)으로부터 유도된 다음의 식으로 표현할 수 있다.

$$x_1(x) = d_{31} E_o \left[\frac{\cos[\omega(l - 2x)/2v]}{\cos(\omega l / 2v)}\right] \tag{5.101}$$

공진과 반 공진상태는 다음과 같은 개념적 모형을 통해 해석할 수 있다. 높은 전기기계결합(k가 거의 1에 가까운)을 가지는 재료에서 공진과 반 공진상태는 $\tan(\omega l/2v) = \infty$ 또는 0(즉, m이 정수일 때 $[\omega l/2v = (m - 1/2)\pi]$ 또는 $[m\pi]$일 때)에서 각각 나타난다. 각 상태에서 식 (5.101)에 주어진 왜형분포 $x_1(x)$는 그림 5.25로 설명 가능하다. 공진상태에

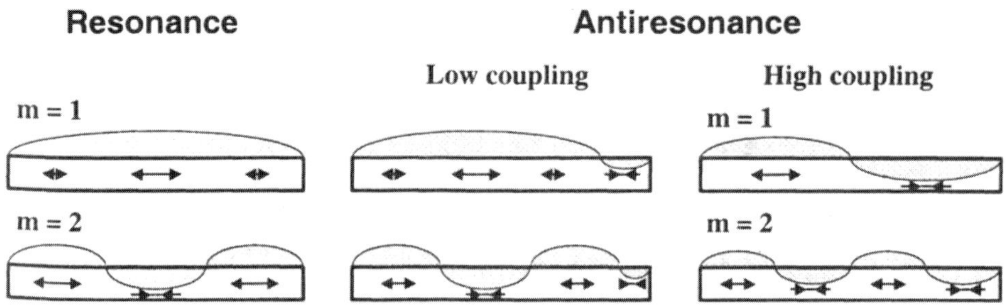

그림 5.25 압전 액추에이터의 공진 및 반 공진 상태에서의 왜형분포 $x_1(t)$.

서 "운동성"용량 내에서 큰 변형과 큰 변화가 유기되고, 전류는 쉽게 흐를 수 있다. 이는 큰 운동 어드미턴스(motional admittance)에서 명백해진다. 반면에, 반 공진에서는 소자에 유기된 왜형은 완전히 사라져 용량의 변화가 없으며 높은 임피던스 상태가 된다. 이 조건은 운동 어드미턴스가 0 일 때 명백해진다.

$k_{31}=0.3$인 전형적인 경우를 생각해 보면 반 공진주파수가 공진주파수에 가깝다는 것을 발견할 수 있다. 낮은 결합 계수를 갖는 재료는 크기 변화에 따른 용량의 변화가 충전 전류에 의해 완전하게 보상될 때 반 공진 모드를 나타낸다. 즉, 총 어드미턴스는 운동성 어드미턴스와 속박 어드미턴스의 합이 된다.

전기기계 변수 (k_{31}, d_{31}, s_{11}^E, K_{33}^X)를 결정하기 위한 일반적인 방법은 아래와 같다.

1) 시편의 음속 v는 식 (5.98)을 이용하여 공진주파수 f_R(그림 5.26 참조)로부터 구한다.
2) 탄성 컴플라이언스 s_{11}^E은 식 (5.94)에서 위에서 구한 음속과 시편의 밀도 ρ를 이용하여 계산 가능하다.
3) 전기기계결합계수 k_{31}은 식 (5.99)에서 계산된 v와 측정된 반 공진주파수 f_A를 이용하여 계산 가능하다. 낮은 결합계수를 갖는 압전 재료의 결합계수를 계산할 때는 다음과 같은 근사식의 적용이 가능하다.

$$\frac{k_{31}^2}{(1-k_{31}^2)} = \left(\frac{\pi^2}{4}\right)\frac{\Delta f}{f_R} \tag{5.102}$$

여기서 $\Delta f = f_A - f_R$ 이다.

(4) 왜형압전계수 d_{31}은 식 (5.100)과 측정된 유전상수 K_{33}^X를 이용하여 계산할 수 있다.

비교적 높은 k를 갖는 소재에 대해 측정된 임피던스 곡선을 그림 5.26에 나타내었다. 보다 더 높은 k를 갖는 재료(그림 5.26(b))에 대해서 공진과 반 공진주파수간 큰 편차를 주목할 필요가 있다. 이 경우 $f_A=2f_R$이 된다.

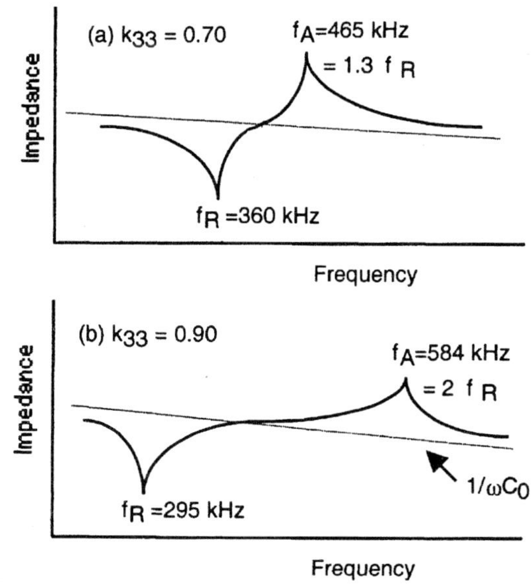

그림 5.26 임피던스 곡선: (a) k_{33}=0.70인 PZT 5H와 (b) k_{33}=0.90인 PZN-PT 단결정.[11]

압전 진동에 대한 등가회로

압전 액추에이터에 대한 등가회로는 통상적으로 유도성(L), 용량성(C) 그리고 저항성(R) 성분들을 포함하는 회로망으로 표시된다. 매우 높은 어드미턴스(혹은 낮은 임피던스)를 갖는 공진상태에서의 등가회로는 그림 5.27(a)와 같다. 정전용량(속박용량)은 회로도에서 C_d로 표시되어 있으며 직렬공진회로에서 L_A와 C_A는 액추에이터의 압전응답을 나타낸다. 예를 들어 직사각판형(rectangular plate) 횡 압전진동의 경우 이러한 값들은 다음의 수식에 의해 정의된다.

$$L_A = \left[\frac{\rho}{8}\right]\left[\frac{l\,b}{w}\right]\left[\frac{(s_{11}^E)^2}{d_{31}^2}\right] \tag{5.103}$$

$$C_A = \left[\frac{8}{\pi^2}\right]\left[\frac{l\,w}{b}\right]\left[\frac{d_{31}^2}{s_{11}^E}\right] \tag{5.104}$$

저항성분 R_A는 기계적 손실(특히 6장에 설명할 intensive 탄성 손실 $\tan\phi'$)과 관련되어있다. 반대로 동일한 액추에이터에 대해 반 공진 상태에서의 등가회로는 그림 5.27(b)와 같으며, 그림 5.27(a)에 나타난 회로의 임피던스에 비해 높은 임피던스를 갖는다.

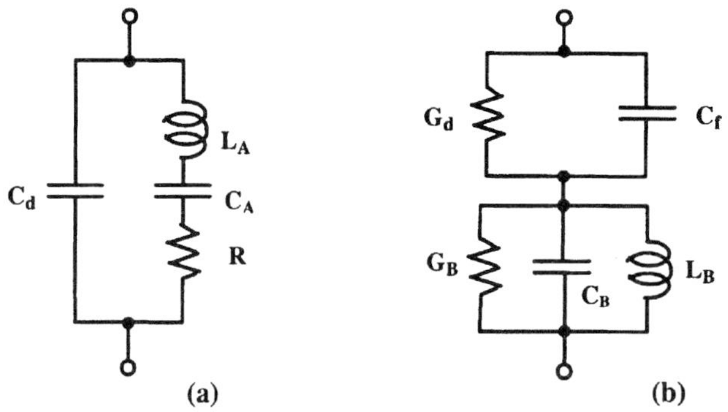

그림 5.28 압전 디바이스의 등가 회로: (a) 공진, (b) 반 공진

반 공진에서의 진동

압전 세라믹이 전원공급장치에 주는 부하를 줄여주기 위해서는 반 공진 모드에서 압전 트랜스듀서나 초음파 모터를 구동시키는 것이 공진상태에서 보다 더 효과적이다. 반 공진 시 (그림 5.25에 나타난 것과 같이) 발생되는 왜형분포와 이와 결합된 적분된 u(x) 곡선을 통해 본다면 전기기계결합계수 k_{31}이 거의 100%에 가까운 경우 판상의 가장자리 왜형은 전체 길이가 변하지 않을지라도 작지는 않다. 그러나 가장자리에서의 왜형은 k_{31}이 매우 크지 않다면 공진 상태에서 나타난 것과 유사하다.

종 방향 진동을 하는 PZT 바(bar) 트랜스듀서가 공진(B) 및 반 공진(A) 상태에서 동작 시 진동률에 따른 기계적 품질계수 Q_m과 온도상승 분 ΔT를 그림 5.28에 나타내었

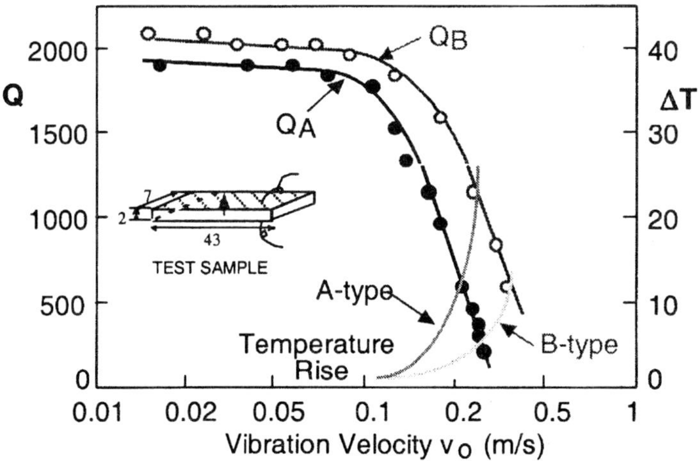

그림 5.28 종 방향 진동을 하는 PZT 바 트랜스듀서가 공진(B) 및 반 공진(A) 상태에서 동작 시 진동 율 v_0에 따른 기계적 품질계수 Q_m과 온도상승 분 ΔT. 종 방향 진동은 d_{31} 모드에 의해 동작되는 횡 압전효과에 의해 발생됨[12]

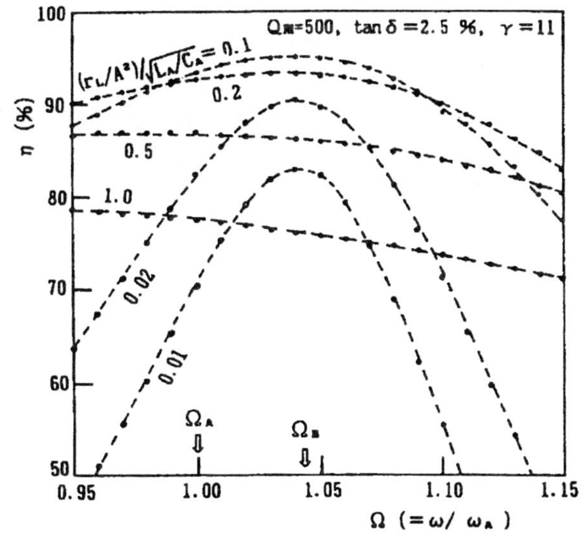

그림 5.29 다양한 부하 하에서 종 방향 진동을 하는 PZT 바 트랜스듀서의 전기기계변환효율의 주파수 의존성[$\Omega=\omega/\omega_A$; A; 공진, B: 반 공진]

다.[12] 반 공진 시 품질계수 Q_B는 조사된 진동률의 전구간 내에서 공진 시 Q_A보다 높다는 사실을 알 수 있다. 따라서 같은 기계적 진동 수준을 얻으면서 발열을 동반하지 않는다는 점에서 반 공진에서의 구동이 장점이 있다. 초음파모터는 통상적으로 공진주파수에서 구동되나 이러한 장점측면에서 보면 반 공진 구동이 더 바람직하다는 것이 명백해진다.

이러한 소자의 다양한 부하 하에서의 전기기계 변환 효율의 주파수 의존성은 그림 5.29와 같다.[13] 공진 (A형)과 반 공진(B형) 주파수의 차 또한 명확하다. 부하가 크지 않을 때 주파수에 따른 효율의 뚜렷한 변화가 관찰된다. 각 상태에 적용된 구동조건을 생각할 때, 즉 공진모드에서 일정 전계 E와 반 공진 모드에서의 일정 전기변위 D에서 반 공진 모드에서 더 낮은 손실을 보인다는 것은 타당하다. 왜형을 전기변위의 함수로 생각할 때 그의 전계 의존성에 비해 왜형 이력이 뚜렷하게 줄어든다는 것을 상기하자. 게다가 반 공진 구동은 공진 구동 시 필요한 높은 전류와 낮은 전압에 반해 전형적으로 저가의 저 전류 전원공급원의 사용으로 구동 가능한 낮은 구동전류와 높은 구동전압만을 필요로 한다.

5.5 마이크로메카트로닉스 시스템을 위한 센서와 특수 부품

고상 액추에이터는 미세위치제어 시스템의 변위 및 응력 센서와 함께 자주 사용되곤 한다. 이 절의 서두에서는 가장 흔히 사용되는 위치 및 응력 센서를 다루고자 한다. 그리고 나서 압전댐퍼 및 압전변압기의 설계와 현대 마이크로메카트로닉스 시스템에서 이들의 기능에 관한 자세한 내용을 살펴보고자 한다.

(1) 위치 및 응력 센서

우선 마이크로 수준의 변위를 측정하기 위한 방법부터 고찰해 보자. 이러한 수준의 정밀한 변위 측정은 많은 구동/제어 시스템, 특히 특수한 서보 변위 시스템에서 매우 중요한 부분이다. 마이크로 수준의 위치 센서는 그간 많은 진보가 이루어져 왔으며 이로 인해 현재는 얻을 수 있는 변위 해상도가 DC하에서 $\Delta l = 10^{-10}$ m(1 Å)와 AC하에서 $\Delta l = 10^{-13}$ m(10^{-3} Å) 정도까지 이루어졌다. 그 기술은 두 개의 일반적인 범주, 즉 전기적 방법(저항, 전자기 유도 그리고 용량 법)과 광학적 방법 (광학레버, 광학 그리드, 간섭계 그리고 광 센서)로 구분된다.[14] 이러한 방법들의 감도 및 응답 특성은 간단한 설명과 함께 표 5.3에 정리되어 있다.

저항 방식

압전 왜형 ($\Delta l/l$) 측정에 자주 사용되는 금속선 왜형 게이지는 대체로 10^{-6}의 해상도를 갖는다. 그림 5.30(a)에 도식적으로 기본 구조를 나타내었다. 왜형 게이지는 적당한 수지를 이용해 시편에 붙인다. 게이지 선의 저항이 시편의 왜형에 따라 변하게 된다. 이때 휘스톤 브리지가 정밀하게 저항변화를 측정하게 되고 이로부터 왜형의 크기가 결정된다. 저항의 변화는 실제로 시편의 크기 변화 및 압저항 효과와 같은 두 가지 효과에 발생된다. 금속선 게이지에서는 이러한 두 가지 효과의 크기는 서로 비슷한 반면에 반도체로 만들어진 게이지는 압저항 효과가 크기 효과에 비해 10^2 정도 더 크다. 왜형 게이지의 주파수 응답은 일반적으로 매우 폭넓게 나타나 10 MHz 정도에서도 측정이 가능하다.

접촉 포텐셔미터는 나선형 가변저항과 유사하다. 접촉위치는 저항변화에 따라 측정된다. 포텐셔미터 센서에는 일반적으로 각 검출기와 선형 위치 검출기 등 두 가지가 있다. 포텐셔미터의 해상도는 저항성 나선형 선의 두께에 의해 결정되는데 대체로 10 μm 정도이다. 새롭게 나온 다양한 제품들 가운데는 연속된 전도성 폴리머를 사용하여 꽤 양호한 해상도를 나타내는 것도 있다. 이러한 타입은 0.1 μm의 해상도에 100 kHz의 응답

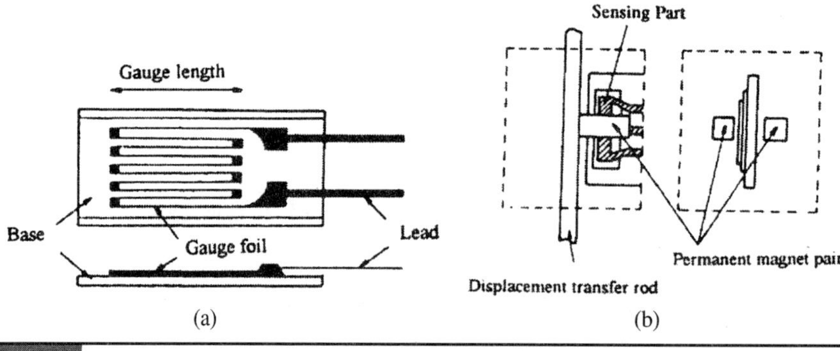

그림 5.30 (a) 스트레인 게이지와 (b)자계-저항 전위차계의 기본 구조

표 5.3 미소 변위 측정 방법 종합

Principle	Method		Sensitivity	Response
Resistance	Strain Gauge			
		Metal	$\Delta l/l=10^{-6}$	10 MHz
		Semiconductor	$\Delta l/l=10^{-6}$	10 MHz
	Potentiometer			
		Contact	$\Delta l=10^{-1}$ μm	100 kHz
		Non-Contact	$\Delta l=10^{-3}$ μm	1 kHz
Electromagnetic Induction	Differential Transformer			
		AC	$\Delta l=10^{-2}$ μm	100 Hz
		DC	$\Delta l=10^{-1}$ μm	100 Hz
	Eddy Current		$\Delta l=10^{-1}$ μm	50 kHz
Optical	Optical Lever		$\Delta l=10^{-1}$ μm	1 kHz
	Optical Fiber		$\Delta l=10^{-1}$ μm	50 kHz

속도를 갖는다.[15] 비접촉 포텐셔미터는 자계인가 시 큰 저항변화를 나타내는 반도성 소재의 자기저항 효과를 이용해 동작한다. 자기저항 센서로 작은 영구자석으로 구성된 전형적인 비접촉식 포텐셔미터의 도식적인 기본 구조는 그림 5.30(b)와 같다. 이 구조는 비접촉식이어서 마모의 문제가 없기 때문에 수명이 매우 길다. 또한, 10^{-3} μm 의 우수한 해상도를 나타낸다.

전자기 유도 방식

차동변압기의 도식적 표현은 그림 5.31(a)와 같다. 두 개의 동일한 전자기 코일과 검출용 막대가 부착된 자성체로 구성되어 있다. 자성체 위치의 변화에 따라 두 개 코일의 상호 인덕턴스 변화가 발생된다. 두 코일에 유도된 전압의 차이가 전기적으로 처리되어 최종 신호가 상응하는 변위로 변환된다. 이러한 이유로 차동변압기라 불린다. 이 센서의 해상도는 1 μm 정도이나 lock-in 증폭기가 시스템에 사용되면 10^{-2} μm 정도의 해상도까지도 가능하다. 응답속도는 AC 입력 전압의 주파수와 자성체의 질량에 결정되는 기계적 공진에 의해 약 100 Hz 정도의 한계를 갖는다.

또 다른 방식으로는 그림 5.31(b)에 나타난 것과 같은 비접촉식 소자로 와 전류(eddy-current)를 이용한 것이 있다. 금속판이 AC 전류가 흐르는 코일에 접근할 때 와 전류(링 모양의 전류 흐름)가 금속판에 유도된다. 와 전류에 의한 자속(magnetic flux)은 코일의 자속과 상호작용하여 코일의 인덕턴스를 효과적으로 감소시킨다. 와 전류 센서에는 단일 코일이 인덕턴스의 변화를 감지하는 단일코일형과 두 개의 2차 코일이 1차측에 의해 발

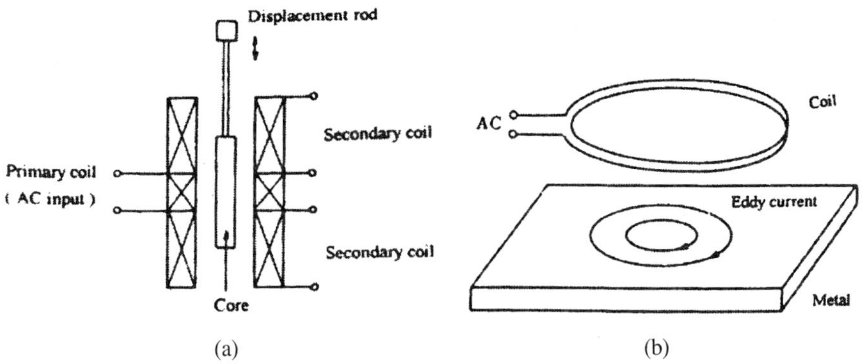

그림 5.31 (a) 차동변압기와 (b)와류전류 센서의 기본 도식

생된 와 전류를 감지하는 3중코일형의 두 종류가 있다. 작은 금속판 (Al 박)이 시편에 붙는 쪽이다. 기계적 부하가 작아서 시편의 공진도 측정 가능하다. 이 방식의 해상도와 응답속도는 각각 0.1 μm와 50 kHz이다.

정전용량 방식

공기로 채워진 평행 커패시터의 정전용량은 두 판 사이 거리에 따라 선형적으로 변화한다. 이러한 원리와 매우 정밀한 정전용량 브리지를 이용한 매우 민감한 팽창계(dilatometer)는 10^{-3} Å까지의 AC 변위 해상도를 갖는다.

광학 방식

레이저 광원과 거울로 구성된 광학 레버(lever)는 열팽창과 같은 효과에 의해 발생된 작은 변위를 측정하기 위한 또 다른 유용한 도구이다. 시편의 변위는 거울의 회전을 변형시키고 이것이 반사된 레이저 빔과의 회절에 의해 검출되는 방식이다. 회절은 단순하게는 스크린상에 자를 이용해서 측정하거나 정밀하게는 빔 위치에 정비례하는 전기신호를 발생하는 선형 광 센서를 이용하여 측정할 수 있다. 해상도는 궁극적으로 레이저 빔 경로 길이에 의해 결정되며 시스템의 전체적인 응답은 거울 메커니즘의 기계적 공진에 의존한다.

간섭계는 광섬유 센서나 광 벤치와 결합되어 사용할 수 있다. 동일 파장을 갖는 두 개 혹은 그 이상의 단색 간섭성 광이 중첩될 때 간섭 시스템의 "팔(arms)" 사이에 위상차와 광경로차에 의존하는 간섭 혹은 "가장자리(fringe)" 중첩모양이 형성된다. 그림 5.32(a)에 나타난 Michelson 형상과 같은 이중 빔 시스템은 마이크로 수준의 변위를 검출하기 위해 사용될 수 있다.[17,18] Michelson 간섭계와 같은 시스템의 두 개 빔 사이의 광로 길이 편차가 변할 때 나타나는 광 패턴의 이동이 $\lambda/2$의 정수 배로 나타나게 된다. 이러한

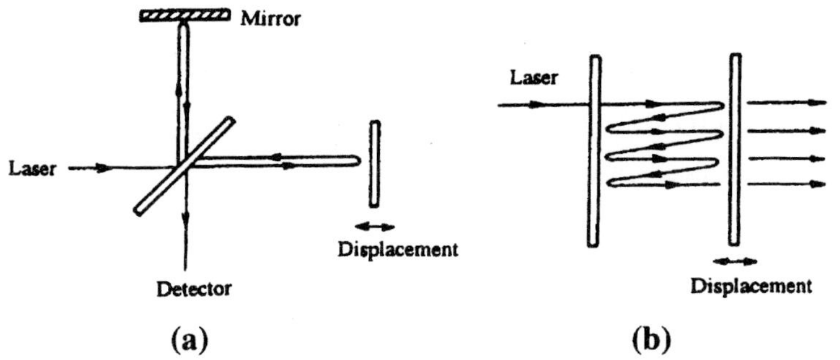

그림 5.32 변위측정 간섭계: (a) 마이켈슨 간섭계(두 개의 빔 사용 방법), (b) 페브리-페롯 간섭계(다중 빔 사용 방법)

방법으로 빛 세기의 변화에 대한 정밀한 측정은 1 nm 이하의 변위까지 검출 가능하다.

응력센서

압전정효과를 통해 동작하는 압전 세라믹은 응력 및 가속도 센서 역할을 할 수 있다. Kistler에 의해 설계된 압전 응력 센서는 다층 수정판(신장 및 비틀림 형)으로 구성되어 있으며 3차원적 응력을 검출할 수 있다. 유사한 다층형 PZT 구조도 3차원 액추에이터나 센서로 활용하기 위하여 독일의 PI 사에 의해 제안된 바 있다.

일본 Tokin 사에서 생산된 원통형 자이로스코프는 그림 5.33과 같다.[21] 실린더는 6개의 분할된 전극을 가지며 이 가운데 한 쌍이 진동의 기본 굴곡모드를 여기시키기 위해 사용되고, 다른 두 쌍은 가속도를 감지하기 위해 사용된다. 회전 가속도가 자이로 축에 발생되었을 때 전극에 발생된 전압은 코리올리 힘에 의해 변조된다. 두 쌍의 센서 전극 사이에 발생된 신호를 제거함으로써 가속도에 정비례하는 전압을 얻을 수 있다.

근본적으로 유전상수의 응력 의존성을 반영하는 역압전효과 또한 응력센서의 설계에 적용할 수 있다.[22] 두 개의 박형 유전 세라믹의 정전용량 차이를 이용한 바이몰프 구조는

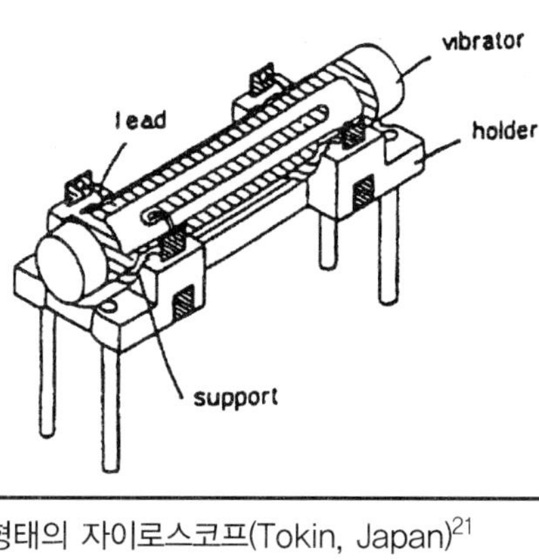

그림 5.33 압전 실린더 형태의 자이로스코프(Tokin, Japan)[21]

보다 우수한 응력 감도 및 온도 안정성을 제공한다. 상하부 판간 용량의 변화는 단일 축 응력에 대해 부호가 서로 반대가 되고 온도 편차가 발생될 때는 같은 부호로 나타나게 된다. 응답속도는 1 kHz까지 용량 측정 주파수에 의해 결정된다. 압전센서와는 달리 전왜 센서는 저 주파수 영역, 특히 DC하에서 유용하게 사용된다.

(2) 압전 댐퍼

기계적 댐퍼는 메카트로닉스 시스템에서 또 하나의 중요한 요소이다. 전기 및 자기유동적 유동체에 부가적으로 압전재료가 기계적 댐핑 소자로 사용될 수 있다. 진동이 제동되어야만 하는 물체에 부착된 압전재료를 생각해 보자. 진동이 압전재료에 전달되면 진동의 기계적 에너지는 압전효과에 의해 전기에너지로 변환되어 AC 전압이 발생된다. 만일 압전재료가 개방 혹은 단락조건이면 발생된 전기에너지는 손실 없이 기계에너지로 되돌아가게 된다. 이러한 순환구조는 지속적인 진동이 만들어질 때까지 계속적으로 반복된다. 그러나 적당한 크기의 저항이 연결되면 전기에너지는 줄열을 통해 소비되고 기계에너지로 변환되는 에너지의 양이 감소되어 진동은 급격하게 제동이 된다. 댐핑(제동)은 임피던스 정합이 일어나는 것과 같이 압전재료의 저항 R과 정전용량 C의 직렬 연결될 때 대부분 급격하게 일어난다. 최적의 조건은 $R=1/(2\pi fC)$ (f는 진동주파수) 일 때이다.[23] ACX 사와 K2 사의 협력결과 이상의 원리를 이용하여 그림 5.34와 같은 새로운 "smart ski"를 생산하기에 이르렀다. 스키 날의 디자인에는 눈 위에서 미끄러져 내릴 때 생기는 스키 내 과도한 진동을 효과적으로 억제하는 PZT 패치가 포함되어 있다.[24]

첫 번째 주기에서 발생된 전기에너지 U_E는 전기기계결합계수 k와 기계에너지 U_M를 이용하여 다음과 같이 표시할 수 있다.

$$U_E = U_M\,(k^2) \tag{5.105}$$

전기에너지를 열로 변환하기 위한 적당한 직렬저항의 이용을 통해 압전 댐퍼를 사용하여 50% 정도의 변환효율을 달성할 수 있다. 따라서 $(k^2/2)$와 기계적 진동에너지의 곱

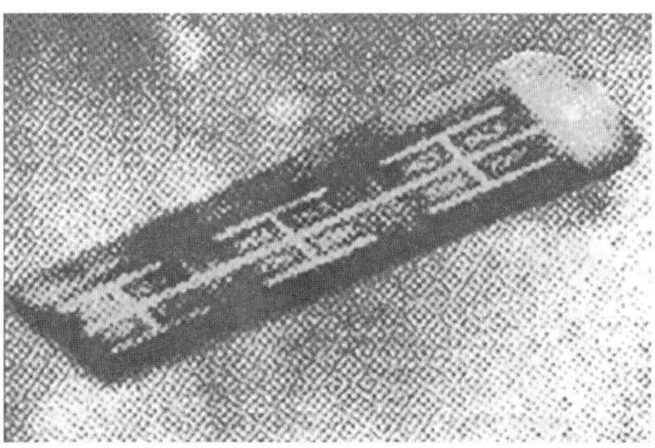

그림 5.34 ACX 사와 K2 사가 개발한 스키용 압전 댐퍼[24]

으로 얻어진 에너지가 열에너지로 소비되기 때문에 진동에너지는 진동주기당 $(1-k^2/2)$ 배의 비율로 감소하게 된다. 진폭의 제곱은 진동에너지와 등가이기 때문에 진폭은 진동주기당 $(1-k^2/2)$ 배의 비율로 감소하게 될 것이다.

공진주기 T_o를 가정할 때 시구간 t 동안에 걸쳐 발생한 진동수는 $2t/T_o$가 될 것이고 t 초 후에 진동의 진폭은 다음과 같이 된다.

$$\left[1-\frac{k^2}{2}\right]^{t/T_o} = e^{-t/\tau} \tag{5.106}$$

$$\tau = -T_o \ln\left[1-\frac{k^2}{2}\right] \tag{5.107}$$

여기서 τ는 진동 진폭의 지수함수적 감소를 나타내는 시상수이다. 따라서 이러한 분석을 통해 진동은 재료의 k가 클수록 더 빠르게 제동됨을 알 수 있다.

세라믹은 부서지기 쉽고 단단해서 기계 시스템에 직접적으로 적용하기 어려울 수 있다. 따라서 유연성 압전 복합재료가 실질적인 대안이 될 수 있다. 그림 5.35에 도식적으로 나타낸 바와 같이 압전분말과 적절한 폴리머내 존재하는 카본블랙(carbon black)으로 구성된 복합재료는 탄소의 농도에 따라 작은 변화에도 민감한 전기 전도도를 갖도록 제조 가능하다.[25] 복합재료의 전도도는 탄소 입자들 간의 연결이 시작되는 삼투점(percolation threshold)으로 불리는 카본블랙의 일정한 양에 대해 크기가 10배 이상 변한다. 따라서 카본블랙의 농도는 진동에너지의 뚜렷한 손실에 알맞은 직렬 저항의 형성을 효과적으로 이룰 수 있도록 설정 가능하다.

PLZT:PVDF와 PZT:PVDF 복합재료에서 카본블랙의 부피 비에 대한 댐핑 시정수 τ의 의존성은 그림 5.36과 같다. 최소 시정수와 가장 빠른 진동 댐핑은 양쪽 복합재료에 대해서 공히 부피 비 약 7%의 카본블랙이 존재할 때 임을 알 수 있다. 높은 전기기계결

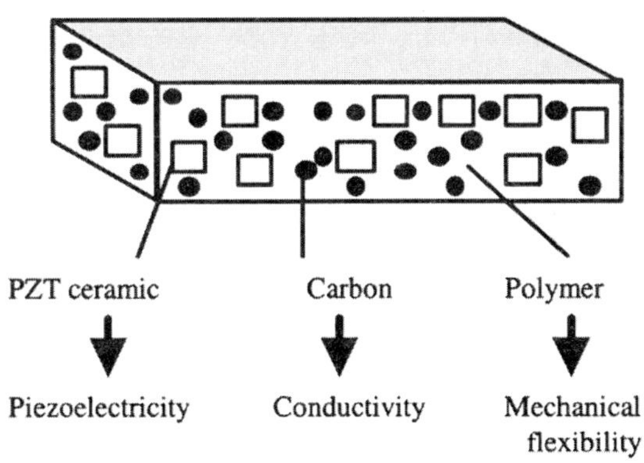

그림 5.35 진동 댐핑용 압전: 카본블랙: 폴리머 복합재료

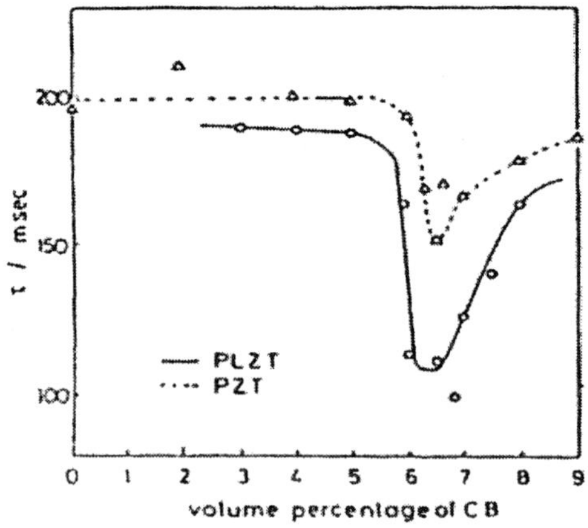

그림 5.36 PZT:PVDF와 PLZT:PVDF 복합재료에서 카본블랙 부피 비에 따른 댐핑 시정수 τ [최소 시정수(가장 빠른 댐핑)는 두 조성 모두에 대해 삼투점(percolation threshold)에서 일어나고 k가 더 높을 수록 (PLZT:PVDF) 더 효과적인 댐핑이 일어남을 주목하라.]

합계수를 갖는 PLZT:PVDF 재료의 τ가 더 크게 감소되어 보다 효과적인 댐핑을 얻을 수 있다는 사실에 주목할 필요가 있다.

(3) 압전변압기

동작원리

고상 액추에이터 시스템에서 가장 부피가 크고 비싼 부품 중의 하나는 전원공급장치이며, 특히 전원공급장치 내 전자기 변압기이다. 표피효과(skin effect)를 통해 발생되는 전자기 변압기 손실, 얇은 선의 손실, 코어의 손실 모두가 변압기의 크기가 줄어듦에 따라 급격히 증가한다. 그러므로 고효율이면서 소형이며, 얇은 두께의 전자기 변압기를 구현하기 어렵다. 압전변압기(PT)는 고효율, 소형, 전자기 노이즈 부재 등으로 인하여 이러한 시스템을 위해서는 매력적인 대안이다. 압전변압기는 컬러 액정 표시소자 후면의 냉 음극 형광램프의 점등이나 공기정화기용 고전압발생과 같은 응용분야에 적용 가능한 소형 전력인버터 부품으로 매우 적합하다.

세라믹 재료의 정 및 역 압전특성을 이용하여 입력 AC 전압을 상승 혹은 강압시키기 위한 원천설계기술은 Rosen에 의해 제안되었다.[26] 이 형태의 변압기는 그림 5.37 맨 위에 나타나는 것과 같이 기계적 공진주파수에서 압전소재를 구동시킴으로써 동작한다. 전기적 입력이 압전체의 한 부분에 인가되면 (그림 5.37의 맨 위 그림의 좌측 전극부분) 압전체는 기계적 진동을 일으킨다. 기계적 진동은 압전체의 다른 한쪽 끝(오른쪽 가장자리 전극)에서 다시 전압으로 변환된다. 전압상승 비 (r)는 무부하 시 다음과 같이 주어진다.

$$r \propto k_{31}k_{33}\,Q_m\,(l/t) \tag{5.108}$$

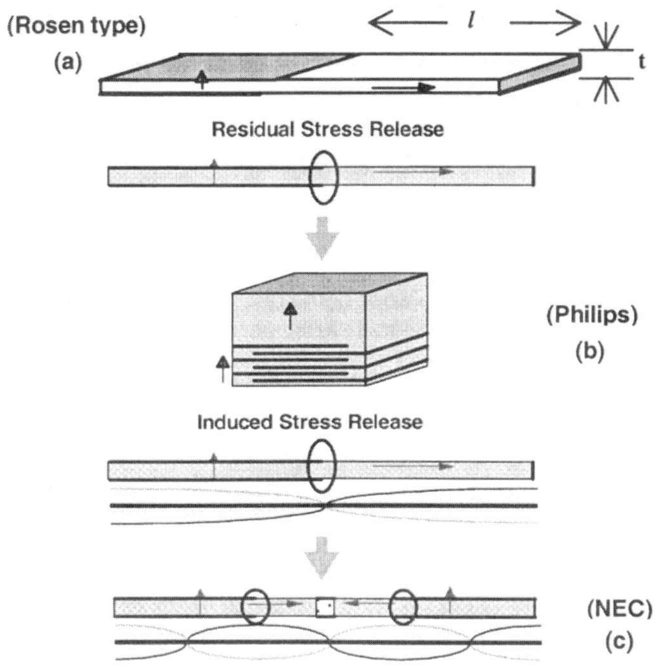

그림 5.37 압전변압기 구조: (a) 최초 Rosen 구조,[26] (b) Philips 사에 의해 개발된 적층구조,[27] 그리고 (c) NEC 사에 의해 개발된 3차 공진모드 형[28]

여기서 *l*과 t는 각각 변압기의 입출력부분 사이의 전극간 거리를 나타낸다. 이 관계로부터 어떻게 길이 대 두께의 비, 전기기계결합계수, 그리고/혹은 기계적 품질계수가 승압비 증가의 원천적 요소가 되는지를 주목하기 바란다. 이 변압기는 1970년대에 컬러 TV를 위한 시험용으로 사용되었다.

압전변압기의 많은 장점에도 불구하고 본래의 Rosen 변압기 설계는 심각한 신뢰성 문제가 있었다. 기계적 결함은 분극시 발생된 잔류응력이 가장 크게 집중되는 소자의 중앙부에 발생되기 쉬웠다. 이러한 현상은 가장 큰 유기 응력이 발생되는 진동 노드점과 일치되어 일어난다. 그림 5.37에 이러한 문제점을 피하기 위해 최근에 개발된 두 개의 변압기 구조를 나타내었으며 현재 액정표시소자 내 백라이트 인버터용으로 상업적으로 생산되고 있다. 두 개의 새로운 구조는 기계적으로 세라믹 재료를 사용하여 제작되었다. 그림 5.37(b)의 Philips Component 사의 변압기는 소자 내 잔류 분극 응력의 확대를 피하기 위해 적층구조를 이용함으로써 문제점을 완화시켰다.[27] 그림 5.37(c)의 NEC 사의 구조는 보다 적당한 방법으로 응력집중도를 재 분산하기 위해 구형판내 3차 공진여기(경방향)를 발생시킬 수 있는 대안적인 전극 구조를 이용하여 제작하였다.[28]

압전 액추에이터용 전원공급장치

압전 액츄이터 구동을 위한 새로운 다양한 방법들이 최근 몇 년에 걸쳐 이루어졌다. 이러한 전원공급장치의 기본 구조와 몇 개의 가장 유망한 구조들에 대해 생각해 보기로 하자. 전형적인 시스템은 그림 5.38과 같다. 변압기의 주파수를 초음파 모터의 공진주파수에 가장 정밀하게 맞추게 되면 이 시스템을 구동장치로 사용할 수 있고 따라서 변압기내장형 모터가 된다. 예를 들어 이러한 형태는 초음파모터와 같이 동일한 크기를 갖는 링 변압기 형상으로 이루어진다. 정류기와 결합된 변압기는 적측형 혹은 바이몰프형 액추에이터를 구동시키는 데 사용 가능하다.

헬리콥터용 압전 진동 제어 소자를 위해 설계된 작은 구동 시스템을 도식적으로 그림 5.39에 나타내었다. 진동 억제를 위한 적층 압전 액추에이터와 그것을 구동하기 위한 압전변압기를 포함하고 있다.

24 V_{DC} 헬리콥터 배터리로 구동되는 압전변압기를 이용한 전원공급장치 두 가지가 개발되었다. 하나는 압전 액추에이터를 구동하기 위해 고전압 DC 전원공급장치(100~1000 V, 90 W)이고 다른 하나는 지원회로를 구동하기 위한 AC 어댑터(±15 V_{DC}, 0.1~0.5 W) 이다. 완전하게 분리된 조건을 만들기 위해 입출력 사이에 절연 유리 층을 삽입한 크고 작은 다층형 압전 변압기가 고전압 공급 및 어댑터용으로 각각 사용되었다. 이러한 시스템을 이용하여 Tokin 사에서는 크기 (10×10×20) mm^3에 최대 100 V의 구동 전압 하에서 16 μm의 변위를 발생시킬 수 있는 액추에이터를 제작하였다.

Chopped 24 V AC 전압이 10정도의 승압비를 갖는 압전변압기에 인가된다. 이러한 높은 AC 전압은 정류기를 통해 고전압 DC(300 V)로 변환되고 전하는 커패시터(그림 5.39의 A 지점)에 축적된다. 전력증폭기는 최종적으로 액추에이터에 인가될 전압을 조절하기 위해 사용된다. 전형적인 스위칭 혹은 선형 증폭기라기 보다는 A Class-D 스위칭 증폭기이다. 왜냐하면 구동신호의 진폭과 주파수의 보다 정밀한 제어와 Chopped DC 입력 전압에 의해 더 높은 액추에이터 응답속도를 가능하게 하기 때문이다. 펄스폭변조

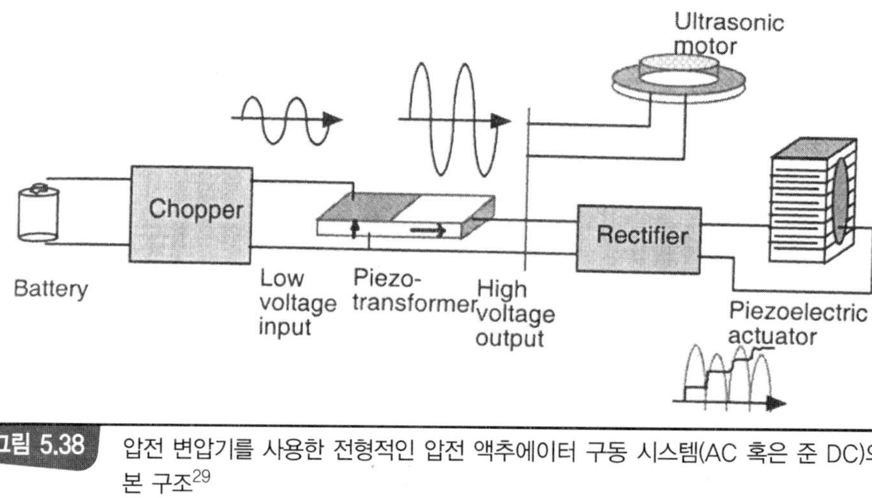

그림 5.38 압전 변압기를 사용한 전형적인 압전 액추에이터 구동 시스템(AC 혹은 준 DC)의 기본 구조[29]

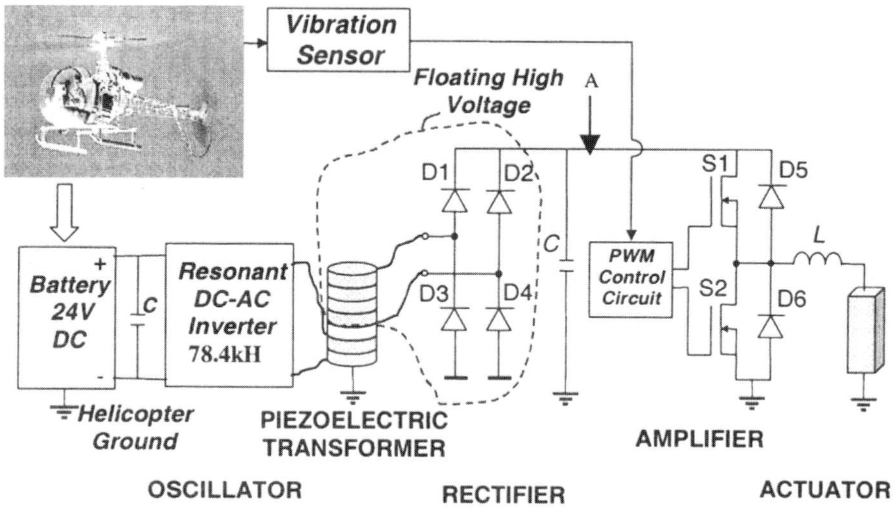

그림 5.39 압전 액추에이터에 대한 구동 시스템[29]

(PWM) 구동회로로부터 나온 신호는 압전변압기로부터 나온 일정한 300 V_{DC} 전압을 여러 개로 쪼개고 원하는 진폭과 주파수 제어수준을 유지하기 위해서 그림 5.40과 같이 하프브리지 내 두 개의 전력 MOSFET에 인가된다.

출력전압은 100 mH의 여과 인덕턴스를 통해 압전 액추에이터로 공급된다. PWM 캐리어 주파수는 압전 액추에이터의 기계적 공진 주파수 (~60kHz) 이하인 40 kHz로 유지된다. 이와 같이 새롭게 개발된 전력증폭기에 의해 구동되는 액추에이터의 변위 곡선은

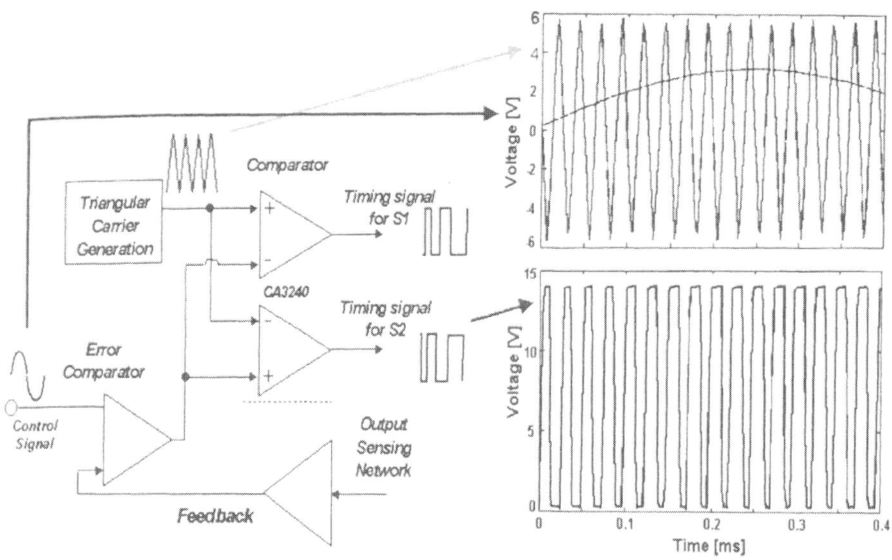

그림 5.40 전력증폭기 구동용 펄스폭변조 회로[29]

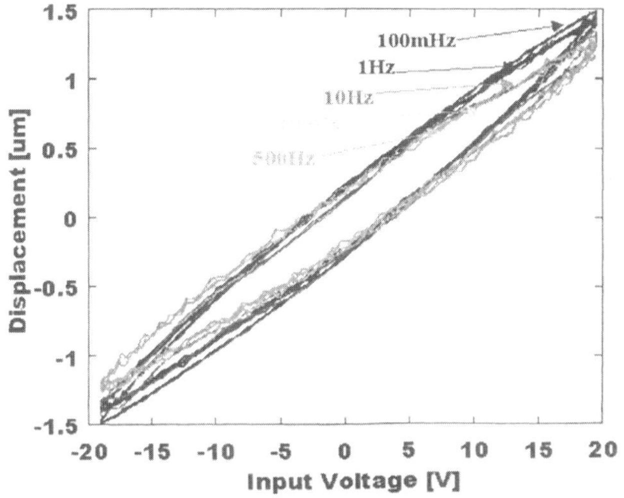

그림 5.41 새롭게 개발된 전력증폭기에 의해 구동된 압전 액추에이터의 변위 곡선.

그림 5.41과 같다. 변위는 와전류 센서를 이용하여 직접 측정할 수 있다. 이 그림에서 보이는 바와 같이 ±1.5 μm의 변위는 ±20 V의 인가전압에 의해 제어된다. 이러한 구동 시스템은 헬리콥터의 동적 진동 제어를 유지하는 데 충분한 500 Hz까지 이르는 주파수에서 동작될 수 있다.

종합하면 압전변압기는 압전 액추에이터용 구동회로부에 사용 가능하는 결론에 이른다. 압전변압기는 경량, 소형, 고효율, 전자기 잡음 해소와 같이 전통적인 전자기 변압기를 넘어선 장점을 지니고 있다.

[예제 5.6]

다음의 특성을 갖는 세라믹 액추에이터 구동 시스템 사양을 결정하라.

(a) 다층 액추에이터는 100층으로 구성되고 각 층은 100 μm 두께에 (5×5) mm^2의 면적을 갖는다. 비유전율은 10,000이다. 액추에이터의 정전용량을 계산하라.

(b) 밀도 $\rho=7.9$ g/cm^3이고 탄성 컴플라이언스 $s_{33}{}^{D}=13\times10^{-12} m^2/N$라고 할 때 액추에이터의 공진주파수를 계산하라. 전극은 이 계산에서 무시할 수 있음.

(c) 60 V가 가능한 한 빠르게 액추에이터에 인가될 때 필요로 되는 전류를 결정하라.

(d) 차단주파수 (1/RC)는 기계적 공진주파수 보다 낮아야만 한다. 전원공급장치의 출력 임피던스를 결정하라.

➤ 해답

(a) $C = n\,\varepsilon_o\,K\,(A/t)$ (P5.6.1)

$= (100)[8.854\times10^{-12}\,(F/m)](10{,}000)\;[5\times5\times10^{-6}\,(m^2)/(100\times10^{-6}\,m)]$

→ $C = 2.21\times10^{-6}$ (F)

Note: 적층 액추에이터는 1 μF보다 큰 정전용량을 갖는다.

(b) 두께진동(폭 진동과의 결합은 무시)에 대한 공진주파수는 아래와 같이 주어진다.

$$f_R = \frac{1}{2l\sqrt{\rho s_{33}^D}} \quad (P5.6.2)$$

$$= \frac{1}{2(100)[100x10^{-6}\,(m)]\sqrt{[7.9x10^3\,(kg/m^3)][13x10^{-12}\,(m^2/N)]}}$$

→ $f_R = 156$ (kHz)

Note: 전원공급장치의 응답속도는 액추에이터의 공진주파수보다 커야만 한다.

(c) 액추에이터 전압과 충전전류 사이의 관계식은 다음과 같다.

$I = Q\,/\,\tau_R = C\;V\;f_R$ (P5.6.3)

$= [2.21\times10^{-6}\,(F)]\;[60\,(V)]\;[156\times10^3\,(Hz)]$

→ $I = 21$ (A)

Note: 비교적 짧은 주기(6μsec)에 대해서도 이상적으로는 전원공급장치에 현저한 전류가 필요하다. 전력은 [60 (V) ×21 (A)]로 추정된다. 따라서 공진구동을 위해 1 kW 이상이 필요하다. 도트프린터에서는 2 kHz의 구동속도를 위해 12 W의 전력이 필요하다.

(d) $\omega_R = 2\pi f_R = 1/RC$ 로 가정할 때

$R = 1/\,[2\,\pi\,f_R\,C]$ (P5.6.4)

$= 1\,/\,(2\,\pi\,[156\times10^3\,(Hz)][2.21\times10^{-6}\,(F)])$

$R = 0.46\,[\Omega]$

전원공급장치의 출력 임피던스는 1 Ω 이하이어야 한다.

전원공급장치의 사양은 아래와 같다.

최대전압: 200 (V), 최대전류: 10 (A), 주파수범위: 0～500 kHz, 출력 임피던스: <1(Ω)

요점정리

1. **세라믹 액추에이터의 구분**

액추에이터의 형태	구동	디바이스	재료 형태
리지드 변위	서보	서보변위 트랜스듀서	전왜재료
	On/Off	펄스구동모터	소프트 압전재료
공진 변위	AC	초음파모터	하드 압전재료

2. **제어:** **개루프** On/Off 구동

펄스폭변조(PWM)

분극제어

폐루프 서보 구동

3. **펄스폭변조 표준**

a. 입력명령(Input Command) 주파수 f_e에 대한 캐리어 주파수 f_c의 비는 7보다 커야 한다.

b. 캐리어 주파수 f_c는 시스템 출력에 리플을 제거하기 위해 충분히(시스템 응답에 비해) 커야 한다.

4. **라플라스 변환:** 과도 분석(Transient Analysis)을 위한 강력한 도구는 다음의 일반형으로 표시된다.

$$U(s) = \int_0^{\infty} e^{-st}\, u(t)\, dt$$

라플라스 변환에 적용되는 이론가운데 다음의 식들이 특히 유용하다.

(a) **t에 관한 미분 식**

$$L\left[\frac{du(t)}{dt}\right] = s\,U(s) - u(0)$$

$$L\left[\frac{d^n u(t)}{dt^n}\right] = s^n\,U(s) - \sum s^{n-k}\, u^{k-1}(0)$$

(b) **t에 관한 이동식:** $t<k$일 때 $u(t-k)=0$

[k; 양의 실수] 이 수식은 양의 t 축을 따라 k 만큼 이동한 u(t) 곡선을 표시

$L[u(t-k)]=e^{-ks}U(s)$

(c) **독립변수에 관한 미분 식**

$$L\left[\frac{\partial u(t,x)}{\partial x}\right]=\frac{\partial U(s,x)}{\partial x}$$

(d) **초기 및 최종치**

$$\lim_{t\to 0}[u(t)]=\lim_{|s|\to\infty}[U(s)]$$
$$\lim_{t\to\infty}[u(t)]=\lim_{|s|\to 0}[U(s)]$$

5. **전달함수:** G(s)=U(s)/E˜(s), [여기서 E˜(s): 입력, U(s): 출력] G(s)는 단위 임펄스함수를 입력함으로써 구해질 수 있음.

6. **질량 M인 압전 액추에이터의 전달함수:**
   U(s)=G(s) E˜(s),
   $G(s)=[A\ c\ d\ /\ (M\ s^2+\zeta\ s+Ac/l)]$

7. **안정성에 대한 나이키스트 표준:** 점 (−1+j0)가 나이키스트 다이어그램 (ω증가)의 왼쪽 편에 있을 때 시스템은 안정함.

8. **펄스구동:** 펄스 폭 혹은 상승시간은 진동공명을 제거하기 위해 액추에이터 시스템의 공진주기와 정확히 맞도록 조정되어야만 한다.

9. **공진구동:** 진동 진폭을 최적화하고 발열을 억제하기 위해 높은 Q_m을 갖는 재료가 필수적이다.

10. **마이크로 변위의 측정기법:**
    저항 방식: 왜형 게이지, 포텐셔미터
    전자기 유도 방식: 차동변압기, 와 전류 방식
    광학 방식: 광레버, 광섬유

11. **압전변압기:** 고상 액추에이터용 구동회로에 적용 가능한 유망한 대안부품임.

문제

5.1 구형 압전판과 횡 d_{31} 모드를 이용하여 비행기용 액추에이터를 설계해 보라.

(a) 음의 구형펄스($-E_o$)가 한 쪽 끝이 수직하게 단단히 고정되어 있는 압전체에 인가된다고 할 때 다른 편 끝에서의 음속 v는 길이와 무관하게 $[2|d_{31}|E_o v]$ 로 주어진다.

(b) 이 속도가 에너지 손실 없이 질량 M인 작은 철구(steel ball)에 의해 전달된다고 가정한다. 임펄스가 완전히 위쪽 방향으로 가해질 때 철구가 허용할 수 있는 최대 높이를 계산하라.

5.2 그림 5.26에 나타난 것과 같이 낮은 전기기계결합계수를 갖는 재료에 대해 왜형분포 $x_1(t)$을 고려하여 공진 및 반 공진상태에 대하여 변위분포 u(x)를 그리고, 두 상태의 차이점을 논의하라.

5.3 반 공진상태의 압전 트랜스듀서 (그림 5.28(b))에 대한 등가회로를 이용하여 고유물리변수 ρ, d, s^E 그리고 트랜스듀서의 크기에 관한 L과 C를 정의하는 방정식을 유도하라.

5.4 압전 액추에이터에 대한 전달함수는 다음과 같다.

$U(s)=G(s)\ \tilde{E}(s)$

$G(s)=A\ c\ d\ /\ (M\ s^2+\zeta\ s+Ac/l)$

계단전압에 대한 변위 응답을 계산하라.($\tilde{E}(s)=1/s$)

5.5 세라믹 액추에이터 시스템에 대해 아래와 같은 형식을 갖는 개회로 및 폐회로에 대한 전달함수를 생각해 보자.

$W_o=4\ /\ s\ (s^2+4\ s+6)$

$W_c=4\ /\ (s^3+4s^2+6s+4)$

(a) 나이키스트 표준을 이용하여 피드백 제어 시스템의 안정도를 검토하라.

(b) $W_c(j\omega)$에 대한 보드선도를 기술하고 주파수 의존성을 논의하라.

5.6 다음에 나타난 보드선도로부터 서보구동체계의 형태가 어떻게 결정될 수 있는지를 설명하라.

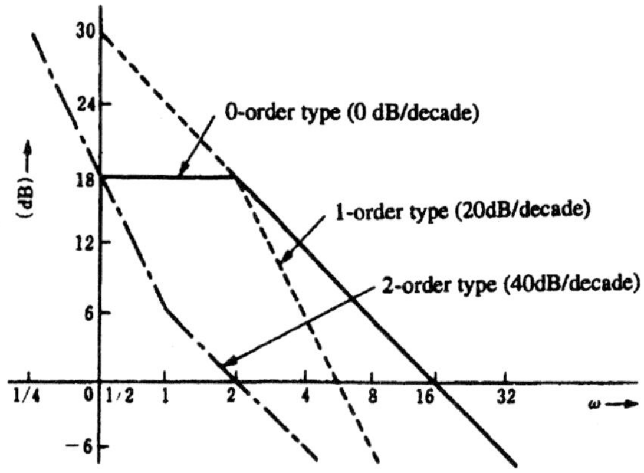

힌트

보드선도의 저 주파수 영역(ω→0) 기울기가 서보구동체계의 형태와 동일하다. 개회로 전달함수가 원점에서 극을 가질 때 보드선도는 저 주파수 영역에서 −20 dB/decade의 기울기를 갖게 된다.

기울기(dB/decade)	서보기구의 형태
0	형태 0
−20	형태 1
−40	형태 2

5.7 구형 압전세라믹판(길이: l, 폭: w, 두께: b, 두께방향으로 분극)을 이용하여 다음과 같은 변수(k_{31}, d_{31}, Q_m)을 알 수 있었다. 공진 및 펄스 구동방식에 대한 기본원리를 설명하라.

세라믹의 밀도 ρ와 유전상수 K_{33}^X는 다음의 실험이전에 알고 있어야만 한다.

(a) 임피던스 분석기를 이용하여 기계적으로 자유로운 시편(세라믹 판 중앙의 노드점이 지지되어 있는)의 어드미턴스를 구동주파수에 따라 측정하여, 그림 5.27과 같은 어드미턴스 곡선을 얻는다. 이 자료들로부터 어떻게 k_{31}, d_{31}, Q_m 값을 얻는지를 설명하시오. 또한, 다음과 같은 근사식이 낮은 결합계수를 갖는 압전재료에 대해 이용될 수 있는가를 증명하라.

$$k_{31}^2/(1-k_{31}^2)=(\pi^2/4)\ (\Delta f\ /\ f_R)$$

여기서 ($\Delta f=f_A-f_R$).

(b) 펄스구동방식을 이용하여 시간에 대한 순시 변위 변화를 측정하여 다음 그림과 같은 변위곡선을 얻었다. 이 자료들로부터 k_{31}, d_{31}, Q_m 값들을 어떻게 결정하는

지를 설명하라. 관계식 $Q_m=(1/2)\omega_o\tau$을 이용하라.

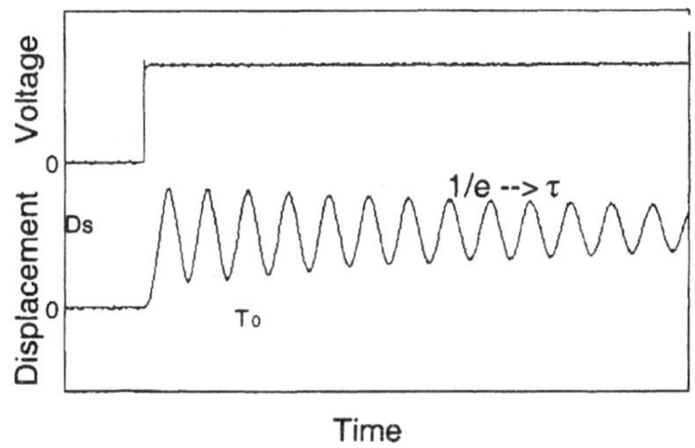

참고문헌

1) T. Ota, T. Uchikawa and T. Mizutani: Jpn. J. Appl. Phys. **24**, Suppl. 24-3, 193 (1985).
2) K. Uchino: J. Industrial Education Soc. Jpn. **40**(2), 28 (1992).
3) Y. Amemiya Edit.: *Introduction to Mechatronics*, Japan Industrial Tech. Center, Tokyo (1984).
4) S. A. Davis: *Feedback and Control Systems*, Simon & Schuster, Inc., New York (1974).
5) C. V. Newcomb and I. Flinn: Electronics Lett. **18**, 442 (1982).
6) T. Ogawa: *Crystal Physical Engineering*, Shoka-bo Pub., Tokyo (1976).
7) Sugiyama and K. Uchino: Proc. 6th IEEE Int'l Symp. Appl. Ferroelectrics, p.637 (1986).
8) S. Smiley: US-Patent, No.3614486 (1971).
9) Ikebe and Nakata: J. Oil and Air Pressure **3**, 78 (1972).
10) T. Ikeda: *Fundamentals of Piezoelectric Materials*, Ohm Publication, Tokyo (1984).
11) J. Kuwata, K. Uchino and S. Nomura: Ferroelectrics **37**, 579 (1981).
12) K. Uchino, J. Zheng, A. Joshi, Y. H. Chen, S. Yoshikawa, S. Hirose, S. Takahashi and J. W. C. de Vries: J. Electroceramics, **2**, 33 (1998).
13) S. Hirose, S. Takahashi, K. Uchino, M Aoyagi and Y. Tomikawa: Proc. MRS '94 Fall Mtg., Vol. **360**, p.15 (1995).
14) P. H. Sydenham: J. Phys. E: Sci. Inst. **5**, 721 (1972).
15) Midori-Sokki, Potentiometer, Production Catalog, Japan.
16) K. Uchino and L. E. Cross: Ferroelectrics **27**, 35 (1980).
17) Tanida, Gomi and Nomura: Abstract 44th Jpn.Appl.Phys.Mtg.,Fall,p.27 (1983).
18) Evick Engineering, Photonic Sensor, Production Catalog.
19) Kistler, Stress Sensor, Production Catalog, Switzerland.
20) A. Bauer and F. Moller: Proc. 4th Int'l Conf. New Actuators, Germany, p.128 (1994).
21) Tokin, Gyroscope, Production Catalog, Japan.

22) K. Uchino, S. Nomura, L. E. Cross, S. J. Jang and R. E. Newham: Jpn. J. Appl. Phys. **20**, L367 (1981); K. Uchino: Proc. Study Committee on Barium Titanate, XXXI-171-1067 (1983).

23) K. Uchino and T. Ishii: J. Ceram. Soc. Jpn. **96**, 963 1988).

24) ACX Company catalogue: Passive Damping Ski

25) Y. Suzuki, K. Uchino, H. Gouda, M. Sumita, R. E. Newnham and A. R. Ramachandran: J. Ceram. Soc. Jpn., Int'l Edition **99**, 1096 (1991).

26) C. A. Rosen: "Ceramic Transformers and Filters," Proc. Electronic Component Symp., p. 205-211 (1956).

27) NEC: "Thickness Mode Piezoelectric Transformer," US Patent No. 5,118,982 (1992).

28) S. Kawashima, O. Ohnishi, H. Hakamata, S. Tagami, A. Fukuoka, T. Inoue and S. Hirose: "Third order longitudinal mode piezoelectric ceramic transformer and its application to high-voltage power inverter," IEEE Int'l Ultrasonic Symp. Proc., Nov. (1994).

29) K. Uchino, B. Koc, P. Laoratanakul and A. Vazquez Carazo: Proc. 3rd Asian Mtg. on Ferroelectrics, Dec. (2000).

30) H. -W. Kim, S. Dong, P. Laoratanakul, K. Uchino and T. Park: IEEE-UFFC Trans. (2002) [in press].

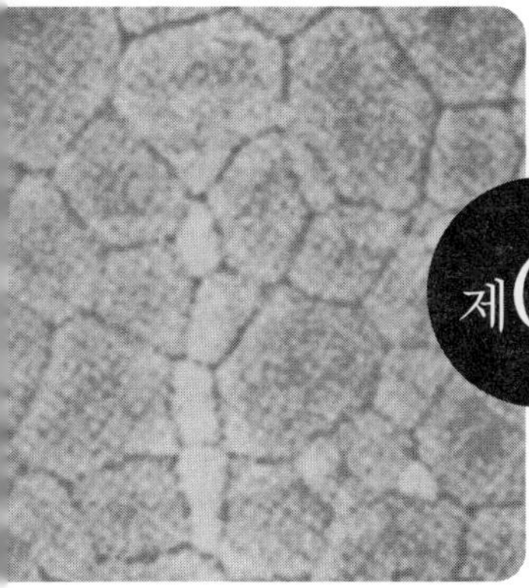

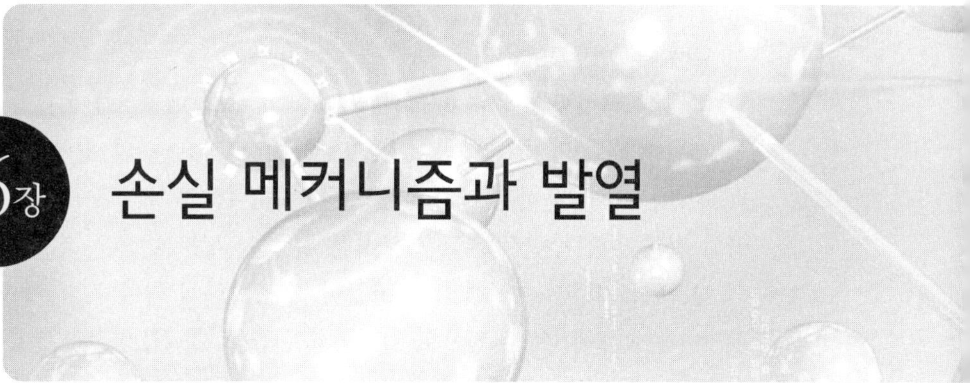

제6장 손실 메커니즘과 발열

압전재료에는 유전손실, 기계손실, 전기기계손실과 같이 3종류의 손실이 있다. 본 장에서는 우선 손실의 현상론에 대해 말한 후, 각 손실의 측정법을 해설한다. 일반적으로, 비 공진 구동 시의 압전재료의 발열의 주원인은 유전 이력(dielectric hysteresis)과 연관된 유전손실(tanδ)에 기인한다. 반면에 공진 구동 시의 발열은 탄성 이력(elastic hysteresis)과 연관된 기계적 손실(tanϕ)에 기인한다. 공진 점에서 구동되는 압전재료에 대해서는 한층 더 진동 속도의 증가에 따라 기계적 품질계수 Q_m은 현저하게 감소하게 된다. 이 효과는 전적으로 extensive 유전손실의 증가에 의하는 것이다. 펄스 구동 시에는 비 공진 시와 공진 시의 양쪽 모두의 효과가 명백히 동시에 일어나게 되어 유전적 및 기계적 손실의 결합된 형태가 관측된다.

6.1 압전체의 이력과 손실

최근 압전 액추에이터에 대한 산업 수요가 증가함에 따라 이 분야에 대한 기본적 연구들이 신뢰성과 관련된 문제에 대해 더 초점을 맞추고 있다. 특히 대 출력 응용분야에서는 유전손실이나 기계손실에 기인하는 발열이 문제가 되고 있다.

압전체에서의 손실이나 이력은 단점과 장점의 양면을 가지고 있다. 압전체가 위치제어용 소자로 이용될 때 전계유기 왜형(strain)의 이력은 동작의 재현성에 심각한 문제를 초래한다. 또한, 초음파모터로 응용하는 경우에도 공진모드로 구동 시 손실은 소자에 과도한 발열을 야기시킨다. 공진 구동 시에는 진폭이 Q_m에 비례하므로 초음파모터에는 낮은 기계적 손실을 갖는(Q_m이 높은) 재료가 선호된다. 한편 낮은 기계적 품질 계수 Q_m을 나타내고 큰 기계손실을 갖는 압전재료가 광대역 동작 주파수 범위를 갖기 때문에 압전 압력(piezoelectric force) 센서용 재료 및 탄성 트랜스듀서(acoustic transducer)용 재료로서 실제로 사용되고 있다.

고전압, 고전력하에서 동작하는 압전체의 손실 메커니즘에 대한 체계적인 연구는 매우 제한적으로 이루어져 왔으며 지금까지도 적은 수의 연구만이 보고되고 있다. T. Ikeda[1]의 교재에 표현된 바와 같이 손실 메커니즘에 대하여 부분적인 이론적 고찰이 취급된 적이 있으나 압전 손실은 무시할 수 있는 정도로 작은 것으로 취급하고 있어 최근의 연구내용에서는 손실에 대한 고찰이 더 중요하게 되었다. 본 장에서는 압전체의 손실 메커니즘에 대해 현상론적으로 설명하고자 한다.[2] 또한, 비공진 구동시 열의 발생과 공진 모드에서 동작하는 소자의 대출력 특성을 야기시키는 과정도 취급하게 된다. 공진 및 반공진 진동 모드 메커니즘과 기계적 품질계수 Q_m에 대한 관계도 검토해보고자 한다. 마지막으로, 펄스에 의해 구동되는 소자에서의 발열에 대한 메커니즘도 취급하고자 한다.

(1) 손실 메커니즘의 미시적 기원: 총론

전기기계적 손실의 메커니즘은 재료의 기초 특성에 근거하여 다음의 네 가지로 나눌 수 있다.

1) 분역벽의 이동(domain wall motion)
2) 결정 격자 형태(lattice type)
3) 미세 구조(다결정 시료)
4) 재료의 도전성(큰 저항성(ohmic) 시료)[3]

세라믹 압전재료에 대해서는 손실을 가장 강하게 규정짓는 1)로 분류된다.

압전체의 유전손실과 기계손실과의 관계에 관한 흥미로운 연구가 보고된 바 있다.[4] 그림 6.1에 압전 세라믹스 $Pb_{0.9}$ $La_{0.1}(Zr_{0.5}Ti_{0.5})_{1-x}Me_xO_3$의 기계적 손실 $\tan\phi$와 유전적 손실 $\tan\delta$의 관계를 나타내었다. 여기서, Me는 첨가물 이온 Mn, Fe, Al이며, x는 첨가율로 0에서 0.09까지의 범위를 갖는다. 기계손실은 분극된 세라믹 판(직경 5 mm, 두께 0.4 mm)을 사용해 경방향 공진주파수(약 520 kHz)에서 측정되었다. 공진주파수에서 분극이 된 세라믹스에서는 전기기계 상호작용이 강해서 유전손실은 측정할 수 없기 때문에 소극(depoled)된 시료를 이용해 거의 같은 주파수에서 측정되었다. Mn이 첨가된 세라믹스에서는 유전손실이 1% 이하였으나, Fe가 첨가된 세라믹스에서는 손실이 1～2% 그리고 Al이 첨가된 세라믹스의 경우는 손실이 3% 이상을 나타냈다. 이러한 재료의 경우는 다음과 같은 선형 관계식의 적용이 가능함을 알 수 있다.

$$\tan\phi = 0.32 \tan\delta \tag{6.1}$$

이러한 재료에서 90° 분역벽의 이동이 손실 메커니즘의 주 요인이라고 하면 비례 정수는 다음과 같은 물리적 파라미터로 나타낼 수 있다.

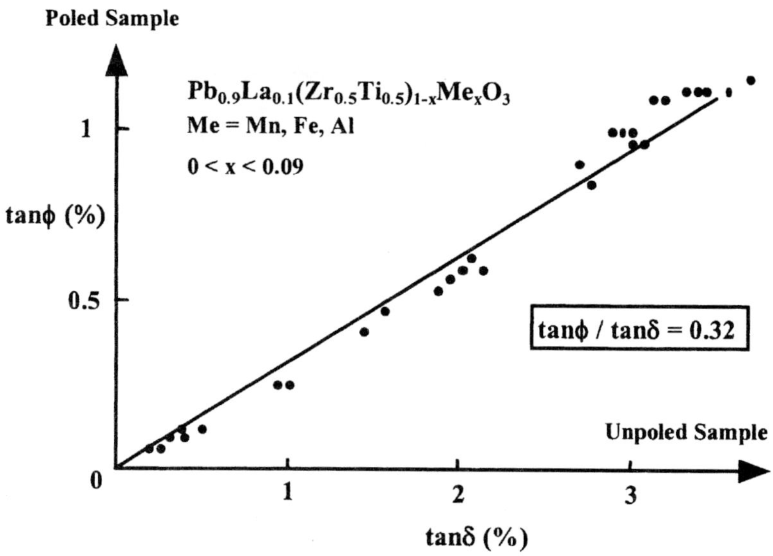

그림 6.1 $Pb_{0.9}La_{0.1}(Zr_{0.5}Ti_{0.5})_{1-x}Me_xO_3$ 압전세라믹의 기계적 손실 tanϕ와 유전적 손실 tanδ의 상관 관계. 여기서, Me는 0에서 0.09사이의 Mn, Fe, Al의 첨가 이온[4] [f=520 kHz]

$$\tan\phi = [m\, x_s^2\, \varepsilon_o\, K^X / P_s^2\, s^E]\, \tan\delta \qquad (6.2)$$

여기서, m은 결정 구조에 의존하는 0.7~0.8의 값의 상수이며, x_s는 자발왜형(spontaneous strain), K^X는 일정 응력에서의 유전상수, P_s는 자발분극, s^E는 일정 전계하에서의 탄성 컴플라이언스이다.

$$x_s = Q\, P_s^2 \qquad (6.3)$$

$$d = 2\, Q\, \varepsilon_o\, K^X\, P_s \qquad (6.4)$$

위 두 식의 관계를 이용하면, 여기서 Q는 전왜 상수(electrostrictive coefficient), 식 (6.2)의 비례 정수는 전기기계결합계수의 제곱 k^2에 비례하는 것을 알 수 있다. 그러나 분극 상태가 다른 시료(분극 및 소극된 시료)에 대한 실험이었기 때문에 상관관계는 이론적인 견지에서는 큰 의미를 갖지 못할 수 있다는 사실을 주목할 필요가 있다. 원론적으로는 분극된 시료의 유전손실만을 고려해야 한다.

(2) 유전손실과 이력 및 분극[P(E)] 곡선

유전이력과 손실(dissipation)의 관계

우선 전기기계 결합을 무시한 상태에서 그림 6.2에 나타난 바와 같이 전기변위 D(분극 P에 거의 비례거나 같은)와 연관된 유전손실 및 이력과 인가 전계 E와의 관계를 생각해 보자. 인가 전계 상승 시와 전계 하강 시에 전기변위 D(혹은 분극 P)가 서로 다른 궤적을

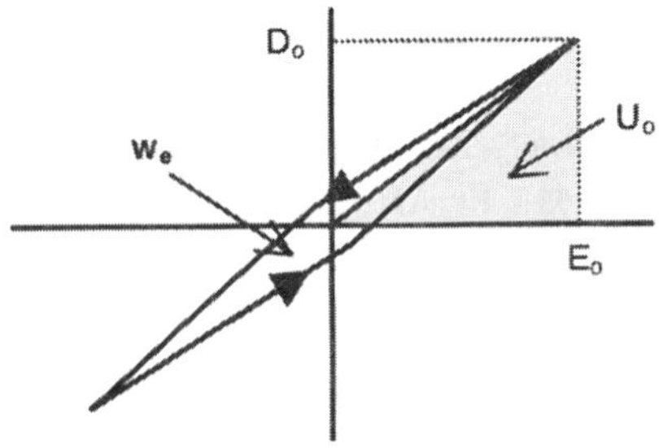

그림 6.2 입력 전계 E와 전기변위 D에 의한 유전이력 특성

따르는 경우, 이 재료는 유전이력을 나타낸다고 한다.

유전이력이 매우 크지 않은 경우, 관측된 전기변위 D의 차이는 인가전계에 대해 약한 위상 지연(phase lag)이 있는 것으로 표현할 수 있다. 이러한 위상 지연 전기변위와 연관하여 각주파수 $\omega(=2\pi f)$를 갖는 교류 전계 E는 다음과 같이 표현될 수 있다.

$$E^* = E_o\, e^{j\omega t} \tag{6.5}$$

그리고 유기(induced) 전기변위 D^*는 동일 주파수에서 진동하게 되나 δ 만큼 상 지연이 생긴다.

$$D^* = D_o\, e^{j(\omega t - \delta)} \tag{6.6}$$

만일 D^*와 E^*의 관계를 아래와 같이 표현한다면,

$$D^* = K^*\, \varepsilon_o\, E^* \tag{6.7}$$

여기서 복소 유전상수 K^*는

$$K^* = K' - j\, K'' \tag{6.8}$$

로 표현되며, 여기서

$$K''/\, K' = \tan\delta \tag{6.9}$$

의 관계를 갖게 된다. 식 (6.8)의 허수부의 음의 부호는 전기변위의 위상 지연과 연관된 것이며, $K'\varepsilon_o = (D_o/E_o)\cos\delta$ 및 $K''\varepsilon_o = (D_o/E_o)\sin\delta$으로 나타낼 수 있다. 이 복소수 표시에 따르면 이력 곡선은 실제로 관찰된 것은 아니지만 타원 모양으로 나타나야만 한다.

그림 6.2중에 나타내는 w_e로 나타낸 이력 곡선의 내부를 적분한 값(면적)은 유전체 단위체적당 한 주기 동안 발생된 에너지 손실과 같다. 이는 등방성 유전체에 대해 다음과 같이 정의할 수 있다.

$$w_e = -\int D\, dE = -\int_0^{2\pi/\omega} D \frac{dE}{dt}\, dt \tag{6.10}$$

전계 E^*와 전기변위 D^*의 실수부를 식 (6.10)에 대입하면,

$$w_e = \int_0^{2\pi/\omega} D_o \cos(\omega t - \delta)[E_o \omega \sin(\omega t)]\, dt$$

$$= E_o D_o \omega \sin(\delta) \int_0^{2\pi/\omega} \sin^2(\omega t) dt = \pi E_o D_o \sin(\delta) \quad (6.11)$$

그러므로:

$$w_e = \pi K'' \varepsilon_o E_o^2 = \pi K' \varepsilon_o E_o^2 \tan\delta \quad (6.12)$$

위상 지연이 없는 경우에는($\delta=0$), 에너지 손실은 영이며($w_e=0$), 유전체에 축적되는 정전(electrostatic) 에너지는 1 사이클 후에 완전하게 회복된다(효율 100%). 만약 위상 지연이 있는 경우는, 인가 전계의 사이클 마다 에너지 손실($w_e \neq 0$)이 일어나 결과적으로 유전체에 발열 손실로서 나타난다. 여기서 $\tan\delta$는 손실인자(dissipation factor)라고 부른다.

$-E_o$에서 E_o까지 인가 전계의 1/2주기 동안 저장할 수 있는 정전적 에너지를 $4U_e$가 된다. 여기서, U_e는 그림 6.2에 표시된 부분의 적분치로서 1/4 주기 동안 축적된 에너지를 나타낸다. 이를 수식으로 표시하면 다음과 같다.

$$(1/2)w_e = 2\ U_e = 2\ [(1/2)\ (E_o D_o \cos\delta)] = (E_o D_o)\cos\delta \quad (6.13a)$$

$K'\varepsilon_o = (D_o/E_o)\cos\delta$ 이므로, 식 (6.13a)는 다음과 같은 형식으로 다시 쓸 수 있다.

$$(1/2)w_e = 2\ U_e = K'\ \varepsilon_o\ E_o^2 \quad (6.13b)$$

식 (6.13 b)와 식 (6.12)를 결합함으로써 아래와 같이 손실인자에 대한 또 다른 표현이 가능하다.

$$\tan\delta = (1/2\pi)\ (w_e\ /\ U_e) \quad (6.14)$$

이 식은 정전 에너지 효율의 항으로 $\tan\delta$의 중요성을 나타내는 것이다. w_e는 1 주기의 이력이며, U_e는 1/4 주기의 축적 에너지이다.

Intensive 유전손실의 온도, 전계, 주파수 의존성

PZT계 세라믹스에 대해 응력이 없는(stress free) 조건하에 있어서의 유전이력 곡선으로부터 결정된 바와 같이 intensive 유전손실 $\tan\delta'$의, 온도, 주파수, 인가 전계 의존성을 각각 그림 6.3, 6.4, 6.5에 나타내었다.[5] intensive 유전손실 $\tan\delta'$는 온도가 상승하는 것에 따라 서서히 저하하지만(그림 6.3), 낮은 주파수 대역에서는 주파수에 따라 민감하게 변하지 않는다(그림 6.4). 또한, 그림 6.5에서 관찰된 것처럼 초기에는 인가 전계에 따라

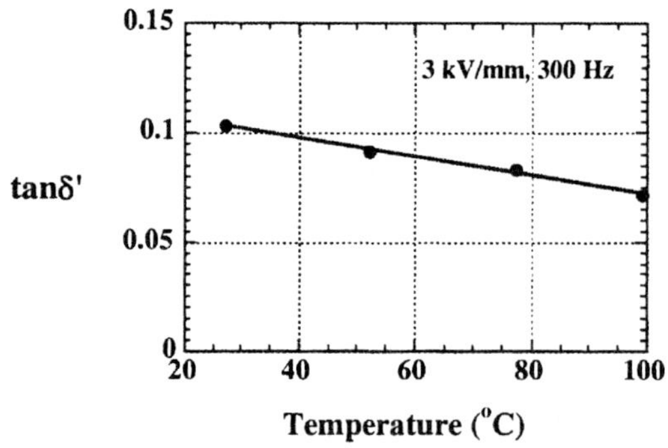

그림 6.3 온도에 따른 유전손실(3 kV/mm, 300 Hz).[5]

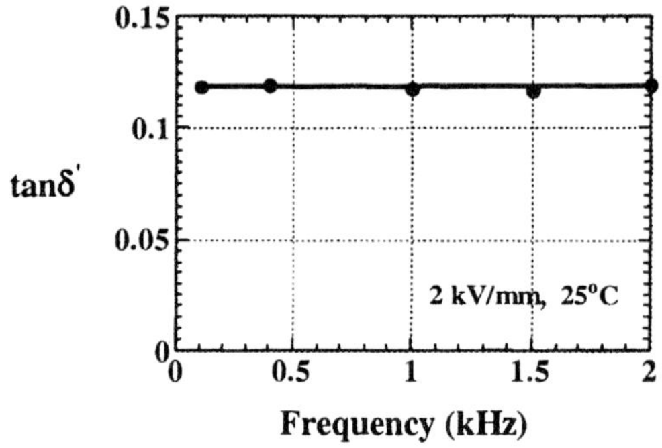

그림 6.4 주파수에 따른 유전손실(T=25℃, E=2 kV/mm).[5]

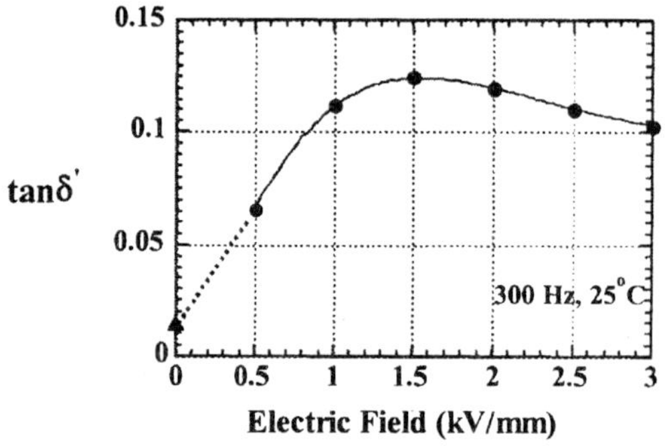

그림 6.5 전계에 다른 유전손실 tanδ' (T=25℃, f=300 Hz).[5]
[E=0 에서의 값(삼각 형)은 낮은 전계에서의 임피던스 분석기에서 측정한 것임

tanδ' 는 선형적으로 증가하지만 1.5 kV/mm 이후는 약하게 감소한다. 전 절에 언급한 복소수 표시의 취급은 이와 같이 인가 전계가 높은 영역에서는 적용될 수 없다는 사실에 주의하여야 한다. tanδ' 가 1 보다 훨씬 작을 때 (tanδ' <0.1), 복소 유전상수의 사용은 물리적으로 타당하다.

(3) 전기기계 손실 및 이력: 일반적 고찰

이론적 표현

압전재료와 연관된 손실 메커니즘을 포함시킬 수 있도록 지금까지 말한 취급방법을 확장하기로 한다. 우선 깁스의 자유에너지 G를 도입하면, 이 경우의 G는

$$G=-(1/2)\,s^E X^2-dXE-(1/2)\,K^X\varepsilon_o E^2 \tag{6.15}$$

가 되며, 일반 미분 형식으로는,

$$dG=-x\,dX-D\,dE-S\,dT \tag{6.16}$$

로 나타낼 수 있다. 여기서 x는 왜형, X는 응력, D는 전기변위, E는 전계, S는 엔트로피, T는 온도이다. 식 (6.16)은 외부로부터 제어 가능한(intensive로 표현된) 물리 파라미터인 X, E에 의한 에너지의 표현이다. 이 함수의 온도의존성은 탄성 컴플라이언스 s^E, 유전율 K^X, 압전전하정수 d와 연관이 있다. 따라서 깁스의 자유에너지의 식으로부터 다음과 같은 두 개의 압전 방정식을 얻을 수 있다.

$$x=-\frac{\partial G}{\partial X}=s^E X+d\,E \tag{6.17}$$

$$D=-\frac{\partial G}{\partial E}=d\,X+K^X\varepsilon_o E \tag{6.18}$$

비가역적 열역학 방정식이나 손실에 대한 함수를 도입하지 않는 이상 깁스의 자유에너지와 압전 방정식만으로는 유전손실의 위상 지연을 설명할 수 없다. 그러나 현상론적 방정식에 복소수 표시된 물리 상수를 이용함으로써 전 절에 취급한 것처럼 위상 지연을 수식 중에 넣은 표현도 가능하지만, 손실은 여전히 불완전 요소로 취급된다. 이런 방법으로 유도된 이론적 방정식은 유전, 기계, 압전손실($\tan\delta'$, $\tan\phi'$, $\tan\theta'$)이 매우 크지 않은 범위 내(≈ 0.1)에서는 정확한 편이다.

따라서 전기, 탄성, 그리고 압전결합 에너지와 연관된 이력 손실을 설명하기 위하여 다음과 같은 복소 파라미터 K^{X*}, s^{E*}, d^* 를 도입하고자 한다.

$$K^{X*}=K^X\,(1-j\tan\delta') \tag{6.19}$$

$$s^{E*}=s^E\,(1-j\tan\phi') \tag{6.20}$$

$$d^*=d\,(1-j\tan\theta') \tag{6.21}$$

여기서 θ' 는 인가 전계에 의해 야기된 왜형의 위상 지연, 혹은 인가된 응력에 의해 발생된 전기변위의 위상 지연이다. 이것들은 식 (6.17)과 식 (6.18)에 동일한 복소압전상수 d^* 를 이용한다면 정확히 같은 값을 갖는다. 여기서 각 δ' 는 일정한 응력(즉, 응력 없음)에서의 인가 전계에 대해 발생된 전기변위의 위상 지연을 나타내는 것이다. 결국, 각 ϕ' 는

일정 전계 하(즉, 단락 회로)에서의 인가 응력에 대해 발생된 왜형의 위상 지연이다. 이러한 위상 지연을 intensive 손실이라고 한다.

그림 6.6에 실험적으로 결정된 D-E(응력 없음), x-X(단락 회로), x-E(응력 없음), D-X(단락 회로로 전하를 축적해 측정) 이력 곡선을 나타내었다. 이러한 측정은 압전재료의 특성을 평가하는 표준방법이며 측정이 간단하다.

순수하게 전기적, 기계적으로 축적된 에너지와 이력손실은 그림 6.6(a)와 (b)에 나타난 유전 및 기계 이력 곡선으로부터 전 절에서 수행되었던 분석방법에 따라 다음과 같이 나타내는 것이 가능하다.

$$U_e = (1/2)\ K^X\ \varepsilon_o\ E_o^2 \tag{6.22}$$

$$w_e = \pi K^X\ \varepsilon_o\ E_o^2\ \tan\delta' \tag{6.23}$$

$$U_m = (1/2)\ s^E\ X_o^2 \tag{6.24}$$

$$w_m = \pi\ s^E\ X_o^2\ \tan\phi' \tag{6.25}$$

전계 대 왜형 이력(x-E 곡선)의 면적이 직접적으로 에너지가 되지 않기 때문에 전기기계 손실은 좀 더 곧바로 결정하는 것은 불가능하다. 이전의 분석방법에 따라 인가 전계의 1/4 주기(즉, $E=0$으로부터 $E=E_o$까지)에 저축할 수 있었던 전기기계 에너지 U_{em}를 생각해 보면 U_{em}은 다음과 같이 표현할 수 있다.

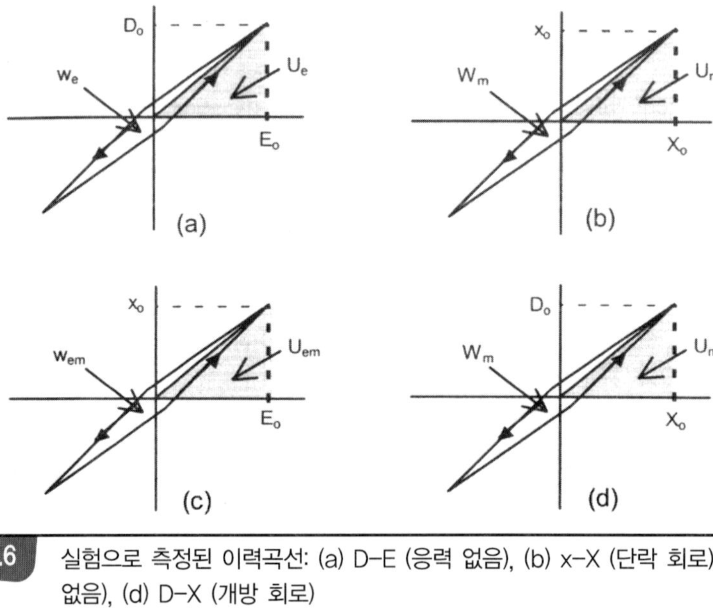

그림 6.6 실험으로 측정된 이력곡선: (a) D–E (응력 없음), (b) x–X (단락 회로), (c) x–E (응력 없음), (d) D–X (개방 회로)

$$U_{em} = -\int x\, dX = \frac{1}{2}\left[\frac{x_o^2}{s^E}\right] = \frac{1}{2}\left[\frac{(E\,d)^2}{s^E}\right] \tag{6.26}$$

여기서 d 및 s^E를, $d^* = d(1-j\tan\theta')$ 및 $s^{E*} = s^E(1-j\tan\phi')$로 치환하면, 다음 두 식을 얻을 수 있다.

$$U_{em} = \frac{1}{2}\left[\frac{d^2}{s^E}\right]E_o^2 \tag{6.27}$$

$$w_{em} = \pi\left[\frac{d^2}{s^E}\right]E_o^2\left(2\tan\theta' - \tan\phi'\right) \tag{6.28}$$

이러한 방법으로 분석된 x-E이력 곡선이 단지 압전손실 $\tan\theta'$에 관련된 관계만을 나타내는 것이 아니고 압전손실 $\tan\theta'$와 탄성손실 $\tan\phi'$ 양쪽 모두로부터 기인된 손실들이 관찰된 것임을 알 수 있다.

이와 마찬가지로 D-X 이력 곡선에서는 인가된 응력의 1/4 주기 동안 축적된 전기기계 에너지 U_{me}와 전 응력주기 동안 일어난 이력 손실 w_{me}이 다음과 같이 됨을 알 수 있다.

$$U_{me} = \frac{1}{2}\left[\frac{d^2}{K^X\varepsilon_o}\right]X_o^2 \tag{6.29}$$

$$w_{me} = \pi\left[\frac{d^2}{K^X\varepsilon_o}\right]X_o^2\left(2\tan\theta' - \tan\delta'\right) \tag{6.30}$$

따라서 D-E곡선과 x-X 곡선으로부터 유전손실 $\tan\delta'$와 기계손실 $\tan\phi'$의 기여 정도를 알 수 있으며 최종적으로 전기기계 손실 $\tan\theta'$를 평가하는 것이 가능해진다.

여기까지의 논의에서는 인가응력 X와 전계 E와 같은 intensive(외적으로 제어 가능한) 파라미터들로 표시되는 소위 "intensive" 전기, 기계, 압전손실에 대해 관심을 가져왔다. 향후 한층 더 전기기계 손실의 물리적 중요성을 알아보기 위해 왜형 x, 전기변위 D와 같은 "extensive"(재료와 연관된) 파라미터들로 표시되는 자유에너지를 고려할 필요가 있다.[1] 자유에너지 방정식의 미분형태로부터 다시 시작해 보면, 이 경우에는 A로 표시되는 헬름홀츠 자유에너지로서 다음과 같다.

$$dA = X\,dx + E\,dD - S\,dT \tag{6.31}$$

이 에너지 함수로부터 다음과 같은 두 개의 압전방정식을 얻게 된다.

$$X = \frac{\partial A}{\partial x} = c^D x - h D \tag{6.32}$$

$$E = \frac{\partial A}{\partial D} = -hx + \frac{\kappa^x}{\varepsilon_o} D \quad (6.33)$$

여기서 c^D는 일정 전기변위(개방회로) 하에서의 탄성 스티프니스, h는 역압전 전하계수, κ^x는 일정 왜형(기계적으로 속박(clamped)된 상태) 하에서의 역유전율을 나타낸다. 따라서 extensive 유전손실(tanδ), 기계손실(tanϕ), 압전손실(tanθ)을 복소수 형태로 정량적으로 정의하면 다음과 같다.

$$\kappa^{x*} = \kappa^x (1 + j \tan\delta) \quad (6.34)$$

$$c^{D*} = c^D (1 + j \tan\phi) \quad (6.35)$$

$$h^* = h (1 + j \tan\theta) \quad (6.36)$$

일정 왜형(즉, 왜형 없음 혹은 완전히 속박된 상태) 하에서의 유전상수 K^{x*}(K^{X*}가 아닌 것에 주의) 및 일정 전기변위(개방 회로) 하에서의 탄성 컴플라이언스 s^{D*}(s^{E*}가 아닌 것에 주의)는 κ^{x*} 및 c^{D*}의 역수를 취하는 것으로 간단하게 구할 수 있다. 따라서 식 (6.34)와 식 (6.35)에 나타난 동일한 손실량을 이용하여 이에 상응하는 역 복소량을 다음과 같이 표시할 수 있다.

$$K^{x*} = K^x (1 - j \tan\delta) \quad (6.37)$$

$$s^{D*} = s^D (1 - j \tan\phi) \quad (6.38)$$

또한, extensive 손실에 대한 항으로 유전상수 및 탄성 컴플라이언스와 연관된 위상 지연을 생각해 볼 수 있다.

[예제 6.1]

다음 관계식을 증명하라.

$$\frac{d^2}{s^E K^X \varepsilon_o} = \frac{h^2}{c^D (\kappa^x / \varepsilon_o)} \quad (P6.1.1)$$

이 값은 전기기계결합계수의 제곱(k^2)으로 정의되며, 다른 에너지 형식에서도 똑같이 나타낼 수 없으면 안 된다.

▶ 해답

식 (6.17)과 (6.18)에 있는 방정식,

$$x = s^E X + d E \quad (P6.1.2)$$

$$D = d X + K^X \varepsilon_o E \quad (P6.1.3)$$

을 식 (6.32) 및 (6.33)

$$X=c^D x-h D \tag{P6.1.4}$$

$$E=-h x+(\kappa^x / \varepsilon_o) D \tag{P6.1.5}$$

과 조합하면 다음의 두 식을 얻을 수 있다.

$$X=c^D(s^E X+d E)-h (d X+K^X \varepsilon_o E) \tag{P6.1.6}$$

$$E=-h (s^E X+d E)+(\kappa^x / \varepsilon_o) (d X+K^X \varepsilon_o E) \tag{P6.1.7}$$

혹은 재배열하면,

$$(1-c^D s^E+h d) X+(h K^X \varepsilon o-c^D d) E=0 \tag{P6.1.8}$$

$$[h s^E-(\kappa^x / \varepsilon_o) d] X+[1-(\kappa^x / \varepsilon_o) K^X \varepsilon_o+h d] E=0 \tag{P6.1.9}$$

위의 두 식을 결합하면

$$(1-c^Ds^E+hd)[1-(\kappa^x/\varepsilon_o) K^X\varepsilon_o+hd]-(h K^X\varepsilon_o-c^Dd)[hs^E-(\kappa^x/\varepsilon_o)d]=0 \tag{P6.1.10}$$

이 되며, 간단히 함으로써 원하는 관계식을 다음과 같이 얻을 수 있다.

$$\frac{d^2}{s^E K^X \varepsilon_o} = \frac{h^2}{c^D (\kappa^x / \varepsilon_o)} \tag{P6.1.11}$$

어떤 재료의 유전상수와 탄성 컴플라이언스 특성을 측정하고자 할 때 그 재료가 동작하는 조건을 고려하는 것은 매우 중요한 일이다. 그림 6.7(a)에 나타내듯이, 일정 전계가 압전 시료에 인가되었을 때 총 출력에너지는 그 재료에 가해질 수도 있는 다음의 두 개의 뚜렷한 기계적 조건과 연관된 에너지의 조합으로 나타낼 수 있다: (1) 기계적으로 속박된 상태로 일정 왜형이 유지되어 시료는 변형되지 않음, (2) 기계적으로 자유(free) 상태로 시료는 속박되지 않아 자유롭게 변형될 수 있음. 따라서, 총 입력 전기에너지가 인가되는 시간 동안의 총 출력에너지는 이들 두 개의 상태와 연관된 에너지의 합이 되며, 만일 이상적인 조건이라면 총 입력에너지와 같다. 이는 다음과 같이 나타낼 수 있다.

$$\frac{1}{2} K^X \varepsilon_o E_o^2 = \frac{1}{2} K^x \varepsilon_o E_o^2 + \frac{1}{2} \frac{d^2}{s^E} E_o^2 \tag{6.39a}$$

$$K^X \varepsilon_o = K^x \varepsilon_o + \frac{d^2}{s^E} \tag{6.39b}$$

그림 6.7(b)에 나타내었듯이 일정 응력이라는 조건하에서는, 총 출력에너지는 그 재료에 가해지는 두 개의 뚜렷한 전기적 조건과 연관된 에너지들의 합으로 나타낼 수 있다: (1) 전기적으로 개방된 상태로 일정 전기변위가 유지되는 조건임. (2) 전기적으로 단

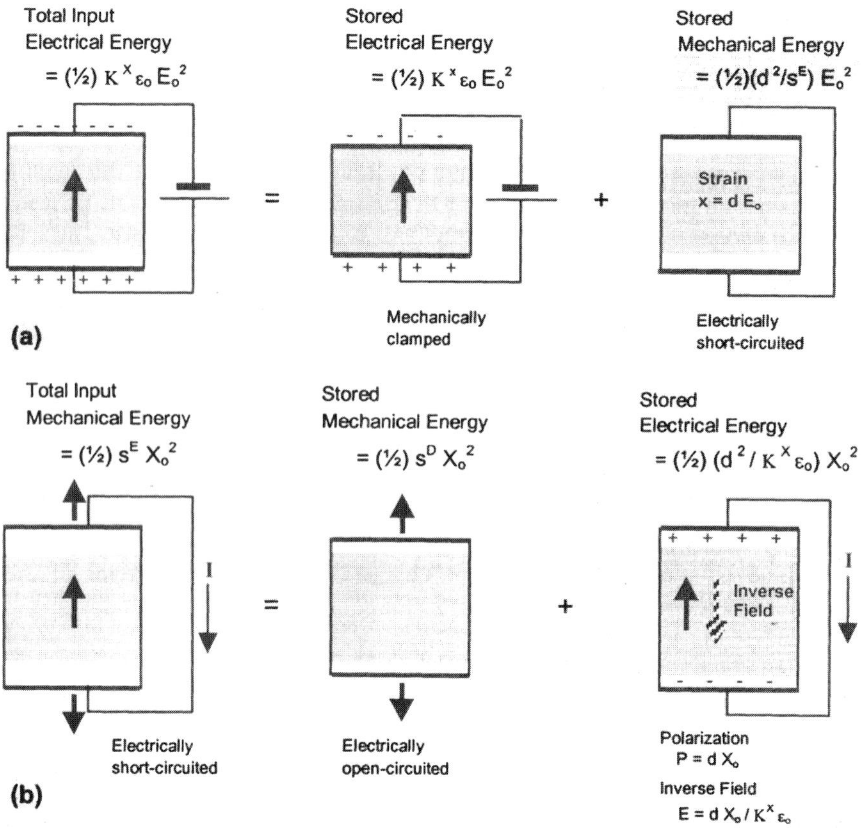

그림 6.7 압전재료의 응답도: (a) 일정 전계, (b) 일정 전류

락인 상태로 재료가 일정 전계하에 놓여있는 상태임. 이 경우에도 총 입력 기계에너지가 인가되는 시간 동안 총 출력에너지가 위 두 개의 상태와 연관된 에너지의 합이 되며, 이상적인 조건하에서는 총 입력에너지와 같게 된다. 이는 다음과 같이 나타낼 수 있다.

$$\frac{1}{2} s^E X_o^2 = \frac{1}{2} s^D X_o^2 + \frac{1}{2} \frac{d^2}{K^X \varepsilon_o} X_o^2 \tag{6.40a}$$

$$s^E = s^D + \frac{d^2}{K^X \varepsilon_o} \tag{6.40b}$$

따라서, 다음의 식을 얻을 수 있다.

$$K^x / K^X = (1-k^2) \tag{6.41}$$

$$s^D / s^E = (1-k^2) \tag{6.42}$$

여기서

$$k^2 = \frac{d^2}{s^E K^X \varepsilon_o} \tag{6.43}$$

이다. 상호 상응하는 양에 대해 유사한 형식으로 방정식을 쓸 수도 있다.

$$\kappa^X / \kappa^x = (1-k^2), \tag{6.44}$$

$$c^E / c^D = (1-k^2), \tag{6.45}$$

여기서 본 교재에서는,

$$k^2 = \frac{h^2}{c^D (\kappa^X / \varepsilon_o)} \tag{6.46}$$

이다.

새로운 파라미터 k는 전기기계결합계수라고 하며, 식 (6.43)의 k와 같다. k는 본 교재에서 실수치로서 취급한다(예제 6.1 참조).

intensive 손실과 extensive 손실의 관계를 정립하기 위해서 일정 응력하에서의 유전율($K^X \varepsilon_o$), 일정 전계하에서의 탄성 컴플라이언스(s^E) 그리고 압전전하정수(d)의 세 개의 방정식이 필요하다.

$$K^X \varepsilon_o = \frac{1}{(\kappa^x / \varepsilon_o)[1 - h^2 / (c^D \kappa^x / \varepsilon_o)]} \tag{6.47}$$

$$s^E = \frac{1}{c^D [1 - h^2 / (c^D \kappa^x / \varepsilon_o)]} \tag{6.48}$$

$$d = \frac{h^2 / (c^D \kappa^x / \varepsilon_o)}{h[1 - h^2 / (c^D \kappa^x / \varepsilon_o)]} \tag{6.49}$$

위 세 식의 파라미터를 식 (6.19)~(6.21) 및 식 (6.34)~(6.36)에 정의된 복소 파라미터들로 대치하고 식 (6.43)과 식 (6.46)에 나타나 있는 전기기계결합계수 k를 이용하면, 다음과 같이 intensive 손실과 extensive 손실의 관계식을 얻을 수 있다.

$$\tan\delta' = \left(\frac{1}{1-k^2}\right)\left[\tan\delta + k^2(\tan\phi - 2\tan\theta)\right] \tag{6.50}$$

$$\tan\phi' = \left(\frac{1}{1-k^2}\right)\left[\tan\phi + k^2(\tan\delta - 2\tan\theta)\right] \tag{6.51}$$

$$\tan\theta' = \left(\frac{1}{1-k^2}\right)\left[\tan\delta + \tan\phi - (1+k^2)\tan\theta\right] \tag{6.52}$$

이 결과의 중요한 특징은 intensive 유전손실, 탄성손실, 압전손실은 실수의 전기기계 결합계수를 사용해 각각의 extensive 손실과 관계되는 것임을 알 수 있다. 각 식에 있는 분모의 $(1-k^2)$은 식 (6.41) 및 식 (6.42)에 정의된 인자들과 등가인 K^x/K^X, s^D/s^E로부터 나온 것이다. 전기기계적 결합은 정의에 따라 실허수부로 나뉘진 복소 파라미터 가운데 허수부에 해당하는 손실인자(dissipation factor) 부분에 반영된다. 압전재료의 전기기계결합계수의 정확한 정의는 시료의 진동 모드에 의존한다.

측정 기술

Philips Components 사에서 제조된 PZT계 세라믹 액추에이터에 대해 유전 및 기계 이력 곡선을 토대로 결정된 intensive 손실을 그림 6.8에 나타내었다. 이 소자의 intensive 압전 손실은 그림 6.9와 같다. 여기서 $X=E(K^X\varepsilon_0/s^E)^{1/2}$로 주어진 전계와 압축 응력의 평균적인 상관관계를 이용했다. 이력 측정은 그림 6.10에 묘사된 측정장치를 이용하여 quasi-static 조건하에서 이루어진다. 그림 6.11에 나타난 PZT 세라믹 액추에이터의 extensive 손실은 그림 6.8 및 6.9의 intensive 손실 데이터로부터 계산된 것이다.

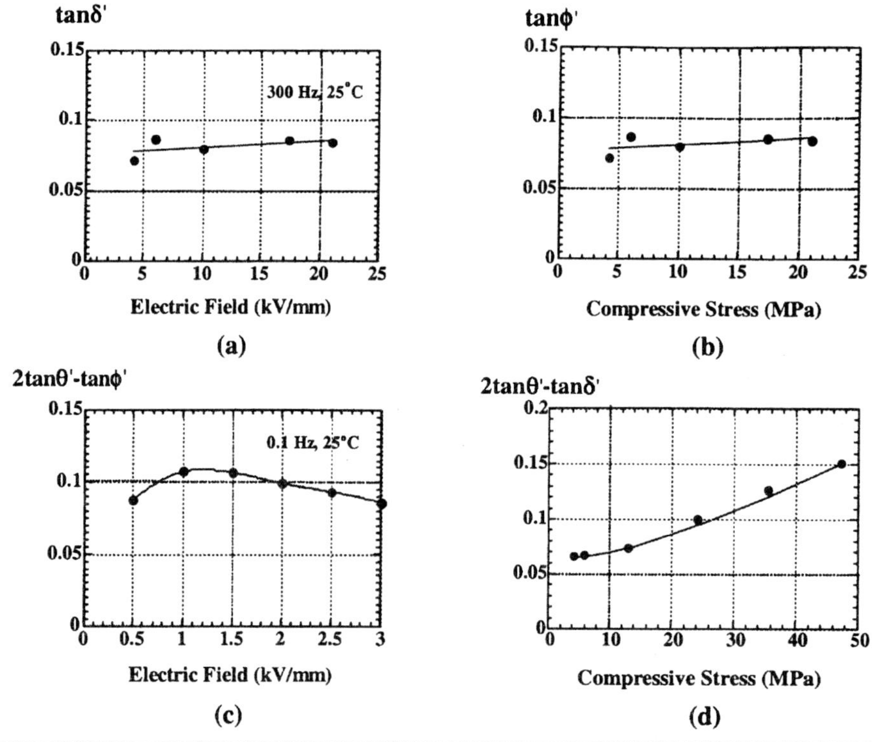

그림 6.8 내부 손실: (a) D–E (기계적 속박 없음), (b) x–X (단락회로), (c) x–X (기계적 속박 없음), (d) D–X (개방회로)

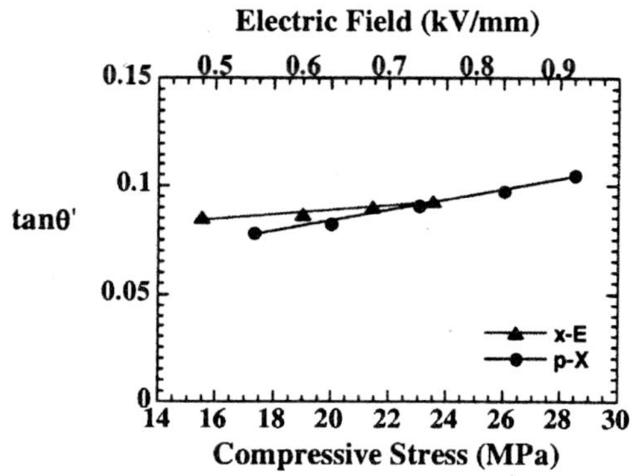

그림 6.9 PZT계 압전 액추에이터에 대한 전계와 압축응력의 함수로서의 내부 압전손실, $\tan\theta'$

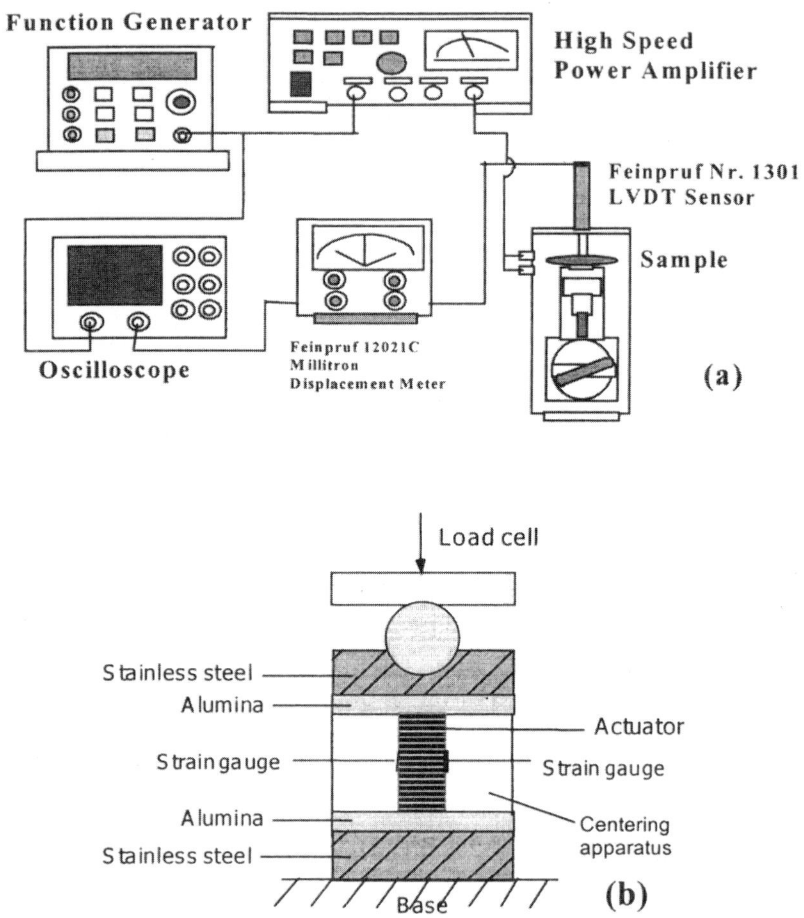

그림 6.10 이력 곡선값 측정 장치: (a) D–E, x–E (b) x–X, D–X

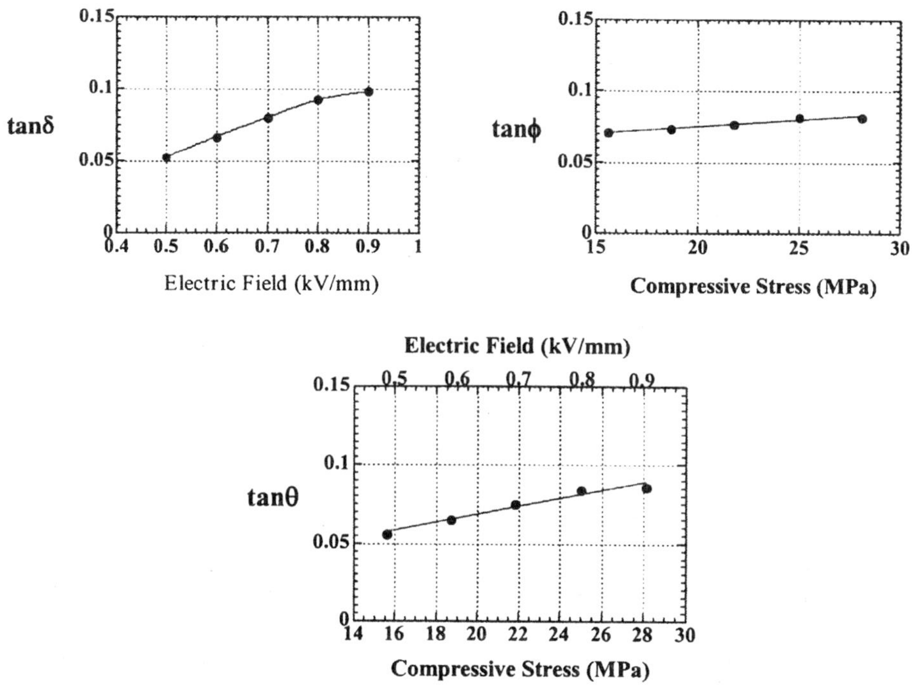

그림 6.11 PZT계 압전 액추에이터에 대한 전계와 압축응력의 함수로서의 외부 손실, tanδ, tanϕ, tanθ

압전손실 tanθ′ 및 tanθ는 이전에 생각되고 있던 값만큼 작지 않으며, 실제로 유전손실이나 탄성손실과 거의 같은 값으로 인가 전계나 응력의 증가에 따라 점차적으로 증가한다.[1] extensive 유전손실 tanδ는 intensive 파라미터(인가 전계)의 증가에 따라 현저하게 증가하지만 extensive 탄성손실 tanϕ는 intensive 파라미터(인가 압축 응력)의 변화에 대해 덜 민감하게 변화된다는 것은 주목할 만한 사실이다.

만약 그림 6.6 (a)(D-E) 및 그림 6.6 (b)(x-X)의 이력 데이터를 구속(constrained) 조건하에서 얻었다면, 즉, D-E는 기계적으로 속박된 재료로부터 측정하고 x-X는 개방회로 조건에서 측정하는 경우 관측되는 이력곡선은 extensive 손실 tanδ와 tanϕ 만큼 작게 나타난다. 그러나 세 가지 손실을 독립적으로 얻기 위한 이러한 대안적인 방법은 실제로는 측정의 어려움을 겪을 수 있다. 다시 말해서, 탄성적으로 단단한 압전 세라믹스를 완전하게 속박(clamped) 상태로 만든다는 것은 불가능한 일이며, 이런 조건하에서 x-X 특성을 측정하는 동안 전하의 누설이 현저해지기 때문이다.

(4) 압전 공진 시의 손실

지금까지 준 정적(quasi-static) 혹은 비공진 상태에서의 손실을 고려하였다. 그러나 공진 주파수로 구동되는 초음파 모터와 같은 응용에서는 다양한 문제가 발생된다. 가장 심각한 문제는 대 진폭 구동 시의 탄성 컴플라이언스의 비선형적 응답 특성에 기인한 어드미턴스 특성 곡선의 현저한 왜곡 현상과 발열이며, 이는 압전 세라믹스의 소극(depoling)을 일으켜 모터 특성을 현저하게 열화시킨다. 따라서 응용 소자에는 발열이 적은 고 Q_m 재료가 바람직하며 공진시의 진동의 크기가 직접적으로 Q_m값에 비례한다는 사실도 주지해야 한다.

압전 공진시의 어드미턴스와 변위

우선 압전 세라믹스의 어드미턴스 스펙트럼에 대해 생각해 보자. 6.1(3) 절에서 이루어졌던 것과 유사하게 복소 파라미터 $K_{33}^{X*}=K_{33}^{X}(1-j\tan\delta')$, $s_{11}^{E*}=s_{11}^{E}(1-j\tan\phi')$, 그리고 $d_{31}^{*}=d(1-j\tan\theta')$를 식 (5.96)에 대입한다.

$$
\begin{aligned}
Y = Y_d + Y_m &= (1-k_{31}^2)\frac{j\omega w l K_{33}^{X}\varepsilon_o}{t}\left[1-\frac{j}{1-k_{31}^2}\left[\tan\delta' - k_{31}^2\left(2\tan\theta' - \tan\phi'\right)\right]\right] \\
&\quad + \frac{j\omega w l K_{33}^{2}\varepsilon_o}{t}k_{31}^2\left[\left(1-j\left(2\tan\theta' - \tan\phi'\right)\right)\frac{\tan(\omega l/2v*)}{\omega l/2v*}\right] \\
&= j\omega C_d\left[1-\frac{j}{(1-k_{31}^2)}\left[\tan\delta' - k_{31}^2\left(2\tan\theta' - \tan\phi'\right)\right]\right] \\
&\quad + j\omega C_0 k_{31}^2\left[\left(1-j\left(2\tan\theta' - \tan\phi'\right)\right)\frac{\tan(\omega l/2v*)}{\omega l/2v*}\right] \\
&= j\omega C_d(1-j\tan\delta) + j\omega C_o k_{31}^2\left[\left(1-j\left(2\tan\theta' - \tan\phi'\right)\right)\frac{\tan(\omega l/2v*)}{\omega l/2v*}\right]
\end{aligned}
\tag{6.53}
$$

여기서 다음의 조건들도 대입한다.

$$C_o = \frac{w l K_{33}^{X}\varepsilon_o}{t} \tag{6.54}$$

$$C_d = (1-k_{31}^2)C_o \tag{6.55}$$

식 (6.53)의 제1항이 손실 항으로(구속(damped) 조건하에서의 어드미턴스) extensive 유전손실 $\tan\delta$를 포함하나 intensive 유전손실 $\tan\delta'$는 포함되지 않는다.

다음의 복소 속도에 대한 표현을 이용한다.

$$v* = \frac{1}{\sqrt{\rho s_{11}^{E}(1-j\tan\phi')}} = v\,(1+(1/2)\,j\tan\phi') \tag{6.56}$$

여기서 $(\omega l/2v^*)=\pi/2$인 주파수대역에 대해 전개식 근사법을 이용해 $1/\tan(\omega l/2v^*)$를 정의할 수 있다. 공진상태는 손실이 없는 재료에서 무한대의 어드미턴스를 갖는 경우에서 보다는 유한한 어드미턴스 최대치를 가질 때에 정의할 수 있다. 여기서 다음과 같은 주파수 파라미터 Ω와 ΔΩ를 정의한다.

$$\Omega = \omega\, l / 2\, v \qquad (6.57a)$$

와

$$\Delta\Omega = \Omega - \pi/2 \ (<<1) \qquad (6.57b)$$

이미 $\omega l/2v^* = (\pi/2 + \Delta\Omega)[1-(1/2)\ j\tan\phi']$ 이라는 것을 알고 있으므로 다음과 같이 쓸 수 있다.

$$\frac{1}{\tan(\omega\, l/2v^*)} = -\Delta\Omega + j(\pi/4)\tan\phi' \qquad (6.58)$$

따라서 $\Gamma_{31} = k_{31}{}^2/(1-k_{31}{}^2)$ 이라고 가정할 때, 일차의 공진주파수 근방에서의 Y_m의 근사 표시는 다음과 같이 된다.

$$\begin{aligned} Y_m &= j\omega C_d\, \Gamma_{31}\, [(1-j(2\tan\theta - \tan\phi'))][(\tan(\omega l/2v^*)/(\omega\, l/2v^*)] \\ &= j\omega_o C_d \Gamma_{31}\left[\frac{1-j(2\tan\theta-\tan\phi')}{(-\Delta\Omega+j(\pi/4)\tan\phi')(\pi/2)(1-(1/2)\,j\tan\phi')}\right] \\ &= j(8/\pi^2)\,\omega_o\, C_d\, \Gamma_{31}\left[\frac{1+j[(3/2)\tan\phi'-2\tan\theta]}{-(4/\pi)\,\Delta\Omega+j\tan\phi'}\right] \end{aligned} \qquad (6.59)$$

최대 어드미턴스 Y_m^{max} 는 $\Delta\Omega=0$ 때에 얻을 수 있어

$$Y_m^{max} = (8/\pi^2)\ \omega_o\ C_d\ \Gamma_{31}\ (\tan\phi')^{-1} \qquad (6.60)$$

이 된다.

기계적 품질계수를 얻기 위해서는 전력의 반이 되는 지점 혹은 어드미턴스의 값이 $Y_m^{max}/\sqrt{2}$ 에 해당하는 되는 주파수폭 ΔΩ 값을 고려해야 할 필요가 있다. 이 조건은 $\Delta\Omega = (\pi/4)\tan\phi'$ 일 때 성립하며 따라서

$$Q_m = \Omega_o\ /2\ \Delta\Omega = (\pi/2)\ /\ 2(\pi/4)\tan\phi' = (\tan\ \phi')^{-1} \qquad (6.61)$$

으로 나타낼 수 있다. 이로써 기계적 품질계수와 기계적 손실간의 역인 관계 $Q_m = (\tan\phi')^{-1}$ 를 입증할 수 있다

[예제 6.2]

동작점 어드미턴스는 다음 식과 같이 나타낼 수 있다고 할 때,

$$Y_m = j(8/\pi^2)\,\omega_o\, C_d\, \Gamma_{31}\left[\frac{1+j\,[(3/2)\tan\phi'-2\tan\theta]}{-(4/\pi)\,\Delta\Omega+j\tan\phi'}\right] \qquad (6.62)$$

기계적 품질계수 Q_m 및 최대 어드미턴스 Y_m^{max} 를 구하라.

해답

이 식의 $\Delta\Omega$에 관한 의존성에 초점을 맞추면, $\Delta\Omega=0$ 때에 최대치를 가질 것이며, 또 $(4/\pi)\Omega=\tan\phi'$ 때에 반 전력점(half-power point) (즉, $(1/2)Y_m^{max}$)에서 최대값이 됨을 알 수 있다.

반 전력점에서 $Q_m=\Omega_0/2\Delta\Omega$ $(\Omega_0=\pi/2)$ 이므로 다음과 같이 쓸 수 있으며,

$$Q_m = \frac{(\pi/2)}{2(\pi/4)\tan\phi'} = \frac{1}{\tan\phi'} \tag{P6.2.2}$$

따라서

$$Y_m^{max} = j(8/\pi^2)\omega_o C_d \Gamma_{31}\left[\frac{1+j[(3/2)\tan\phi' - 2\tan\theta]}{-(4/\pi)\Delta\Omega + j\tan\phi'}\right] = \frac{(8/\pi^2)\omega_o C_d \Gamma_{31}}{\tan\phi'} \tag{P6.2.3}$$

이 된다.

다음으로 변위 증폭(displacement amplification)에 대해 생각하기로 한다. 식 (5.101)에 적절한 복소 파라미터를 대입하면 다음의 식을 얻는다.

$$\begin{aligned} u(l) &= d_{31}^{*} E_Z l\left[\frac{2v^*}{\omega l}\right]\tan\left(\frac{\omega l}{2v^*}\right) \\ &= 2d_{31}(1-j\tan\theta)E_Z l\left[\frac{v[1+(1/2)j\tan\phi']}{\omega l}\right]\left[\tan\left(\frac{\omega l}{2v^*}\right)\right] \\ &= 2d_{31}(1-j\tan\theta)E_Z l\left[\frac{v[1+(1/2)j\tan\phi'}{\omega_o l[-\Delta\Omega + j(\pi/4)\tan\phi']}\right] \end{aligned} \tag{6.62}$$

최대 변위 u_{max}는 $\Delta\Omega=0$때에 얻을 수 있으므로

$$u_{max}=(8/\pi^2)\, d_{31}\, E_z\, l\, (\tan\phi')^{-1} \tag{6.63}$$

이 되고 공진주파수에서 최대변위는 비 공진주파수에서의 변위 $d_{31}E_z l$의 $(8/\pi^2)Q_m$배 만큼 커진다.

정리하면 구동주파수에 따른 어드미턴스나 변위를 측정할 때 $Q_m=\omega_0/2\Delta\omega$인 관계로부터 기계적 품질계수 Q_m를 얻을 수 있다. 여기서 $2\Delta\omega$는 그림 6.12에 나타나 있는 곡선의 반 최대치(half-maximum)에서의 전폭(full width)을 의미한다. 또한, 이 데이터로부터 intensive 기계손실 $\tan\phi'$를 구할 수 있으며, 기계손실은 기계적 품질계수의 역이 된다는 사실을 나타내는 것이다.

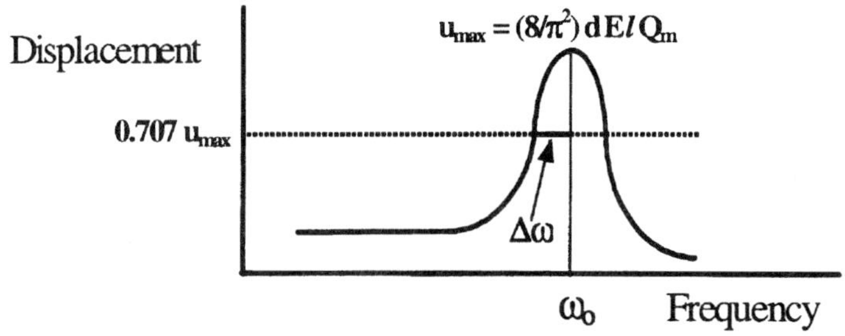

그림 6.12 기본 공진주파수 부근의 압전 세라믹에서 유기된 변위의 주파수 특성(k_{31} mode).

등가회로

압전 액추에이터의 등가 회로는 일반적으로 유도성(L), 용량성(C), 저항성(R) 성분으로 표시된다. 그림 6.13(a)에 도식적으로 공진 상태에서 압전체의 대표적인 등가회로를 나타내었다. 임피던스가 매우 낮음을 알 수 있다. 앞서 식 (6.53)에 나타난 바와 같은 어드미턴스에 대한 표현에 따라 C_d는 정전용량(이 수식의 전계에서 고려된 종 방향으로 속박된 시료의 정전용량)에 상응하는 값을 가지며, 등가회로의 RCL 직렬 접속된 부분의 L_A와 C_A는 압전 효과에 의한 소자의 공진에 관계하는 부분이다. 예를 들어 압전 텐서 성분 d_{31}을 통해 직각형판(rectangular plate)의 진동을 생각해 보자. 이러한 재료의 진동상태에 대응하는 reactive 등가회로는 다음과 같은 식으로 정의할 수 있다.

$$L_A = \left[\frac{\rho}{8}\right]\left[\frac{l b}{w}\right]\left[\frac{{s_{11}^E}^2}{d_{31}^2}\right] \tag{6.64}$$

$$C_A = \left[\frac{8}{\pi^2}\right]\left[\frac{l w}{b}\right]\left[\frac{d_{31}^2}{s_{11}^E}\right] \tag{6.65}$$

여기서 l은 바 형태의 시료의 길이이고 w는 폭이다. 그림 6.13(a)의 회로에서 총 저항 $R_A(=R_d+R_m)$는 intensive 기계손실 $\tan\phi'$ 에 상응하는 값으로 이는 extensive 기계손실 인자 $\tan\phi$와 상호 결합된 유전 및 압전손실 (식 6.51 참고)로 구성된다. 따라서 포괄적으로 말한다면 동작성 저항 R_m은 extensive 기계손실에 상응하는 값이다. 부가적인 저항성분은, 즉 유전손실에 의한 큰 영향을 설명하기 위한 속박(damped) 저항성분 R_d, 진동속도가 큰 편일 경우에는 반드시 고려되어야 한다는 것을 주목해야 한다. 반공진 상태에서의 등가회로는 그림 6.13(b)와 같다. 공진조건을 나타내는 낮은 임피던스 회로에 반해 반공진 등가회로는 비교적 높은 임피던스를 갖는다.

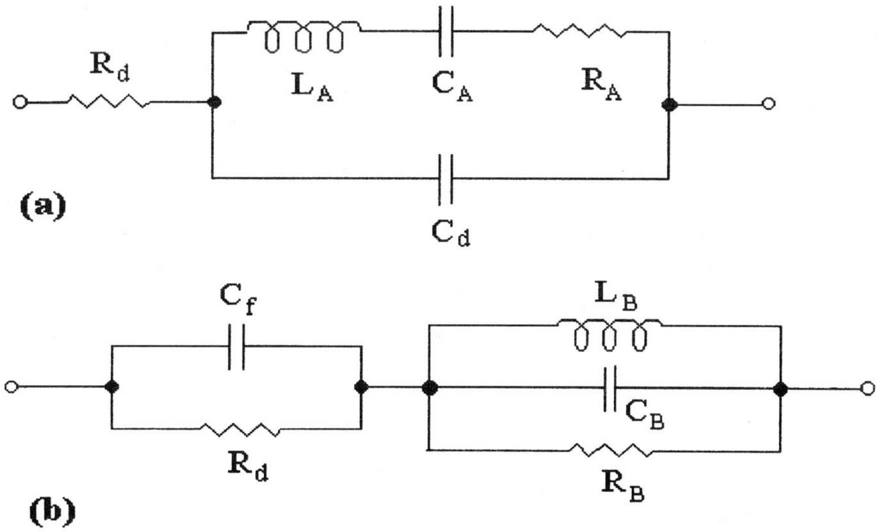

그림 6.13 압전 디바이스의 응답을 표현하는 등가회로: (a) 공진, (b) 반공진

전기기계손실의 진동 속도 의존성

기계적 품질계수 Q_m은 반 전력 주파수에서 어드미턴스 특성 및 AC 변위 스펙트럼으로부터 구할 수 있다. 그러나 인가 전계가 높아짐에 따라(즉, 진동 속도가 증가됨에 따라) 종래의 정전압에서의 측정법에서는 어드미턴스 특성 곡선이 공진점 근방에서 현저히 비대칭이 된다. 그림 6.14(a)는 왜곡된 응답의 예를 나타낸 것으로 0.063 m/s를 넘는 변위 속도에서는 곡선의 비대칭 정도가 증가되어 0.085 m/s가 되면 마침내 불연속 곡선이 되어 버린다. 따라서 고전압에서의 비대칭 이력 응답 특성은 이러한 측정 방법이 압전소자의 전기기계 결합 파라미터를 정확하게 결정짓기에 부적합한 것임을 나타내는 것이다.

정전압에서의 어드미턴스 스펙트럼에서 관찰된 비대칭성은 압전 세라믹의 비선형적 탄성 특성에 기인하는 것이다. 왜형의 현저한 증가는 공진주파수 부근에서 이루어진다. 따라서 유기 AC 변위와 진동속도는 인가전계에 직접적으로 비례하지 않고 비대칭 곡선이 관찰된다. 변위와 속도는 동전류(motional current)에 비례하는데, 압전체의 전기 기계 정수를 보다 정확하게 결정하기 위해서 최소 인가전압으로 공진상태에 이르렀을 때 일정한 동전류를 이용하는 공진 법이 개발되었다.[8] 직사각형 압전체의 끝부분에서의 변위는 시료의 크기 l의 함수이지만 끝부분의 진동 속도는 사이즈에는 의존하지 않는다. 따라서 기계적 출력은 인가 전계보다 오히려 진동 속도에 대한 의존성을 생각하는 것이 좋다. 또 진동 속도는 주파수에 따라 변화하며, 그림 6.14의 각 곡선 옆에 나타나 있는 진동 속도는 공진 조건하에서의 속도이다.

그림 6.15에 이러한 방법을 이용한 대 전력 측정 시스템을 도식적으로 나타내었다.[10]

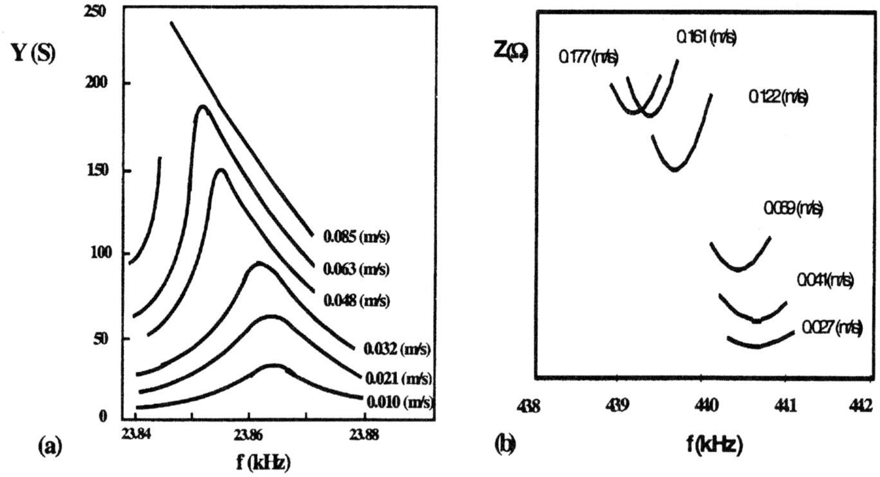

그림 6.14 압전 디바이스의 어드미턴스와 임피던스 곡선: (a) 일정 전압, (b) 일정 전류 [일정 전압조건에서 얻어진 곡선은 비대칭이고 일정 전류에서 얻어진 곡선은 대칭곡선 형태를 주목]

이 방법에서 시료는 단순한 직사각형판형상으로 전극은 여기시키고자 하는 진동 모드를 얻을 수 있도록 설치된다(그림 5.16을 참조). 그림 6.14(b)에 지금과 같은 시스템을 이용하여 측정한 임피던스 응답을 나타내었다. 특성 곡선은 정전류(일정한 AC 변위 및 진동속도에 상응하는)에서 얻어진 것이다. 이러한 조건하에서 비교적 큰 진동속도에 대해서도 거의 완벽하게 대칭인 특성 곡선을 얻을 수 있었다. 따라서 기계적 품질계수 Q_m은 이러한 조건을 통해 측정된 공진 임피던스 응답의 대역폭으로부터 구할 수 있다.[10]

$Pb(Zr_xTi_{1-x})O_3$ 세라믹(2.1 atm.%의 Fe 첨가)의 Zr 몰분율 x 양에 따른 기계적 품질계수 Q_m의 변화를 두 종류의 유효 진동속도 v_o=0.05 m/s와 0.5 m/s에 대해 그림 6.16에 나타내었다.[6] 그림 6.16에서 주목할 만한 경향은 진동속도가 증가함에 따라 Q_m값이 현저

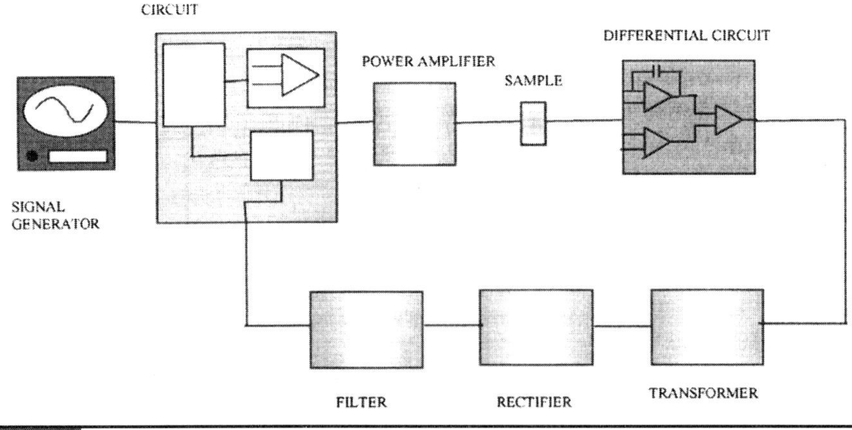

그림 6.15 압전 세라믹의 기계적 손실을 결정하기 위한 일정 전류계의 블록 선도

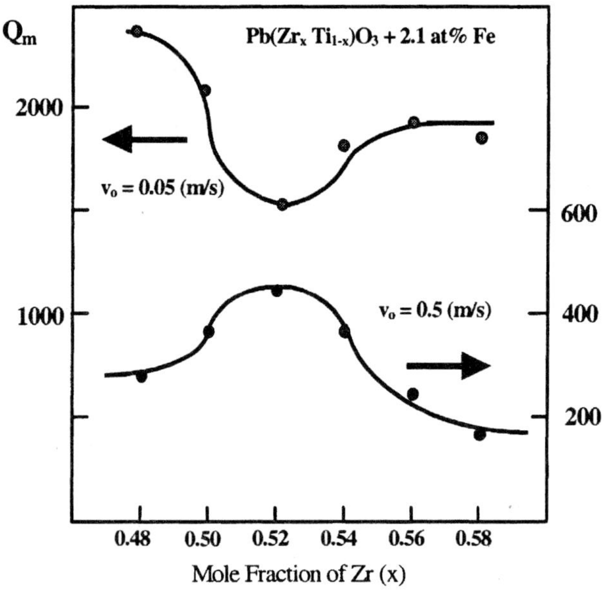

그림 6.16 Fe가 첨가된 PZT세라믹스의 유효 진동속도 v_o=0.05 m/s와 0.5 m/s에서의 조성함수에 의한 기계적 품질계수 Q_m [6]

히 감소한다는 것이다. 상 경계 조성(x=0.52) 영역에서 두 진동속도 사이에는 상보적인 관계가 있음을 알 수 있다. 즉, 진동속도가 낮을 때에는 Q_m값이 극소였던 조성이 진동속도가 높아지면 반대로 Q_m값이 극대를 나타냈다. 더욱이 종래의 낮은 전압(전력, 낮은 진동속도)으로 측정하는 impedance analyzer를 통해 얻을 수 있는 값은 재료의 대전력에서의 특성을 반영하지 못한다는 것에 주의가 필요하다.

이제 진동속도 상승에 따른 기계적 품질계수 Q_m의 열화에 대한 기본적 메커니즘에 대해 생각해 보자. 그림 6.17에 PZT계 하드 압전 액추에이터의 유효 저항 R_m, R_d, R_A의 진동속도 의존성을 나타내었다.[8] 근본적으로 extensive 기계손실과 연관된 R_m은 진동속도에 별로 의존하지 않는 반면 extensive 유전손실과 관련된 R_d는 어느 진동속도 이상이 되면 급격하게 상승한다. 따라서 작은 진동속도에서의 기본적 손실 메커니즘은 높은 기계적 품질계수 Q_m을 제공해주는 extensive 기계손실이라고 생각할 수 있다. 진동속도가 증가함에 따라 extensive 유전손실의 기여가 급격하게 증가하고 R_m과 R_d의 합에 의해 Q_m(intensive 기계손실(R_m+R_d)의 역수)은 감소한다. 열은 임계 진동속도를 넘어서 진동하는 재료에서 발생되는데, 이때는 extensive 유전손실이 지배적이게 된다.

일반적으로 extensive 유전손실은 주로 180° 분역의 반전에 의해서 일어나고 기계손실은 180° 이외 분역의 회전에 의해서 일어난다고 제안되어 왔다.[11] 분역의 재배향(reorientation)은 인가 전계의 크기에 의존한다. 특히 180° 분역의 반전은 비교적 높은 전계에서 돌연 시작되므로 이것이 압전 시료의 발열에 대한 주된 메커니즘이라고 알려져 있다.

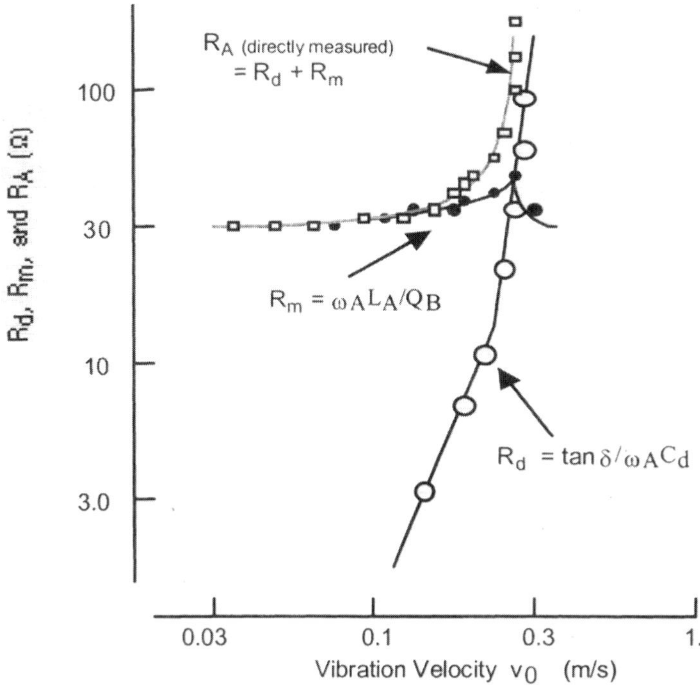

그림 6.17 k_{31}모드로 구동되는 하드 PZT계 압전판에 대한 유효 저항 성분 R_m, R_d, R_A에 대한 진동속도[8]

공진 점에서 구동하는 압전 액추에이터 소자에서 발생되는 현저한 발열의 원인인 손실들과 관련된 미시적 현상을 보다 정밀하게 설명할 수 있는 모델에 대한 연구가 향후 과제이다.

6.2 압전체의 발열

(1) 비공진 구동 시 발열

다양한 타입의 PZT계 액추에이터를 비공진 영역에서 비교적 고전계(1 kV/mm 이상)에서 구동했을 경우의 발열에 대한 연구가 진행되어 온 결과, 온도 상승에 관해서 간단한 해석법이 제안되었다. 이 해석법은 대 전력 압전 액추에이터의 설계에 유용한 방법이다.

다양한 사이즈의 PZT계 다층 압전 세라믹스의 발열과 그 메커니즘이 연구되어 왔다.[5] Philips 사에서 제작된 몇 종류의 PZT계 액추에이터를 인가전계 3 kV/mm 그리고 구동주파수 300 Hz에서 구동시켰을 때 소자 온도를 측정한 결과를 그림 6.18에 나타내었다. 측정된 모든 액추에이터에 대해 소자 전체에 균일한 온도상승이 관찰되었다. 그림 6.19는 V_e/A 비에 따른 온도상승을 나타낸 것으로, V_e는 (소자의 전극사이 체적) 유효 체적이며 A는 표면적을 나타낸다. 측정된 선형 관계로부터 열이 발생된 재료의 활성 체적

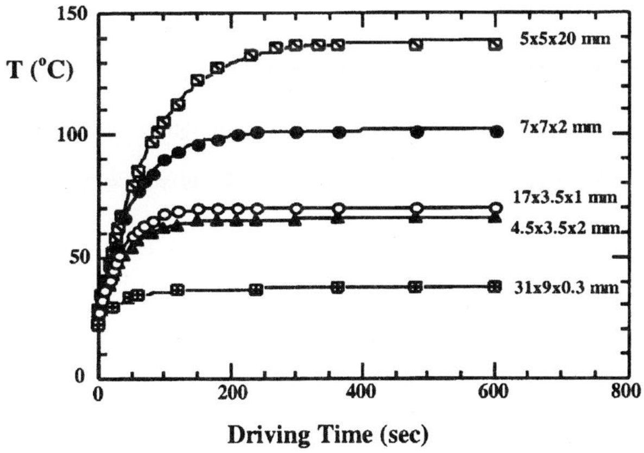

그림 6.18 300 Hz와 3 kV/mm로 구동되는 다양한 크기의 다층 액추에이터에 대한 구동시간에 따른 발생 온도[5]

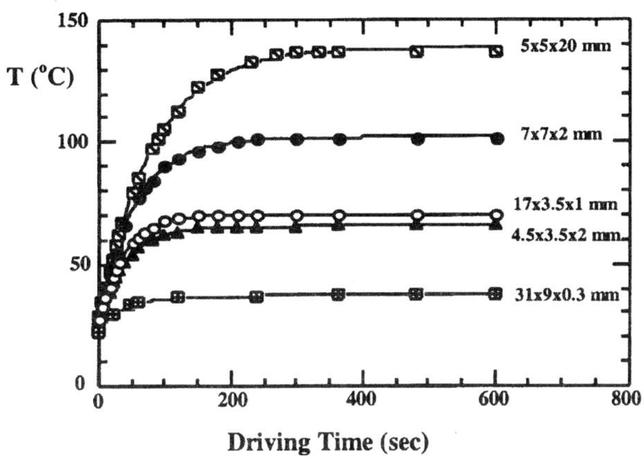

그림 6.19 PZT 다층 액추에이터의 온도 상승과 V_e/A의 관계[5]
(3 kV/mm, 300 Hz, V_e : 유효 발열체적, A : 방열 표면적)

을 포함하는 면을 통해 열이 방산(dissipation)된다는 것을 알 수 있다. 따라서 발열에 의한 온도 상승을 줄이기 위해서는 액추에이터의 V_e/A를 작게 설계하는 것이 바람직함을 알 수 있다.

에너지 보존의 법칙에 따라 압전체에 축적된 열은 발생한 열 q_g와 방사된 열 q_d의 차이이며, 다음의 식으로 나타낼 수 있다.

$$q_g - q_d = V \rho C (dT/dt) \tag{6.66}$$

여기서 온도 분포는 시료 내에서 균일하다고 가정하고, V는 전 체적, ρ는 질량 밀도, C는 시료의 비열이다. 압전체의 발열은 손실에 의한 것이기 때문에 발열 q_g는 다음과 같이 나타낼 수 있다.

$$q_g = w\ f\ V_e \tag{6.67}$$

여기서 w는 단위 체적당 단위 구동주기에 대한 손실, f는 구동주파수, V_e는 유효 체적(전극이 있는 세라믹스 부분)이다. 측정조건에 따라 w는 intensive 유전손실 $\tan\delta'$ 에 관해 표시된 식 (6.23)의 정의에 의해 유전이력 손실 w_e가 되어 $w = w_e = \pi\ K^X \varepsilon_o E_o^2 \tan\delta'$ 로 나타낼 수 있다.

식 (6.50)에 정의된 관계를 이용해 $\tan\delta'$ 를 대치하면 extensive 유전손실 $\tan\delta$와 전기기계손실$(\tan\phi - 2\tan\theta)$의 항으로 표현된 유전이력 손실의 식을 얻을 수 있다.

$$w = w_e = \pi\ K^X\ \varepsilon_o E_o^2\ \tan\delta'$$

$$w_e = [1/(1-k^2)][\tan\delta + k^2\ (\tan\phi - 2\tan\theta)]\ \pi\ K^X\ \varepsilon_o\ E_o^2 \tag{6.68}$$

식 (6.28)에 정의된 전기기계손실 w_{em}에 대해서는 전기기계손실이 이미 w_e의 식을 포함하고 있으므로 여기서 다시 거론하지 않도록 하겠다. 만약 열전도를 무시하면 시료의 열 방산(heat dissipation) q_d는 방사(radiation)에 의한 열 흐름 q_r와 대류에 의한 열 흐름 q_c의 합이다.

$$q_d = q_r + q_c = e\ A\ \sigma\ (T^4 - T_o^4) + h_c\ A\ (T - T_o) \tag{6.69}$$

여기서 e는 시료의 방사율(emissivity), A는 시료의 표면적, σ은 스테판 · 볼쯔만 정수, T_o는 초기 시료 온도, h_c는 평균 대류 열전도 계수이다.

따라서 식 (6.66)은 다음과 같이 쓸 수 있다.

$$w\ f\ V_e - A\ k(T)\ (T - T_o) = V\ \rho\ C\ (dT/dt) \tag{6.70}$$

여기서

$$k(T) = \sigma\ e\ (T^2 + T_o^2)(T + T_o) + h_c \tag{6.71}$$

로 표현되는 전열(overall heat)전도 계수이다. 만약 k(T)가 온도 변화에 민감하게 변하지 않는다면 압전 시료의 온도 상승에 관해서 식 (6.70)을 풀면,

$$T - T_o = [w\ f\ V_e /\ k(T)\ A]\ (1 - e^{-t/\tau}) \tag{6.72}$$

를 얻는다. 여기서 시정수 τ는

$$\tau = \rho\ C\ V\ /\ k(T)\ A \tag{6.73}$$

으로 나타낼 수 있다. 시간 t를 무한대로 하면 시료의 최대 온도 상승은

$$\Delta T = w\ f\ V_e /\ k(T)\ A \tag{6.74}$$

로 나타낼 수 있다. 시간 t를 0으로 접근하면 초기의 온도 상승률은

$$dT/dt = (w_T\ f\ V_e /\ \rho\ C\ V) = \Delta T\ /\ \tau \tag{6.75}$$

로 나타낼 수 있다. 여기서 w_T는 이러한 조건에서 압전체의 전 손실의 척도라고 생각할

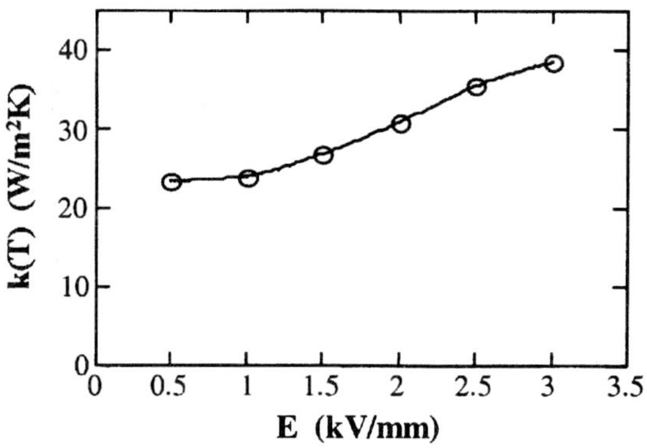

그림 6.20 PZT 다층 액추에이터($7 \times 7 \times 2$ mm^3, 400 Hz)의 전열전도 계수 k(T)의 인가 전계 의존성[5]

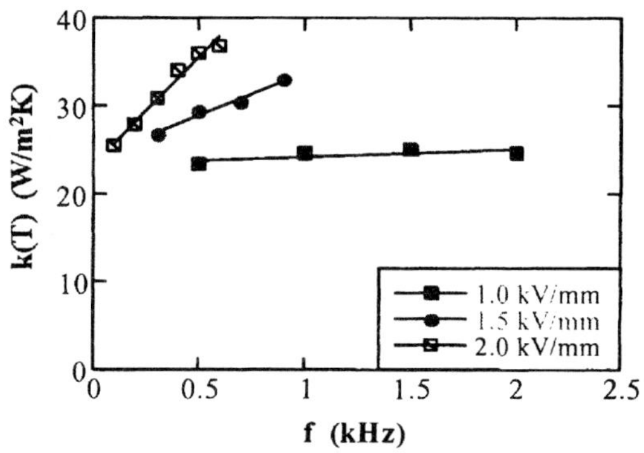

그림 6.21 PZT 다층 액추에이터($7 \times 7 \times 2$ mm^3)의 전열전도 계수 k(T)의 주파수 의존성[5]

수 있다. 인가 전계나 주파수에 대한 k(T)의 의존성을 그림 6.20과 그림 6.21에 각각 나타내었다. 식 (6.75)로부터 구할 수 있는 전 손실 w_T를 세 개의 다층 시료에 관해서 표 6.1에 나타내었다. 비교를 위해서 응력이 없는 상태로 실험을 통해 측정한 P-E 이력 손실도 아울러 나타내었다. 외인 성 P-E 이력 손실이 압전체의 발열에 따르는 계산된 전손실과 매우 잘 일치하고 있음을 알 수 있다.

표 6.1 PZT 다층 액추에이터의 손실과 전열전도 계수(E=3 kV/mm, f=300 Hz)[5]

Actuator	$4.5 \times 3.5 \times 2.0$ mm^3	$7.0 \times 7.0 \times 2.0$ mm^3	$17 \times 3.5 \times 1.0$ mm^3
$\mathbf{w_T}$ (kJ/m^3)	19.2	19.9	19.7
P-E hysteresis loss (kJ/m^3)	18.5	17.8	17.4
k(T) (W/m^{2}K)	38.4	39.2	34.1

(2) 공진 구동 시 발열

사각형 압전판을 공진으로 구동하면 발열한다.[9] 비록 최대 인가 전계가 별로 크지 않아도 공진시 유기되는 큰 왜형과 응력으로 인해 열이 발생한다. 최대 발열은 공진 시 진동에서 시료의 노드 부근에서 발생되며, 이 지점은 최대 왜형과 응력이 발생하는 위치와 일치된다.

그림 6.22는 초전형 적외선 카메라를 이용해 측정한 PZT계 압전판의 온도 분포를 나타낸 것이다. 그림 6.22(a)와 그림 6.22(b)는 각각 1차(28.9 kHz)와 2차(89.7 kHz) 공진모드에서 구동했을 때의 온도 분포이다. 최대 온도(어두운 부분)는 그림에 나타나 있듯이 노드 부분에서 관측되고 있다. 이는 공진하고 있는 시료의 발열은 intensive 탄성손실 $\tan\phi'$ 와 관련되었다고 전술한 내용을 뒷받침하는 것으로 식 (6.51)에 의해 정의한 바와 같이 extensive 기계손실, 유전손실, 전기기계손실의 결합과 관련이 있음을 보이는 것이다. 이러한 내용으로 인해 작은 진동속도에서의 공진손실은 높은 Q_m을 갖게 하는 intensive 기계손실이며, 진동속도의 증가에 따라 extensive 유전손실이 급격하게 증가해 그림 6.22에 측정된 결과와 같이 시료가 발열한다.

이것은 또 비공진 주파수로 시료에 고전압을 인가했을 경우를 나타낸 6.2(1)절의 결과와도 일치한다. 즉, 발열은 거의 intensive 유전손실 $\tan\delta'$ 에 의한 것이라고 결론지을 수 있다. 식 (6.50)과 (6.51)에 나타낸 바와 같이 "intensive" 유전 및 기계손실과 "exten-

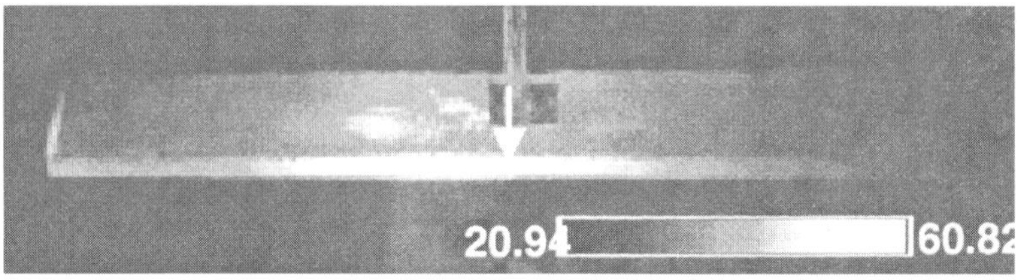

(a)

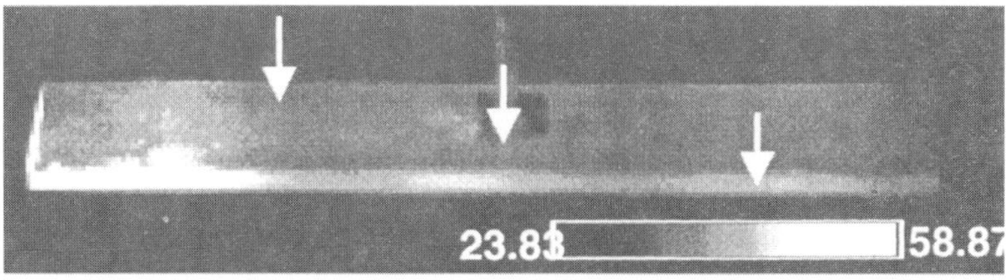

(b)

그림 6.22 초전적외 카메라에 의한 PZT계 압전시료의 온도 분포 측정(흰색 화살표는 온도의 높은 영역을 가리킨다): (a) 1차 공진 모드(28.9 kHz), (b) 2차 공진 모드(89.7 kHz) sive" 유전 및 기계손실은 개념적으로 매우 가까운 관계에 있고, extensive 유전손실 tanδ는 외부로부터 인가되는 전계나 응력에 따라 크게 변하지만 양쪽 모두의 경우에 대해서도 발열의 주된 요인은 extensive 유전손실에 의해서이다.

(3) 펄스구동 시 발열

이제 압전 액추에이터가 고전압 펄스 전계에서 구동될 때를 생각해 보기로 한다. 주기적으로 반복해 구동했을 경우 압전 액추에이터는 발열을 하게 된다. 압전 액추에이터를 고전계에서 펄스구동했을 때의 발열에 대해 생각하기로 한다. 우선 PZT 다층 액추에이터를 사다리꼴 파로 구동했을 경우에 대한 온도 상승을 생각해 보자. 이것은 디젤 엔진의 인젝션 시스템에 사용되는 전형적인 구동법이다. 사다리꼴 파의 최대 전압은 100 V, 주파수는 60 Hz, 듀티비는 50%이다. 표 6.2와 그림 6.23에 소자 발열의 구동 펄스의 상승시간(rise time)에 대한 의존성을 나타내었다. 온도 상승은 이 상승시간에 강한 의존성을 나타내며, 구동되는 액추에이터 진동의 오버슛과 링잉이 발열의 요인이라고 생각할 수 있다. 그림 6.24는 상승시간의 증가에 따른 구동 펄스에 대한 액추에이터 응답 파형을 나타낸 것이다. 펄스의 상승시간이 짧아질수록 뚜렷한 링잉효과가 관찰되며, 이로 인해 액추에이터의 기계적 공진 응답 특성을 통해 소자에 부가적인 발열이 발생된다. 링잉이 없는(대체적으로 비공진 구동에 해당하는) 경우와 비교하면 유기된 오버슛이나 링잉 효

표 6.2 각종 첫 시작 시간의 사다리꼴 파로 구동한 PZT 다층 액추에이터의 발열(최대 전압 100 V (유니폴라 구동), 60 Hz, 듀티 50%)

Rise time	72	85	97	102	146	240	800
Temperature rise (℃)	23.7	21.6	20.5	20.2	20.3	18.6	16.6
V_{rms} (V)	72.9	72.8	72.7	72.7	72.6	72.1	71.3

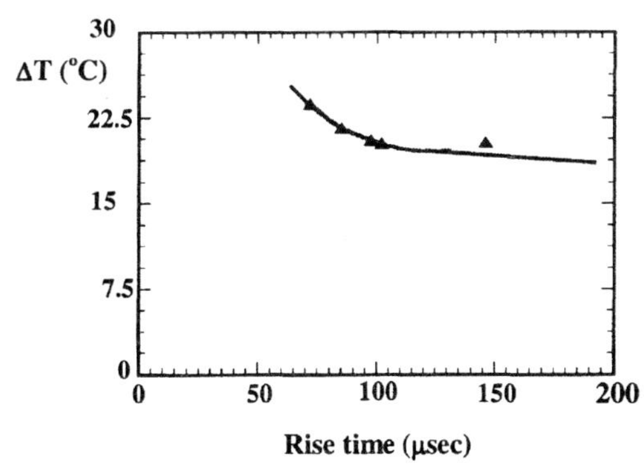

그림 6.23 사다리꼴 파로 펄스 구동한 PZT 다층 액추에이터 잔류진동의 첫 시작 시간에 따른 온도상승(최대 전압 100 V (유니폴라 구동), 60 Hz, 듀티 50%)

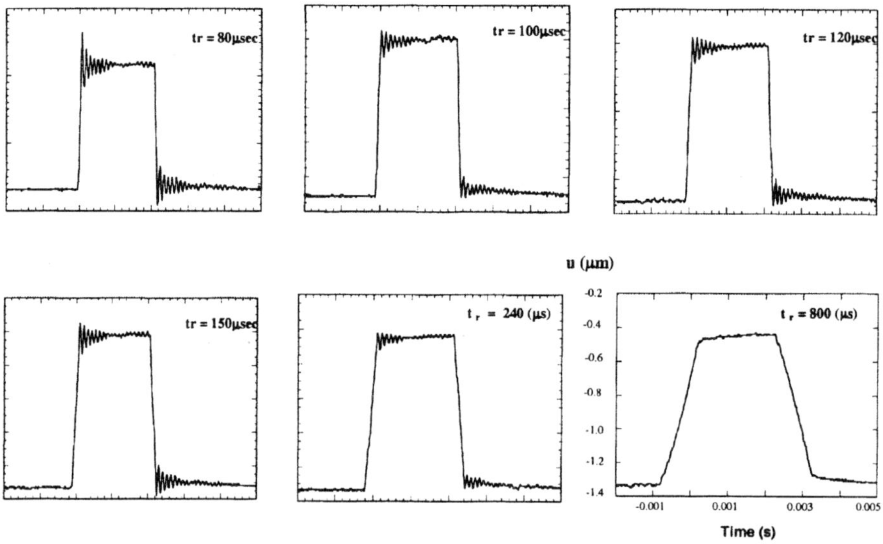

그림 6.24 사다리꼴 파로 펄스 구동한 PZT 다층 액추에이터 잔류진동의 첫 시작 시간 의존성(최대 전압 100 V (유니폴라 구동), 60 Hz, 듀티 50%)

과의 크기에 의존하여 온도 상승이 50%이상 증대할 수 있다.

결론적으로 압전 액추에이터를 펄스 구동했을 경우에는 소자의 기계적 공진(즉, 링잉 효과)에 따른 intensive 유전 및 기계손실로 인하여 발열이 일어난다. 소자의 발열을 최소한으로 하려면 구동 펄스의 상승시간을 조절해 진동 오버슛이나 링잉을 감소시키지 않으면 안 된다. 따라서 5.3절에서 말한 바와 같이 최적의 상승시간은 액추에이터의 공진주기와 일치시켰을 때이다.

6.3 하드 및 소프트 압전체

소량의 첨가물이 세라믹스의 유전특성이나 전기기계특성을 극적으로 변화시킬 수 있다. 도너형 첨가물은 분역벽 이동을 하기 쉽게 하는 경향이 있어 압전전하상수 d와 전기기계결합계수 k를 향상시키는데, 이러한 소재를 이른바 소프트 압전체라고 한다. 한편, 억셉터형 첨가물은 핀 효과로 분역벽을 이동하기 어렵게 하는 경향이 있어 기계적 품질계수 Q_m의 향상을 가져오는데, 이러한 재료를 하드 압전체라고 한다. 표 6.3은 소프트 및 하드 압전 재료의 이점과 단점, 그리고 대표적인 전왜재료인 $Pb(Mg_{1/3}Nb_{2/3})O_3$(PMN)과의 특성비교를 나타낸 것이다. 일반적으로 전왜 세라믹스는 이력이 없는 특성을 나타내어야 하는 위치 제어용 소자로서 이용되고 있다. 그러나 고유전율로 인해 응답 속도가 느려도 관계없는 응용분야에 국한되어 이용되고 있다.

표 6.3 PMN 재료와 소프트 및 하드 압전체의 비교 이점(+) 및 결점(−)

Material	d	k	Q_m	Off-Resonance Applications	Resonance Applications
PMN	High$^+$ (DC Bias)$^-$	High$^+$ (DC Bias)$^-$	Low$^-$ (DC Bias)$^-$	High Displacement$^+$ No Hysteresis$^+$	Broad Bandwidth$^+$
Soft PZT-5H	High$^+$	High$^+$	Low$^-$	High Displacement$^+$	Heat Generation$^-$
Hard PZT-8	Low$^-$	Low$^-$	High$^+$	Low Strain$^-$	High AC Displacement$^+$

예를 들어 잉크젯 프린터와 같은 펄스 구동으로 고속응답이 필요한 경우에는 비교적 낮은 유전율이나 높은 압전전하상수 d를 갖는 소프트 압전 재료가 바람직하다. 그러나 소프트 압전 재료는 Q_m가 낮기 때문에 공진 구동에서는 발열이 현저하다. 따라서 초음파 모터 응용에는 비록 압전왜형상수 d나 전기기계결합계수 k가 약간 작아도 Q_m가 높은 하드 압전 재료가 적합하다.

(1) 압전 응답의 첨가물 효과

불순물 첨가에 의해 페로브스카이트 격자 내에 발생된 결정학적 결함에 대해 고찰해 보자. Fe^{3+}와 같은 억셉터 이온은 PZT 격자에 산소 결핍(□)을 발생시키며 그 결과 결함구조에 대한 식은 다음과 같이 표현될 수 있다.

$$Pb(Zr_yTi_{1-y-x}Fe_x)(O_{3-x/2}\square_{x/2})$$

이러한 억셉터 첨가는 결핍에 기인한 쌍극자의 재배향이 용이하게 일어날 수 있게 유도한다. 이러한 쌍극자는 Fe^{3+}(음이온으로서 거동)와 산소공공(양이온으로서 거동)을 포함한다. 산소결핍은 소성(sintering)중의 1000℃이상의 고온에서 생성되지만 산소 이온은 여전히 큐리온도 이하에서도(심지어 실온에서도) 용이하게 이동할 수 있다. 왜냐하면 산소와 산소공공은 서로 2.8Å 정도 밖에 떨어져 있지 않으며 산소는 그림 6.25(a)에 나타난 바와 같이 점차 비어 있는 자리로 이동해 들어가기 때문이다.

예를 들어 도너 이온인 Nb^{5+}의 경우 Pb 결핍이 야기되어 결과적으로 다음과 같은 결함구조식이 결정된다.

$$(Pb_{1-x/2}\square_{x/2})(Zr_yTi_{1-y-x}Nb_x)O_3$$

그러나 도너 첨가는 이동하기 쉬운 쌍극자를 생성하는 데 별로 효과적이지 못하다. 이는 Pb 이온이 그림 6.25(b)에서처럼 주위의 근접한 산소 이온에 의해 이웃한 A 자리 공공으로 쉽게 이동할 수 없기 때문이다.

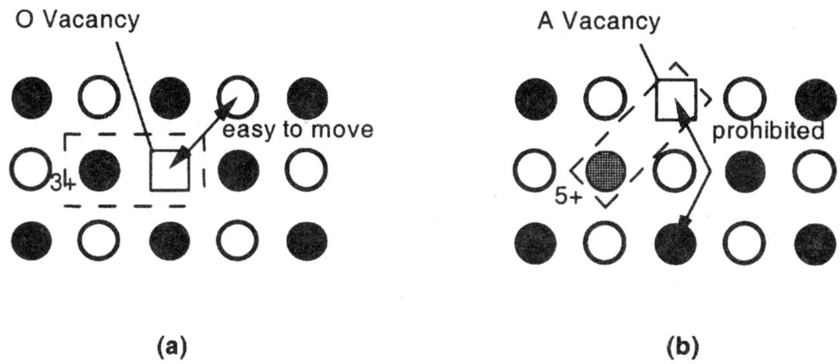

그림 6.25 PZT중의 결정 결함

이러한 결정 결함 모델을 이용하면 다양한 페로브스카이트형 강유전체 특성의 첨가물 효과를 이해하는 것이 용이하게 된다. PZT에 도너 불순물 첨가가 재료의 전계유기 왜형 응답특성에 미치는 영향이 소프트 압전재료 조성인 $(Pb_{0.73}Ba_{0.27})$ $(Zr_{0.75}Ti_{0.25})O_3$에 대하여 조사된 바 있다.[12] 그림 6.26(a)은 최대 왜형 x_{max}와 이력율 $\Delta x/x_{max}$의 정의를 이력 응답을 이용하여 나타낸 것이다. 최대 왜형 x_{max}는 최대 인가전계에서 유기된다. 이력율 $\Delta x/x_{max}$은 최대 인가 전계의 반값이 인가되었을 때에 유기된 왜형의 최소, 최대치 사이

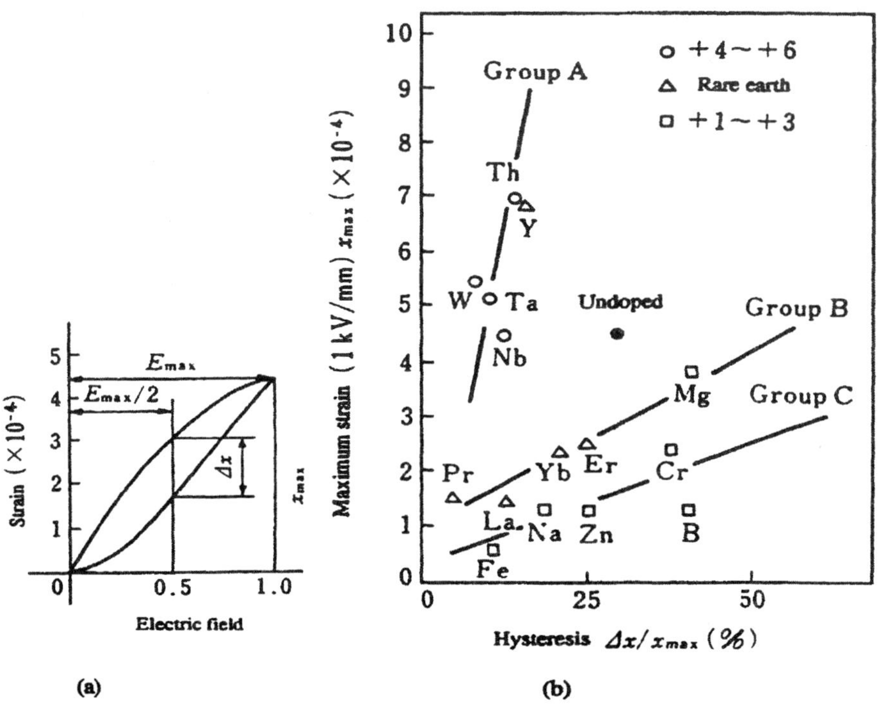

그림 6.26 전계 야기 일그러짐의 첨가물 효과 $Pb_{0.73}Ba_{0.27}(Zr_{0.75}Ti_{0.24})O_3$계 세라믹스의 최대 일그러짐 및 이력[12]

의 차이 Δx와 최대 왜형 x_{max}의 비에 의해 결정된다. 그림 6.26(b)는 억셉터와 도너 불순물 첨가(2atm.% 농도)가 유기 왜형 및 이력율에 미치는 영향을 나타낸 것이다. B 자리에 높은 원자가의 도너형 불순물이 첨가된 재료는 (Ta^{5+}, Nb^{5+}, W^{6+}) 유기 왜형이 증가되고 이력이 적어 위치제어용 액추에이터로서 우수한 특성을 보인다. 한편, 작은 원자가를 갖는 억셉터형 이온을 갖는 억셉터형 이온(+1, +2, +3)의 경우는 왜형이 억제되고 이력과 항전계가 증가한다. 위치제어 액추에이터용 세라믹의 설계 시에는 억셉터형 불순물이 바람직하지는 않으나 초음파 모터용과 같은 하드 재료가 필요한 경우에는 억셉터형 불순물이 지극히 유효하다. 이러한 첨가물 효과는 억셉터 불순물이 도메인 벽을 핀으로 꼽아두는 것과 같이 이동을 억제하는 작용을 하여 결과적으로 하드 재료가 큰 기계적 품질계수를 갖도록 도와준다.

[예제 6.3]

강유전 재료의 항전계 E_c는 극성 도메인의 분극방향을 180° 회전시키는 데 필요한 최소 전계로서 정의한다. 항전계는 결정격자 내 불순물의 존재여부에 따라 영향을 받는다. PZT 압전 재료의 "소프트" 및 "하드" 특성에 대한 첨가물 효과를 6.3(1)절에서 설명한 것과 같은 단순 결합 모델을 이용해 설명하라.

▶ 해답

"소프트" 및 "하드" 특성은 항전계 E_c 혹은 좀더 정확하게는 도메인 벽의 안정성을 반영한 것이다. 하드한 압전 재료는 항전계가 1 kV/mm를 넘는 경우이며 소프트한 압전 재료는 항전계가 1 kV/mm보다 작은 재료를 말한다.

서로 마주보고 있는 극성 도메인 형태로 이루어진 도메인 벽에서 발생되는 180° 분역(분극의 방향이 반대로 되어 있음)의 반전이 일어나는 과도 상태를 고려해 보자. Gauss의 법칙으로부터

$$\mathrm{div}\ D = \rho \qquad \text{(P6.3.1)}$$

임을 알고 있으며, 여기서 D는 전기변위, ρ는 전하 밀도이다. 따라서 고절연 재료에서는 분역벽은 매우 불안정하여 점진적으로 재배열되고 항전계는 낮아진다. 그러나 좀더 전도성이 있는 재료에서는 도메인의 방향이 서로 마주보고(반대인) 있는 구조는 안정화된다. 따라서 분극 반전과 도메인 벽 이동을 위해 높은 항전계가 요구된다. 이 두 가지 경우에 대한 설명을 그림 6.27에서 개략적으로 나타내었다.

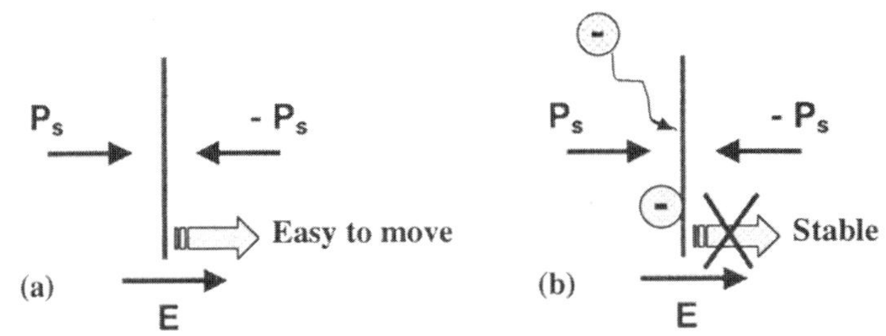

그림 6.27 180° 분역벽의 안정성: (a) 절연물질 (b) 자유전자를 가진 물질

다음으로 불순물이 첨가된 PZT 재료의 결함 구조와 관계된 자유전하를 생각해 보자. Fe^{3+}와 같은 억셉터형 불순물의 첨가는 페로브스카이트 구조에서 산소 결핍을 야기하는 반면, Nb^{5+}와 같은 도너형 불순물의 첨가는 A 자리 결핍을 초래한다. 억셉터 첨가는 결핍과 관련된 쌍극자의 재배열이 용이하게 해준다. 이러한 쌍극자는 Fe^{3+} 이온(음이온으로 거동)과 산소공공(양이온으로 거동)을 포함한다. 산소와 산소공공은 단지 2.8 Å 정도 떨어져 있으며 산소는 점차 빈 자리로 이동해 가기 때문에 산소 이온은 큐리온도 이하가 되어도(심지어 실온에서도) 용이하게 이동할 수 있다. 따라서 억셉터형 재료의 첨가는 도메인 벽의 움직임을 고정시키는 효과를 가져와 하드 특성이 나타나게 된다. 반면에 도너 재료의 첨가는 Pb 이온이 주위의 산소이온의 근접으로 인하여 이웃한 A 자리 공공으로 이동이 쉽지 않게 되어 이동이 용이한 쌍극자를 쉽게 생성하지 못한다. 따라서 "소프트" 특성은 도너 재료가 첨가된 재료에서 나타난다. 여기서 반드시 고려되어야 할 요소는 PZT와 같은 연계 페로브스카이트 재료는 소성과정에서 납의 휘발로 인해 p형 반 도성 특성을 나타내어 발생된 납 공공에 의해 어느 정도 소프트 재료 경향을 나타낸다. 따라서 도너가 첨가된 재료는 큰 압전상수 d를 갖지만 소프트 특성으로 인하여 뚜렷한 에이징을 보이게 된다.

(2) 하이파워 특성

초음파(AC 구동) 응용을 위한 고출력 압전 세라믹을 생각해 보자. 높은 진동률로(즉, 비교적 큰 AC 전계에서) 세라믹을 구동시 압전특성의 현저한 저하를 가져오는 열이 발생된다. 따라서 초음파모터와 같은 고출력 소자는 발열의 크기를 줄이기 위하여 큰 기계적 품질계수 Q_m을 갖는 하드 압전체가 필요하다.

그림 6.28은 PZT에 불순물을 첨가하지 않았을 경우, Nb를 첨가했을 경우 그리고 Fe를 첨가했을 경우 진동속도에 따른 온도 상승을 나타낸 것이다.[10] Fe(억셉터)를 첨가했을 경우 현저하게 발열이 감소하였다. 상용화되어 있는 하드 PZT 세라믹은 k_{31} 모드로 구동했

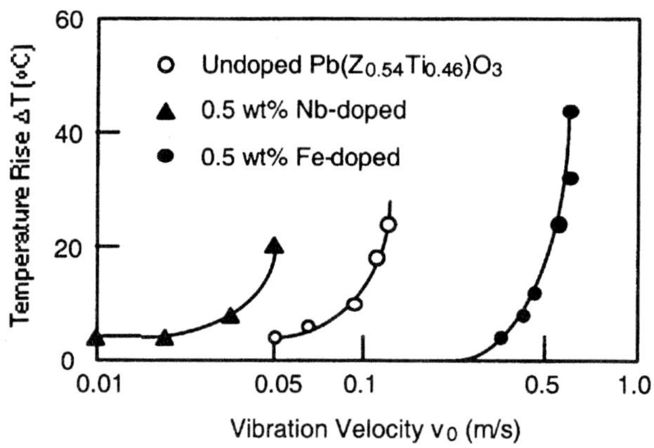

그림 6.28 PZT 세라믹스에 있어서의 온도 상승의 진동속도 의존성[10]

을 경우 약 0.3 m/s의 최대 진동속도를 나타낸다. 보다 높은 인가 전계를 통해 구동시켰을 때 진동속도는 더 이상 증가하지 못하고 잉여의 에너지가 그냥 열로 변환되어 소모된다.

첨가물에 의해서 개량된 PZT계 재료에서는 재료의 발열이 억제되어 보다 높은 진동속도를 얻을 수 있었다. 그림 6.29는 NEC에 의해서 개발된 $(1-z)Pb(Zr_xTi_{1-x})O_3$-$(z)Pb(Mn_{1/3}Sb_{2/3})O_3$ 조성으로 이루어진 소자에 대해 Zr 몰분율 x에 따른 진동속도 변화를 나타낸 것이다.[13] $x=0.47$, $z=0.05$의 조성에 대해 최대 진동속도 0.62 m/s를 얻을 수 있었으며, 이때 온도 상승은 상온에 대해 40℃ 였다. 이러한 최적의 기본조성에 추가로 희토류 원소를 첨가하면 20℃ 온도 상승으로 최대 진동속도를 0.9 m/s까지 증가시킬 수 있다(그림 6.30).[14] 이러한 진동속도는 지금까지 상용화된 하드 PZT 소자에 비해 3배 이상

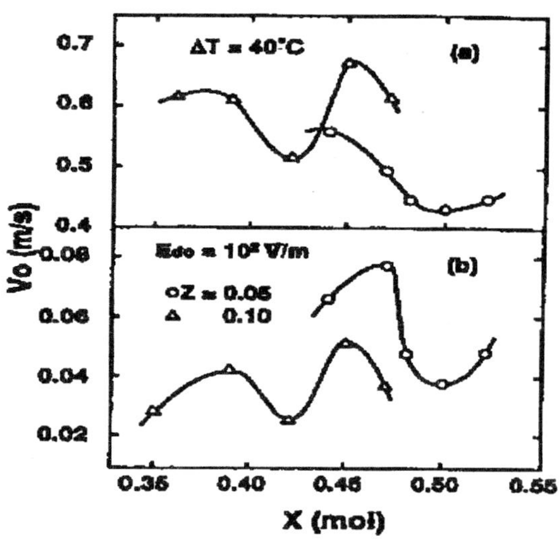

그림 6.29 PZT계 세라믹스$(1-z)Pb(Zr_xTi_{1-x})O_3-(z)Pb(Mn_{1/3}Sb_{2/3})O_3$의 최대 진동속도의 Zr몰분율 x의존성[13]

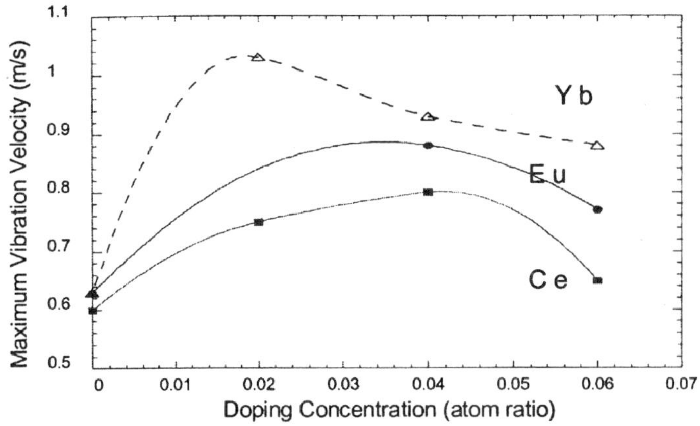

그림 6.30 $0.95Pb(Zr_{0.47}Ti_{0.53})O_3-0.05Pb(Mn_{1/3}Sb_{2/3})O_3$에 있어서의 최대 진동속도의 희토류 첨가 농도 의존성[14]

향상된 것이며 진동에너지 밀도로 하면 약 10배에 상당하지만 소자의 온도 상승은 최소로 억제되어 있다.

요점정리

1. 유전손실, 기계손실, 압전손실의 다양한 측정법

   a. D-E, x-X, x-E, D-X 이력 곡선으로부터 유전손실, 기계손실, 압전 손실을 결정

   b. 공진 및 비공진하에서 발열 측정으로부터 intensive 기계손실, 유전손실 결정

   c. 공진 및 반공진 측정으로부터 intensive 및 extensive 기계손실을 결정

2. 전기기계손실에 관해서

   압전손실($\tan\theta'$ 및 $\tan\theta$)은 지금까지 생각되고 있는 정도로 작지 않다.

   Extensive 유전손실($\tan\delta$)은 인가 전계의 증가와 함께 증가한다.

   Intensive 기계손실($\tan\phi$)은 인가 압축 응력의 변화에 크게 의존하지 않는다.

3. 압전체의 발열

   a. 비공진 구동 시 주로 intensive 유전손실($\tan\delta'$)에 의해서 발생한다.

   b. 공진 구동 시 주로 intensive 기계손실($\tan\phi'$)에 의해서 발생한다.

   c. 펄스 구동 시 intensive 유전손실과 기계손실의 양쪽 모두에 의해서 발생한다.

   어느 경우에 대해도 기본적 메커니즘은 큰 인가 전계 혹은 응력에 의해 증가된

extensive 유전손실 tanδ에 의해 좌우된다.

4. 압전 세라믹스를 공진으로 구동했을 경우 진동속도가 상승하는 것에 따라 기계적 품질계수 Q_m는 현저하게 감소한다. impedance analyzer를 이용한 종래의 측정 방법에서는 측정 전압(전력)이 매우 작기 때문에 측정 결과가 재료의 고출력 특성을 반영하지 못한다. 전형적인 압전 액추에이터에 있어서의 Q_m의 진동속도 의존성의 일반적 경향을 그림 6.31에 나타내었다.

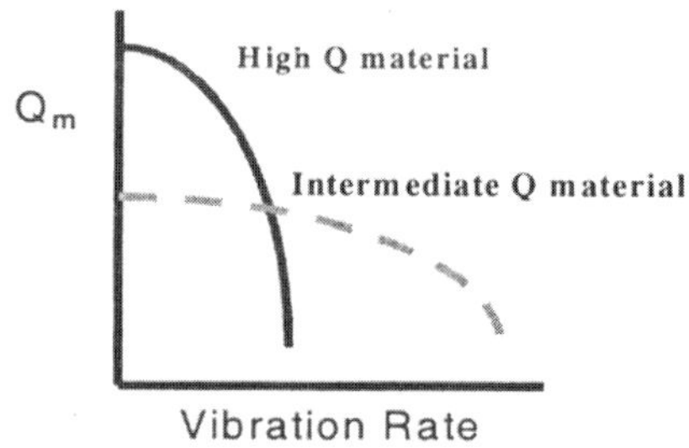

그림 6.31 일반적인 압전 액추에이터의 Q_m의 진동 레벨 의존성

문제

6.1 복소 파라미터를 다음의 식에 대입하여

$$K^X \varepsilon_o = \frac{c^D (\kappa^x / \varepsilon_o)}{(1-h^2)(\kappa^x / \varepsilon_o)}$$

$$s^E = \frac{(\kappa^x / \varepsilon_o) c^D}{(1-h^2)\ c^D}$$

$$d = \frac{h}{(1-h^2)} \left[\frac{c^D (\kappa^x / \varepsilon_o)}{c^D (\kappa^x / \varepsilon_o)} \right]$$

다음과 같은 intensive 및 extensive 손실간의 관계를 증명하라.

$$\tan\delta' = \left(\frac{1}{1-k^2}\right)\left[\tan\delta + k^2(\tan\phi - 2\tan\theta)\right]$$

$$\tan\phi' = \left(\frac{1}{1-k^2}\right)\left[\tan\phi + k^2(\tan\delta - 2\tan\theta)\right]$$

$$\tan\theta' = \left(\frac{1}{1-k^2}\right)\left[\tan\delta + \tan\phi - (1+k^2)\tan\theta\right]$$

여기서 k는 실수 전기기계결합계수이다.

참고문헌

1) T. Ikeda: *Fundamentals of Piezoelectric Materials Science*, Ohm Publication Company, Tokyo, p.83 (1984).
2) K. Uchino and S. Hirose: IEEE-UFFC Trans. **48**, 307-321 (2001).
3) K. H. Haerdtl: Ceram. Int'l. **8**, 121-127 (1982).
4) P. Gerthsen, K. H. Haerdtl and N. A. Schmidt: J. Appl. Phys. **51**, 1131-1134 (1980).
5) J. Zheng, S. Takahashi, S. Yoshikawa, K. Uchino and J. W. C. de Vries: J. Amer. Ceram. Soc., **79**, 3193-3198 (1996).
6) K. Uchino: *Piezoelectric Actuators and Ultrasonic Motors*, Kluwer Academic Publishers, Boston, p.197 (1997).
7) S. Takahashi and S. Hirose: Jpn. J. Appl. Phys., **32**, 2422-2425 (1993).
8) S. Hirose, M. Aoyagi, Y. Tomikawa, S. Takahashi and K. Uchino: Proc. Ultrasonics Int' l. '95, Edinburgh, pp.184-187 (1995).
9) S. Tashiro, M. Ikehiro and H. Igarashi: Jpn. J. Appl. Phys., **36**, 3004-3009 (9197).
10) K. Uchino, J. Zheng, A. Joshi, Y. H. Chen, S. Yoshikawa, S. Hirose, S. Takahashi and J. W. C. de Vries: J. Electroceramics, **2**, 33-40 (1998).
11) K. Uchino and S. Hirose: IEEE Trans. UFFC, **48**, 307-321 (2001).
12) A. Hagimura and K. Uchino: Ferroelectrics, **93**, 373 (1989).
13) S. Takahashi, Y. Sasaki, S. Hirose and K. Uchino: Proc. Mater. Res. Soc. Symp. Vol. 360, p.305 (1995).
14) Y. Gao, Y. H. Chen, J. Ryu, K. Uchino and D. Viehland: Jpn. J. Appl. Phys. **40**, 79-85 (2001).

제 7 장 압전 구조물의 유한요소법

본 장에서는 유한요소법(Finite Element Method)과 이를 압전체를 이용한 구조물에 대해 응용하는 예를 소개하고자 한다.

7.1 기본 개념

먼저 그림 7.1과 같은 압전체 영역 Ω(경계 Γ)에서 변위장과 전기장을 각각 $\mathbf{u}$, ϕ로 정의한다. $\mathbf{u}$와 ϕ는 연속체 문제의 물리를 나타내는 미분 방정식을 만족한다. 일반적으로 경계 조건은 문제를 정의하기 위해서 도메인의 경계 Γ에 정의한다.

유한요소법은 근사 해를 구하는 방법 중 하나이다.[1] 먼저 그림 7.2에서 보듯이 분석하는 물체 Ω를 유한요소의 여러 조각으로 나눈다. 이러한 유한요소끼리는 서로 유한한 수의 점으로 결합되어 있으며, 그 결합 점을 노드점(node)이라고 부르고, 이 분리된 망사형을 메시(mesh)라고 부른다. 분석 물체 Ω에 대해서 분할하는 방법은 임의적인 사항이므

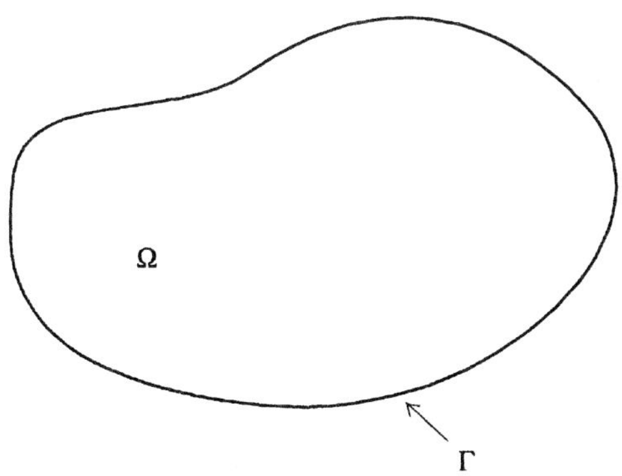

그림 7.1 경계 Γ에 둘러싸인 압전체 영역 Ω

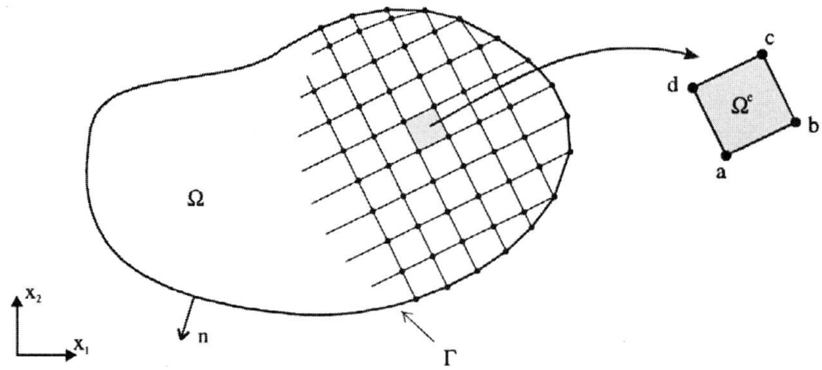

그림 7.2 영역 Ω의 분할

로 다양한 메시 분할법이 있다.

유한요소 내에서의 변위와 전기장의 값은 각 노드점의 위치에서 고유하게 결정된다. 이것은 요소와 관계가 있는 모양함수(shape function) 내에서 보간법(interpolation)이나 가중치법(weighing)에 의하여 얻을 수 있다. 이 국소적인 정의를 메시에 대해서 종합 하면 "세그먼트 전반(piecewise)"에 정의된 모든 노드에 대한, **u**와 ϕ 값에만 의존하는 Ω의 시험 함수(trial function)를 얻을 수 있다. 모든 영역 Ω과 달리 나누어진 기본 영역은 단순한 형상을 가지며 균일한 조성을 가지고 있는 것으로 간주할 수 있다.

다음 절에서는 이 시험 함수가 변분 원리(variation principle)에 의해 어떻게 평가되고, 노달(nodal) 변수 **u**와 ϕ를 가지는 선형 방정식이 어떻게 유도되는지 살펴 보겠다.[2]

7.2 문제의 정의

(1) 구성 방정식 및 평형 방정식

압전체의 구성 방정식은 열역학적 관점에서 유도해 낼 수 있다.[3] 예를 들어, 변형 x, 전계 E를 독립 변수로 가정하면 압전정(direct)효과와 압전역(convers)효과의 기본 상태 방정식은 다음과 같이 표현할 수 있다.

$$\begin{cases} X_{ij} = c^{E}_{ijkl} x_{kl} - e_{kij} E_k \\ D_i = e_{ikl} x_{kl} + \chi^{x}_{ij} E_j \end{cases} \tag{7.1}$$

여기서 c^E는 일정한 전계에서의 탄성 스티프니스(stiffness), e는 압전응력계수(piezoelectric stress coefficient), χ^x는 일정 응력상태에서 유전율이고 변형이나 인가 전계가 충분히 작은 경우 상수로 본다. 또한, 등온(isothermal)이나 단열(adiabatic) 상수에 대한 구분은 하지 않는다.

영역 Ω 및 경계 Γ에서의(법선 벡터는 영역의 바깥쪽으로 향하는 방향임) 기본적인 동적 관계는 다음 식으로 주어진다.

$$\rho \frac{\partial^2 \mathbf{u}_i}{\partial t^2} = \frac{\partial T_{ij}}{\partial r_j} \tag{7.2}$$

u는 변위 벡터, ρ는 물질의 질량 밀도, t는 시간, **X**는 응력 텐서, **r**=<r_1, r_2, r_3> 는 데카르트 평행 좌표계의 단위 벡터이다.

거시적으로 물체에 전하가 없으면, 가우스의 법칙은 아래 식이 된다.

$$\frac{\partial D_i}{\partial r_i} = 0 \tag{7.3}$$

여기서 **D**는 전기 변위 벡터이다.

변위가 미세한 경우 왜형 텐서 **x**는

$$\mathbf{x}_{kl} = \frac{1}{2}\left(\frac{\partial \mathbf{u}_k}{\partial r_l} + \frac{\partial \mathbf{u}_l}{\partial r_k}\right) \tag{7.4}$$

이다.

정전기적인 조건을 가정하면, 정전기 전위차 ϕ와 전계 **E**의 관계는

$$\mathbf{E} = -\mathrm{grad}\phi \tag{7.5}$$

이며, 다른 식으로 표현하면 아래 식과 같다.

$$E_i = -\frac{\partial \phi}{\partial r_i} \tag{7.6}$$

또한, 식 (7.2), (7.3), (7.6)을 식 (7.1)에 대입하면,

$$\begin{cases} -\rho\omega^2 u_i = \dfrac{\partial}{\partial r_j}\left(c^E_{ijkl} x_{kl} - e_{kij} E_k\right) \\ \dfrac{\partial}{\partial r_j}\left(e_{ikl} x_{kl} + \chi^x_{ij} E_j\right) = 0 \end{cases} \tag{7.7}$$

를 얻는다.

(2) 경계 조건

기계적 및 전기적 경계 조건에 의해 문제의 정의가 명확하게 된다.

기계적 경계 조건은 아래와 같다.

- 변위장 u에 대한 디리클레(Dirichlet) 조건은

$$\mathbf{u}_i = \mathbf{u}_i^o \tag{7.8}$$

로 표시된다. 여기서 $\mathbf{u}^o$는 알려진 벡터이다. 편의를 위해, 디리클레 조건에서의 표면 요소 전체 집합을 S_u로 칭하기로 한다.

- 응력장 **X**에 대한 노이만(Neumann) 조건은

$$\mathbf{X}_{ij} \cdot \mathbf{n}_j = \mathbf{f}_i^o \tag{7.9}$$

로 표시된다. **n**은 경계 Γ에 대한 법선 벡터로서 바깥쪽 방향으로 향하고, $\mathbf{f}_o$는 알고 있는 벡터이다. 편의를 위해 노이만 조건에서의 표면 요소 전체 집합은 S_X로 칭하자.

전기적 조건은 아래와 같다.

- 압전 재료의 표면에 전극이 없는 경우, 인가 전계 조건은 표면에 전하가 없기 때문에

$$\mathbf{D}_i \cdot \mathbf{n}_j = 0 \tag{7.10}$$

로 주어진다. 여기서 **n**은 표면에 대한 법선 벡터이다. 편의를 위해 이 조건에서의 표면 요소 전체 집합은 S_σ로 칭하고. 식 (7.9)의 조건에서 압전 세라믹에서는 쉽게 확인이 가능하지만, Ω의 바깥쪽의 전계는 무시할만하다고 가정한다.

- 압전 재료의 표면에 p개의 전극이 있을 경우의 전계 조건을 고려해 보면, p번째 전극 평면의 전체 전위차는

$$\phi = \phi_p \tag{7.11}$$

이고, 전극에 쌓이는 전하량은 아래와 같다.

$$-\iint_{S_p} D_i n_i dS_p = Q_p \tag{7.12}$$

이 전위차는 일부는 구동에 사용되기도 하고, 일부는 충전에 사용되기도 한다. 전위차가 구동에 사용되는 경우, 이미 알고 있는 ϕ_p는 식 (7.11)을 이용하여 Q_p를 계산하는 데 사용된다. 충전에 전위차가 사용될 경우, 이미 알고 있는 Q_p는 식 (7.10)을 이용하여 ϕ_p를 계산하는 데 사용된다. 끝으로, 전위차의 원인을 정의하기 위해서는 어떤 전극 중 하나가 잠재적인 영이 ($\phi_o = 0$) 되어 있을 필요가 있다.

(3) 변분 원리(Variational Principle)

변분 원리를 통해서 스칼라 양을 가지는 함수(Π)를 계산할 수 있다. 함수(Π)는 미지의 함수 w와 영역 Ω와 경계 Γ에 대한 w의 도함수를 포함한 적분의 형태로 정의된다. 연속체 문제의 해는 함수 w이고 다음 식을 충족한다.

$$\delta\Pi = 0 \tag{7.13}$$

Π는 w의 미소한 변화, 즉 δw에 대해서는 변화하지 않는다. 변분 원리를 적용하면 해는 유한요소법에 적합한 적분 형태로 간략화될 수 있다. 일반적으로 변분 원리에서 유도된 행렬은 항상 대칭적이다.

식 (7.7)과 식 (7.8), (7.12)에서 설명한 경계 조건으로 변분 원리가 적용된 소위 오일러 방정식(Euler equation)을 도출할 수 있다. 여기서 w의 미소한 변화에 대해서는 변하지 않는 아래의 함수 형태를 유도할 수 있다.

$$
\begin{aligned}
\Pi = & \iiint_{\Omega} \frac{1}{2}(x_{ij}\, c^{E}_{ijkl}\, x_{kl} - \rho\, \omega^{2}\, u_{i}^{2})\, d\Omega - \iint_{S_u} (u_i - u_i^{o}) n_j (c^{E}_{ijkl} x_{kl} - e_{kij} E_k)\, dS_u \\
& - \iiint_{\Omega} \frac{1}{2}(2 x_{kl} e_{ikl} E_i + E_i \chi^{x}_{ij} E_j)\, d\Omega - \iint_{S_X} f_i u_i\, dS_X \\
& - \sum_{p=0}^{M} \iint_{S_p} (\phi - \phi_p) n_i (e_{ikl} x_{kl} + \chi^{x}_{ij} E_j)\, dS_p + \sum_{p=0}^{p} \phi_p Q_p
\end{aligned}
\tag{7.14}
$$

식 (7.14)의 첫 항은 기계적 상태의 라그랑지안(Lagrangian:칭동점- 秤動點)을 의미한다. Π의 불변 조건을 만족하기 위해서는 식 (7.7)에서 (7.12)의 조건도 만족해야 한다.

7.3 유한요소법의 응용

(1) 영역의 분할(discretization)

영역 Ω는 하위 영역 Ω^e과 유한요소(그림 7.2 참조)로 나눌 수 있고

$$
\Omega = \sum_{e} \Omega^{e} \tag{7.15}
$$

로 표현될 수 있다. 그림 7.3은 일반적인 유한요소 분할 방법을 보여준다. 분할을 통해 함수 Π는 다음과 같이 표현될 수 있다.

$$
\Pi = \sum_{e} \Pi^{e} \tag{7.16}
$$

식 (7.16)의 Π^e는 요소 Ω^e이 영역 Ω 안에 있다면 체적 적분항만 포함된다는 점에 주의해야 한다. 경계 Γ를 포함하는 요소는 체적 적분과 면 적분을 모두 포함하는 Π^e 항을 가지게 된다.

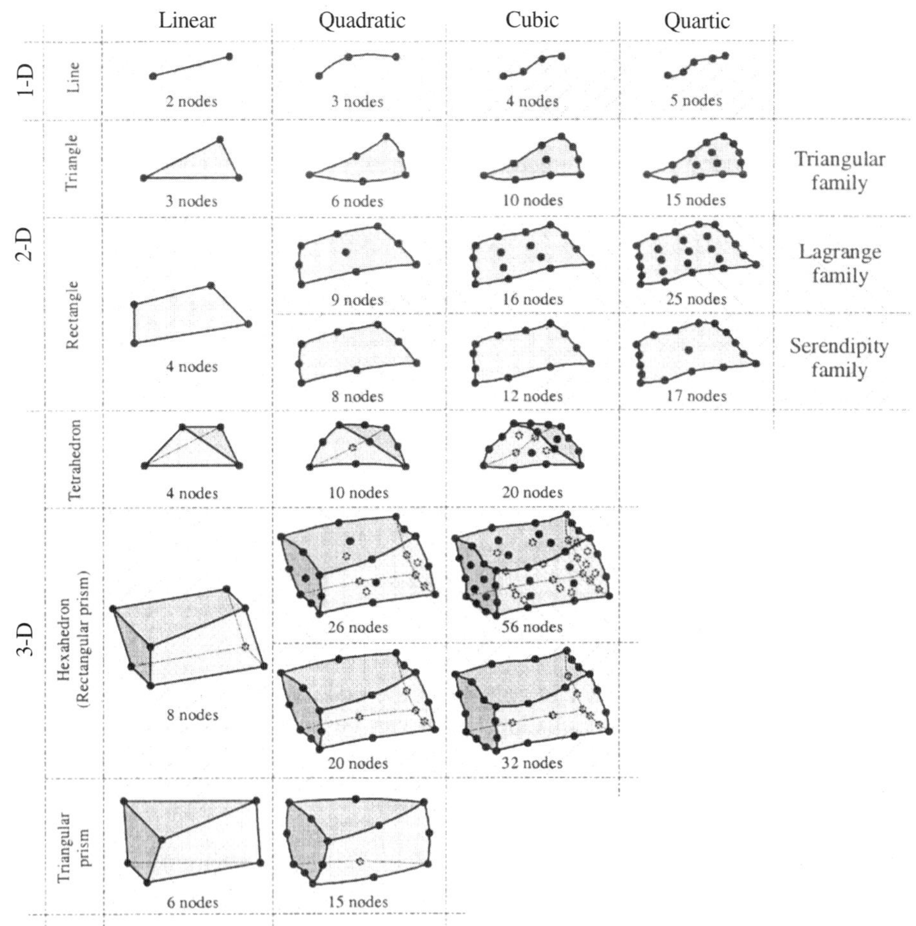

그림 7.3 일반적인 요소 분할법

(2) 형상 함수

유한요소법에 의해 근사적인 해가 요구될 때, 근사적인 해는 아래 식을 통해 계산 가능하다.

$$\mathbf{w} \approx \hat{\mathbf{w}} = \sum \mathbf{N}_i \mathbf{a}_i \tag{7.17}$$

여기서 N_i는 독립 변수에 의해 기술되는 형상 함수이고, a_i는 노드 매개변수이다. 형상 함수는 요소들 사이의 연속성을 확보하고 있어야만 한다. 또한, 수렴을 확보하기 위하여, 적분 형태에서 m차 도함수가 존재한다면, 형상 함수는 적어도 C^m급 함수이어야만 한다. 만약 형상 함수가 완전한 m차 다항식이라면 이 조건은 자동적으로 만족한다.

n개의 노드점으로 정의된 요소 Ω^e의 형상 함수 구조에서 일반적으로 노드 i에 대한

형상 함수를 N_i라고 하면, $N_i=1$이 되고, 다른 노드점들에서의 $N_i=0$이 된다

또한, 요소 Ω^e에서 임의의 점 p에 대해서는

$$\sum_1^n N_i(p)=1 \tag{7.18}$$

이 된다. 일반적으로 형상 함수를 나타내는 데에는 다항식이 사용된다. 예를 들어, n 개의 노드점을 포함하는 1차원 요소 (그림 7.4 참조)에서 노드 i에 대한 Lagrange 다항식은 다음과 같이 표현된다.

$$N_i(\xi)=\prod_{\substack{k=1\\k\neq i}}^{n}\frac{\xi_k-\xi}{\xi_k-\xi_i} \tag{7.19}$$

이에 따라 다음 조건을 증명할 수 있다.

$$\begin{cases} N_i(\xi_i)=1 \\ N_i(\xi_{k\neq 1})=0 \\ \sum_1^n N_i(\xi)=1 \end{cases} \tag{7.20}$$

그림 7.5에서 보인 4개 노드를 가지는 사각형 요소에 대해서는 4개의 형상 함수로 쓸 수 있다.

$$N(\xi,\eta)=N_i(\xi)N_j(\eta) \tag{7.21}$$

여기서 i, j는 요소 노드의 행 및 열을 보여주고, i, j=1, 2이다. 식 (7.20)에서 설명한 조건은 이 함수를 이용해서 증명할 수 있다. 마지막으로 특정 요소의 임의의 점 P의 위치는 좌표계(ξ, η)을 이용하여 아래 식으로 표현된다. 대부분의 경우, 요소의 모양과 해 $\hat{\mathbf{w}}$를 표현하기 위해서는 동일한 형상 함수를 사용하여야 한다.

$$\begin{bmatrix}\xi\\ \eta\end{bmatrix} = \left\langle\left(\frac{1}{4}\right)[(-1)+\xi][(-1)+\eta]\left(-\frac{1}{4}\right)[(1)+\xi][(-1)+\eta]\right.$$
$$\left.\left(-\frac{1}{4}\right)[(-1)+\xi][(1)+\eta]\left(\frac{1}{4}\right)[(1)+\xi][(1)+\eta]\right\rangle\begin{bmatrix}-1 & -1\\ 1 & -1\\ -1 & 1\\ 1 & 1\end{bmatrix} \tag{7.22}$$

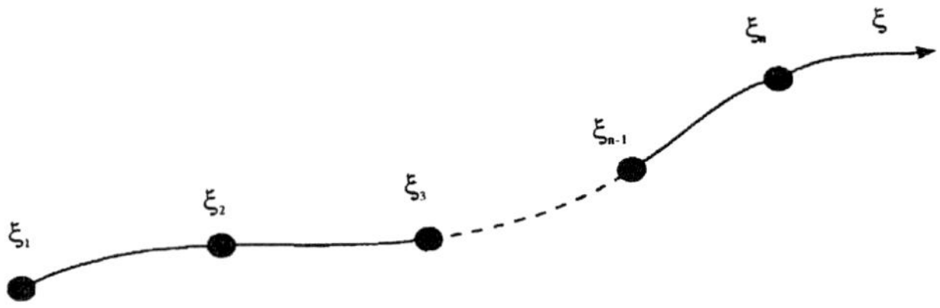

그림 7.4 일반화된 n개-노드를 가지는 1차원 요소

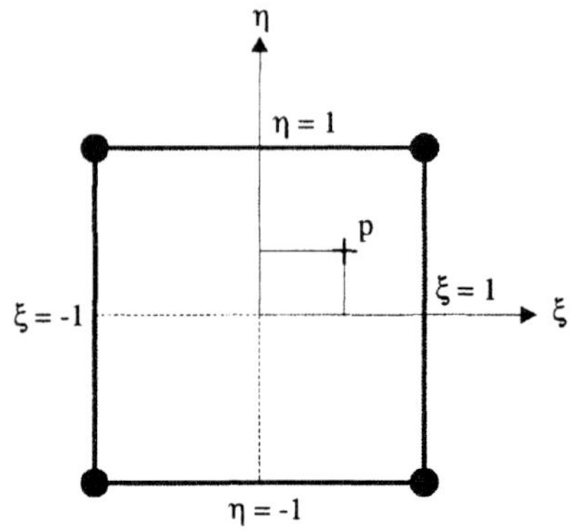

그림 7.5 4-노드 사각형 요소의 예

(3) 모(parent) 요소

실제 형상과 잘 맞아 떨어지려면, Ω의 분할에 곡선 유한요소를 사용하는 것이 일반적으로 유리하다. 이 요소는 Π^e 계산을 쉽게 하기 위하여 모 요소(parent element) 위에(그림 7.6 참조) 맵핑한다.

실제 요소를 참조 요소에 맵핑할 때는 일반적으로 아이소파라메트릭(isoparametric) 방법을 사용한다. n개의 노드점이 있고, 체적 요소가 Ω^e인 공간 Ω를 고려해 보자. Ω^e의 한 점 p에서의 위치 벡터 **R**을, 변수 ξ, η, ζ를 사용한 함수로서 표현하면 아래와 같고,

$$\xi \rightarrow R = R(\xi) \tag{7.23}$$

이 식은 아래 식과 동일하다.

$$R = \begin{Bmatrix} x \\ y \\ z \end{Bmatrix} = \begin{Bmatrix} x(\xi,\eta,\zeta) \\ y(\xi,\eta,\zeta) \\ z(\xi,\eta,\zeta) \end{Bmatrix} \tag{7.24}$$

유한요소는 다음과 같이 표현된다.

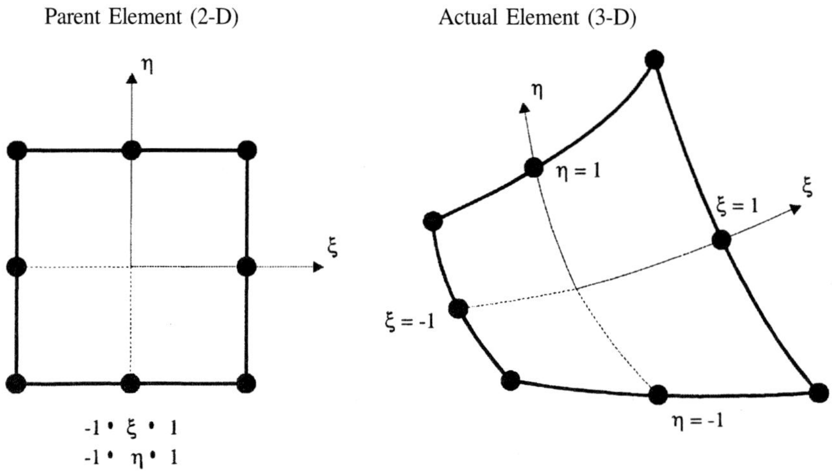

그림 7.6 8개 노드점을 가지는 사각형 요소를 위한 모 요소(parent element)의 예

$$\begin{aligned} x &= \mathbf{N}(\xi,\eta,\zeta)\mathbf{x_n} \\ y &= \mathbf{N}(\xi,\eta,\zeta)\mathbf{y_n} \\ z &= \mathbf{N}(\xi,\eta,\zeta)\mathbf{z_n} \end{aligned} \tag{7.25}$$

여기서

$$\begin{aligned} \mathbf{x_n} &= \langle x_1 \quad x_2 \quad \cdots \quad x_n \rangle \\ \mathbf{y_n} &= \langle y_1 \quad y_2 \quad \cdots \quad y_n \rangle \\ \mathbf{z_n} &= \langle z_1 \quad z_2 \quad \cdots \quad z_n \rangle \end{aligned} \tag{7.26}$$

이다. 스칼라 양 x_i, y_i, z_i는 노드점 i에서의 데카르트 평행 좌표를 나타내며, N_i은 노드점 i에서의 형상 함수이다. 따라서 점 p에서의 미분된 요소는

$$dR = F_\xi d\xi \tag{7.27}$$

$$\frac{\partial}{\partial \xi} = F_\xi{}^x \frac{\partial}{\partial R} = J\frac{\partial}{\partial R} \tag{7.28}$$

이고, 여기서

$$\mathbf{F}_\xi = \begin{bmatrix} x_{,\xi} & x_{,\eta} & x_{,\zeta} \\ y_{,\xi} & y_{,\eta} & y_{,\zeta} \\ z_{,\xi} & z_{,\eta} & z_{,\zeta} \end{bmatrix} = [\mathbf{a}_1 \quad \mathbf{a}_2 \quad \mathbf{a}_3] \tag{7.29}$$

$$d\mathbf{R} = \mathbf{a}_1 d\xi + \mathbf{a}_2 d\eta + \mathbf{a}_3 d\zeta \tag{7.30}$$

이다. 벡터 $\mathbf{a_1}$, $\mathbf{a_2}$, $\mathbf{a_3}$는 파라미터 공간의 기저 벡터, $\mathbf{J}$는 변환 야코비(Jacobian) 행렬, $\mathbf{F}_\xi$

는 파라미터 공간에서 데카르트 공간 변환 행렬이다.

식 (7.27), (7.28)에서

$$d\xi = \mathbf{F}_{\xi}^{-1} d\mathbf{R} \tag{7.31}$$

$$\frac{\partial}{\partial \mathbf{R}} = \mathbf{J}^{-1} \frac{\partial}{\partial \xi} = \mathbf{j} \frac{\partial}{\partial \xi} \tag{7.32}$$

의 식을 얻을 수 있다.

데카르트 좌표계의 체적 요소 (dV=dx dy dz)는 아래 식으로 정의된다.

$$dV = \left| (d\mathbf{x} \wedge d\mathbf{y}) \cdot d\mathbf{z} \right| \tag{7.33}$$

파라미터 좌표계에서 체적 요소는

$$dV = \left| (\mathbf{a}_1 d\xi \wedge \mathbf{a}_2 d\eta) \cdot \mathbf{a}_3 d\zeta \right| \tag{7.34}$$

로 정의된다. 이것은 아래 식과 동일하다.

$$dV = J d\xi d\eta d\zeta \qquad \text{where } J = \left| \det \mathbf{J} \right| \tag{7.35}$$

따라서 파라미터 공간에서 Π^e는

$$\int_{\Omega^e} (\ldots) dx\, dy\, dz = \int_{\Omega^{parent}} (\ldots) J\, d\xi\, d\eta\, d\zeta \tag{7.36}$$

로 표현된다. 각 요소에 대한 계산은 실제 요소보다는 모 요소를 이용하여 계산되는 것이 일반적이다.

(4) 변분 형식(variational form)의 분할

여기서는 형상 함수에 대한 압전 문제 해결 함수를 설명하겠다. n개의 노드점으로 정의되는 각 요소 Ω^e에 대해 전계는 식 (7.6)으로부터 얻어지고 아래의 식으로 표현할 수 있다.

$$\mathbf{E} = -\mathbf{B}_{\phi}^{e} \mathbf{\Phi} \tag{7.37}$$

여기서 Φ는 정전기적 전위차의 각 노드점에서의 값과 관계되는 벡터로서

$$\mathbf{B}_{\phi}^{e} = \left[\mathbf{B}_{\phi 1}^{e} \quad \mathbf{B}_{\phi 2}^{e} \quad \cdots \quad \mathbf{B}_{\phi n}^{e} \right] \tag{7.38}$$

및

$$\mathbf{B}^e_{\phi i} = \begin{bmatrix} \frac{\partial N^e_i}{\partial x} \\ \frac{\partial N^e_i}{\partial y} \\ \frac{\partial N^e_i}{\partial z} \end{bmatrix} \tag{7.39}$$

이다. $\mathbf{B}^e{}_{\phi i}$ 항은 형상 함수의 1차 공간 도함수이다. 마찬가지로 각 Ω^e에서는 변형 텐서는 식 (7.4)에 의해 정의되고,

$$\mathbf{x} = -\mathbf{B}^e_u \mathbf{U} \tag{7.40}$$

이 된다. 여기서 **U**는 변위의 노드점 값에 대한 벡터로서

$$\mathbf{B}^e_u = \begin{bmatrix} \mathbf{B}^e_{u1} & \mathbf{B}^e_{u2} & \cdots & \mathbf{B}^e_{un} \end{bmatrix} \tag{7.41}$$

$$\mathbf{B}^e_{ui} = \begin{bmatrix} \frac{\partial N^e_i}{\partial x} & 0 & 0 \\ 0 & \frac{\partial N^e_i}{\partial y} & 0 \\ 0 & 0 & \frac{\partial N^e_i}{\partial z} \\ 0 & \frac{\partial N^e_i}{\partial z} & \frac{\partial N^e_i}{\partial y} \\ \frac{\partial N^e_i}{\partial z} & 0 & \frac{\partial N^e_i}{\partial x} \\ \frac{\partial N^e_i}{\partial y} & \frac{\partial N^e_i}{\partial x} & 0 \end{bmatrix} \tag{7.42}$$

로 주어진다. 따라서 식 (7.1)은,

$$\begin{cases} \mathbf{X} = c^E \mathbf{B}^e_u \mathbf{U} + e^X \mathbf{B}^e_\phi \mathbf{\Phi} \\ D = e\, \mathbf{B}^e_u \mathbf{U} + \chi^x \mathbf{B}^e_\phi \mathbf{\Phi} \end{cases} \tag{7.43}$$

되고, 마지막으로 요소의 함수 Π^e은 아래 식으로 정의된다.

$$\begin{aligned} \Pi^e \;=\; & \frac{1}{2} \iiint_{\Omega^e} U^{e^X} (B^{e^X}_u c^E B^e_u - \rho\omega^2 N^{e^X} N^e) U^e d\Omega^e \\ & + \iiint_{\Omega^e} U^{e^X} B^{e^X}_u e B^e_\phi \Phi^e d\Omega^e - \frac{1}{2} \iiint_{\Omega^e} \Phi^{e^X} B^{e^X}_\phi \chi^x B^e_\phi \Phi^e d\Omega^e \\ & - \iint_{S^e_X} U^{e^X} N^{e^X} f\, dS^e_X + \sum_{p=0}^{P} \phi_p Q_p \end{aligned} \tag{7.44}$$

형상 함수의 행렬과 그 도함수를 적분하면,

$$\Pi^e = \frac{1}{2}U^{e^X}(K^e_{uu} - \omega^2 M^e)U^e + U^{e^X}K^e_{u\phi}\Phi^e + \frac{1}{2}\phi^{e^X}K^e_{\phi\phi}\Phi^e - U^{e^X}F^e + \sum_{p=0}^{P}\phi_p Q_p \tag{7.45}$$

로 쓸 수 있고, 여기서

$$\begin{aligned}
K^e_{uu} &= \iiint_{\Omega^e} B_u^{e^X} c^E B_u^e d\Omega^e \\
M^e &= \iiint_{\Omega^e} \rho\omega^2 N^{e^X} N^e d\Omega^e \\
K^e_{\phi u} &= \iiint_{\Omega^e} B_u^{e^X} e\, B_\phi^e d\Omega^e \\
K^e_{\phi\phi} &= -\iiint_{\Omega^e} B_\phi^{e^X} \chi^x B_\phi^e d\Omega^e \\
F^e &= \iint_{S_X^e} N^{e^X} f\, dS_X^e
\end{aligned} \tag{7.46}$$

가 된다. K^e_{uu}, $K^e_{\phi u}$, $K^e_{\phi\phi}$, M^e는 각각 탄성 행렬, 압전 행렬, 유전 서셉터빌리티(투자율: susceptibility) 행렬, 일치 질량(consistent mass) 행렬이다.

(5) 어셈블리

식 (7.46)의 행렬들은 모든 영역 Ω에 대해서 다시 재배열하여야 하며, 이를 어셈블리(assembly)라고 부른다. 이 방법을 통해서 다음 행렬들을 얻을 수 있다.

$$\begin{aligned}
K_{uu} &= \sum_e K^e_{uu} \\
M &= \sum_e M^e \\
K_{\phi u} &= \sum_e K^e_{\phi u} \\
K_{\phi\phi} &= \sum_e K^e_{\phi\phi} \\
F &= \sum_e F^e
\end{aligned} \tag{7.47}$$

변분 원리를 적용해서 노드점 값 **U**와 **Φ**의 변화에 대한 함수 Π를 최소화 할 수 있으며, 아래의 식과 같다.

$$\frac{\partial \Pi}{\partial u_i} = 0 \quad \forall\ i \tag{7.48}$$

$$\frac{\partial \Pi}{\partial \phi_j} = 0 \quad \forall\ j \tag{7.49}$$

식 (7.45)와 (7.16)을 사용하여 Π에 대한 불변 조건을 적용하면

$$\begin{bmatrix} K_{uu} - \omega^2 M & K_{u\phi} \\ K_{u\phi}{}^X & K_{\phi\phi} \end{bmatrix} \begin{bmatrix} U \\ \boldsymbol{\Phi} \end{bmatrix} = \begin{bmatrix} F \\ -Q \end{bmatrix} \tag{7.50}$$

을 얻을 수 있다. 노드에 대한 전하 벡터 **Q**는 모든 노드 i 개가 하나의 전극 p에 속해 있고, 이때 전위차가 ϕ_p 일 때, 전체 전하의 합 Q_i 는 ϕ_p와 같다. 전극에 포함되지 않은 나머지 노드점들 j에 대해서는 $Q_j=0$ 이 된다.

(6) 계산

식 (7.50)을 컴퓨터로 풀기에는 특수한 적분법, 대각선화(diagonalization), 소거 방법이 사용된다. 이 방법을 설명하기에는 이 책의 범주를 넘기 때문에 생략한다. 행렬 방정식 (7.50)는 다음과 같은 다양한 해석에 적용할 수 있을 것이다.

- 정적(static) 해석

$$\begin{bmatrix} K_{uu} & K_{u\phi} \\ K_{u\phi}{}^{X} & K_{\phi\phi} \end{bmatrix}\begin{bmatrix} U \\ \mathbf{\Phi} \end{bmatrix}=\begin{bmatrix} F \\ -Q \end{bmatrix} \tag{7.51}$$

- 모드(modal) 해석

$$\begin{bmatrix} K_{uu}-\omega^2 M & K_{u\phi} \\ K_{u\phi}{}^{X} & K_{\phi\phi} \end{bmatrix}\begin{bmatrix} U \\ \mathbf{\Phi} \end{bmatrix}=\begin{bmatrix} 0 \\ -Q \end{bmatrix} \tag{7.52}$$

- 조화(harmonic) 해석

$$\begin{bmatrix} K_{uu}-\omega^2 M & K_{u\phi} \\ K_{u\phi}{}^{X} & K_{\phi\phi} \end{bmatrix}\begin{bmatrix} U \\ \mathbf{\Phi} \end{bmatrix}=\begin{bmatrix} F \\ -Q \end{bmatrix} \tag{7.53}$$

- 과도(transient) 해석

$$\begin{bmatrix} M & 0 \\ 0 & 0 \end{bmatrix}\begin{bmatrix} \ddot{U} \\ \ddot{\mathbf{\Phi}} \end{bmatrix}+\frac{1}{\omega_o}\begin{bmatrix} K'_{uu} & K'_{u\phi} \\ K'_{u\phi}{}^{X} & K'_{\phi\phi} \end{bmatrix}\begin{bmatrix} \dot{U} \\ \dot{\mathbf{\Phi}} \end{bmatrix}+\begin{bmatrix} K_{uu} & K_{u\phi} \\ K_{u\phi}{}^{X} & K_{\phi\phi} \end{bmatrix}\begin{bmatrix} U \\ \mathbf{\Phi} \end{bmatrix}=\begin{bmatrix} F \\ -Q \end{bmatrix} \tag{7.54}$$

각각의 경우에 특정 조건이나 계산 기법이 필요하다. 상용 프로그램인 ATILA에서 사용되는 몇몇의 해석 방법에 대해서는 이 책에 동봉된 CD에 예시되어 있다.

요점정리

1. 각각의 유한요소들 내에서 노드점에 대한 변위와 전위차에 대한 값은 하나의 값으로 결정된다(자유도: degrees of freedom). 이것은 보간법(interplation)이나, 요소와 관계된 형상 함수를 이용해서 구할 수 있다. 모든 메시에 대한 각각의 값들을 종합

하거나, 어셈블링하며, 노드점에 대한 **u**와 ϕ 값에만 의존하는 Ω의 시험 함수(trial function)를 얻을 수 있고, 이것은 모든 연결된 요소 영역에 대한(세그먼트 전반에 대한: piecewise) 정의를 의미한다.

2. 기계적 및 전기적 경계 조건에 의해 문제의 정의가 명확하게 된다. 디리클레(Dirichlet) 조건은 변위장 **u**에 적용되고, 노이만(Neumann) 조건은 응력장 **X**에 적용된다. 압전 세라믹의 경우에는 쉽게 확인가능 하지만, 이 조건은 Ω 영역에 대한 외부 전계는 무시할 수 있다고 가정한다.

3. 방정식들과 경계 조건을 사용하면 아래 함수를 유도할 수 있다.

$$\begin{aligned}\Pi = & \iiint_{\Omega}\frac{1}{2}(x_{ij}\,c^{E}_{ijkl}\,x_{kl}-\rho\,\omega^2\,u_i^2)\,d\Omega-\iint_{S_u}(u_i-u_i^{o})n_j(c^{E}_{ijkl}x_{kl}-e_{kij}E_k)\,dS \\ & -\iiint_{\Omega}\frac{1}{2}(2x_{kl}e_{ikl}E_i+E_i\chi^{x}_{ij}E_j)\,d\Omega-\iint_{S_X}f_iu_i\,dS_X \\ & -\sum_{p=0}^{M}\iint_{S_p}(\phi-\phi_p)n_i(e_{ikl}x_{kl}+\chi^{x}_{ij}E_j)\,dS_p+\sum_{p=0}^{P}\phi_pQ_p\end{aligned}$$

4. 영역 Ω는 하위 영역 Ω^e 또는 유한요소(이산화: discretization)로 나눌 수 있고, 함수 Π는 다음과 같이 된다.

$$\Pi^e=\frac{1}{2}U^{e^X}(K^e_{uu}-\omega^2M^e)U^e+U^{e^X}K^e_{u\phi}\Phi^e+\frac{1}{2}\phi^{e^X}K^e_{\phi\phi}\Phi^e-U^{e^X}F^e+\sum_{p=0}^{P}\phi_pQ_p$$

여기서

$$K^e_{uu}=\iiint_{\Omega^e}B^{e^X}_{u}c^{E}B^e_u\,d\Omega^e$$

$$M^e=\iiint_{\Omega^e}\rho\omega^2N^{e^X}N^e\,d\Omega^e$$

$$K^e_{\phi u}=\iiint_{\Omega^e}B^{e^X}_{u}e\,B^e_{\phi}\,d\Omega^e$$

$$K^e_{\phi\phi}=-\iiint_{\Omega^e}B^{e^X}_{\phi}\chi^{x}B^e_{\phi}\,d\Omega^e$$

$$F^e=\iint_{S^e_X}N^{e^X}f\,dS^e_X$$

이고, $K^e{}_{uu}$, $K^e{}_{\phi u}$, $K^e{}_{\phi\phi}$, M^e는 각각 탄성 행렬, 압전 행렬, 유전 서셉터빌리티(투자율: susceptibility) 행렬, 일치 질량(consistent mass) 행렬이다.

5. 불변 조건을 P에 적용하면 아래의 해가 얻어진다. 이 행렬 방정식은 정적(static) 해석, 모드(modal) 해석, 조화(harmonic) 해석, 과도(transient) 해석 등 다양한 해석에 적용할 수 있다.

$$\begin{bmatrix} K_{uu} - \omega^2 M & K_{u\phi} \\ K_{u\phi}^{X} & K_{\phi\phi} \end{bmatrix} \begin{bmatrix} U \\ \Phi \end{bmatrix} = \begin{bmatrix} F \\ -Q \end{bmatrix}$$

문제

7.1 동봉된 CD의 ATILA 프로그램을 사용해서, 다음 설계 변수들을 가지는 Π 형 압전 초음파 모터의 공진주파수와 진동 형상을 묘사하라.

(a) 다리의 재료: 알루미늄과 황동

(b) 다리의 길이: 10, 15, 20 mm

참고문헌

1) O. C. Zienkiewicz: *The Finite Element Method* - 3rd ed., expanded and revised. McGraw-Hill UK (1977).

2) J.-N. Decarpigny: Application de la Méthode des Eléments Finis á l'Etude de Transducteurs Piézoélectriques, Doctoral Thesis, ISEN, Lille, France (1984).

3) T. Ikeda: *Fundamentals of Piezoelectricity*, Oxford University Press, Oxford (1990).

4) B. Dubus, J.-CBertrand, Debus, J-C. Debus and J. Coutt: Modélisation de Matériaux Piézoélectriques et Electrostrictifs par la Méthode des Eléments Finis, Revue Européenne des Eléments Finis, **8** (5-6), pp. 581-606 (1999).

제8장 서보 변위 트랜스듀서 응용

압전/전왜 액추에이터는 소자에 가해지는 구동전압의 종류와 가해진 전압에 의해 발생하는 변형의 거동에 따라 크게, (1) 서보 변형 트랜스듀서, (2) 단순한 ON/OFF 스위칭에 의해 구동되는 펄스 구동 소자, (3) 초음파 공진 소자의 3개 분야로 분류할 수 있다. 세라믹 액추에이터의 응용에 따른 분야도 역시 (1) 위치제어, (2) 모터 응용, (3) 진동 감쇄의 3가지로 분류할 수 있다.

이 절에서는 서보 변형 트랜스듀서와 그 응용에 대해서만 다루도록 한다. 이런 종류의 소자들은 위치제어장치나 광학시스템의 진동 감쇄(가변형 반사경에 적용된 진동 감쇄소자와 같은), 현미경 스테이지, 선형운동 가이드 장치, 유압 서보 밸브, VCR 헤드 컨트롤 장치와 같은 기계장치에 주로 적용된다. 이러한 응용에 사용되고 있는 소자들은 마그네슘 니오븀산 납($Pb(Mg_{1/3}Nb_{2/3})O_3$; PMN)을 기반으로 한 전왜재료가 사용된다. 이러한 소재들은 변형거동의 이력(hysteresis)이 다른 전왜재료나 압전재료에서 나타나는 이력거동보다 상대적으로 작기 때문이다.

8.1 가변형 반사경

(1) 모놀리식(Monolithic) 압전 가변형 반사경

가능한 변수를 작게 가지며, 단순한 구조를 가지는 정밀 파형 전방제어(Precise wave front control)는 능동 광학 시스템(adaptive optical system)에 있어서 일반적이면서도 기본적인 요구사항이다. 일례로 연속적인 표면을 가지는 가변형 반사경의 경우 제어의 용이성 때문에 분리형 반사경에 대비하여 더욱 필요성이 커지고 있다. 그림 8.1에 PZT 세라믹스에 복수의 전극을 2차원적으로 배열한 구조로 만들어진 모놀리식 압전 가변형 반

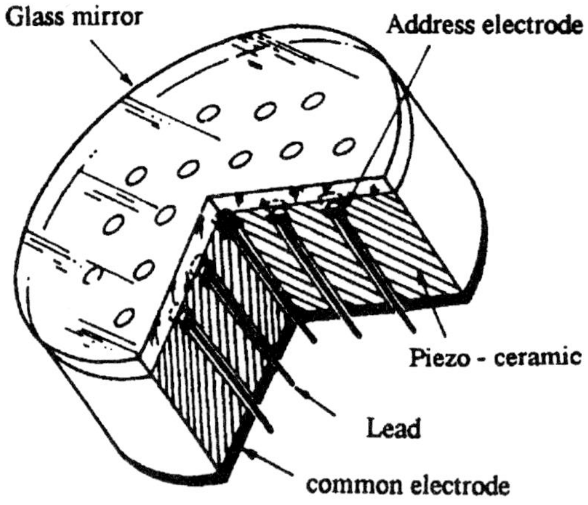

그림 8.1 압전 모놀리식 가변형 반사경[1]

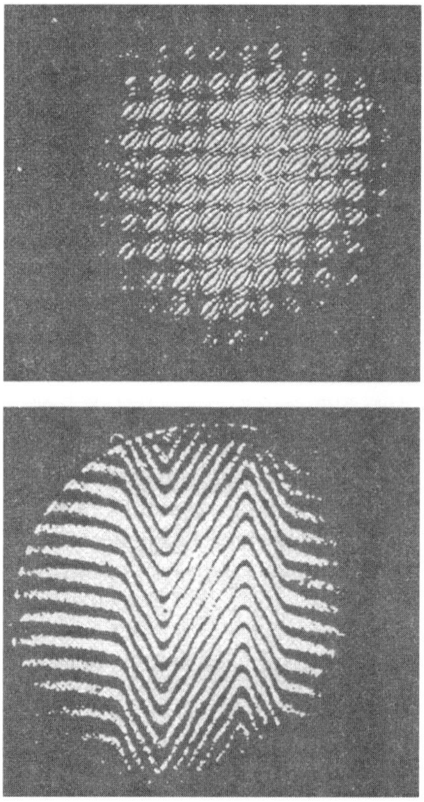

그림 8.2 위상차 변조를 위한 압전 모놀리식 가변형 반사경의 응용예[1]

사경을 나타내었다.[1] 적절한 전기장을 전극에 인가하게 되면 뒷면을 기준으로 막대가 반사경을 밀게 됨으로써 반사경이 변형하게 되는 구조이다. 이러한 압전 가변형 반사경의 응용예를 그림 8.2에 나타내었다. 이 반사경은 반사경 표면의 변형형상을 제어함으로써

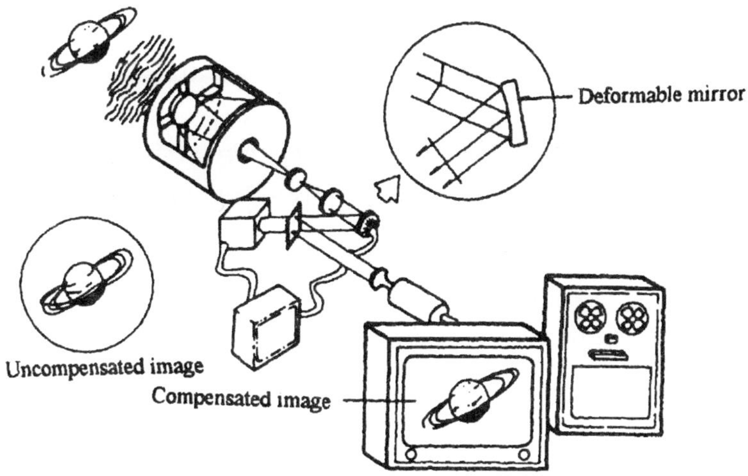

그림 8.3 압전 모놀리식 가변형 반사경을 이용한 망원경의 화상 보정 시스템[1]

효과적으로 반사광의 위상제어를 할 수 있다. 이러한 가변 반사경은 그림 8.3에 나타낸 바와 같이 대기환경의 변화에 따라 발생할 수 있는 망원경의 위상 변화를 보정하는 데에 사용될 수 있다. 또한, 다양한 반사경의 표면형상을 제어하기 위하여 다양한 방식의 전극 구조 배열이 제안되어지고 있다.[2]

(2) 다층(Multimorph) 가변형 반사경

모놀리식 압전 가변형 반사경은 매우 많은 전극(350개)과 각각의 전극을 연결하는 많은 수의 전기적인 배선이 필요하다. 더구나, 각각의 부분들은 독립적으로 작동할 수 없기 때문에, 제어를 위해서는 마이크로컴퓨터가 요구된다. 따라서 더욱 단순한 다층 가변형 반사경이 제안되었으며, 이는 마이크로컴퓨터에 의해 보다 단순한 제어가 가능하다.[3,4]

2차원 다층 가변형 반사경의 설계에 있어서, i번째층에 인가되는 전압분포($V_i(x,y)$)에 의해 발생되는 z축 방향의 정적 변형의 정도는 아래의 미분방정식의 해를 구함으로써 가능하다.

$$A\left[\frac{\partial^4 f_i(x,y)}{\partial x^4} + 2\frac{\partial^4 f_i(x,y)}{\partial x^2 \partial y^2} + \frac{\partial^4 f_i(x,y)}{\partial y^4}\right] + B_i\left[d_{31}\frac{\partial^2 V_i(x,y)}{\partial x^2} + d_{32}\frac{\partial^2 V_i(x,y)}{\partial y^2}\right] = 0 \tag{8.1}$$

여기서 $[i=1,2,\cdots I]$ 이고, A와 B_i는 상수, d_{31}과 d_{32}는 압전 변형계수, 그리고 I는 다층 구조체의 총 층수에 해당한다. 이 식은 압전체를 이용할 때를 기준으로 유도되었지만, 전왜재료에서의 전계에 따라 유기되는 변형의 비선형성 관계를 고려해주면, 전왜재료를 사용한 소자의 거동을 해석할 때도 적용이 가능하다.

$V_i(x,y)=0$ $(i=1,2,\cdots,I)$일 때, $d_{31}=d_{32}$이고, $f_i(x,y)=0$을 가정하면, 식 (8.1)은 아래와

같이 단순화 할 수 있다.

$$\nabla^2 f_i(x, y) + C_i V_i(x, y) = 0 \tag{8.2}$$

여기서 C_i는 각각의 층에 따라 달라지는 상수이며, ∇^2는 라플라스 변환자이다. 따라서 반사경 표면의 형상은 적절한 전극의 배열과 각각의 압전/전왜 세라믹 층에 가해진 전압 분포에 따라서 변화시킬 수 있음을 볼 수 있다.

반사경의 표면 형상은 Zernike 수차 다항식에 의해 표현될 수 있으며, 임의의 표면 형상의 변화 g(x, y)는 아래의 식과 같이 표현된다.

$$g(x,y) = C_r(x^2+y^2) + C_c{}^1 x(x^2+y^2) + C_c{}^2 y(x^2+y^2) + \cdots \tag{8.3}$$

Zernike 다항식은 직교함수이기 때문에 각각의 항에 대해서 완벽히 독립적임을 주의해야 한다. C_r과 C_c 항은 각각 초점수차(refocusing aberration)와 코마수차(coma aberration)를 나타낸다. 사람의 눈의 수차보정(난시보정)을 생각해 보면, 위의 식을 2항까지 보정을 취하면 일반적으로 선명한 상을 얻을 수 있다.

전극 배열을 설계함에 있어서 주요한 변수를 정리해 보면 아래와 같다.

a. **유효 광학 면적:** 일반적으로 반사경의 중앙부위(전체 반사경 면적의 1/4 정도) 만 사용된다. 이는 최적의 구동이 가능한 경계조건에서 바깥쪽 영역의 경우 변형을 발생시키기 어렵기 때문이다. 유효 면적을 커버하는 전극은 J개의 독립적인 요소(element)로 분할된다. (일반적으로 8x8 배열)

b. **각 유닛의 변형:** 단위전압이 가해졌을 때, 특정한 유닛의 변형은 아래 식과 같이 주어진다.

$$u_{ij}(x, y) = \frac{16C_i}{\pi^4} \sum_{p,q} \left[\frac{1}{pq(P^2 + Q^2)} \right] \Pi \tag{8.4}$$

여기서,

$$\Pi \equiv \sin(P\pi\xi_j)\sin(Q\pi\eta_j)\sin(P\pi u/2)\sin(Q\pi v/2)\sin(P\pi x)\sin(Q\pi y)$$
$$P = (p/l_x) \text{ and } Q = (q/l_y)$$

이고, 좌표 (ξ_j, η_j)는 j번째 전극 요소의 중앙을 의미한다. 모든 요소들은 동일한 면적($u \times v$)을 가진다. 또한 접미사 i는 i번째 층을 의미한다.

c. **전압 분포:** 변형 $f_i(x,y)$를 발생시키기 위해 각각의 요소에 가해진 전압 V_{ij}, $j=1, 2, \cdots, J$는 유효 광학면적이 최소화된 상태에서 발생된 변형과 요구되는 변형간의 최소제곱오차로 결정된다.

d. **전극 형상:** 특정한 요소들로 이루어진 그룹들은 효과적으로 전극형상을 만들거나

반사경의 윤곽을 결정하기 위하여 동일한 전압이 인가된다.

예로서, 다음과 같이 초점을 다시 설정하거나 코마수차를 보정하려고 하는 상황을 생각해 보자. 균일한 대면적의 전극은 원하는 초점거리를 가지게 하면서 포물선형태의 (또는 구형의) 변형을 만들어 낼 수 있다. 코마수차의 경우, 전극 패턴을 그림 8.4와 같은 정해진 비율에 따라 전압이 인가되는 6개의 요소들로 이루어져 있는 형상으로 만들 수 있다.

가변형 반사경의 변형정도에 대한 측정은 그림 8.5에 보이는 홀로그램 간섭계를 사용하여 측정한다. 간섭계에서 홀로그램의 유무는 최종 간섭 무늬로부터 반사경의 초기변형 효과를 효과적으로 제거할 수 있다.[3] 그림 8.6에 초점수차와 코마수차를 보정하기 위한 반사경의 변형거동을 해석한 실험적인 결과 예를 나타내었다. 각각의 경우에 요구되는

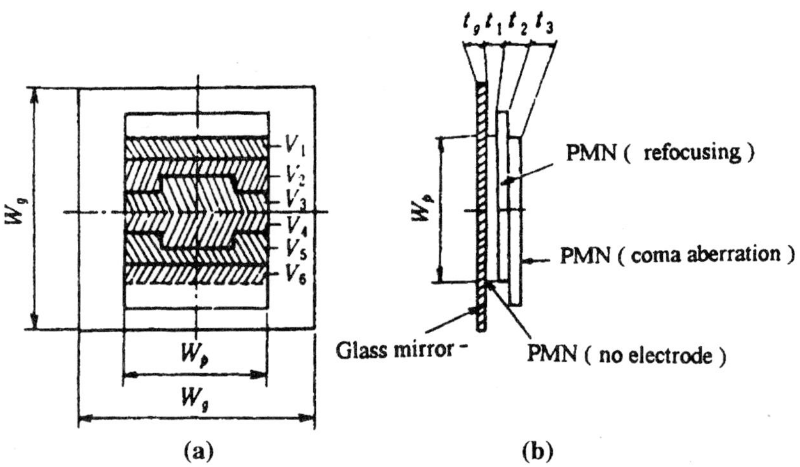

그림 8.4 초점수차와 코마수차를 보정하기 위한 2차원 다층 가변형 반사경의 디자인: (a) 정면도, (b) 단면도[4]

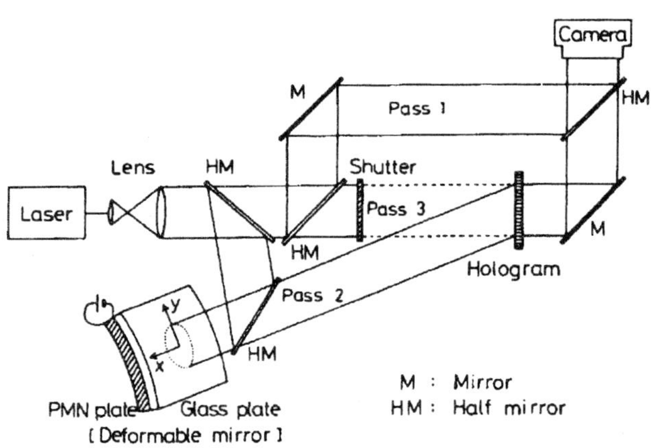

그림 8.5 가변형 반사경 분석을 위한 광학 시스템[3]

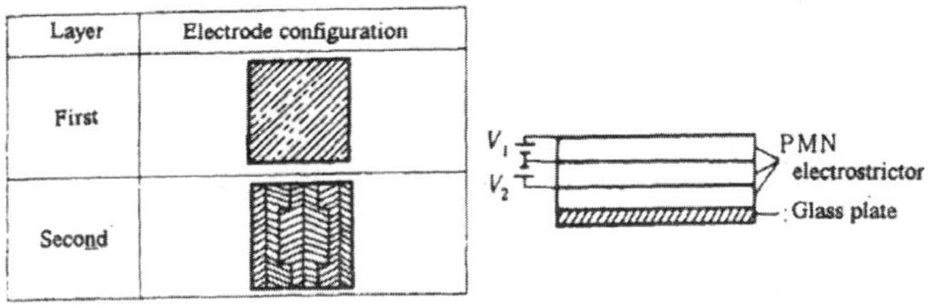

(a)

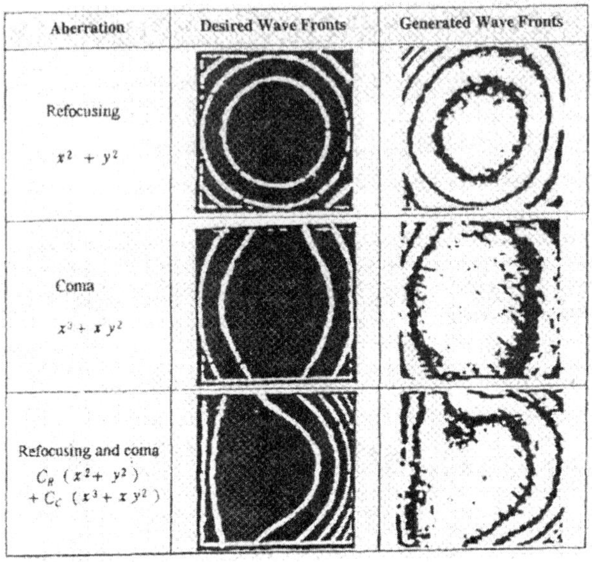

(b)

그림 8.6 PMN 재료가 적용된 다층 가변형 반사경: (a) 내부전극의 배열모양과 전체적인 다층구조의 개념도, (b) 반사경의 표면형상에 따른 간섭무늬[3]

반사경의 표면형상과 발생된 표면형상간의 결과가 잘 맞아 들어감을 확인할 수 있다. 이런 결과들은 각각의 독립된 전극을 적절히 배열함으로써 변형의 중첩을 만들어 내고 효과적인 제어를 할 수 있음을 보여준다. 이 연구에서 사용된 가변형 반사경은 정현파 입력전압을 가할 때 500 Hz의 주파수까지 선형적인 응답을 보였다.

PZT 압전재료와 PMN 전왜재료를 사용하여 인가전압에 따른 가변형 반사경의 간섭무늬 분석 결과를 그림 8.7에 도시하였다.[3] PZT를 사용한 반사경의 경우 확연히 나타나는 이력현상이 있는 반면, PMN을 사용한 반사경의 경우 특이할 만한 이력현상이 나타나지 않는 것을 확인할 수 있다.

(3) 관절 접이식 반사경(Articulating Fold Mirror)

우주선의 화상 시스템에서 사용하기 위하여 소위 관절 접이식 반사경이라 불리는 가동

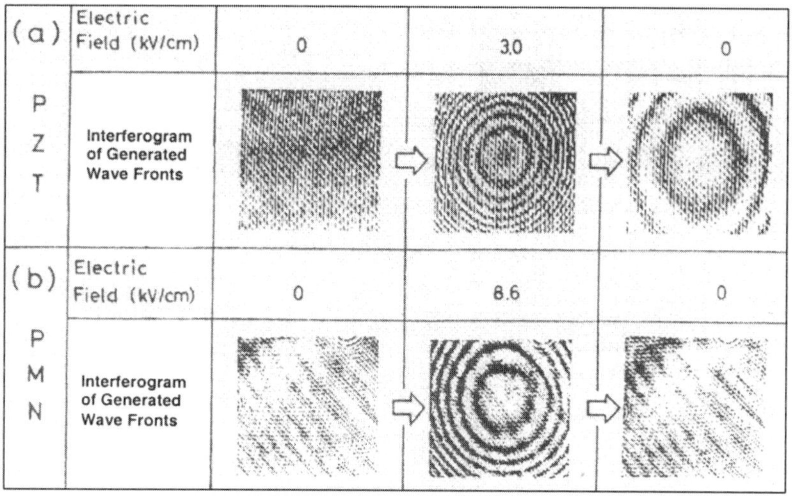

그림 8.7 가변형 반사경을 통한 간섭 무늬: (a) PZT 사용, (b) PMN 사용[3]

형 반사경이 개발되었다.[5] 구조는 그림 8.8에서 보인 바와 같이 3개의 관절 접이식 반사경이 서로 조합되어 NASA의 제트추진 연구소(Jet Propulsion Laboratory)의 광대역 평면 카메라-2(Wide Field and Planetary Camera-2)의 광학계에 적용되었다. 이 카메라는 1993년 허블 우주망원경에 장착되었다. 그림 8.8에서 보는 바와 같이 각각의 관절 접이식 반사경은 6개의 PMN 전왜재료를 이용한 다층 액추에이터를 사용하였다. 이를 이용하면, 허블 망원경의 주반사경에서 발생하는 수차를 보정하기 위하여 반사경을 정밀하게 기울이거나 움직이는 동작을 할 수 있다. 처녀자리에 위치한 나선은하 M100의 중심을 수차 보정 전후에 따라 촬영한 사진을 그림 8.9에 도시하였다. 수차 보정을 통하여 허블 망원경의 초기 화상 설계치와 실제 화상의 해상도가 근사하도록 할 수 있었다.[8]

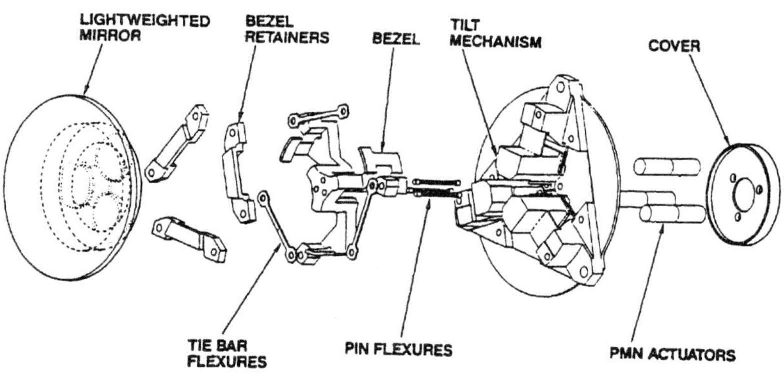

그림 8.8 PMN 액추에이터가 적용된 관절 접이식 반사경의 개략도[5]

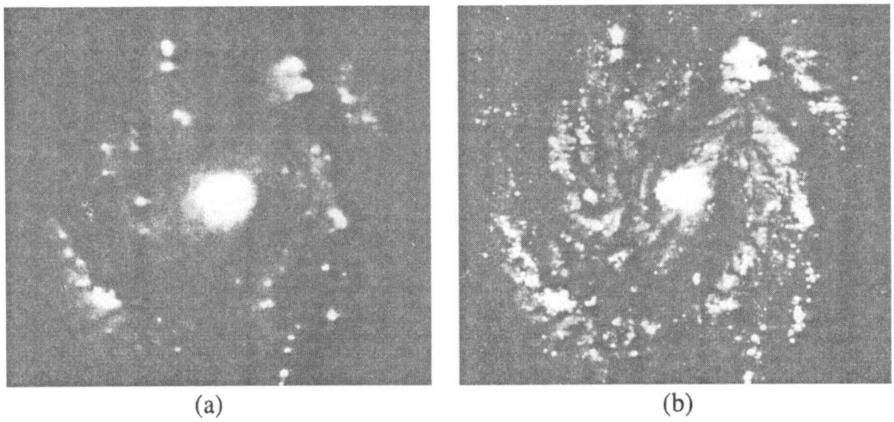

그림 8.9 M100 은하의 허블 우주망원경 사진: (a) 망원경의 수차 보정을 위한 관절 접이식 반사경 설치전, (b) 설치후[5]

8.2 현미경용 스테이지

모놀리식 힌지레버 변위 확대 기구를 이용한 광학현미경이나 전자현미경용 가변 샘플 스테이지가 개발되어 사용되고 있다.[6] 이러한 스테이지의 개념도와 부품을 그림 8.10에 나타내었다. 1 kV 이하의 구동 전압을 PZT 다층 액추에이터에 인가하게 되면 변위가 발생하게 되고, 이 변위는 2단계로 이루어진 지렛대 기구에 의해 30배로 확대된다. 따라서 스테이지의 중심부에서는 실제 이송량은 30 μm에 달한다.

특히 전자현미경에 사용되는 샘플 스테이지는 콤팩트해야 함과 동시에 약 10^{-9} mmHg에 달하는 고진공에서 사용이 가능해야 한다. 따라서 다층 액추에이터의 층간에

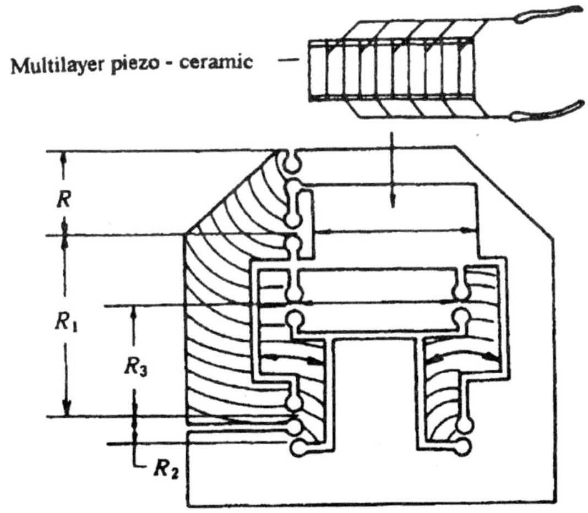

그림 8.10 모놀리식 힌지레버 변위 확대 기구가 적용된 현미경용 스테이지[6]

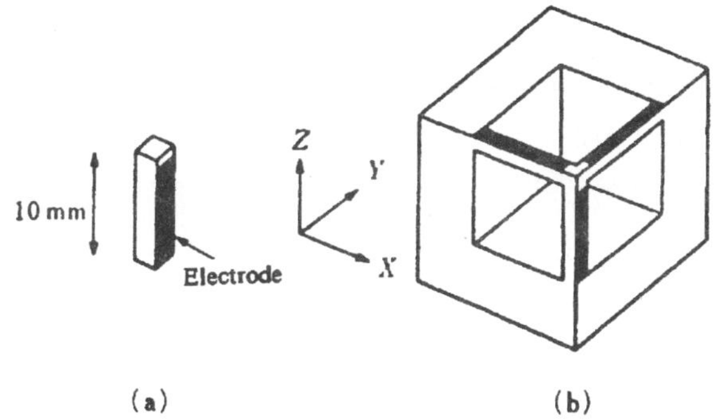

그림 8.11 주사 터널링 현미경용 프루브 이송 액추에이터: (a) 각각의 세라믹 유닛, (b) 삼각대 구조[7]

사용되는 접착제는 휘발이 되지 않아야 하며, 전극 재료로서는 아연이나 카드뮴과 같이 진공에서 휘발이 쉽게 일어나는 금속의 사용을 피하여야 한다.

주사 터널링 현미경(STM; Scanning Tunneling Microscope)의 프루브 이송용 액추에이터는 그림 8.11과 같이 PZT를 이용한 삼각대 구조를 사용하여 제작되어져 왔다.[7] 이 디자인의 가장 치명적이 단점은 프루브 액추에이터의 변형이 이력(hysteresis)을 가진다는 점이다. 이는 STM 화상의 해상도와 재현성에 직접적인 영향을 준다. 이러한 단점을 극복하기 위하여 좀더 신뢰성이 있는 PMN 재료를 이용한 액추에이터가 설계되어 가시적으로 거의 변형이력이 없는 프루브용 액추에이터가 개발되었다.[8]

8.3 고정밀 선형 이송 소자

최근의 다이아몬드 공구를 이용한 초정밀 절삭가공 장치들은 눈부신 진보를 보여 레이저 간섭광학계와 같은 매우 높은 평면 가공 정도가 요구되는 반사경의 가공도 가능하게 되었다. 하지만 최근에 개발된 응용들, 예를 들어 레이저용 반사경과 같은 응용에서는 0.05 μm 보다 낮은 평탄도가 요구되어 이러한 가공을 위해서는 초정밀 선형 이송 기구가 필요하다. 현재 일반적으로 사용되고 있는 에어 베어링 기구나 회전식 베어링 기구 형태의 이송기구는 안내부의 저마찰 특성이 역으로 잔류 진동(ringing)을 초래할 수 있으므로 위치 결정의 고속화를 꾀할 수 없었다. 선형 운동의 공차가 ± 0.06 μm/200 mm를 가지는 초정밀 선형 안내기구가 PZT 액추에이터를 사용함으로써 개발된 바 있다.[9] 이러한 기구들은 초정밀 x-y 위치제어 스테이지의 가공에 사용될 수 있다.[10]

(1) 초정밀 선형 이송 가이드 기구

그림 8.12에 선형 가이드 기구의 블록 다이아그램을 나타내었다. 그림에서 왼쪽 아래에

보이는 이송 스크루 기구에 의해 선형운동을 만들어 낼 수 있다. 선형운동이 시작되면, 베이스 위에 설치된 마스터 스케일(석영유리로 제작)에 대한 이송 테이블의 상하 운동, 핏칭, 롤링을 이송 테이블 아래에 설치된 3개의 차동 트랜스포머에 의해 검출한다. 각각의 검출값이 일정하도록 테이블의 모서리에 설치된 3개의 PZT 위치제어 액추에이터(그림에서는 2개만 표시)에 피드백되어 일정한 위치를 유지할 수 있다. 이 장치의 가장 중요한 부분은 피드백 회로에 있다. 미리 마스터 스케일의 평탄도를 위치 엔코더를 통하여 측정한 뒤 그 오차 보정값을 장치내의 ROM에 저장하여 둔다. 엔코더에 의해 검출되는 테이블 위치신호에 대응해서 그 위치에 대한 스케일 오차를 차동 트랜스포머의 신호에 중첩하여 목표치와 대비시킨다. 계산된 신호처리 결과는 PZT 액추에이터에 피드백되어 위치 보정을 하게 된다. 이런 방법을 통하면, 마스터 스케일의 정밀도를 능가하는 선형 안내 정밀도를 얻을 수 있다. 그림 8.13에는 사용되고 있는 마스터 스케일의 평탄도 오차를 나타내었다. 3개의 차동 트랜스포머에 의해 얻어진 보정 데이터는 PZT 액추에이터의 위치 수정에 사용될 참고 데이터로서 1-3 채널의 ROM에 저장되도록 되어 있다. 이 시스템에 의해 처리된 보정 데이터에 따르면 마스터 스케일의 평탄도 오차는 0.2 μm 정도의 오목한 면으로 되어 있음을 볼 수 있다.

이 기구의 몇 가지 특징을 그림 8.14에 도시하였다. 이송 테이블은 미끄럼 지지체(그림 8.14(a)에서 보인 기구 구조에서는 고분자 윤활제)에 의해 가이드 된다. ±2 μm 이내의 상하 변동의 범위에서 테이블의 선형 구동이 이루어진다. 선형 구동을 위해서는 전자기 회전 모터와 스크루 이송기구가 사용된다. 이송 테이블과 실린더 형상을 가지는 고분자 미끄럼 지지체(그림 8.14(a) 참조) 사이에 PZT 액추에이터가 장착되고 이 PZT 액추에에

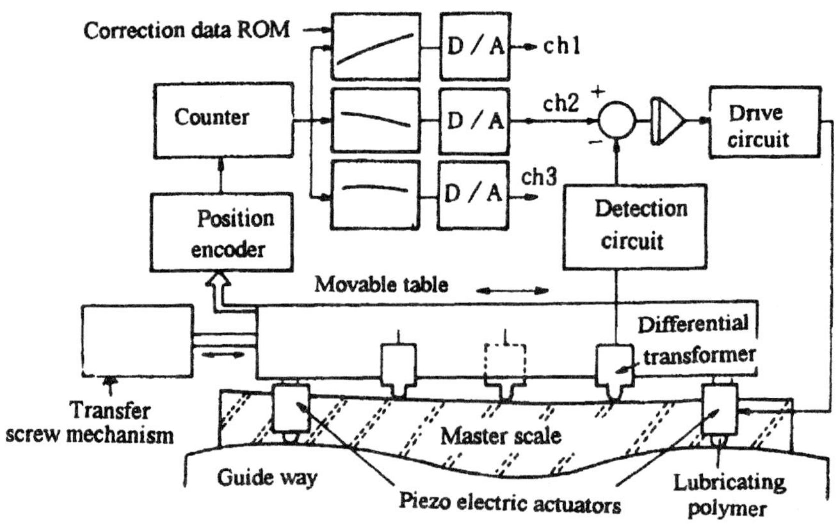

그림 8.12 초정밀 선형 이송 안내 기구의 블록 다이아그램[9]

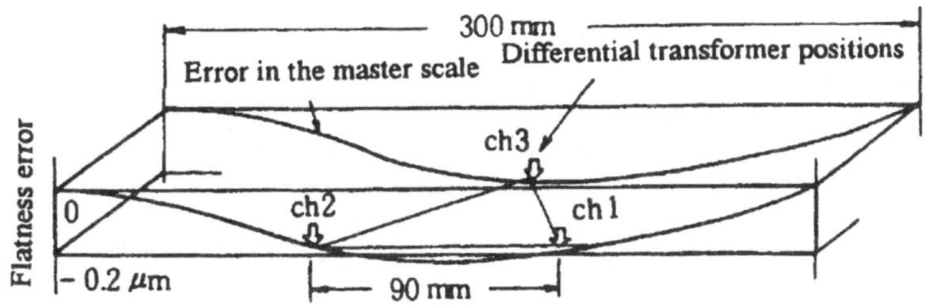

그림 8.13 초정밀 선형 이송 안내 기구에 사용되는 마스터 스케일의 평탄도 오차[9]

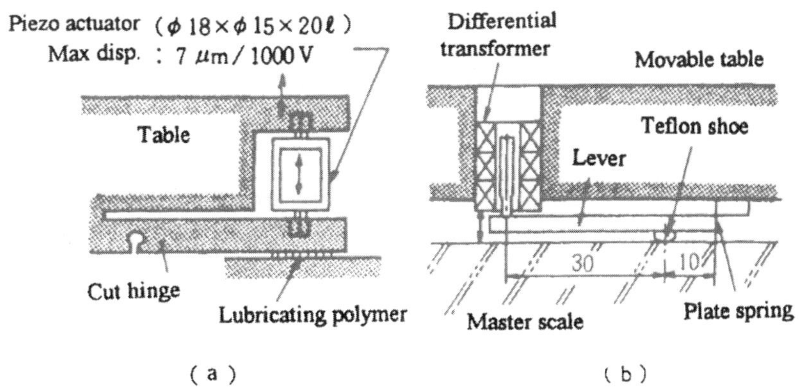

그림 8.14 고정밀 선형 운동 안내기구의 상세도: (a) 압전 액추에이터의 위치, (b) 차동 트랜스포머의 위치[9]

이터는 입력전압에 따라 최대 ± 3 μm의 변위를 발생시킬 수 있다. 그림 8.14에서 보는 바와 같이 3개의 차동 트랜스포머는 테이블의 아래에 장착된다. 스테이지의 상하 운동은 지렛대 기구를 사용하여 4배로 확대되어 검지된다.

그림 8.15의 데이터는 상하 운동을 극단적으로 감소시킨 고정밀 선형 운동 안내기구 효과를 보여준다. 그림 8.15(a)는 서보 보정기구가 적용되지 않는 상태에서의 테이블 이송시의 결과로서 ± 2 μm의 상하 운동이 있음을 보여준다. 반면 그림 8.15(b)는 마스터 스케일과 서보 보정 기구가 조합되어 있는 상태의 데이블 이송시 결과로서 테이블의 상하운동은 ± 0.5 μm 정도로 크게 감소한 것을 볼 수 있다. 그림 8.15(c)는 서보 보정기구와 몇 가지의 마스터 스케일 보정이 조합 되어진 상태에서의 테이블 이송시 상하 운동을 나타내는 결과로서 ± 0.06 μm 정도로 상하 운동이 크게 감소한 것을 확인할 수 있다. 비록 여기서는 상하 운동의 보정만 설명하였지만, 이 피드백 보정 기구를 이용하면 ± 0.8초였던 핏칭 모션을 ± 0.1초까지 감소시킬 수 있다.

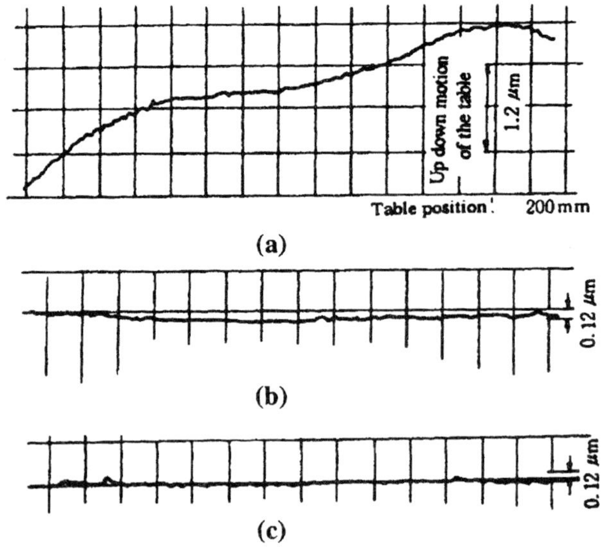

그림 8.15 고정밀 선형 이송 안내 기구의 상하 운동 감쇄 데이터: (a) 서보 보정기구가 없을 때, (b) 서보 보정기구가 있을 때, (c) 서보 보정기구와 스케일 오차 보정이 동시에 이루어질 때의 상하 운동 데이터[9]

(2) 초정밀 x-y 스테이지

유사한 원리를 사용하여 초정밀 x-y 위치 이송 스테이지가 개발된 바 있다. 이 장치의 구성 개략도를 그림 8.16에 나타내었다.[10] 이 장치는 120 mm×120 mm의 대면적 이송 범위에 걸쳐서 위치 분해능 ± 0.05 μm, 요잉(yawing) 1 μrad 이하의 초정밀 이송이 가능하다. 또한, 스테이지의 이송속도는 200 ms 내에 10 mm로 이송할 수 있을 만큼 고속 이

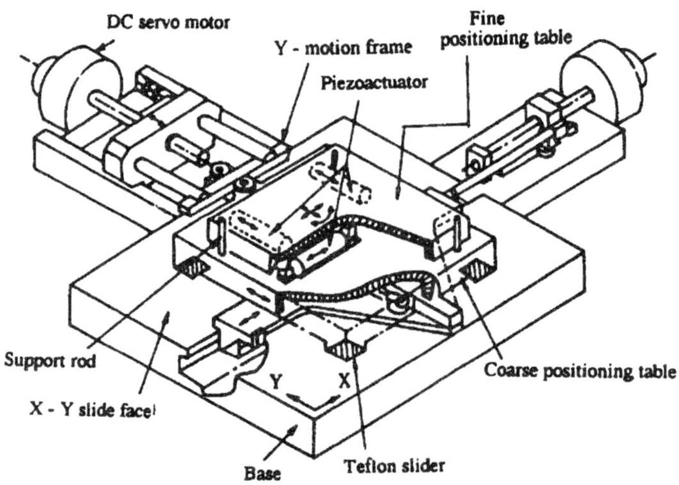

그림 8.16 초정밀 x-y 위치 이송 스테이지[10]

송이 가능하다. 이러한 초정밀 x-y 이송 스테이지는 VLSI 반도체 제작시 노광(Photolithograph) 공정에 있어서 그 중요성이 날로 커져가고 있다.

8.4 서보 시스템

그림 8.17에 출력과 응답성을 기준으로 서보 시스템을 분류하여 도식화 하였다.[11] 대출력, 고속응답을 동시에 얻기 위해서는 전기-유압방식을 사용할 수 밖에 없다. 이 전기-유압 서보 시스템에서 현재 요구되고 있는 응답성은 1 kHz 수준이다. 사실 이 정도의 응답성은 그림 8.17에서 보는 바와 같이 기존의 시스템에서 얻을 수 있는 최대의 응답속도에 해당하는 높은 수준으로, 아직까지 일반적으로 사용되는 어떠한 시스템에서도 구현하지 못하고 있다. 이런 종류의 성능향상을 위하여 가장 최근의 개발 결과는 압전 PZT 플래퍼를 사용한 단순화된 밸브 구조를 들 수 있다.[11,12] 하지만 이 디자인은 PZT 압전체의 이력거동과 펄스폭변조(PWM) 구동 방식 때문에 발생하는 반송 신호에 따른 지속적인 플래퍼의 진동 때문에 고주파 응답에 문제가 있었고, 아울러 서보밸브의 내구성 저하의 문제로 실용화 되지는 못하였다.(이 디자인과, 구동 방식에 대한 자세한 설명은 5장에 있음.) 이 기본 설계를 바탕으로 왜곡이 큰 PZT 압전체를 대신하여 PMN 전왜재료를 이용한 바이몰프가 적용된 밸브가 개발되었고, 이를 통하여 앞서 설명한 문제점들을 효과적으로 해결할 수 있었다.[13,14]

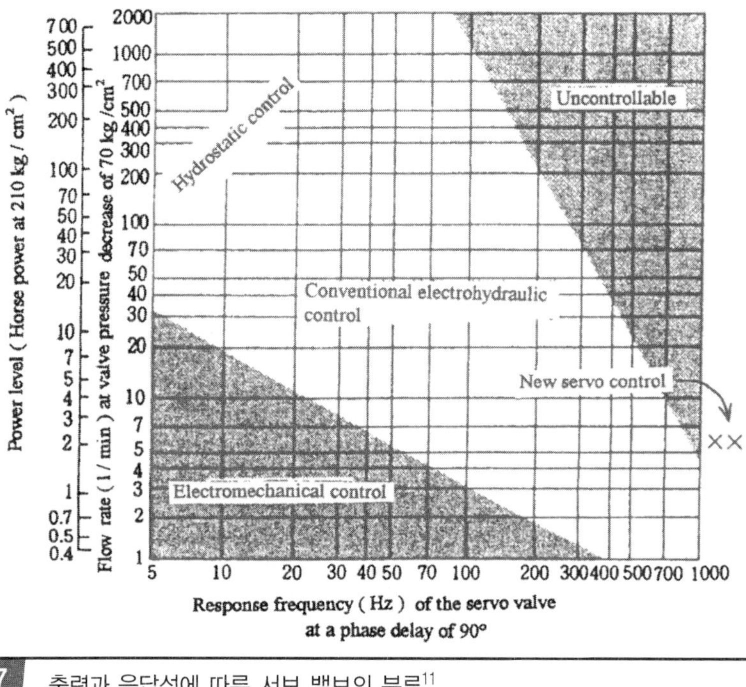

그림 8.17 출력과 응답성에 따른 서보 밸브의 분류[11]

(1) 유압 서보 밸브

2단, 4방향 밸브의 개략도를 그림 8.18에 도시하였다.[14] 밸브의 첫 번째 단은 PMN 기반의 전왜재료를 이용한 플래퍼가 장착되어 있고, 2번째 단인 스풀(spool)은 현재 가장 작은 크기인 직경 4 mm로 제작되어 정격유량 6 liter/min을 가진다.

전왜재료인 (0.45)PMN-(0.36)PT-(0.19)BZN(PMN: lead magnesium niobate-마그네슘 니오븀산 납, PT: lead titanate-티탄산 납, BZN: barium zinc niobate-아연 니오븀산 바륨)이 사용되었는데, 이는 큰 변위를 가짐과 동시에 이력현상이 작기 때문이다. 플래퍼는 그림 8.19와 같이 2장의 PMN 박편이 하나의 인청동판의 양면에 붙여진 멀티몰프(multi-morph) 구조를 가지고 있다. 이 멀티몰프 구조는 변위량을 높임과 동시에 발생력을 높이고, 응답속도를 높일 수 있기 때문에 적용되었다. 기판과 상하 양면이 접지용 전극이고, PMN간의 전극이 고전압(그림에서 V_1과 V_2) 인가용 전극이다. 플래퍼 끝단의 변형은 전왜효과 때문에 인가된 전압의 2승에 비례하는 특성을 가진다. 따라서 선형적인 특성을 얻기 위해서 푸시-풀(push-pull)구동방식이 적용되었다. 이 구동방식에서 가해지는 전압은 아래 식과 같이 제어된다.

$$\begin{aligned} V_1 &= V_o + v_{app} \\ V_2 &= V_o - v_{app} \qquad [V_o = 600\ \mathrm{V}] \end{aligned} \tag{8.5}$$

여기서 v_{app}는 인가된 전압이다. 그림 8.20에 나타내었듯이 v_{app}와 발생된 변형량에 대해 그래프를 그려보면 거의 선형적으로 나타남을 볼 수 있다. PZT 압전재료와 비교하면, PMN계 전왜재료의 변위 이력현상은 매우 작음에 주의할 필요가 있다. 이 플래퍼의 기름안에서의 공진주파수는 약 2 kHz이다.

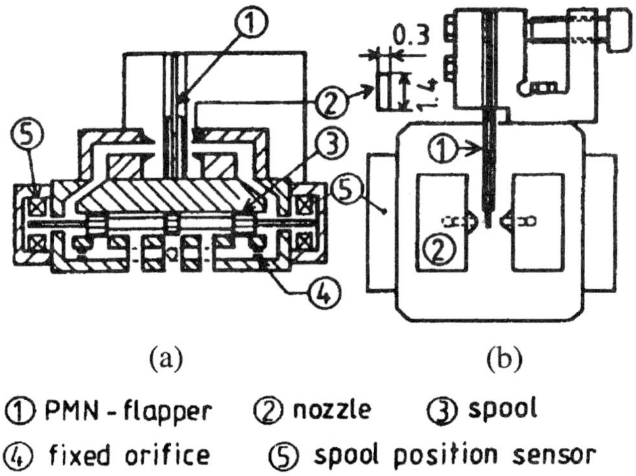

그림 8.18 2단, 4방향 밸브의 개략도 (a) 정면도, (b) 평면도[14]

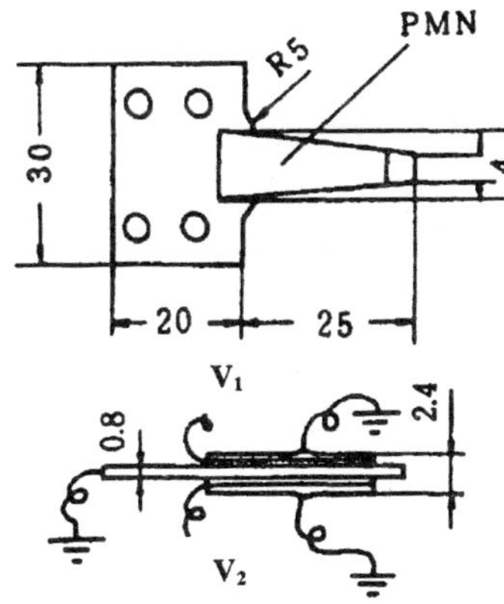

그림 8.19 멀티몰프 전왜 플래퍼[14]

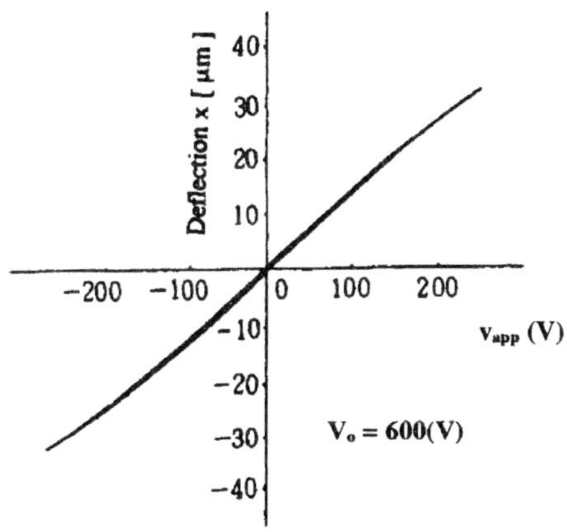

그림 8.20 전왜 플래퍼의 푸시-풀(push-pull) 구동 시 변형 거동[14]

종래의 힘(물리적) 피드백 제어 방법은 플래퍼의 끝단과 스풀을 스프링으로 접속하는 구조로 되어 있어, 전체 시스템의 응답성을 향상시키는 데는 한계가 있다. 이러한 한계를 극복하기 위하여 스풀위치를 전기적으로 검출해서 피드백을 행하는 방식이 개발되었다. 소형의 차동 트랜스포머(50 kHz)를 스풀의 위치 검출에 사용하면, 피드백 게인의 변경이나 속도 피드백(speed feedback)을 용이하게 수행할 수 있는 장점이 있다.

유압 서보 밸브의 보정 입력신호에서 스풀의 변형까지의 블록 다이어그램을 그림 8.21에 나타내었다. 1 kHz 이하의 주파수 영역에 대해서는 아래와 같이 몇 가지 특징이 근사적으로 적용되었다.

1) 입력전원은 $[K_a/(T_a\ s+1)]$과 같음.
2) 플랩퍼의 전달함수는 2차 함수임.
3) 기름의 압축성 영향은 무시함.

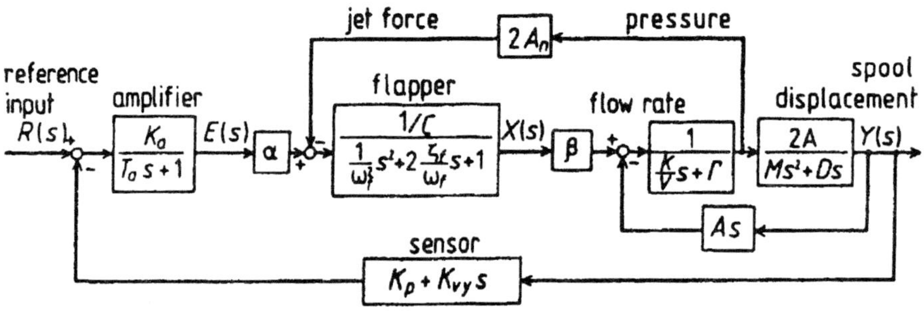

그림 8.21 서보 밸브의 블록 다이어그램[13,14]

4) 스풀과 슬리브간의 점성 저항은 무시함.

또한, 여기서는 구동시 속도 피드백은 행하지 않았다. 그림 8.21에 나타낸 시스템에서 입력대 출력의 관계는 단순 2차 함수의 형태로 계산하면, 아래의 전달 함수를 얻을 수 있다.

$$\frac{Y(s)}{R(s)} = \left[\frac{1}{K_p}\right] \frac{1}{a_o s^2 + a_1 s + 1} \tag{8.6}$$

여기서

$$a_o = \frac{[1 + (2A_n \beta / C\Gamma)]M + 2[(2\zeta_f / \omega_f) + T_a](A^2/\Gamma)}{a_2}$$

$$a_1 = \frac{2(A^2/\Gamma)}{a_2}$$

$$a_2 = \frac{2A\beta\alpha K_a K_b}{C\Gamma}$$

로 주어진다.

[예제 8.1]

K_{vy}와 D의 고차항을 무시하고, 그림 8.21에서 보인 블록 다이어그램으로부터 식 8.6을 유도하라.

해답

그림 8.21에 4개의 변수: R(s), E(s), X(s), Y(s)가 제시되어 있다. 블록 다이어그램에서 작은 원으로 표시된 각각의 노드에 대해서 다음 3개의 식을 유도할 수 있다.

$$\left[\frac{T_a s+1}{K_a}\right]E(s)=R(s)-[K_p+K_{vy}s]Y(s) \tag{P8.1.1}$$

$$C\left[\frac{1}{\omega_f^2}s^2+2\frac{\zeta_f}{\omega_f}s+1\right]X(s)=\alpha E(s)-2A_n\left[\frac{Ms^2+Ds}{2A}\right]Y(s) \tag{P8.1.2}$$

$$\left[\frac{K}{V}s+\Gamma\right]\left[\frac{Ms^2+Ds}{2A}\right]Y(s)=\beta X(s)-AsY(s) \tag{P8.1.3}$$

식 (P8.1.1)을 E(s)에 대해서 풀고, 이것을 식 (P8.1.2)에 대입하면, X(s)에 대한 해는 다음과 같다.

$$X(s)=\frac{\left[\left(\frac{\alpha K_a}{T_a s+1}\right)R(s)-\left(\frac{\alpha K_a(K_p+K_{vy}s)}{T_a s+1}\right)Y(s)-\left(\frac{A_n(Ms^2+Ds)}{A}\right)Y(s)\right]}{C\left[\frac{1}{\omega_f^2}s^2+\frac{2\zeta_F}{\omega_F}s+1\right]} \tag{P8.1.4}$$

식 (P8.1.4)와 식 (P8.1.3)을 묶으면 아래와 같다.

$$\left[\frac{((K/v)s+\Gamma)(Ms^2+Ds)}{2A}+As\right]Y(s)=\beta X(s) \tag{P8.1.5}$$

여기서

$$\beta X(s)=\frac{\beta\left[\left(\frac{\alpha K_a}{T_a s+1}\right)R(s)-\left(\frac{\alpha K_a(K_p+K_{vy}s)}{T_a s+1}\right)Y(s)-\left(\frac{A_n(Ms^2+Ds)}{A}\right)Y(s)\right]}{C\left[\frac{1}{\omega_f^2}s^2+\frac{2\zeta_F}{\omega_F}s+1\right]}$$

이고, 따라서 역 전달 함수를 구하면 아래와 같이 된다.

$$\frac{R_s}{Y_s}=\Sigma\left(T_a s+1\right)+\left(K_p+K_{vy}s\right) \tag{P8.1.6}$$

여기서

$$\Sigma\equiv\frac{C}{2\alpha\beta K_a A}\left(\frac{1}{\omega_f^2}s^2+\frac{2\zeta_f}{\omega_f}s+1\right)\left[\left(\frac{K}{V}s+\Gamma\right)\left(Ms^2+Ds\right)+2A^2s\right]+\frac{A_n(Ms^2+Ds)}{\alpha K_a A}$$

이다. S^2보다 높은 차수의 항을 무시하면 역 전달 함수를 아래와 같이 좀 더 단순화 할 수 있다.

$$\frac{R(s)}{Y(s)}=K_p+sK_p\boldsymbol{\Phi}+s^2K_p\boldsymbol{\Psi} \tag{P8.1.7}$$

여기서

$$\Phi \equiv \frac{K_{vy}}{K_p} + \frac{A_n D}{\alpha K_a A K_p} + \frac{C\Gamma}{2A\alpha\beta K_a K_p}\left(\frac{2A^2}{\Gamma} + D\right)$$

$$\Psi \equiv \left[A_n M + A_n D T_a\right]\frac{1}{\alpha K_a A K_p} + \left[\frac{KD}{V} + \Gamma M\right]\frac{C}{2A\alpha\beta K_a K_p} + \left[\frac{C2\zeta_f}{\omega_f} + CT_a\right]\frac{\left(\Gamma D + 2A^2\right)}{2A\alpha\beta K_a K_p} + \frac{T_a A_n D}{\alpha K_a A K_p}$$

으로 주어진다. K_{vy}와 D를 포함하는 항들을 무시하고, 식 (P8.1.7)을 좀 더 단순화 하면 식 8.6이 된다.

그림 8.22에 전자 피드백 시스템을 적용한 유압 서보 밸브의 정적인 스풀 변위를 보정 입력 신호에 대하여 도시하였다. 그림 8.20에서 보였던 약간의 이력특성이나 비선형성은 스풀 변위의 피드백 제어에 의해 전혀 나타나지 않는다. 그림 8.23은 스풀 변위의 동적 특성을 보여준다. 게인은 10 Hz 일때 0 dB로 맞추어져 있다. 게인곡선에서 주파수 1800 Hz 부근에 약간의 피크가 나타나고, 90° 의 위상 지연 주파수는 약 1200 Hz 이다. 1 kHz에서의 최대 스풀 변위량은 ± 0.03 mm가 된다. 그림 8.17에서 보였던 분류 그래프 안에 이 새로운 서보 시스템의 특성을 2곳의 x로 표시하였으며, 이는 현재 사용 가능한 서보 시스템 중 가장 빠른 것임을 확인할 수 있다.

(2) 공압 서보 밸브

앞서 설명한 노즐-플랩퍼 기구는 공압 제어에도 사용될 수 있다.[15] 유압 제어와 공압 제어 시스템의 가장 큰 차이점은 플랩퍼에 가해지는 힘의 크기이다. 일반적으로 유압과 공

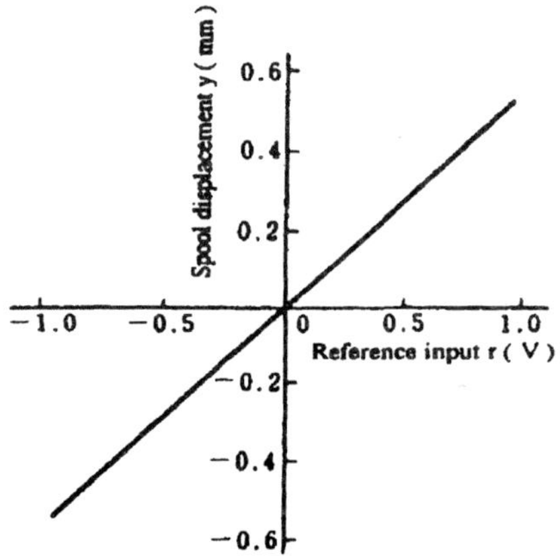

그림 8.22 전기적 피드백 시스템이 적용된 유압 서보 밸브의 보정 입력 신호에 따른 스풀의 정적 변위[13,14]

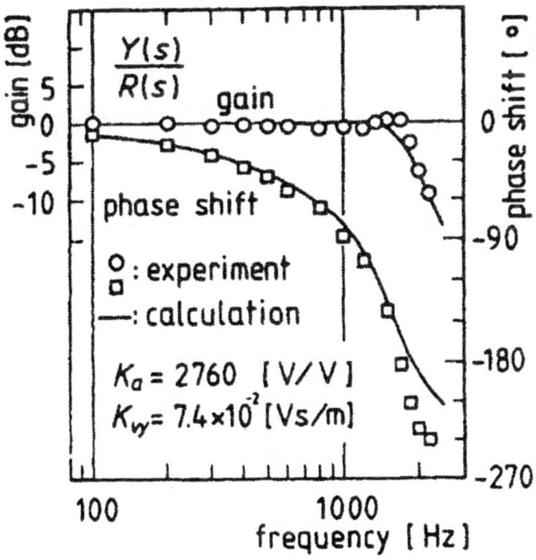

그림 8.23 전기적 피드백 시스템이 적용된 유압 서보 밸브의 주파수 응답 특성[13,14]

압에 쓰이는 노즐-플랩퍼 기구의 사양은 노즐 직경 d_n=0.3~0.8 mm 이고, 플랩퍼가 받는 최대의 힘 f_{max}는 노즐 압력을 p라 할 때, 아래 식으로 주어진다.

$$f_{max} < (1/2)\,\pi\, d_n^2\, p \tag{8.7}$$

유압에 있어서 일반적으로 p는 70~210 kgf/cm^2 정도이고, 공압에 있어서는 3 kgf/cm^2 정도이다. 또한, 노즐-플랩퍼간 거리는 d_n/4 이하로 하는 것이 일반적이다.

(3) 직접 구동식 스풀 서보 밸브

그림 8.24는 두 개의 PMN 계 다층 액추에이터를 복잡한 힌지레버 기구에 적용하여 개발한 직접 구동식 스풀 서보 밸브를 보여준다. 이 시스템은 90° 위상 지연 주파수가 약 1400 Hz 정도로 매우 빠른 응답성을 가진다.

8.5 VCR 헤드 추적 액추에이터

고화질의 VCR 화상에 대한 요구는 날로 증가하고 있으며, 특히 테이프의 정지화상, 느린 화상, 고속탐색시 그 중요성이 커지고 있다. 그림 8.25에서 보인 바와 같이 테이프의 이송 속도가 정상적인 속도에 비하여 차이가 날 때, 테이프의 녹화트랙과 헤드사이에는 오차가 발생하게 된다. 이 오차를 감지하기 위해서 헤드는 가드 밴드(guard band)를 따라가게 되는데, 이로 인해 가드 밴드 노이즈(guard band noise)가 발생한다.[16] Ampex 사에서는 압전 액추에이터를 이용한 자동 추적 스캔 시스템(auto tracking scan system)을 개발하였다. 이것은 가드 밴드 노이즈 신호에 대응하여 효과적으로 헤드의 위치를 조절하

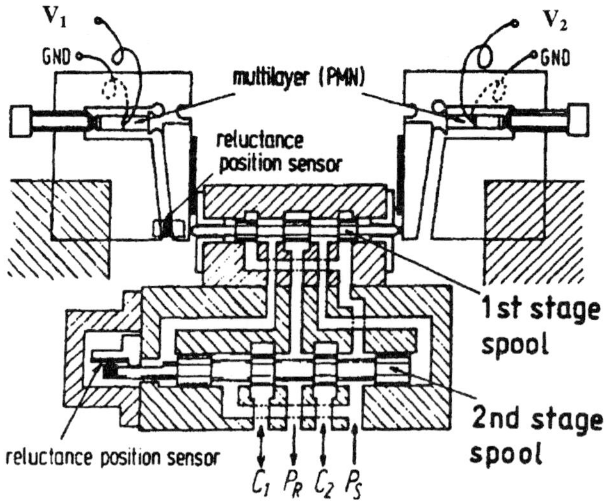

그림 8.24 두 개의 PMN계 다층 액추에이터가 적용된 직접 구동식 스풀 서보 밸브의 개략도[14]

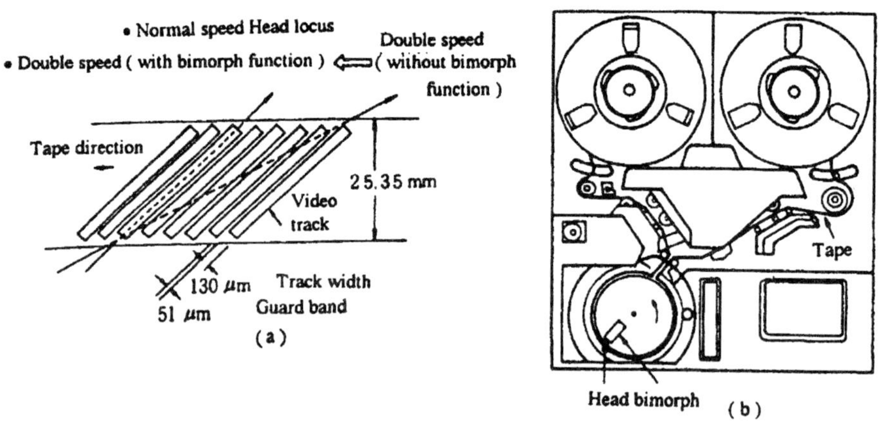

그림 8.25 바이몰프 압전 액추에이터가 적용된 자동 추적 스캔 시스템: (a) 비디오 테이프와 비디오 헤드 궤적의 상세도, (b) 바이몰프 액추에이터가 장착된 전체 시스템의 개략도[16,17]

는 시스템으로서 테이프의 녹화트랙을 헤드가 지속적으로 따라갈 수 있도록 한다. 아울러 압전 액추에이터는 어떠한 자기적인 노이즈도 발생시키지 않기 때문에 화상에 영향을 주지 않는다.

개발자들은 상대적으로 큰 변위를 발생시킬 수 있는 바이몰프(bimorph) 액추에이터를 주로 사용하였다. 헤드의 추적기능을 부여하기 위해 바이몰프 액추에이터를 쓸 때는 테이프와 헤드간에 공간각(space angle)이 생기지 않도록 특히 주의해야 한다. 이는 바이몰프 액추에이터는 변형이 일어날 때 약간의 회전변형이 발생할 수 있기 때문이다. 이런 문제를 해결하기 위해서 회전변형이 없는 순수 굴곡변형만 가지는 다양한 설계가 제안되어지고 있다.

그림 8.26에 Ampex 사에서 개발된 s-형 모드의 바이몰프를 도시하였다.[16] 이 바이몰프의 끝단은 회전에 반대되는 방향으로 굴곡변형이 발생되도록 설계되었다. 테이프의 트랙을 감지하기 위해서 헤드는 450 Hz로 진동을 하고, 이 진동신호를 변조하여 액추에이터에 피드백 시킨다. 헤드 위치를 감지하기 위한 센서의 전극은 전기적인 댐핑을 위해서도 사용된다.

그림 8.27[17]은 Sony 사에서 개발된 평행 스프링 기구를 보여준다. 이 액추에이터는 방송용 VCR인 BHV-1000(그림 8.25(b)에 도시) 모델에 적용되었다. 고화상을 얻기 위해서 테이프의 트랙폭이 130 μm정도로 큰 것을 사용하기 때문에 액추에이터의 대변위가 요구된다.

Matsuchita전기에 의해 개발되어 사용중인 링형 바이몰프를 그림 8.28에 도시하였다.[18,19] 이 콤팩트한 가동식 헤드를 적용한 VCR은 8배속까지 빠른 재생이나 정지화상, 느린화상에서도 노이즈가 전혀 없는 깨끗한 화상을 얻을 수 있다. 압전 액추에이터가 적용된 자동 추적 시스템이 장착된 헤드는 8 mm VCR의 표준으로 제안되어져 있다.

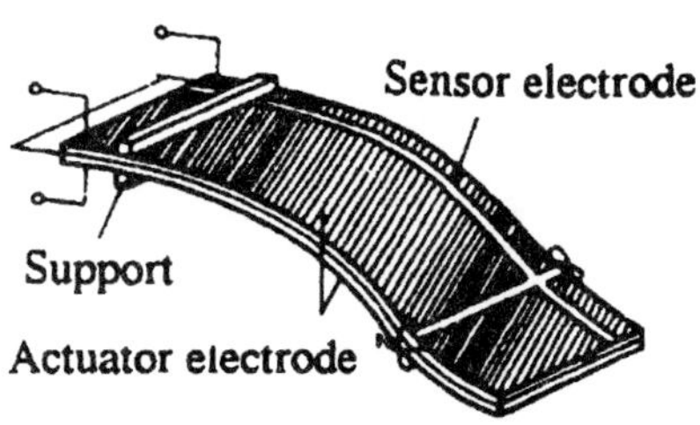

그림 8.26 Ampex 사에 의해 개발된 s-형 모드 바이몰프

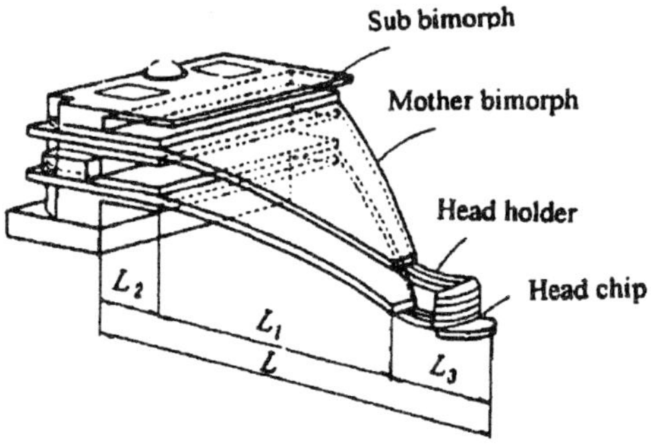

그림 8.27 Sony 사에 의해 개발된 평행 스프링 기구[17]

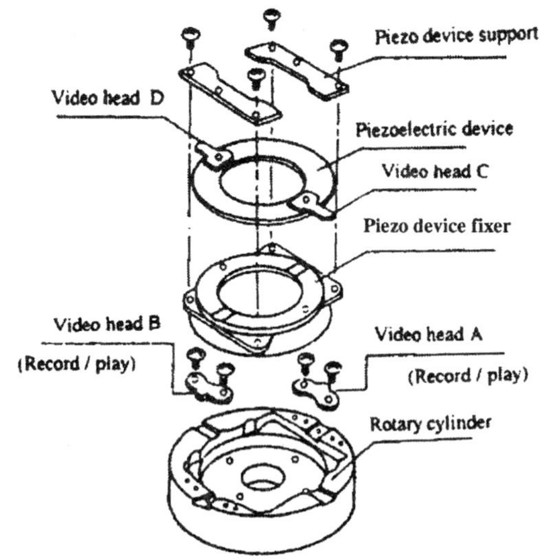

그림 8.28 Matsuchita 전기에서 개발된 링형 바이몰프[18,19]

8.6 진동 억제와 노이즈 제거 시스템

(1) 진동 억제(vibration damping)

최근 미육군은 헬리콥터의 로터 제어 기술개발에 관심을 가지고 연구를 진행하고 있다. 그 중 하나로, 그림 8.29에 보인 집적화된 압전 판을 적용한 무베어링 로터 플렉스빔(flexbeam)을 들 수 있다.[20] 이러한 헬리콥터의 날개의 비틀림변형을 발생시키기 위해서 가변 섬유복합체 적층판이 개발되었다.[21] 그림 8.30에 보인 바와 같이 날개의 평면 응력을 감지하고, 변형을 발생시키기 위해 압전 섬유를 종방향으로 배열하여 제작, 사용하고 있다. 기지재료(matrix material)는 에폭시 수지와 미세한 PZT 입자로 이루어져 있고, 압전 섬유로서 130 μm 직경의 PZT 섬유를 현재 사용하고 있다. 기지재료로 PZT 입자를 사용하는 것은 기지상의 유전 상수를 높이기 위해서 인데, 이러한 방법을 통하여 고유전율을 가지는 섬유들 사이에 높은 전기장을 인가할 수 있다. 또한, 직경 9 μm 크기의 유리 섬유가 첨가될 수 있는데, 이를 통하여 날개의 강도를 더욱 증진시킬 수 있다. 다양한 종류의 PZT 압전 적층판이 이러한 구조의 플렉스빔의 응용이나 가변 진동 제어에 적용되기 위하여 연구되어 지고 있다.[22]

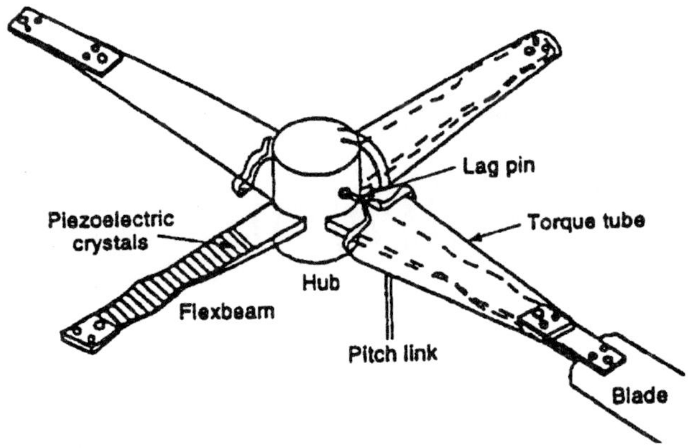

그림 8.29 압전 판이 적용된 무베어링 로터 플렉스빔[20]

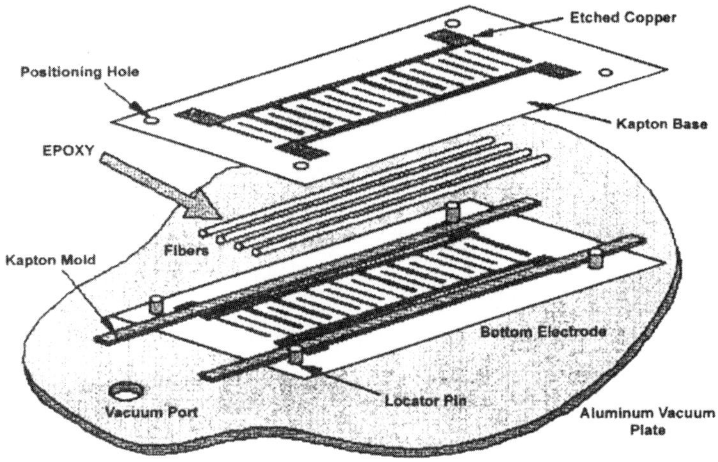

그림 8.30 무베어링 로터 플렉스빔에 적용된 가변 압전 섬유 복합체 판의 개념도[21]

(2) 노이즈 제거

그림 8.31은 음향 노이즈를 제거하는 시스템의 블록 다이어그램을 보여준다.[23] 음향 노이즈는 압전 마이크를 통해 감지되고, 감지된 신호는 다시 고출력 압전 스피커로 피드백되어 노이즈를 상쇄시키는 음파(그림에서 반노이즈(anti-noise)로 표시)를 발생시킨다. 이 신호는 그림에서 보인 바와 같이 노이즈 신호를 효과적으로 제거하여 노이즈가 들리지 않게 한다.

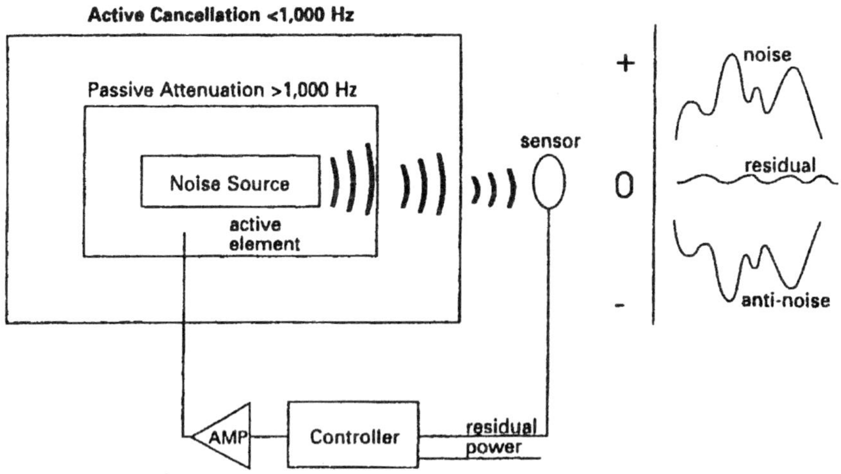

그림 8.31 음향 노이즈 제거 시스템의 블록 다이어그램[23]

요점정리

1. 가변형 반사경 표면 형상은 Zernike 수차 다항식에 의해 표현될 수 있으며, 이것을 이용하여 반사경 시스템의 디자인을 최적화 할 수 있다.
   a. 각각의 직교 항들은 각각의 개별 소자들에 대한 함수를 의미하며 각각의 소자들은 시스템내의 다른 요소들에 대하여 독립적이다.
   b. 높은 수준의 보정은 사용된 다항식의 항의 수를 높임으로써 가능하다.
   c. 오차수준의 평가가 가능하다.

2. PZT 압전 액추에이터를 이용한 초정밀 선형 운동 안내기구가 개발된 바 있다. 이 안내기구의 베이스에 설치된 마스터 스케일에 대한 이송 테이블의 상하운동, 핏칭, 롤링 등은 이송 테이블의 바닥에 장착된 3개의 차동 트랜스포머에 의해 감지가 가능하다. 이송 테이블의 모서리에 설치된 3개의 압전 PZT 위치제어 액추에이터는 차동 트랜스포머로부터 피드백 신호를 받아서 항상 동일한 위치를 유지할 수 있도록 위치제어를 하게 된다. 이러한 방법을 통하여 마스터 스케일의 오차범위를 능가하는 매우 정밀한 선형운동이 가능하다.

문제

8.1 액추에이터 소자를 설계하는 데 있어서 다항식의 항을 늘리게 됨으로써 얻어지는 장점을 설명하라.

8.2 아래의 설명이 바르게 되어 있는가?
"위치 센서와 액추에이터가 적용된 서보 시스템에서 위치 제어의 정밀도는 장착되어 있는 마스터 스케일의 정밀도를 넘어설 수 없다."

8.3 아래 주요한 미세조정에 관련된 용어들에 대하여 간략히 정의하라.
a. 핏치(pitch)
b. 롤링(roll)
c. 요잉(yaw)

참고문헌

1) J. W. Hardy, J. E. Lefebre and C. L. Koliopoulos: J. Opt. Soc. Amer. **67**, 360 (1977).
2) J. W. Hardy: Proc. IEEE **66**, 651 (1978).
3) K. Uchino, Y. Tsuchiya, S. Nomura, T. Sato, H. Ishikawa and O. Ikeda: Appl. Optics **20**, 3077 (1981).
4) T. Sato, H. Ishikawa, O. Ikeda, S. Nomura and K. Uchino: Appl. Optics **21**, 3669 (1982).
5) J. L. Fanson and M. A. Ealey: Active and Adaptive Optical Components and Systems II, SPIE **1920**, Albuquerque (1993).
6) F. E. Scire and E. C. Teague: Rev. Sci. Instruments **49**, 1735 (1978).
7) S. Okayama, H. Bando, H. Tokumoto and K. Kajimura: Jpn. J. Appl. Phys. **24**, Suppl. 24-3, 152 (1985).
8) K. Uchino: Ceramic Databook '88 (Chap. Ceramic Actuators), Inst. Industrial Manufacturing Technology, Tokyo (1988).
9) S. Moriyama and F. Uchida: Proc. Jpn. Procision Eng. Soc. **201**, p.61 (Spring, 1984).
10) S. Moriyama, T. Harada and A. Takanashi: Precision Machine, **50**, 718 (1984).
11) Ikebe and Nakada: Proc. Jpn. Measurement and Automation Soc., 7-5, p.480 (1971).
12) Ikebe and Nakada: Oil and Air Pressure, **3**, 78 (1972).
13) H. Ohuchi, K. Nakano, K. Uchino, S. Nomura and H. Endo: Proc. Oil and Air Pressure Soc., **3**, p.9 (Fall, 1983).
14) H. Ohuchi, K. Nakano, K. Uchino, H. Endoh and H. Fukumoto: Proc. Fluid Control &

Measurement, Tokyo, Pergamon Press, p.415 (1985).
15) K. Yamamoto, A. Nomoto and Y. Ueda: Proc. SICE, **1408**, p.121 (1982).
16) A. Ohgoshi and S. Nishigaki: Ceramic Data Book '81, p.35 Inst. Industrial Manufacturing echnology, Tokyo (1981).
17) Okamoto et al.: Broadcasting Technology, No.7, p.144 (1982).
18) M. Kobayashi, M. Tomita, K. Yamada and M. Matsumoto: National Technical Report **28**, 419 (1982).
19) K. Yamada et al.: Abstract Television Soc. Jpn., 8-2 (1982).
20) F. K. Straub: Smart Mater. Struct., **5**, 1 (1996).
21) N. W. Hagood: Introduction to AMSL/MIT, http://amsl.mit.edu/research
22) P. C. Chen and I. Chopra: Smart Mater. Struct., **5**, 35 (1996).
23) H. B. Strock: Spectrum-Performance Materials, 51-1, Decision Resources (1993).

제9장 펄스구동모터 응용

펄스구동모터는 스윙형 CCD 화상 센서, 미소각도 조정 고니오미터(goniometer), 인치웜 소자, 도트 매트릭스 프린터 헤드, 잉크젯 프린터 헤드, 압전 릴레이, 자동차용 능동 현가 장치들에 사용되고 있다. 낮은 유전율을 가지는 액추에이터 재료들이 이러한 용도에 사용된다. 이러한 응용 시스템들에서 이 재료들이 사용될 때, 낮은 전류로 구동이 가능하기 때문이다. 진동의 오버슛과 링잉이 이런 소자나 시스템의 제어에서 중요한 이슈이기 때문에 어떻게 효과적으로 이런 불필요한 요소들을 제거할 수 있는지에 대하여 본 장에서 살펴보도록 하겠다.

9.1 화상 시스템 응용

여기서는 첨단 화상 시스템에서 어떻게 새로운 액추에이터들이 적용될수 있는지, 대표적인 예로서 스윙형 CCD 화상 센서, 스윙형 초전(pyroelectric)센서, 압전 바이몰프 카메라 셔터 등을 통하여 살펴보겠다. 각각의 예는 기존 사용되어 왔던 소자들에 비하여 나름의 장점들을 가지고 있다.

(1) 스윙형 CCD 화상 센서

대표적인 고체 화상센서이며 비디오 카메라에 널리 쓰이고 있는 전하 결합 소자(CCD: Charge Coupled Device)는 최근 수요가 크게 증가하고 있다. 최근 해상도나 감도가 크게 발전하였지만, 아직까지 수평 방향의 화상 분해력과 같은 부분에서는 여전히 문제를 가지고 있다.[1] 최근 수평 분해력을 높이기 위해 개발된 방법중 하나로는 CCD 칩을 수평으로 1/2 화소에 해당하는 거리만큼 교대적으로 이동하여 화상 신호를 받는 스윙형 CCD를 들 수 있다.

그림 9.1에 인터라인 전송방식의 CCD 칩의 확대도를 나타내었다.[2] 광학 화상 시스템에서 센싱을 담당하는 부분은 포토다이오드가 맡게 되고, 수직 CCD 레지스터와 신호 전송 라인, 오버플로 드레인(overflow drain) 등의 나머지 부분들은 알루미늄 코팅을 통하여 빛이 들어가지 못하도록 덮여져 있다. 스윙형 화상 검출 방식의 기본 원리를 그림 9.2에 도식화 하였다. CCD 칩 기판은 그림 9.2(a)와 같이 수평 화소의 1/2 폭(P_H)만큼 입력 광학상에 대하여 수평방향으로 이동하게 된다. 이 스윙동작의 타이밍은 그림 9.2(b)에서와 같이 두 개의 공간 점 (A와 B)에서 화상신호를 받기 위해서 프레임 속도와 연동되어 결정된다. A와 B 필드에서 얻어진 화상신호는 서로 결합, 신호처리를 하게 되면 수평 방향 분해능이 두 배로 향상되어 진다. 이런 방법은 기존의 광학 시스템 대비, 유효 센싱 영역을 두 배로 늘릴 수 있다. 또한, 이 방법은 화상에서의 모아레 패턴(Moire: 간섭현상)

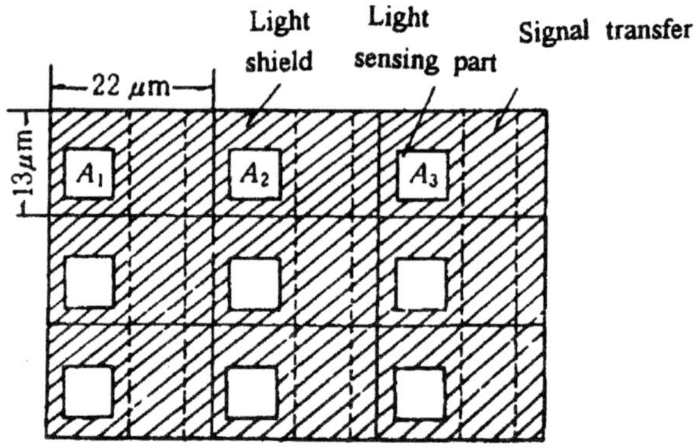

그림 9.1 인터라인 전송방식 CCD의 확대도[2]

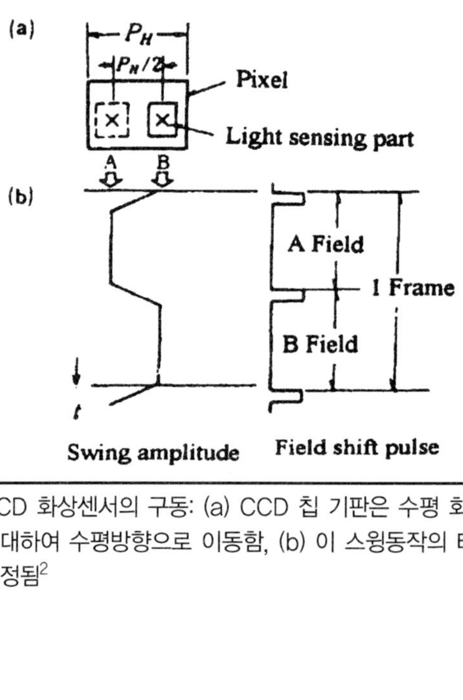

그림 9.2 스윙형 CCD 화상센서의 구동: (a) CCD 칩 기판은 수평 화소의 1/2 폭(P_H)만큼 입력 광학상에 대하여 수평방향으로 이동함, (b) 이 스윙동작의 타이밍은 프레임 속도와 연동되어 결정됨[2]

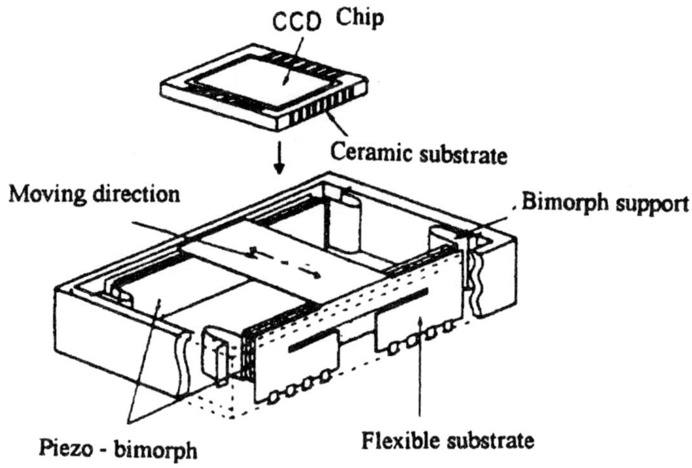

그림 9.3 Toshiba 사에서 개발된 스윙형 CCD 센서의 구조[2]

을 대폭 감소시킬 수 있다.

Toshiba 사에서 개발된 스윙형 CCD 센서의 구조를 그림 9.3에 도시하였다.[2] CCD 기판은 센서의 끝에 배치되어 있는 한 쌍의 압전 바이몰프 액추에이터에 의해서 평행으로 이동 가능하다. 바이몰프 액추에이터가 외부 진동 노이즈에 의해서 영향을 받을 수 있기 때문에 지지대가 적용되어져 있다. 그림 4.44에서 보인 것처럼 바이몰프의 변형이 줄어들지 않으면서 지지를 할 수 있도록 특별한 구조의 지지방식이 채용되었다. CCD 화소폭의 1/2에 해당하는 11 μm의 변위량을 얻기 위해서는 구동 전압 15 V면 충분하다. 시스템 구동을 위해 계단파의 전압을 사용하게 되면 진동의 오버슛이나 링잉이 발생하게 된다. 공진 주기에 해당하는 4 ms의 승/감(rise/fall) 시간을 가지는 사다리꼴 파형을 인가하면 이를 억제할 수 있다(그림 5.19 참고).[2]

(2) 스윙형 초전(pyroelectric) 센서

압전 바이몰프 액추에이터는 앞에서 설명한 방법과 유사하게 초전센서에도 적용될 수 있다. 종래에 초전센서로 온도를 감지하기 위해서는 큰 전자기 모터가 적외선을 단속(chopping)하여야만 했다. SANYO 사에서는 압전 바이몰프를 이용한 광 단속기(chopper)를 적용한 소형 초전센서를 개발하였고, 이를 그림 9.4에 나타내었다.[3] 콤팩트한 크기, 가벼운 무게, 저렴한 가격으로 인하여 이 온도센서는 전자레인지의 온도센서로 사용되고 있다.

(3) 압전 바이몰프 카메라 셔터

최근 자동초점, 자동 필름 감기기능 등의 다양한 자동 기능 외에, 이중 초점, 줌기능을

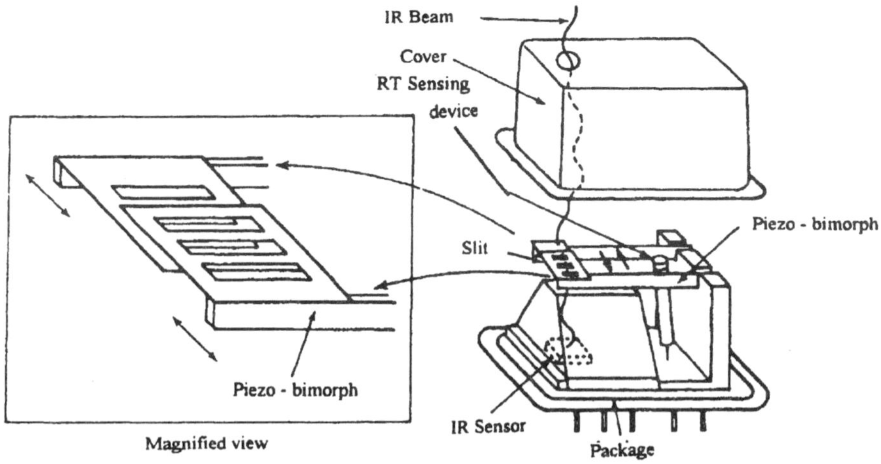

그림 9.4 스윙형 초전 센서의 구조[3]

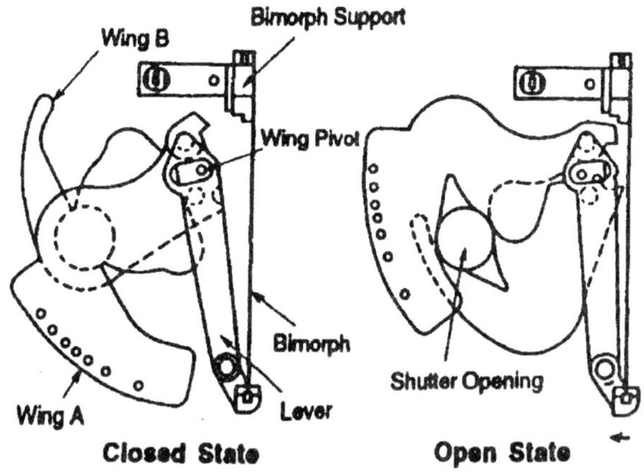

그림 9.5 Minolta 사에서 개발된 압전 바이몰프가 적용된 카메라 셔터[4]

가지는 다양한 설계들이 카메라에 적용되고 있다. 특히 셔터 기능은 이러한 시스템에서 반드시 들어가야 할 기능중의 하나이므로, 카메라의 빠른 동작을 위해서는 작고 가벼운 셔터가 필요하다. 그림 9.5에 Minolta 사에서 개발된 압전 바이몰프 액추에이터가 적용된 카메라 셔터를 나타내었다.[4] 이 시스템의 부품수는 종래의 스프링식 셔터 기구에 대비하여 1/3로 줄어들었다. 끝단의 변위가 300 μm인 압전 바이몰프 액추에이터는 8 mm 직경의 셔터 개방을 할 수 있다. 이력특성을 없애고, 개방후 셔터가 완전히 닫힐 수 있도록 압전 바이몰프 액추에이터의 동작 후에는 항상 역전압이 인가되도록 설계하였다.

9.2 인치웜 소자

인치웜 소자에 의해 발생하는 운동은 일반적인 속도나 운동의 사용에 있어서 초음파모터에서 발생하는 운동과 매우 유사하지만, 메커니즘적으로 봤을 때 두 소자의 작동법은 완전히 다른 것이다. 즉, 인치웜 소자는 소자의 공진주파수보다 낮은 주파수에서 직사각형 파형 신호에 의해 동작하며, 움직임 또한 간헐적이고 불연속적이다.

(1) 미소각도 조정 고니오미터(Goniometer)

고정 인치웜 소자와 턴테이블로 이루어진 미소각도 조정 고니오미터를 그림 9.6에 나타내었다.[5] 인치웜 소자는 하나의 전왜 유니몰프와 두 개의 전자석으로 이루어져 있다. 이 인치웜 소자의 구동을 그림 9.7에 보인 타이밍 다이어그램과 비교하여 생각해 보자. 가동(movable) 전자석은 켜져 있고, 고정(fixed) 전자석은 꺼져 있을 때를 구동사이클의 시작으로 가정하자. 구동전압이 전왜 유니몰프에 인가되면 가동 전자석은 이동을 하게 되고 이를 통해 턴테이블의 각도가 바뀌게 된다. 다음으로 두 개의 전자석은 각각 켜지고 꺼짐이 바뀌게 되고, 유니몰프에 가해졌던 전압도 더 이상 인가하지 않는다. 이렇게 되면 가동 자석은 원래의 초기위치로 돌아오지만 돌아간 턴테이블은 돌아간 상태로 남아있게 된다. 이런 동작의 반복으로 턴테이블은 순차적으로 돌아가고 회전각은 증가하게 된다. 회전방향은 두 전자석의 클램핑 타이밍을 바꿈으로써 가능하다.

이 미소각도 조정 고니오미터의 0.5 Hz에서의 동작거동을 그림 9.8에 도시하였다. 시간에 따른 각도 위치는 독립된 계단으로 이루어진 삼각파임을 볼 수 있다. 턴테이블의 각속도는 유니몰프 액추에이터에 가해진 전압, 전자석에 인가되는 전류, 구동 주파수에 의해 조절 가능하다. 이 시스템으로 구현할 수 있는 최대 각속도는 10^{-2} rad/s 이고, 최대

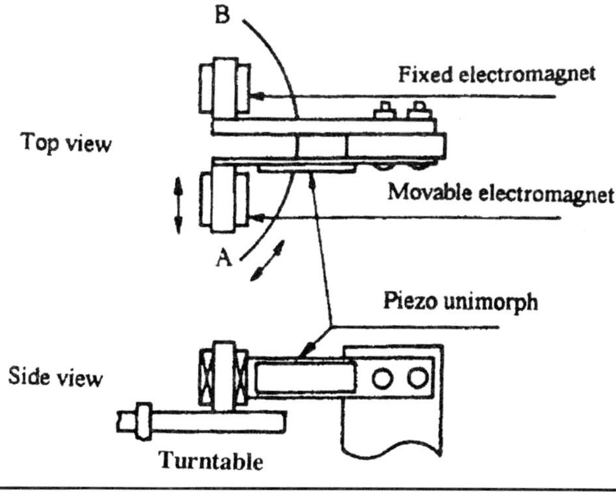

그림 9.6 고정식 인치웜과 턴테이블을 이용한 미소각도 조정 고니오미터[5]

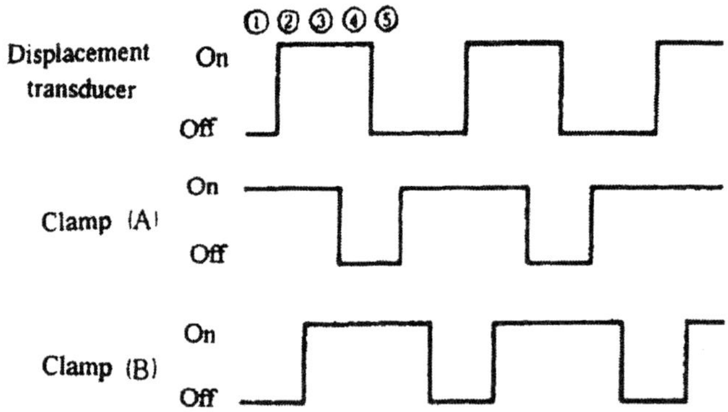

그림 9.7 인치웜 소자가 적용된 미소각도 조정 고니오미터 시스템에서 각 부품에 인가되는 신호의 타이밍 다이어그램[5]

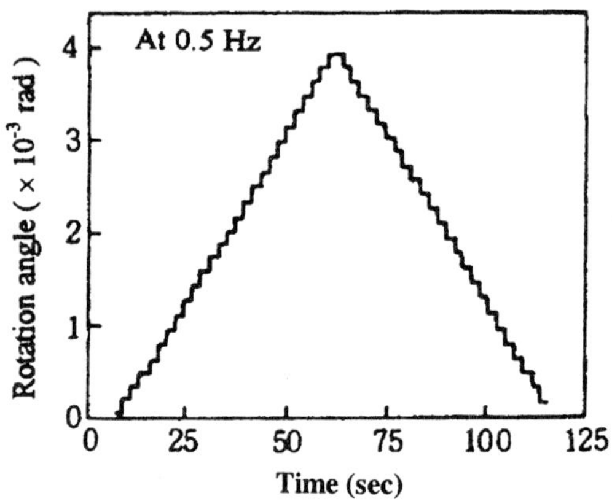

그림 9.8 구동 주파수 0.5 Hz에서의 인치웜적용 미소각도 조정 고니오미터의 응답특성[5]

분해능은 6×10^{-4} rad/step 이다. Hitachi 그룹에서는 이 인치웜 미세각도 조정 고니오미터를 변형하여, 전자석 대신 3개의 PZT 액추에이터를 적용하여 클램핑과 이동하는 데 사용한 구조를 보고한 바 있다.[6]

(2) 선형 보행 기계

2곳의 독일 회사들에 의해서 특수한 선형 보행 기계들이 개발되었다. Philips 사에서는 그림 9.9에서 보인 바와 같은 두 개의 d_{33}모드(종방향 모드)와 두 개의 d_{31}모드(횡방향 모드)의 다층형 압전 액추에이터를 사용하여 선형 구동 인치웜 소자를 제작하였다. 이 소자를 이용하면 1 nm 이하의 매우 정밀한 위치제어가 가능한 것으로 보고되었다. 하지만 이 소자는 몇 가지 문제점이 있었으며, 특히 동작중에 들리는 꽤 높은 수준의 가청 노이즈, 수 개의 다층 압전 액추에이터를 사용함에 따라 발생하는 고가의 제작비용이 대표적인 문제점이었다. Physik Instrumente에서는 그림 9.10에 보인 2족 보행 인치웜 소자를 제작하였

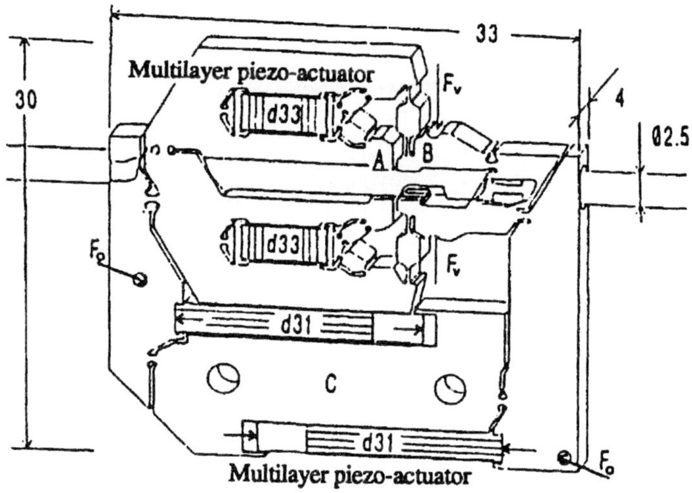

그림 9.9 Philips 사에서 제작한 두 개의 d_{33}모드(종방향 모드)와 두 개의 d_{31}모드(횡방향 모드)의 다층 압전 액추에이터를 사용한 선형 구동 인치웜 소자[7]

다.[8] 두 개의 다층 액추에이터가 하나의 인치웜 유닛에 사용되었고, 한 쌍의 인치웜 유닛을 90° 위상차를 가지게 구동함으로써 자연스럽고 연속적인 동작을 가능하게 하였다.

두 개의 전자석과 하나의 압전 액추에이터를 이용한 인치웜 메커니즘을 적용하여 제작된 마이크로 보행장치를 그림 9.11에 나타내었다.[9] 만일 이 보행장치에 다이아몬드 절단 공구를 장착하면 이 기계는 소형 공작기계가 될 수 있다. 그림 9.12에서 보인 것처럼,

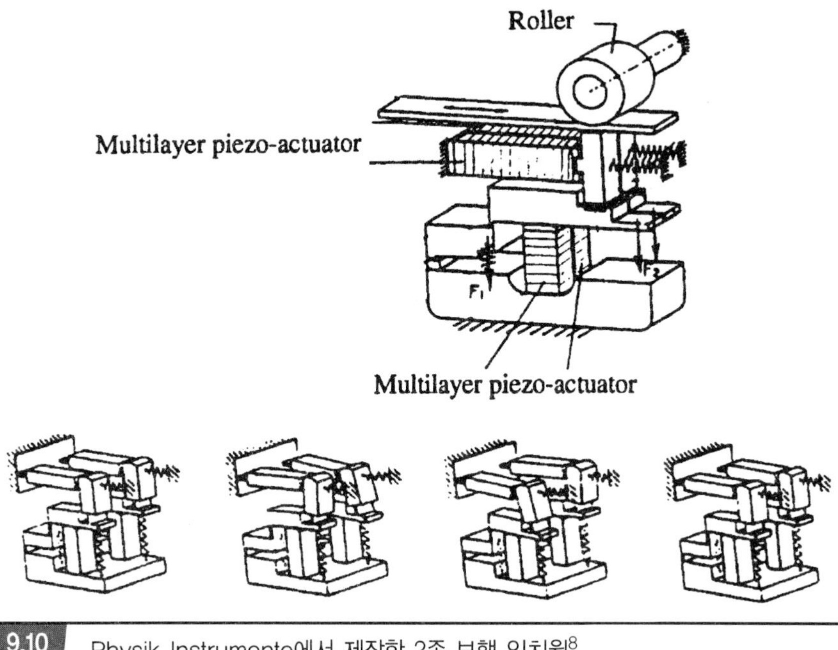

그림 9.10 Physik Instrumente에서 제작한 2족 보행 인치웜[8]

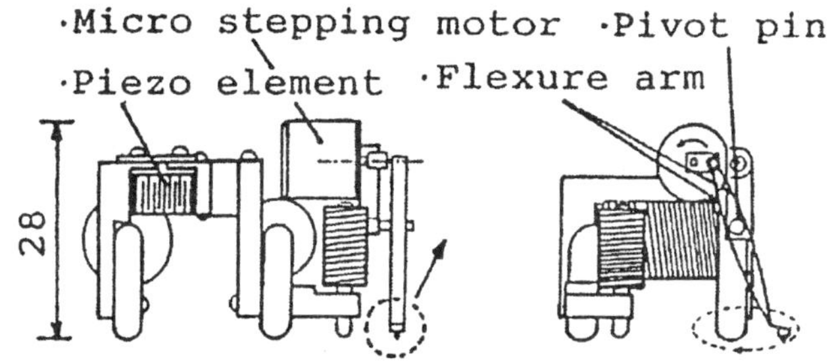

그림 9.11 두 개의 전자석과 하나의 다층 압전 액추에이터로 구성된 인치웜 메커니즘을 이용한 소형 마이크로 보행 가공 장치[9]

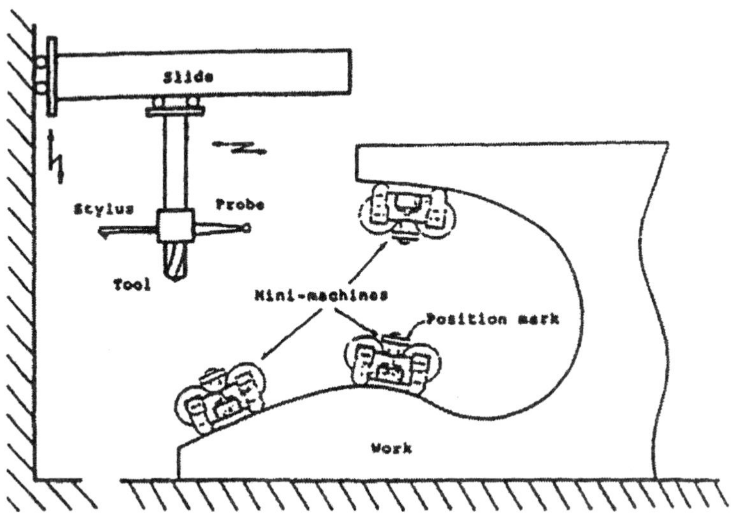

그림 9.12 수개의 소형 보행장치를 이용한 마이크로 가공의 개념도. 소형 보행 가공 장치와 가공 작업면은 자기력에 의해 부착된다[9]

이 소형 공작기계는 자석이 붙을 수 있는 어떠한 굴곡면에서도 붙어서 움직일 수 있다. 이 보행장치에 어떠한 공구를 장착하는가에 따라서 미세 홈 가공에서부터 미세 먼지제거까지 다양한 작업이 가능하다.

충격 구동을 이용한 보행 기계들 또한 보고된 바 있다.[9] 이러한 방식의 보행 기계의 구조도를 그림 9.13에 도시하였다. 이송 테이블은 v-형상의 가이드 레일에 장착된다. 중량(weight) 테이블은 다층형 압전 액추에이터가 그림 9.14에 도시한 구동 절차에 따라 수축하거나 팽창할 때 주 무게(main weight)의 반발력에 의해 이송된다. 여기서 테이블의 클램핑하는 힘은 표면과 테이블간의 무게의 마찰계수에 의해 결정되는 마찰력 때문에 발생함을 주의할 필요가 있다.

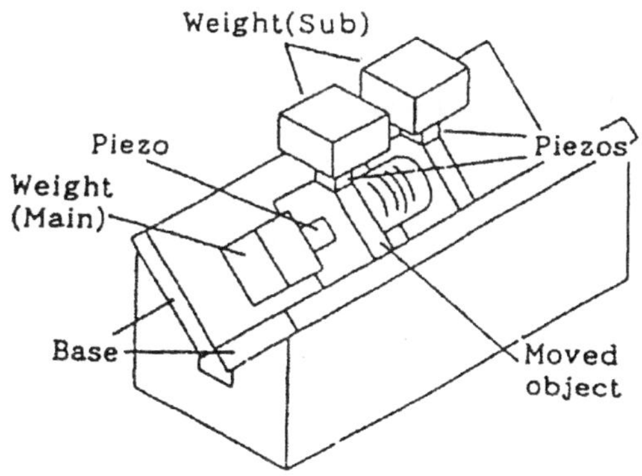

그림 9.13 다층형 압전 액추에이터가 사용된 충격 구동 방식 보행 기계[10]

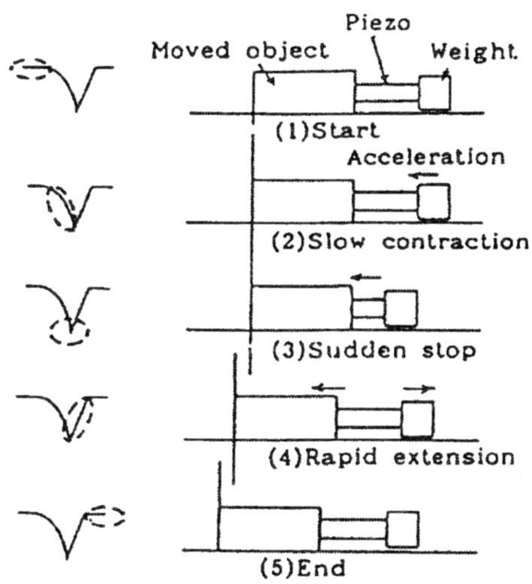

그림 9.14 충격 구동 방식을 이용한 보행 기계의 구동 절차. 압전 액추에이터의 저속, 고속 운동에 유의[10]

9.3 도트 매트릭스 프린터 헤드

최근 들어 충격식 도트 매트릭스 프린터의 생산은 크게 감소하고 있지만, 아직까지 사무실이나 공장에서는 널리 쓰이고 있다. 압전 도트 매트릭스 프린터는 압전 다층 액추에이터를 이용한 장치중 처음으로 대량생산이 된 기기임과 동시에 가장 성공적인 제품이었기 때문에 이중 가장 일반적인 디자인을 좀더 자세히 살펴볼 가치가 있다.

압전 프린터 헤드는 종래의 전자기식과 대비하여 아래와 같은 장점을 가지고 있다.

1) 낮은 에너지 소비
2) 낮은 발열(전자기 솔레노이드는 발열이 심함)

3) 고속 인쇄 속도

바이몰프 액추에이터와 다층형 액추에이터 타입이 모두 개발되었지만, 단지 다층형 액추에이터 타입만 상용화되었다. 그 이유는 아래 이유 때문이었다.

1) 긴 내구 수명
2) 고속 인쇄 속도
3) 강한 충격력
4) 높은 효율

그림 9.15에 Piezo Electric Products Inc. 사에서 제안된 압전 바이몰프 어레이를 이용한 도트 매트릭스 프린터의 구조를 보였다. 캔틸레버 스타일로 고정되어 있는 7개의 바이몰프 액추에이터의 끝단에는 프린팅 와이어가 장착되어 있다. 이 프린터는 5×7 문자 형태를 기준으로 1 kHz의 구동 주파수에서 200 cps의 인쇄속도를 가졌다.

(1) 다층 액추에이터를 이용한 프린터 헤드 부품

NEC에서는 종방향 변형을 하는 다층 액추에이터를 사용하여 프린터 헤드 부품을 개발한 바 있다. 이 프린터 헤드 부품은 바이몰프형 프린터 헤드에 대비하여 인쇄속도나 내구성면에서 월등히 우수하였다.[11,12] 하지만 다층형 액추에이터는 그 변위량이 크지 않기 때문에 헤드에 적용하기 위해서는 적절한 변위확대기구를 도입하여야만 했다. 즉, 액추에이터 변위 10 μm로부터 프린터 와이어의 행정거리 500 μm를 확보하여야만 했다. 또한, 이 변위확대기구에서는 에너지 손실이 없이 액추에이터의 에너지가 프린터 와이어로 전달되어야 하는 요구조건이 따른다.

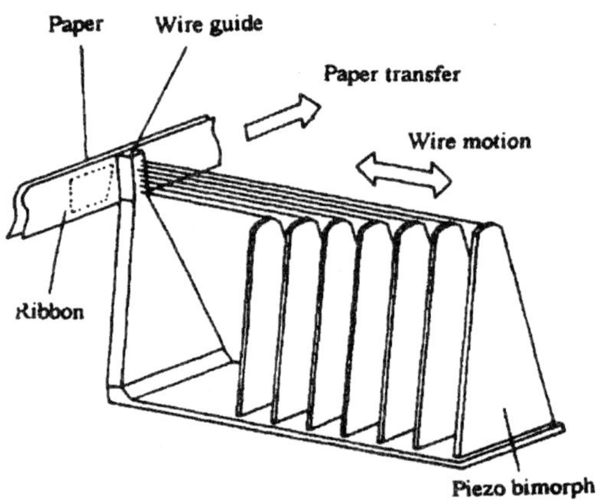

그림 9.15 Piezo Electric Product Inc. 사에서 제안된 압전 바이몰프 어레이를 이용한 도트 매트릭스 프린터 헤드의 구조

차동 2단 변위확대기구의 개략도를 그림 9.16(a)에 보였다.[11] 다층 액추에이터의 변형은 접촉점을 누르게 되고 이로 인해 받침점을 기준으로 지렛대 1과 지렛대 2는 각각 시계 반대방향과 시계방향으로 회전을 하게 된다. 이렇게 함으로써 지렛대 1과 지렛대 2의 끝단 변형은 5배로 확대된다. 이것이 단순 힌지레버 변위확대기구를 이용한 1차 변위확대기구이다. 이들 서로 상반되는 변형은 지렛대 3으로 전달되어 2차 변위확대가 일어나고 이 변위확대에 의해 프린팅 와이어의 행정거리가 크게 늘어난다. 이것을 차동 확대기구(differential magnification mechanism)라 한다. 정적인 상태에서 이 디자인의 특성은 다음과 같다. 압전 액추에이터의 8 μm 변위로 240 μm의 프린팅 와이어 행정거리를 만들어 낸다. 따라서 최종 변위확대비율은 30배이다. 변위확대는 필요 시 더 증가시킬 수 있다. 정적인 상태에서 에너지 전달 계수 e는 다음 식으로 주어진다.

$$e \equiv \frac{\text{Output Energy from the Magnification Mechanism}}{\text{Stored Energy in the Piezoactuator}} = \frac{(\zeta_m^2/2C_m)}{(\zeta_c^2/2C_c)} \tag{9.1}$$

여기서 ζ_c는 압전 세라믹 액추에이터의 자유 변위 [m]이고, C_c는 세라믹의 컴플라이언스 [m/N], ζ_m은 변위확대기구의 자유 변위 [m], C_m은 변위확대기구의 컴플라이언스 [m/N]이다. 정적인 상태에서 이 디자인의 에너지 전달 계수는 51%가 넘는다. 프린터 헤드는 이런 부품들의 그림 9.16(b)에서 보이는 바와 같이 차곡차곡 쌓아서 제작되었다.[12] 각각 직경이 0.25 mm인 9개의 프린터 와이어를 그림에서처럼 와이어 가이드를 통과하며 정렬하는 구조를 사용했다.

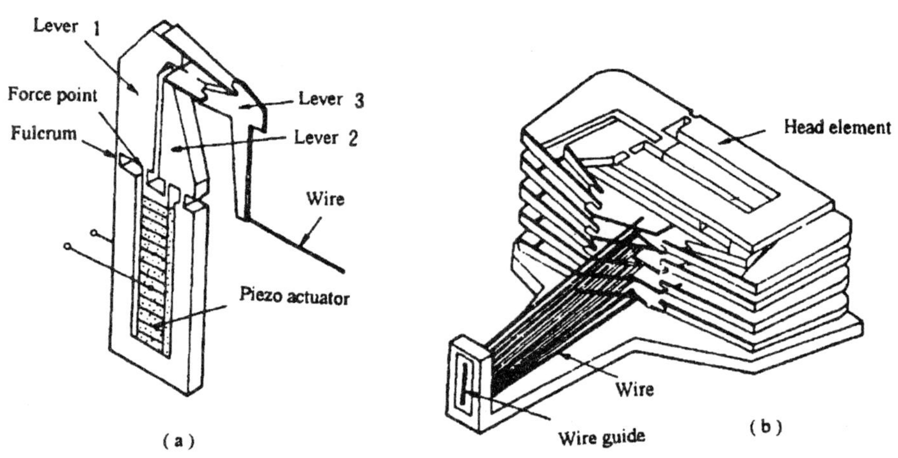

그림 9.16 NEC에서 개발된 도트 매트릭스 프린터 헤드: (a) 차동 2단 변위확대기구, (b) 조립된 전체 프린터 헤드[11,12]

(2) 압전 프린터 헤드의 등가회로

전기기계 시스템의 진동을 나타낼 때 사용하는 등가전기회로가 최근 다양한 압전 진동체의 설계 및 최적 특성 평가를 하는 데 사용되기 시작했다. 앞서 설명한 프린터 헤드의 등가회로에 대한 개략도를 그림 9.17(b)에 도시하였다.[13] 이런 분석은 프린팅 와이어 움직임의 강성, 비선형성, 이력특성들을 평가하는 데 큰 도움이 된다.

그림 9.17(a)에서 각 부품에 해당되는 숫자들은 그림 9.17(b)에 나타낸 회로의 개략도에서 등가회로 부품들의 아래첨자로 표기하였다. 지렛대의 관성 모멘트는 I_i, 지렛대의 질량은 M_i가 된다. 각 부품의 컴플라이언스는 C_i, C_i', C_i''으로 표시된 커패시턴스와 관계된다. 첫 번째 변압기(다이어그램에서 왼쪽에 있는)에서 ϕ_1으로 표기된 값은 전기기계 변환율이고 ϕ_i과 ϕ_1'은 회로내에서 이웃한 다른 트랜스포머의 전기기계 변환율을 나타낸다. 이 값들은 선형운동이 각운동으로 바뀌는 변환율을 의미한다. 무게중심의 운동과 관계된 변환율은 r_i로 표시된다. 댐핑된 커패시턴스는 C_{1d}로 표시된다. 액추에이터의 등가질량과 와이어의 등가 질량은 각각 m_1과 m_{13}으로 표시된다.

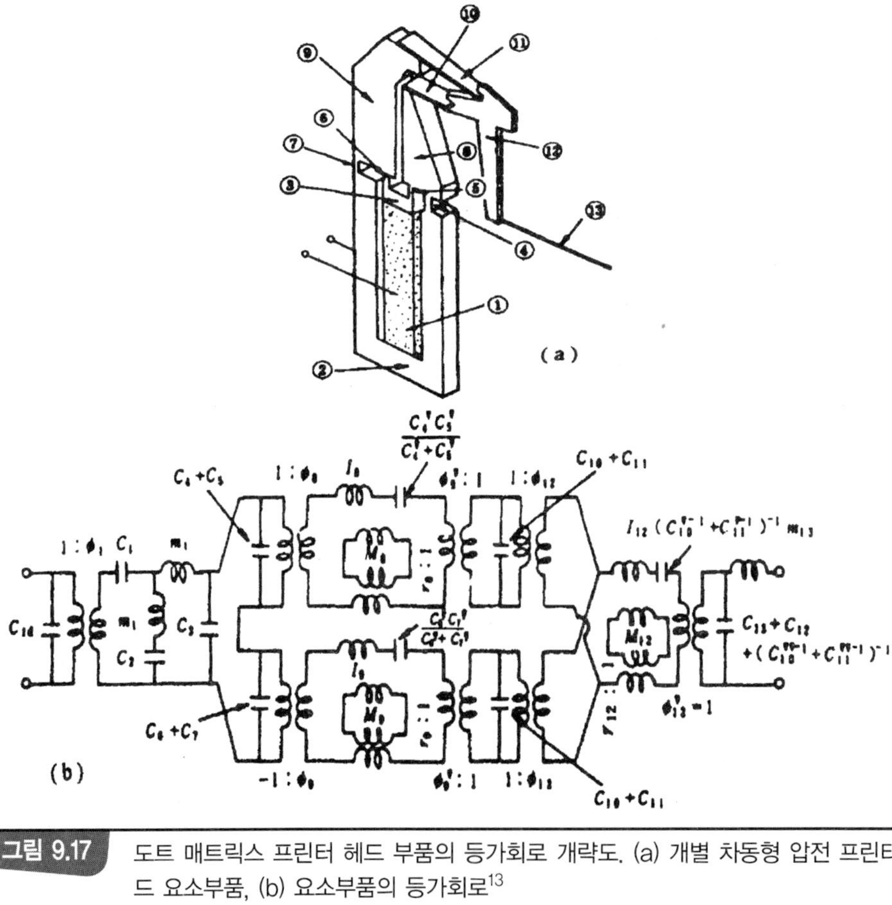

그림 9.17 도트 매트릭스 프린터 헤드 부품의 등가회로 개략도. (a) 개별 차동형 압전 프린터 헤드 요소부품, (b) 요소부품의 등가회로[13]

종이, 잉크 리본, 롤러 등의 프린터 헤드에 대한 부하는 충격력에 대하여 매우 큰(3~6승정도) 비선형 스티프니스(stiffness)와 이력현상을 만들어낸다. 이런 비선형 관계를 그림 9.18에 근사적으로 표현하였다.[13] 이력현상 때문에 발생하는 반발계수의 감소는 등가저항 R_L로 표현되고, 등가 커패시턴스 C_L에 병렬로 연결된다. 여기서 비선형 스티프니스는 $(1/C_L)$과 관련된다. 프린팅 와이어와 인쇄 종이와의 간격이 0.45 mm인 프린터 헤드를 만들어 실험적인 데이터와 등가회로를 바탕으로 한 컴퓨터 시뮬레이션간의 결과를 비교하여 표 9.1에 요약하였다. 그림 9.19는 실험적인 데이터와 이론적인 데이터가 잘 일치함을 보여준다.

(3) 다층 액추에이터 프린터 헤드의 구동 특성

표 9.2에 압전 다층 액추에이터를 적용한 프린터 헤드의 사양을 요약하였다.[12] 아래의 특징은 특히 주의해 볼만한 것들을 요약한 것이다.

응답 주파수: 프린터 헤드 요소 부품의 고유 진동수(롤러를 건드리지 않은 상태의 자유진동에서)는 1.7 kHz이다. 프린터가 작동할 때, 주파수는 2.2 kHz로 증가한다. 이런 주파수 특성으로 7×6 도트로 이루어진 문자가 기준일 때 출력 속도는 300 cps를 넘는다.

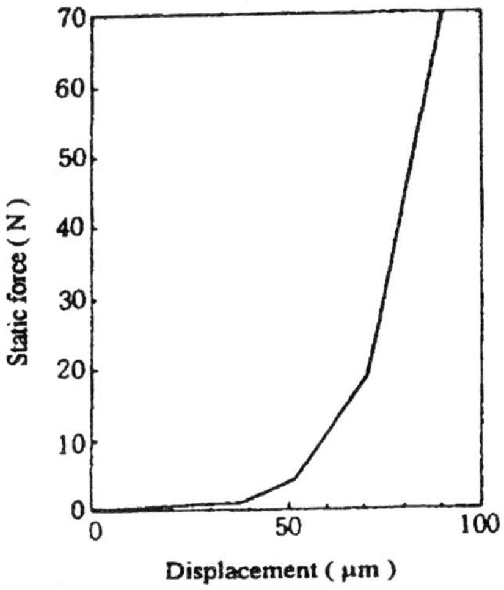

그림 9.18 프린터 헤드의 부하에 따른 비선형 스티프니스의 근사적 해석[13]

표 9.1 프린터 헤드 시제품 성능의 실험적 데이터와 등가회로 분석 결과와의 비교[13]

	Experimental	Calculated
Eigenfrequency(Hz)	1740~1840	1785
Free Stroke(μm)	670~710	730
Impact Force(N)	7.5~8.3	7.98

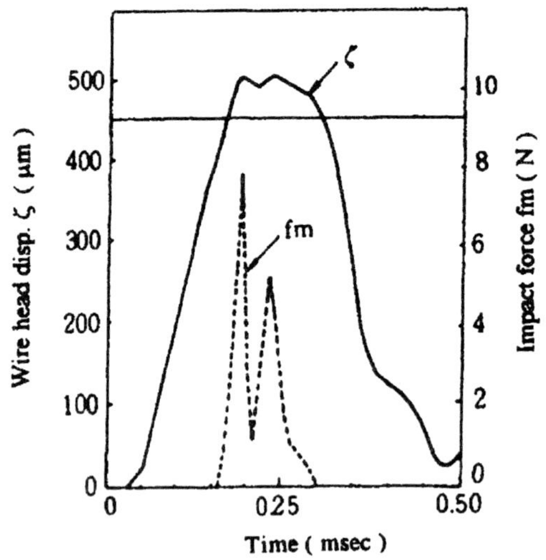

그림 9.19 프린터 와이어 헤드의 응답 특성[13]

충격력: 리본과 종이(55kg 급)에 가해지는 충격력은 0.9 kgf이다. 이 정도 수준 충격력은 프린팅 와이어를 0.25 mm 직경을 쓸 때, 3장을 한번에 출력할 수 있는 수준이다.

에너지 소비: 이 프린터 헤드는 에너지 소비는 극단적으로 낮은 수준으로 프린팅 와이어 당 3 mJ/dot이다.

구동 전압: 압전 바이몰프형 프린터 헤드에 대비하여 매우 낮은 수준인 90 V에서 구동이 가능하다.

발열: 프린팅 와이어당 발열은 약 0.7 mJ/dot 수준이다. 이 수준은 일반 전자기형 프린터 헤드에 비하여 1/10이하의 발열 수준이다. 따라서 프린터 헤드를 완전히 밀폐시켜 소음이 거의 없이 사용할 수 있다.

표 9.2 압전 다층 액추에이터가 적용된 프린터 헤드의 주요 사양[12]

Pin Number	9
Wire Diameter(mm)	0.25
Eigenfrequency(kHz)	1.7
Response Frequency(kHz)	2.2
Printing Pressure(kgf)	0.9
Energy Consumption(mJ/dot)	3
Multiple Page Capability	triplicate
Drive Voltage(V)	90

(4) 비행 액추에이터 프린터 헤드

5.1절에서 설명한 비행 액추에이터 역시 그림 9.20과 같은 방식으로 충격식 프린터에 사용될 수 있다.[14] 불필요한 기계적인 링잉이나 이중 프린트 같은 현상이 발생할 수 있는데, 그림 9.21에서 보인 입력 전압의 펄스폭을 적절히 제어함으로써 제거가 가능하다.

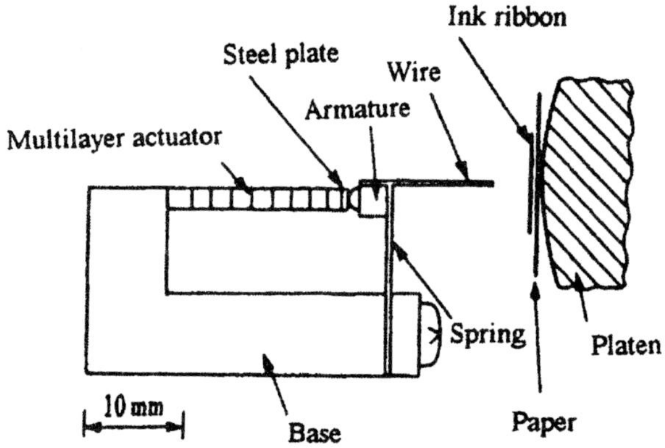

그림 9.20 비행 액추에이터 프린터 헤드[14]

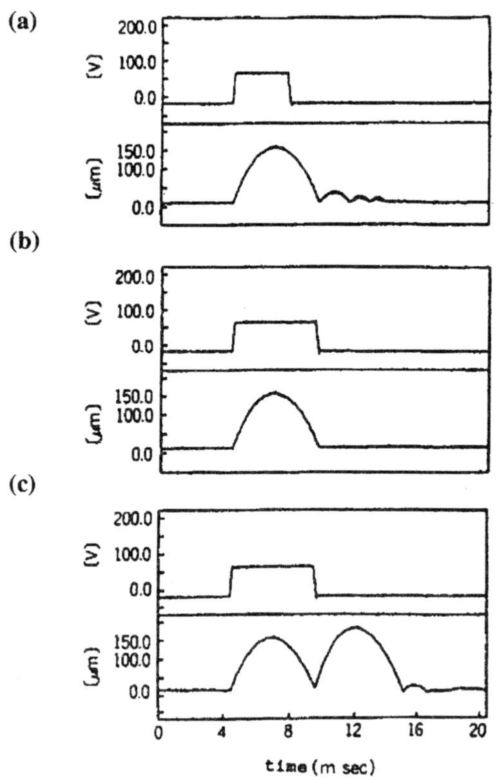

그림 9.21 비행 액추에이터를 적용한 프린터 헤드의 구동 전압 펄스폭 조절 예 (a) 기계적 링잉이 있을 때, (b) 기계적 링잉이 없을 때, (c) 이중 출력[14]

9.4 잉크젯 프린터

충격식 도트 매트릭스 프린터의 다음 세대로 오늘날 쓰이고 있는 프린터의 대부분은 잉크젯과 레이저 프린터로 우수한 화질과 빠른 출력속도를 가지고 있다.

(1) 압전 잉크젯 프린터 헤드의 기본적인 디자인

이 절에서는 회색출력이 가능한 압전 잉크젯 프린터 헤드의 기본적인 설계에 대해서 살펴보겠다.[15~17] 그림 9.22에 적하 방식(drop-on demand)의 압전 프린터 헤드의 구조를 보였다. 프린터 헤드는 압전 세라믹 실린더와 마이크로 일방향 밸브, 체 저항 부품으로 이루어져 전체적으로 보면 하나의 마이크로 펌프와 같은 역할을 수행한다. 이 마이크로 펌프는 넓은 범위의 주파수에서 동작이 가능하며, 다양한 크기의 잉크 방울 크기 조절 또한 가능하다.[15] 이 프린터 헤드의 가장 중요한 부품은 마이크로 밸브이다. 그림 9.23에 이 마이크로 밸브의 구조를 보였다. 밸브와 바닥 패턴은 전기성형법(electroforming technique)을 통하여 기판에 도금된 뒤 기판을 제거함으로써 제작이 가능하였다.

인쇄되는 도트의 면적은 4가지로 조절이 가능한데, 이는 인가되는 전압의 펄스폭을 적절히 조절함으로써 이루어진다. 이 프린터 헤드로 만들 수 있는 가장 작은 도트의 직경은 80 μm이다. 회색 프린팅은 도트의 면적을 변화시켜감으로써 가능하다. 5종류의 회

Operation mode	Valve	Operating illustration
(1) Stop ($V_p=0$)	Closed	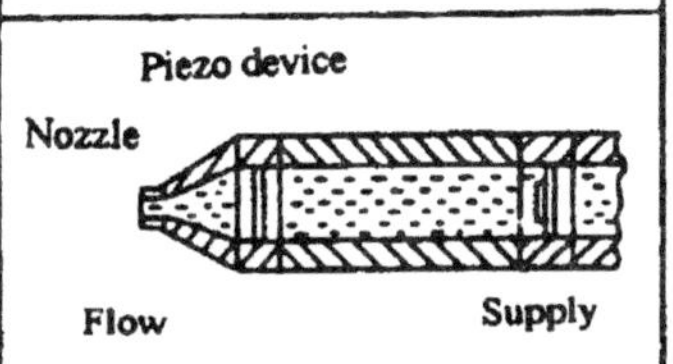
(2) Ink jet ($V_p=V_1$)	Open	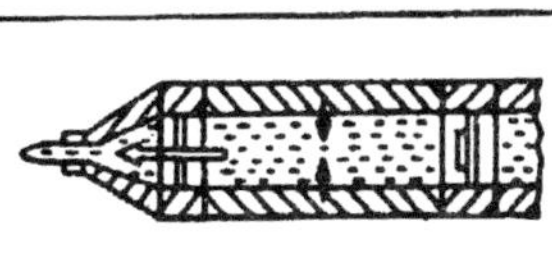
(3) Ink supply ($V_p=-V_2$)	Open	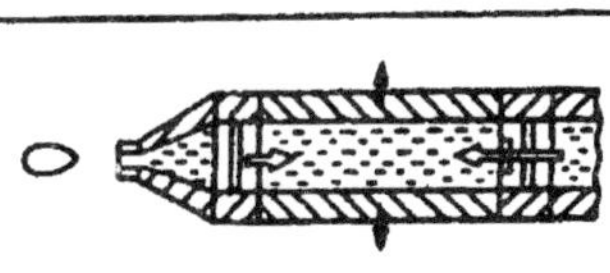
(4) Stop ($V_p=0$)	Closed	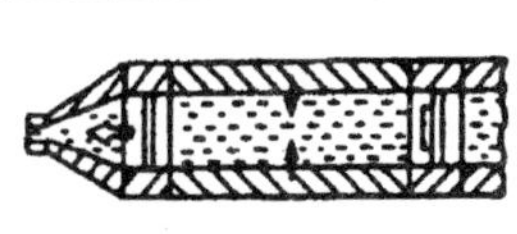

그림 9.22 적하 방식 압전 프린터 헤드의 구동[15~17]

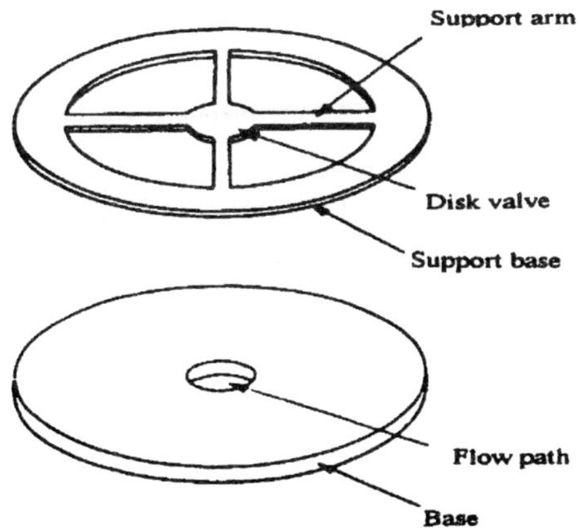

그림 9.23 직경 1 μm의 유체 통로를 가지는 마이크로 일방향 밸브의 구조[15]

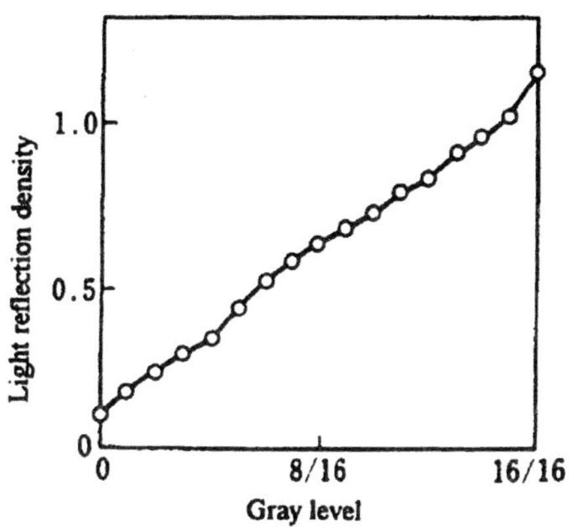

그림 9.24 10 kHz의 구동주파수로 출력된 회색 패턴의 반사 밀도의 명암변화에 따른 변화[15]

색 명암으로 만들어진 2×3 행렬의 도트 밀도는 8 도트/mm이다(픽셀 밀도로 환산하면 4 pel/mm). 이 프린터 헤드로 10 kHz의 구동주파수로 출력된 회색 패턴의 반사 밀도의 명암변화에 따른 변화를 그림 9.24에 도시하였고, 17단계의 회색 명암차를 구현할 수 있는 것을 볼 수 있다. 압전 바이몰프가 적용된 또 다른 형태의 압전 잉크젯 프린터 헤드의 예를 그림 9.25에 나타내었다.[18]

(2) 집적화된 압전 분할 프린터 헤드

집적화된 압전 분할체를 이용한 고속, 고해상도 컬러 프린터가 Seiko-Epson 사에서 개발된 바 있다.[19] 잉크젯 헤드 구조는 다층 세라믹 액추에이터와 초집적화(Hyper-Integrated)된 압전 분할체들(MLChips)로 이루어져 있고, 그림 9.26에 도시하였다. 이 잉크젯 헤드는 먼저 압전 바이몰프의 굴곡모드를 시작으로 동작하게 된다. 잉크 챔버를 형성하고 있

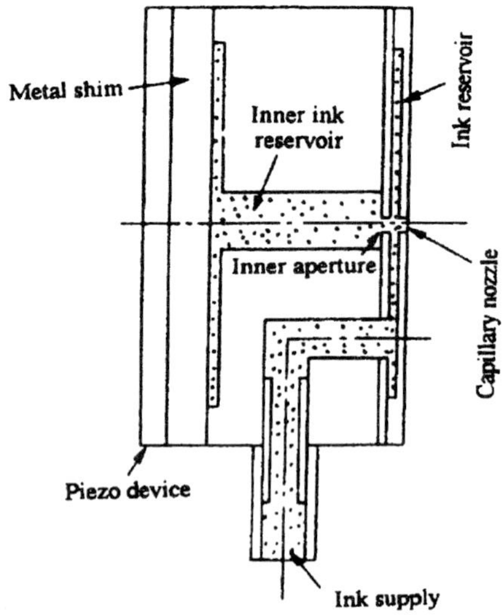

그림 9.25 압전 바이몰프가 적용된 압전 잉크젯 프린터 헤드[18]

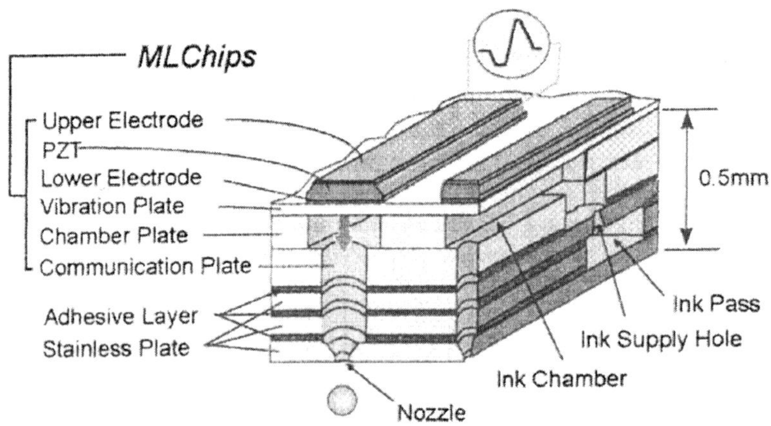

그림 9.26 초집적화된 압전 분할체와 다층 세라믹 액추에이터(MLChips)가 적용된 잉크젯 헤드. Seiko–Epson 사에서 개발[19]

는 지르코니아 층과 진동판, PZT 액추에이터 플레이트는 동시 소결되어 제작된다. 이런 제조 방법은 안적정인 구조를 만들 수 있고, 이런 안정적인 구조는 잉크 챔버들간의 진동전달을 효과적으로 막을 수 있을 뿐만 아니라 기계적인 시효효과를 늦출 수 있다.

10 mm×10 mm 크기의 MLChips는 48개의 잉크 챔버가 두 열로 들어 있다. 적절한 잉크 방울을 만들고 정확히 용지에 떨어트리기 위해서는 매우 정밀한 노즐 가공이 필수적이다. 이를 위해 마이크론 크기 이하 정밀도의 프레싱 공법과 마이크로 칩 방수 처리의 두 가지 최신 공법이 사용되었다. 그림 9.27에 소위 전면 방출 후면 접촉(Face Eject Back Contact) 구조로 일컬어지는 프린터 헤드의 구조를 나타내었다. 이 다층 구조는 2

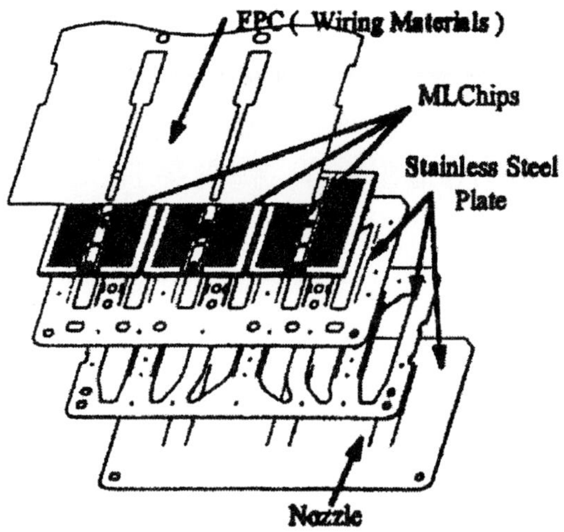

그림 9.27 Seiko-Epson 사에서 개발된 MLChip기술을 이용한 전면 방출 후면 접촉(Face Eject Back Contact) 구조의 프린터 헤드[19]

차원 배열상 잉크젯 노즐의 배치를 쉽게 변화시킬 수 있는 장점이 있고, 생산비용이 크게 들지 않아 대량생산에 매우 유리하다.

고속으로 잉크의 액적을 제어하는 방법은 풀-푸시-풀(Pull-Push-Pull: PPP)방법을 적용함으로써 가능하다. 이 방법의 기본 개념을 그림 9.28에 도시하였다. 구동 시작시에는 PZT 액추에이터에는 중간단계의 전압을 인가한다. 이 전압을 감소시키면 첫 번째 "pull" 단계가 시작하는데, 이때 잉크가 부드럽게 노즐쪽으로 빨려가며 오목하게 된다. 이때 최대 전압을 갑자기 인가하게 되면 진동판에서 큰 진동이 발생하게 되고, 이 밀어내는 힘(Push)에 의해 잉크가 노즐에서 토출된다. 마지막으로, 두 번째 pull 단계는 가해졌던 전압

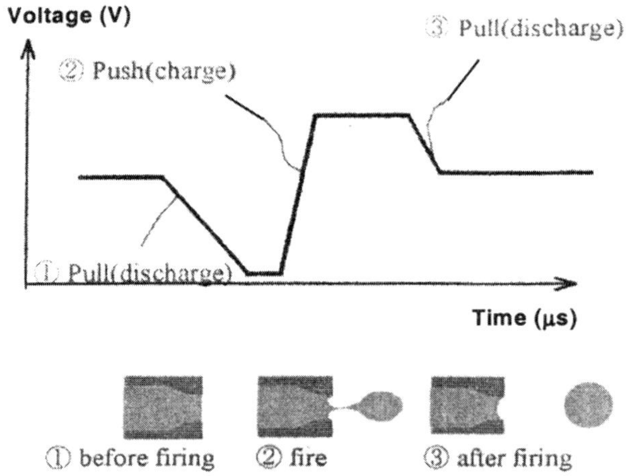

그림 9.28 Pull-Push-Pull 액적 제어 방법[19]

이 다시 중간 수준의 전압으로 감소되면서 이루어 지는데, 이때 전압감소속도는 잉크의 액적에 발생했던 진동을 빨리 흡수할 수 있을 정도로 조절되어야 한다. 이 세 단계의 잉크 액적 제어를 통해 잉크 방울의 형성과 토출을 매우 정밀하고 빠르게 제어할 수 있다.

현재 쓰이고 있는 집적화된 압전 프린터 헤드의 특징을 요약하면 아래와 같다.

1) 잉크 챔버의 밀도: 120 dpi
2) 노즐의 개수 [N]: 48 N×6 colors
3) 응답속도: 28.2 kHz
4) 최소 잉크 방울의 양: 4 pl
5) 고 해상도 모드: 복합크기 도트 기술 4/7/11 pl
6) 고속 모드: MSDT 11/23/39 pl

9.5 압전 릴레이

릴레이는 전기 장치에서 흔히 쓰이는 기본적인 부품 중 하나이다. 대부분의 전류 릴레이들은 전자기 솔레노이드에 의해서 동작되는 기계식 스위치이다. 최근 빠른 응답성과 소형화에 대한 요구로 인해 새로운 형태의 릴레이에 대한 요구가 커지고 있다. 압전 릴레이가 그에 대한 대안이 될 수 있다. Piezo Electro Products Inc.[PEPI] 사에서 개발된 압전 릴레이를 그림 9.29에 보였다.[20] 이 압전 릴레이의 장점을 기존의 전자기 방식과 비교해보면: (1) 낮은 에너지 소비, (2) 발열이 없음, (3) 전자기 노이즈가 발생하지 않음, (4) 빠른 응답성, (5) 소형화된 크기와 집적화에 용이함 등을 들 수 있다. 그림 9.29에 보인 릴레이의 구조는 내부에 들어 있는 압전 바이몰프와 스프링의 조합에 의해 동작됨을 알 수 있다. 두께 6 mm, cm^2당 수개의 릴레이가 장착될 수 있는 릴레이 카드가 이미 시판 중에 있다.

또 다른 압전 바이몰프를 이용한 릴레이는 그림 9.30에서 보인 OMRON 사의 제품을 들 수 있다.[21] 이 디자인은 특히 감도가 높은 스냅 방식 스위치를 포함하고 있는데, 이것

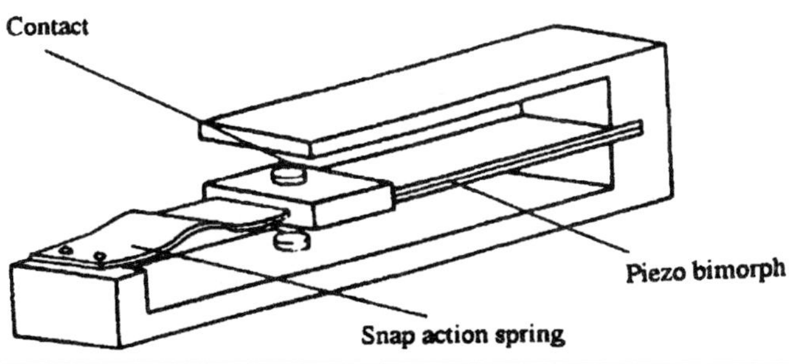

그림 9.29 Piezo Electro Products, Inc.[PEPI]에서 개발된 압전 릴레이의 기본 구조[20]

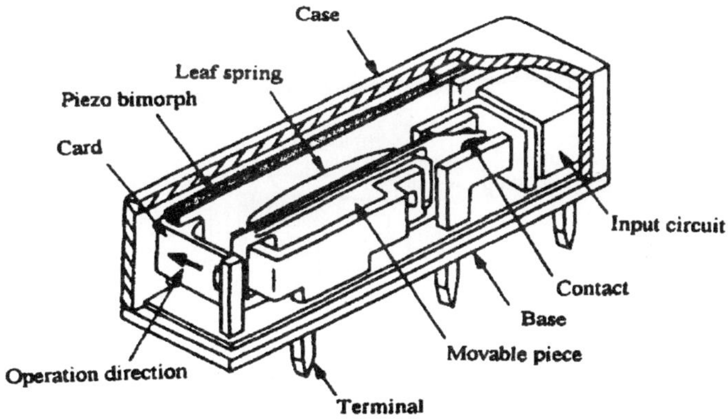

그림 9.30 OMRON 사에서 개발된 압전 바이몰프 릴레이[21]

은 수십 마이크론의 변위에도 작동을 하기 때문에 전체 응답 속도는 5 ms 이하의 매우 빠른 반응을 보여준다.

이런 종류의 릴레이에 액추에이터로서 압전 바이몰프를 사용할 때, 발생력은 변형이 생김에 따라 감소하게 되므로, 접촉 문제가 발생할 수 있다. 기계적 쌍안정성(mechanical bistability)을 부여하고, 접촉문제를 해결하기 위해서 스냅 운동 스프링이나 영구자석이 바이몰프와 함께 많이 사용된다. 이 방식은 켜질 때나 꺼질 때 모두 기계적으로 안정되고, 지속적으로 구동 전원이 필요하지 않다. 이것이 빗장형 릴레이(latching relay)의 기본 원리이다. 여기서 압전 바이몰프의 역할은 단지 두 가지 상태를 전환시켜주는 것 외에는 없다. 이런 빗장 기능은 특히 긴급 전원 차단이 필요한 상황에서 유리하다. 재 시작을 할 때 릴레이는 초기 상태를 유지하고 있기 때문에 전체 시스템은 바로 직전 상태로 정상 가동을 할 수 있다. 이런 종류의 빗장형 릴레이는 전체 릴레이 생산량의 10%밖에 생산되지 않지만, 가격은 일반 릴레이 대비 10배에 달하기 때문에 매우 부가가치가 높은 제품이다.

다층형 압전 액추에이터를 적용한 릴레이의 시작품을 NEC 사에서 공개한 바 있다.[22] 그림 9.31에 이 릴레이의 개략적인 구조를 보였으며, 단순 힌지레버 기구를 이용하여 동작한다.

형상 기억 세라믹 유니몰프를 이용한 소형 빗장형 릴레이가 개발된 바 있다. 이 릴레이의 기본 구조는 그림 9.30에 도시하였던 OMRON 사의 설계와 유사하지만, 압전 바이몰프 대신 형상 기억 세라믹 유니몰프(3.1절에서 설명한 반강유전-강유전 상전이 재료)를 사용한 차이가 있다. 유니몰프 액추에이터에 펄스 전압을 인가하게 되면 굴곡변형이 발생하게 되고, 이 변형은 최소 1주일 이상 지속된다. 원래 상태로 회복되기 위해서는 역방향 바이어스 전압을 걸어줌으로써 가능하다. 스위칭을 위한 정적인 조건을 그림 9.32에 도시하였다. 형상 기억 빗장형 릴레이의 동적 응답성과 일반적인 전자기 코일 방식

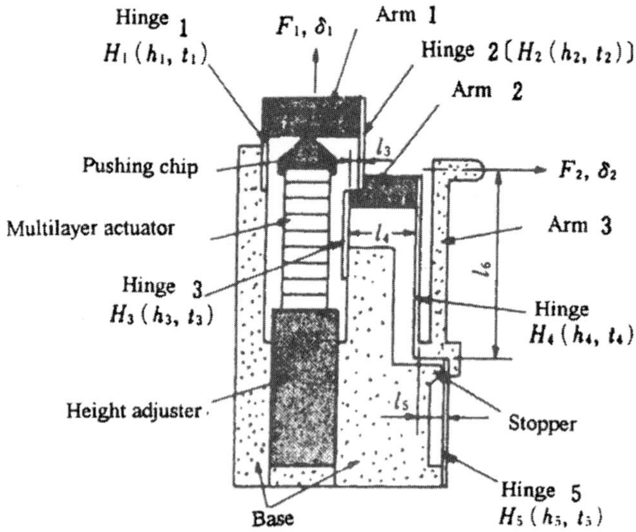

그림 9.31 NEC 사에서 개발한 다층형 압전 액추에이터를 적용한 릴레이[22]

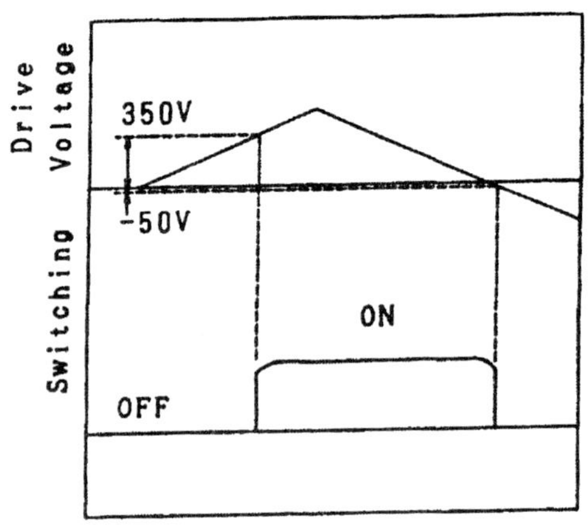

그림 9.32 형상 기억 세라믹 유니몰프를 이용한 소형 빗장형 릴레이의 스위칭 동작을 위한 정적 조건[23]

릴레이를 비교하여 그림 9.33에 나타내었다. 두 종류 모두 동작시에 딱딱 거리는 약간의 소음이 발생하기는 하지만, 형상 기억 세라믹을 사용하는 릴레이의 경우 전가기 방식에 대비하여 월등히 빠른 반응 속도(1.8 ms)와, 낮은 에너지 소비(7 mJ)를 갖는다. 지능형 재료를 릴레이의 설계에 적용함으로써 전체 부품수를 줄이고, 소자의 크기를 작게 하는 이점을 갖는다.

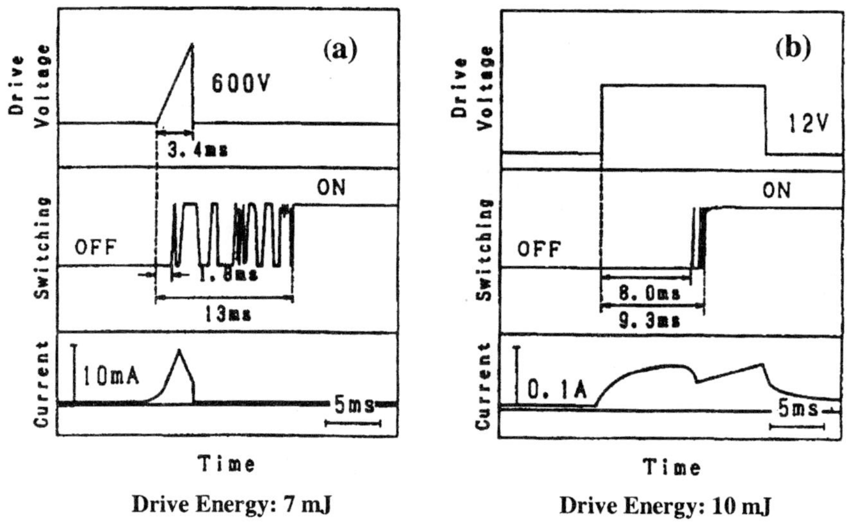

그림 9.33 두 가지 종류의 빗장형 릴레이의 동적 반응 특성: (a) 형상 기억 세라믹 릴레이, (b) 전자기 코일 릴레이[23]

9.6 능동 현가 장치(Adaptive Suspension System)

일반적으로 자동차의 충격 흡수 장치(shock absorber)가 높은 수준의 진동 흡수력(damping force, 'hard' damping)을 낼 때 자동차의 조작성이나 안정성은 향상된다. 반면 노면의 요철이 그대로 탑승자에게 전달되기 때문에 승차감은 떨어진다. 전기적으로 제어하는 충격 흡수 장치의 목적은 조작성과 승차감을 동시에 만족시키는 데 있다. 일반적인 상황에서, 즉 비교적 부드러운 노면 상황에서 충격 흡수 시스템을 낮은 진동 흡수력을 내도록 설정('soft' damping)하면, 탑승자의 승차감을 최대로 할 수 있다. 반면, 거친 노면을 만나게 될 때에는 진동 흡수력을 증가시켜 승차감은 어느 정도 유지하면서 조작성을 향상시킬 수 있다. 노면 상황의 변화에 대해서 효과적으로 대응하기 위해서는 고감도/고반응성 센서와 액추에이터의 조합이 충격 흡수 시스템에 요구된다.

압전 TEMS(Toyota Electronic Modulated Suspension; 도요타 전자식 제어 현가장치) 시스템이 도로 노면 상태에 따라 능동적으로 충격흡수력을 제어하기 위해 개발되었으며, 1989년 'Celcio' 모델에 적용된 바 있다.[24] 이 전자 제어식 충격 흡수 장치의 구조를 그림 9.34에 도시하였다. 센서부는 0.5 mm 두께의 PZT 원판 5층으로 이루어져 있다. 이 센서는 도로 노면의 요철을 약 2 mm까지 감지하며 감지속도는 2 ms 정도였다. 이 시스템의 액추에이터 부분은 두께 0.5 mm의 원판형 PZT를 88장 사용하여 제작되었다. 구동 전압 500 V에서 변위량 50 μm를 얻을 수 있고, 이 변형은 피스톤/플런저(piston/plunger) 핀 조합에 의해 40배 변위확대가 된다. 피스톤의 이동은 진동흡수력을 조절하는 밸브를

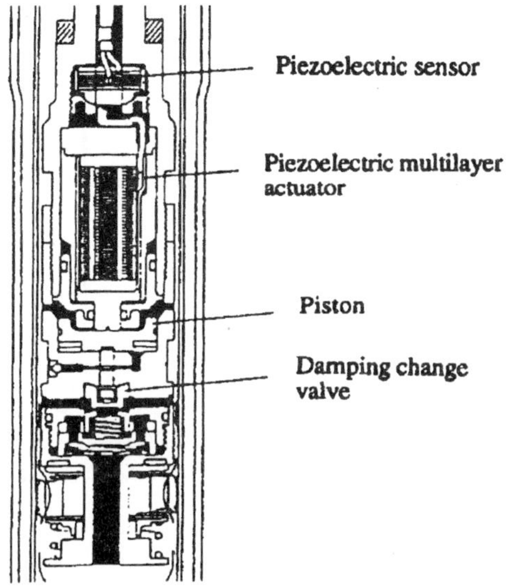

그림 9.34 압전 TEMS(Toyota Electronic Modulated Suspension) 장치[24]

누르게 되어 오일 바이패스 경로를 열게 된다. 따라서 유체 유동 저항을 낮추게 됨으로써 흡수장치의 소프트닝이 가능해진다. 이 조절식 충격 흡수 장치는 기본적으로 2단(hard/soft) 제어 시스템이다.

이 능동 충격 흡수 시스템의 응답성을 고정식 충격 흡수 시스템과 두 가지 조건에서 비교하여 그림 9.35에 도시하였다. 자동차가 거친 노면을 달릴 때 상하 가속도와 핏칭 속도를 측정하였다. TEMS 시스템이 사용되었을 때(가장 윗쪽의 그래프), 상하 가속도는

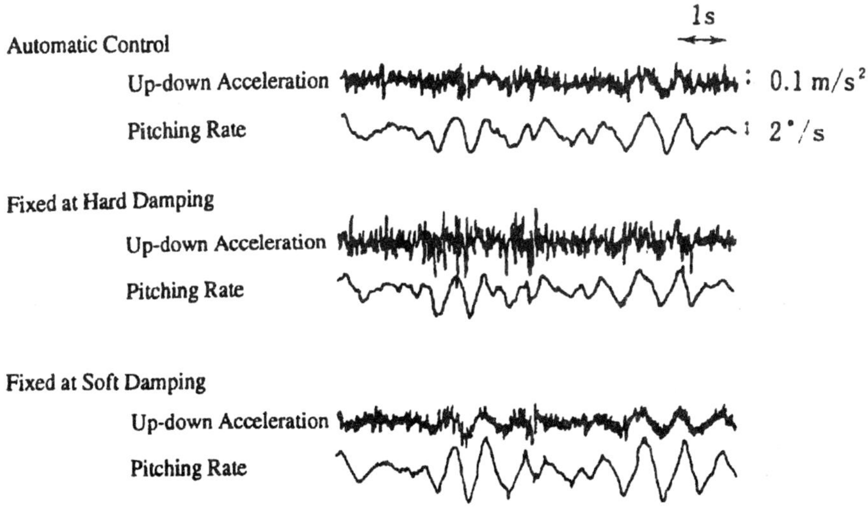

그림 9.35 능동 TEMS 시스템과 고정식 충격 흡수 장치와의 두 가지 조건에서의 반응성 비교[24]

안락한 승차감을 제공하는 소프트 진동 흡수 조건의 결과와 거의 유사한 수준으로 억제되었다. 동시에, 핏칭 속도 역시 하드 진동 흡수 조건의 결과와 유사한 수준으로 억제되어 조작성을 크게 향상시킬 수 있다.

요점정리

1. <u>압전 프린터 헤드의 장점</u>: 기존 전자기 방식에 대비하여
   a. 낮은 에너지 소비,
   b. 낮은 발열 수준(전자기 솔레노이드는 극심한 열을 발생시킴),
   c. 고속 인쇄 속도.

2. <u>다층형 액추에이터의 장점</u>: 충격식 프린터 응용에서 바이몰프 형에 비하여
   a. 긴 내구 수명,
   b. 빠른 인쇄 속도,
   c. 높은 충격력,
   d. 높은 효율.

3. <u>동시소결 집적화 다층 프린터 헤드 구조</u>: 잉크젯 프린터의 대량생산을 가능하게 함.

4. <u>빗장형 릴레이</u>: 일반적으로 전체 릴레이 생산량의 10% 정도만 생산되지만, 일반 릴레이 대비 10배의 가격에 판매되어 전체 시장규모는 유사함. 고기능성, 고부가 가치 상품임.

5. <u>형상 기억 세라믹 빗장형 릴레이</u>: 지능형 재료를 릴레이와 같은 소자에 적용함으로써 전체 부품의 수를 줄이고 소자의 크기를 소형화 함.

문제

9.1 압전 액추에이터는 레이저 프린터, 잉크젯 프린터에 사용될 수 있다. 이런 응용에 대한 최신 문헌조사를 수행하라.

9.2 압전 세라믹을 펄스구동소자에 사용할 때 발생할 수 있는 주요한 문제점들을 나열하고 각각 간략히 설명하라.(인장응력, 발열 등에 관하여)

참고문헌

1) Y. Endo, Y. Egawa, N. Harada and G. Yoshida: Proc. Jpn. Television Soc., 3-19 (1983).
2) K. Yokoyama and C. Tanuma: Electronic Ceramics **15**, Spring, p.45 (1984).
3) K. Shibata, K. Takeuchi, T. Tanaka, T. Yokoo, S. Nakano and Y. Kuwano: Jpn. J. Appl. Phys. **24**, Suppl. 24-3, 181 (1985).
4) Minolta Camera, Product Catalog "Mac Dual I, II."
5) M. Aizawa, K. Uchino and S. Nomura: Jpn. J. Appl. Phys., **22**, 1925 (1983).
6) Tojo and Sugihara: Proc. Jpn. Precision Eng., p.423 (Fall, 1983).
7) M. P. Coster: Proc. 4th Int'l Conf. on New Actuators, 2.6, p.144, Germany (1994).
8) R. Gloess: Proc. 4th Int'l Conf. on New Actuators, P26, p.190, Germany (1994).
9) N. Aoyama et al.: Proc. J. Precision Engr. Soc. P.897 (1992).
10) T. Higuchi, Watanabe and Kudo: J. Precision Engr. **54** (11), 2107 (1988).
11) K. Yano, T. Hamatsuki, I. Fukui and E. Sato: Proc. Jpn. Electr. Commun. Soc., 1-157 (Spring, 1984).
12) K. Yano, I. Fukui, E. Sato, O. Inui and Y. Miyazaki: Proc. Jpn. Electr. Commun. Soc.1-156 (Spring, 1984).
13) K. Yano, T. Inoue, S. Takahashi and I. Fukui: Proc. Jpn. Electr. Commun. Soc., 1-159 (Spring, 1984).
14) T. Ota, T. Uchikawa and T. Mizutani: Jpn. J. Appl. Phys. 24, Suppl. 24-3, 193 (1985).
15) M. Tsuzuki, M. Suga and Banno: Symp. Jpn. Electr. Commun. Soc., IE 83-59 (1983).
16) M. Suga, M. Tsuzuki and Banno: Symp. Jpn. Electr. Commun. Soc., EMC 84-46 (1984).
17) M. Suga and M. Tsuzuki: Jpn. J. Appl. Phys. **23**, 765 (1984).
18) Nikkei Electronics, Oct. 3, p.72 (1979).
19) N. Kurashima: Proc. Machine Tech. Inst. Seminar, MITI, Tsukuba, Japan (1999).
20) Piezo Electric Products Inc., Product Catalog.
21) Sato, Taniguchi and Ohba: OMRON Technics, No. 70, p. 52 (1983).
22) S. Mitsuhashi, K. Wakamatsu, Y. Aihara and N. Okihara: Jpn. J. Appl. Phys., **24**, Suppl.24-3, 190 (1985).
23) A. Furuta, K. Y. Oh and K. Uchino: Sensor and Mater., **3** (4), 205 (1992).
24) Y. Yokoya: Electronic Ceramics, **22**, No. 111, p.55 (1991).

제10장 초음파모터의 응용

앞 장에서 언급한 펄스구동모터에서는 공진주파수보다 낮은 주파수의 장방형파 전압에서 구동되는 것에 반해, 초음파 디바이스에서는 공진주파수의 정현(sin)파형 AC 전압에 의해 구동되는 점이 다르다.

초음파 디바이스는 3개의 카테고리로 분류된다. 그 예로서, 첫째는 기계적 공진 그 자체를 이용하는 초음파메스, 둘째는 기체나 액체에 에너지를 전달하는 압전팬(fan), 압전펌프, 초음파현미경, 그리고 셋째는 초음파모터로 불리는 마찰력을 이용한 디바이스를 들 수 있으며, 이 초음파모터에 대해 이번 장에서 상세히 설명한다.

초음파 발생용 압전재료로는 종래의 진동자용 재료(PZT계)에 가깝지만, 6.1절에서 언급한 대로 기계적 품질계수 Q_m이 특히 큰 것이 바람직하다. 기타 파라미터에 대해서도 이번 장에서 논한다.

10.1 초음파모터의 분류

(1) 역사적 배경

전자모터는 100년 이전에 발명되어, 현재까지 줄곧 모터의 주역자리를 지켜왔다. 따라서 기술이 이미 성숙되어 있어, 자기재료나 초전도재료에 새로운 발견이 있지 않는 한 극적인 진전은 아마 기대할 수 없으리라 생각되고, 종래의 전자모터에서는 1 cm 이하의 고효율 소형모터를 실현하는 것이 비교적 곤란하다. 서브밀리미터의 손목시계 모터에는 길이 약 1 cm의 전자석이 필요하다. 한편 초음파모터의 효율은 크기에 그렇게 민감하지 않기 때문에 강력한 초음파에너지를 응용한 소형초음파모터가 주목되어 왔다. 그림 10.1에 초음파모터의 기본구조를 나타낸다.

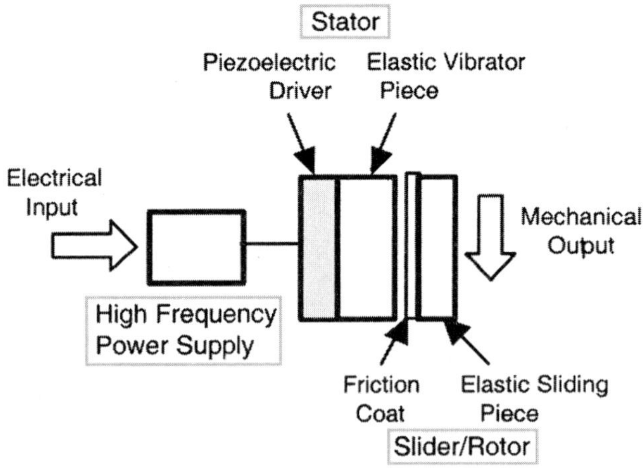

그림 10.1 초음파모터의 기본구조

구동에는 고주파 전원을 이용하고, 진동자와 슬라이더로 구성되어 있다. 진동자는 압전소자와 탄성체로 구성되고, 슬라이더는 탄성체와 마찰재료로 구성된다. 모터의 구조가 단순하고, 더불어 소형이면서 값싼 전원회로로 구동된다면 대량생산에 적합하다.

최초의 실용적인 초음파모터는 IBM H. V. Barth(1973)에 의해 제안되었다.[1] 그림 10.2와 같이 로터에 2개의 호른(horn)이 부착되어 있다. 한쪽의 호른을 구동하면 로터는 회전하고, 다른 한쪽의 호른을 구동하면 로터는 역회전한다. 같은 형태의 초음파모터도 제안되어 있다.[2,3] 당시의 기술에서는 온도상승에 따른 일정한 진동진폭의 유지, 구동면의 마모, 구동면의 흔들림에 대한 대책이 곤란하여 실용화에는 거리가 멀었었다.

1980년대에 반도체 업계의 칩 패턴 밀도가 높아짐에 따라, 보다 정밀하면서 자기 노이즈를 발생 안 하는 위치조절장치가 필요하게 되었다. 이런 상황하에 초음파모터의 개발은 갈수록 왕성해졌다. 초음파모터의 장단점을 표 10.1에 정리했다.

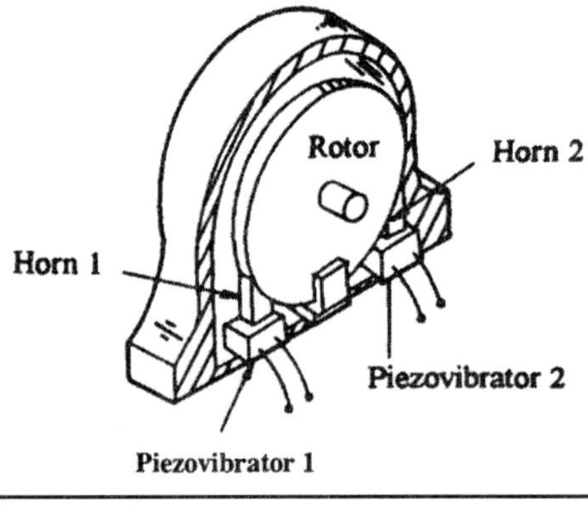

그림 10.2 최초의 실용적 초음파모터(H. V. Barth, IBM,1973)[1]

표 10.1 초음파모터의 장단점

장 점	단 점
• 저속, 고토크 • Direct Drive에 적합한 특성 • 고속 응답성 • 넓은 속도 범위 • 정지 시 브레이크 작용 • 우수한 제어성 • 고분해능 • 높은 power/중량비 • 정숙성 • 소형 경량 • 단순한 구조, 단순한 제작공정 • 전자파의 발생이 거의 없음 • 외부의 자계나 전계 영향 극히 작음	• 고주파 전원 필요 • 『속도 vs 토크』 처짐(Droop) • 낮은 내구성(Low Durability)

[예제 10.1]

종효과 압전 액추에이터에 관한 다음의 값을, DC, AC(비공진), AC(공진)의 3 구동조건의 경우에 대해 식으로 나타내라.

- 전류밀도
- 유도/유기 strain
- 축적 탄성에너지
- 축적 전기에너지
- 기타 관련한 것

해답

Ⅰ. DC구동

전계(Electric Field): $E_3=V\ /\ l$

분극(Polarization): $P_3=K_3\ \varepsilon_o E_3$

발생strain(Generative Strain): $x_3=d_{33}\ E_3$

발생응력(Generative Stress): $X_3=x_3\ /\ s_{33}^E=(d_{33}/s_{33}^E)\ E_3$

축적 전기에너지(Stored Electric Energy): $U_{EE}=(P_3\ E_3)/2=(\varepsilon_o K_3\ E_3^2)/2$

축적 압전에너지

(Stored Piezoelectric Energy): $U_{ME}=(x_3 X_3)/2=(d_{33}^2\ E_3^2)/2\ s_{33}^E$

전기기계결합계수
(Electro-Mechanical Coupling Factor): $k_{33}^2 = U_{ME}/U_{EE} = d_{33}^2/\varepsilon_o K_3\ s_{33}^E$

II. AC구동(비공진)/AC Drive(off-resonance)

전계(Electric Field): $E_3 = [V_o \sin(\omega t)]/l$

전류밀도(Current Density): $J_3 = Y_o E_3 = \omega\varepsilon_o K_3 E_3$

진동진폭(Vibration Amplitude): $x_3 = d_{33} E_3$

진동속도(Vibration Velocity): $v = \omega d_{33}\ E_3$

입력 전기에너지밀도
(Input Electric Energy Density): $u_{EE} = J_3\ E_3 = \omega\varepsilon_o K_3 E_3^2$

기계에너지밀도
(Mechanical Energy Density): $u_{ME} = \omega(d_{33}^2/s_{33}^E)E_3^2 = \omega k_{33}^2\ \varepsilon_o K_3\ E_3^2$

III. AC구동(공진)/AC Drive(resonance)

전계(Electric Field): $E_3 = [V_o \sin(\omega_o t)]/l$

전류밀도(Current Density): $J_3 = Y_m\ E_3 = \ \omega\alpha\ \varepsilon_o K_3 E_3$

진동속도(Vibration Velocity): $v = 1/\sqrt{\rho s_{33}^E}$

공진주파수(Resonance Frequency): $f_o = v/2\ l$

공진증폭도(Resonance Amplification): $\alpha = \ Y_m/Y_o$

진동진폭(Vibration Amplitude): $x_3 = \alpha d_{33} E_3\ l$

최대진동속도
(Maximum Vibration Velocity): $v_m = \omega_o \alpha d_{33} E_3\ l = \pi\ \alpha\ v\ d_{33}\ E_3$

음압(Sound Pressure): $p = \ \rho v(v_m) = \ \pi\alpha\rho v^2 d_{33} E_3 = \pi\alpha(d_{33}/s_{33}^E)E_3$

입력전력(Input Electric Power): $P = IV = J_3 S\ E_3\ l = \omega_o \alpha\ \varepsilon_o K_3 E_3^2 V_m$

기계에너지밀도
(Mechanical Energy Density): $u_{ME} = \omega_o \alpha E_3\ l\ (d_{33}^2/s_{33}^E)E_3 S$
$= \omega_o \alpha (d_{33}^2/s_{33}^E) E_3 V_m$

ρ 는 질량밀도이다.

※ 몇 개의 공진 시 parameter는 비공진 시 parameter의 α배이다. α는 기계적 품질계수 Q_m에 비례하고 있다.

(2) 초음파모터의 분류

초음파모터는 일반적으로 회전(rotary)형과 리니어형의 두 형태로 구분된다. 그림 10.3에 봉상, π형, 링형, 원통(cylinder)상의 모터 예를 나타낸다.

초음파모터에 유도되는 진동은 정재파(standing wave)나 진행파(traveling wave)로 나타난다. 정재파는

$$u_s(x,t) = A\ [\cos(kx)]\ [\cos(\omega t)] \tag{10.1}$$

로 나타내고, 진행파는

$$u_t(x,t) = A\ \cos(kx - \omega t) \tag{10.2}$$

로 된다.

따라서 식 (10.2)는

$$u_t(x,t) = A\ [\cos(kx)][\cos(\omega t)] + A\ [\cos(kx - \pi/2)][\cos(\omega t - \pi/2)] \tag{10.3}$$

으로 나타낸다.

즉, 진행파는 공간적 및 시간적으로 90° 의 위상차를 가진 2개의 정재파를 합쳐서 얻

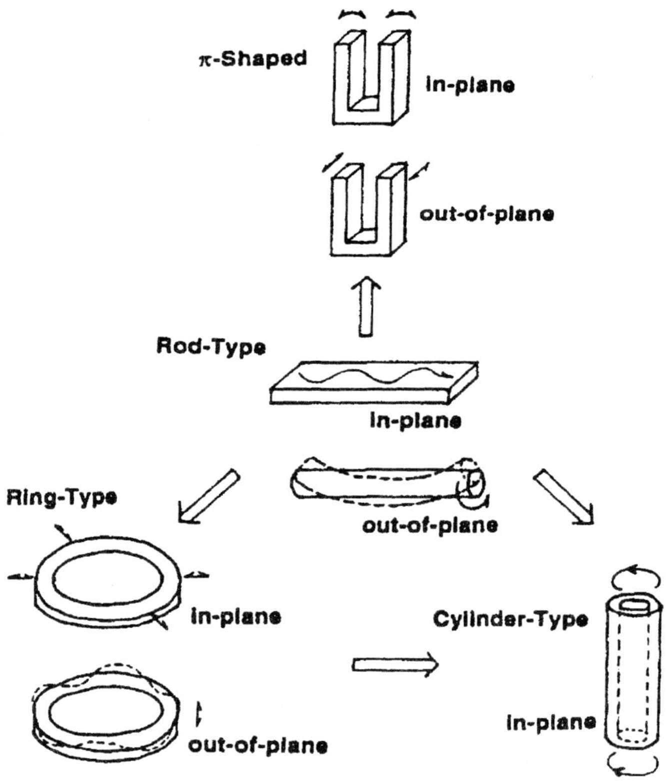

그림 10.3 여러 초음파모터의 형태

어짐을 알 수 있다. 이것은 유한길이에서 유한체적 구조물의 경우 진행파가 생성되는 유일한 방법이다.

정재파형 모터

정재파형 초음파모터로서 잘 소개되는 것은 그림 10.4(a)와 같이 압전구동 부분에 진동편을 이용한 딱따구리형 모터이며, 구동편 앞부분은 그림 10.4(b)에 나타낸 타원운동의 궤적을 그린다.[4] 이 진동편은 이동체(rotor)에 대해 미세각(slight angle) θ만큼 기울어 접촉하고 있다. x-y 좌표계의 x축을 면에 수직으로, y축을 면에 평행하게 하면 진동변위는 다음과 같이 표시된다.

$$u_x = u_o \sin(\omega t + \alpha) \tag{10.4}$$

늘어나려는 진동자는 이동체에 비스듬하게 접촉하기 때문에, 휘는 굴곡진동도 함께 여기된다. 그림 10.4(b)의 타원운동의 궤적의 A→B에서 진동편은 이동체를 구동하고, B→A에서는 비접촉으로 되돌아온다. 진동편과 압전진동자를 적절히 설계한다면 공진계를 구성할 수 있고, 휘는 굴곡변동(bending deformation)이 진동자 길이에 비해 충분히 작을 경우, 진동편 끝단(tip)의 자유진동 타원궤적(B→A)은

$$x(t) = u_o \sin(\omega t + \alpha) \text{ 및 } y(t) = u_1 \sin(\omega t + \beta) \tag{10.5}$$

로 표시된다.

이 방식의 초음파모터는 A→B의 부분만 마찰력에 의해 한 방향의 구동력을 이동체에 가하는 경미한 회전의 간결구동(slight rotation)이다. 간결구동의 경우, 이동체에는 관성이 있기 때문에 속도변수는 거의 관측되지 않는다.

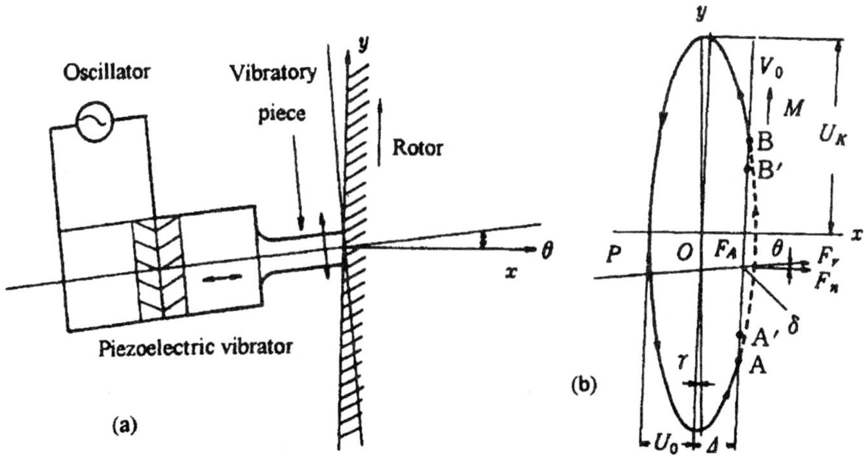

그림 10.4 진동편형 초음파모터: (a) 구성, (b) 진동편 끝단의 궤적[4]

일반적으로 정재파형 초음파모터는 저가화하기가 쉬워 고효율(이론적으로는 98%)이 기대되지만, 양방향구동(회전형이면 시계방향 · 반시계방향, 리니어형이면 오른쪽 방향 · 왼쪽 방향)의 제어가 곤란하다.

진행파형

진행파형 초음파모터는 서핀형(표면파형모터)이라고도 불리며, 시간적 및 공간적으로 90° 위상이 다른 2개의 정재파를 합쳐서 진행파를 여진하고 있다. 그림 10.5에 그 동작 원리를 보인다. 탄성파 표면의 입자가 종진동과 횡진동에 의해 타원궤적을 그린다. 이 타입의 초음파모터는 2개의 정재파를 여진하기 위해 2개의 진동원을 필요로 하기 때문에 효율이 50%이하로 그리 높지 않다. 그러나 정재파형과 달리 위상차를 90°에서 −90°로 바꿔줌으로써 회전방향을 쉽게 바꿀 수 있다.

현재 가장 널리 사용되는 초음파모터를 기본적인 형태에 따라 분류하면 다음의 4가지로 크게 나눌 수 있다.

1. 정재파형 모터(Standing Wave Motors)
   한 개의 액추에이터에서 한 개의 진동모드를 여진한 타입.(진동편형 모터는 편의상 이 분류에 포함하기로 한다. 실제의 진동편형 모터의 동작은 순수한 정재파가 아닌 종진동 정재파와 벤딩모드 진동이 결합된 상태지만, 벤딩진동에 비해 정재파 진동이 지배적이기 때문에)

2. 복합모드형 모터(Mixed-Mode Motors)
   2개의 액추에이터에서 2개의 진동모드를 여진한 타입.(정재파형의 일종으로 볼 수 있지만, 2개의 정재파가 여기되어 조합된 것이다.)

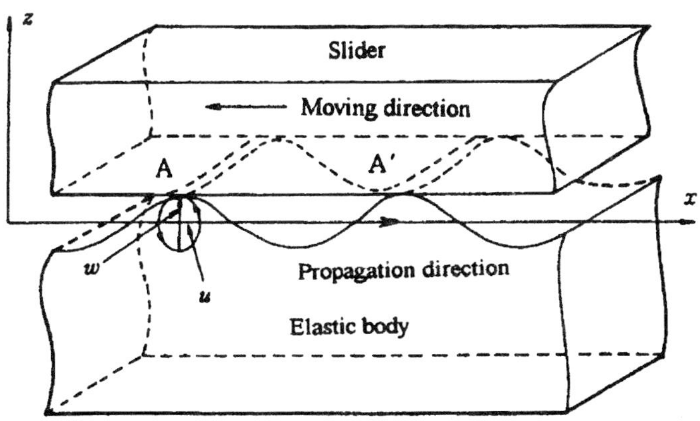

그림 10.5 진행파형 초음파모터

3. 진행파형 모터(Travelling Wave Motors)
   2개의 액추에이터로 90°의 위상차를 가진 2개의 정재파를 여진하고, 그것들을 중합하여 하나의 진행파를 얻는다.

4. 모드 회전형 모터(Mode Rotation Motors)
   몇 개의 액추에이터로 1개의 진동모드를 여진한 타입.(진행파형의 일종으로 볼 수도 있으나, 복수의 액추에이터가 적절한 위상차를 가지고 여진에 사용된다.)

10.2 정재파형 모터

(1) 회전모터

그림 10.6에 회전형 초음파모터(진동편형)의 내부구조를 나타냈다. 진동자 단면을 원통 형상으로 하고 4개의 진동편을 볼트로 붙였다.[4] 공진주파수 35 kHz, 회전수 1200 rpm, 토크 0.8 kgcm, 변환효율 40%(전기입력 30 W로 출력 12 W)라는 data가 보고되고 있다. 이런 타입에서는 고주파 사용과 더불어 공진 시 큰 구동변위 때문에(구동진폭 ($\Delta l = \alpha d\ E\ l$)이 확대된다), 인치웜(inchworm) (9장에서 언급) 등과 비교해도 상당한 고속도가 기대된다.

그림 10.7에 실제로 회전시킨 모터의 특성을 나타낸다. 1980년대 초에 제작된 이런 시제작 모터가 그 후 연구의 원동력으로 되어 최근 20년간 초음파모터 응용의 연구개발로 이어지고 있다.

이 기본구조의 변형으로서 속이 빈 실린더형 압전세라믹스의 뒤틀림(torsional)진동을 이용한 모터의 진동자를 그림 10.8(a)에 보인다.[5]

그림 10.8(b)에 보인 것처럼 45°각도를 가진 교차전극이 옆면에 있게 되어 있어, 뒤틀림진동이 여진된다. 원통끝 면에 접촉한 로터가 진동에 의해 회전된다.

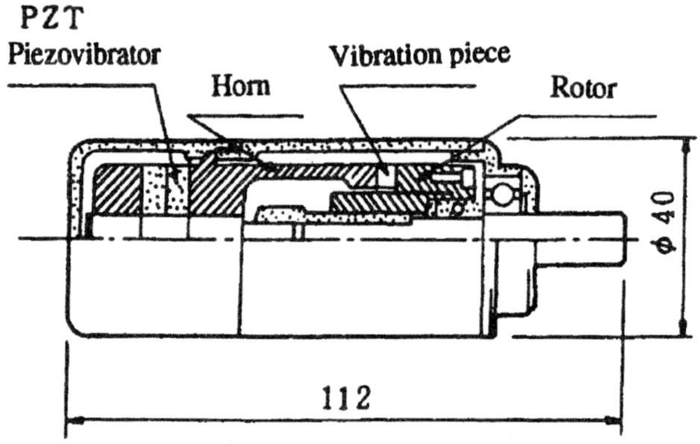

그림 10.6 회전형 초음파모터의 내부구조[4]

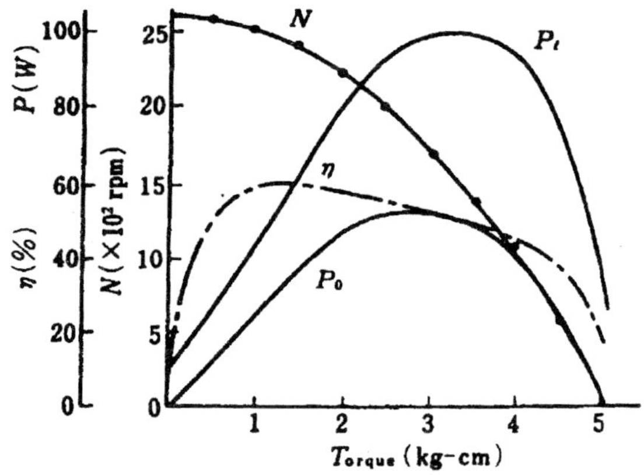

그림 10.7 진동편형 초음파모터의 특성(Sashida 회전 모터)[4]

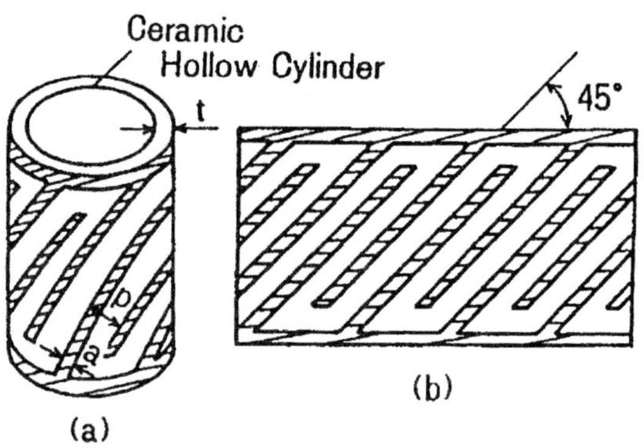

그림 10.8 원통상 압전 뒤틀림진동자(hollow cylinder torsional vibrator) (Tokin)[5]

그 보다 더 단순하고 소형인 금속관과 압전세라믹스를 조합시킨 초음파모터가 설계되었다.[6]

스테이터의 기본구조를 그림 10.9(a)에 보였다. 분극한 장방형 PZT편을 금속튜브 옆면에 붙인다. 압전판 X를 구동시키면 x축 방향에 굴곡진동이 여진된다. 나아가 Y판에 의한 질량분포의 불균일성 때문에, y축방향에도 굴곡진동모드가 유도되어 끝면의 진동 변위가 타원궤도를 그리게 된다. 압전판 y를 구동하면 마찬가지로 끝면에 타원궤적이 여진되지만, 회전방향이 반대로 된다. 그림 10.9(b)에 보이듯이, 원추형 부품이 금속관 양끝에 접촉하는 것 같은 구조의 로터를 사용하고 있다. 이 재료와 구조는 아주 저가이며, 나아가 단상구동임에도 불구하고 양방향 회전이 가능한 점이 우수하다.

그림 10.10에 직경 2.4 mm, 길이 12 mm의 금속관(tube) 초음파모터의 특성을 나타낸다. 구동주파수 62.1 kHz, 구동전압 80 V로, 무부하 회전수 1800 rpm, 최대토크 1.8 mNm가 얻어진다. 이 타입의 모터는 스테이터의 양끝에서 출력을 내고 있기 때문에, 비

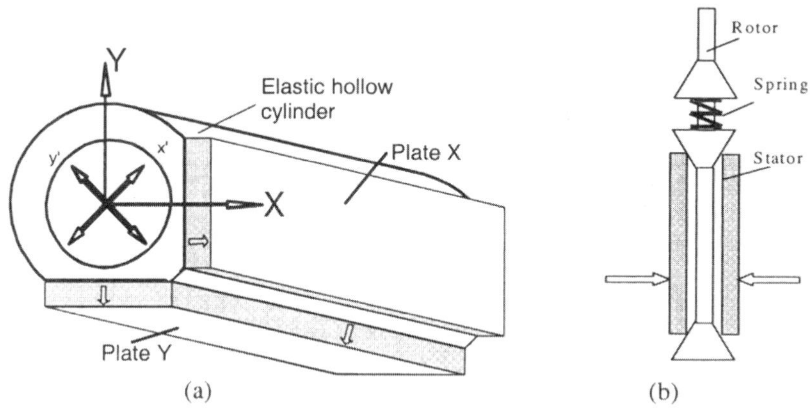

그림 10.9 금속관(tube) 회전모터[6]

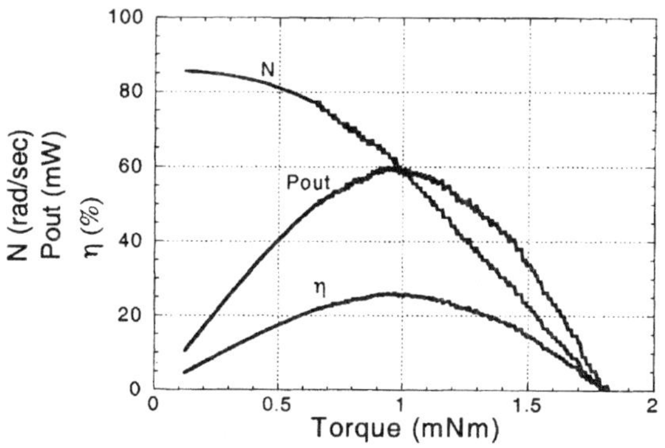

그림 10.10 금속관 회전모터의 특성(무부하시) (직경: 2.4 mm, 길이: 12 mm, 구동주파수: 62.1 kHz)[6]

교적 높은 토크가 실현 가능하다. 구동효율도 소형모터로서는 비교적 높게 28% 얻어지고 있다.

그림 10.11에 직경 1.8 mm, 길이 4 mm의 실용적 토크 레벨에서 세계 최소의 초음파 모터를 보였다.[6] 로터는 중공구조(hollow tube)로 광섬유를 끼울 수도 있다.

(2) 리니어모터

그림 10.12에 포크처럼 갈라져 분기된 π형 금속탄성체에 다층 압전 액추에이터를 부착해서 구성한 π형 리니어모터를 나타낸다.[7] 2개의 다리 각각의 공진주파수는 형상을 약간 달리함으로써 약간 다르기 때문에, 구동주파수를 제어하여 양다리 진동의 위상차를 제어할 수가 있다. 이 리니어모터의 동작원리는 그림 10.12(b)에 보인 것처럼 마치 말이 달리는 듯한 움직임이다. 20×20×5 mm^3의 시제작 모터를 98 kHz, 6 V(실효전력 0.7 W)로 구동했을 경우, 최대속도 15 cm/s, 최대추력 0.2 kgf, 최대효율 20%였다. 그림 10.13에

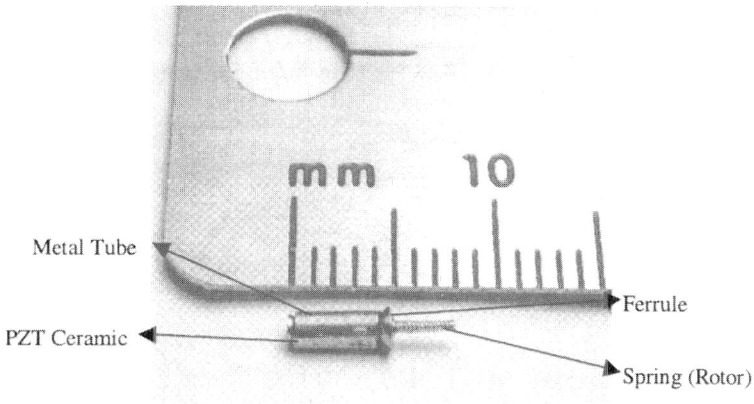

그림 10.11 제품으로서 세계 최소의 초음파모터(Micromechatronics 사) (직경: 1.8 mm, 길이: 4 mm)[6]

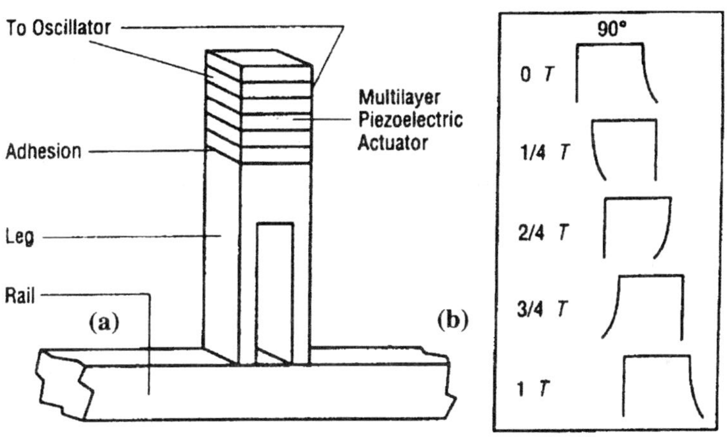

그림 10.12 π 형 초음파 리니어모터: (a) 기본구조, (b) 보행 sequence(2개 다리의 90° 위상차로 걷을 수 있음을 보여줌)[7]

이 리니어모터의 특성을 나타낸다. 이 리니어모터의 개량형이 정밀 x-y스테이지에 사용되고 있다.

10.3 복합모드형 모터

히타치맥스웰 사는 진동편을 뒤틀림 결합자로 바꾸는 타입을 개발했다.[8] 랑주뱅(Langevin) 진동자가 발생하는 종(longitudinal)진동을 뒤틀림 결합자(torsinal coupler)의 2개의 다리가 받으면, 면에 벤딩진동이 여기된다. 면상의 기둥부분이 경사지게 되어 있어 뒤틀림 결합자의 포인트이며, 면의 벤딩진동이 기둥부분에 횡(transverse)진동을 여기한다. 이 뒤틀림 진동과 종진동의 결합으로 끝부분에서 타원운동의 궤적이 생긴다. 로터의

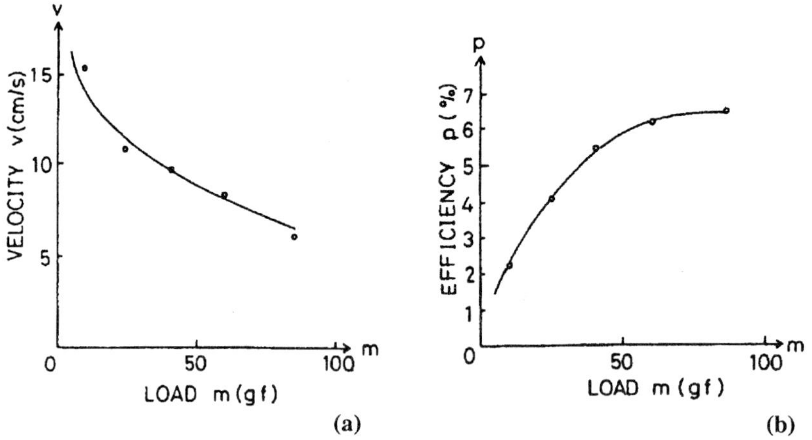

그림 10.13 π 형 초음파 리니어모터의 특성(크기: 20×20×5 mm^3, 구동전압: 6 V, 구동주파수: 98 kHz)[7]

접촉압력을 증가시켜 높은 토크와 고효율로 개선한 모터를 그림 10.14에 나타낸다. 직경 30 mm, 길이 60 mm, 뒤틀림 결합자 각도 20~30° 일 때, 최대토크 13 kgcm, 최대효율 80%가 얻어졌다. 그러나 이 타입의 초음파모터는 단지 한쪽 방향으로만 회전한다. 이 모터는 구형파 입력으로 구동시켜도 관성 때문에 로터의 회전은 극히 부드럽다.

그림 10.15에 풍차형 모터를 보였다. 금속과 세라믹스의 얇은 구조의 복합체로 되어 있다.[9] 모터는 스테이터, 로터, 볼베어링, 케이스의 4개 부품으로 구성되어 있다(그림 10.15(a)).

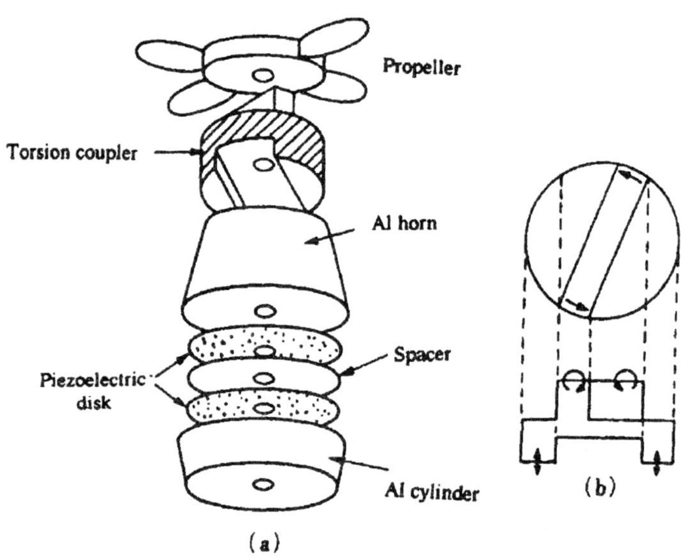

그림 10.14 뒤틀림 결합자형 초음파모터: (a) 기본구조, ((b) 뒤틀림 결합자(torsional coupler)[8]

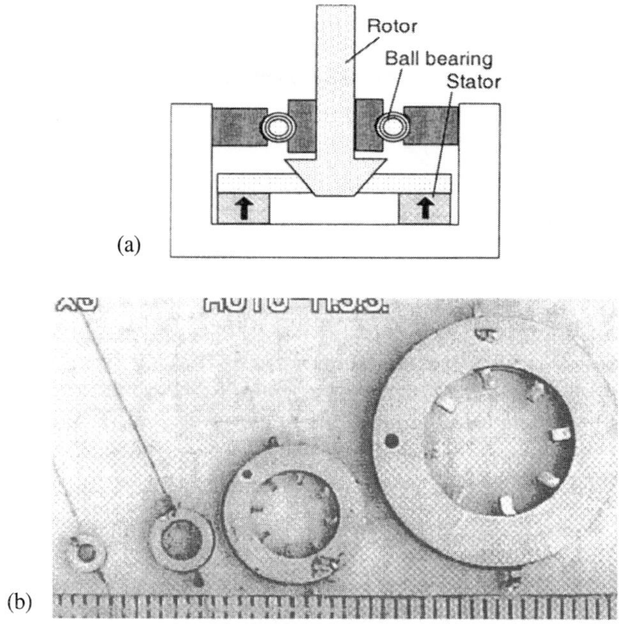

그림 10.15 풍차형 초음파모터: (a) 단면도, (b) 각종의 스테이터(직경: 3~20 mm)[8]

압전소자 부분은 간단한 링형상으로 직경은 3 mm, 상하면에 전극이 있고 두께방향으로 분극되었다. 금속판은 그림 10.15(b)에 보이듯이 내경 둘레에 4개의 팔을 갖고 있고 방전가공으로 제작했다. 금속판과 세라믹스는 함께 접착하였고 팔은 자유롭게 외팔보(cantilever beam)처럼 움직일 수 있도록 되어 있다. 팔길이와 단면적은 2차의 굴곡(bending)모드 공진주파수가 스테이터의 경방향(radial) 진동모드 공진주파수와 가깝게 되도록 설계했다. 로터는 스테이터의 중앙에 놓이고 경방향모드와 굴곡모드 공진주파수의 중간의 주파수를 갖는 전계가 가해지면 회전한다. 로터는 팔 끝부분과 접촉이 일정하게 되도록 접촉면을 경사지게 했다.

스테이터의 신축진동에 의해 로터는 회전된다. 수축 사이클일 때에 안쪽 팔이 로터를 조여주고 접선력을 발생시킨다. 스테이터의 공진주파수와 팔의 2차 벤딩모드의 공진주파수가 가깝기 때문에, 팔은 아래방향으로 변형한다. 팔은 원주방향으로도 변위하고 다음의 팽창 사이클일 때에는 로터의 다른 위치에서 떨어진다. 팔이 로터를 잡고 비트는 동작(twists)을 하기 때문에 로터에 회전력이 발생한다.

그림 10.16에 풍차형 초음파모터의 특성을 나타낸다.

직경 5 mm의 모터를 160 kHz로 구동하면, 최대회전수 2000 rpm, 최대토크 0.8 mNm을 얻었다. 직경 3 mm의 모터 특성을 그림 10.17에 나타낸다. 최대토크 17 μNm를 얻었다. 이 토크는 같은 크기의 박막모터와 비교하면 한 단위 위의 큰 값이다.

그림 10.18에 이중진동커플러(dual vibration coupler) 초음파모터를 나타냈다.[10] 뒤틀

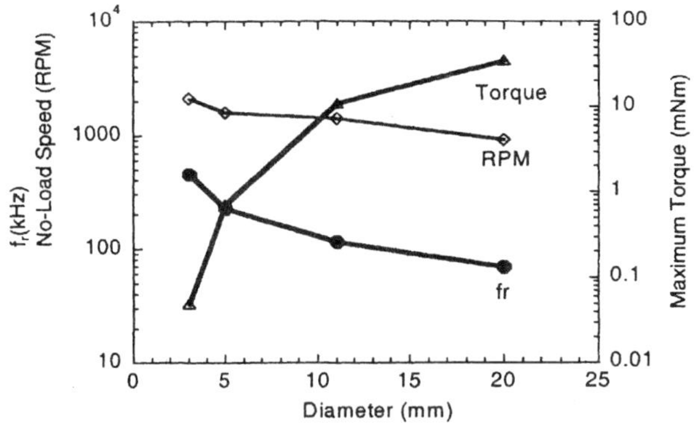

그림 10.16 경방향 공진모드주파수, 무부하 회전수, 기동 토크의 스테이터 직경의존성(구동전압: 15.7 V, 구동주파수: 160 kHz)[9]

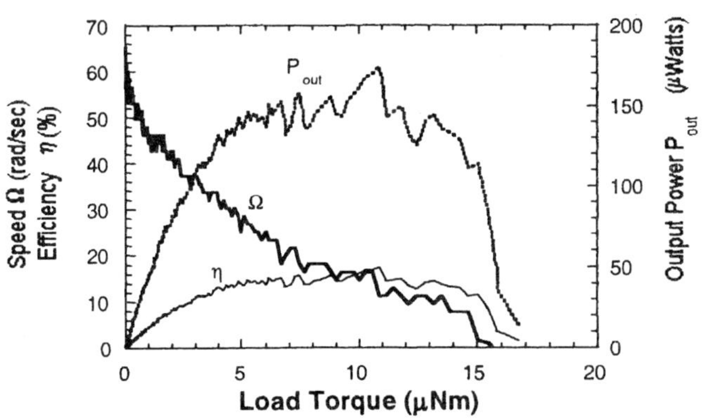

그림 10.17 속도, 효율, 출력전력의 부하토크 의존성(직경: 3 mm)[9]

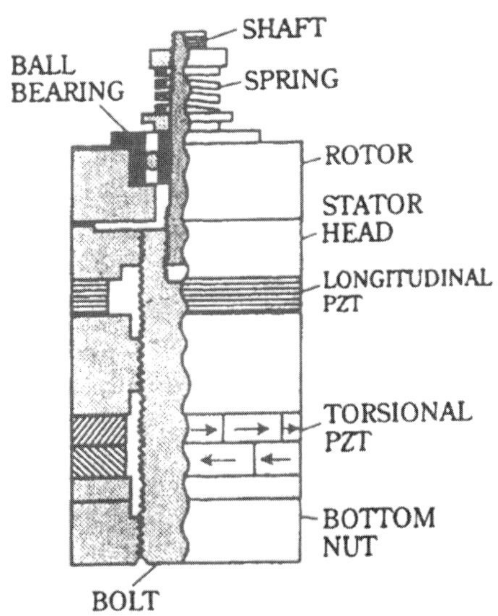

그림 10.18 복합진동자형 초음파모터[10]

림(torsional) 랑주뱅 진동자와 종진동자가 습동면에 종진동 및 횡진동 변위를 발생시킨다. 각각의 진동은 각각의 진동자에 의해 독립적으로 제어 가능하다. 회전방향은 위상차를 변화시켜 조절가능하다. 종공진과 뒤틀림공진을 일치시키기는 매우 곤란하므로, 일반적으로 뒤틀림공진 주파수로 모터는 구동된다.

10.4 진행파형 모터

(1) 리니어형

그림 10.19에 두 개의 벤딩진동을 이용한 리니어모터를 나타냈다.[11,12] 강철로 된 전송봉(transmission rod)의 양끝부분에 설치된 두 개의 압전 진동자에서 송파(excite)와 수파(receive)를 하며 전송봉에 횡파(비대칭 lambda파 기본모드)의 진행파를 여진한다. 수파측 진동자의 부하저항을 조정함으로써 완전한 진행파를 얻을 수 있다. 또, 송파측과 수파측의 역할을 바꿈으로써 진행방향을 쉽게 바꿀 수 있다.

전송봉에 전달되는 파동은 벤딩진동과 같이 다음의 미분방정식으로 주어진다.

$$\frac{\partial^2 w(x,t)}{\partial t^2} + \left(\frac{YI}{\rho A}\right)\frac{\partial^2 w(x,t)}{\partial x^2} = 0 \qquad (10.6)$$

여기서 그림 10.5에 보였듯이 w(x,t)는 횡방향 변위이고, 봉의 길이방향에 x좌표를 둔다. Y는 전송봉의 영률, A는 봉의 단면적, ρ는 밀도, I는 단면 2차 모멘트이다. 식 (10.6)의 일반 해를

$$w(x,t)=W(x)\ [A\ \sin(\omega t)+B\ \cos(\omega t)] \qquad (10.7)$$

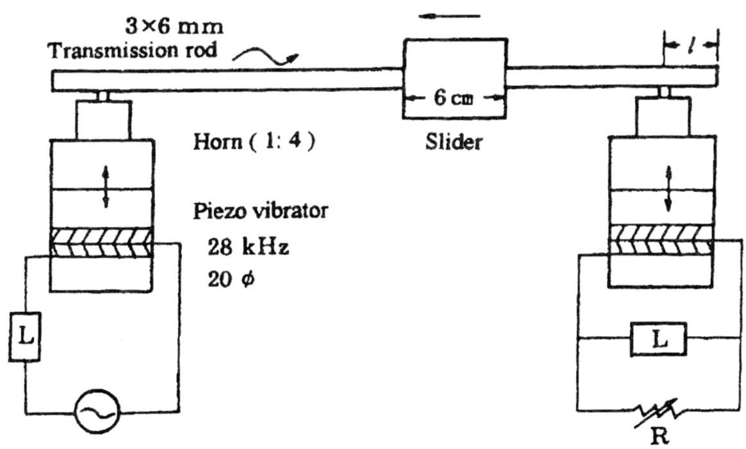

그림 10.19 두 개의 벤딩진동을 이용한 리니어모터[11,12]

로서 계산을 하면, 파(wave)의 전달속도 v 및 파장 λ는 다음 식으로 주어진다.

$$v = \left(\frac{YI}{\rho A}\right)^{1/4} \sqrt{\omega} \tag{10.8}$$

$$\lambda = 2\pi \left(\frac{YI}{\rho A}\right)^{1/4} \frac{1}{\sqrt{\omega}} \tag{10.9}$$

벤딩진동을 이용하면, 전송봉의 단면적 A나 단면 2차 모멘트 I를 바꿈으로써 파장 λ를 수 mm로 할 수 있다(면접촉이 보증된다). 단, 여기서 보이는 예의 경우 λ=26.8 mm이다.

슬라이드는 그림 10.20에 보여주는 것과 같이 전송봉에 적당한 힘을 가해 고정되도록 스프링으로 조정한다. 접촉면은 고무나 비닐이 이용되고 있다. 전송봉에 부착하는 진동자의 위치는 전송효율에 큰 영향을 미친다. 전송봉의 오픈된 끝쪽에서 진동자 부착 위치까지의 길이 l(그림 10.19 참고)을 바꾸면, 전송효율은 주기적으로 바뀐다. 그 결과를 그림 10.21에 나타냈지만 부착 위치는 오픈된 끝에서의 위상이 중요하며 정확히 1 파장(l =26.8 mm)의 곳이 가장 효율이 좋다.

금속제 슬라이더의 길이는 60 mm로 이론적으로 진동 2 파장의 길이를 선정한다. 28 kHz 로 구동하는 경우, 속도 20 cm/s, 추력 50 N이었다. 효율은 약 3%로 그다지 높지 않다. 이것은 작은 슬라이더를 구동하는 데도 긴 전송봉 전체를 여진하지 않으면 안되기 때문이다. 10.4절에서 언급한 링형 초음파모터는 여진원(진동원)인 스테이터(고정자) 링과 회전하는 로터의 링이 같은 형상이기 때문에 전체를 이용하고 있어 일반적으로 효율은 높다.

그림 10.22에 $LiNbO_3$의 표면탄성파를 이용한 모터를 나타낸다.[13] 127.8° 회전 Y판의 $LiNbO_3$표면에 그림 10.22(a)처럼 2쌍의 직교배열의 표면 교차전극이 있고, 레일리(Rayleigh)파가 여진된다. 그림 10.22(b)에 다리로서 3개의 공(ball)을 이용한 슬라이더를 나타낸다. 레일리파의 진동진폭과 음속을 6.1 nm 및 22 cm/s 로 설정한다(x축, y축과 함께). 진동진폭이 진동자 표면 거칠기보다 작음(1/10이하)에도 불구하고, 슬라이더는 부드럽게 이동한다. 그 메커니즘은 아직 밝혀지지 않았지만, 공(ball)에 의한 점접촉으로 인해

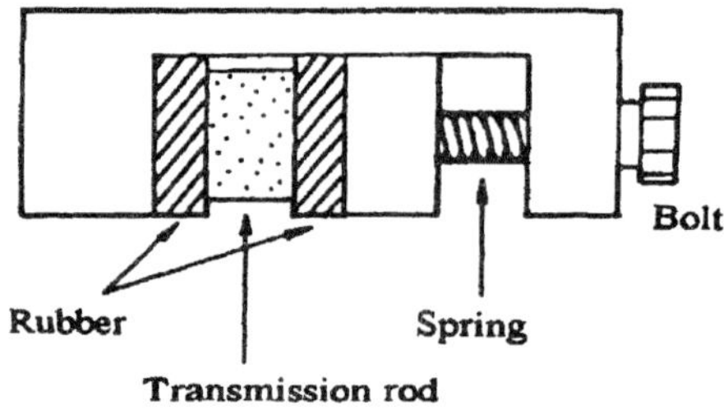

그림 10.20 슬라이더를 전송봉에 끼운 상태[11,12]

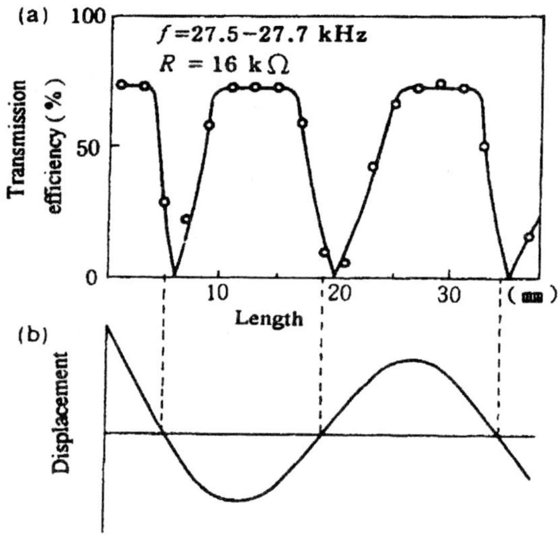

그림 10.21 진동자의 부착 위치와 전송효율 관계: (a) 전송효율, (b) 변위[11,12]

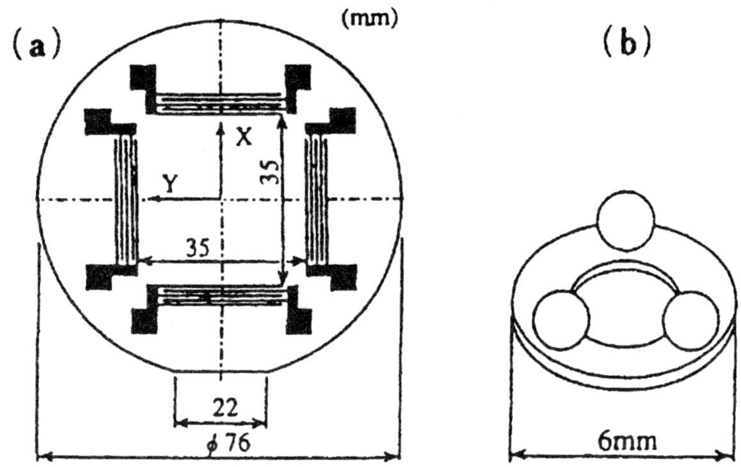

그림 10.22 $LiNbO_3$ 표면탄성파 모터: (a) 스테이터 구조, (b) 로터 구조

국소적인 마찰력이 효과적으로 작용하고 있다고 생각된다.

그림 10.23은 직사각형판 이중모드 진동자(rectangular plate dual mode vibrator) 모터로서, 종진동과 벤딩진동을 조합하여 초음파 리니어모터 구성이 가능하다.[14] 여기서는 기본인 종진동 1차(L_1모드) 벤딩진동 8차(B_8모드)를 선택, 거의 같은 공진주파수가 되도록 설계했다. 90° 위상이 다른 전압을 L 모드 전극과 B 모드 전극에 인가하면, 평판의 양끝에서 같은 방향 회전의 타원진동이 여진된다. 로터를 이 부분에 압착시켜 접촉시키면 회전력이 얻어진다. 종이 전송장치나 카드 전송장치에 응용되고 있다.

10.2(2)절에서 설명한 π형 디바이스는 진행파형 모터로서 개량되고 있다.[15] 2개의 다층 액추에이터를 π형의 다리 모서리에 붙인 구조를 그림 10.24에 나타낸다. 2개의 액추

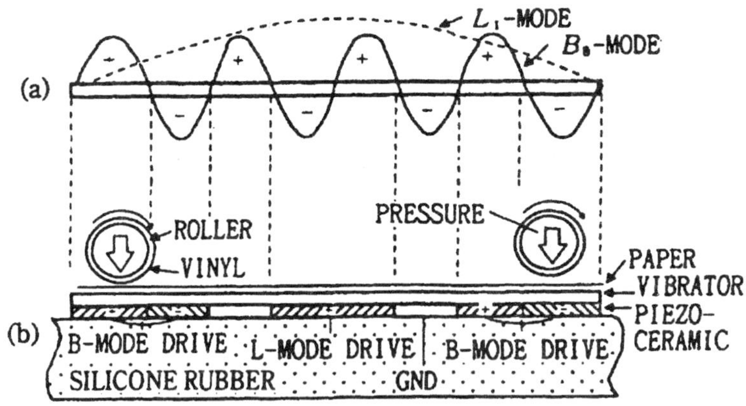

그림 10.23 L_1–B_8모드 이용 초음파 리니어모터: (a) 진동모드, (b) 구조[14]

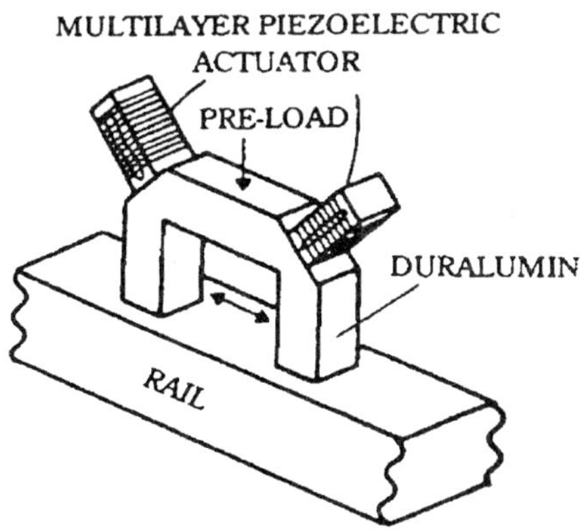

그림 10.24 진행파형의 π 형 초음파 리니어모터[15]

에이터에 90°의 위상차를 가진 전압을 인가하면, 마치 말이 달리는 것 같은 동작이 여기된다.

(2) 회전형 모터

리니어형 디바이스의 전송봉을 연결하여 링으로 하면, 회전형의 표면파가 생긴다. 그림 10.25에 2종의 링형 모터 구성을 보인다. (a)는 벤딩파를, (b)는 신장/확장파를 이용한 것으로 원리는 리니어모터와 같으나, 파가 원둘레로 전송되도록 부분적으로 분극 방향을 바꾸기도 하고 전극을 분할하기도 한 PZT 링 등을 부착하여, 위상차 있는 교류전압을 고차의 공진주파수로 인가한다.

표면파(Surfing) 회전모터의 동작원리

일반적으로 링처럼 폐쇄된 선로 상의 1점에서 선로 고유의 공진주파수의 파를 여진하면,

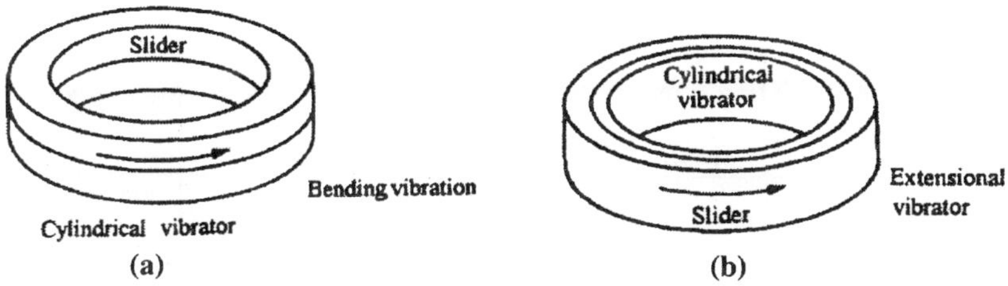

그림 10.25 링형 초음파모터 2종: (a) 벤딩진동, (b) 신장/확장진동[16]

정재파가 얻어진다. 이것은 파원에 대해 대칭으로 각각 역방향의 진행파가 전송되어 상호중합되기 때문이다. 또, 복수의 파원을 링 위에 두었을 경우 얻어지는 진동변위는 모든 파원(진동원)으로부터 2개의 방향으로 전송하는 파의 총합으로 표시할 수 있다. 이 파의 중합을 이용하면, 정재파 진동모양의 회전에 의한 진행파를 얻을 수 있다.

즉, 탄성체 링 위의 1점 $\theta=0$에 $A\cos(\omega t)$되는 여진 진동원을 생각하면, n차 진동 정재파의 분포는

$$u(\theta,t)=A\,[\cos(n\theta)][\cos(\omega t)] \tag{10.10}$$

으로 된다. 또, θ의 정방향으로 전송하는 진행파의 분포는

$$u(\theta,t)=A\,\cos(n\theta-\omega t) \tag{10.11}$$

과 같이 각도와 시간의 항이 하나로 정리되는 모양이 된다. 식 (10.11)은 2개의 정재파의 합으로

$$u(\theta,t)=A[\cos(n\theta)][\cos(\omega t)]+A[\cos\,(n\theta-\pi/2)][\cos(\omega t-\pi/2)] \tag{10.12}$$

로 표시되기에 2개의 여진 진동원의 시간적 위상과 공간적 위상을 각각 90°씩 달리하여, 2개의 정재파를 중합함으로써 진행파가 얻어짐을 알 수 있다. 거기에 일반적으로 이들 위상차는 0, $\pm\pi$를 제외하고 임의로 선택해, 시간적 위상과 공간적 위상차를 같게 하면 좋다는 것을 알 수 있다. 1차, 2차, 3차 진동의 진동파를 여진하기 위해 여진 진동원 위치를 그림 10.26에 나타낸다. 이와 같이 원리적으로는, 링의 2곳을 여진하면 좋으나 실제는 대칭성을 고려한 위치에서 링 전체에 여진 진동원이 분포되도록 설계한다.

그림 10.27에 벤딩진동과 신장/확장진동을 이용한 2개 모터의 세부 부분의 진동모양을 나타낸다. 벤딩진동에서는 링 두께가 얇아지면, 타원궤적이 면에 대해 종적으로 길게 되어 상하면에서 얻어지는 추력방향은 같으나, 신장/확장진동은 모든 곳에서 편평하여 두께에 관계없이 안팎면에서 얻어지는 추력방향은 반대방향이다. 또, 신장/확장진동을 이용하면 비교적 높은 공진주파수에 의해 벤딩에서는 얻을 수 없는 고속회전이 얻어진다.

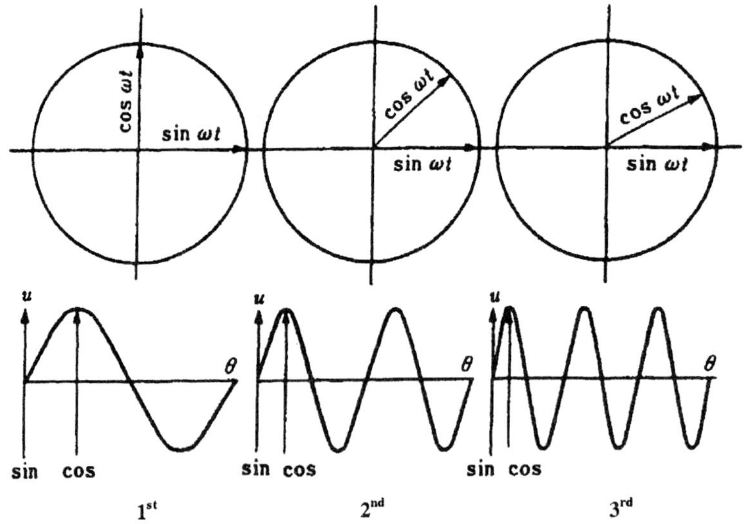

그림 10.26 링 모터의 진행파 여진의 여진 진동원 배치방법[16]

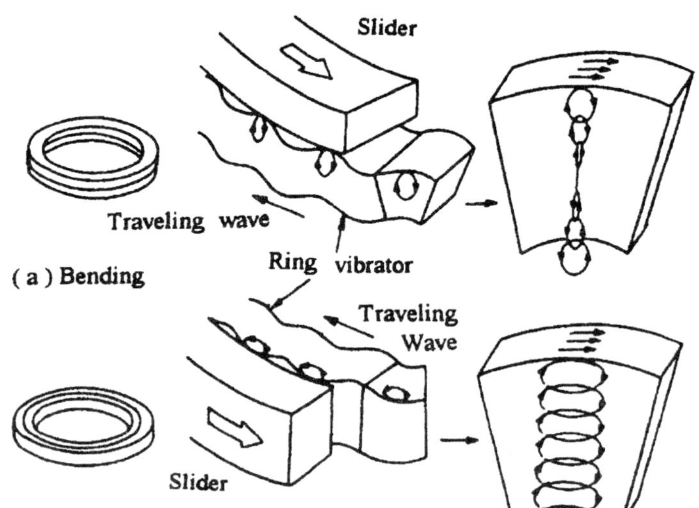

그림 10.27 벤딩진동과 신축진동을 이용하는 타입의 모터에 있어서의 변위모양[16]

표면파(Surfing) 회전모터의 특성

최초의 표면파 진동모터는 Sashida에 의해 개발되었다.[17] 정확히는 표면파가 아닌 벤딩진동인데, Sashida 모터의 상표로서 "표면파 회전모터"를 여기서 인용한다. 그림 10.28에 그 스테이터 구조를 나타낸다.

탄성체 링에 붙인 얇은 PZT 압전체 링에 의해 진행파가 여진된다. 링형상의 슬라이이

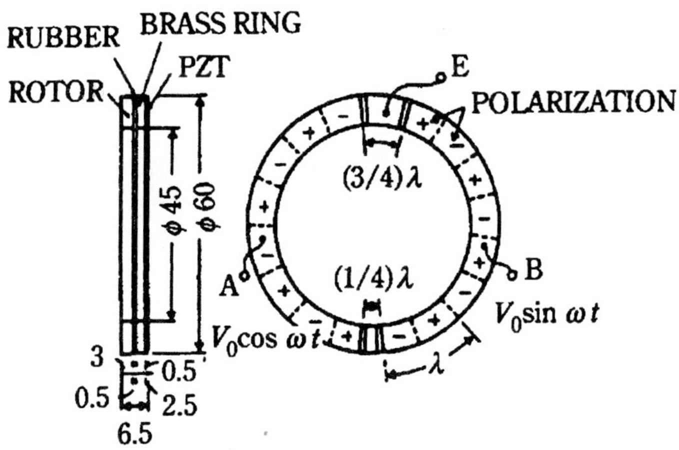

그림 10.28 Sashida 개발 표면파 회전모터의 고정자(스테이터) 구조[17]

더는 탄성체 링의 진행파 물결표면(rippled surface)의 선두와 만나 접촉되면 회전하고, 회전방향은 압전체의 A전극과 B전극에 인가되는 전압의 위상차에 의해 바꿀 수 있다. 이렇게 박형 형상으로 함으로써 카메라의 자동초점기구에 채용할 수 있다. 캐논 EOS시리즈 교환렌즈의 약 80%가 초음파모터를 채용하고 있다. 미국이나 일본에서 새로 개발되고 있는 이런 종류의 모터는 거의 이 오리지널 설계로부터 파생된 것들이다.

PZT 압전체 링은 미리 비대칭적인 전극간에 원주방향 16개로 분할되어 있고, 분극은 인접간 상호 교차의 역방향이 되도록 두께 방향으로 분극처리를 해 놓는다. 진동 주파수 44 kHz를 인가하면, 링상에 9차모드의 진행파가 발생한다.

그림 10.29는 제품화된 표면파 모터의 사진을 나타낸다. 그림 10.30은 표면파 회전모

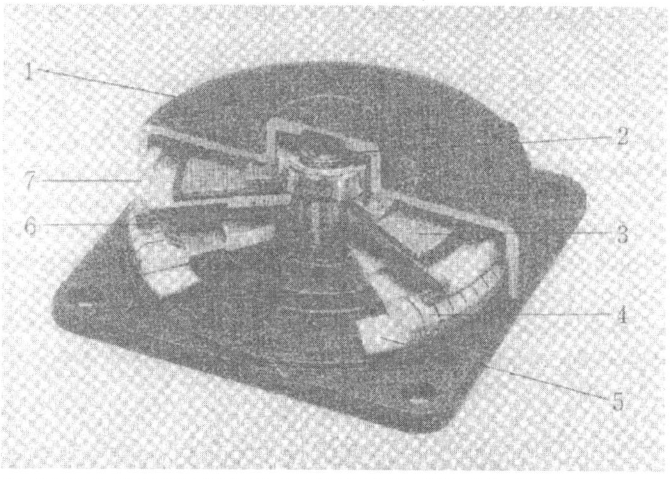

그림 10.29 Sashida의 표면파모터의 구성 예(Shinsei공업). (1. Housing, 2. Bearing, 3. Spring, 4. Stator, 5. PZT ring, 6. 마찰재, 7. Rotor)[17]

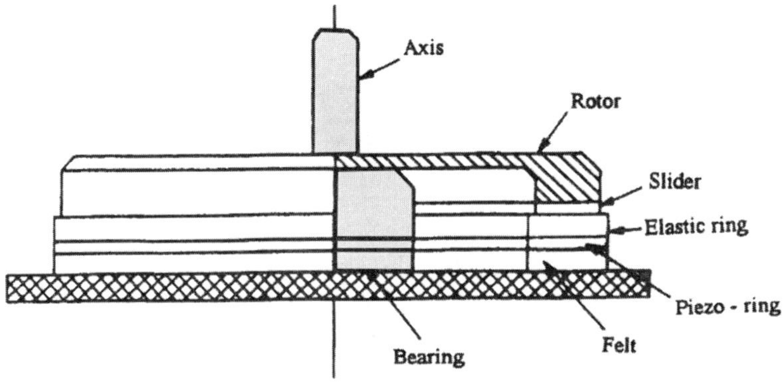

그림 10.30 Sashida의 표면파모터의 단면도[17]

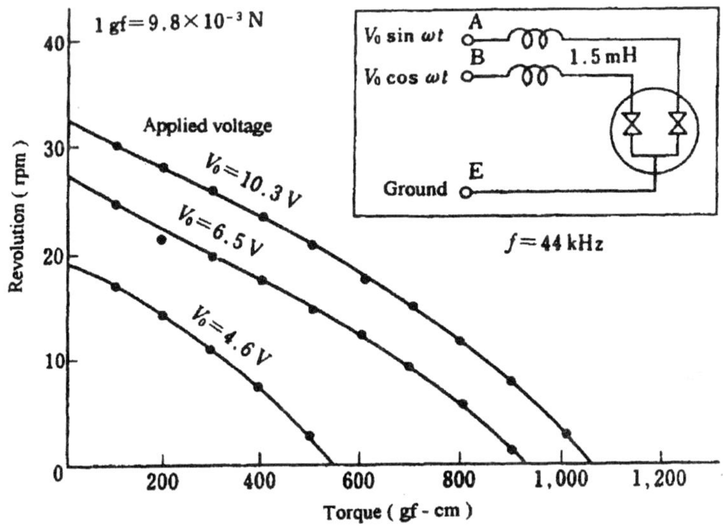

그림 10.31 표면파모터의 속도토크 특성[17]

터 단면의 일예이다. 스테이터는 외경 60 mm, 내경 45 mm, 두께 2.5 mm의 황동판에 반파장 간격으로 분극된 두께 0.5 mm의 압전체가 부착되어 있다. 로터는 경질고무 또는 우레탄으로 라이닝된 플라스틱판이다. 그림 10.31에 속도토크 특성을 나타낸다.

안쪽에 나사 처리가 되어 있고 로터가 회전하면 렌즈가 앞뒤로 이동한다.

그림 10.32가 카메라에 채용된 예를 보여준다(캐논).[17] 링형상의 표면파모터가 경통내에 컴팩트하게 잘 들어가 있다. 그림 10.32(b)에 모터와 조립렌즈 부분의 확대도를 나타내었다. 통 모양의 로터 안쪽에 나사를 만들어 로터가 회전하면 렌즈가 앞뒤로 이동한다.

그림 10.33은 스테이터 구조의 일예이다.

그림 10.33(a)와 같이 고정자 스테이터 원판 진동의 복부부분에 치아배열처럼 소형 링형상으로 설치해 진동변위를 효과적으로 증폭하여 빠른 회전속도를 얻고 있다. 그림

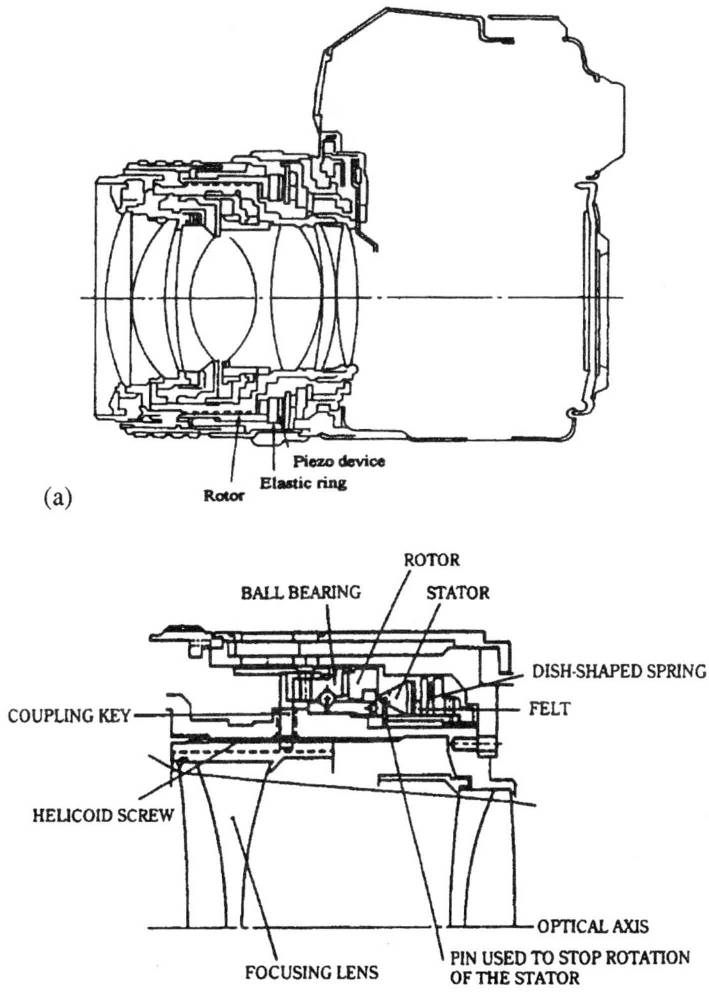

그림 10.32 진행파형 모터를 이용한 자동초점기구(캐논): (a) 초음파모터를 조립한 위치, (b) 초음파모터 주변의 상세 부품들[17]

10.32의 스테이터도 같은 모양으로 작은 진동자들이 반원주상에 배열 가공되어 있다.

초음파모터의 전자식 모터에 대한 이점을 다음에 열거한다.

1. 정숙성: 구동주파수가 초음파영역인 것. 감속기어가 없어 소음발생이 극히 적고, 마이크로폰을 갖춘 비디오카메라 등의 응용에 적합하다.
2. 소형: 기존의 시스템(예로 자동초점기구)에 대체조립 시 공간효율이 좋아 전혀 문제 없다.
3. 저소음: 토크 감속기어가 필요 없어 전자식 모터보다 저속 고토크이다.
4. 에너지절감: 소형이면서 마찰력이용 모터는 더욱 효율이 높다.

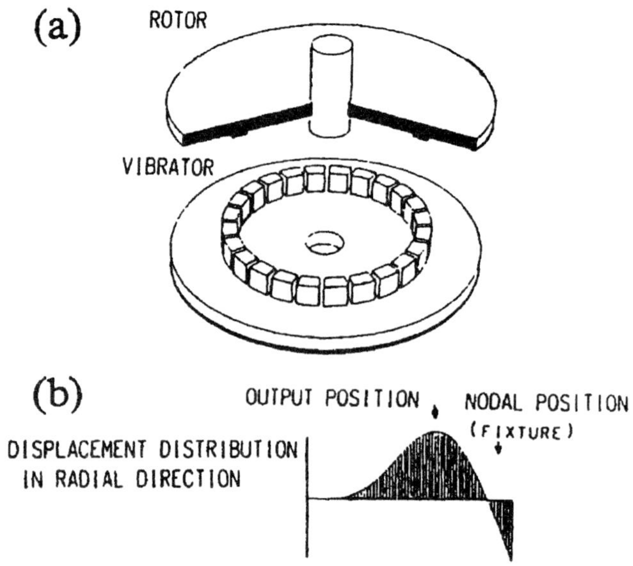

그림 10.33 진행파형 모터의 예: (a) 직경방향 진동모드 복부부분에 치아를 배열(출력도출부), (b) 직경방향 진동모드의 절선꺽임부분(nodal; 절원)(지지부)[18]

진행파형 초음파모터 설계에서 중요한 것 중의 하나로 고정자 스테이터의 지지방법이 있다. 일반적으로 진동의 꺽임(nodal)점 또는 꺽임선 부분은 진동하지 않기 때문에 지지부분으로 이용된다. 그러나 링 형상의 진행파형 디바이스에는 꺽임이 없어 진동이 억제되지 않도록 지지방법을 생각할 필요가 있다. 예로서, 그림 10.32(b)와 같이 펠트를 이용하여 부드럽게 지지하는 방법이 있다. 스테이터의 회전은 스테이터 치아에 맞물리게 걸어 놓은 핀에 의해 멈추게 된다. 즉, 스테이터 치아들을 핀으로 고정하여 회전고정을 하고 있다. 또 하나의 방법으로, 그림 10.33(b)와 같이 절편원을 이용하는 방법이다(마츠시타전기).[18] 원반형상의 스테이터를 이용할 경우, 중심(경)방향의 고차모드를 여진하는 것으로 절편원이 유지에 이용된다. 바로 옆에 진동의 복부가 있어 그곳에 치아를 설치하여 효율적으로 출력을 낼 수 있게 할 수 있다(그림 10.33(a)).

소형으로는 직경 10 mm, 두께 4.5 mm의 크기가 실현되어 있다(세이코인스트르먼트).[19] 그림 10.34에 그 구조를 나타낸다. 구동전압 3 V, 전류 60 mA, 무부하 회전수 6000 rpm, 최대토크 0.1 mNm이다.

유사한 구조의 초소형모터가 미사일발사장치의 스위치용으로 개발되어 있다(allied Signal).[20]

초음파모터용 구동소자에 유니몰프(압전판과 금속판을 접착한 소자)의 벤딩모드를 이용하는 것은 전기기계결합계수 k가 10%이하이기 때문에 이론적으로 구동효율이 낮다. 유니몰프 구조가 아닌 단판을 그대로 이용한 모터를 구성하는 경우도 있다.[21,22] 그림 10.35에 원판의 (1,1), (2,1), (3,1)모드(비축대칭모드)를 나타낸다.

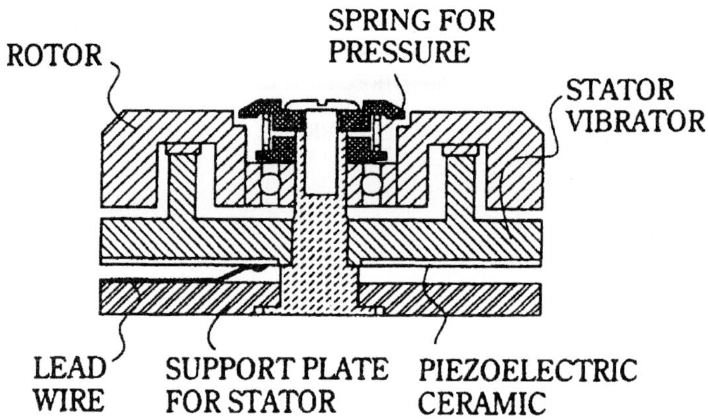

그림 10.34 소형의 진행파형 초음파모터(Seiko Instrument) (직경: 10 mm, 두께: 4.5 mm)[19]

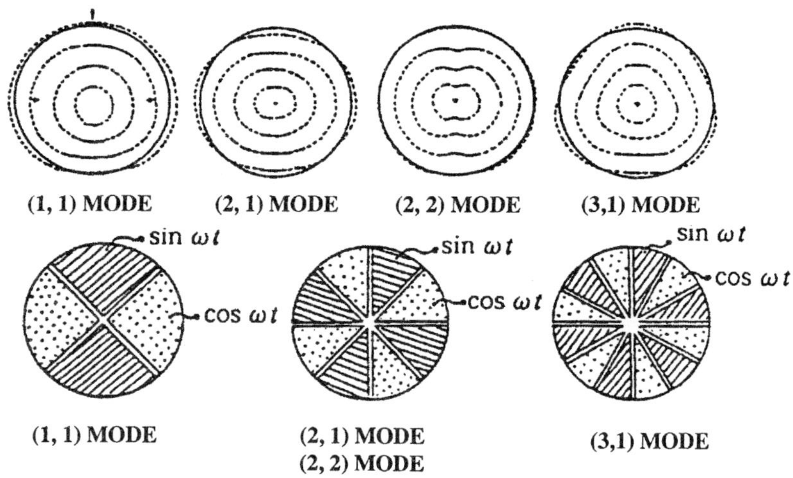

그림 10.35 원판 형상 훌라후프 모터[21,22]

링형상 단판에서도 유사한 모드가 존재하고, 링의 외주, 내주 어느 쪽을 이용하더라도 「훌라후프」와 같이 상대에 회전력을 전할 수 있게 된다.

또 하나의 흥미깊은 다자인은 Tokin에서 개발한 「접시돌리기(spinning plate)」형 초음파모터이다. 그림 10.36에 그 구동원리를 나타낸다.[23] 정현(sin)전압과 여현(cosin)전압에 의해 회전하는 벤딩 진동모드가 봉형상 PZT 위에 여진된다. 컵모양의 로터로 "회전" 봉을 덮어 씌우면, 컵의 내부 면에 접촉한 PZT 소자에 의해 회전력이 전달된다.

10.5 모드 회전형 모터

펜실베이니아 주립대학(미국)과 IMRE(싱가포르)가 공동개발한 PZT 튜브모터를 그림

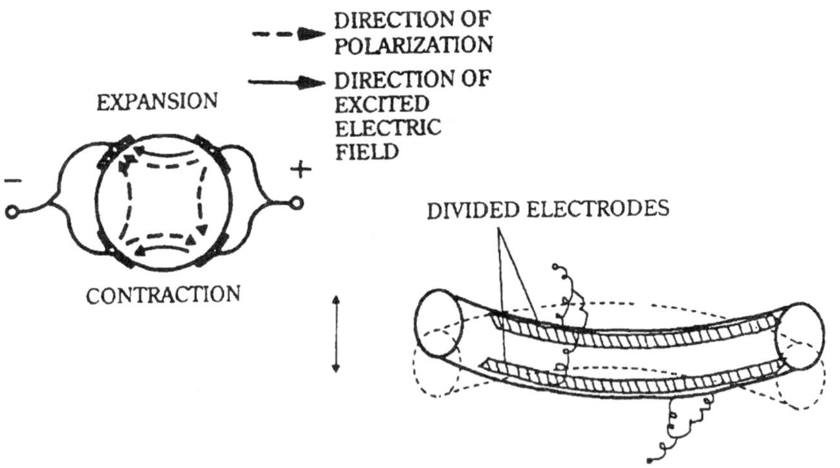

그림 10.36 접시돌리기(spinning plate)형 초음파모터(Tokin)[23]

10.37에 나타낸다.[24] 가늘고 긴 모양으로, 언뜻 Tokin의 모터[23]와 흡사하지만 구동원리는 전혀 다르다. PZT 튜브(외경 2.2 mm, 내경 1.5 mm)의 옆면에 4분할한 전극이 있고 중심 방향으로 분극되어 있다. 정현(sin)전압과 여현(cosin)전압을 인가하면 회전 벤딩모드가 여진된다(그림 10.37). 본 모터는 양끝단에서 2개의 모터를 동시에 회전할 수 있어 그 동작은 접시돌리기 모터와 아주 비슷하다.

이 타입의 PZT 튜브 모터(외경 2.2 mm, 내경 1.5 mm, 길이 7 mm)는 질량 0.3 g, 최

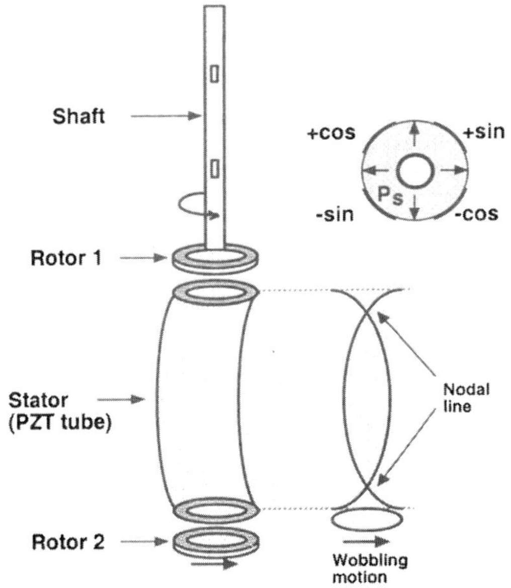

그림 10.37 PZT 튜브형상 모터[24](펜실베이니아 주립대학 · IMRE(싱가포르))

표 10.2 튜브형상 모터(PSU/IMRE)와 타 모터와의 비교

구 분	모토롤라 사 전자계마이크로모터	세이코 사 초음파마이크로모터	PSU/IMRE 사 초음파마이크로모터
외경(mm)	7	8	2.2
길이(mm)	16	4.5	8
입력전력(V)	1.5	1.5~3.5*	3~6*
(mA)	126	60~12	2~5
무부하 속도(rpm)	5000	1200	1000~2000
기동토크(mNm)	0.075	0.05~0.1	1.0

* 증폭회로 요구됨.

대토크 0.1 mNm, 무부하 회전수 1000~2000 rpm이다. 표 10.2에 본 모터와 타 모터와의 특성을 비교했다. PZT 튜브 모터는 이 크기로 일반적 효율 20%이상이고 같은 크기의 전자모터보다 효율이 한 단위 더 크다. 또, PZT 튜브 모터의 파워밀도는 Seiko 모터(벤딩 모드이용)의 파워밀도보다도 한 단위 크다. 따라서 PZT 튜브 모터는 정밀 마이크로메커니즘 응용에 매우 적합하다. 그러나 튜브의 두께나 형상의 대칭성을 정확하게 제작해야만 하기에 약간 가격이 올라가는 단점이 있다. 가격 면에서는 금속관 모터 쪽이 보다 적합하다.

10.6 각종 초음파모터의 특성비교

정재파형 초음파모터는 일반적으로 저가(진동원이 하나)이며 고효율이나(이론적으로는 98%나 된다), 양방향 회전의 제어가 곤란하다는 문제점이 있다. 한편 진행파형 초음파모터는 시간적, 공간적으로 90° 위상이 다른 정재파를 2개 중합한 것이기 때문에, 진동원이 2개 필요하여 효율은 그다지 높지 않으나(일반적으로 50%이하), 양방향 회전이 쉽게 가능하다. 표 10.3에 정재파형(진동편형: 히타치막스웰), 복합형(절충안형: 마츠시타전기), 진행파형(표면파형: 신생공업)의 모터특성에 대해 정리했다.[25]

진행파형 모터는 절연을 위해 인접의 전극간의 거리를 충분히 확보해야 하므로 소형화에 적합하다고 하기에는 한계가 있다. 또한, 인접한 영역에서 교차로 분극방향을 바꾸는 경우는 세라믹스 중에 잔류응력이 집중되기 쉬워 균열이 커지기 쉽다. 이런 점에서 정재파형이 구조가 단순하고 일방향 분극, 적은 배선, 단일전원으로 끝나기 때문에 소형화에 적합하다 할 수 있다.

나아가 진행파형 모터에는 지지방법에 문제가 남아 있다. 정재파형 모터라면 일반적으로 꺾임이 있기 때문에, 그 부분을 유지하면 공진에의 영향을 최소한으로 할 수 있다.

표 10.3 각종 초음파모터의 비교.[25]

구분	회전	회전속도 (rpm)	회전토크 (kgf · cm)	효율 (%)	형상 크기	유사동물 예
진동결합자형 	한 방향	600	13	80	가늘고 길다	녹색벌레(Euglena) 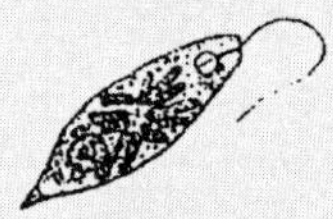
중간절충안형 	양방향	600	1	45		자루벌레(Paramecium) 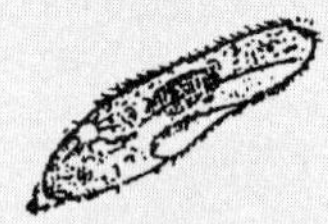
표면파형 	양방향	600	0.5	30	넓고 얇다	아메바(Ameba) 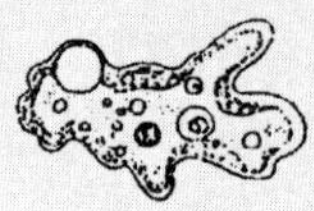

그러나 진행파형 모터에는 꺽임이 없기 때문에 공진진동에의 영향이 적은 지지방법을 설계해야만 한다. 그 방법 중 하나는 그림 10.38과 같이 축방향으로 펠트로 부드럽게 지지하여 진동의 감쇄를 최소한으로 해주어야 한다.

일반적으로 새로운 마이크로 초음파모터의 개발에 있어서 설계방법은 다음과 같이 최적화하지 않으면 안된다.

1. 단순한 구조: 부품개수는 될 수 있는 데로 적은 것이 좋다.
2. 단순한 분극패턴: 분극처리가 쉽게 된다.
3. 극히 적은 진동원수 및 전원: 정재파형 모터가 이 요구를 만족시킨다.

10.7 마이크로보행기구

최근 생물의학이나 초정밀 수술기구의 진보는 눈부시어, 정교하고 미세한 작업용 액추에이터의 수요가 증가하고 있다. 예를 들면, 위내시경 카메라, 카테터(catheter), 세포 수술기구 등의 앞부분에 미세조정(micro manipulation)이 필요하게 되었다. 마이크로보행기는 특히 이들 응용분야로 기대되고 있어, 많은 연구자가 연구 개발에 몰두하고 있다.

(1) PVDF 보행기구

그림 10.38에 PVDF 바이몰프 보행기구의 초기설계를 나타낸다.[26] 디바이스는 두께 30

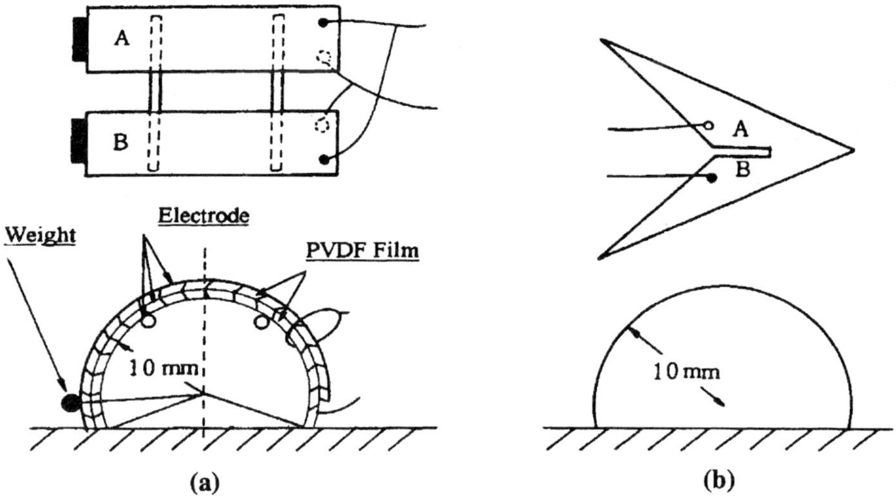

그림 10.38 조정 가능한 PVDF 아치형 보행기구[26]

μm의 PVDF 필름을 같은 극성면으로 2장을 겹쳐 접착한 것으로, 아치형의 곡률반경은 1 cm이다. 방향조정이 되게 하기 위해서는, 그림의 좌우 A, B의 길이, 폭의 미세한 조절에 의해 각각의 공진주파수를 약간 다르게 제작하면, 시계방향 또는 반시계방향으로 회전시킬 수 있다.

(2) 다층세라믹스 초음파모터

그림 10.39에 다층세라믹스 초음파모터를 나타낸다.[27] 종 1차모드(L_1), 벤딩 2차모드(B_2)가 동시에 여진된다. 그림 10.40에 모터의 부하특성을 나타낸다.

(3) 초음파모터차

「Mussierkun」이라는 인형차가 개발되었다(Seiko Instrument). 크기는 10×10×10 mm^3, 직경 8 mm의 초음파모터가 사용되고 있다. 이 마이크로메커니즘은 눈 역할을 하는 광센

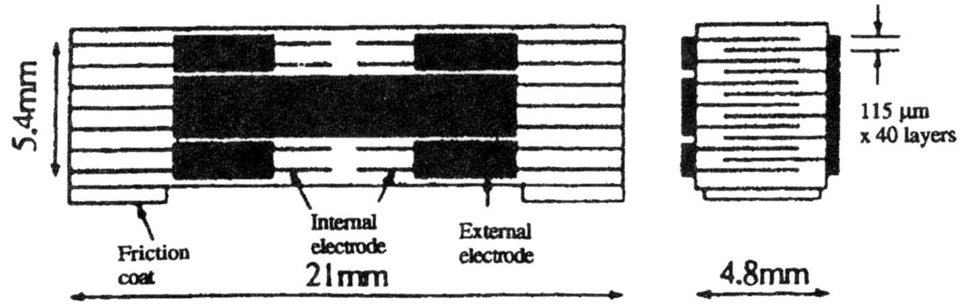

그림 10.39 다층세라믹스 초음파 리니어모터[27]

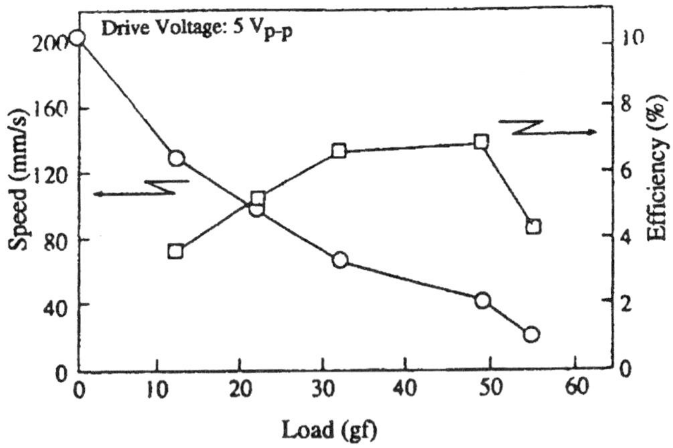

그림 10.40 다층세라믹스 초음파 리니어모터의 부하특성[27]

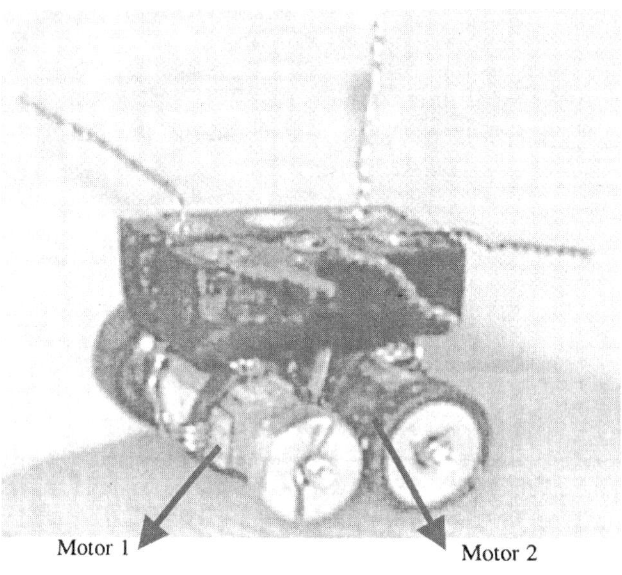

그림 10.41 2개의 금속튜브 모터를 이용한 4륜 구동차(7×7×7 mm^3) (펜실베이니아 주립대학)[29]

서로 반응하여 기동한다.[28]

그림 10.41은 2개의 금속튜브 모터(길이 4 mm)를 사용한 4륜 구동차(7×7×7 mm^3)의 사진이다(펜실베이니아 주립대학). 전진, 후퇴, 횡 운동이 joy stick 리모트로 조정 가능하다.

10.8 초음파모터의 속도 및 추력의 계산

초음파모터의 속도나 추력의 계산에는 모터의 형식이나 스테이터와 슬라이더의 접촉조건과 관계가 있다. 접촉모델에는 다음과 같은 조건이 고려된다.

(1) 강체 슬라이더와 강체 스테이터
(2) 유체 슬라이더와 강체 스테이터
(3) 유체 슬라이더와 유체 스테이터

나아가, 진동편형 모터와 같이 간헐동작이나 표면파형 모터와 같은 연속동작에 의한 차이도 계산에 포함시키지 않으면 안 된다.

(1) 표면파 모터의 계산

표면파 모터의 계산에는, 강체 슬라이더와 강체 스테이터의 접촉모델을 사용한다. 슬라이더 속도는 스테이터 표면의 진동속도의 수평방향 성분으로부터 구해진다(그림 10.42 참고). 진동의 위상속도 v_{sw}는 다음과 같이 표시할 수 있다.

$$v_{sw} = f\lambda \tag{10.13}$$

f는 주파수, λ는 파장이다. 따라서 슬라이더 속도 v는

$$v = \frac{(4\pi^2)Ze_of}{\lambda} \tag{10.14}$$

로 표시된다. 여기서 Z는 종방향 진동진폭, e_o는 표면과 중립면과의 거리이다(그림 10.42 참고).

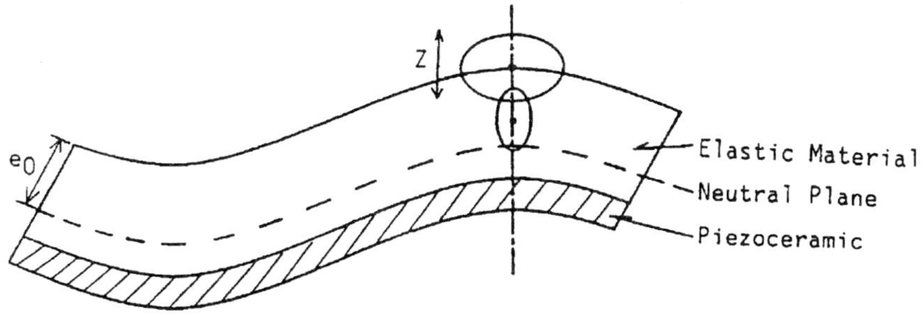

그림 10.42 표면파형 모터의 스테이터 진동변위

[예제 10.2]

다음의 값을 이용하여 표면파형 모터의 표면진동 위상속도 v_{sw}, 슬라이더 속도 v를 구하라. 음속: 5050 m/s, 주파수 f: 30 kHz, 파장 λ: 28 mm, 거리 e_o: 3.5 mm, 종방향 진동진

폭: 1 μm

▶ 해답

식 (10.13)으로부터, 위상속도가 구해진다.

$$v_{sw} = f\,\lambda = [30 \times 10^3\ (\text{Hz})]\ [28 \times 10^{-3}\ (\text{m})] \tag{P10.2.1}$$

$$\rightarrow\rightarrow\ v_{sw} = 850\ (\text{m/s})$$

이 값은 스테이터의 음속보다 상당히 늦다.

또 식 (10.14)로부터 슬라이더 속도가 구해진다.

$$v = \frac{(4\pi^2)\,Z e_o f}{\lambda} \tag{P10.2.2}$$

$$= \frac{(4\pi^2)[1\text{x}10^{-6}\ (\text{m})][3.5\text{x}10^{-3}\ (\text{m})][30\text{x}10^3\ (\text{Hz})]}{[28\text{x}10^{-3}\ (\text{m})]}$$

$$\rightarrow\rightarrow\ v = 150\ (\text{mm/s})$$

이 값도 스테이터의 음속보다 상당히 늦고, 위상속도보다도 늦다.

(2) 진동결합자형 모터의 계산

진동결합자형 모터의 계산에는 유체 슬라이더와 강체 슬라이더의 접촉모델을 사용했다. 강체 스테이터의 수평방향 변위와 수직방향 변위를 각각 a, b라 한다(그림 10.43 참고).

$$a = a_o\ [\cos(\omega t)] \quad \text{및} \quad b = b_o\ [\sin(\omega t)] \tag{10.15}$$

수평방향 속도는 다음과 같이 표시된다.

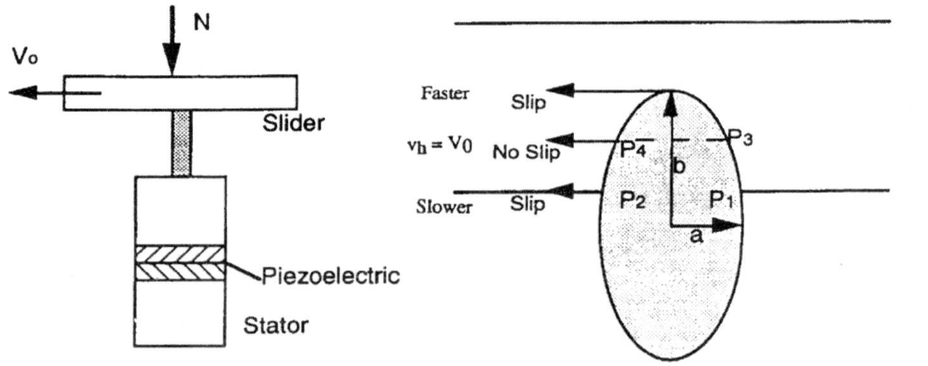

그림 10.43 진동결합자형 모터

$$v_h = \frac{\partial a}{\partial t} = -a_o\omega[\sin(\omega t)] \tag{10.16}$$

습동 마찰면의 수직항력 n의 위상각 변화 ωt를 그림 10.44에 나타낸다. 그림 중의 곡선은 다음과 같이 정의할 수 있다.

접촉영역: $(\pi/2-\phi/2) < \omega t < (\pi/2+\phi/2)$

$$n=\beta[\sin(\omega t)-\cos(\phi/2)] \tag{10.17a}$$

비접촉영역: $0 < \omega t < (\pi/2-\phi/2)$ and $(\pi/2-\phi/2) < \omega t < (2\pi)$

$$n=0 \tag{10.17b}$$

그림 10.44 중의 ϕ는 접촉시간(접촉각이라고도 한다), β는 해석에 필요한 파라미터로 다음과 같이 정의한다.

이 접촉시간의 수직항력 n을 적분한 값을 N라 하면,

$$N = \int n\, d(\omega t)$$

$$= \left(\frac{1}{2\pi}\right)\int_{\pi/2-\phi/2}^{\pi/2+\phi/2} \beta[\sin(\omega t) - \cos(\phi/2)]d(\omega t)$$

$$N = \left(\frac{\beta}{\pi}\right)[\sin(\phi/2) - (\phi/2)\cos(\phi/2)] \tag{10.18}$$

이다. 따라서 파라미터 β는 다음과 같이 정의된다.

$$\beta = \frac{\pi N}{[\sin(\phi/2) - (\phi/2)\cos(\phi/2)]} \tag{10.19}$$

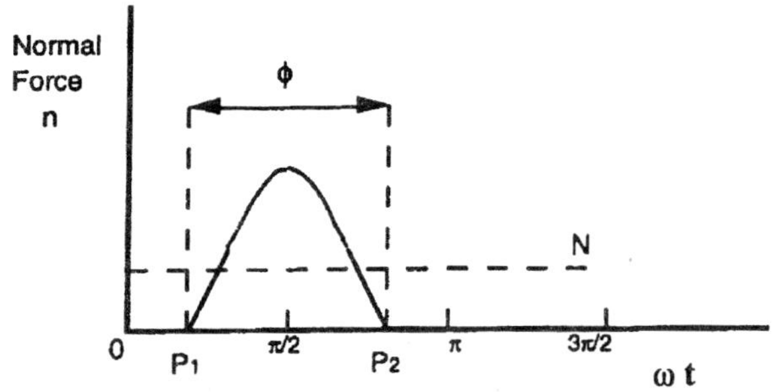

그림 10.44 진동결합자형 모터 습동 마찰면의 수직항력

그림 10.45에 나타낸 바와 같이 무부하 속도 v_o는 수평방향 스테이터 속도 v_h의 평균이다.

접촉시간 P_1부터 P_2까지를 적분하면 v_o는

$$v_o = \int v_h \, d(\omega t)$$

$$= \left(\frac{1}{\phi}\right) \int_{\pi/2-\phi/2}^{\pi/2+\phi/2} -a_o\omega\,[\sin(\omega t)]\,d(\omega t)$$

$$v_o = \frac{-a_o\omega[\sin(\phi/2)]}{(\phi/2)} \tag{10.20}$$

으로 구해진다.

그림 10.45에 보인 바와 같은 P_3 및 P_4의 위상각에서 슬라이드는 제로로서 다음의 관계이다.

$$v_h = v_o = -a_o\omega[\cos(\psi/2)] \tag{10.21}$$

식 (10.20)과 (10.21)을 비교하면 다음의 관계가 얻어진다.

$$\cos(\psi/2) = \frac{\sin(\phi/2)}{(\phi/2)} \tag{10.22}$$

마찰력 **f** 는 슬라이더와 스테이터 사이의 동적 마찰계수 μ_k를 사용해 정의된다.

가속영역: $(\pi/2-\psi/2) < \omega t < (\pi/2+\psi/2)$

$$\mathbf{f} = \mu_k \, n \tag{10.23a}$$

감속영역: $(\pi/2-\phi/2) < \omega t < (\pi/2-\psi/2)$ 및 $(\pi/2-\psi/2) < \omega t < (\pi/2+\phi/2)$

$$\mathbf{f} = -\mu_k \, n \tag{10.23b}$$

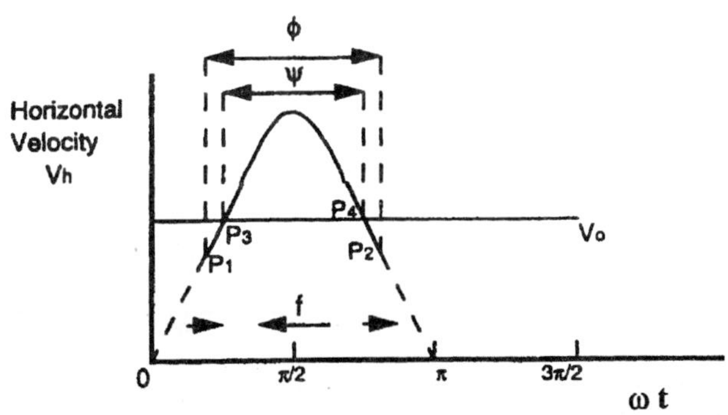

그림 10.45 진동결합자형 모터 스테이터의 수평방향 속도

최대추력 F는 마찰력의 적분으로 구해져

$$\begin{aligned} F &= \int f\, d(\omega t) \\ &= \left(\frac{1}{2\pi}\right)\int_{\pi/2-\phi/2}^{\pi/2+\phi/2} \mu_k\, \beta[\Gamma(\omega t)]d(\omega t) \\ &= \left(\frac{\mu_k \beta}{2\pi}\right)\left[\int_{\pi/2-\phi/2}^{\pi/2-\psi/2} [\Gamma(\omega t)]d(\omega t) - \int_{\pi/2-\psi/2}^{\pi/2+\psi/2} [\Gamma(\omega t)]d(\omega t) + \int_{\pi/2+\psi/2}^{\pi/2+\phi/2} [\Gamma(\omega t)]d(\omega t)\right] \end{aligned}$$

로 된다. 여기서 $\Gamma(\omega t) \equiv [\sin(\omega t) - \cos(\phi/2)]$이다. 따라서

$$F = \mu_k N\left[1 - \frac{[\sin(\psi/2) - (\psi/2)\cos(\phi/2)]}{[\sin(\phi/2) - (\phi/2)\cos(\phi/2)]}\right] \tag{10.24}$$

이다. 여기서 $\psi < \phi << 1$일 때,

$$F \approx \mu_k N[1 - 2(\psi/\phi)] \approx \mu_k N[1 - 2(1/\sqrt{3})] \tag{10.25}$$

이다.

$\phi=0$ 및 $\psi=0$일 때, $v_o=[-a_o\omega]$ 및 $F=(-0.155)\mu_k N$이다. $\phi=\pi$ 및 $\cos(\psi/2)=(2/\pi)$, $v_o=[-(2/\pi)a_o\omega]$일 때 $F=(-0.542)\mu_k N$이다. 일반적으로 접촉시간 ϕ가 증가하면, 슬라이더 속도는 저하하지만 추력 F는 증가한다.

정리하자면, 어떤 수직항력 N 및 접촉시간 ϕ로 실험실적으로도 이론적으로도 무부하 속도나 추력이 계산 가능하다. 무부하 속도 v_o는 식 (10.20) 및 슬라이딩 제로 각 ψ(식 (10.22))로부터 구해져 추력 F는 식 (10.24)로부터 구할 수 있다.

10.9 초음파모터의 설계법

초음파모터를 설계하는 과정을 그림 10.46에 나타낸 π형 초음파 리니어모터의 예를 들

(a) (b)

그림 10.46 2종류의 π형 리니어모터: (a) 다층형, (b) 바이몰프형[30]

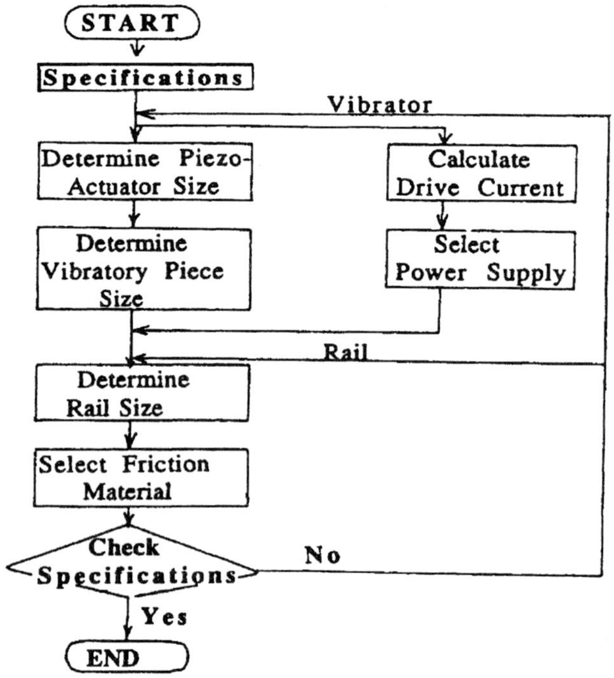

그림 10.47 초음파모터의 설계 flow chart

어 설명한다. 다층형을 그림 10.46(a)에[30], 바이몰프형을 그림 10.46(b)에 나타낸다. 그림 10.47에 설계법의 플로차트를 나타낸다.

(1) 모터규격의 결정

여기에서는 표 10.4와 같은 요구 규격이 있다고 가정하여 π형 리니어모터를 설계한다.

(2) 압전 액추에이터 크기의 결정

액추에이터 크기는 주로 구동주파수에 의해 결정된다. π형 다층형 모터의 경우, 다층은 두께 종진동 모드로 구동된다. 공진주파수는

표 10.4 π 형 리니어 모터 요구 규격

항목	수치
추력(Trust)	200 gf
속도(Speed)	20 cm/s
크기(Size)	$20 \times 40 \times 5$ mm^3
구동주파수(Drive Frequency)	90 kHz

$$f_r = \left(\frac{1}{2l}\right)\sqrt{\frac{1}{\rho s_{33}^D}} \tag{10.26}$$

으로 표시된다. 여기서 세라믹스의 밀도를 $\rho=7.8\times10^3$(kg/m^3), 탄성compliance $s_{33}{}^D=25\times10^{-12}$(m^2/N), 길이 l=9 (mm)라 하면, 공진주파수는

$$f_r = \left(\frac{1}{2[9\text{x}10^{-3}\,(\text{m})]}\right)\sqrt{\frac{1}{[7.8\text{x}10^3\,(\text{kg}/\text{m}^3)][25\text{x}10^{-12}\,(\text{m}^2/\text{N})]}}$$

$$\rightarrow\rightarrow\; f_r = 1.25\text{x}10^5\,(\text{Hz})$$

로 된다. 압전 액추에이터의 공진주파수는 그 후에 접촉되는 진동편을 고려하여, 구동주파수보다도 약간 높은 주파수로 해야 한다. 이번에 사용하는 다층 압전 액추에이터(NEC/Tokin)의 크기는 $5\times5\times9$ (mm^3)이다.

(3) 진동편 크기의 결정

π형 초음파 리니어모터의 2개의 다리와 결합봉은 각각 외팔보(cantilever) 및 자유진동봉(free bar)이라 생각하고 설계한다. 각각의 공진주파수는

$$f = \left(\frac{\alpha_m^2}{2\sqrt{3}\,(2\pi)}\right)\left(\frac{t}{l^2}\right)\sqrt{\frac{Y}{\rho}} \tag{10.27}$$

로 구해진다. 여기서 l은 요소의 길이, t는 그 두께, Y는 영률, ρ는 밀도, α_m은 진동모드에 의해 결정되는 파라미터이다. α_m값에 대해서는 그림 10.48에 정리했다. 외팔보 (a) 및 자유진동봉 (b)의 2차 공진주파수는 다음 식으로 정의된다.

$$f_{2c} = 1.01\left(\frac{t}{l_c^2}\right)\sqrt{\frac{Y}{\rho}} \tag{10.28a}$$

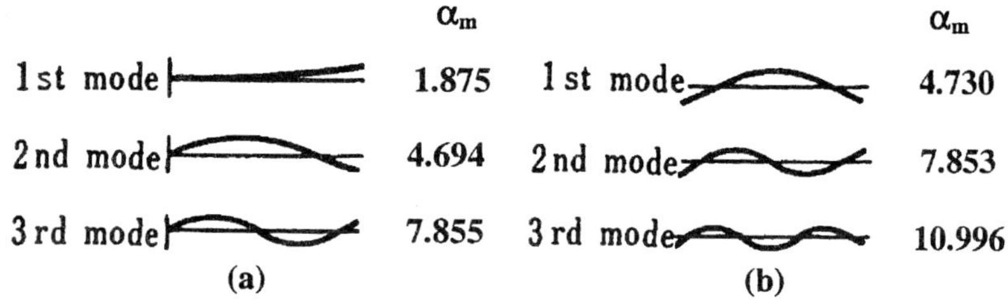

그림 10.48 π형 초음파 리니어모터 요소의 공진주파수에 대응하는 파리미터 α_m: (a) 외팔보, (b) 양쪽 자유봉

$$f_{2b} = 2.83\left(\frac{t}{l_b^2}\right)\sqrt{\frac{Y}{\rho}} \qquad (10.28b)$$

알루미늄의 밀도 $\rho=2.76\times10^3(kg/m^3)$, 영률 $Y=7.03\times1010$ (N/m^2)를 이용하여 유한요소법 해석을 한 결과, 그림 10.49와 같은 치수가 얻어졌다. 이때 외팔보 및 자유진동봉의 2차 공진주파수는 각각 $f_{2c}=255$ (kHz), $f_{2b}=106$ (kHz)이다.

유한요소법(FEM) 해석에서는 자유진동 해석을 했다. 그림 10.50에 그 해석 결과 예를 나타낸다. 종진동 및 벤딩진동의 양쪽을 얻기 위해 양자의 중간 주파수에서 구동하지 않으면 안 된다. 이론적, 실험실적으로 결정된 종(L1), 벤딩(B4) 공진주파수를 그림 10.51에 나타낸다. 유한요소법의 결과(그림 10.51(a))및 실험 결과(그림 10.51(b))는 4%의 차이가 있지만 잘 일치하고 있다. 그림 10.50의 L1모드 및 B4모드의 공진주파수는 같은 값이 바람직하다. 그림 10.51에서 두께 2.8 mm가 이 조건을 만족한다.

다음에 강제진동 해석을 했다. 그림 10.52와 같이 액추에이터에 전압을 인가한 경우 다리 끝부분의 변위궤적을 계산했다. 양쪽의 액추에이터를 함께 90 (kHz)로 구동하고, 발생력은 6 (N)로 했다. 변위궤적은 장소에 의해 약간 모양이 다르지만, 전부 반시계방

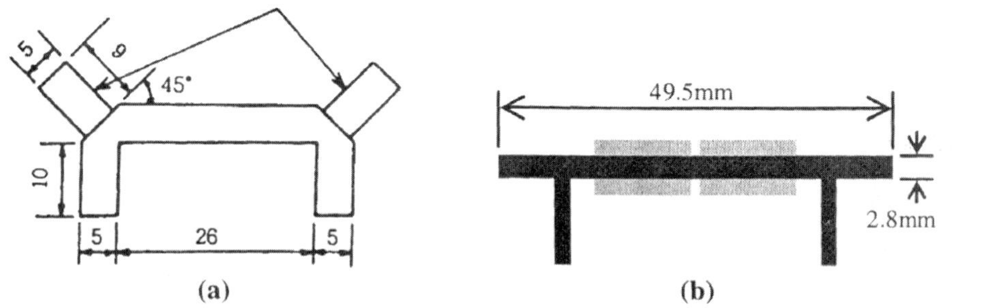

그림 10.49 유한요소법으로 해석한 2개의 π형 초음파 리니어모터의 치수: (a) 다층형, (b) 바이몰프형[30]

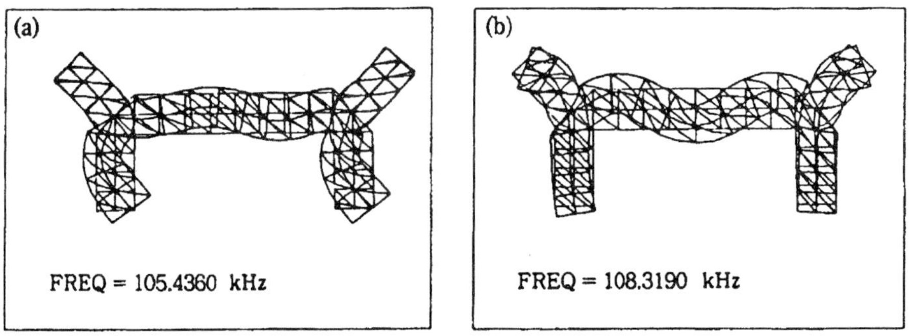

그림 10.50 다층형 π형 초음파 리니어모터의 유한요소법 해석 결과: (a) 다리의 벤딩공진모드(105 kHz), (b) 다리의 신장/확장 공진모드(108 kHz)

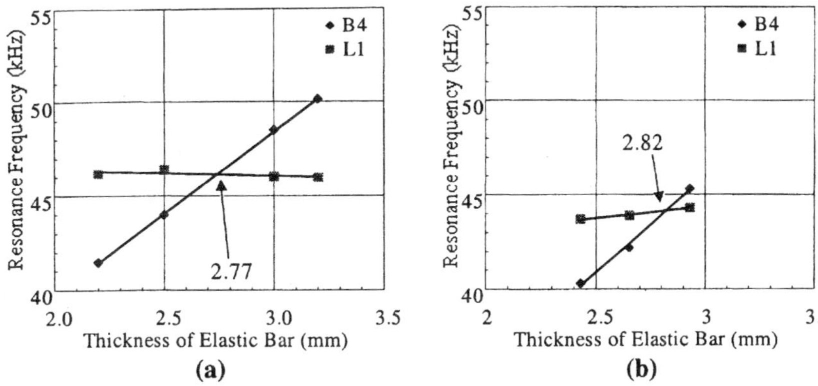

그림 10.51 바이몰프형 π형 초음파 리니어모터의 cantilever 요소의 벤딩(B4)모드 및 신장/확장(L1)모드: (a) 유한요소법 결과, (b) 실험 결과

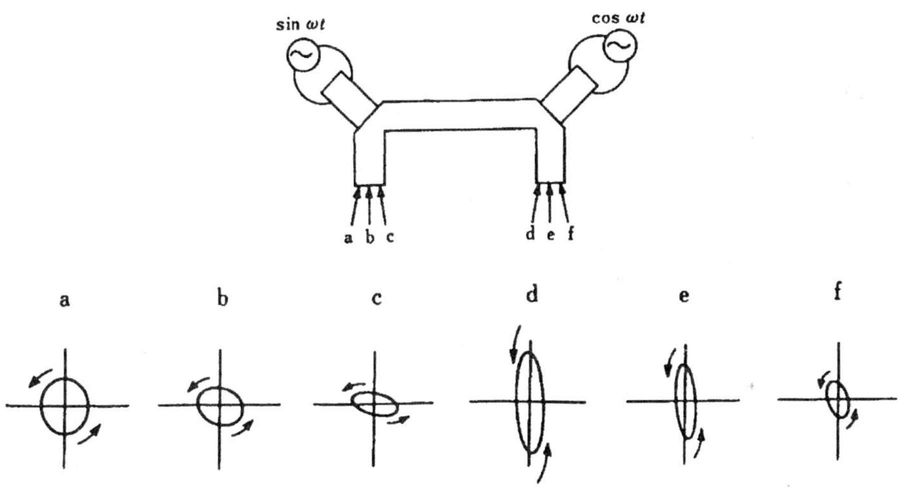

그림 10.52 π형 초음파 리니어모터의 진동해석 결과

향의 타원을 나타내고 레일에 압착하면 동작할 것으로 기대된다(그림 10.52).

(4) 레일크기의 결정

레일의 크기는 모터크기에 크게 의존한다. 이번의 π형 모터의 경우는 양면이 5×5 (mm^2)인 것으로 한다.

(5) 구동조건의 선정

π형 초음파 리니어모터의 공진주파수는 보통, 임피던스 애널라이저(impedance analyzer)로 측정한다. 우선 2개의 다층 액추에이터의 극성이 같도록 리드선을 연결하고 대칭모드를 측정하여(다리의 진동변위에 따라서는 역상모드에 대칭), 다음에 극성이 반대로 되도

록 리드선을 연결, 반대칭 모드를 측정한다(다리의 진동변위에 따라서는 동일상의 모드에 대응). 그림 10.53에 전형적인 측정 예를 나타낸다.

모터는 종진동의 공진주파수와 벤딩진동의 공진주파수의 중간주파수에서 가장 효율이 좋게 구동된다. π형 초음파 리니어모터의 경우, 대칭모드와 반대칭모드의 중간에서 구동주파수를 설정하는 것이 좋다. 양다리의 변위의 위상차가 90° 또는 −90° 라면 이상적이다.

이미 설명한대로 FEM에 의한 강제진동 해석결과에 의해 이 모터는 다리끝부분에서 같은 방향회전의 타원진동 궤적이 예측된다. 따라서 레이저도플러 진동속도계를 이용하여 실제 모터를 측정한 결과를 그림 10.54에 나타낸다. FEM 계산대로 양다리 모두 동일방향 회전을 하고 있는 영역이 확인되었다.

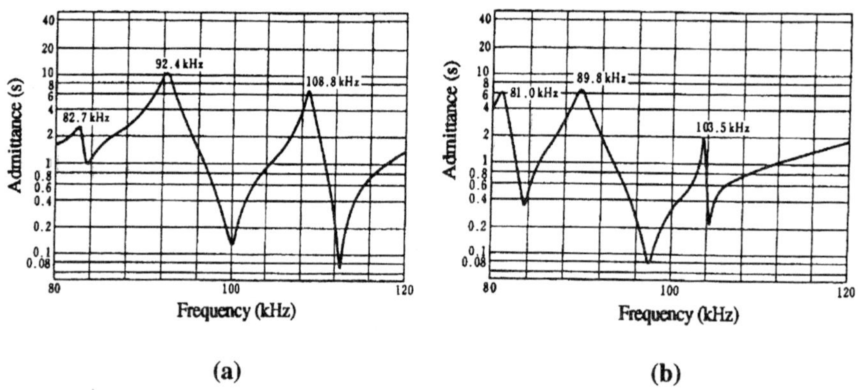

그림 10.53 π형 초음파 리니어모터의 어드미턴스 특성: (a) 대칭모드, (b) 비대칭모드

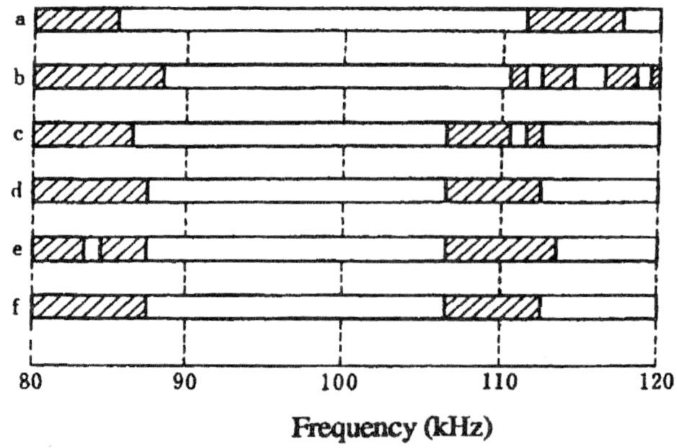

그림 10.54 π형 초음파 리니어모터의 다리끝 진동궤적의 회전방향(레이저도플러 진동속도계에 의한 측정) (측정위치 a, b, c, d, e, f는 그림 10.52 참고)

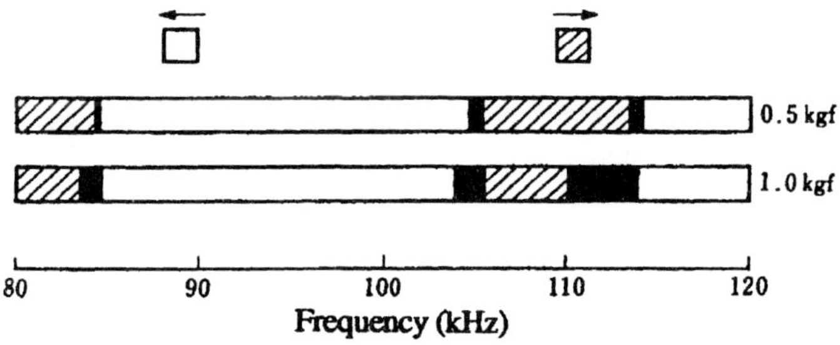

그림 10.55 π형 초음파 리니어모터의 진행방향 구동주파수 의존성

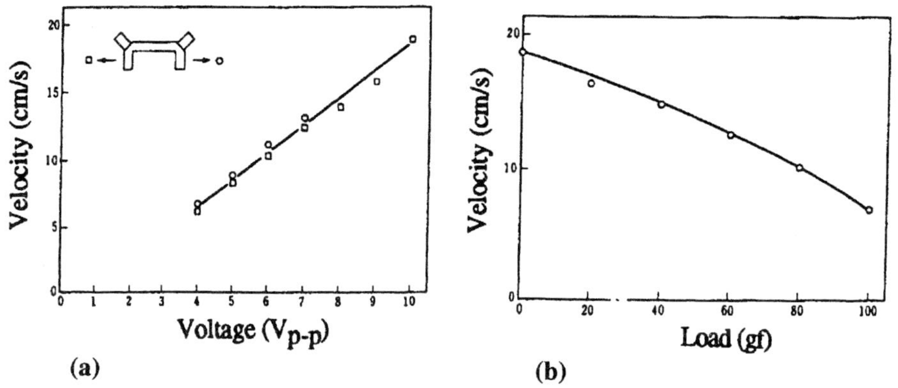

그림 10.56 π형 초음파 리니어모터의 속도: (a) 구동전압 의존성, (b) 부하 의존성

(6) 모터규격의 체크

그림 10.55에 모터 진행방향의 주파수 의존성을 나타낸다. 또, 모터속도의 구동전압 의존성 및 부하 의존성을 각각 그림 10.56(a)와 10.56(b)에 나타낸다. 무부하 속도는 약 20 cm/s, 최대추력은 약 200 gf (20 N)가 얻어졌다. 모터의 진행방향은 액추에이터에 인가하는 전압의 위상차를 바꾸어 줌으로써 바꿀 수 있다. 어느 쪽 진행방향도 거의 같은 모터특성이 얻어졌다. 표 10.5와 같은 규격의 모터를 설계할 수 있었다.

10.10 기타 초음파모터의 응용

(1) 초음파 외과용 메스

보통 메스로의 절개는 혈청 때문에 날의 잘 잘리는 예민함이 떨어지는 문제가 있지만, 날을 초음파로 여진시킴으로써, 날의 잘 잘리는 감을 지속시킬 수 있다.[31] 더불어 지혈효과도 있다고 보고되고 있다. 또한, 백내장 수술용 극세관 튜브형상의 메스도 고안되고 있다.[32]

(2) 압전Fan/Pump

기체에 에너지 전달을 하는 것으로 전자회로 냉각용 압전팬(fan)[33], 물체의 음파부양[34] 등이 있고, 액체를 여진 진동하는 것으로 압전펌프, 압전잉크젯, 초음파 분무기가 있다.[35,36]

압전팬

전자부품 중에는 발열하는 것도 있어 작은 영역을 유효하게 냉각하는 팬(fan)이 필요하다. 종래의 모터방식 팬에서는 공기유량이 너무 많아 낭비요소가 컸고 전자적인 잡음도 문제였다. Piezo Electric Products 사는 그림 10.57과 같이 소형의 압전팬을 제품화 했다.[37] 압전 바이몰프 2개를 1쌍으로 한 디바이스가 팬의 움직임을 최적화하여 반대방향으로 진동시켜 바람을 보낸다. 바이몰프의 끝에는 무게가 있는 플렉시블한 날개(blade)가 달려 있어, 공진 시 팬날개의 위아래 부분이 90°의 위상차를 가져 마치 물고기 꼬리를 흔드는 것 같은 움직임을 한다. 예를 들어, 크기 $4 \times 2 \times 1.2\ cm^3$의 팬유닛에 대해 냉각효율을 나타내 보면, 강풍에도 불이 안꺼지는 강풍용 라이타를 끄거나, 30 W 히터를 수 mW 정도의 발열량만 방사시킬 정도이다. 일본에서도 비슷한 디자인으로 Misuzu-Erie 사 및 일본덴소 사[38]가 소형 압전팬을 시제작하고 있다.

압전펌프

압전펌프는 일반적으로 2장의 바이몰프와 2개의 역방향방지 밸브로 구성되어, 곡률변위

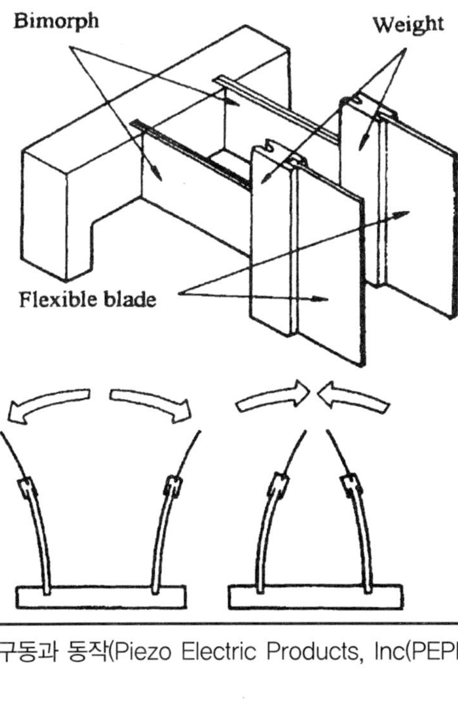

그림 10.57 압전팬의 구동과 동작(Piezo Electric Products, Inc(PEPI))[37]

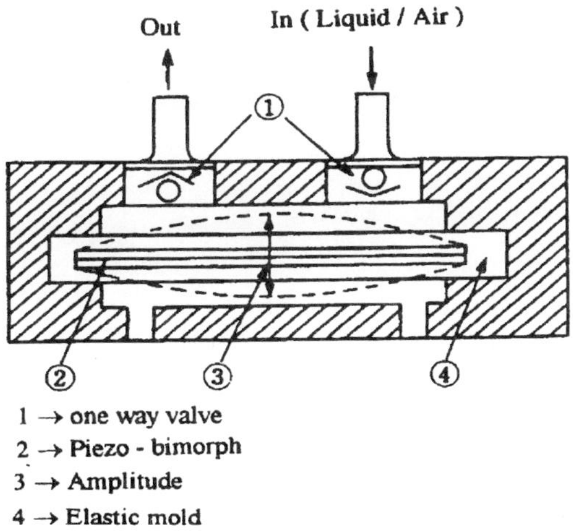

그림 10.58 압전펌프(Bimor 사)[39]

에 의해 펌프동작을 하고 있는 것이다. 그림 10.58에 일본 Bimor 사의 펌프구조를 나타낸다.[39] 실제 구동에서는 공진주파수를 상용주파수/전압(50/60 Hz, 100 V)으로 설계하고 있다

그림 10.59에 압전펌프의 유량특성 예를 나타낸다. 이러한 마이크로 펌프는 주로 의용기기나 화학 분석기기 등에 적용되고 있다(병원의 정맥주사, 호텔주방의 자동조미료 공급장치 등).

초음파 분무기

기본적으로는 잉크젯과 같은 구조이지만, 공진주파수에 의한 교대구동에 의해 가능한 한

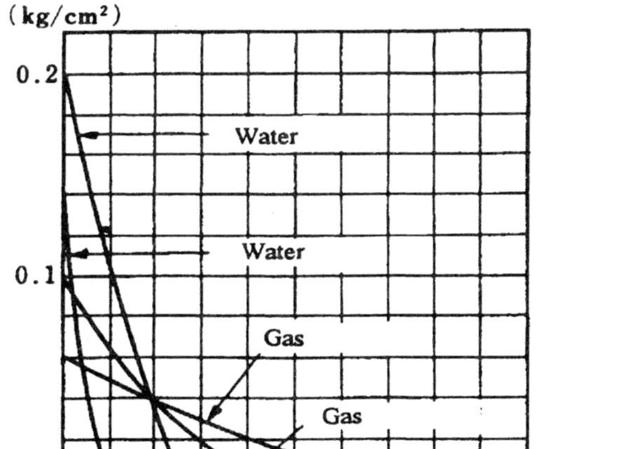

그림 10.59 몇 종류의 압전펌프 유량 특성예

많은 액적을 공기 중에 분무하려는 점이 다르다. 이미 상품화되어 있는 얼마 안 되는 예의 하나이다. 최근에는 디젤엔진 등에서의 중유 등의 연소효율을 올리는 목적의 연구도 활발하다.

[예제 10.3]

초음파모터에 있어서 「호른(Horn)」의 역할을 설명하라.

해답

「호른(horn)」은 진동변위 증폭기구의 1종으로 공진변위는 단면적에 반비례하여 증폭가능하다. 그림 10.60에 자주 있는 3종류를 나타낸다. 지수함수호른(그림 10.60(a))은 에너지전달 효율이 가장 좋지만 가공이 간단하지 않다. 원추호른(linear taper horn)(그림 10.60(b))은 중간의 전달효율로 가공도 비교적 간단하다. 단이 있는 단차호른(step contoured horn)(그림 10.60(c))은 가장 가공하기 쉽지만, 단에서의 반사에 의해 효율은 가장 나쁘다.

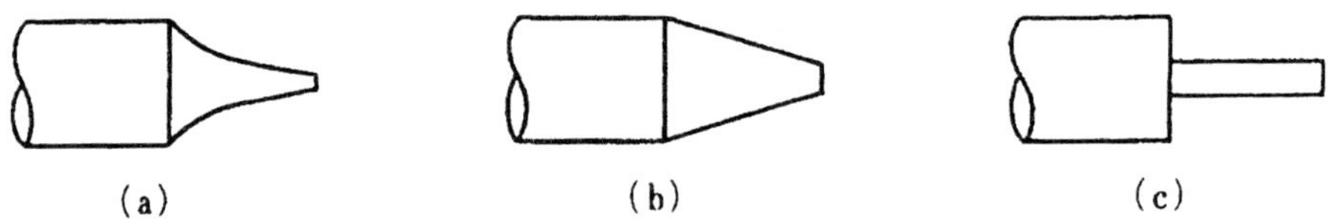

그림 10.60 3종류의 호른 형상: (a) 지수함수호른(exponential cut horn), (b) 원추호른(linear taper horn), (c) 단차호른(step contoured horn)

10.11 자기모터

자기 액추에이터로 구동되는 모터는 원격조작이 가능하고 각종의 마이크로 자기 디바이스가 시제작되어 있어, 날거나, 걷거나, 헤엄치거나, 회전하거나 하고 있다.[40] 그 중에서 흥미 깊은 설계는 소형의 나비형 액추에이터로 나비 날개의 공진주파수에 대응하는 자장변화로 구동되어 실제로 2개의 자성극(magnetic pole) 사이를 날고 있다. 또, 나사형 모터(그림 10.61 참고)도 흥미롭고 기대되고 있는 액추에이터이다. 모터가 주기적인 자장에 의해 구동되어 소고기를 관통하여 구멍을 낸 모습을 그림 10.61에 나타낸다. 이 자기드릴은 인가자장의 주파수에 맞추어 회전하며, 이 실험에서의 진행속도는 약 1 mm/s이었다.

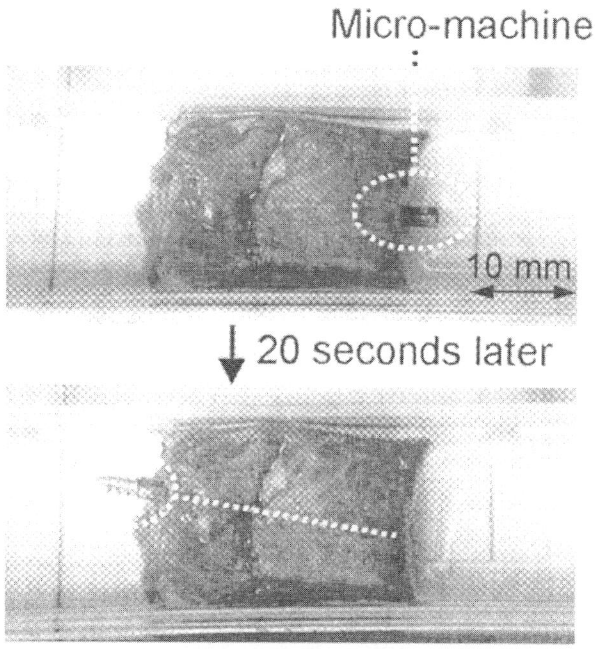

그림 10.61 나사형 자기모터[40]

10.12 초음파모터의 신뢰성

본 10장에서는 초음파모터의 개발과 중요한 기계요소에 대해 설명해 왔다. 특히 열쇠가 되는 다음의 사항에 대해 해설했다.

1) 기초재료개발: 고 레벨 진동이 가능한 저손실 재료의 선정
2) 고전계 하에서의 전기기계 특성의 측정법
3) 초음파모터의 설계법
   a) 변위 확대기구: horn이나 cantilever 기구
   b) 초음파모터의 형식: 정재파형이나 진행파형 등과 같은 구동모드에 의해 분류
   c) 마찰재료: 스테이터와 슬라이더의 사이에 사용
4) 초음파모터의 구동법/제어법
   a) 고주파/고전계
   b) 공진 구동/반공진 구동

이들 사항만이 아니고, 관련되는 모든 것에 대해 중요한 것은 신뢰성이다. 여기에서는 극히 중요한 발열, 마찰재료, 구동법/제어법의 3가지에 대해 언급한다.

(1) 발열

초음파모터의 신뢰성에 큰 영향을 주는 요인에 발열이 있다. 구동 중 발열에 의해 온도가 120℃까지 올라가는 것은 드물지 않고, 압전 세라믹스의 탈분극에 의한 모터특성의 열화가 염려된다. 따라서 열에 의한 탈분극에 강하고 발열이 적은, 높은 기계적 품질계수를 갖는 하드재료의 사용이 바람직하다. 또, 재료에 의해 공진 시의 진동진폭이 다르기 때문에, Q_m이 높은 재료는 그 점에서도 바람직하다(진동의 확대율은 Q_m에 비례한다). 제6장에서 언급한 고용재료계 PZT-Pb(Mn, Sb)O_3는 이 용도에 최적으로, 입출력 파워레벨은 종래의 하드 PZT보다도 한 단위 높고, 그때의 발열도 그다지 현저하지 않다.[41,42]

(2) 마찰계수 및 수명

Shinsei 공업사 제품의 초음파모터에 각종 마찰재료를 사용했던 경우의 최대효율과 최대출력의 관계를 그림 10.62에 나타낸다.[43] 이들 중에 가장 좋다고 생각되는 재료는 A그룹: PTFE(polytetrafluoroethylene, Teflon), PPS(Ryton), PBT(polybutyleterephthalate), PEEK(polyethylethyl ketone)이다. 이외 모터에 사용되는 재료에는 Econol(스미토모화학), CFRP(carbon fiber reinforced plastic) (일본카본), PPS(스미토모베크라이트), 폴리이미드가 있다. 그림 10.63에 초음파 리니어모터에 CFRP를 이용한 경우의 마모특성을 나타낸다. 이 재료를 마찰재료로 두께 0.3 mm 코팅했을 경우, 약 3000시간 구동 가능한 것을 알 수 있다.[44]

최근까지 초음파모터의 수명은 거의 마찰재료의 수명이라 생각되었다. 그러나 최근 새로운 재료의 발현으로 보다 장수명의 모터가 개발되기에 이르렀다. Shinsei공업의 USR30[43]을 예로 들면, 2000시간의 연속구동이 가능하다. 구동조건은 1분마다 회전방향을 바꾸어 회전수 250 rpm, 부하 0.5 kgcm이었다. 이 연속구동 실험 후에도 회전속도의

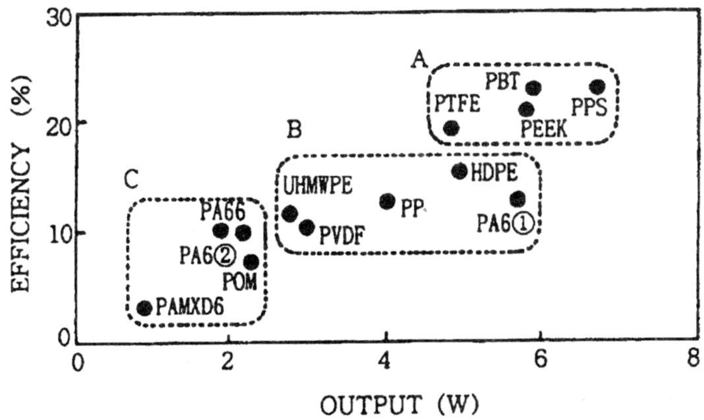

그림 10.62 각종 마찰재료를 사용한 경우의 최대효율 · 최대출력 관계(Shinsei공업 제품의 초음파모터 사용)[43]

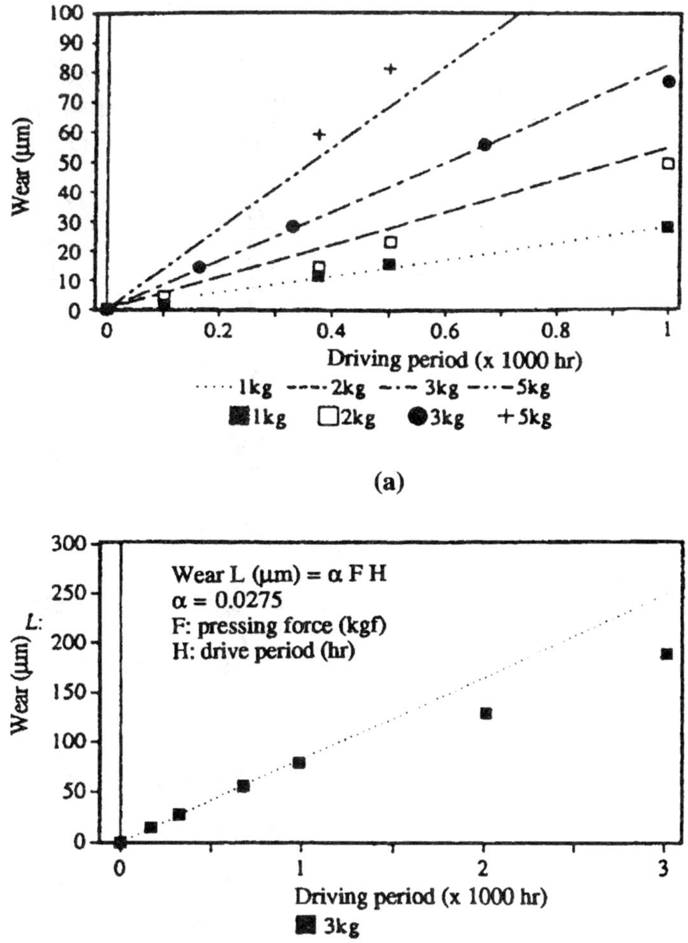

그림 10.63 초음파 리니어모터의 마찰재에 CFRP를 사용한 경우의 마찰특성: (a) 접촉압력과 마모량, (b) 구동시간과 마모량의 관계(접착력 3 Kgf)[44]

변화는 10% 이하였다. 다음은 1회전마다 회전방향을 바꾸어 무부하 조건에서 실험을 했다. 2억 5천만 번 회전 후에도 모터특성에 눈에 띄는 열화는 나타나지 않았다. 예를 들면 VTR에 이용할 경우, 2000~3000시간의 수명이 요구되나, 초음파모터는 충분히 이 요구에 대응할 수 있다고 할 수 있다.

(3) 초음파모터의 구동법 및 제어법

그림 10.64에 초음파모터의 제어법 4가지를 요약했다. 이 중에는 제어성 및 효율면에서 펄스폭 변조법이 최고의 선택이라 할 수 있다.

초음파모터를 반 공진주파수에서 구동하는 경우, 공진구동의 경우보다도 세라믹스나 전원에 대한 부하를 감소시킬 수 있다. 그림 10.65에 공진구동(A형)의 경우와 반공진 구동(B형)의 경우의 기계적 품질계수 Q_m 및 온도상승의 진동속도 의존성을 나타낸다.[45]

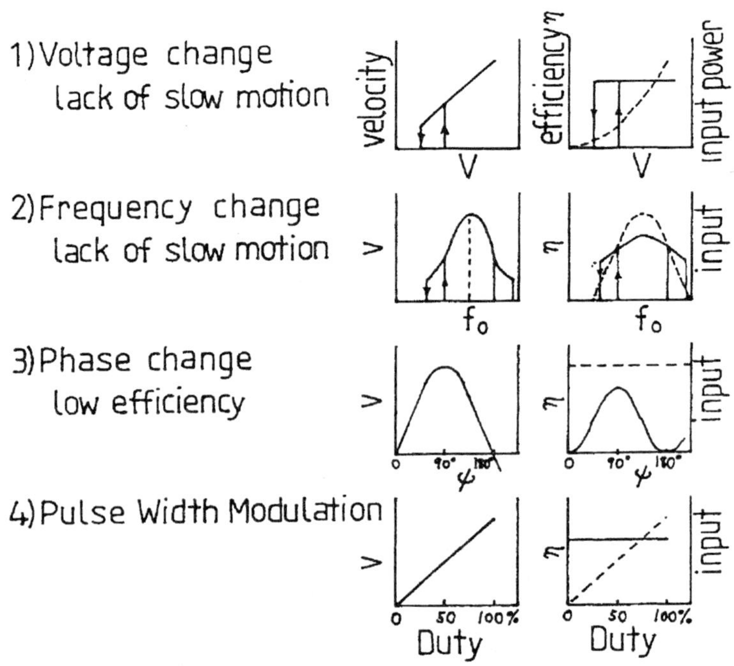

그림 10.64 초음파모터의 제어법

그림 10.65에 의해 전체의 진동속도 영역에서 Q_B쪽이 Q_A보다도 높고 같은 진동속도를 얻기 위해서는 반공진구동 쪽이 좋고, 더구나 발열이 적은 것을 알 수 있다. 나아가 반공진구동에서는 어드미턴스는 매우 낮기 때문에 종래 형태의 고전압 소전류의 전원이 사용 가능하다(공진구동에서는 어드미턴스가 매우 높기 때문에, 저전압 대전류의 전원이 필요하다).

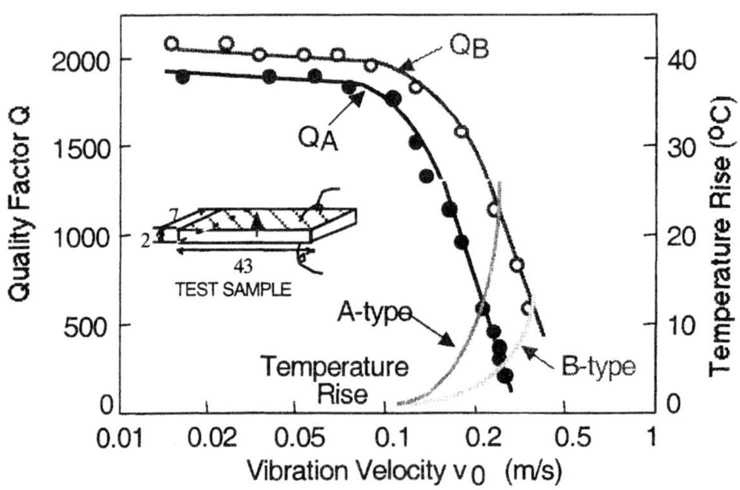

그림 10.65 기계적 품질계수 Q_m 및 온도상승의 진동속도 의존성(장방형PZT봉의 d_{31}에 의한 종진동) A형(공진구동), B형(반공진구동)

마지막으로 종래 형태의 전자식모터와 같은 고속 · 저토크 특성과는 달리, 초음파모터의 특징에는 저속 · 고토크 특성을 들 수 있다.

이 특성으로부터 초음파모터에서는 감속기어가 필요 없어 정숙성이 높고 소형화가 가능하다. 나아가 부품수가 적은 단순구조는 신뢰성 측면에서도 바람직하며, 모터수명에 영향을 미치는 마모나 고장우려가 있는 부품도 적은 것이 바람직하다.

요점정리

1. 초음파모터의 장점과 단점

장 점	단 점
• 저속, 고토크(high torque) • Direct drive에 적합한 특성 • 고속 응답성 • 넓은 속도 범위 • 정지 시의 break 작용 • 우수한 제어성 • 고분해능 • 높은 파워/중량비 • 정숙성 • 소형, 경량 • 단순한 구조, 단순한 제작공정 • 전자파의 발생이 거의 없다. • 외부로부터 자계나 전계에 의한 영향이 극히 적다.	• 고주파 전원이 필요 • 「속도 vs 토크」의 처짐(droop)특성 • 내구성(durability)이 약간 떨어진다.

2. 초음파모터의 분류

a. 회전형(rotary type)

b. 리니어형(linear type)

c. 봉형상(rod type)

d. π형(π-shaped)

e. 링(장방)형(ring(square) type), 원통형(cylinder type)

f. 정재파형(standing wave type)

g. 복합모드형(mixed-mode type)

h. 진행파형(travelling wave type)

i. 모드회전형(mode rotation type)

3. 진행파형의 구동원리

시간적, 공간적으로 90° 위상차의 2개의 정재파를 합성하여 진행파를 여진한다.

4. 속도/추력(trust)계산을 위한 접촉모델

a. 강체 슬라이더 및 강체 스테이터

b. 유체 슬라이더 및 강체 스테이터

c. 유체 슬라이더 및 유체 스테이터

5. 초음파모터의 개발에 대해 본질적인 요소

a. 기초재료 개발

b. 고전계 하에서의 전기기계 특성의 측정법

c. 초음파모터의 설계법

i. 변위확대기구

ii. 초음파모터의 형식

iii. 마찰재료

d. 초음파모터의 구동법/제어법

i. 고주파/고전계

ii. 공진구동/반공진구동

문제

10.1 유니몰프 구조의 링형상 탄성체에 진행파를 여진하는 일반적 원리에 대해 설명하라.

나아가 2차의 모드 ($u(\theta, t) = A\cos(2\theta - \omega t)$)를 여진하기 위한 전극 및 분극 패턴 2종류를 논하라.

10.2 유체 슬라이더와 강체 스테이터의 모델에 대해 식 (10.18) 및 (10.25)를 확인하라.

$\phi = 0$ 및 $\phi = \pi$ 일 때의 평균속도 v_o, 최대추력 F를 계산하라.

10.3 최근의 5년이내 문헌으로부터 압전 초음파모터에 대한 연구에 관해 간결하게 요약하라.

(다음에 열거한 항목을 포함하라).

a. 초음파모터에 관한 논문 리스트(적어도 5년간).
b. 본 장에서 설명한 분류를 이용하여 모터를 구분하라.
(정재파모터, 진행파모터, 회전형, 리니어형 등)
c. 리포트에 정리한 모터의 기본구동 원리를 간단히 설명하라.
d. 리포트에 정리한 모터의 응용 예에 대해 간단히 설명하라.

참고문헌

1) H. V. Barth: IBM Technical Disclosure Bull. **16**, 2263 (1973).
2) V. V. Lavrinenko, S. S. Vishnevski and I. K. Kartashev: Izvestiya Vysshikh Uchebnykh Zavedenii, Radioelektronica **13**, 57 (1976).
3) P. E. Vasiliev et al.: UK Patent Application GB 2020857 A (1979).
4) T. Sashida: Oyo Butsuri **51**, 713 (1982).
5) Y. Fuda and T. Yoshida: Ferroelectrics, **160**, 323 (1994).
6) B. Koc, J. F. Tressler and K. Uchino, Proc. Actuator 2000 (7th Int'l Conf. New Actuators, June 19-21, 2000), p.242-245 (2000).
7) K. Uchino, K. Kato and M. Tohda: Ferroelectrics **87**, 331 (1988).
8) A. Kumada: Jpn. J. Appl. Phys., **24**, Suppl. 24-2, 739 (1985).
9) B. Koc, P. Bouchilloux, and K. Uchino: IEEE Trans.-UFFC, **47**, 836 (2000).
10) K. Nakamura, M. Kurosawa and S. Ueha: Proc. Jpn. Acoustic Soc., No.1-1-18, p.917 (Oct., 1993).
11) Nikkei Mechanical, Feb. 28 issue, p.44 (1983).
12) M. Kurosawa, S. Ueha and E. Mori: J. Acoust. Soc. Amer., **77**, 1431 (1985).
13) M. Takahashi, M. Kurosawa and T. Higuchi: Proc. 6th Symp. Electro-Magnetic Dynamics '94, No. 940-26 II, D718, p.349 (July, 1994).
14) Y. Tomikawa, T. Nishituka, T. Ogasawara and T. Takano: Sonsors & Mater., **1**, 359(1989).
15) K. Ohnishi, K. Naito, T. Nakazawa and K. Yamakoshi: J. Acoust. Soc. Jpn., **47**, 27(1991).
16) S. Ueha and M. Kuribayashi: Ceramics **21**, No.1, p.9 (1986).
17) T. Sashida: Mech. Automation of Jpn., **15** (2), 31 (1983).
18) K. Ise: J. Acoust. Soc. Jpn., **43**, 184 (1987).
19) M. Kasuga, T. Satoh, N. Tsukada, T. Yamazaki, F. Ogawa, M. Suzuki, I. Horikoshi and T. Itoh: J. Soc. Precision Eng., **57**, 63 (1991).
20) J. Cummings and D. Stutts: Amer. Ceram. Soc. Trans. "Design for Manufacturability of Ceramic Components", p.147 (1994).
21) A. Kumada: Ultrasonic Technology **1** (2), 51 (1989).
22) Y. Tomikawa and T. Takano: Nikkei Mechanical , Suppl., p.194 (1990).

23) T. Yoshida: Proc. 2nd Memorial Symp. Solid Actuators of Japan: Ultra-precise Positioning Techniques and Solid Actuators for Them, p.1 (1989).
24) S. Dong, L. C. Lim and K. Uchino: IEEE Trans.-UFFC [in press] (2001).
25) K. Uchino: Solid State Phys., Special Issue Ferroelectrics **23** (8), 632 (1988).
26) T. Hayashi: Proc. Jpn. Electr. Commun. Soc., US84-8, p.25 (June, 1984).
27) H. Saigo: 15th Symp. Ultrasonic Electronics (USE 94), No. PB-46, p.253 (Nov. 1994).
28) Seiko Instruments: Product Catalogue "Mussier" (1997).
29) B. Akbiyik: Undergraduate Thesis, Electr. Engr., Kirikkale University, Turkey (2001).
30) K. Onishi: Ph.D. Thesis, Tokyo Institute of Technology, Japan (1991).
31) Y. Tsuda, E. Mori and S. Ucha: Jpn. J. Appl. Phys., **22**, Suppl., 3 (1983).
32) Y. Kuwahara: Cataract Surgery, Igaku-Shoin, Tokyo (1970).
33) E. Kolm and H. Kolm: Chemtech 3, 180 (1983).
34) H. Hatano, Y. Kanai, Y. Ikegami, T. Fujii and K. Saito: Jpn. J. Appl. Phys., **21**, 202(1982).
35) R. Aoyagi and H. Shimizu: Proc. Jpn. Acoust. Soc., p.251 (1981).
36) K. Asai and A. Takeuchi: Jpn. J. Appl. Phys., **20**, Suppl. 20-3, 169 (1981).
37) Piezo Electric Product Inc.: Produsts Catalog.
38) M. Yorinaga, D. Makino, K. Kawaguchi and M. Naito: Jpn. J. Appl. Phys., **24**, Suppl.24-3, 203 (1985)
39) T. Narasaki: Proc. 13th Intersoc. Energy Conversion Eng. Conf., Soc. Automotive Eng.,p.2005 (1978).
40) K. Arai: www.riec.tohoku.ac.jp/Lab/Arai (2001).
41) S. Takahashi, Y. Sasaki, S. Hirose and K. Uchino: Proc. MRS '94 Fall Mtg. Vol.**360**,p.2-5 (1995).
42) Y. Gao, Y. H. Chen, J. Ryu, K. Uchino and D. Viehland: Jpn. J. Appl. Phys., **40**, 79-85(2001).
43) Y. Tada, M. Ishikawa and N. Sagara: Polymer Preprints **40**, 4-17-23, 1408 (1991).
44) K. Ohnishi et al.: SAW Device 150 Committee, Jpn. Acad. Promotion Inst., Abstract 36th Mtg., p.5 (Aug., 1993).
45) S. Hirose, S. Takahashi, K. Uchino, M. Aoyagi and Y. Tomikawa: Proc. Mater. For Smart Systems, Mater. Res. Soc., Vol. **360**, p.15 (1995).

제11장 마이크로메카트로닉스 시스템에서의 세라믹 액추에이터의 장래

25년간의 고체 액추에이터 연구개발로 그 중심은 서서히 응용으로 전환되어 왔다. 압전 셔터(미놀타카메라), 자동초점기구(캐논), 도트매트릭스 프린터(NEC), 잉크젯 프린터(엡슨), 압전식 파츠피더(Sanki)가 그 상품화 예로, 월 수만대의 규모로 대량생산되고 있다. 특히 최근 10년간에 신 액추에이터의 설계나 구동법/제어법은 최신 요구에 맞도록 개발이 진행되어 왔다.

디바이스의 수명이나 일정한 성능을 보증하는 것은 장래에 걸쳐 중요한 문제이지만, 디바이스의 신뢰성이나 내구성의 진보는 아직 충분하지 않다. 본 장에서는 이들의 최근 동향을 서술하면서 향후 동향과 대책에 대해서 언급한다.

11.1 특허통계로부터 본 개발동향

일본에서의 관련 특허 508건(1972~1984년)의 분류를 그림 11.1(a)에, 550건(1988~1990년)의 분류를 그림 11.1(b)에 나타낸다.[1] (1) 재료개발, (2) 디바이스설계, (3) 구동/제어계, (4) 응용의 4종류로 분류가능하다. 그 중 특히, 신조성, 제작공정, 다층 액추에이터, 바이몰프 구조, 변위확대 기구, 구동법, 제어법, 서보변위 전환자(트랜스듀서), 펄스구동, 초음파모터 응용이 포함되어 있다. 그림 11.1(a)에 정리한 특허의 대부분은 디바이스 응용이라는 것에 주목하기 바란다. 한편, 그림 11.1(b)의 분류에서는 이것이 약 1/4로 감소하고 있다. 이 동향은 일반적으로 어느 디바이스 개발에도 말할 수 있는 것으로, 일단 기초디자인이 제안되면 여러가지 프로트 타입 디바이스를 시제작하여 특허 출원하게 된다.

그러나 상용화가 가까워지면 개발 중심은 설계최적화, 저가격화, 고효율 제조공정, 신구동법/설계법으로 옮겨가기 때문이다.

1972~1984년간, 응용관련 특허에서는 주로 서보변위 트랜스듀서 43%, 펄스구동모

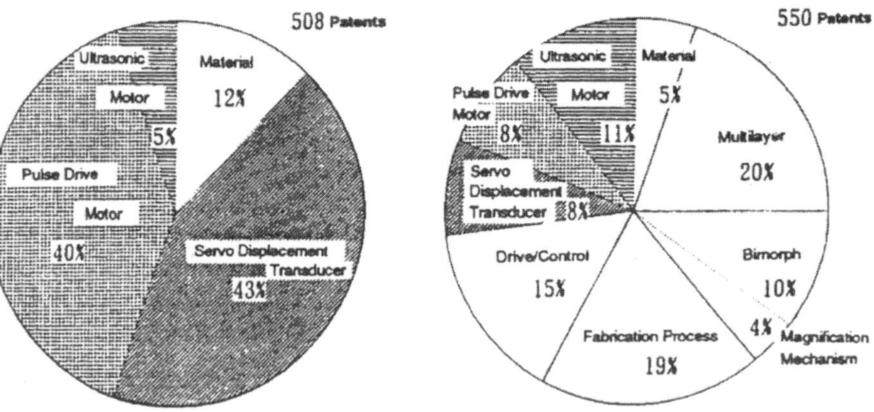

그림 11.1 액추에이터 관련기술에 대한 일본의 공개특허 분류: (a) 1972~1984년간(508건), (b) 1988~1990년간(550건)[1]

터 40%인 것에 대해, 초음파모터는 거의 5%에 지나지 않았다. 그런데 1988~1990년이 되면 그 비율은 크게 변하여, 응용관련 특허는 전체의 27%로 감소했지만, 초음파모터는 11%로 응용분야의 1/3이상을 차지할 정도까지 증가했다. 서보변위 트랜스듀서와 펄스구동 모터는 함께 8%이었다.

압전 액추에이터 개발초기에는 전기전자 관계 회사에서 값싸고 대량생산 가능한 디바이스(컴퓨터의 하드웨어, 화상소자, 센서 등)의 개발에 주안점을 두었다.

도트매트릭스 프린터(NEC), swing CCD(도시바), VCR용 오토트랙킹 헤드(소니, 마츠시타전기), 압전 릴레이(OMRON)가 그 예로서 열거된다. 거기에 최근 화학관련 회사(TOTO, TOKIN, 히타치금속, 무라타제작소, 우베공업, Tosoh, NTK, 스미토모특수금속, 도시바세라믹스, 태평양시멘트, 미츠이화학, NGK)부터도 줄줄이 개발되어 왔다. 각 사의 전략은 원래 가지고 있는 고유의 세라믹스 분체기술을 살려 광학기기 또는 기계관련 회사와 벤처합작형식으로 협력함으로써 사업을 확대하는 것이다. 이들 회사에서는 정밀가공기계나 고품질 재료가 사용되고 있어, 저가격화보다도 액추에이터의 품질, 신뢰성을 중시하며 투자하고 있다.

11.2 압전 액추에이터/초음파모터의 시장

(1) 미국, 일본, 유럽의 비교

표 11.1에 최근의 미국, 일본, 유럽의 세라믹 액추에이터의 생산 및 응용에 대해 정리했다. 미국에서의 개발은 일반적으로 국방관련 정부연구소의 지원으로 개발되고 있고 주로 비교적 큰(30 cm이상) 액추에이터를 이용한 액티브 진동제어가 시행되고 있다.

표 11.1 미국, 일본, 유럽의 세라믹 액추에이터의 생산 및 응용

구 분	미 국	일 본	유 럽
목적	군용품	민생품	연구용
디바이스	제진재	소형모터 위치결정 소자 제진재	소형모터 위치결정
응용	우주구조물 군용차량	사무기기 카메라 정밀가공 자동차	스텝퍼용 모터 항공기 요소 유체기기
액추에이터 크기	대형(30 cm이상)	소형(1 cm이하)	중형(~10 cm)
주요 제조사	AVX/교세라 Morgan Matroc Itek Optical Systems Burleigh Allied Signal	Tokin NEC 히타치금속 미츠이화학 캐논 Seiko Instruments	Philips Siemens Hoechst Ceramic Tec. Ferroperm Physik Instrumente

한편 일본에서는 정밀 위치제어나 소형 모터(1 cm이하) 응용분야인 압전 액추에이터 및 초음파모터 관련 개발이 대부분 민간기업에서 수행되고 있다. 대부분의 제품이 민생제품에 대해서는 일본정부의 보조지원이 거의 없다. 이 분야에서 정부의 보조금이 나오고 있는 것은 실리콘의 미세 가공용 소형모터에 조준한 "마이크로메커니즘" 분야이다. 유럽에서의 연구개발은 일본이나 미국을 따라가는 상황이나, 목적의 응용범위는 비교적 넓은 분야에 걸쳐있다. 전형적인 디바이스 크기는 10 cm급이다.

(2) 세라믹 액추에이터의 시장

일본, 미국에서의 압전 액추에이터의 주요 시장을 표 11.2에 정리했다. 세키모토(Sekimoto) 전 NEC 사장이 1987년 신년 스피치에서 압전 액추에이터의 시장에 대해 가까운 장래에 이 디바이스의 시장은 1000억 엔이 될 것이라고 예측했다. 미국의 액추에이터 시장은 거의 국방관련이기 때문에 생산 수나 이익에 대해 평가는 어렵다.

최근의 세라믹 액추에이터 관련 일본시장의 개요를 언급한다.

일본의 세라믹 액추에이터 소자의 생산

Tokin을 비롯한 수개 회사에서 생산되는 다층 액추에이터의 수량은 연간 약 200만 개이

표 11.2 일본 및 미국의 압전 액추에이터 주요 시장

구 분	시 장	생산 수(천개/년)
일본(1994년)		
	Inkjet printers(Epson)	500
	Dot matrix printers(NEC)	300
	Camera shutters(Minolta)	100
	Camera autofocus system(Canon)	30
	Parts feeders(Sanki)	10
	압전트랜스포머(NEC, Tokin, 미츠이화학)	500
미국(1996년)		
	잠수함용 smart skins(해군)	
	Hydro phones(해군)	
	Propeller noise eliminators(해군)	
	항공기용 smart skins(공군)	
	헬리콥터 rotor motors(육군)	
	Aero servo탄성제어계(육군)	
	Motor mounts(육군)	
	Cabin noize억제장치(육군)	
	Seat 진동감쇄용dampeners(육군)	

다. 이들 판매가격이 개당 5000 엔이라 하면, 100억 엔 규모의 시장이다. 향후 5년간을 예측하면, 생산량이 10배로, 생산비용이 1/4로 된다고 할 때, 시장은 250억 엔 규모로 성장하는 것도 가능하다.

민일 다층 액추에이터가 어떤 전자기기에 탑재된다고 하면, 그 기기는 10배의 성장도 꿈이 아니다. 예를 들면 NEC의 도트매트릭스 프린터는 당초 30만 엔이었던 제품가격을 다층 액추에이터를 사용하여 1만 엔으로 할 수 있었다. 1986년 NEC는 약 10만 대의 도트매트릭스 프린터를 생산하여 매출 300억 엔을 올릴 수가 있었다. 엡슨은 압전 잉크젯프린터(유닛 가격 약 3만 엔)의 생산을 시작하여(연간100만 대) 총 매출 500억 엔을 달성했다.

일본기업에 의한 카메라 관련 디바이스 역주 1)

압전 바이몰프를 이용한 카메라셔터가 미놀타에 의해 상품화되었다. 명칭 "Mac Dual"의 이 시리즈는 연간 30만 대 생산되었다. 카메라는 약 35,000 엔(액추에이터는 100 엔이하)

역주 1): 보다 새로운 시장정보는, Kenji Uchino, "Piezoelectric Actuators 2006", Proceedings "Actuator 2006" (14-16 June, 2006) Breman, Germany, P.48-57을 참고. 다층 액추에이터의 디젤 인젝션밸브에의 응용이나 소형 초음파모터의 휴대폰 카메라의 줌기구가 생산, 개시되었다.

으로 연간 총매출 100억 엔을 초과했다.

캐논의 오토포커스시스템이 초음파모터를 이용하고 있는 것은 유명하다. 1992년 EOS시리즈 교환렌즈의 80%이상이 초음파모터를 사용했으며, 이후 이 종류의 카메라 전체 기종에 초음파모터가 탑재될 가능성도 있다. EOS시리즈는 연간 30만 대 생산되어 평균가격 7만 엔이라고 하면, 연간 매출은 약 210억 엔이 된다.

일본의 초음파모터 시장

1986년 6월 Shinsei 공업으로부터 진행파형 초음파모터가 신제품으로서 소개되었다. 최초의 채용은 1990년 신동경 도청의 커튼 자동개폐용 모터(약 1500개)였다. 그 후, 초음파모터는 널리 상품화되어 성장 가능성을 보여주고 있다. Shinsei 공업에서도 그간 20년간 제품을 확장 증가시켜, 특히 의료용 핵자기공명장치(NMR)용 시리즈에서는 성공을 확실시 했다.

수 10년간 초음파모터는 각 회사들에 의해 몇 개의 중요한 키가 되는 응용이 제안되어 왔고, 이들의 디바이스 시장에서는 큰 성장의 징조가 나타나고 있다. 자동차에의 응용은 1991년 도요타 크라운세단의 Headrest에 탑재된 예가 있다. 카메라에서는 캐논 EOS시리즈의 오토포커스시스템에의 응용이 잘 알려져 있다. 캐논은 또 필름감기용 소형 모터개발도 하고 있다. 새로운 모터 응용 예로서 향후 크게 신장할 가능성을 안고 있다. Seiko Instruments는 Silent alarm용과 full auto calendar 구동용의 초음파모터를 사용한 손목시계를 개발했다. 1개 약 2만 엔, 연산 100만 개이다. 초음파모터는 또 Sanki의 Part feeder에도 사용되고 있다. 1대 약 5만 엔, 연간 매출 10억 엔이다. 초음파모터로서 장래 유망한 응용으로 자동 창문개폐 시스템이 있다. 이 시스템은 약 20만 엔으로 연간 10만 대 생산하면 연매출 200억 엔으로 예측된다. 초음파모터가 컴퓨터의 하드웨어(FD drive, CD drive 등)용에 응용된다면, 또 더욱 생산수량/매출액이 늘어날 것으로 예측된다.

마츠시타전기는 모든 종래의 소형 전자모터를 대체한다는 최종목표를 가지고 있다. 대부분의 전자모터는 Mabuchi 사 제품으로 연간 10억 개 생산되고 있다. 초음파모터의 저가(개당 300 엔)를 고려해도, 연간 매출 3000억 엔이 예측된다. 예를 들면 10%의 전자모터가 대체된다고 해도 300억 엔이 된다.

마지막으로 이들 예측을 연매출로 정리하면, 세라믹 액추에이터 소자로 약 500억 엔, 카메라관련으로 약 300억 엔, 초음파모터관련으로 약 500억 엔, 합계 약 1000억 엔이다. 그야말로 세키모토전 NEC사장의 예측대로 실현될 가능성이 있다. 적어도 이 추세는 세라믹 액추에이터 산업으로서는 밝은 장래를 시사하고 있다.

11.3 액추에이터 디자인의 장래 예측

(1) 스마트 액추에이터관련 설계개념

스마트 액추에이터의 성능은 (1) 재료특성, (2) 디바이스설계, (3) 구동기술의 조합에 의존한다. 여기에서는 지금까지 언급한 열쇠라 할 수 있는 아이디어 및 향후 시장예측을 바탕으로 새로운 디바이스 개발에 대해 고찰한다.

재료특성의 최적화

새로운 액추에이터/트랜스듀서 재료의 개발목표는 주로 유도왜형(induced strain)이나 발생응력을 극대화하는 것이다. PZT재료는 다결정재료로 자발분극에 평행으로 전계를 인가하여 사용하는 경우가 대부분이다. 제3장에서 설명했듯이 압전 세라믹스 중에는 란탄(La)을 첨가한 PZT(PLZT)나 전왜 세라믹스 $Pb(Mg_{1/3}Nb_{2/3})O_3$-$PbTiO_3$(PMN-PT)로 최대 유도 왜형 약 0.1%가 얻어지고 있다.

다음의 과제로서는 $Pb(Zn_{1/3}Nb_{2/3})O_3$-$PbTiO_3$(PZN-PT) 단결정 배향의 최적화를 들 수 있다. 이 재료로는 최대 유도왜형(induced strain) 1.3%를 기대할 수 있다. 나아가 이 재료계에서 [100] 배향 박막을 제작하면 분극 반전이 간단하기 때문에 분극이나 유도왜형(induced strain)의 인가 전계 의존성 곡선이 더욱 이상적인 4각형(squre) 이력(hysteresis loops)이 생긴다. 제3장에서 배운 것처럼 이 특성은 MEMS 디바이스의 설계에 특히 중요하다.

왜형 특성의 재현성은 일반적으로 입경, 기공률, 첨가물 농도에 의존한다. 입경이 커지면 전계 유도왜형은 증대하지만, 파괴인성이 저하되어 이력(hysteresis)도 증가한다. 따라서 입경은 응용에 따라 각각 최적의 값으로 하지 않으면 안된다. 한편, 기공률은 유도

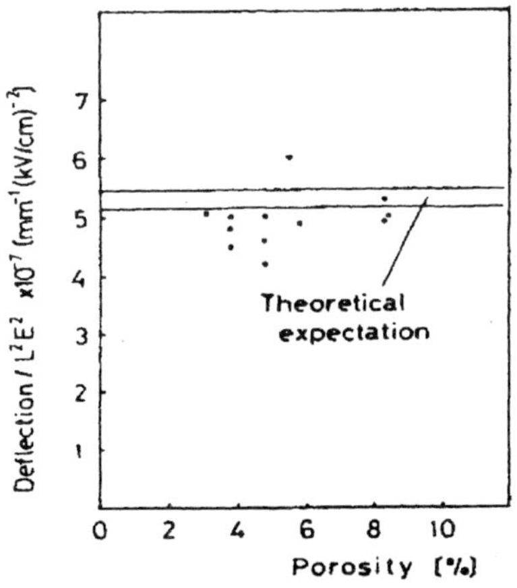

그림 11.2 $Pb(Mg_{1/3}Nb_{2/3})O_3$계 유니몰프 끝부분 depression의 기공률 의존성[2]

왜형에는 그다지 영향은 없다. $Pb(Mg_{1/3}Nb_{2/3})O_3$계의 유니몰프 끝부분의 depression에 대해서는 그림 11.2와 같이 기공률 8%까지는 그다지 영향이 없다.[2] 공침법이나 졸겔법과 같은 습식 화학적으로 제조한 미분말이 입경이나 기공률을 최적화 할 수 있다는 점에서 바람직하다(제4장 참고).

6.3절에서 설명한 바와 같이, 유도왜형, 이력/손실특성에 관해, 첨가물 농도(도너, 억셉터)도 중요한 재료설계 파라미터이다. $(Pb_{0.73}Ba_{0.27})(Zr_{0.75}Ti_{0.25})O_3$의 준 정적인 전계 유도 왜형의 첨가물 효과 연구에 의하면, 도너의 첨가에 의해 재료는 유연한 특성으로 되어, 1 kV/mm의 DC전계 하에서는 왜형은 커지고 이력(hysteresis)은 작게 된다. 한편, 억셉터 첨가에 의해 재료는 하드한 특성으로 되어, 작은 AC전계 하에서는 이력손실은 작게, 기계적 품질계수는 크게 된다. 이러한 하드재료는 초음파모터나 압전 트랜스 같은 응용에 적합하다. $Pb(Zr,Ti)O_3$에 무첨가, Nb첨가, Fe첨가의 시료를 공진 구동할 때의 진동속도에 대한 발열을 측정한 연구가 있다. Fe(억셉터)를 첨가한 시료의 발열은 극히 적다(그림 6.28 참고). 시료의 공진모드의 꺽임부분은 응력이 최대이기 때문에, 온도상승이 최대로 된다(그림 6.22 참고). 이러한 발열에 따른 주요한 손실요인은 PZT의 시강적 기계손실(apparently the intensive mechanical loss)이다. 압전재료의 발열기구나 억제에 대해서는 제6장에서 고찰했다.

실제의 최대 진동속도(v_{max})의 한계는 발열에 의해 결정된다. 일단 최대속도에 이르면, 그 이상 입력 전기에너지를 증가시켜도 열이 날 뿐이고, 기계에너지로는 거의 변환되지 않는다. 장방형 진동판의 k_{31} 진동모드에서 실온부터의 온도상승이 20℃의 경우, 전형적인 v_{max}의 실효치는 약 0.3 m/s이다. $Pb(Mn,Sb)O_3$-$Pb(Zr,Ti)O_3$(PMS-PZT)계 세라믹스의 v_{max}는 약 0.62 m/s로, 이 계에 Yb, Eu, Ce를 첨가한 시료에서는 v_{max} 값은 약 0.9 m/s를 얻었다(그림 6.30 참고). 이 값은 현 시점에서 챔피언데이터이다. 이 계에서는 입력 전기에너지, 출력 기계에너지 모두 종래 재료보다 한 단위 크며 발열도 그다지 없다. 이렇게 첨가물에 의해 새로운 재료를 설계하거나, 응용에 적합한 재료특성을 조절할 수 있다는 것을 알 수 있다.

온도변화에 따른 재료의 왜형 특성은 고용체 시스템이나 복합구조의 아이디어 노력에 의해 안정화가 가능하다고 생각된다. 엔진용 액추에이터와 같은 고온조건이나 극저온 연구용 또는 우주용 액추에이터 등의 저온조건 적응 가능한 재료개발도 중요하다. 세라믹 액추에이터는 일반적으로, 압축응력이 걸린 조건에서의 사용에 적합하지만, 인장응력이 걸리는 조건 하에서는 강도적 문제가 있어 그다지 좋지 않다. 일축성 압축응력의 경우, 미세 전계에서 측정한 압전 d정수를 다양한 PZT세라믹스로 측정한 결과, 하드한 압전조성을 가진 재료가 가장 큰 d정수를 가지고 있는 것을 알았다(3.5절 참고).

디바이스설계의 최적화

압전 세라믹스를 액추에이터로 사용하는 경우 불리한 점은 유도왜형이 그리 크지 않다(약 0.1%)는 것일 것이다. 따라서 지금까지 변위를 크게 하는 많은 노력이 기울여지고 있고 그 방향성은 (1)공간적 확대, (2)시간적 확대의 2종류가 있다고 생각된다. (1)에 관해서는 바이몰프나 moonie/cymbal 등의 디바이스가 있고, (2)에 관해서는 inchworm이나 초음파모터와 같은 디바이스를 예로 들 수 있다.

(i) moonie/cymbal

가장 잘 알려진 소자 디자인은 다층과 바이몰프이다. 다층소자는 얇은 압전 또는 전왜 세라믹시트를 100장 정도 겹친 것으로, 저전압(100 V)으로 구동가능하며, 응답이 빠르고(10 μs), 발생력이 크고(1000 N), 높은 전기기계결합계수를 갖고 있다. 그러나 발생 변위는 10 μm에 그쳐, 크기가 충분하다고는 말할 수 없다. 한편, 바이몰프 소자는 탄성판의 양측에 세라믹스 판 2장을 접착한 단순한 구조로 수백 μm의 큰 변위를 발생하지만, 응답속도(1 ms), 발생력(1 N)이 충분하지 않다. 그래서 다층과 바이몰프의 중간 특성을 갖는 액추에이터 구조로서, “moonie”와 “cymbal”이 설계되었다. 관련된 발생변위, 응답속도, 발생력으로부터 성능 및 소자구조 등에 관해서는 제4장에서 상세히 언급했다.

(ii) 소형 초음파모터

하이파워 초음파모터를 이용한 초음파모터는 Sashida에 의해 세계 최초로 상품화 되었다(그림 10.28~10.30 참고). 위상차를 가진 2상의 정현(sin)파 전압을 링형상 압전체에 인가하면, 부착한 탄성체 표면에 “잔물결(rippled)”형상의 진동이 생긴다. 이 파도의 선두가 링 형상 슬라이더에 다다르면 이 링 슬라이더가, 기다렸다는 듯이 “파도타기(surfing)”를 하는 것 같이 회전 구동된다. 구동 주파수가 비교적 높을 경우(15~200 kHz), 이 잔물결 파도의 변위는 그리 크지 않지만 빠른 회전속도가 얻어진다. 캐논은 이 타입의 소형 회전형 초음파모터를 자동초점기구에 이용했다(그림 10.32 참고). 같은 원리를 이용하여 Seiko Instruments는 나아가 소형(직경10 mm)의 초음파모터를 개발하여, 손목시계의 Silent alarm에 사용하고 있다(그림 10.34 참고). 초음파모터의 소형화를 제한하고 있는 요인 중 하나가 세라믹스 제조공정이며, 소형화에는 보다 단순한 구조가 요망된다. 예를 들면, 제10장에서 소개한 풍차형 모터나 금속튜브형 모터(펜실베니아주립대학)는 저가이며 성능도 좋고, 여러 가지로 응용 가능성을 갖고 있다. 초음파모터 설계에는 유한요소법(FEM)이 강력한 도구로 이용되고 있다. FEM에 대해서는 제7장에서 설명했다. 예로서, ATILA(Micromechatrinics Inc.(www.mmech.com))의 데모 판은 다운로드하여 이용할 수 있다.

(iii) MEMS 디바이스

PZT박막은 실리콘 막 위에 제작되기 때문에 마이크로액추에이터나 마이크로센서도 같이 제작할 수 있다. 이런 시스템을, "Microelectromechanical system"의 머리글자를 따서 MEMS라 한다. MEMS 기술을 사용하여 혈액 테스터(오므론)가 제작되었다(그림4.36 참고). 이 소자의 PZT층에는 한 쌍의 교차전극이 만들어져 있어, 전극간 표면파를 여진한다. 2개의 흡입구에서 혈액 샘플을 중앙공간에서 시약과 혼합하여 토출구에서 배출한다. 설계에는 FEM을 이용하여 유체흐름에 대한 PZT 박막, 실리콘 후막, 흡입 노즐크기, 토출 노즐크기, 공간크기의 의존성을 평가하고 있다(제4장 참고).

(iv) 신전극 재료 및 전극배치

은 전극은 제조측면에서도 쉽고 많이 사용되고 있지만, 은계 재료에 사용하는 경우나, 고전계, 고습도 조건아래에서는 문제가 생기기 쉽다는 것을 알고 있다. 은(Ag)은 이들 조건하에서 마이그레이션이라는 이동현상을 일으키기 쉬워, 디바이스 성능의 열화를 일으킨다. 이 현상을 피하기 위해서, 은-파라디움 합금, 백금을 전극재료로 사용하고 있다. 그러나 저가이고 신뢰성이 높은 세라믹 액추에이터를 실현하기 위해서는 은이나 니켈(소성온도 900℃)이 전극재료로 바람직하다(4.3절 참고). 이러한 저온소성이 가능한 세라믹 조성관련 연구개발이 활발이 이루어지고 있다. 또 delamination이라 부르는 전극층에서의 박리현상도 다층 액추에이터나 바이몰프에서 문제로 되어 있다. 해결책으로서, 세라믹스 분말을 혼합한 전극, 세라믹전극, 관통형 전극패턴 등이 제안되고 있다. 인가전압에 의한 소자내부의 응력집중도, 클랙 진전을 일으킬 가능성이 있다. 특히, 내부전극의 끝부분에서는 그 경향이 현저하여 큰 인장응력 집중이 일어난다(그림 4.11 참고). 해결법은 전극 디자인을 변경하는 것으로, 최대응력을 세라믹스의 파괴 응력치보다 낮게 하는 것으로 성공했다. 예를 들면, 판 관통형(plate-through type), 슬릿 삽입형(slit-insert type) 및 플로트-삽입형 전극(float-electrode-insert type) 등 각 방식이 제안되고 있다(그림 4.8 참고). 어느 방식이라도 액추에이터의 수명을 늘리는 효과가 있다. 이외에도 한층 두께를 얇게 하는 것도 장수명화의 효과가 있지만(제4장 참고), 그 이유는 아직 명확하지 않다. 또 제안된 새로운 전극 구조도 실제 제조공정에서는 어려운 점이 있을 것으로 예측된다. 플로트-삽입형 전극은 외부 절연층을 만들 수 있으나, 슬릿이 있는 타입은 좁은 슬릿을 만드는 것이 어려워 코스트문제도 있어 향후의 과제이다.

(v) 발열의 제어

다층 액추에이터 설계에서 발열은 또 하나의 중요인자이다. 여러 가지 크기의 다층세라믹 액추에이터의 발열을 측정한 연구가 있다(그림 4.18 참고). 발열억제를 위해서는 파라미터 V_e/A값이 작을 것, 예로서 봉 형상보다 중공의 원통형상이 바람직함을 알았다. 공진에서 액추에이터를 구동한 경우의 발열은 시강적(apparently intensive) 기계손실에 의한 것이 크고, 비공진에서 액추에이터를 구동한 경우의 발열은, 시강적(apparently intensive) 유전손실에 의한 것이 크다. 기타 설계에서의 발열억제에 대해서는 제6장에서 고찰하였다.

(vi) 에이징 효과의 감소 및 디바이스 수명의 연장

디바이스의 에이징은 주로 탈분극과 파괴의 2가지 요인 때문에 일어난다고 생각되어지고 있다. 세라믹스가 탈분극해 버리면 변위의 크리프(creep)와 제로점 drift가 발생한다. 또, 액추에이터를 고전계, 고온도, 고습도, 고응력 등의 조건 하에서 구동하면, 유도왜형이 현저히 감소한다. 다층 액추에이터 수명에 대한 온도나 DC바이어스 전계효과는 Nagata 에 의해 보고되었다(4.2.2항 참고)[3], DC 바이어스 전계 E로 구동했던 경우의 액추에이터 수명 t_{DC}는 다음의 경험식에 따른다는 것을 알았다.

$$t_{DC} = A\ E^{-n} \exp(W_{DC}/\ kT) \tag{11.1}$$

n값은 약 3으로, W_{DC}는 기동(activation)에너지(0.99~1.04eV범위)이다(그림 11.3 참고). 고장을 검지하는 기술을 이용한 디바이스의 "건강" 모니터링 시스템이 제안되고 있다. 어코스틱 에미션을 이용한 "인텔리젠트(intelligent)" 액추에이터가 있다(그림 4.15 및 그림 11.4 참고).[4] 이 시스템에서 액추에이터는 (1) 위치피드백 및 (2) 파괴검지 피드백의 2개의 피드백 기구에 의해 제어된다. 위치피드백은 위치의 드리프트나 이력을 보정하고, 파괴검지 피드백은 어떤 작업 중 심각한 위험이 일어나기 전(선반이라면 피가공물이 손상하기 전)에 안전하게 액추에이터가 시스템을 정지시킬 수 있는 기능을 갖고 있다. 제4장에서 설명한 새로운 전극구조는 스트레인게이지 기능을 가짐과 동시에 건강모니터링 시스템 기능도 갖고 있다(그림 4.16 참고).

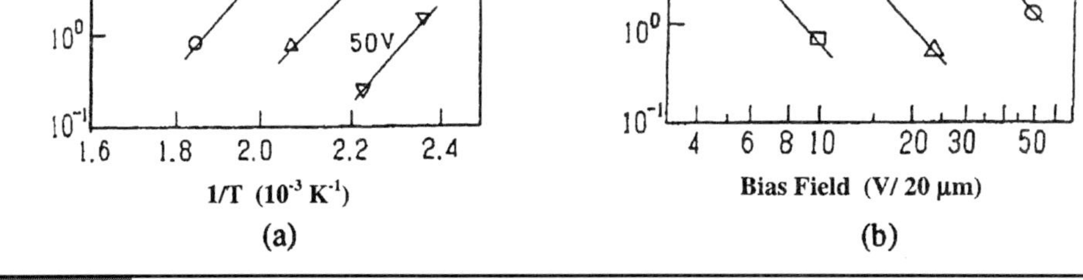

그림 11.3 다층 압전 액추에이터의 수명: (a) 온도 의존성, (b) DC 바이어스 전압 의존성; 한 층의 두께는 20 μm[3]

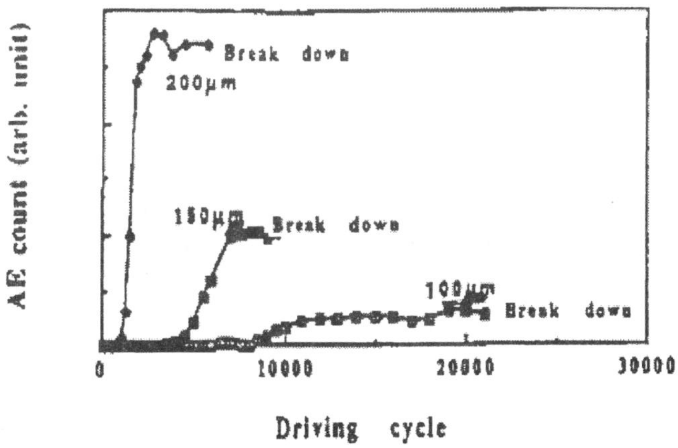

그림 11.4 PZT-PNN 다층 액추에이터의 어코스틱에미션(AE) 카운트수의 구동 사이클 수 의존성[4](한 층의 두께 100, 150, 200 μm의 3종류)

신구동/제어법의 개발

압전/전왜 액추에이터는 유도왜형이 한 방향이며 인가 직류전계에 평행한 (1) 리지드(rigid) 변위소자, 유도왜형이 교류적이며 기계적 공진주파수로 구동된다. (2) 공진 변위소자 2개로 분류 가능하다고 생각된다(그림 5.1 참고). 나아가 리지드 변위소자는 다음의 2개로 나눌 수 있다.

(1a) 피드백 제어를 이용한 서보변위 트랜스듀서(Positioner)

(1b) On/Off 제어에 의한 펄스구동 모터(Dot matrix printer)

이들 분류마다 요구되는 재료특성은 다르고, 다른 조성이 각각의 응용에 적합한 것으로 된다하겠다. 예를 들면, 초음파모터의 경우, 높은 기계적 품질계수 Q_m을 갖는 하드 압전재료가 발열이 적어 적합하다. 서보변위 트랜스듀서의 성능은 유도왜형의 이력에 의해 저하되기 때문에, 전왜재료인 PMN이 일반적으로 이용되고 있다. 펄스구동 모터는 고속 응용에 대응해야 하기에 유전율이 낮은 재료가 요구되며, 소프트한 PZT압전체가 좋다. PMN은 유전율이 높기 때문에 바람직하지 못하다. 각종 액추에이터 응용에 적합한 재료에 관해서는 제5장에 자세히 설명했다.

최근 새로운 압전체 응용에 압전 트랜스포머(transformer)가 제안되고 있다. 압전 트랜스포머는 종래의 전자식 트랜스에 비해 (a) 소형경량, (b) 고효율, (c) 자기노이즈 없음, (d) 불연물로 구성되는 등의 이점이 있다. 또, 압전 액추에이터를 구동하기 위한 전원으로 압전 트랜스포머를 이용하는 것도 기대되고 있다. 대부분의 압전 액추에이터는 100~1000 V에서 구동되기에 배터리구동의 경우 트랜스가 필요하다. 현재는 기존형의 트랜스가 이용되고 있지만 소형의 압전트랜스 이용이 기대되고 있다. 압전트랜스의 새로운 응용에 관해서는 제5장에서 상세히 언급했다.

(i) 펄스구동

압전/전왜 액추에이터를 펄스구동하면 소자 중에 매우 큰 장력이 발생하여 때로는 초기의 잔금(crack)을 성장시키는 경우도 있다. 이런 경우, 스프링기구로 바이어스 압축응력을 미리 인가해 놓을 필요가 있다. 구동 전압을 적절한 의사(pseudo)스텝 전압으로 해 놓음으로써 과도응답진동을 억제하여 응력을 완화시킬 수 있다. 5.3절에서 설명한대로, psuedostep 전압의 기동(정상도달)시간을 공진주기에 맞추어줌으로써, 변위의 overshoot나 잔류진동을 완전히 억제할 수 있다. 펄스구동이라도 반복 구동되면 액추에이터는 발열한다. 오버슛이 잔류진동을 억제하는 것은 발열을 억제하는 것으로 연계되어, 중요한 제어인자의 하나이다. 오버슛의 사정에 의하지만, 압전 액추에이터의 온도상승은 잔류진동이 없는 경우(비공진 구동에 거의 대응)에 비해 50%이상 증가한다. 즉, 펄스구동에서 압전 액추에이터의 발열은 비공진에 의한 발열(시강적 유전손실(P-E이력에 의함))과 공진에 의한 발열(시강적 기계손실)의 중합이라 생각된다. 이런 것들 때문이라도 소자발열을 최소로 해주기 위해 기계적 진동의 오버슛이 잔류진동을 억제하는 것이 중요하다.

(ii) 반공진 구동

초음파모터의 구동은 보통 공진에서 실행하지만 반공진에서 구동하는 방법이 제안되고 있다. 장방형의 PZT세라믹스 봉을 공진(A모드), 반공진(B모드)의 조건으로 구동한 경우의 기계적 품질계수 Q_m 및 온도상승을 측정한 것이 있다. 흥미깊은 것으로, 공진구동 시의 Q_A보다 반공진 구동 시의 Q_B쪽이 어느 진동 속도영역에서도 높았다(그림 10.65 참고). 이것들로부터 반공진으로 구동하면, 같은 진동속도를 얻는 데에 공진으로 구동할 때보다도 발열이 적다. 종래 초음파모터는 공진에서 구동해 왔지만, 반공진으로 구동함으로써 높은 Q_m에 의해 발열이 적고 효율이 좋은 구동이 실현될 가능성이 있다. 더구나 반공진에서는 대전류 전원은 필요 없고 값싼 종래의 전원이 초음파모터의 구동에 이용 가능하다. 이런 것들에 대한 상세한 고찰은 제10장에서 설명했다.

(2) 스마트 액추에이터의 장래

고기능화

현재의 고체 액추에이터에 대한 흥미는 스마트재료/스마트구조의 개발로 부터 유발되었다. 특히 재료개발은 범용(trivial) 재료에서부터 스마트(smart)재료, 인텔리전트(intelligent)재료로 진화하여, 지금은 와이즈(wise)재료의 단계에 와 있다. 표 1.2에 정리한 것처럼 비대각 요소에 모두 대응하는 역효과(예로 압전효과와 역압전효과)가 있어서, 같은 재료로 "센서"기능과 "액추에이터"기능의 양쪽이 가능하다. 그림 9.34에 도요타 자동차가 개발한 전기제어 shock absorber를 예로 든다. 센서는 도로의 요철을 검지하고, 액추에이터는 유압계통의 밸브를 개폐한다. 다층 압전소자가 이용되고 있다.

소형화

향후 연구방향은, 우주구조물 같은 대형화와 의료용기기 같은 소형화를 들 수 있다. 특히, 혈액검사 키트나 카테터(catheter) 같은 의과 진단기기에는 아주 작은 디바이스가 요구된다. MEMS기술이 압전 박막개발에 응용될 수 있기 때문에 향후는 그림 11.5에 보인 것과 같은 디바이스 개발이 갈수록 활발해지리라 생각된다.

이것은 외경 2.0 mm의 작은 PZT 초음파모터로 실리콘막 위에 제작되어 있다.[5] 8개의 전극이 있고 4상의 신호(sin, cos, −sin, −cos)로 구동된다. 같은 크기의 실리콘 MEMS모터와 비교하여 3단위나 큰 토크가 얻어진다.

디바이스가 소형화 됨에 따라 전원이나 제어 리드선의 중량이 상대적으로 증가하기 때문에 서브 밀리미터 레벨의 디바이스로 되면 무선제어가 필요하게 된다. 그 해결법의 하나로 광통신, 광제어가 생각된다. 그림 11.6에 완전 광제어의 미세 보행기구의 구조도를 보인다. 광 왜형 효과에 대해서는 1.3.9항을 참고하기 바란다.

집적화

고집적화/고성능화가 진행되면, 가끔 부가요소가 필요한 경우가 있으며(예로 스마트구조에 위치센서를 부가하는) 시스템이 복잡하게 되기 십상이다. 이런 복잡한 시스템개발에 있어서는 일반적으로 쌍방의 분야에 훤한 연구팀의 전문지식이 필요하다. 그러나 팀이 커갈수록 개인의 기여는 점차 세분화되어 개발 · 생산비용이 거액으로 가기 쉽고 더구나 각 공정효율도 나쁘게 되기 쉽다. 이런 여러 현상들이 복잡하게 얽힌 상태로 빨려 들어가는 것을 칭하는 "스파게티증후군(spaghetti syndrome)"이라는 것이 있다.

한편, 소형화도 부가요소를 필요로 하는 경우가 있지만, 전체를 보아 보다 적은 요소

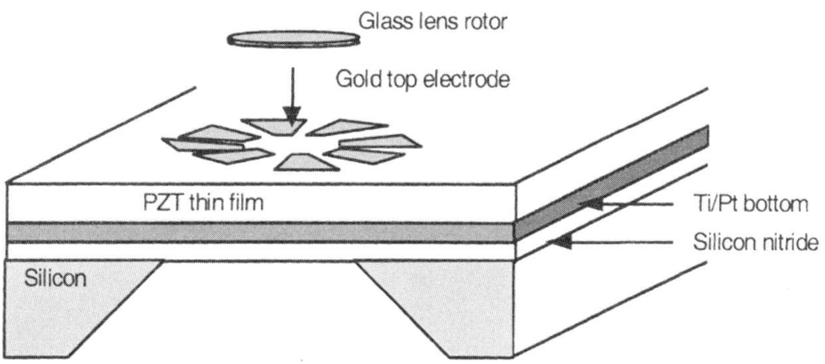

그림 11.5 실리콘 막 위에 제작된 PZT MEMS모터(외경 2.0 mm, 내경1.2 mm)[5]

그림 11.6 광 왜형 보행기구(배선없이 완전원격조작)

로 달성할 수 있지 않을까 생각하는 것이 보다 중요하다. 고기능과 소형화의 양방 요구에 응하기 위해서는 스마트 재료가 없을 수 없다. 더욱 스마트한 재료에 의해 적은 요소의 수로 시스템이 구성 가능하다. 이 수법에 의해 소형화했던 시스템은 단순히 전체의 성능이 좋다는 것만이 아닌, 체적/성능비, 비용/성능비가 크다는 점이 우수하다.

집적화가 진행되면 신뢰성이 중요하며, 그렇게 되면 정교하고 고감도인 "건강모니터링"기능이 필요하리라 생각된다.

타깃 시장 및 응용

여기서는 펜실베이니아 주립대학의 국제 액추에이터/트랜스듀서센터의 연구개발에 대해 간단히 소개한다.

1991년 일본공업기술진흥협회(JTTAS)는 일본의 전자부품회사 80사의 새로운 액추에이터소자 개발목표에 대해 집중적으로 시장조사를 했다. 그 조사 결과를 다음에 나타낸다.

1) 오피스기기(컴퓨터, 프린터, 복사기 등)에서 가장 필요한 것은 직경 5~8 mm의 모터이다.
2) 변위 트랜스듀서에 최적의 특성

변위	100 μm
발생력	100 N
응답속도	100 μm

종래의 전자식모터는 소형화가 곤란하지만, 압전 초음파모터라면 직경 5~8 mm의

모터가 실현가능하다. 당시는 전기기계 액추에이터에 이 규격을 만족하는 것이 없었기 때문에 "Cymbal" 트랜스듀서가 이 요구에 맞는 변위 트랜스듀서로서 개발되었다.

센터에서는 정보기술(IT), 바이오기술, 에코기술의 3개를 새로운 마이크로메카트로닉스 시스템의 목표로 했다. 콤팩트한 초음파 모터는 IT분야에서 중요한 위치를 차지한다. 초음파모터만이 아니고, 압전 트랜스포머(자성의 자기노이즈 없음)나 광왜형 액추에이터도 개발되어 있다. 이러한 신기술에 대응하는 신 키워드로서 Transinforgration(정보기술을 위한 트랜스듀서의 통합, Integration of Transducers for Information Technology)이라는 합성어가 있다. 바이오 기술에서는 주로 날마다 건강 체크에 사용되는 간단한 액추에이터나 센서에 집중하고 있다. 이들 디바이스 설계는 일반적으로 값싸고 1회사용 후 버릴 수 있도록 압전 필름을 이용하고 있다. 신장결석 제거와 같은 경우에도 최소의 부분에서 수술이 가능하도록 소형 초음파모터를 이용한 미세한 외과용 기기도 있다. 친환경 관련 응용에는 먼저 처음으로, 환경 중의 오염물질 측정용 스마트시스템에 사용되는 센서 능력이 있다. 다음 응용에는 아주 높은 레벨의 오염물질이 있어도 영향 없이 적절히 응답하는 시스템용의 액추에이터 소자가 있다.

유해 환경관련 납계 디바이스의 개발이 직면하고 있는 문제는 미국, 일본, 유럽에서 납과 같은 유해 중금속 사용을 엄격히 제한해 간다는 것이다. 이것이 진행되면 PZT나 기타 납계 조성의 소자는 2020년까지 엄격한 규제를 받게 된다. 전기기계 디바이스로서 현재 사용되고 있는 납계 조성을 대체하기 위해 새로운 비납(무연, lead-free)계 재료의 연구를 시작하지 않으면 안 된다는 것은 자명하다.

1986~2001년(86~89년, 91~92년은 없음)의 비납계 압전재료에 관한 특허 건수를 그림 11.7에 나타냈다.

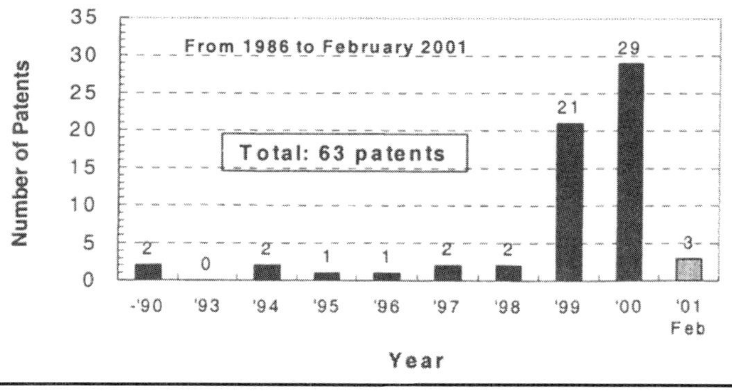

그림 11.7 세계 비납계(무연) 압전 세라믹스개발에 관한 특허 건수(1986~2001년)

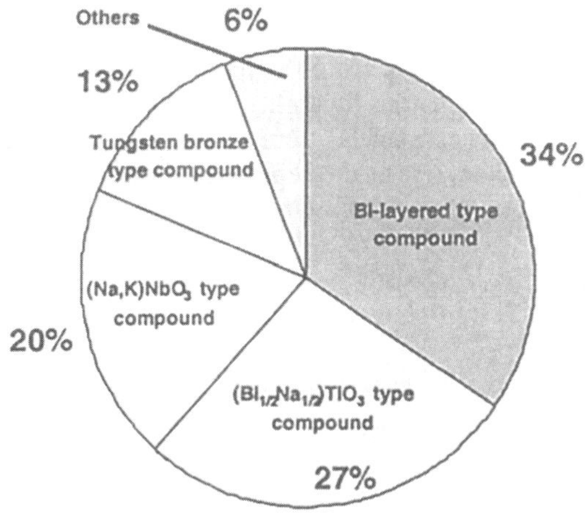

그림 11.8 비납(무연)재료개발 관련 특허 및 논문의 분류(총 조사 수 102건)

특허 건수는 1999년부터 급격하게 증가하고 있어, 세계적으로 납 함유 제품에 대한 규제의 시작에 대응하고 있다. 비납(무연) 압전재료는 현재로서, (1) 압전단결정(예: 랑가사이트($La_3Ga_5SiO_{14}$), 붕산리튬($Li_2B_4O_7$), (2) 텅스텐브론즈 강유전세라믹스, (3) 비스머스층상 구조 강유전세라믹스, (4) 니오브산칼륨 · 니오브산나트륨계($KNbO_3$-$NaNbO_3$) 조성, (5) 페로브스카이트 강유전세라믹스의 5개로 분류된다. 그림 11.8에 이들의 분류에 관련된 특허 건수 및 관련 논문 수를 나타낸다.

비스머스 조성(층상화합물, $(Bi,Na)TiO_3$)을 합쳐 61%를 차지하고 있어, 중요하다는 것을 알 수 있다. 비스머스 조성은 타 분류의 재료와 비교하면 제작이 쉬운 것이 주된 이유이다. 이들 재료개발은 향후 10년간 크게 진전할 것으로 기대된다.

요점정리

1. **현재의 시장:** 압전 액추에이터 및 초음파모터
   a. 컴퓨터 관련
   b. 카메라 관련

2. **세라믹 액추에이터의 신뢰성:**
   a. 세라믹스제조: batche의 생산 재현성, 온도특성, 인가응력, 유도 왜형 크기, 에이징 효과에 의존
   b. 디바이스: 전극재료, 전극구조, 전극배치, 층 두께, “건강모니터링” 기능유무에 의존

c. 구동계: 구동모드(펄스구동, 연속구동), 발열제어, 파워레벨에 의존

3. **향후의 방향:**

a. 대형 디바이스: 자동차용, 우주구조물용

b. 소형 디바이스: 오피스기기

c. 초소형화: 의료용 응용

d. 원격조작: 향후 중요하다(특히 소형/초소형 디바이스에 있어서).

4. **열쇠로 되는 목표:**

a. "스파게티 증후군"을 피할 것.

b. 소자의 「체적/성능비」, 「비용/성능비」의 향상.

c. 요구되는 모터특성 크기: 5~8 mm, 요구특성: 고속, 고토크, 고효율

문제

11.1 최근 5년간의 논문을 조사하여 압전 액추에이터 신뢰성에 대한 사항에 대해 요약하라.

특히, 액추에이터 설계, 낮은 히스테리시스/고출력 압전체, 제조의 재현성, 고온특성에 대해 조사하고, 적어도 5편의 논문에 대해 언급하라.

a. 신뢰성에 대해 재료, 설계, 구동/제어법에 주목하여 분류하라.

b. 문제 및 그 해법에 대해 정리하라.

c. 참고한 논문을 열거하라.

참고문헌

1) K. Uchino: Proc. 9th Int'l. Symp. Appl. Ferroelectrics, p.319 (1995)

2) K. Abe, K. Uchino and S. Nomura: Jpn. J. Appl. Phys., **21**, L408 (1982)

3) K. Nagata: Proc. 49th Solid State Actuator Study Committee, JTTAS (1995)

4) K. Uchino and H.Aburatani: Proc. 2nd Int'l Conf. Intelligent Materials, p.1248 (1994)

5) A. M. Flyn, L. S. Tavrow, S. F. Bart, R. A. Brooks, D. J. Ehrlich, K. R. Udayakumar and L. E .Cross: J. Microelectromechanical Systems, **1**, 44 (1992)

찾아보기

ㅇ

ㅈ

ㅊ

ㅋ

ㅌ

ㅍ

ㅎ

기타

역자약력

남산
학위: University of Maryland
경력: Pennsylvania State University(MRL) 객원교수
현재: 고려대 재료공학과 교수
관심분야: 압전세라믹 재료

윤석진
학위: 연세대 전기공학과 박사
경력: Pennsylvania State University(MRL) 객원연구원
현재: 한국과학기술원 미래융합기술연구본부 본부장
관심분야: 에너지 하베스팅, 고감도 박막센서

박태곤
학위: 연세대 전기공학과 박사
경력: Pennsylvania State University(MRL) 객원연구원
현재: 창원대 전기공학과 교수
관심분야: 초음파 모타, 압전 발전소자

류정호
학위: 서울대 재료공학부 박사
경력: Pennsylvania State University(MRL) 객원연구원
(주)삼성전기 책임연구원
현재: 한국기계연구원 부설 재료연구소 선임연구원
관심분야: 압전세라믹 후막소재 및 응용소자
기능성 세라믹 코팅

김광진
학위: 일본 동경공업대학 재료과학 박사
경력: (주)삼성코닝 구미연구소장
한국생산기술연구원 신소재센터소장
현재: 한국세라믹기술원 선임본부장
관심분야: 전자재료, 센서, 공정기술

백동수
학위: 연세대 전기공학과 박사
경력: Pennsylvania State University(MRL) 객원연구원
요업기술원 선임연구원, (주)이투에스 대표이사
현재: 고려대 연구교수
관심분야: 압전세라믹스 응용, 신재생에너지

정가 29,000원

마이크로메카트로닉스

2011년 5월 20일 초판 인쇄
2011년 5월 30일 초판 발행

역자와의 협의하에 인지생략

저 자 : Kenji Uchino · Jayne R. Giniewicz
역 자 : 남산 · 윤석진 · 박태곤 · 류정호 · 김광진 · 백동수
발행자 : 우명찬 · 송준
발행처 : 홍릉과학출판사
주 소 : ㉾ 142-885 서울시 강북구 인수동 455-60
등 록 : 1976년 10월 21일 제5-66호
전 화 : (02)999-2274~5, 996-8341, 903-7037
팩 스 : (02)905-6729
ISBN : 978-89-7283-963-7
e-mail : hongpub@hongpub.co.kr
http://www.hongpub.co.kr